GIS 应用与开发丛书

# ArcGIS 10 地理信息系统教程——从初学到精通

## ArcGIS 10 Tutorial:from Beginner to Master

牟乃夏　刘文宝　王海银　戴洪磊　**主编**

测绘出版社

·北京·

# 内 容 简 介

　　本书全面详细地介绍了 ArcGIS 10 的软件操作和使用技巧,全书内容分为 3 篇 16 章。主要内容包括:ArcGIS 10 概述、ArcGIS 快速入门、地理数据库、空间数据的采集、编辑与拓扑处理、空间参考与变换、空间数据可视化、地图制图、矢量与栅格数据的空间分析、网络分析、三维分析、水文分析、地统计分析、Model Builder 与空间建模等。本书配有大量具有实际背景的应用实例并给出其详细的操作步骤,供读者参考使用。

　　本书强调新颖性、实用性、技巧性、全面性和实战性,注重理论与实践的结合,既可作为高等学校地理信息系统、测绘工程、遥感科学与技术、地理科学、城市规划、土地资源管理、市政工程、交通运输、环境保护、地质工程等相关专业的本科生、研究生的理论课教材和实验指导书,也可供相关部门的研究人员、管理人员和技术人员参考。

**图书在版编目(CIP)数据**

ArcGIS 10 地理信息系统教程：从初学到精通 / 牟
乃夏等主编. -- 北京：测绘出版社,2012.9(2022.7 重印)
　(GIS 应用与开发丛书)
　ISBN 978-7-5030-2502-0

　Ⅰ. ①A… Ⅱ. ①牟… Ⅲ. ①地理信息系统－应用软
件－教材 Ⅳ. ①P208

中国版本图书馆 CIP 数据核字(2012)第 198428 号

| | | | | | |
|---|---|---|---|---|---|
| **责任编辑** | 贾晓林 | **封面设计** 李 伟 | **责任校对** 董玉珍 | **责任印制** 陈姝颖 | |

| | | | | |
|---|---|---|---|---|
| **出版发行** | 测绘出版社 | | **电　话** | 010－68580735(发行部) |
| | | | | 010－68531363(编辑部) |
| **地　址** | 北京市西城区三里河路 50 号 | | | |
| **邮政编码** | 100045 | | **网　址** | www.chinasmp.com |
| **电子邮箱** | smp@sinomaps.com | | **经　销** | 新华书店 |
| **成品规格** | 184mm×260mm | | **印　刷** | 北京建筑工业印刷厂 |
| **印　张** | 36 | | **字　数** | 890 千字 |
| **版　次** | 2012 年 9 月第 1 版 | | **印　次** | 2022 年 7 月第 23 次印刷 |
| **印　数** | 78001－81500 | | **定　价** | 68.50 元 |

| | |
|---|---|
| **书　号** | ISBN 978-7-5030-2502-0 |

本书如有印装质量问题,请与我社发行部联系调换。

# 本书编写组

**主　　编:**牟乃夏　　刘文宝　　王海银　　戴洪磊

**副主编:**高松峰　　张灵先　　甘鑫平　　岳汉秋　　李乃林

**参编者**(按姓氏笔画为序):

| | | | | | |
|---|---|---|---|---|---|
| 王仲秋 | 王　阳 | 王　凯 | 王艳云 | 尤　优 | 田茂义 |
| 冯玉龙 | 朱　芮 | 延芳芳 | 任建建 | 刘永涛 | 刘　峰 |
| 苏　静 | 李　宁 | 李　青 | 李晓璐 | 李继领 | 李　雪 |
| 张　伟 | 张艳飞 | 张倩然 | 张　娟 | 张　鸽 | 张　蕾 |
| 陈宗强 | 陈　晨 | 周根长 | 赵相伟 | 韩李涛 | 窦梅娟 |
| 綦春峰 | 魏金标 | | | | |

# 作者简介

**牟乃夏** 博士、副教授、硕士生导师,长期从事 GIS 教学、软件开发和科研工作。对 ArcGIS 软件使用、开发和学生培养有较深感悟。乐于指导学生从事科技活动,已连续六年指导本科生获 Esri 杯中国大学生 GIS 软件开发大赛总决赛的一、二、三等奖共 7 项,建模组一、二、三等奖共 5 项,鼓励奖若干项。

**刘文宝** 博士、教授、博士生导师,长期在国内外多所高校和研究单位从事 GIS 教学和科研工作,对国内外 ArcGIS 的行业应用有较深入的了解。

**王海银** 高级工程师、青岛市勘察测绘研究院信息工程分院副院长,长期从事 GIS 行业应用软件的研发、项目设计与管理工作,熟悉国内不同行业对 ArcGIS 的应用需求,具有数十项大型行业 GIS 的应用经验。

**戴洪磊** 博士、教授、泰山学者特聘教授,长期从事 GIS 数据质量、空间数据挖掘、网络 GIS 和海洋 GIS 等方面的理论研究与工程实践。

# 序

　　山东科技大学牟乃夏老师电话嘱我为其新作——《ArcGIS 10 地理信息系统教程——从初学到精通》写几句作为序言。推辞不下,只得从命。拿到出版社寄来的打印清样时,正值第十届 Esri 中国用户大会召开前夕。因为忙着大会,写序的事着实拖了几周,深感不安。

　　学 GIS 的都知道 Esri,也多半或多或少了解 Esri 的核心平台产品 ArcGIS。但是,圈内一直以来都流传着一个说法:学会 ArcGIS 的 60%,就已经是专家了。以我接触 GIS 和 Esri 的技术整整 20 年的经验和观察来看,此话不假。一方面,ArcGIS 的确博大精深,囊括了 GIS 领域主要技术成果的方方面面,要完全掌握的确得下一番大功夫;其二,Esri 是一家不断创新、与时俱进的高科技企业,几十年来,一直以其深厚的文化底蕴、先进的发展理念、坚实的知识积累和不断的技术创新引领着全球 GIS 的发展。ArcGIS 作为集其理论研究和技术研发之大成的产品平台,也不断地得以丰富和演进,始终保持其全球 GIS 平台软件执牛耳者之地位不变。学习者要不断跟上其变革演进的步伐,也的确不能偷懒,取巧不得。长期跟定而不被落下者,GIS 技能的掌握程度自当不在众人之下。

　　当初刚开始接触 GIS,学习 ARC/INFO(ArcGIS 8.0 以前版本的名称),下笨功夫生啃两箱子随机英文资料时,常常感慨要是有一本理论知识和操作使用相结合的“浓缩版”中文教程该有多好!后来,有关 Esri 产品技术的教程类中文图书开始陆续出版,我常去光顾的中关村图书大厦的书架上,书名中带 ArcGIS 的,可谓林林总总,令人目不暇接。但仔细翻翻,发现良莠不齐。理论与实践并重,新颖、实用、技巧、全面和实战性兼备的,就更是凤毛麟角了。现在,牟乃夏等老师主编的这本书,可算是对此遗憾的一个重要弥补吧。

　　这本教程涵盖了 ArcGIS 桌面平台大部分主要技术和产品模块,包括:空间数据的采集、编辑处理、空间参考与变换、可视化制图表达、栅格数据及二三维矢量数据空间分析、地统计分析和空间建模等内容。每一部分,除了基本的理论知识概要外,主要的篇幅由实际操作步骤和完整的示例组成,还特地准备了与之对应的实验数据供读者实际操作练习之用。按照编者的设计,本书的读者对象主要是 GIS 及其相关专业的本科生和研究生。这个读者群体,将来毕业后,大多数将成为各自领域内空间信息化的专业人士。对于专业人士而言,通过书中按图索骥式的操练学习和思考,在获得较为系统的实际技能训练的同时,还能够对与之对应的相关理论知识有更好更透彻的理解。而两者兼具,将是作为专业人士的基本素质的重要体现。

　　从内容组织上看,这毕竟是一本技术操作实践指导类的教程,而技术本身日新月异的进步,使得它无论怎样高效地编写和修订,都不可能靠书中的铅字将当前最新的技术成果完整地体现出来。这本书的主要内容以 ArcGIS 10(for Desktop)为蓝本,而最近 ArcGIS 10.1 版又正式发布了。

　　10.1 版最重要的变化,是 ArcGIS Online 作为 ArcGIS 平台的产品化组成部分正式推出。ArcGIS Online 是 Esri 的公有云解决方案,是 ArcGIS 基于云计算平台的在线服务总和。在ArcGIS Online 上,部署了全球范围的影像数据、基础地形矢量数据、大量的地图及制图模板以及应用分析模型等数据服务和功能服务。使用者可以通过任意联网终端设备,采用浏览器、

ArcGIS 桌面软件和移动端应用等,登录 ArcGIS Online 平台,与组织机构内部成员或公众分享数据、地图和功能应用服务等内容,还可在其上进行工作协同。这是一种全新的空间信息共享和协同方式,体现了 GIS 应用形态和相关业务模式的巨大变革,是 GIS 自身发展的一个重要转折。

这样的转折,使我们更加清晰地意识到 GIS 的普适化进程开始加速,在不久的将来,我们将看到一个空间思维受到普遍重视、空间信息和地理知识被普遍分享、GIS 作为一种不可或缺的基础设施被政府和企业高度重视、GIS 方法和技术被普遍采用、GIS 专业人士发挥价值的空间不断拓展的美好前景。GIS 的普适化使得 GIS 自身不再"阳春白雪"、"曲高和寡",非 GIS 专业人士也都能够方便、快捷、自由地使用空间信息服务。如此,GIS 专业人士将肩负更加重要的职责和义务,那就是需要去面对那些看似简单易用,甚至可信手拈来的空间信息服务背后所藏匿的专业性和复杂性。所有非专业人士并不关心的处理原理、过程、方法和技巧等,我们作为专业人士都必须去关心,而且需要熟练并精通,需要做到训练有素。相信这本书及其与之配套的实验练习数据,在我们走向专业的路上,能够帮助我们。

牟乃夏老师是我所熟知的对 GIS 教学实践充满着激情和热爱的 GIS 专业教育工作者之一。从他历年来亲自组织指导学生参加 Esri 大学生开发竞赛,并多次获得最高奖项,以及从毕业于牟老师门下并加盟 Esri 中国公司的若干优秀年轻人身上,我能真切地感受到牟老师的巨大付出。当今的社会,能如此脚踏实地沉下心来为教学、为学生倾注如此心血的老师,实在不多,非常值得尊敬!

愿牟乃夏老师及参与本书编写的所有专家和同行们,身体健康,事业精进。为我们奉献出更多更好的 GIS 教学精品。

Esri 中国信息技术有限公司

副总裁　首席咨询专家

蔡晓兵

# 前 言

众所周知,作为全球市场占有率最高的 GIS 软件,ArcGIS 已经深入应用到众多领域。Esri 推出的 ArcGIS 10,实现了协同 GIS、三维 GIS、时空 GIS、一体化 GIS、云 GIS 等五大飞跃,以其轻松便捷的用户体验、开放高效的数据模型、灵活自由的部署方式、新颖轻松的 WebGIS 应用、美观专业的地图制图、完整强大的三维分析等优势,成为 GIS 专业人员使用的最流行版本。

作者多年从事 GIS 教学、软件研发和科研工作,积累了较为丰富的 ArcGIS 软件使用与学生培养的经验。教学中发现多数学生经过相关课程的学习能够掌握具体的分析工具,如缓冲区分析、密度分析、多路径分析等的操作与应用,但当综合运用这些工具解决实际问题时就显得力不从心,无从下手。究其原因在于没有形成完备的知识体系,没有将 GIS 的专业知识与对应的软件操作结合起来。由于 ArcGIS 软件体系庞大、功能繁多,熟练掌握其操作非一日之功,但若有一本合适的参考书,无疑能够起到事半功倍的作用。本书将 GIS 基础理论、ArcGIS 的软件操作及每个工具能够解决的实际问题结合起来,内容上做到广度和深度的统一,体例上兼顾理论课教材、实验指导书和工具书三者的优点,旨在帮助读者理顺知识体系,锻造解决实际问题的能力。

全书分为 3 篇 16 章。第 1 章至第 2 章为 ArcGIS 基础操作篇,包括 ArcGIS 10 概述和 ArcGIS 10 快速入门;第 3 章至第 9 章为数据处理篇,包括地理数据库、空间数据采集、空间数据编辑、空间数据拓扑处理、空间参考与变换、空间数据可视化与地图制图等内容;第 10 章至 16 章为分析建模篇,包括矢量数据的空间分析、栅格数据的空间分析、网络分析、三维分析、水文分析、地统计分析、Model Builder 与空间建模等内容。前两篇内容要求本科生、硕士生熟练掌握。第 3 篇中的每一章都是一个单独的应用专题,读者可根据需要有选择地学习和查阅。本书立足实际应用,突出 ArcGIS 10 的新功能,如地图制图一章介绍了数据驱动制图;网络分析一章介绍了管网网络和交通网络不同的操作方法与适用范围,还介绍了三维网络分析;三维分析一章介绍了 ArcGIS 10 的多个新增功能,基于 ArcGlobe 的虚拟校园实例是数字城市建设的缩影,具有很强的实用价值;水文分析一章具有很强的专业性,该章以一个综合实例贯穿其中,一步一步引导读者完成复杂的相关分析。

由于 Esri 杯中国大学生 GIS 软件开发大赛在全国具有很强的影响力,该赛事对于考查学生综合运用 ArcGIS 软件解决实际问题的能力、促进就业等方面具有很强的推动作用。为此,本书特别设计 Model Builder 与空间建模一章,详细介绍 Model Builder 中各种建模工具的使用方法,并以作者指导的 Esri 大赛获奖作品为例进行讲解,为参加 Esri 大赛建模比赛的同学提供实战参考。另外,提供全部实例的数据和 Esri 大赛空间建模组一、二等奖获奖作品的全部资料,便于读者参考练习。对于易混淆的概念、重要的参数设置等,本书以注意事项的形式给出提示,供读者查阅参考。

为使本书博采众长、兼收并蓄,特别邀请了相关行业的专家参加编写。既有长期奋战在教学一线的教师,又有 GIS 行业知名的科研院所、企事业单位的专家,还邀请了多所高校的教师和研究生。旨在把不同领域的专家对 GIS 软件的理解融入到教材中。

本书架构由山东科技大学的牟乃夏、刘文宝、戴洪磊三位老师和青岛市勘察测绘研究院的王海银高级工程师等多次讨论确定,最后由牟乃夏统稿并定稿。参加本书编写的人员有:山东科技大学的张灵先、张蕾、赵相伟、刘峰、田茂义、韩李涛,河南城建学院的高松峰,平顶山学院的岳汉秋,香港中文大学的李青,中科院地理所的王阳,以及山东科技大学的李继领、陈宗强、李宁、延芳芳、王凯、任建建、李晓璐、李雪、尤优、朱芮和南京大学的魏金标等研究生。Esri 中国信息技术有限公司的甘鑫平、陈晨,北京天下图数据技术有限公司的李乃林,北京吉威数源信息技术有限公司的张艳飞、窦梅娟,青岛市勘察测绘研究院的綦春峰,福州市勘测院的周根长,山东泰华电讯有限公司的冯玉龙,北京北方数慧系统技术有限公司的张伟等工程师,除参编部分章节外,还从工程应用的角度提出了许多建议。山东科技大学的刘永涛、张鸽、王艳云、张娟、王仲秋、苏静等研究生对各章节的文稿和实验进行了反复检查和测试。为验证初学者对本书的评价,本科生张情然等对部分文稿和实验进行了学习和操作,她们从一个初学者的角度提出了中肯的意见。石波、艾波、刘智敏等老师对本书的目录结构、实例安排、内容风格等提出了宝贵的意见和建议,特此一并致谢!

Esri 中国信息技术有限公司的张聆、陈欣两位工程师一直关注本书的写作,提出了许多宝贵的意见;栗向峰、许哲、谢喆等各位 Esri 的同仁也对本书的编写提供了大力帮助和支持。对他们长期以来的支持与帮助表示衷心的感谢!

本书的编写得到山东科技大学教育教学研究"群星计划"重点项目(qx101001、qx102013)、山东省自然科学基金(ZR2010DM015)和山东省"泰山学者"建设工程专项经费的联合资助,特此鸣谢!

尽管本书已有八十余万字,但要全面阐述 ArcGIS 的各种操作,显然还是不够的。读者在学习过程中应多加思考,领会每一步操作的深层含义。在根据本书给出的参数获得操作结果后,可以尝试用不同的参数设置进行反复练习,对比、分析相应的运行结果,这对于综合运用 GIS 知识及深度掌握 ArcGIS 软件是大有裨益的。当你领悟到 ArcGIS 奥妙的时候,就会发现同 ArcGIS 这样优秀的软件打交道,是一件非常快乐的事情。

虽然本书的编写用了一年半的时间,数易其稿,但由于编者水平所限,错误与不妥之处在所难免,敬请读者批评指正!批评和建议请致信:mounaixia@163.com。或者访问作者的新浪博客:http://blog.sina.com.cn/U/1862242647,编者将定期发布本书的勘误、读者的建议、意见和学习指导等。此外,本书的实验数据可以在测绘出版社网站(http://chs.chinasmp.com)下载中心栏目的实验数据中下载,或扫描下方二维码下载。

案例数据

# 目　录

## 第 1 篇　基础操作

## 第 2 篇　数据处理

# 第1篇 基础操作

| 桌面 GIS | 服务器 GIS | 移动 GIS | 在线 GIS |
|---|---|---|---|
| 完整的GIS系统 | | | |
| • ArcReader<br>• ArcGIS Desktop<br>• ArcGIS Engine<br>• ArcGIS Explorer | • ArcGIS Server<br>• ArcIMS | • ArcPad<br>• ArcGIS Mobile<br>• ArcGIS for iOS<br>• ArcGIS for<br>  Windows Phone<br>• ArcGIS for Android | • ArcGIS Online<br>• ArcGIS.com |

# 第 1 章    ArcGIS 10 概述

ArcGIS 10 是美国 Esri 公司研发的构建于工业标准之上的无缝扩展的 GIS 产品家族。它整合了数据库、软件工程、人工智能、网络技术、移动技术、云计算等主流的 IT 技术,旨在为用户提供一套完整的、开放的企业级 GIS 解决方案。无论是在桌面端、服务器端、浏览器端、移动端乃至云端,ArcGIS 10 都有与之对应的产品组件,并且可由用户自由定制,以满足不同层次的应用需求。本章主要介绍 ArcGIS 的产品历史、基础架构、系统构成等方面的内容,以使初学者对 ArcGIS 10 有一个总体了解,便于后续章节的学习。

## 1.1    ArcGIS 10 总览

### 1.1.1    ArcGIS 10 的功能定位

ArcGIS 是目前最流行的地理信息系统平台软件,主要用于创建和使用地图,编辑和管理地理数据,分析、共享和显示地理信息,并在一系列应用中使用地图和地理信息。通过 ArcGIS,不同用户可以使用 ArcGIS 桌面、浏览器、移动设备和 Web 应用程序接口与 GIS 系统进行交互,从而访问和使用在线 GIS 和地图服务。

ArcGIS 作为一套完整的 GIS 产品,为用户提供了丰富的资源,包括地图、应用程序、社区和服务等。

#### 1. 地图

地图是表示地理信息的传统手段,ArcGIS 地图不仅包含构建地图时用到的地理数据,还包含用来获取所需结果的分析工具。

#### 2. 应用程序

ArcGIS 根据不同的应用需求,按照可伸缩性原则为使用者提供了从桌面端、服务器端、移动端直至云端的 GIS 产品,每个 GIS 产品都有不同的分工。桌面端扮演着重要的角色,由其创建的 GIS 地图和信息可通过 ArcGIS Server 以 Web 服务的形式发布。这些 Web 服务在 Web 地图中进行组合和共享,从而使大众能够轻松地使用和体验 GIS。另外,还可以使用 ArcGIS 提供的开发包来定制面向业务的 GIS 应用系统,这些应用系统可以部署在桌面端、浏览器端和移动设备上,以满足不同层次的需求。

#### 3. 社区

ArcGIS 提供了一个框架,使得所有类型和级别的用户都能参与创建和共享地图及应用程序的用户社区中。ArcGIS 这一集成的基础架构,用于将地理信息以文件、多用户数据库和网站的形式进行共享。社区门户网站的网址是 www.ArcGIS.com,该网站可供用户使用和共享 GIS 地图、Web 应用程序和移动应用程序等。

#### 4. 服务

服务是用于管理、组织和共享地理信息的技术基础,它使所有尚未安装 GIS 软件的用户得以通过浏览器和移动设备来使用地图。

### 1.1.2　ArcGIS 产品的发展历史

美国环境系统研究所（Environmental Systems Research Institute，Esri）创建于 1969 年，总部位于加州的雷德兰兹。1982 年 Esri 发布了它的第一套商业 GIS 软件——ARC/INFO 1.0。它可以在计算机上显示诸如点、线、面等地理特征，并通过数据库管理工具将描述这些地理特征的属性数据结合起来。ARC/INFO 被公认为是第一个现代商业 GIS 系统。

1986 年，PC（个人机）ARC/INFO 的出现是 Esri 软件发展史上的又一个里程碑，它是为基于 PC 的 GIS 设计的。PC ARC/INFO 的出现标志着 Esri 成功地向 GIS 软件开发公司转型。

1991 年，Esri 推出了 ArcView 软件，它使人们用更少的投资就可以获得一套简单易用的桌面制图工具。ArcView 出现六个月后就在全球销售了 10000 套。同一年，Esri 还发布了 ArcData，它用于发布和出版商业的、即拿即用的、高质量的数据集，使用户可以更快地构建和提升他们的 GIS 应用。今天这套程序已经被改进为 Geographic Network 系统。ArcCAD 在 1992 年推出，它的出现使用户可以在 CAD 环境下使用 GIS 工具。

1996 年，Esri 推出了空间数据库引擎（spatial database engine，SDE），使空间数据和表格数据可以同时存储在关系型数据库管理系统中。同时，Esri 还推出了 Business MAP 以及相关产品，以满足 B2C（企业对消费者）市场的需求。

20 世纪 90 年代中期，Esri 公司的产品线继续增长，推出了基于 Windows NT 的 ArcInfo 产品、MapObjects（用于二次开发的 GIS 组件）、DAK（data automation kit）和 Atlas GIS，使 Esri 公司在世界 GIS 市场中占据了领先地位。

1998 年，Esri 推出了 ArcIMS，这是第一个只要运用简单的浏览器界面，就可以将本地数据和因特网上的数据结合起来的 GIS 软件。

1999 年，Esri 发布了 ArcInfo 8，这是基于 COM 组件技术对已有的 GIS 产品进行的重组。

2001 年 4 月，Esri 推出 ArcGIS 8.1，它是一套基于工业标准的 GIS 软件产品家族。

2004 年 4 月，Esri 推出了新一代第 9 版 ArcGIS 软件，为构建完善的 GIS 系统提供了一套完整的软件产品。第 9 版中包含了两个主要的新产品：在桌面和野外应用中嵌入 GIS 功能的 ArcGIS Engine 和为企业级 GIS 应用服务的 ArcGIS Server。

2006 年至 2009 年间，Esri 先后推出了 ArcGIS 9.2、ArcGIS 9.3 和 ArcGIS 9.3.1 等，提供了一个以 GIS 服务为核心的强大平台，进一步提高了空间信息的管理能力，为掌控地理空间资源提供了更多新的服务和应用，实现了地图服务的优化，能够创建高性能的动态地图。

2010 年，Esri 推出 ArcGIS 10，并同步发行法语、德语、日语、西班牙语和简体中文版本。ArcGIS 10 一举实现了协同 GIS、三维 GIS、时空 GIS、一体化 GIS、云 GIS 等五大飞跃，并以其简单易用、功能强大、性能卓越等特性，成为 Esri 产品史上新的里程碑。

## 1.2　ArcGIS 10 基础架构

ArcGIS 10 是一个架构完整、易学易用、功能强大、扩展方便、部署灵活的地理信息平台，广泛支持多种类型的客户端，包括浏览器、移动终端及传统的桌面应用。所有客户端都可以很容易地使用、创建、协同、发现、管理和分析地理信息，图 1.1 是 ArcGIS 10 产品的基础架构图。

使用 ArcGIS 10 搭建的应用，不仅可以支持传统的局域网和 WebGIS 应用，还支持 Web

环境下的地图服务和功能服务的定制、管理、发布和聚合,所有服务都可以根据应用需要部署为本地服务或企业级服务,也支持在云计算环境中的部署。

图 1.1    ArcGIS 10 产品的基础架构

# 1.3    ArcGIS 10 产品构成

ArcGIS 10 作为一个可伸缩的 GIS 平台,它的产品线家族涉及桌面、服务器、移动和 Web 应用等多个方面,具体的产品构成如图 1.2 所示。

图 1.2    ArcGIS 10 产品家族

## 1.3.1    桌面 GIS

桌面 GIS 是用户在桌面系统上创建、编辑和分析地理信息的平台,包括 ArcReader、ArcGIS Desktop、ArcGIS Engine 和 ArcGIS Explorer。

### 1. ArcReader

ArcReader 是免费的桌面应用程序,支持二维和三维数据浏览。通过它用户可以在高质量的专业地图中展现地理信息,也可以交互地使用和打印地图,用互动的三维场景来浏览地理信息等。

### 2. ArcGIS Desktop

ArcGIS Desktop 是一套可扩展的软件家族产品,包括功能依次增强的 ArcView、ArcEditor 和 ArcInfo,以及满足用户不同需求的 ArcGIS 扩展模块。通过通用的应用界面,ArcGIS Desktop 可以实现任何从简单到复杂的 GIS 任务。ArcGIS Desktop 是 GIS 用户工作的主要平台,利用它来管理复杂的 GIS 流程和应用工程,创建数据、地图、模型和应用。

1）ArcGIS Desktop 产品级别

ArcGIS Desktop 包括三个不同许可级别的产品，即 ArcView、ArcEditor 和 ArcInfo，每个产品的功能依次增强，如图 1.3 所示。

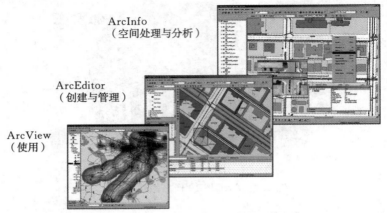

图 1.3　ArcGIS Desktop 产品许可级别

①ArcView

ArcView 提供了数据使用、制图、报表制作和地图分析的功能，支持 70 多种数据类型，包括 CAD、Web 服务、影像、元数据等。用户可以使用 ArcView 提供的地图模板快速制作一幅地图，同时还可以访问在线地图等。

②ArcEditor

ArcEditor 是 GIS 数据处理和编辑的平台，可以创建和维护 Geodatabase、Shapefile 和其他地理数据。ArcEditor 除了具有 ArcView 中的所有功能之外，还支持 Geodatabase 的高级行为和事务处理。ArcEditor 可以创建所有类型的 Geodatabase（个人型、文件型和 ArcSDE Geodatabase）。

ArcEditor 支持 ArcSDE 空间数据库引擎技术，可以使用 ArcCatalog 创建及管理 SQL Server Express 中的 ArcSDE Geodatabase，可以实现多用户的 Geodatabase 编辑及数据库的版本化管理，比如版本合并、冲突解决、离线编辑和历史管理等。

③ArcInfo

ArcInfo 是 ArcGIS 桌面系统中功能最齐全的客户端。它不仅包含 ArcView 和 ArcEditor 中的所有功能。除此之外，它在 ArcToolbox 中提供了一个支持高级空间处理的工具集合。ArcInfo 还包括传统的由 ArcInfo WorkStation 提供的应用和功能，通过增加高级空间处理功能，使 ArcInfo 成为一个完整的 GIS 数据创建、更新、查询、制图和分析系统。

由于 ArcView、ArcEditor 和 ArcInfo 的结构都是统一的，所以地图、数据、符号、地图图层、自定义的工具和接口、报表和元数据等，都可以在这三个产品中共享和交换使用，使用者不必去学习和配置几个不同的结构框架。

2）ArcGIS Desktop 应用程序

ArcGIS Desktop 是一个系列软件套件的总称，它包含了一套带有用户界面的 Windows 桌面应用程序：ArcMap、ArcCatalog、ArcGlobe 和 ArcScene。每一个应用程序都集成了 ArcToolbox 和 Model Builder 模块。

①ArcMap

ArcMap 是 ArcGIS Desktop 中一个主要的也是 GIS 用户最常使用的应用程序,用于显示和浏览地理数据。用户可以设置符号,创建用于打印或发布的地图,对数据进行打包并共享给其他用户等。ArcMap 通过一个或几个图层表达地理信息,并提供两种类型的地图视图:地理数据视图和地图布局视图。在地理数据视图中,能对地理图层进行符号化显示、分析和编辑 GIS 数据;在地图布局窗口中,可以处理地图页面,进行地图制图,如设置比例尺、图例、指北针和空间参考等,如图 1.4 所示。

ArcMap 也是用于创建和编辑地理数据的应用程序,还提供了强大的地理数据处理和分析功能,可以构建模型并执行工作流,如图 1.5 所示。

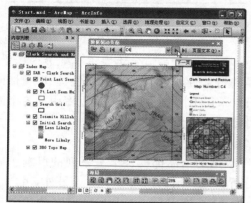

图 1.4　ArcMap 用于地图制图

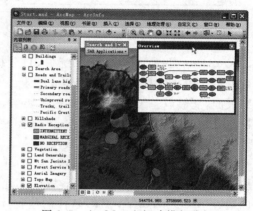

图 1.5　ArcMap 空间建模与分析

②ArcCatalog

ArcCatalog 应用程序是为 ArcGIS Desktop 提供组织和管理各类地理数据的目录窗口。在 ArcCatalog 中可组织和管理的地理信息包括地理数据库、栅格和矢量文件、地图文档、GIS 服务器等,以及这些 GIS 信息的元数据信息等。ArcCatalog 将地理数据组织到树视图中,从中用户可以管理地理数据、ArcGIS 文档、搜索和查找信息项等,允许用户单独选择某个地理数据,查看它的属性,访问对应的操作工具,图 1.6 是 ArcCatalog 对地图数据的预览界面。

**注意事项**

ArcGIS 10 已经将 ArcCatalog 嵌入到各个桌面应用程序中,如 ArcMap、ArcGlobe、ArcScene。

③ArcGlobe

ArcGlobe 是 ArcGIS 桌面系统中 3D 分析扩展模块中的一部分,为查看和分析 3D GIS 数据提供了一种独特而新颖的方式:具有空间参考的数据被放置在 3D 地球表面上,并在其真实大地位置处进行显示。ArcGlobe 具有对全球地理信息连续、多分辨率的交互式浏览功能,支持海量数据的快速浏览。如同 ArcMap 一样,ArcGlobe 也是利用 GIS 数据层组织数据,显示 Geodatabase 和所有支持的 GIS 数据格式中的信息。ArcGlobe 在三维场景下可以直接进行三维数据的创建、编辑、管理和分析。同时,ArcGlobe 创建的文档(*.3dd)可以使用 ArcGIS Server 将其发布为服务,并向其他众多的 3D 客户端提供服务,如 ArcGlobe、ArcGIS Explorer 以及 ArcGIS Engine 开发的应用程序等。图 1.7 是 ArcGlobe 的运行界面。

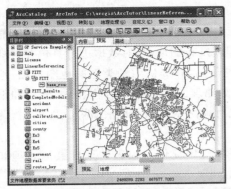

图 1.6 在 ArcCatalog 中预览地图数据

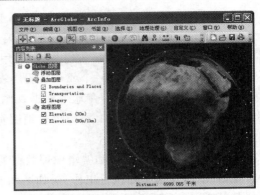

图 1.7 ArcGlobe 界面

④ArcScene

ArcScene 是 ArcGIS 桌面系统中 3D 分析扩展模块的一部分,适合于展示三维透视场景、对数据量比较小的场景进行可视化和分析。通过提供相应的高度信息、要素属性、图层属性或三维表面,能够以三维立体的形式显示要素,而且可以采用不同的方式对三维视图中的各个图层进行处理。图 1.8 是使用 ArcScene 展示某地区地形的界面。

3）ArcGIS Desktop 扩展模块

ArcGIS 为 ArcView、ArcEditor 和 ArcInfo 三个级别的产品都提供了一系列的可选扩展模块,使用户能够实现高级的分析功能,如地统计分析、三维分析、网络分析等。另外,用户也可以通过 ArcObjects(ArcGIS 软件的组件库)编程为 ArcGIS Desktop 开发自定义的扩展功能。用户可以采用标准的 Windows 编程环境,如 Visual Basic、.NET、Java 和 Visual C++等开发扩展模块。

①空间分析扩展模块

空间分析(ArcGIS Spatial Analyst)扩展模块提供了众多强大的栅格建模和分析功能,利用这些功能可以创建、查询、制图和分析栅格数据。使用空间分析扩展模块,可从现存数据中得到新的数据及衍生信息、分析空间关系和空间特征、寻址、计算点到点旅行的综合代价等。同时,还可以进行栅格和矢量结合的分析。图 1.9 是使用 ArcGIS 空间分析模块进行地区风险评估分析的界面。

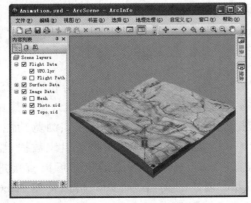

图 1.8 ArcScene 展示地形

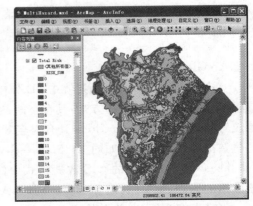

图 1.9 利用 ArcGIS 空间分析模块进行地区风险评估分析

②三维可视化与分析扩展模块

三维可视化与分析(ArcGIS 3D Analyst)扩展模块提供了丰富的三维可视化、三维分析和表面建模功能,包括 ArcGlobe 和 ArcScene 两个应用程序。它将 ArcGIS 扩展为功能全面的三维 GIS 系统,允许用户查看、管理、分析和共享三维 GIS 数据。图 1.10 是基于 ArcGlobe 的城市三维可视化显示的界面。

使用 ArcGlobe 可以高效地浏览地球视图中的海量三维数据(栅格、矢量、地形、影像、模型等),或者使用 ArcScene 查看地方坐标系中的基于特定位置的数据。用户可以直接在 ArcGlobe 或 ArcScene 中编辑要素管理和三维数据。三维分析模块继承了二维空间分析的能力,还提供了高端的三维地理处理工具以完成诸如日照分析、天际线分析等高级分析功能。图 1.11 是基于 ArcGlobe 的三维空间分析的界面。

图 1.10 ArcGlobe 城市三维可视化显示

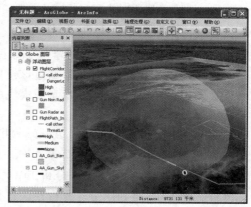

图 1.11 ArcGlobe 军事区域飞行路径危险性分析

③地统计分析扩展模块

地统计分析(ArcGIS Geostatistical Analyst)扩展模块为空间数据探测、确定数据异常、优化预测、评价预测的不确定性和生成数据面等工作提供各种各样的工具。主要完成探究数据可变性,查找不合理数据,检查数据的整体变化趋势,分析空间自相关和多数据集之间的相互关系以及利用各种地统计模型和工具来做预报,预报标准误差,计算大于某一阈值的概率和分位图绘制等工作。图 1.12 是利用地统计模块进行数据分析的界面。

④网络分析扩展模块

网络分析(ArcGIS Network Analyst)扩展模块帮助用户创建和管理复杂的网络数据集合,并且生成路径解决方案。它为基于网络的空间分析(如位置分析、行车时间分析和空间交互式建模等)提供一系列处理工具。使用网络分析扩展模块能够进行行车时间分析、历史交通网络分析、点到点的路径分析、路径方向、服务区域定义、最短路径、最佳路径、邻近设施分析等功能。图 1.13 是网络分析的界面。

⑤逻辑示意图生成扩展模块

逻辑示意图生成(ArcGIS Schematics)扩展模块根据线性网络数据自动生成、动态展现和灵活操作逻辑示意图,允许用户高效地检查网络的连通性并创建多种层次的逻辑表现。生成的逻辑示意图是简化的网络制图表达,目的是详细地体现自身结构,以便通过简单易用的方式进行操作。

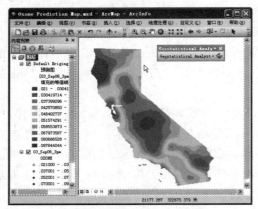

图 1.12 利用地统计模块分析地区臭氧浓度
　　　　达标的概率

图 1.13 利用网络分析模块进行包含
　　　　障碍物的多点多路径网络分析

使用逻辑示意图模块可以创建基于数据库的逻辑示意图及空间逻辑示意图。无论是电力、燃气、通信或者其他平面网络,通过该模块都可以提取网络结构的逻辑视图,并把结果放到文档或地图中。图 1.14 是逻辑示意图模块的运行界面。

⑥追踪分析扩展模块

追踪分析(ArcGIS Tracking Analyst)扩展模块提供时间序列的回放和分析功能,显示复杂的时间序列和空间模型,有助于在 ArcGIS 中与其他类型的 GIS 数据集成。它扩展了 ArcGIS 的桌面功能,提供了多种分析工具,为交通、应急反应、军事以及其他领域的用户实现追踪分析。图 1.15 是利用追踪分析模块进行的飓风路径分析。

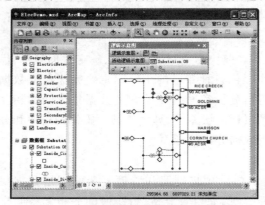

图 1.14 利用逻辑示意图模块生成管网
　　　　设施逻辑

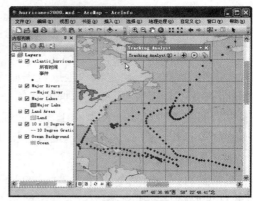

图 1.15 利用追踪分析模块分析飓风
　　　　运动轨迹

⑦数据互操作扩展模块

数据互操作(ArcGIS Data Interoperability)扩展模块提供直接数据获取、转换和输出的功能,消除了数据共享的障碍。它使得 ArcGIS 桌面软件用户容易地使用和处理多种格式的数据。数据互操作模块包含 FME Workbench 应用程序,提供一系列数据转换工具以实现不同格式数据之间的转换。

使用数据互操作扩展模块可以直接读取和使用 100 多种空间数据格式,包括 GML、DWG 与 DXF、MicroStation Design、MapInfo MID 与 MIF 和 TAB 等。用户可以通过拖放方式让这些数据和其他数据源在 ArcGIS 中直接用于制图、空间处理、元数据管理和 3D 场景制作。
图 1.16 是利用互操作模块提取数据的显示界面。

> **注意事项**
>
> 在 ArcGIS 10 中,数据互操作扩展模块是一个独立的安装程序。

⑧扫描矢量化扩展模块

扫描矢量化( ArcScan for ArcGIS)扩展模块为 ArcEditor 和 ArcInfo 增加了栅格编辑和
扫描数字化等能力,通常用于从扫描地图中获得矢量数据。使用该模块,能够实现从栅格到矢
量的转换任务,包括栅格编辑、栅格捕捉、栅格跟踪和批量矢量化等,并提供了交互式矢量化和
自动矢量化的要素模板。图 1.17 是利用扫描矢量化模块进行矢量化处理的界面。

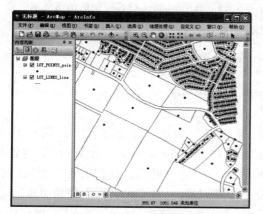

图 1.16　利用互操作模块提取数据

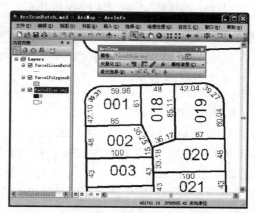

图 1.17　利用扫描矢量化模块对栅格数据进行
自动或半自动矢量化处理

> **注意事项**
>
> ArcScan 已经包含在 ArcEditor 和 ArcInfo 中了,对于 ArcView 来说它是一个
> 可选择的扩展模块。

⑨地图和数据发布扩展模块

地图和数据发布(ArcGIS Publisher)扩展模块是一款用于公开发布 ArcGIS 桌面系统制
作的数据和地图的扩展模块,能够为 ArcMap 和 ArcGlobe 的地图文档生成一个可供发布的地
图文件(*. pmf),该文件可以在免费的 ArcReader 中使用。使用该模块,用户可以将数据集打
包发布,加密成为一个高质量的只读的文件型空间数据库格式,供其他人安全地访问这些空间图
形数据。同时,它还提供可编程的 ArcReader 控件,可将 ArcReader 嵌入到一个已有的应用程序
中,从而使用户更方便地浏览 PMF 文件。图 1.18 是通过数据发布模块进行地图发布的界面。

⑩高级智能标注扩展模块

高级智能标注(Maplex for ArcGIS)扩展模块是 GIS 制图的一个重要工具,它提供了友好
的文字渲染和具有打印质量的文字布局方式,还提供了高级的标注布局和冲突检测的方法,解
决了大量标注的显示问题。Maplex 可以生成能保存在地图文档中的文字,也可以生成保存在
Geodatabase 中的复杂注记。图 1.19 是利用 Maplex 标注引擎的地图展示效果。

 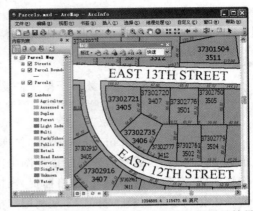

图 1.18　利用发布模块发布 PMF 地图文件　　　图 1.19　利用 Maplex 标注引擎的地图展示效果

**注意事项**

　　Maplex 已经包含在 ArcInfo 中，对于 ArcView 和 ArcEditor 来说它是一个可选择的扩展模块。

### 3. ArcGIS Engine

　　ArcGIS Engine 是一个用于创建客户化 GIS 桌面应用程序的开发组件包，是构建于 ArcObjects 之上的为二次开发提供各种函数接口的函数库。ArcObjects 是 ArcGIS 产品构建的一套核心组件。使用 ArcGIS Engine 可以为 GIS 或者非 GIS 用户提供客户化的自定制应用程序，或在其他应用程序中嵌入 GIS 功能。图 1.20 是 ArcGIS Engine 提供的开发组件和类库。

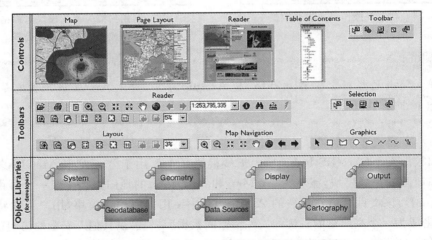

图 1.20　ArcGIS Engine 提供的开发组件和类库

### 4. ArcGIS Explorer

　　ArcGIS Explorer 是一个由 ArcGIS Server 提供支持的新的空间信息浏览器，它提供了一种免费的、快速并且使用简单的方式来浏览二维或三维地理信息，如图 1.21 所示。ArcGIS Explorer 通过访问 ArcGIS Server 提供的 GIS 功能，实现空间处理和 3D 服务，也可以使用本地数据和 ArcIMS 的服务、ArcWeb Services、OGC 标准的 WMS 和 KML 等。

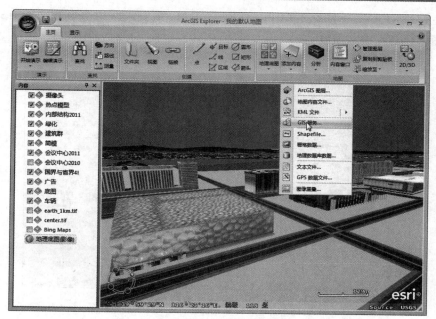

图 1.21　ArcGIS Explorer 访问 3D 服务

## 1.3.2　服务器 GIS

　　服务器 GIS 软件在服务器端集中管理 GIS 数据并提供应用服务,它为建立用于数据采集和管理、分析、可视化及分发地理信息的跨部门的大型系统奠定了基础。服务器 GIS 软件为用户提供了更为广泛的访问地理信息的能力。

　　ArcGIS 产品家族包括两个服务器产品,即 ArcGIS Server 和 ArcIMS。

> **注意事项**
>
> 　　a)ArcGIS 10 中已经将 ArcGIS Image Server 整合到 ArcGIS Server 中,作为其中的一个扩展模块(Image Extension)。
>
> 　　b)为了满足企业级需求,基于 ArcSDE 技术的长事务处理的多用户 Geodatabase 至关重要,为此,ArcGIS 10 将 ArcSDE 技术纳入到 ArcGIS Server 体系中。

### 1. ArcGIS Server

　　ArcGIS Server 是一个功能强大的基于服务器的 GIS 产品,用于构建集中管理的、支持多用户的、具备高级 GIS 功能的企业级 GIS 应用与服务,如空间数据管理、二维或三维地图可视化、数据编辑、空间分析等即拿即用的应用和类型丰富的服务。ArcGIS Server 还为用户发布和共享数据、地图以及分析模型提供了开放接口。用户可以借助 ArcGIS Server 这一符合 IT 标准的平台,通过浏览器、桌面程序和移动终端等多种途径来访问集中管理的高性能的 GIS 应用和服务。

　　ArcGIS Server 依据其功能和服务器规模差异,提供了一种可伸缩的产品线。针对不同的应用需求,ArcGIS Server 从功能上分为三个级别的版本:基础版、标准版和高级版,功能依次增强。同时,每个级别产品都支持 ArcSDE 技术,可以将地理数据库存储于各种关系数据库中，如 Oracle、SQL Server、DB2、Informix、PostgreSQL 等。图 1.22 是利用 ArcGIS Server 发布的天地图·青岛在线地图服务。

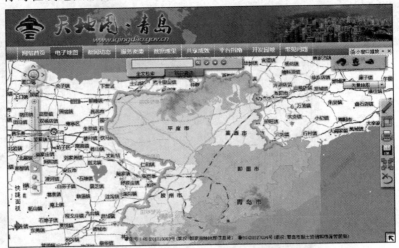

图 1.22　ArcGIS Server 发布的在线地图服务

### 2．ArcIMS

ArcIMS 是基于因特网或企业内部网发布动态地图、GIS 元数据和服务的服务器产品。它为 GIS 网络发布提供了高度可扩展的框架，从而满足用户通过网络共享 GIS 信息的需求。通常，ArcIMS 用户通过 Web 浏览器访问 GIS Web 服务，如通过 ArcIMS 附带的 Web 地图应用或通过 ArcIMS 以前版本中的 HTML Viewer 和 Java Viewer 应用来访问。

ArcIMS 也支持其他客户端访问，包括 ArcGIS 桌面、ArcGIS Engine、ArcReader、ArcPad、ArcGIS Server Web 及许多以 XML 和 OGC WMS 进行网络通信的开放客户端和设备。图 1.23 是通过 ArcIMS 发布地图数据的情况。

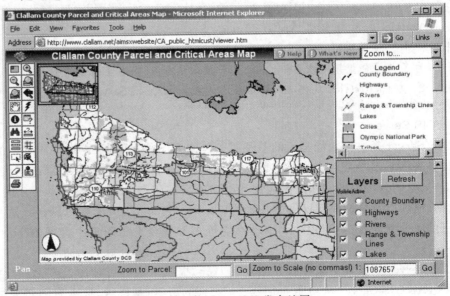

图 1.23　使用 ArcIMS 发布地图

### 1.3.3　移动 GIS

移动 GIS 能够将 GIS 应用于现场,使用移动设备完成现场地图浏览、观测和数据采集的任务,在现场与办公室之间同步数据。

#### 1. ArcPad

ArcPad 是为外业人员提供数据库访问、制图、GIS 和 GPS 集成等功能的专业数据采集应用程序。它可以在移动设备、平板电脑和桌面电脑上运行,如图 1.24 所示。ArcPad 的使用,提高了 GIS 数据收集的工作效率,改善了 GIS 数据库的准确性和及时性。使用 ArcPad,用户可以进行可靠、准确、有效地外业数据收集,将 GPS、测距仪和数码相机集成到 GIS 数据收集中。同时,用户可以根据自己的使用习惯对 ArcPad 做相应的定制,以符合自身的使用习惯。

#### 2. ArcGIS Mobile

ArcGIS Mobile 运用于车载 Windows 触摸设备和手持式 Windows Mobile 操作系统设备上。ArcGIS Mobile 使得没有更多 GIS 使用经验的人能够轻松地进行野外工作,如制图、空间查询、GPS 集成以及数据编辑等,如图 1.25 所示。同时,还提供了一个 SDK 开发包,开发人员可借助开发包来定制开发针对业务的任务和工作流应用程序,从而扩展 ArcGIS Mobile 的功能。

图 1.24　使用 ArcPad 进行
数据编辑

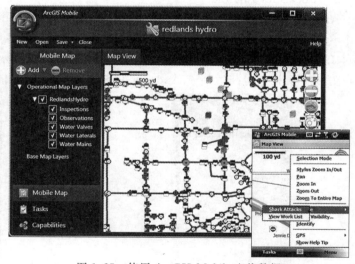

图 1.25　使用 ArcGIS Mobile 查找数据

#### 3. ArcGIS for iOS

随着 iPhone 这类触屏设备的流行,Esri 推出了 ArcGIS for iOS,主要针对苹果 iPhone、iPod Touch 和 iPad 这类 iOS 操作系统的设备。ArcGIS for iOS 包括一个免费的应用程序和 ArcGIS API for iOS。免费的应用程序可以访问在线地图,进行地图的浏览和查询,如图 1.26 所示。使用 ArcGIS API for iOS 可以开发基于 iOS 操作系统的各种业务应用系统(如商业分析系统、林业管理系统等),这样就将 GIS 的应用从办公室拓展到了移动网络。另外,这些应用可在企业内部部署,也可通过苹果的 App Store 提供给公众。

图 1.26　利用 iPhone 进行地图浏览和查询

### 4．ArcGIS for Windows Phone

2010 年微软推出 Windows Phone 7 手机，随后 Esri 也推出了针对 Windows Phone 操作系统的产品：ArcGIS for Windows Phone，它包括一个可以从 Marketplace 免费下载的 Windows Phone 应用程序，该应用程序可以搜索 ArcGIS.com 和 ArcGIS Server 上的在线地图。使用 ArcGIS API for Windows Phone 可以开发专用于 Windows Phone 设备的面向业务和流程的应用程序，如图 1.27 所示，这些应用程序可部署在企业内，也可通过 Marketplace 对公众开放。

### 5．ArcGIS for Android

ArcGIS for Android 将 GIS 的使用范围扩展到使用 Android 操作系统的手机上，它包括一个免费的应用程序和 ArcGIS API for Android。使用免费应用程序，用户能够浏览 ArcGIS.com 或 ArcGIS Server 提供的地图，如图 1.28 所示。ArcGIS API for Android 供 Java 开发人员构建专门适用于 Android 设备的、具备 GIS 功能的业务应用程序。

图 1.27　在 Windows Phone
上进行路径分析

图 1.28　用 Android 手机
浏览地图

## 1.3.4　在线 GIS

在线 GIS 为使用者的 GIS 系统提供了丰富的即拿即用内容。通过互联网，使用者可以获得 2D 地图、3D 球体和定制好的各种功能，快速开始自己的 GIS 项目。

1．ArcGIS Online

ArcGIS Online 是构建在 ArcGIS"云架构"之上的在线资源库,用来分享和传播以网络地图和 GIS 服务为代表的地理信息。ArcGIS 产品体系中的所有产品都可使用 ArcGIS Online 共享地理信息和内容。通过这种方法,即使非专业用户,也可方便地使用网络上的 GIS 信息资源。

2．ArcGIS.com

ArcGIS.com 是一个与他人分享、使用地图和其他地理信息的在线 GIS 工具,是连接 ArcGIS Online 资源库的门户网站。通过 ArcGIS.com 用户可以轻松地访问、使用和共享资源。这种新的 GIS 使用方式,用户无需考虑软硬件的配置,即可感受到基于云计算的强大的 GIS 能力。ArcGIS.com 为用户提供了大量的在线底图,利用 ArcGIS Explorer Online 可以在线制作专题图。ArcGIS.com 还是一个资源交换的平台,用户可以创建、管理群组和资源,上传、共享地图和应用,搜索在线资源等。

# 1.4　ArcGIS 10 的五大飞跃

ArcGIS 10 是全球首款支持云架构的 GIS 平台,在 WEB2.0 时代实现了 GIS 由共享向协同的飞跃。ArcGIS 10 具备了真正的 3D 建模、编辑和分析能力,实现了由三维空间向四维时空的飞跃。

## 1.4.1　协同 GIS

ArcGIS 10 是一个地理信息协同平台,可以使政府部门与部门间协同工作,使政府与企业间协同合作,使政府与公众间协同互动,以及公众完全自发的协同共享。ArcGIS 10 为地理信息协同提供从信息来源、数据内容、技术手段到应用搭建的完整支撑环境,帮助各类用户在复杂多变的环境中实现高效的信息共享和协同工作,图 1.29 是协同指挥作战的 GIS 场景。

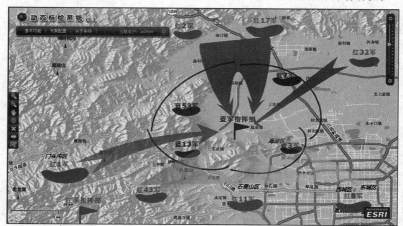

图 1.29　在协同指挥作战平台上标绘各自的位置和行军路线,与友军共同制订行动计划

## 1.4.2　三维 GIS

ArcGIS 10 是一个二维与三维一体化的 GIS 平台,可以直接在三维场景下创建、编辑和管理海量三维数据模型,使得用户能够轻松、快速地搭建三维可视化场景。并且增强的三维空间

分析能力将三维对象纳入到空间分析中,图 1.30 为三维 GIS 的天际线分析功能。还可以利用 ArcGIS Server 快速发布三维服务,实现多客户端共享地理信息。

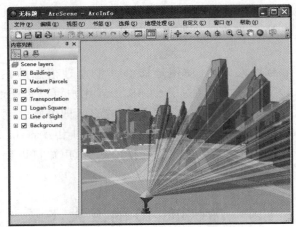

图 1.30　天际线分析功能

### 1.4.3　时空 GIS

ArcGIS 10 是一个动态的时空 GIS 平台,时间维伴随着空间数据采集、存储、管理、显示、分析以及信息共享发布的全生命周期。ArcGIS 10 跨越桌面和服务器产品,通过时间感知数据,展现事物的变化轨迹,揭示内在的发展规律,为决策者提供科学严谨而又动态直观的决策辅助支持环境。图 1.31 是基于 ArcGIS 10 的时空数据可视化的界面。

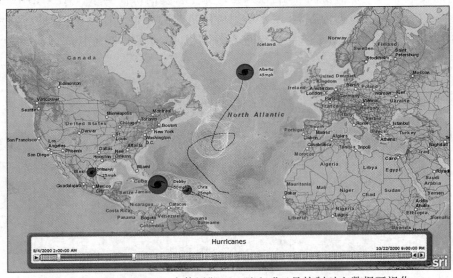

图 1.31　在 ArcGIS 10 中使用"Time Slider"工具控制时空数据可视化

### 1.4.4　一体化 GIS

ArcGIS 10 实现了影像与矢量数据的一体化。通过扩展统一的数据模型,可以实现对海量影像数据的快速发布与管理。ArcGIS 10 还增强了遥感影像与 ArcGIS 的一体化分析能力,将专业的影像处理能力整合到 GIS 工作流中,如图 1.32 所示。利用 ArcGIS Engine 结合 ENVI 或 IDL,实现遥感与 GIS 一体化集成开发,实现界面定制、混合编程、远程调用等功能。

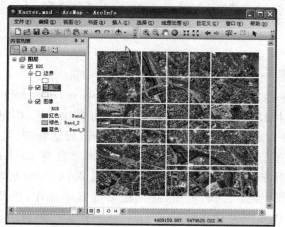

图 1.32　在 ArcGIS 10 中对海量影像进行动态镶嵌管理

## 1.4.5　云 GIS

　　ArcGIS 10 是首款支持云架构的 GIS 平台,可直接部署在 Amazon 云计算平台上,并把对空间数据的管理、分析和处理功能送上云端。ArcGIS.com 是 Esri 在云端部署的在线资源共享平台,提供了由 Esri 统一维护的在线地图服务、分析功能服务、在线应用服务等。用户不仅可以随时查看地图服务、共享地图成果,还可以从 ArcGIS 桌面、移动终端和浏览器等各类客户端调用完全开放的开发接口进行应用定制。

# 第 2 章　ArcGIS 快速入门

ArcGIS Desktop 是一套完整的专业 GIS 应用软件,它包含了一套带有用户界面的 Windows 桌面应用程序,如 ArcMap、ArcCatalog、ArcScene、ArcGlobe、ArcToolbox 和 Model Builder 等。它们通过对地理现象、事件及其关系进行可视化表达,构建特定的应用,实现任何从简单到复杂的 GIS 任务,如制图、地理分析、数据编辑、数据管理、可视化和空间处理等,从而解决用户的问题,提升工作效率及制定科学决策。本章针对 ArcGIS 初学者,让初次接触 ArcGIS 的用户对其桌面产品有一个基本的了解,掌握 ArcGIS 的基本操作。本章主要介绍 ArcMap 的窗口组成、弹出菜单、加载地图、查询检索等基本操作,以及 ArcCatalog 的窗口组成及基本操作,ArcToolbox 的总体介绍等。

## 2.1　ArcMap 基础

ArcMap 是 ArcGIS Desktop 中一个主要的应用程序,用于数据输入、编辑、查询、分析等操作,实现地图制图、地图编辑、地图分析等功能。

### 2.1.1　地图文档的操作

在 ArcMap 中可创建地图,并将地图作为一个文件保存在磁盘中,该文件就是地图文档或 *.mxd 文件(因为文件的扩展名" *.mxd"自动追加到地图文档名称中)。地图文档包括地图中地理信息的显示属性(如地图图层的属性和定义、数据框以及用于打印的地图布局等)、所有可选的自定义设置(如对时态数据启用时间的设置等)和添加到地图中的宏,但不包括地图上显示的数据,仅存储对源数据的引用信息。

**1. 启动 ArcMap**

启动 ArcMap 的方式有以下几种:

(1)ArcGIS Desktop 软件安装完成后,双击 ArcMap 桌面快捷方式图标 🖹,启动 ArcMap 应用程序。

(2)单击 Windows 任务栏的【开始】→【所有程序】→【ArcGIS】→【ArcMap 10】,启动 ArcMap 应用程序。

(3)在 ArcCatalog 工具栏中单击【启动 ArcMap】按钮 🖹,启动 ArcMap 应用程序。

**2. 创建地图文档**

可以通过以下几种方式新建地图文档。

(1)启动 ArcMap 时,自动打开【ArcMap 启动】对话框,如图 2.1 所示。在【ArcMap 启动】对话框中,单击【我的模板】,在右边区域中选择【空白地图】,单击【确定】按钮,完成空白地图文档的创建。也可以使用软件自带的模板来创建地图文档,在【模板】下根据地图文档排版布局方式的不同又分为 Standard Page Sizes 和 Traditional Layouts 两种组织方式,其中每种组织方式中又按照布局进行组织,可根据需要选择合适的模板,也可以创建并保存自己的模板供以后使用,详细内容见 9.7.1 小节。

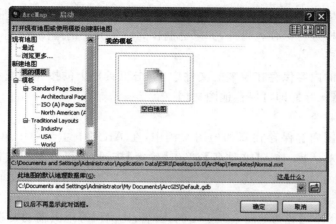

图 2.1　【ArcMap 启动】对话框

(2)在 ArcMap 中,单击工具栏上的按钮或者单击【文件】→【新建】,打开【新建文档】对话框,可以创建一个新的地图文档或选择一个已有的模板,也可以通过快捷键 Ctrl+N 创建或选择。

创建地图文档以后,打开 ArcMap 主窗口,如图 2.2 所示。

图 2.2　ArcMap 主窗口

**注意事项**

a)模板是 ArcMap 中的一种地图文档,用于快速创建新地图,可包含数据、自定义界面、地图元素(如指北针、比例尺等)。

b)【ArcMap 启动】对话框底部的【此地图的默认地理数据库】为所选地图文档加载时的默认地理数据数据库。从 ArcGIS 10 开始,每个地图文档(*.mxd)、Scene 文档(*.sxd)和 Globe 文档(*.3dd)都具有默认地理数据库。默认地理数据库即处理文档时主要使用的地理数据库。因此,如果地图文档中的大部分甚至所有数据均来自特定地理数据库,则应将该地理数据库指定为地图文档的默认地理数据库。

**3．保存地图文档**

如果对打开的 ArcMap 地图文档进行过一些编辑操作，或创建了新的地图文档，就需要对当前编辑的地图文档进行保存。另外，如果已制作完一幅完整的地图，可将其导出。

1）地图文档保存

如果要将编辑的内容保存在原来的文件中，单击工具栏上的按钮💾或在 ArcMap 主菜单中单击【文件】→【💾保存】，即可保存地图文档。

2）地图文档另存为

如果需要将地图内容保存在新的地图文档中，在 ArcMap 主菜单中单击【文件】→【另存为】，打开【另存为】对话框，输入【文件名】，单击【确定】按钮，即可将地图文档保存到一个新的文件中。

3）导出地图

如果在布局视图下已经为地图添加了图例、图名、比例尺等地图辅助要素，生成了一幅完整的地图，可在 ArcMap 主菜单中单击【文件】→【导出地图】，打开【导出地图】对话框，将当前地图按各种图片输出。在【导出地图】对话框中选择【保存类型】后，可在【选项】区域进行对应的设置。

**4．打开地图文档**

可通过以下 5 种方式来打开已创建的地图文档。

（1）在【ArcMap 启动】对话框中，通过单击【现有地图】→【最近】来打开最近使用的地图文档，也可以单击【浏览更多…】定位到地图文档所在文件夹，打开地图文档。如果不想在启动 ArcMap 后弹出【ArcMap 启动】对话框，可选中【以后不再显示此对话框】复选框。

（2）在工具栏中单击按钮📂，打开地图文档。

（3）单击 ArcMap 主菜单【文件】→【📂打开】来打开地图文档。

（4）通过快捷键 Ctrl＋O 来打开地图文档。

（5）双击现有的地图文档打开地图文档，这是常用的打开地图文档的方式。

## 2.1.2　ArcMap 窗口组成

ArcMap 窗口主要由主菜单、工具栏、内容列表、目录、搜索、显示窗口、状态栏等七部分组成，其中目录和搜索为 ArcMap 10 中新增加的内容，与 ArcCatalog 中的目录树和搜索窗口功能相同。

**1．主菜单**

主菜单包括【文件】、【编辑】、【视图】、【书签】、【插入】、【选择】、【地理处理】、【自定义】、【窗口】、【帮助】10 个子菜单。

1）文件菜单

【文件】下拉菜单中各菜单及其功能如表 2.1 所示。

表 2.1　【文件】菜单中的各菜单及其功能

| 图标 | 名　称 | 功　能　描　述 |
| --- | --- | --- |
| 🗋 | 新建 | 新建一个空白地图文档 |
| 📂 | 打开 | 打开已有的地图文档 |
| 💾 | 保存 | 保存当前地图文档 |
| | 另存为 | 将当前文档存为另一个地图文档 |

| 图标 | 名 称 | 功能描述 |
|---|---|---|
| | 保存副本 | 将地图文档保存为 ArcGIS 10 或以前的版本 |
| | 添加数据 | 向地图文档中添加数据 |
| | 登录 | 登录到 ArcGIS OnLine 共享地图和地理信息 |
| | ArcGIS OnLine | ArcGIS 系统的在线功能 |
| | 页面和打印设置 | 页面设置和打印设置 |
| | 打印预览 | 预览打印效果 |
| | 打印 | 打印地图文档 |
| | 创建地图包 | 将当前文档以及地图文档所引用数据创建为地图包,方便与其他用户共享地图文档 |
| | 导出地图 | 将当前地图文档输出为其他格式文件 |
| | 地图文档属性 | 设置地图文档的属性信息 |
| | 退出 | 退出 ArcMap 应用程序 |

①添加数据

【添加数据】包括【添加数据】、【添加底图】、【从 ArcGIS OnLine 添加数据】、【添加 XY 数据】、【地理编码】、【添加路径事件】、【添加查询图层】等子菜单。【添加数据】子菜单中的各个菜单的功能如表 2.2 所示。

**表 2.2　【添加数据】菜单中的各菜单及其功能**

| 图标 | 名 称 | 功能描述 |
|---|---|---|
| | 添加数据 | 添加本地数据、添加数据库服务器上的数据、添加 GIS 服务器(包括 ArcGIS Server,ArcIMS Server,WCS 服务器,WMS 服务器)上的数据 |
| | 添加底图 | 添加底图用于为地图选择在线底图。这样可以方便快捷地将丰富的底图数据添加到自己的地图中,而不必在本地下载或管理这些数据。底图库中包括如"世界影像"、"世界街道"、"世界地形图"和"Bing 地图"服务,要在地图中添加这些底图,必须为其建立因特网连接 |
| | 从 ArcGIS OnLine 添加数据 | 从 ArcGIS OnLine 地图网站上下载和共享地图和地理信息 |
| | 添加 XY 数据 | 将包含地理位置的表格数据以 $X$、$Y$ 坐标的形式添加到地图中。如果表中也包含 $Z$ 坐标(如高程值),则可以将表格数据作为 3D 数据添加到地图或场景中 |
| | 地理编码 | 地理编码下包括地理编码地址、查看与重新匹配地址、地址定位器管理器,作用分别是对地址进行编码,检查和重定位地理编码操作生成的要素并以交互方式匹配未能定位的地址,管理地址定位器等 |
| | 添加路径事件 | 添加描述路径位置的事件(包括点事件和线事件,点事件描述路径上的某一确切位置,线事件则描述路径的一部分),添加后将生成可在其他地理处理操作中使用的临时图层 |
| | 添加查询图层 | 连接上数据库后建立查询图层 |

②创建地图包

地图包中包含一个地图文档(＊.mxd)以及它所包含的图层所引用的数据,创建地图包就是将它们打包到一个可移植文件中。使用地图包可在工作组中的同事之间、组织中的各部门之间或通过 ArcGIS Online 与其他 ArcGIS 用户方便地共享地图。对地图进行打包之前,需要在【地图文档属性】对话框中输入关于地图的描述性信息,此信息会包含到包中,并且地图包上传到 ArcGIS Online 后,其他人可对此信息进行访问。

③地图文档属性

【地图文档属性】对话框包括文档的标题、摘要、描述、制作者名单等信息,另外,如果需要将添加到地图文档中的数据保存为相对路径,可选中【存储数据源的相对路径名】复选框。

2)编辑菜单

【编辑】下拉菜单中各菜单及其功能如表 2.3 所示。

**表 2.3　【编辑】菜单中的各菜单及其功能**

| 图标 | 名　称 | 功能描述 |
|---|---|---|
| | 撤销 | 取消前一操作 |
| | 恢复 | 恢复前一操作 |
| | 剪切 | 剪切选择内容 |
| | 复制 | 复制选择内容 |
| | 粘贴 | 粘贴选择内容 |
| | 选择性粘贴 | 将剪贴板上的内容以指定的格式粘贴或链接到地图中 |
| | 删除 | 删除所选内容 |
| | 复制地图到粘贴板 | 将地图文档作为图形复制到粘贴板 |
| | 选择所有元素 | 选择所有元素 |
| | 取消选择所有元素 | 取消选择所有元素 |
| | 缩放至所选元素 | 将所选择的元素居中且以其地理范围显示 |

**注意事项**

　　在 ArcGIS 中,元素(element)和要素(feature)是两个完全不同的概念。元素是保存在地图文档中的图形、标注等内容,可以用来整饰地图文档;而要素是具有地理实体意义的点、线、面或体数据。

3)视图菜单

【视图】下拉菜单中各菜单及其功能如表 2.4 所示。

**表 2.4　【视图】菜单中的各菜单及其功能**

| 图标 | 名　称 | 功能描述 | 图标 | 名　称 | 功能描述 |
|---|---|---|---|---|---|
| | 数据视图 | 切换到数据视图(数据处理与空间分析时常用) | | 标尺 | 添加标尺 |
| | | | | 参考线 | 添加参考线 |
| | 布局视图 | 切换到布局视图(打印地图时常用) | | 格网 | 添加格网 |
| | | | | 数据框属性 | 打开【数据框属性】对话框 |
| | 图 | 创建和管理图 | | 刷新 | 修改地图后刷新地图 |
| | 报表 | 创建、加载、运行报表 | | 暂停绘制 | 对地图修改时不刷新地图 |
| | 滚动条 | 勾选启用滚动条 | | 暂停标注 | 在持续处理数据的过程中暂停绘制标注 |
| | 状态栏 | 勾选启用状态栏 | | | |

【注意事项】

ArcGIS 提供了数据视图和布局视图两种视图方式。数据视图是对地理数据进行浏览、显示和查询的通用视图,此视图隐藏了部分地图元素,如标题、指北针和比例尺等。布局视图用于显示虚拟页面的视图,在该页面上放置和布局了地理数据和地图元素,如标题、图例和比例尺,以便地图制图和输出。

4)书签菜单

在【书签】下拉菜单中提供了【创建】和【管理】两个子菜单,通过书签可快速定位至所创建的书签位置视图,以实现地图的快速定位功能。

5)插入菜单

【插入】下拉菜单中各菜单及其功能如表 2.5 所示。其中【标题】、【动态文本】、【内图廓线】、【图例】、【指北针】、【比例尺】、【比例文本】只在布局视图中适用。

表 2.5　【插入】菜单中的各菜单及其功能

| 图标 | 名　称 | 功能描述 | 图标 | 名　称 | 功能描述 |
|---|---|---|---|---|---|
| ≋ | 数据框 | 向地图文档中插入一个新的数据框 | ≣ | 图例 | 向地图添加图例 |
| Title | 标题 | 为地图添加标题 | N | 指北针 | 向地图添加指北针 |
| A | 文本 | 为地图添加文本文字 | 🔳 | 比例尺 | 向地图添加比例尺 |
| | 动态文本 | 为地图添加动态文本,如当前日期、坐标系等 | 1:n | 比例文本 | 向地图添加比例文本 |
| | | | 🖼 | 图片 | 向地图添加图片 |
| □ | 内图廓线 | 为地图添加内图廓线 | 🖼 | 对象 | 向地图添加图表、文档等对象 |

6)选择菜单

【选择】下拉菜单中各菜单及其功能如表 2.6 所示。

表 2.6　【选择】菜单中的各菜单及其功能

| 图标 | 名　称 | 功能描述 |
|---|---|---|
| | 按属性选择 | 使用 SQL 按照属性信息选择要素 |
| | 按位置选择 | 按照空间位置选择要素(空间关系查询) |
| | 按图形选择 | 使用所绘图形选择要素 |
| | 缩放至所选要素 | 在地图显示窗口中将选择要素缩放至显示窗口的中心 |
| | 平移至所选要素 | 在地图显示窗口中将选择要素平移至显示窗口的中心 |
| Σ | 统计数据 | 对所选要素进行统计 |
| | 清除所选要素 | 清除对所选要素的选择 |
| | 交互式选择方法 | 设置选择集创建方式(包括创建新选择内容,添加到当前选择内容,从当前选择内容中移除,从当前选择内容中选择) |
| | 选择选项 | 打开【选择选项】对话框设置选择的相关属性 |

7)地理处理菜单

【地理处理】下拉菜单中各菜单及其功能如表 2.7 所示。其中【裁剪】、【相交】、【联合】、【合并】、【融合】工具只适用于二维要素类,其详细介绍参见第 10 章。

表2.7 【地理处理】菜单中的各菜单及其功能

| 图标 | 名 称 | 功能描述 |
|---|---|---|
| | 缓冲区 | 单击打开【缓冲区】工具创建缓冲区 |
| | 裁剪 | 单击打开【裁剪】工具裁剪要素 |
| | 相交 | 单击打开【相交】工具用于要素求交 |
| | 联合 | 单击打开【联合】工具用于要素联合 |
| | 合并 | 单击打开【合并】工具用于要素合并 |
| | 融合 | 单击打开【融合】工具用于要素融合 |
| | 搜索工具 | 单击打开【搜索】窗口搜索指定的工具 |
| | ArcToolbox | 单击打开【ArcToolbox】窗口 |
| | 环境 | 单击打开【环境设置】对话框以设置当前地图环境 |
| | 结果 | 单击打开【结果】窗口显示地理处理结果 |
| | 模型构建器 | 单击打开【模型】构建器窗口用于建模 |
| | Python | 单击打开【Python】窗口编辑命令 |
| | 地理处理资源中心 | ArcGIS 在线帮助地理处理资源中心 |
| | 地理处理选项 | 单击打开【地理处理选项】对话框用于地理处理各项设置 |

8）自定义菜单

【自定义】下拉菜单中各菜单及其功能如表2.8所示。

表2.8 【自定义】菜单中的各菜单及其功能

| 名 称 | 功能描述 |
|---|---|
| 工具条 | 加载需要的工具条 |
| 扩展模块 | 打开【扩展模块】对话框以启用 ArcGIS 扩展功能 |
| 加载项管理器 | 打开【加载项管理器】对话框管理加载项和打开【自定义】对话框添加自定义命令 |
| 自定义模式 | 打开【自定义】对话框添加自定义命令 |
| 样式管理器 | 打开【样式管理器】对话框管理样式 |
| ArcMap 选项 | 打开【ArcMap 选项】对话框对 ArcMap 进行设置 |

①扩展模块

当需要使用三维分析、网络分析、地统计分析、跟踪分析、空间分析等扩展模块的分析工具时，需要勾选相应的扩展模块。如单击【自定义】→【扩展模块】，打开【扩展模块】对话框，选中3D Analyst 复选框，即可使用三维分析功能。

②自定义模式

单击【自定义】→【工具条】→【自定义】，打开【自定义】对话框。在【自定义】对话框打开的情况下，可将命令拖到任意工具条上，也可建立自己的工具条。在【工具条】选项卡中单击【新建】按钮，建立自己的工具条如"MyTools"，单击【确定】按钮，MyTools 工具条自动加载到ArcMap 中；在【工具条】列表框中选中 MyTools 复选框，单击【删除】按钮可删除该工具条。在【命令】选项卡中，可选择常用的命令直接拖动到 MyTools 工具条上，拖动某个工具至工具条外即可删除该工具。

③ArcMap 选项

单击【自定义】→【ArcMap 选项】，打开【ArcMap 选项】对话框，各选项卡及其功能如表 2.9 所示。

表 2.9　【ArcMap 选项】对话框中的各选项卡及其功能

| 名　称 | 功能描述 |
|---|---|
| 常　规 | 启动画面设置、常规设置、工具设置以及鼠标滚轮和连续缩放、平移工具设置 |
| 数据视图 | 更新、刷新设置以及状态栏中的坐标显示设置 |
| 布局视图 | 外观、标尺、格网以及捕捉元素的设置 |
| 元数据 | 元数据样式以及更新设置 |
| 表 | 表字体、颜色以及属性连接等设置 |
| 栅格 | 栅格波段以及栅格数据集的设置 |
| CAD | 对所有文件扩展名进行 DGN 兼容性检查 |
| 显示缓存 | 显示缓存路径以及清除缓存 |
| Data Interoperability | 数据互操作的缓存设置，以及是否启用日志等 |

**注意事项**

【Data Interoperability】选项卡在安装 ArcGIS Data Interoperability 扩展模块的前提下才显示。

9）窗口菜单

【窗口】下拉菜单中各菜单及其功能如表 2.10 所示。

表 2.10　【窗口】菜单中的各菜单及其功能

| 图标 | 名　称 | 功能描述 |
|---|---|---|
| | 总览 | 查看当前地图总体范围 |
| | 放大镜 | 将当前位置视图放大显示 |
| | 查看器 | 查看当前地图文档内容（包括简单的查看工具） |
| | 内容列表 | 单击打开内容列表窗口 |
| | 目录 | 单击打开目录窗口 |
| | 搜索 | 单击打开【搜索】窗口 |
| | 影像分析 | 单击打开【影像分析】对话框对影像进行显示以及各项处理操作 |

10）帮助菜单

【帮助】菜单下主要包括 ArcGIS 自带的帮助和 ArcGIS Desktop 资源中心，用户通过使用帮助菜单可以方便地获得相关信息。另外使用【这是什么?】可以调用实时帮助，如果想了解 ArcMap 的版本与版权信息等，可以单击【关于 ArcMap】菜单获得相关信息。

**2. 工具栏**

在 ArcMap 中单击【自定义】→【工具条】，在弹出菜单中勾选对应的工具条，即可加载该工具条，常用的工具条有【标准】工具条和【工具】工具条。

1）【标准】工具条

【标准】工具条中共有 20 个工具，包含了有关地图数据操作的主要工具，其功能详解如表 2.11 所示。

表 2.11 【标准】工具条详解

| 图　标 | 名　称 | 功能描述 |
|---|---|---|
|  | 新建地图文件 | 新建一个空白地图文档 |
|  | 打开 | 打开已有地图文档 |
|  | 保存 | 保存当前地图文档 |
|  | 打印 | 打印地图文档 |
|  | 剪切 | 剪切选择内容 |
|  | 复制 | 复制选择内容 |
|  | 粘贴 | 粘贴选择内容 |
|  | 删除 | 删除选择内容 |
|  | 撤销 | 取消前一操作 |
|  | 恢复 | 恢复前一操作 |
|  | 添加数据 | 添加数据 |
| 1:27,100,216 |  | 设置显示比例尺 |
|  | 编辑器工具条 | 启动、关闭【编辑器】工具条 |
|  | 内容列表窗口 | 单击打开内容列表窗口 |
|  | 目录窗口 | 单击打开目录窗口 |
|  | 搜索窗口 | 单击打开搜索窗口 |
|  | ArcToolbox 窗口 | 单击打开 ArcToolbox 窗口 |
|  | Python 窗口 | 单击打开 Python 窗口编辑命令 |
|  | 模型构建器窗口 | 单击打开【模型】构建器窗口用于建模 |
|  | 这是什么？ | 调用实时帮助 |

**注意事项**

对于元素，复制、粘贴、剪切、删除工具可以直接使用；对于要素，需要在编辑状态下才能够使用这些工具。

2)【工具】工具条

通过【工具】工具条上的各个工具可以对地图数据进行视图、查询、检索、分析等操作，其包含 20 个工具，其功能详解如表 2.12 所示。

表 2.12 【工具】工具条详解

| 图标 | 名　称 | 功能描述 |
|---|---|---|
|  | 放大 | 单击或拉框放大视图 |
|  | 缩小 | 单击或拉框缩小视图 |
|  | 平移 | 平移视图 |
|  | 全图 | 缩放至地图的全图 |
|  | 固定比例放大 | 以数据框中心点为中心，按固定比例放大地图 |
|  | 固定比例缩小 | 以数据框中心点为中心，按固定比例缩小地图 |
|  | 返回到上一视图 | 返回到上一视图 |
|  | 转到下一视图 | 前进到下一视图 |
|  | 通过矩形选择要素 | 选择要素（下拉菜单包括按矩形选择、按面选择、按套索选择、按圆选择和按线选择） |

续表

| 图标 | 名　　称 | 功能描述 |
|---|---|---|
|  | 清除所选要素 | 清除对所选要素的选择 |
|  | 选择元素 | 选择、调整以及移动地图上的文本、图形和其他对象 |
|  | 识别 | 识别单击的地理要素或地点 |
|  | 超链接 | 触发要素中的超链接 |
|  | HTML 弹出窗口 | 触发要素中的 HTML 弹出窗口 |
|  | 测量 | 测量地图上的距离和面积 |
|  | 查找 | 打开【查找】对话框,用于在地图中查找要素和设置线性参考 |
|  | 查找路径 | 打开【查找路径】对话框,计算点与点之间的路径以及行驶方向 |
|  | 转到 XY | 打开【转到 XY】对话框,输入某个 X、Y 位置,并导航到该位置 |
|  | 打开"时间滑块"窗口 | 打开【时间滑块】窗口,以便处理时间数据图层和表 |
|  | 创建查看器窗口 | 通过拖拽出一个矩形创建新的查看器窗口 |

### 3．内容列表

内容列表用来显示地图文档所包含的数据框、图层、地理要素、地理要素的符号、数据源等。双击内容列表窗口的顶部空白部分,内容列表停靠在 ArcMap 的左边,单击按钮　,内容列表窗口隐藏在 ArcMap 窗口的左侧,单击内容列表即可打开。

一个地图文档至少包含一个数据框,如果地图文档中包含两个或两个以上数据框,内容列表中将依次显示所有数据框,但是只有一个数据框是当前数据框,其名称以加粗方式显示。每个数据框由若干图层组成,图层在内容列表中显示的顺序将决定在地图显示窗口中的叠加顺序,一般来说,点、线和面以自上往下的顺序显示。每个图层前面有两个小方框,其中一个方框为"+"或"－"号,用于设置是否展开图层,另一个小方框中标注"☑"号,用于设置图层是否在地图显示窗口中显示。

内容列表选项包括以下 4 种,如图 2.2 所示。

(1)按绘制顺序列出按钮　,用于表示所有图层地理要素的类型与表示方法,按照图层加载顺序依次列出。

(2)按源列出按钮　,除了表示所有图层地理要素的类型与表示方法以外,还能显示数据的存放位置与存储格式。

(3)按可见性列出按钮　,除了表示所有图层地理要素的类型与表示方法以外,还将图层按照可见与不可见进行分组列出。

(4)按选择列出按钮　,按照图层是否有要素被选中,对图层进行分组显示,同时标识当前处于选中状态的要素的数量。

在内容列表中单击按钮　,打开【内容列表选项】对话框,如图 2.3 所示,可以设置内容列表显示属性。

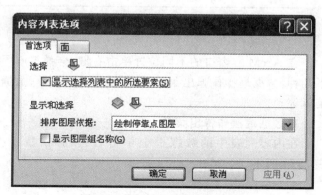

图 2.3　【内容列表选项】对话框

#### 4. 目录和搜索窗口

目录窗口主要用于地理数据的树状视图,通过它可查看本地或网络上的文件及文件夹,并能建立与数据库的连接,查看 GIS 服务器上的数据等(见图 2.2 中的目录窗口)。与 ArcCatalog 中目录树功能类似,其功能将在 2.2 节中详细介绍,在此不再赘述。搜索窗口可对本地磁盘中的的地图、数据、工具进行搜索(见图 2.2 中的搜索窗口)。

#### 5. 地图显示窗口

地图显示窗口用于显示当前地图文档所包含的所有地理要素,ArcMap 提供了两种地图视图方式:一种是数据视图,可以对地图数据进行查询、检索、编辑和分析等各种操作;一种是布局视图,可以将图名、图例、比例尺和指北针等地图辅助要素加载到地图上。两种地图显示方式可以通过地图显示窗口左下角的数据视图和布局视图按钮 🔲 和 🔲 进行切换。也可以通过单击【视图】菜单下的【🔲 数据视图】和【🔲 布局视图】子菜单进行切换。在布局视图下,加载【布局】工具条,其功能详解如表 2.13 所示。

表 2.13 【布局】工具条详解

| 图标 | 名　　称 | 功能描述 |
|---|---|---|
| 🔍 | 放大 | 单击或拉框放大布局视图 |
| 🔍 | 缩小 | 单击或拉框缩小布局视图 |
| ✋ | 平移 | 平移布局 |
| ⛶ | 缩放整个页面 | 缩放至布局的全图 |
| 🔲 | 缩放至 100% | 缩放至 100%视图 |
| 🔲 | 固定比例放大 | 以数据框中心点为中心,按固定比例放大布局视图 |
| 🔲 | 固定比例缩小 | 以数据框中心点为中心,按固定比例缩小布局视图 |
| ◀ | 返回到范围 | 返回至前一视图范围 |
| ▶ | 前进至范围 | 前进至下一视图范围 |
| 75% ▼ | | 当前地图显示百分比 |
| 🔲 | 切换描绘模式 | 切换至描绘模式 |
| 🔲 | 焦点数据框 | 使数据框在有无焦点之间切换 |
| 🔲 | 更改布局 | 打开【选择模板】对话框,选择合适的模板更改布局 |
| 🔲 | 数据驱动页面工具条 | 打开【数据驱动页面】工具条设置数据驱动页面 |

### 2.1.3 ArcMap 中的弹出菜单

在 ArcMap 窗口的不同位置单击右键,会弹出不同的弹出菜单,经常调用的弹出菜单有以下几种:数据框操作弹出菜单、图层操作弹出菜单、数据视图操作弹出菜单、布局视图操作弹出菜单等。

#### 1. 数据框操作弹出菜单

在内容列表中的数据框上单击右键,弹出数据框操作快捷菜单,各菜单功能描述如表 2.14 所示。

表 2.14　数据框操作弹出菜单中的各菜单及其功能

| 图标 | 名　称 | 功能描述 |
|---|---|---|
| ✛ | 添加数据 | 向数据框中添加数据 |
| ▢ | 新建图层组 | 新建一个图层组（可包括多个图层） |
| ▢ | 新建底图图层 | 新建一个底图图层来存放底图数据 |
| ▢ | 复制 | 复制图层 |
| ▢ | 粘贴图层 | 粘贴已复制的图层 |
| ✖ | 移除 | 移除图层（只是移除数据框对图层的引用，并不能删除数据） |
| | 打开所有图层 | 显示数据框中的所有图层 |
| | 关闭所有图层 | 关闭数据框中所有图层的显示 |
| | 选择所有图层 | 选择数据框下的全部图层 |
| ⊞ | 展开所有图层 | 将数据框下的所有图层展开 |
| ⊟ | 折叠所有图层 | 将数据框下的所有图层折叠 |
| | 参考比例尺 | 设置数据框下的所有图层的参考比例尺。设置参考比例后，随着范围的改变，地图文档中文本和符号的大小也会随着显示比例的变化一起变化。如果不设置参考比例，文本和符号在任何比例下显示时都是相同的 |
| | 高级绘制选项 | 对地图中面状要素掩盖的其他要素进行设置 |
| | 标记 | 标注管理。包括标注管理器，设置标注优先级、标注权重等级、锁定标注、暂停标注、查看未放置的标注等，有关标记的详细内容请参考 9.2 节 |
| ▢ | 将标注转换为标记 | 将数据框中已标注图层中的标注转换为标记 |
| ▢ | 将要素转换为图形 | 将要素转换为图形 |
| ▢ | 将图形转换为要素 | 将图形转换为要素 |
| | 激活 | 激活当前选中的数据框 |
| ▢ | 属性 | 打开【数据框属性】对话框，设置数据框的相关属性 |

右击数据框，在弹出菜单中单击【属性】，打开【数据框属性】对话框，各选项卡功能如表 2.15 所示。

表 2.15　【数据框属性】对话框中的各选项卡功能

| 名　称 | 功能描述 |
|---|---|
| 常　规 | 数据框名称、单位、参考比例等设置 |
| 数据框 | 范围、全图命令使用范围以及裁剪选项的设置 |
| 坐标系 | 显示当前数据框坐标系、设置数据框的坐标系（并不改变源数据的坐标系） |
| 照明度 | 方位角、高度、对比度设置 |
| 格网 | 格网的新建、删除等操作 |
| 要素缓存 | 自动缓存设置 |
| 注记组 | 控制多组不同注记的显示 |
| 范围指示器 | 用于创建总览图或定位器地图 |
| 框架 | 设置边框、背景、阴影等 |
| 大小和位置 | 设置数据框的大小和位置 |

**2.图层操作弹出菜单**

在内容列表中的任意图层上单击右键,弹出图层操作快捷菜单,每个菜单分别用于对图层及其要素的属性进行操作,并且只对当前选中的图层起作用。图层操作弹出菜单功能如表 2.16 所示。

表 2.16　图层操作弹出菜单中的各菜单及其功能

| 图标 | 名　称 | 功能描述 |
|---|---|---|
| 🗐 | 复制 | 复制当前选中的图层 |
| ✖ | 移除 | 移除当前选中的图层 |
| ▦ | 打开属性表 | 打开图层的属性表 |
| | 连接和关联 | 将当前属性表连接、关联到其他表或基于空间位置连接,详细介绍参考 3.3.4 小节 |
| ◆ | 缩放至图层 | 缩放至选中图层视图 |
| | 缩放至可见 | 将当前视图缩放到可见比例尺 |
| | 可见比例范围 | 设置当前图层可见的最大和最小比例尺 |
| | 使用符号级别 | 对当前图层启用符号级别功能 |
| | 选择 | 选择图层中的要素并进行操作 |
| | 标注要素 | 勾选时在要素上显示标注 |
| | 编辑要素 | 对要素进行编辑 |
| 🖎 | 将标注转换为注记 | 将此图层中标注转换为注记 |
| 🖎 | 将要素转换为图形 | 打开【将要素转换为图形】对话框,将要素转换为图形 |
| | 将符号系统转换为制图表达 | 打开【将符号系统转换为制图表达】对话框,将此图层中的符号系统转换为制图表达 |
| | 数据 | 导出、修复数据等 |
| ◆ | 另存为图层文件 | 打开【保存图层】对话框,将当前图层另存为图层文件 |
| 🔷 | 创建图层包 | 创建包括图层属性和图层所引用的数据集的图层包,可以保存和共享与图层相关的所有信息,如图层的符号、标注、表属性和数据等 |
| 📑 | 属性 | 打开【图层属性】对话框,设置当前图层的属性 |

在图层操作弹出菜单中单击【属性】打开【图层属性】对话框,如图 2.4 所示。

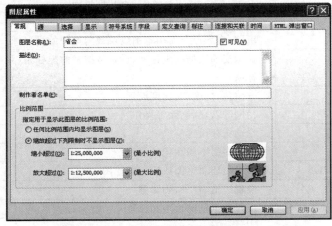

图 2.4　【图层属性】对话框

【图层属性】对话框中的各个选项卡的功能如表 2.17 所示。

表 2.17　【图层属性】对话框中的各选项卡功能

| 名　称 | 功能描述 | 名　称 | 功能描述 |
|---|---|---|---|
| 常规 | 图层名字、描述、显示比例范围设置 | 字段 | 字段别名、可见性等设置 |
| | | 定义查询 | 在视图中只显示查询的结果 |
| 源 | 显示图层的范围、数据源,设置图层的数据源 | 标注 | 对图层中的要素设置标注 |
| 选择 | 设置选择要素的显示样式 | 连接和关联 | 对表或空间位置进行连接和关联 |
| 显示 | 设置图层透明度、超链接等 | 时间 | 对时态数据启用时间 |
| 符号系统 | 设置图层的显示符号,对图层进行符号化设置 | HTML弹出窗口 | 对 HTML 弹出窗口进行设置 |

### 3.数据视图操作弹出菜单

数据视图下,当数据处于非编辑状态时,在地图显示窗口中单击右键,弹出数据视图操作快捷菜单。数据视图操作弹出菜单用于对数据视图中当前显示的图层进行操作,各菜单功能如表 2.18 所示。

表 2.18　数据视图操作弹出菜单中的各菜单及其功能

| 图标 | 名　称 | 功能描述 |
|---|---|---|
| | 全图 | 缩放至地图的全图 |
| | 返回到上一视图 | 返回到前一视图 |
| | 转到下一视图 | 前进到下一视图 |
| | 固定比例放大 | 以数据框中心点为中心,按固定比例放大地图 |
| | 固定比例缩小 | 以数据框中心点为中心,按固定比例缩小地图 |
| | 居中 | 视图居中显示 |
| | 选择要素 | 将选择单击的要素 |
| | 识别 | 单击识别地理要素或地点 |
| | 缩放至所选要素 | 缩放至所选要素视图 |
| | 平移至所选要素 | 平移至所选要素视图 |
| | 清除所选要素 | 清除对所选要素的选择 |
| | 粘贴 | 粘贴已在内容列表中复制的图层,在地图显示窗口中复制的图形或注记,在【表】窗口中复制的记录 |
| | 数据框属性 | 打开【数据框属性】对话框,设置数据框的属性 |

### 4.布局视图操作弹出菜单

布局视图下,在当前数据框内单击右键弹出针对数据框内部数据的布局视图操作快捷菜单,其选项和功能如表 2.19 所示;当在数据框外单击右键时,弹出针对整个页面的布局视图操作快捷菜单,其功能如表 2.20 所示。

表 2.19　数据视图(数据框内)操作弹出菜单中的各菜单功能

| 图标 | 名　称 | 功能描述 |
|---|---|---|
| | 添加数据 | 向当前数据框中添加数据 |
| | 全图 | 数据框内数据以全图方式显示 |

续表

| 图标 | 名　称 | 功能描述 |
|---|---|---|
| | 焦点数据框 | 数据框在有无焦点之间切换,有焦点时可对数据框操作 |
| | 缩放整个页面 | 对布局视图的整个页面缩放 |
| | 缩放至所选元素 | 缩放至所选元素视图 |
| | 剪切、复制、删除 | 剪切、复制、删除所选内容 |
| | 组 | 当图例转换为图形后对已取消分组的图形元素创建组合 |
| | 取消分组 | 当图例转换为图形后对创建的图例取消组合以便更精确地控制图例各部分 |
| | 顺序 | 改变数据框的排列顺序 |
| | 微移 | 改变数据框、图例、比例尺等的位置,如往上、下、左、右微移 |
| | 对齐 | 设置数据框的对齐方式 |
| | 分布 | 设置数据框的分布方式 |
| | 旋转或翻转 | 旋转或翻转图形 |
| | 属性 | 打开【数据框属性】对话框,设置数据框属性 |

表 2.20　数据视图(数据框外)操作弹出菜单中的各菜单功能

| 图标 | 名　称 | 功能描述 |
|---|---|---|
| | 缩放整个页面 | 对整个页面缩放 |
| | 返回到范围 | 返回到前一视图 |
| | 前进至范围 | 前进到下一视图 |
| | 页面和打印设置 | 设置打印页面的各个参数 |
| | 切换描绘模式 | 切换到描绘模式 |
| | 剪切、复制、粘贴、删除 | 剪切、复制、粘贴、删除所选内容 |
| | 选择所有元素 | 选择所有的元素 |
| | 取消所有元素 | 取消对所有元素的选择 |
| | 缩放至所选元素 | 缩放至所选元素视图 |
| | 标尺 | 设置标尺 |
| | 参考线 | 设置参考线 |
| | 格网 | 设置格网 |
| | 页边距 | 设置页边距 |
| | ArcMap 选项 | 打开【ArcMap 选项】对话框,设置 ArcMap 选项 |

## 2.1.4　ArcMap 基本操作

### 1.加载数据

一个地图文档可以包括多个数据框,一个数据框又可以包括不同的地图图层。地理数据在地图中以图层的形式表现,一个数据图层对应了一种要素类,相同类型的要素聚集在一起称做要素类。既可以向空白地图文档中加载数据,也可以向已有地图文档中添加数据,其操作步骤完全一样,向 ArcMap 中添加数据有以下几种方式:

(1)在 ArcMap 主菜单中单击【文件】→【添加数据】→【✦添加数据】,打开【添加数据】对话框,添加数据。

(2)在【标准】工具条中单击【✚添加数据】→【✚添加数据】,添加数据。

(3)在内容列表中右击数据框,在弹出菜单中单击【✚添加数据】,添加数据。

(4)在目录窗口中定位到要添加的数据所在文件夹,拖动数据到窗口中,数据即被加载到当前数据框中。

(5)启动 ArcCatalog,在目录树窗口中定位到要添加的数据所在位置,拖动数据直接到 ArcMap 窗口中来添加数据。

**1)添加本地数据**

添加本地数据操作步骤如下:

(1)启动 ArcMap,打开地图文档 huadong. mxd(位于"…\chp02\添加数据\data")。

(2)在【标准】工具条中单击【✚添加数据】→【✚添加数据】,打开【添加数据】对话框。

(3)单击【查找范围】下拉框,浏览到 huadong 文件夹。

(4)在列表框中单击选中 shenghui 要素类。

(5)单击【添加】按钮,shenghui 数据即被加载到 ArcMap 中。

**2)从 ArcGIS Server 服务器中添加数据**

下面以从 ArcGIS Server 中添加数据为例进行介绍,从数据库服务器上和其他 GIS 服务器上添加数据与此类似。其操作步骤如下:

(1)启动 ArcMap,打开地图文档 huadong. mxd(位于"…\chp02\添加数据\data")。

(2)打开【添加数据】对话框,在【查找范围】下拉框中选择"GIS 服务器",然后在【添加数据】对话框中间的列表框中选择"添加 ArcGIS Server",单击【添加】按钮,打开【添加 ArcGIS Server】对话框,选中【使用 GIS 服务】单选按钮。

(3)单击【下一步】按钮,打开【常规】对话框,选中【Internet】单选按钮,在【服务器 URL】文本框中输入服务器地址(如 http：// map. geoq. cn/ArcGIS/rest/services),如图 2.5 所示。

(4)单击【完成】按钮,即可添加服务器地址为 http：// map. geoq. cn/ArcGIS/rest/services 的所有服务,此时【添加数据】对话框中多了一个服务器连接图标,如图 2.6 所示。

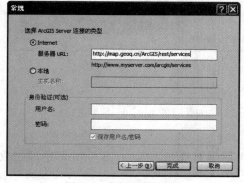

图 2.5　【常规】对话框

图 2.6　添加的服务器连接结果

(5)在列表框中选择"ArcGIS on map. geoq. cn",单击【添加】按钮,即在列表框中展开该服务器上的所有服务。

(6)在列表框中选择"ChinaOnlineStreetWarm",单击【添加】按钮,即可添加该服务的数

图 2.7 添加 ArcGIS Server 数据结果

据,结果如图 2.7 所示。

3)添加底图

底图图层(简称底图)是一类地图图层的集合,底图图层相对稳定,不常发生变化,其显示只需计算一次,然后便可以多次重复使用。首次以特定的地图比例访问某个区域时,会对底图图层的显示进行计算,以后再以此地图比例访问该区域时,可调出该显示,大大提升了地图绘制性能。底图是进行所有后续操作和制图的基础,为使用地理信息提供了环境和框架,可用于位置参考。

使用 ArcMap 中【❍新建底图图层】菜单创建本地的底图图层,此方法将在 2.1.4 小节中介绍;也可以使用【❖添加数据】菜单中的【▦添加底图】菜单添加基于服务的底图。

添加底图操作步骤如下:

(1)启动 ArcMap,打开地图文档 huadong. mxd(位于"…\chp02\添加数据\data")。

(2)在【标准】工具条中单击【❖添加数据】→【▦添加底图】,打开【添加底图】对话框,如图 2.8 所示。

(3)在【添加底图】对话框的列表框中选择"Bing Maps Aerial",单击【添加】按钮,添加底图数据结果如图 2.9 所示。

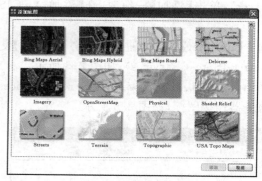

图 2.8 【添加底图】对话框

图 2.9 添加底图数据结果

4)从 ArcGIS Online 中添加数据

ArcGIS Online 包含许多可与之连接并可在 ArcMap 中使用的在线 GIS 数据源。

从 ArcGIS Online 中添加数据的操作步骤如下:

(1)启动 ArcMap,在【标准】工具条中单击【❖添加数据】→【▦从 ArcGIS Online 中添加数据】,打开【ArcGIS Online】对话框,如图 2.10 所示。

(2)在该对话框中的列表框中列有数据的一些信息,在每个数据区域单击【详细信息】按钮,即可浏览该数据的详细信息,如果该数据满足需求,可单击【添加】按钮,即可将该数据添加到地图显示窗口中。

(3)同时也可以在搜索文本框中输入数据的关键词,单击搜索按钮🔍,即可在列表框中列出相关的数据,找到合适的数据添加即可。

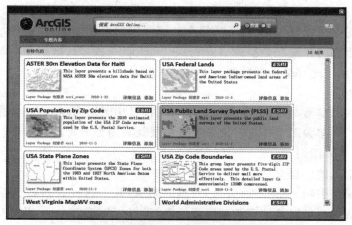

图 2.10　ArcGIS Online 对话框

**2.数据路径**

ArcMap 地图文档中只记录和保存各图层所对应的源数据的路径信息,通过路径信息实时地调用源数据。每次加载地图文档时,系统根据地图文档中记录的路径信息去指定的目录中读取源数据。如果磁盘中数据文件的路径有所改变,系统就会提示用户指定数据文件的新路径,或者忽略读取该图层,地图中将不显示该图层的信息。

1)设置相对路径

如果地图文档数据存储为绝对路径,那么一旦存储路径发生改变,比如,复制到另一个文件夹里,或拷贝到其他电脑上,那么整个地图文档文件的数据就会不正常显示,图层面板上会出现很多红色感叹号。如果存储为相对路径,就可以任意复制改变整个文件夹的位置,且数据显示正常。其操作步骤如下:

(1)启动 ArcMap,打开地图文档 huadong. mxd(位于"…\chp02\设置相对路径\data")。

(2)在 ArcMap 主菜单中单击【文件】→【地图文档属性】,打开【地图文档属性】对话框。

(3)选中【存储数据源的相对路径名】复选框,单击【确定】按钮,完成操作。

2)设置数据源

在 ArcMap 中,图层的源数据包括数据类型、几何类型、投影坐标系等基本信息,可以通过改变数据源改变这些源数据信息。其操作步骤如下:

(1)启动 ArcMap,打开地图文档 huadong. mxd(位于"…\chp02\设置数据源\data")。

(2)在内容列表窗口中右击 xingzhengqujie 图层,单击【📷属性】,打开【图层属性】对话框,切换到【源】选项卡。

(3)在【源】选项卡中单击【设置数据源】按钮,在【数据源】对话框中选择新的数据文件,单击【添加】按钮,再次单击【确定】按钮,改变图层的数据源。

🚧 **注意事项**

　　如果数据存储为绝对路径,数据所在位置发生改变后图层所引用的数据就不会再显示,每个图层前边会有一个红色叹号,可右击图层选择【数据】菜单下【修复数据源】菜单来修复数据。

**3. ArcMap 中图层的基本操作**

ArcGIS 中的地图由一系列以特定顺序绘制的地图图层组成。地图图层定义了 GIS 数据集如何在地图视图中进行符号化和标注,每个地图图层都可用于显示以及处理特定的 GIS 数据集。图层会引用存储在地理数据库、Coverage、Shapefile、影像、栅格和 CAD 文件等数据源中的数据,而不是真正地存储地理数据。

1)图层的类型

图层具有不同的类型,各图层类型都有不同的符号化图层内容的方法,并且具有针对相应内容的特定操作。大多数图层都具有用于处理图层及其内容的特定工具集。例如,使用【编辑器】工具条可操作要素图层。

以下是几种常见的图层类型:

——要素图层。引用一组要素(矢量)数据的图层,其中这些数据表示点、线、面等地理实体。要素图层的数据源可以是地理数据库要素类、Shapefile、Coverage 以及 CAD 文件等。

——栅格图层。引用栅格或图像作为其数据源的图层。

——服务图层。用于显示 ArcGIS Server、ArcIMS、WMS 服务以及其他 Web 服务的图层。

——地理处理图层。用于显示地理处理工具输出的图层。

——底图图层。图层组的一种,可提供底图内容的高性能显示。

2)更改图层名称

默认情况下,添加进地图文档中的图层以其数据源的名字命名,也可以根据需要更改图层的名称。在需要更改图层名称的图层上单击左键,选中图层,再次单击左键,图层名称进入可编辑状态,输入新名称即可。也可以双击图层打开【图层属性】对话框,在【常规】选项卡下【图层名称】文本框中来设置图层的名称。

3)更改图层的显示顺序

图层在内容列表中的排列顺序决定了图层在地图中的绘制顺序:内容列表中排列位置靠上的图层在绘制时位置也会靠上,最下面的图层最先绘制。

一般来说,图层的排列顺序遵循以下原则:

(1)按照点、线、面要素类型依次由上至下排列。

(2)按照要素重要程度的高低依次由上至下排列。

(3)按照要素线划的粗细依次由下至上排列。

(4)按照要素色彩的浓淡程度依次由下至上排列。

如果需要调整图层顺序,在内容列表单击选中图层名称,按住鼠标向上或向下拖动到新位置释放左键即可完成,但必须是在【按绘制顺序列出】的情况下。

4)图层的复制与删除

在地图文档中,同一个数据文件可以被一个数据框的多个图层引用,也可以被多个数据框引用。在同一个数据框中复制图层可以通过右键菜单中的【复制】和【粘贴】命令完成操作,在不同数据框中复制图层除了使用【复制】和【粘贴】命令外,也可以直接从一个数据框中拖动图层到另一个数据框下来完成。

删除图层只需在该图层上单击右键,在弹出菜单中单击【✖移除】。若按住 Shift 或者 Ctrl 键可以选择多个图层进行操作。

5) 图层的符号化

地图符号是表达空间数据的基本手段,是地图的语言单位,是可视化表达地理信息内容的基础工具。它不仅能表示事物的空间位置、形状、质量和数量特征,而且还可以表示各事物之间的相互关系及区域总体特征。地图符号由形状不同、大小不一、色彩有区别的图形和文字组成,不仅具有确定客观事物的空间位置、分布特点及质量和数量特征的基本功能,而且还具有相互联系和共同表达地理环境各要素总体的特殊功能,具体内容参考 9.1 节。

6) 图层的坐标定义

ArcMap 中图层大多是具有地理坐标系统的空间数据,创建新地图文档并加载图层时,第一个被加载的图层的坐标系统被作为该数据框的默认坐标系统,随后被加载的图层,无论其原有的坐标系如何,只要满足坐标转换的要求,都将被自动转换为该数据框的坐标系统,但不会影响图层所对应的数据本身的坐标系统。对于没有足够坐标信息的图层,一般情况下由操作人员来提供坐标信息。若没有提供坐标信息,ArcMap 按默认办法处理:先判断图层的 X 坐标是否在 $-180\sim180$,Y 坐标是否在 $-90\sim90$,若判断为真,则按照大地坐标来处理;若判断不为真,就认为是简单的平面坐标系统。

若不知道所加载图层的坐标系统,可以通过【数据框属性】对话框或者【图层属性】对话框进行查阅,并根据需要进一步修改。其操作步骤如下:

(1) 启动 ArcMap,打开地图文档 huadong. mxd(位于 "… \ chp02 \ 图层的坐标定义\data")。

(2) 在内容列表窗口中打开【数据框属性】对话框。

(3) 单击【坐标系】标签,切换到【坐标系】选项卡。该选项卡中显示了该地图的数据框的坐标信息,如图 2.11 所示。如果要修改数据框的坐标信息,在【选择坐标系】中单击【预定义】文件夹,下面包含了 Geographic Coordinate Systems 文件夹和 Projected Coordinate Systems 文件夹,即包含地理坐标系和投影坐标系,可以根据需要选择这两个文件夹中合适的坐标系,单击【确定】按钮,完成坐标系的设置。

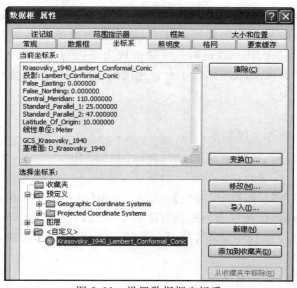

图 2.11　设置数据框坐标系

在【坐标系】选项卡下可以修改当前坐标系统的参数、导入其他数据源的坐标系统、新建坐标系统等,具体内容参考第 7 章。

7)创建图层组

当需要把多个图层当做一个图层来处理时,可将多个相同类别的图层组成一个图层组。例如有两个图层分别代表铁路和公路,可将两个图层合并为一个新的交通网络图层。一个组合图层在地图文档中的性质类似于一个独立的图层,对图层组的操作同图层类似。

(1)启动 ArcMap,打开地图文档 huadong. mxd(位于"…\chp02\创建图层组\data")。

(2)按住 Ctrl 键的同时选中图层"gonglu"和"tielu",单击右键,然后单击【组】,即可创建一个包含这两个图层的图层组。如果想取消图层组,可右键单击图层组,然后单击【取消分组】即可取消分组。

(3)在内容列表中单击选中图层组,再次单击左键,命名为"交通网络"。

(4)双击图层组交通网络,打开【图层组属性】对话框,单击【组合】标签,切换到【组合】选项卡,可以通过箭头对图层组中包含的图层进行排序、移除等操作;切换到【常规】选项卡,可设置图层组的名称、设置图层组的可见比例范围等,其中设置图层组的可见比例范围与图层的方法相同;切换到【显示】选项卡,可以设置图层组的透明度、对比度等。

另外,可右击数据框,单击【新建图层组】,即可在内容列表中添加一个缺省名为"新建图层组"的图层组,可直接单击选中图层拖动到图层组的下面,即可将组层添加到该图层组中,也可拖动该图层到图层组的外面从图层组中移除选中图层。

创建底图图层的方法与创建图层组的方法类似,右击数据框,单击【新建底图图层】创建底图图层,将图层直接拖放到新建的底图图层的下面即可将该图层添加到底图图层中,操作底图图层同操作图层组。

8)设置图层比例尺

通常情况下,不论地图显示的比例尺多大,只要在 ArcMap 内容列表中勾选图层,该图层就始终处于显示状态。如果地图比例尺非常小,就会因为地图内容过多而无法清楚地表达。若考虑小比例尺地图,当放大比例尺的时候可能出现图画内容太少或者要素线划不够精细的缺点。为了克服这个缺点,ArcMap 提供了设置地图显示比例尺范围的功能,可以设置图层的绝对比例尺和相对比例尺。

①设置绝对比例尺

设置绝对比例尺的操作步骤如下:

(1)启动 ArcMap,打开地图文档 huadong. mxd(位于"…\chp02\设置图层比例尺\data")。

(2)打开"行政区界"图层的【图层属性】对话框,单击【常规】标签,切换到【常规】选项卡,在【比例范围】下单击选中【缩放超过下列限制时不显示图层】单选按钮,输入【缩小超过】和【放大超过】的比例来设置图层的绝对比例尺,如图 2.4 所示,单击【确定】按钮,完成操作。

②设置相对比例尺

设置相对比例尺的操作步骤如下:

(1)在地图显示窗口中,将视图缩小到一个合适的范围。右击"行政区界"图层,单击【可见比例范围】→【设置最小比例】,设置该图层的最小相对比例尺。

(2)放大视图到一个合适的范围,单击【可见比例范围】→【设置最大比例】,设置图层的最大相对比例尺。

(3)如果不想对图层使用绝对比例尺和相对比例尺,可单击【可见比例范围】→【清除比例范围】来清除设置的比例尺。

**9)导出数据**

可将 ArcMap 中的图层导出为 Shapefile 文件、文件和个人地理数据库要素类以及 SDE 要素类,数据导出的详细介绍参考第 3 章。下文以导出 Shapefile 文件格式的数据为例介绍如何导出数据。导出数据的操作步骤如下:

(1)启动 ArcMap,打开地图文档 huadong.mxd(位于"…\chp02\导出数据\data")。

(2)在内容列表中右击图层 xingzhengqujie,单击【数据】→【 导出数据】,打开【导出数据】对话框,如图 2.12 所示。

(3)单击【导出】下拉框,选择"所有要素"。在【使用与以下选项相同的坐标系】下单击选中【此图层的源数据】单选按钮。

(4)在【输出要素类】下单击浏览按钮 ,打开【保存数据】对话框。

(5)单击【查找范围】下拉框,浏览到将数据保存的位置;在【名称】文本框中输入"test";单击【保存类型】下拉框,选择"Shapefile"。

(6)单击【保存】按钮,返回到【导出数据】对话框,然后单击【确定】按钮,即可导出数据。

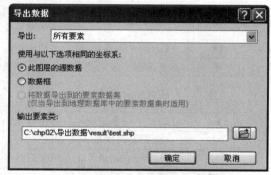

图 2.12　【导出数据】对话框

**注意事项**

a)如果在【保存数据】对话框的【保存类型】下拉框中选择【文件和个人地理数据库要素类】或者【SDE 要素类】,则可以将数据保存为此类型。

b)在【导出数据】对话框中,如果单击选中【此图层的源数据】单选按钮,导出的数据坐标系统与源数据相同,如果单击选中【数据框】单选按钮,导出数据的坐标系统与数据框的相同。

**4.表操作**

表格是地理要素的属性信息,可用于显示、查询和分析数据。表由行和列组成,且所有行都具有相同的列。在 ArcGIS 中,行和列分别称为记录和字段。每个字段可存储一个特定的数据类型,如数字、日期或文本等。表格的数据源可以是地理数据库(文件、个人或 SDE)中的独立表、要素图层属性表、dBASE 表、INFO 表、Microsoft Excel 表(直接在 ArcMap 中打开或通过 OLE DB 访问)、Microsoft Access 数据库(不是地理数据库时,通过 OLE DB 访问)和通过 OLE DB 访问的其他数据等。

**1)表窗口工具条和菜单**

【表】窗口是用于显示 ArcMap 中所打开的所有属性表的容器。打开的所有属性表在【表】窗口中均以选项卡形式显示,选项卡位于【表】窗口的底部,单击某个选项卡即可激活该表,该选项卡名称(即表名称)将高亮显示。【表】窗口还包括一个工具条以及多个菜单,用于与表或地图(对于空间数据)的属性进行交互。【表】窗口工具条详解如表2.21所示。

表2.21　【表】窗口工具条详解

| 图标 | 名　称 | 功能描述 |
|---|---|---|
| ▤ | 表选项 | 【表选项】提供了许多用于操作表格的菜单 |
| ▤ | 关联表 | 在已经设置关联表的前提下,单击后将列出所有的关联名称和与当前表关联的表名,单击任一关联后将打开与当前表关联的表并将该表或所在的图层添加到 ArcMap 中 |
| ▤ | 按属性选择 | 按属性选择要素 |
| ▤ | 切换选择 | 在选择记录和非选择记录之间切换 |
| ▤ | 清除所选内容 | 清除对所选记录的选择 |
| ▤ | 缩放至所选项 | 在地图显示窗口中将与所选记录对应的选择要素缩放到显示窗口的中心 |
| ✗ | 删除所选项 | 在编辑期间此按钮才可用,单击后将删除所选记录,同时删除对应的要素 |
| ◀ | 移动到表开始处 | 将指针导航到第一条记录 |
| ◀ | 移动到前一条记录 | 将指针从当前记录导航到前一条记录 |
| 1 | 转到特定记录 | 用来显示当前记录号或在该文本框中输入待定位的记录号直接定位记录 |
| ▶ | 移动到下一条记录 | 将指针从当前记录导航到下一条记录 |
| ▶▮ | 移动到表结尾处 | 将指针导航到表的最后一条记录 |
| ▤ | 显示所有记录 | 单击后将显示表的所有记录 |
| ▤ | 显示所选记录 | 单击后仅显示所选记录 |

在【表】窗口中单击【表选项】,打开【表选项】菜单。表选项菜单及其功能如表2.22所示。

表2.22　表选项菜单及其功能

| 图标 | 名　称 | 功能描述 |
|---|---|---|
| 🔍 | 查找和替换 | 打开【查找和替换】对话框,在【查找内容】下拉框中输入查找的内容,再进行相关设置,可在表中搜索包含查找内容的记录,替换功能仅在编辑期间可用 |
| ▤ | 按属性选择 | 按属性选择要素 |
| ▤ | 清除所选内容 | 清除对所选记录的选择 |
| ▤ | 切换选择 | 在选择记录和非选择记录之间切换 |
| ▤ | 全选 | 选中表中的所有记录 |
|  | 添加字段 | 向表格中添加字段,仅在地图非编辑状态时可用 |
|  | 打开所有字段 | 打开表格的所有字段 |
|  | 显示字段别名 | 如果设置了字段别名,可在表格中显示字段别名 |
|  | 排列表 | 如果打开多个表,可排列表以便更易阅读表内容 |
|  | 恢复默认列宽 | 在【表】窗口中可自定义调整列宽,单击后可恢复默认列宽 |
|  | 恢复默认字段顺序 | 在【表】窗口中可自定义字段顺序,单击后可恢复默认字段顺序 |
|  | 连接和关联表 | 将当前属性表连接、关联到其他表或基于空间位置连接 |
|  | 关联表 | 功能同【表】窗口中工具条中的关联表按钮▤ |

续表

| 图标 | 名　称 | 功能描述 |
|---|---|---|
| 📊 | 创建图 | 打开【创建图向导】对话框 |
|  | 将表添加到布局 | 单击【显示所有记录】按钮▦后，将当前表中的所有记录添加到布局视图中；单击【显示所选记录】按钮▦后将当前表中的所选记录添加到布局中 |
|  | 重新加载缓存 | 当查看其他人正在编辑的数据，则可以使用【重新加载缓存】来查看该表所发生的任何更改。重新加载表缓存将从数据库重新读取数据 |
| 🖨 | 打印 | 打印表格所有记录 |
|  | 报表 | 可创建报表、加载报表、运行报表 |
|  | 导出 | 打开【导出数据】对话框，可将表格所有或所选记录导出到一个新表 |
|  | 外观 | 打开【表外观】对话框，可设置表记录选中时的颜色、表格字体等 |

单击【表】窗口中的字段名称将选中该列，右击字段名称，弹出字段操作菜单，其功能如表 2.23 所示。

**表 2.23　表字段操作弹出菜单及其功能**

| 图标 | 名　称 | 功能描述 |
|---|---|---|
| ≜ | 升序排列 | 将表按该字段升序排列 |
| ⫰ | 降序排列 | 将表按该字段降序排列 |
|  | 高级排列 | 打开【高级表排序】对话框，可设置【排序方式】、【次排序方式】等 |
|  | 汇总 | 打开【汇总】对话框，可汇总表格的数据并输出到一个新表中 |
| Σ | 统计 | 打开【所选要素统计结果】对话框，包含对该字段的统计结果，如最小值、最大值等 |
| ▦ | 字段计算器 | 可以对所有或所选记录的字段进行简单和高级计算 |
|  | 计算几何 | 可以基于字段计算属性表中的面积、长度、周长和其他几何属性 |
|  | 关闭字段 | 关闭字段在【表】窗口中的显示 |
|  | 冻结/取消冻结列 | 可在冻结列和取消冻结列之间切换，当查看同一要素的各个属性与一个或多个关键属性字段的相关方式时，冻结某列后，即使水平滚动表，该列也始终可见 |
| ✖ | 删除字段 | 删除当前字段，仅在地图非编辑状态时可用 |
| ☞ | 属性 | 打开【字段属性】对话框，可设置字段的别名、关闭或显示字段、设置数字格式等 |

右击表格记录的左边，打开表格记录操作弹出菜单，其功能如表 2.24 所示。

**表 2.24　表格记录操作弹出菜单及其功能**

| 图标 | 名　称 | 功能描述 |
|---|---|---|
| ☀ | 闪烁 | 将在地图显示窗口中闪烁该条记录对应的要素 |
| 🔍 | 缩放至 | 在地图显示窗口中将该条记录对应的要素缩放至显示窗口的中心 |
| 🖐 | 平移至 | 在地图显示窗口中将该条记录对应的要素平移至显示窗口的中心 |
| ⓘ | 识别 | 打开【识别】对话框，用来显示该条记录对应要素的属性 |

续表

| 图标 | 名 称 | 功能描述 |
|------|-------|---------|
| | 取消选择 | 在选择和取消选择本条记录之间切换,当本条记录未选中时,显示为【选择/取消选择】 |
| | 打开附件管理器 | 当要素类启用附件功能后,单击后打开【附件】对话框以添加、移除、打开附件等,仅针对当前记录 |
| | 缩放至所选项 | 在地图显示窗口中将与所有选择记录对应的选择要素缩放到显示窗口的中心 |
| | 清除所选项 | 清除对所选记录的选择 |
| | 复制所选项 | 复制记录并粘贴到其他应用程序(地图显示窗口中、文本文档中等),如果正处于编辑会话中,还可以将记录粘贴到 ArcMap 的某表格中 |
| | 删除所选项 | 在编辑期间此菜单才可用,单击后将删除所选记录,同时删除对应的要素 |
| | 缩放至高亮显示项 | 在地图显示窗口中将与所有高亮显示记录对应的要素缩放到显示窗口的中心 |
| | 取消选择高亮显示项 | 单击后将取消对高亮显示记录的选择 |
| | 重新选择高亮显示项 | 单击后将仅保留对高亮显示记录的选择 |
| | 删除高亮显示项 | 在编辑期间,单击后将删除高亮显示的所有记录,同时删除选择要素 |

**注意事项**

在【表】窗口中单击【显示所选记录】按钮,【表】窗口中仅显示选择记录,单击记录左边,该条选择记录将高亮显示(默认情况下,这些记录显示为黄色),在地图显示窗口与本条记录对应的要素也将高亮显示(默认情况下,这些要素显示为黄色),此时【缩放至高亮显示项】、【取消选择高亮显示项】和【重新选择高亮显示项】变为可用,【删除高亮显示项】需在此基础上在编辑期间才可用。

2)在 ArcMap 中添加和查看表

添加表的方法同添加其他数据。

不含空间要素的表不会显示在内容列表的按绘制顺序列出视图中,而是在按源列出视图中列出,打开此类表的方法是右击表,然后单击【打开】,即可打开【表】窗口来查看该表的内容;如果查看图层属性表可右击图层,然后单击【打开属性表】,打开【表】窗口来查看属性表的内容。

当打开多个表时,在【表】窗口中单击【表选项】→【排列表】,此菜单下包括【新建水平选项卡组】、【新建垂直选项卡组】、【移动到前一个选项卡组】和【移动到下一个选项卡组】等菜单,用于设置多个表的排列顺序。

3)使用字段计算器

使用键盘输入值并不是编辑表中值的唯一方式,利用【字段计算器】可很方便地对单条记录甚至是所有记录执行数学计算。

以添加一个新字段并使用【字段计算器】功能为例进行介绍,其操作步骤如下:

（1）启动 ArcMap，打开地图文档 huadong. mxd（位于"…\chp02\表操作\data"）。

（2）在内容列表中右击 xingzhengqujie 图层，单击【▦打开属性表】，打开【表】窗口。

（3）在【表】窗口中单击【▤表选项】→【添加字段】，打开【添加字段】对话框，在【名称】文本框中输入"test"；单击【类型】下拉框，选择"文本"。

（4）单击【确定】按钮，即可向该属性表中添加一个新字段。

（5）在【表】窗口中右击字段"test"，然后单击【▩字段计算器】，默认将计算所有记录的该字段值，打开【字段计算器】对话框，在【字段】列表框中双击"NAME"，如图 2.13 所示，即每条记录的 test 属性字段值等于与该记录对应的 NAME 属性字段值。同时在【功能】列表框中选择适当的函数用来进行字段计算，也可以使用 Python 和 VB 脚本编程的方式计算字段值。

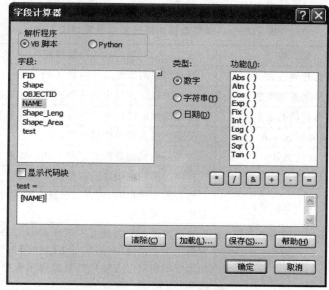

图 2.13　【字段计算器】对话框

（6）单击【确定】按钮，计算的结果将填充到新字段中。

**注意事项**

在编辑期间，使用【字段计算器】功能可撤销计算的值，但在地图非编辑期间不能撤销计算的值。

**5.选择要素**

要素的选择是进行空间分析的重要前提，可通过与图层交互的方式选择要素，也可以通过位置、属性和图形来选择要素。

1）通过交互的方式选择要素

在地图上主要有两种交互选择要素的方法：使用【工具】工具条上的【◳】通过矩形选择要素，使用鼠标指针在【表】窗口中选择记录。

①准备选择要素

（1）设置可选图层。在内容列表的按选择列出视图中可以设置和管理可选图层。其操作步骤如下：

第一步:启动 ArcMap,打开地图文档 huadong.mxd(位于"...\chp02\选择要素\data")。

第二步:在内容列表中单击按钮 🗒,单击【单击切换是否可选】按钮使该图层在可选之间切换,如要使该图层唯一可选,可右击图层,然后单击【将此图层设为唯一可选图层】;单击清除图层选择按钮 🗙 可清除对该图层的选择要素的选择,按钮 🗙 后面的数字是该图层中选择的要素数量,当完成选择操作后,在 ArcMap 窗口左下角的任务栏中会显示选择要素的总数量,同时也可以单击【工具】工具条中的清除所选要素按钮 🗙(或在 ArcMap 主菜单中单击【选择】→【🗙清除所选要素】)来清除对所有选择要素的选择。

第三步:在该视图中右击图层名称,弹出菜单。在该菜单中可对选择要素执行相关操作。选择要素操作弹出菜单同图层操作弹出菜单中的【选择】下的菜单,其功能详解如表 2.25 所示。

**表 2.25　选择要素操作弹出菜单及其功能**

| 图标 | 名　称 | 功能描述 |
|---|---|---|
| 🖽 | 打开属性表 | 打开图层的属性表 |
| 🔍 | 缩放至所选要素 | 在地图显示窗口中将选择要素缩放至显示窗口的中心 |
| 🖑 | 平移至所选要素 | 在地图显示窗口中将选择要素平移至显示窗口的中心 |
| 🗙 | 清除所选要素 | 清除当前图层中的选择要素的选择 |
| 🗙 | 切换选择 | 在当前图层的选择要素和非选择要素之间切换 |
| 🗙 | 全选 | 选中当前图层中的所有要素 |
| | 将此图层设为唯一可选图层 | 当有多个图层时,将此图层设为唯一可选图层,仅该图层中的要素可被选择 |
| | 复制所选要素的记录 | 复制当前图层选择要素属性表中的记录,可在地图显示窗口中右击地图,然后单击【粘贴】来粘贴这些记录到地图显示窗口中或粘贴到其他应用程序中(如文本文档中等) |
| | 注记所选要素 | 当创建与要素关联的地理数据库注记要素类后,单击该菜单将注记所选要素 |
| | 根据所选要素创建图层 | 将创建一个仅包含所选要素的图层 |
| 🖽 | 打开显示所选要素的表 | 打开仅包含所选要素记录的属性表 |
| 📋 | 属性 | 打开【图层属性】对话框,设置图层的相关属性 |

(2)设置【选择选项】对话框。在 ArcMap 主菜单中单击【选择】→【选择选项】,打开【选择选项】对话框,如图 2.14 所示。

设置交互式选择方式:如图 2.14 所示,在【交互式选择】区域有三种方式可供选择,用于指定与选择使用的方框或图形之间处于何种关系的要素被选择。适用于【🖾通过矩形选择要素】(包括【🖾按矩形选择】、【🖾按面选择】、【🖾按套索选择】、【🖾按圆选择】和【🖾按线选择】)、【🖾按图形选择】、【编辑器】工具条中的编辑工具按钮 ▶ 与编辑注记工具按钮 ▶。

设置选择容差:各种工具将依赖于选择容差来选择所需要素,即当所需要素位于距光标位置多少像素的范围内时,要素被选中。可在【选择容差】文本框中输入合适的容差值,3～5 个像素值效果通常较好。像素数太小可能无法满足需要,因为很难精确定位和选择要素。但是,像素半径过大又会导致选择不准确。

选择容差适用于【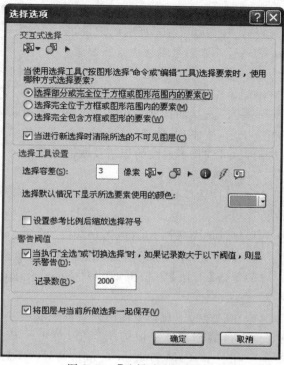通过矩形选择要素】、【按图形选择】、识别按钮、超链接按钮、HTML 弹出窗口按钮、【编辑器】工具条中的编辑工具按钮与编辑注记工具按钮。

在这个对话框中还可以设置其他选择选项，如设置显示所选要素的颜色以及关于选择结果中要素数量的警告等。

（3）设置交互式选择方法。可指定是否要选择新的要素集或修改现有的所选要素集。在 ArcMap 主菜单中单击【选择】→【交互式选择方法】，该菜单下有四个选项：【创建新要素内容】、【添加到当前选择内容】、【从当前选择内容中移除】和【从当前选择内容中选择】。【创建新要素内容】是当选择要素后，再次选择要素时，先前选择的要素将被清除；【添加到当前选择内容】是再次选择的要素将添加到先前的选择要素集中，先前选择的要素不被清除；【从当

图 2.14　【选择选项】对话框

前选择内容中移除】可利用选择要素工具在当前选择要素中清除选择的要素；【从当前选择内容中选择】利用选择要素工具从当前选择要素集中选择要素。

②通过选择工具来选择要素

以按矩形选择要素为例进行介绍。其操作步骤如下：

（1）启动 ArcMap，打开地图文档 huadong. mxd（位于"…\chp02\选择要素\data"）。

（2）在【工具】工具条中单击【通过矩形选择要素】→【按矩形选择】，在地图显示窗口中的地图上拖动鼠标绘制矩形，被选中的要素以高亮方式显示。

（3）在内容列表中右击 xingzhengqujie 图层，单击【打开属性表】，打开【表】窗口，如图 2.15 所示，被选中的要素在属性表中的记录也以高亮方式显示。

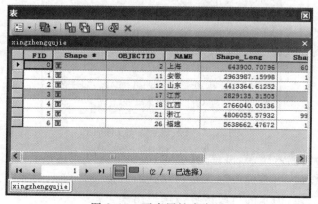

图 2.15　要素属性表窗口

（4）【表】底部"（2/7 已选择）"表示 7 条记录中有 2 条被选择，单击按钮▤可仅显示所选的记录，单击按钮▤可显示所有的记录。

③通过要素图层属性表选择要素

在【表】窗口中单击记录左侧来选择记录，同时地图显示窗口中选择要素也将高亮显示，也可右击记录左侧，然后单击【▧选择/取消选择】来选择或取消选择该条记录。如果想选择多条记录并且是连续的，单击并向上或向下拖动鼠标指针，或者在要选择的这组记录的起始处选择相应记录，按住 Shift 键，然后在这组记录的结尾处选择相应记录。通过按住 Ctrl 键的同时单击记录，可选择不连续的记录及取消选择记录。

**2）通过属性选择要素**

通过属性选择是构建 SQL 语句对要素进行选择，这里以选出山东的行政区域为例进行说明。

（1）打开地图文档 huadong. mxd（位于" … \chp02\选择要素\data"）。

（2）在 ArcMap 主菜单中单击【选择】→【▧按属性选择】，打开【按属性选择】对话框。

（3）单击【图层】下拉框，选择"xingzhengqujie"，在【方法】下拉框中选择"创建新选择内容"。

（4）在【方法】下拉框下面的列表框中双击"NAME"；单击【获取唯一值】按钮，则其上面的列表框中将填充了该字段的所有值；单击＝按钮；在刚填充值列表框中双击"山东"，则在【SELECT ＊ FROM xingzhengqujie WHERE】文本框中自动填入""NAME"='山东'"。也可以直接在该文本框中直接输入""NAME"='山东'"，如图 2.16 所示。

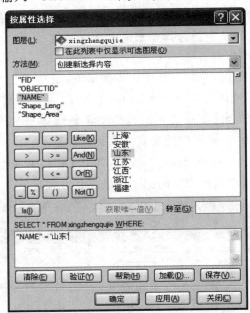

图 2.16 【按属性选择】对话框

（5）如果 SQL 语句输入错误，可单击【清除】按钮来清除表达式。

（6）单击【验证】按钮，可验证表达式是否存在语法错误。

（7）单击【确定】按钮，山东的行政区界被选择出来。

选择字符型的字段也可以使用通配符,如用"％"来代替多个字符,用"＿"来代替一个字符。如""name" LIKE '张％'"表示查询 name 字段中第一个字符为张,且后续可以有多个字符的记录。而""name" LIKE '张＿'"表示查询 name 字段中第一个字符为张,且后续只能有一个字符的记录。

3)通过位置选择要素

通过位置选择要素是根据要素相对于同一图层要素或另一图层要素的位置来进行的选择。例如通过选择某洪水边界内的所有家庭可了解洪水影响到多少家庭。可使用多种选择方法,主要依赖于要素之间的空间关系来选择与同一图层或其他图层中的要素接近或重叠的点、线或面要素。

以创建查询黄河经过的省份为例进行介绍。其操作步骤如下:

(1)打开地图文档 huadong. mxd(位于"…\chp02\选择要素\data")。

(2)利用"按属性选择要素"的方法选择 heliu 图层中河流名称为黄河的要素(在【按属性选择】对话框上,【SELECT ＊ FROM heliu WHERE】文本框中输入表达式""NAME"＝'黄河'")。

(3)在 ArcMap 主菜单中单击【选择】→【按位置选择】,打开【按位置选择】对话框。

(4)单击【选择方法】下拉框,选择"从以下图层中选择要素";在【目标图层】列表框中选择"xingzhengqujie"的复选框;单击【源图层】下拉框,选择"heliu";单击选中【使用选择要素】复选框;单击【空间选择方法】下拉框,选择"目标图层要素与源图层要素相交";取消选择【应用搜索距离】复选框,如图 2.17 所示。

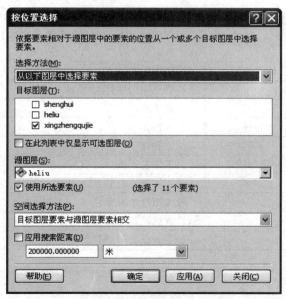

图 2.17 【按位置选择】对话框

(5)单击【确定】按钮,黄河经过的省份要素被选中且以高亮方式显示,也可打开 xingzhengqujie 图层的属性表查看选择的记录。

目标图层是从中选择要素的图层,而源图层的作用是用户基于该图层与目标图层的空间关系使用该图层中的要素并确定应当选择的要素。

4)通过绘制图形选择要素

通过【绘图】工具条绘制图形(绘制的图形可以保存到地图文档中)并可利用该图形选择要素。在 ArcMap 主菜单中单击【自定义】→【工具条】→【绘图】,打开【绘图】工具条,如图 2.18 所示。

图 2.18 【绘图】工具条

【绘图】工具条包含了主要的图形绘制、地图文档注记设置和编辑工具,其详解如表 2.26 所示。

表 2.26 【绘图】工具条详解

| 图标 | 名称 | 功能描述 |
|---|---|---|
| 【绘制】 | 绘制 | 包含地图文档注记工具【新建注记组】、【活动注记组】和【溢出注记】;操作图形的工具,如【组】、【顺序】、【微移】等;【将图形转换为要素】可将图形转换为要素;【默认符号属性】可设置标记、线、填充、文本等符号的默认属性 |
| ▲ | 选择元素 | 用来选中图形或地图文档注记的工具 |
| ↻ | 旋转 | 在选中元素的前提下可旋转元素 |
| 🔲 | 缩放至所选元素 | 将所选元素缩放到地图显示窗口的中心 |
| 🔲 | 矩形 | 包括【□矩形】、【◰面】【◯圆】、【◯椭圆】、【∿线】、【曲线】、【手画】和【●标记】工具,单击后可在地图上绘制图形 |
| A | 新建文本 | 包含创建文本工具如【A新建文本】、【样条化文本】等,详细介绍见 9.2.2 小节 |
| 🔏 | 编辑折点 | 编辑图形的结点 |
| 宋体 | | 设置文本的字体类型 |
| 10 | | 设置文本的字号 |
| B | 粗体 | 设置粗体 |
| I | 斜体 | 设置斜体 |
| U | 下划线 | 设置字符下划线 |
| A | | 设置字符注记颜色 |
| 🖌 | | 设置面状填充颜色 |
| 🖋 | | 设置线状符号颜色 |
| ▪ | | 设置点状符号颜色 |

要素(feature)表示现实世界中的地理实体,存储在空间数据库或数据文件中,编程时使用 IFeature 接口调用。元素(element)主要用于制图,如文字标注、比例尺等,存储于 *.mxd 文件中,编程时使用 IElement 接口调用。

下面以用绘制的矩形选择要素为例进行通过绘制图形选择要素的介绍。其操作步骤如下：

（1）打开地图文档 huadong. mxd（位于"…\chp02\选择要素\data"）。

（2）在【绘图】工具条中单击【■矩形】→【■矩形】，在地图显示窗口中想要选择的要素上面画出一个合适大小的矩形。

（3）单击按钮�!，选中刚画的一个矩形，则该矩形周围出现一个矩形框，将鼠标放到矩形框的周围，直到变为一个双向箭头，拖动可改变矩形的大小，再次单击选中将其拖到合适的位置。还可双击图形打开【属性】对话框，设置该图形的符号、大小位置等参数。

（4）在 ArcMap 主菜单中单击【选择】→【☉按图形选择】，则和图形相交或者包含在图形内的要素都被选中。

**6. 超链接**

1）在识别对话框中添加超链接

在识别对话框中添加超链接的操作步骤如下：

（1）启动 ArcMap，打开地图文档 huadong. mxd（位于"…\chp02\超链接\data"）。

（2）在【工具】工具条中单击按钮ℹ，在地图显示窗口中单击山东的多边形要素，打开【识别】对话框，如图 2.19 所示，该对话框包含了该要素的所有属性信息。

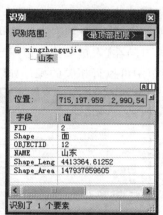

图 2.19  【识别】对话框

（3）右击树节点"山东"，单击【添加超链接】，打开【添加超链接】对话框，选择【链接到 URL】单选按钮，输入网址（如 www. jinan. gov. cn），即可将此要素同网址建立链接，单击【确定】按钮，完成设置。

（4）在【工具】工具条中单击按钮✎，然后在地图显示窗口中单击添加超链接的要素山东，即可打开对应的网址。

（5）如果选中【链接到文档】，单击按钮…，浏览到想要超链接的文档（图像、文本文档、视频等）。然后单击添加超链接的要素，即可打开相应的文档。

（6）单击按钮ℹ，在地图显示窗口中单击山东要素，打开【识别】对话框，右击树节点"山东"，单击【管理超链接】，打开【管理动态超链接】对话框。在该对话框中可将添加的超链接移除，还可单击【新增】按钮，打开【添加超链接】对话框添加超链接。

2）利用属性字段添加超链接

可链接到要素属性表中字段类型为"文本"的属性字段。其操作步骤如下：

（1）启动 ArcMap，打开地图文档 huadong. mxd（位于"…\chp02\超链接\data"）。

（2）打开 xingzhengqujie 图层的【图层属性】对话框，单击【显示】标签，切换到【显示】选项卡。在【超链接】区域中单击选中【使用下面的字段支持超链接】复选框，单击其下面的下拉框，选择"超链接"属性字段，在其下方选中【URL】单选按钮，即超级链接类型为网址，如果所选字段中指定的是文档或文件的完整存储路径，可选中【文档】单选按钮，则将使用相应的 Windows 应用程序打开该文档或文件。

（3）单击【确定】按钮，完成设置。

（4）单击按钮✎，移动鼠标指针到要素上，即可看到属性字段超链接的提示信息（如

"www.shanghai.gov.cn"),单击任一要素即可链接到相应的网站。

在行政区界图层属性表中属性字段超链接(字段类型为"文本")用来存储超链接网址信息,如果是文档应当存储其完整的存储路径信息,如 F:\ArcMap 教程.doc 等。

**7.查找要素**

查找要素操作步骤如下:

(1)打开地图文档 huadong.mxd(位于"…\chp02\查找要素\data")。

(2)在【工具】工具条中单击按钮**M**,打开【查找】对话框,单击【要素】标签,切换到【要素】选项卡。

(3)在【查找】下拉框中输入要查找的要素名称,如"山东";单击【范围】下拉框,选择"〈所有图层〉";单击选中【查找与搜索字符串相似或包含搜索字符串的要素】复选框;单击选中【所有字段】单选按钮。

(4)单击【查找】按钮,即可得到查找结果如图 2.20 所示。

(5)在【右键单击行以显示快捷菜单】列表框中右键单击行,弹出菜单如图 2.21 所示,在该菜单中可执行相关的操作如【☀闪烁】、【🔍缩放至】、【🖐平移至】等。

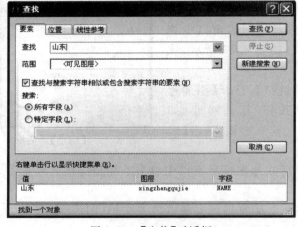

图 2.20 【查找】对话框

图 2.21 查找要素弹出菜单

**8.书签**

书签可以将地图数据的某一视图状态保存起来,以便在使用时打开书签,直接回到这一视图状态。可创建多个书签以便快速回到不同的视图状态,也可以对书签进行管理。书签只针对空间数据,在【布局视图】中是不能创建书签的。

1)创建书签

可在【书签】菜单下创建书签,也可在添加超链接菜单和查找要素弹出菜单中创建。下文以在【书签】菜单中创建书签为例进行介绍,其操作步骤如下:

(1)打开地图文档 huadong.mxd(位于"…\chp02\创建书签\data")。

(2)利用【工具】工具条中的缩放和平移工具缩放或平移视图到适当的范围,在 ArcMap 主菜单中单击【书签】→【创建】,打开【空间书签】对话框,在【书签名称】文本框中输入合适的名称(如青岛等)。

(3)单击【确定】按钮,保存书签。

（4）通过漫游和缩放等操作重新设置视图区域或者状态，重复以上步骤，可创建多个视图书签。

2）管理书签

管理书签的操作步骤如下：

（1）在前面创建视图书签的基础上，对窗口再次进行一定的缩放、漫游等操作，改变当前的视图状态。

（2）在 ArcMap 主菜单中单击【书签】，然后单击所创建的书签"山东"，即可返回到山东的视图范围内。

（3）在 ArcMap 主菜单中单击【书签】→【管理】，打开【书签管理器】对话框。

（4）在【名称】列表框中双击名称"青岛"，可返回到青岛书签的视图，另外在该对话框内可以单击【缩放至】应用书签，还有移除书签、书签排序等操作。

（5）单击【关闭】按钮，单击【标准】工具条上的保存按钮🖫，可将建立的书签保存到地图文档中。

### 9. 测量距离和面积

通过测量工具可对地图中的线和面进行测量。可使用此工具在地图上绘制一条线或者一个面，然后获取线的长度与面的面积，也可以直接单击要素然后获悉测量信息。在【工具】工具条中单击测量按钮🖳，打开【测量】对话框，各按钮详解如表 2.27 所示。

表 2.27　【测量】对话框按钮详解

| 图标 | 名　称 | 功能描述 |
| --- | --- | --- |
| ～ | 测量线 | 可画线来测量所画线的距离，双击可完成该线 |
| ◿ | 测量面积 | 可画面测量所画面的面积，双击可完成面（如果数据框使用的不是投影坐标系，则该按钮不可用） |
| ＋ | 测量要素 | 单击某要素可测量其长度（线）、周长和面积（面或注记）或 X Y 位置（点要素）。如果数据框使用的不是投影坐标系，则面要素测量不可用 |
| Σ | 显示总计（启用、禁用） | 计算连续测量值的总和 |
| ▼ | 选择单位 | 设置距离和面积的测量单位。默认情况下，测量单位设置为地图单位 |
| ✕ | 清除并重置结果 | 清除并重置测量结果 |
| ▼ | 选择测量类型 | 设置测量线距离的测量类型。【平面】在投影坐标系中是默认设置。而【测地线】在地理坐标系中是默认设置 |

1）交互式测量

交互式测量的操作步骤如下：

（1）打开地图文档 huadong.mxd（位于"…\chp02\测量距离和面积\data"）。

（2）打开【测量】对话框，单击显示总计按钮Σ，单击测量线按钮～或测量面积按钮◿。

（3）在地图上草绘所需形状。

（4）双击鼠标结束线或面的绘制，然后测量值便会显示在【测量】对话框中，如图 2.22 所示。在测量线结果示例中"线段"后面的数据表示最后一段线段的长度和长度单位，"长度"表示绘制线段的总长度；在测量面结果示例中"线段"表示最后一段线段的长度，"周长"表示绘制的多边形的周长，"面积"表示绘制的多边形的面积。

（a）测量线结果

（b）测量面结果

图 2.22　交互式测量结果示例

（5）在【测量】对话框中可将结果复制到其他应用程序中。

2）测量要素

测量要素的操作步骤如下：

（1）打开地图文档 huadong.mxd（位于"…\chp02\测量距离和面积\data"）。

（2）打开【测量】对话框，单击测量要素按钮➕。

（3）在地图上单击点要素、线要素或面要素，即可在【测量】对话框中得到对应的结果。

**10.辅助窗口**

在实际应用中，如果想观察某一区域的细节或整体，可以设置辅助窗口。ArcMap 提供了三种查看地图空间数据的辅助窗口：总览窗口、放大镜窗口和查看器窗口，这三种窗口都只能在【数据视图】中操作，对于【布局视图】不起作用。

1）总览窗口

总览窗口显示了数据的整个范围，用一个矩形框表明当前数据视图的位置与范围，矩形框的大小和位置随着总览窗口的缩放与移动而同步变化，在总览窗口中可移动矩形框至其他位置，则数据视图的位置也基于矩形框同步变化。

操作步骤：

（1）打开地图文档 huadong.mxd（位于"…\chp02\辅助窗口\data"）。

（2）在 ArcMap 主菜单中单击【窗口】→【总览】，打开【图层 概貌】对话框。

图 2.23　【总览属性】对话框

（3）在地图显示窗口中缩放或平移地图，总览窗口内的地图也相应地缩放或平移；在总览窗口中平移矩形框，则数据视图的地图范围也将发生变化。

（4）在总览窗口的标题栏右击鼠标，单击【属性】打开【总览属性】对话框，如图 2.23 所示。可在【参考图层】下拉框中选择其他图层来更改总览窗口中的显示内容，并可设置总览窗口中矩形框内的背景色和内容显示的颜色等。

2）放大镜窗口

放大镜窗口相当于一个放大镜，移动放大镜窗口到地图的某一部分时，该部分的地图数据就会被放大显示，移动放大镜窗口并不影响当前地图的显示范围。放大镜窗口的使用方式如下：

（1）打开地图文档 huadong.mxd（位于"…\chp02\辅助窗口\data"）。

（2）在 ArcMap 主菜单中单击【窗口】→【放大镜】，打开【放大镜】对话框。

（3）单击【放大镜】窗口标题栏，拖动【放大镜】窗口在视图中移动，释放鼠标，放大镜窗口中的地图数据将以放大的比例显示。

（4）单击【放大镜】窗口中的放大倍数下拉框，设置当前放大镜窗口的放大倍数。其中，工具栏的前八项按钮只有在【查看器】窗口中才能使用。

（5）在【放大镜】窗口的标题栏上单击鼠标右键，或在【放大镜】工具栏上单击按钮 ▶ ，单击【属性】打开【窗口属性】对话框，在【窗口属性】对话框中，可以设置当前窗口的模式：是放大镜窗口还是查看器窗口，还可以设置放大比例和固定比例。

3）查看器窗口

查看器窗口的使用方法如下：

（1）打开地图文档 huadong.mxd（位于"…\chp02\辅助窗口\data"）。

（2）在 ArcMap 主菜单中单击【窗口】→【查看器】，打开【查看器】对话框。

（3）利用【查看器】里的工具条可以对视图进行方便快捷的浏览。其工具操作和 ArcMap 的基本工具条操作类似，在此不再赘述。

# 2.2　ArcCatalog 基础

ArcCatalog 是以数据管理为核心，用于定位、浏览和管理空间数据的应用模块，被称为地理数据的资源管理器。ArcCatalog 组织和管理所有的 GIS 数据和信息，如地图、数据集、模型、元数据、服务等。数据与信息不仅可以保存于本地硬盘，也可以是网络上的数据库，或者是一个 ArcIMS Internet 服务器。

ArcCatalog 能够识别不同的 GIS 数据集，如 ArcInfo Coverage、Esri Shapefile、Geodatabase、INFO 表、图像、Grid、TIN、CAD、地址表、动态分段事件表等，每一种数据集都用一个唯一的图标来表示。

## 2.2.1　ArcCatalog 简介

### 1. 启动和关闭 ArcCatalog

可通过以下几种方式来启动 ArcCatalog：

（1）双击桌面上的 ArcCatalog 快捷方式 🐾，启动 ArcCatalog。

（2）单击 Windows 任务栏上的【开始】→【所有程序】→【ArcGIS】→【ArcCatalog】，启动 ArcCatalog，启动后界面如图 2.24 所示。

图 2.24　ArcCatalog 界面

在 ArcCatalog 主菜单中单击【文件】→【退出】，可退出 ArcCatalog。关闭 ArcCatalog 时，ArcCatalog 会自动记忆 ArcCatalog 中连接的文件夹、可见的工具条以及 ArcCatalog 主窗口中元素的位置，默认情况下，ArcCatalog 会记住关闭前目录树中选择的数据项，并且在下次启动 ArcCatalog 后再次选中它。

**2. ArcCatalog 界面**

ArcCatalog 界面主要由菜单栏、工具栏、目录树、状态栏、搜索和主窗口组成。

1）菜单栏

菜单栏由【文件】、【编辑】、【视图】、【转到】、【地理处理】、【自定义】、【窗口】和【帮助】8 个菜单组成。

其中【文件】菜单中各菜单及其功能如表 2.28 所示。

表 2.28 【文件】菜单中的各菜单及其功能

| 图 标 | 名 称 | 功能描述 |
|---|---|---|
| | 新建 | 新建文件夹、Shapefile 文件、个人和文件地理数据库、要素类、数据库连接、图层等，仅当在目录树中【文件夹连接】或其节点下的文件处于选中状态时此菜单可用 |
| | 连接文件夹 | 建立与文件夹的连接 |
| | 断开文件夹连接 | 断开与文件夹的连接 |
| | 删除 | 删除选中的内容 |
| | 重命名 | 重命名选中的内容 |
| | 属性 | 查看选中内容的属性信息 |
| | 退出 | 退出 ArcCatalog 应用程序 |

2）目录树

目录树是地理数据的树状视图，它作为目录用来显示不同来源的地理数据，通过它可以查看本地或网络上的文件和文件夹。

3）搜索窗口

搜索窗口和 ArcMap 中的搜索窗口功能一样，在此不再赘述。

4）主窗口

主窗口包括【内容】、【预览】和【描述】选项卡，其各自的功能如下：

（1）【内容】选项卡。在目录树中选择一个条目时（如文件夹、数据框或特征数据集），【内容】选项卡将列出该条目所包含的内容。

（2）【预览】选项卡。可以在地理视图、表格视图或 3D 视图中查看所选择的条目。

（3）【描述】选项卡。可以查看所选数据的有关描述。

5）工具栏

ArcCatalog 中常用的工具栏有【标准】工具条和【地理】工具条，此处主要介绍【标准】工具条，其详解如表 2.29 所示。

表 2.29 【标准】工具条详解

| 图 标 | 名 称 | 功能描述 |
|---|---|---|
| | 向上一级 | 返回上一级目录 |
| | 连接到文件夹 | 建立与文件夹的连接 |

| 图　标 | 名　　称 | 功能描述 |
|---|---|---|
|  | 断开与文件夹的连接 | 断开与文件夹的连接 |
|  | 复制 | 复制选择内容 |
|  | 粘贴 | 粘贴选择内容 |
|  | 删除 | 删除选择内容 |
|  | 大图标 | 文件夹中的内容在主窗口中以大图标样式显示 |
|  | 列表 | 文件夹中的内容在主窗口中以列表样式显示 |
|  | 详细信息 | 文件夹中的内容在主窗口中以详细信息样式显示 |
|  | 缩略图 | 文件夹中的内容在主窗口中以缩略图样式显示 |
|  | 启动 ArcMap | 启动 ArcMap 应用程序 |
|  | "目录树"窗口 | 打开目录树窗口 |
|  | 搜索窗口 | 打开搜索窗口 |
|  | ArcToolbox 窗口 | 打开 ArcToolbox 窗口 |
|  | Python 窗口 | 打开 Python 窗口 |
|  | 模型构建器窗口 | 打开【模型构建器】窗口 |
|  | 这是什么？ | 调用实时帮助 |

## 2.2.2　ArcCatalog 基本操作

### 1.文件夹连接

在 ArcCatalog 中,若要访问本地磁盘的地理数据,可以通过定制连接到文件夹,添加指向该目录的文件夹链接。其操作步骤如下:

(1)在 ArcCatalog 主菜单中单击【文件】→【连接文件夹】(也可以单击【标准】工具条上的连接文件夹按钮），打开【连接到文件夹】对话框,选择要访问的地理数据所在的文件夹。

(2)单击【确定】按钮,建立连接。该连接出现在 ArcCatalog 目录树中。

(3)若要删除连接,在需要删除连接的文件夹上单击右键打开弹出菜单,单击【断开文件夹连接】,断开与文件夹的连接。

(4)在 ArcCatalog 中,如果想返回上一层文件夹,只需单击【标准】工具条中的向上一级按钮。

(5)如果连接的文件夹内容发生变化需要刷新连接,右击连接的文件夹,然后单击【刷新】,实现数据视图的更新。

### 2.添加空间数据库连接

1)连接空间数据库

通过在 ArcCatalog 目录树中建立空间数据库连接,用户可以在 ArcCatalog 中访问空间数据库。对于不同类型的数据库,ArcCatalog 提供了统一的连接方式。

(1)在目录树窗口中双击【数据库连接】→【添加空间数据库连接】,打开【空间数据库连接】对话框,如图 2.25 所示。

(2)在【服务器】文本框中输入想要连接的 SDE 服务器或者 IP 地址。在【服务】文本框中输入想连接的服务的名称或端口号,在【数据库】文本框中输入数据库名称。

图 2.25 【空间数据库连接】对话框

(3)在账户选项组中的【用户名】文本框中输入用户名,在【密码】文本框中输入用户密码。如果不想保存用户名和密码,取消选择【保存用户名和密码】单选按钮,也可使用【操作系统身份验证】。

(4)单击【测试连接】按钮,进行连接测试,会弹出测试是否成功的提示窗口。

(5)单击【确定】按钮,关闭【空间数据库连接】对话框,会在目录树中的【数据库连接】文件夹中增加一个新的数据库连接,完成空间数据库的连接操作。

2)添加 OLE DB 连接

在 ArcCatalog 中,用户可以通过 OLE DB 从数据库中读取数据。ArcCatalog 与所有的 OLE DB 提供者的通信方式都一样,而每个提供者依次和不同的数据库通信。这个标准使得用户可以在 ArcCatalog 中用同样的方式使用任何数据库中的数据。

(1)在目录树窗口中双击【数据库连接】→【添加 OLE DB 连接】,弹出【数据链接属性】对话框,在【提供程序】选项卡中选择要使用的 OLE DB 提供者。

(2)单击【下一步】按钮,进入到该对话框的【连接】选项卡,【指定数据源】和【输入登录服务器的信息】,单击【测试连接】按钮,进行连接测试。

(3)单击【确定】按钮,完成一个 OLE DB 连接的添加。

**3. 文件类型的添加和移除**

可根据需要添加或者移除数据文件的类型,使得除标准数据类型以外的文件类型可以在目录树窗口中显示和打开。文件类型的添加和移除操作步骤如下:

(1)在 ArcCatalog 主菜单中单击【自定义】→【ArcCatalog 选项】,打开【ArcCatalog 选项】对话框。

(2)单击【文件类型】标签,切换到【文件类型】选项卡,单击【新类型】按钮,打开【文件类型】对话框,在【文件扩展名】后输入文件的后缀名,在【类型描述】后输入对文件类型的描述信息。也可以单击【从注册表导入文件类型】按钮,导入要添加的文件类型。单击【更改图标】,为该文件类型指定图标。

（3）单击【确定】按钮,完成操作。在【ArcCatalog 选项】对话框中单击选中添加的文件类型,可单击【移除】按钮将其移除,还可单击【编辑】按钮,打开【文件类型】对话框修改文件类型。

**4.文件特性的显示设置**

可在【内容】选项卡中设置文件特性的显示项,操作方法如下:

（1）打开【ArcCatalog 选项】对话框,单击【内容】标签,切换到【内容】选项卡。

（2）在【在"详细视图"视图中显示哪些标准列?】列表框中,单击选中想要显示文件特性的复选框;在【在"详细视图"视图中显示哪些元数据列?】列表框中单击元数据内容信息。

（3）单击【确定】按钮,完成设置,在【内容】选项卡中将增加自定义的显示项。

**5.导出数据**

用户可以通过 ArcCatalog 将地理数据库中的地理要素数据导出为 Shapefile 文件、Coverage 文件、地理数据库要素类、CAD 以及 xml 工作空间等,并将相应的属性表格数据导出为 INFO 或者 dBase 格式的数据文件,也可以将 Shapefile 文件、Coverage 文件以及 CAD 文件导出为地理数据库要素类,实现与其他用户共享地理数据库中的数据。下面以将地理数据库要素类文件导出为 Coverage 文件为例来介绍,其操作步骤如下:

（1）在 ArcCatalog 目录树窗口中或者 ArcMap 目录窗口中浏览到需要导出的地理数据库要素类 xingzhengqujie. shp(位于"…\chp02\导出数据\data\huadong")。

（2）右击 xingzhengqujie. shp,单击【导出】→【转为 Coverage】,打开【要素类转 Coverage】对话框。

（3）单击【输出 Coverage】文本框后的打开按钮🗁,打开【输出 Coverage】对话框,指定要导出数据的位置和名称,单击【确定】按钮,返回。

（4）其他参数保持默认,单击【确定】按钮,完成操作。

**6.查看数据**

在 ArcCatalog 主窗口的【预览】选项卡中,可以利用【预览】下拉框,得到相应的 2D 视图、Globe 视图、表视图和 3D 视图。

在 ArcCatalog 主窗口的【描述】选项卡中可以查看数据的元数据信息,元数据是描述数据的数据,用于描述数据的内容、质量、条件、源和其他特征的信息。空间数据的元数据可描述数据采集的方式、时间、地点和人员;可用性及分布信息;投影、比例、分辨率和精度;相对于某些标准的可靠性。元数据由属性和文档组成,属性通过数据源获得(如数据的坐标系和投影),而文档则由人员输入(如用来描述数据的关键字)。查看数据的操作步骤如下:

（1）在目录树窗口中选择要素类 xingzhengqujie. shp(位于"…\chp02\查看数据\data\huadong")。

（2）在主窗口中单击【内容】选项卡,可以查看数据的名称和类型。

（3）切换到【预览】选项卡,单击【预览】下拉框,选择"地理"以图形形式查看地图,选择"表"以表格形式查看地图。

（4）切换到【描述】选项卡,可以查看关于数据的元数据信息。

**7.ArcCatalog 中图层的操作**

ArcCatalog 可以帮助用户找到地图和定位想添加到地图上的数据。添加到 ArcMap 中的数据(如要素类)被创建为图层,可以将图层作为一个单独的文件保存起来,这样就能在其他地图上使用,也便于与其他用户共享数据。可用图层弹出菜单创建图层文件,在 ArcCatalog

中也可以创建图层文件。

1）直接创建图层文件

直接创建图层文件的操作步骤如下：

（1）在目录树窗口中，选择需要创建新图层的文件夹，右击该文件夹，单击【文件】→【新建】→【◆图层】，打开【创建新图层】对话框。

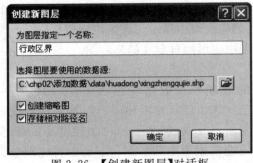

图 2.26 【创建新图层】对话框

（2）在【为图层指定一个名称】文本框中输入新图层文件的名称"行政区界"，单击【选择图层要使用的数据源】的浏览数据按钮，输入图层要使用的数据源 xingzhengqujie. shp 要素类（位于"…\chp02\创建图层\data\huadong"）。

（3）单击选中【创建缩略图】复选框。为了防止数据源位置移动后图层找不到数据源，可选中【存储相对路径名】复选框，如图 2.26 所示。

（4）单击【确定】按钮，完成图层文件的创建。

2）通过数据创建图层

可通过数据直接创建图层。其操作步骤如下：

（1）在目录树窗口中，在需要创建图层文件的数据源上单击鼠标右键，单击【◆创建图层】命令，打开【将图层另存为】对话框。

（2）在【将图层另存为】对话框中，指定要保存图层的文件夹，输入图层文件名。

（3）单击【保存】按钮，保存图层文件。

3）创建组合图层

创建组合图层的操作步骤如下：

（1）在目录树窗口中，选择需要创建组合图层的文件夹，在 ArcCatalog 主菜单中单击【文件】→【新建】→【●图层组】（也可以右击要创建组合图层的文件夹，单击【新建】→【●图层组】），这时会在目录树中出现一个图层组。

（2）右击该图层组，单击【属性】，打开【图层属性】对话框，切换到【组合】选项卡，单击【添加】按钮，添加新图层，单击【删除】按钮可删除选中的图层。

（3）在【图层】列表框中选择图层，单击【属性】按钮，打开【图层属性】对话框，可以设置图层属性（如名称、标注、符号、字段等）。

（4）单击【确定】按钮，完成图层组的创建。

# 2.3 ArcToolbox 基础

ArcToolbox 是地理处理工具的集合。其中的工具能够很好地处理各种空间操作，涵盖数据管理、数据转换、矢量数据分析、栅格数据分析、统计分析等多方面的功能。在 ArcToolbox 中，用户可以根据自己的需要查找、管理和执行各类工具。

从 ArcGIS 9 版本开始，ArcToolbox 由原来独立的应用程序变为现在的可停靠窗口，内嵌在其他桌面应用程序（ArcMap、ArcCatalog、ArcScene、ArcGlobe）中。在 ArcToolbox 中，有工具箱、工具集、工具三个层次。其中,工具箱是单个地理处理操作,工具集是工具和其他工具集的逻辑意义上的容器,工具箱是工具和工具集的容器。

### 2.3.1　ArcToolbox 简介

　　ArcToolbox 工具箱把 ArcGIS 桌面端许多功能分门别类存放在不同工具箱中,可以完成 3D 分析、空间分析、数据转换、数据管理和空间分析统计等一系列功能。其最大特点和优势就是提供易懂的对话框,ArcToolbox 软件模块界面如图 2.27 所示。

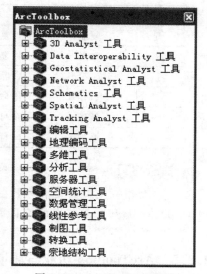

图 2.27　ArcToolbox 界面

　　ArcToolbox 功能模块内嵌在 ArcCatalog、ArcMap、ArcScene 及 ArcGlobe 中, 在 ArcView、ArcEditor 和 ArcInfo 中都可以使用,ArcView 中的 ArcToolbox 包含的工具超过 80 种,ArcEditor 超过 90 种,ArcInfo 则提供了大约 250 种工具,每一个产品层次包含的空间处理工具是不同的。

　　(1)ArcView 具有核心和简单的数据加载、转换与集成分析工具。

　　(2)ArcEditor 增加了少量的 Geodatabase 的创建和加载工具。

　　(3)ArcInfo 提供了进行矢量分析、数据转换、数据加载和对 Coverage 最完整的空间处理工具集合。

　　ArcToolbox 具有许多复杂的空间处理功能,其对应的功能被划分为各种工具集合工具条,可以根据实际需要选择相应的工具进行数据处理分析。

### 2.3.2　ArcToolbox 应用

#### 1.ArcToolbox 启动

　　由于 ArcToolbox 内嵌在其他软件模块中,其在 ArcCatalog、ArcMap、ArcScene 和 ArcGlobe 中是一个可以停靠的窗口,所以可以从这些软件中直接启动 ArcToolbox,从而使用 ArcToolbox 中的相关功能模块。

　　在 ArcCatalog、ArcMap、ArcScene 和 ArcGlobe 中,ArcToolbox 工具栏默认的情况下是不显示的,这时只需要单击这些软件界面上的 ArcToolbox 窗口按钮 ,就可以打开 ArcToolbox 窗口。

#### 2.创建自定义工具集

　　为了使用方便或为了某些特殊的应用,用户可能需要创建自定义工具箱和工具集来存放常用的工具。其操作步骤如下:

　　(1)启动 ArcCatalog,在目录树窗口中选择【工具箱】中的【我的工具箱】,单击右键,然后单击【新建】→【工具箱】,创建自定义工具箱;右击该工具箱,然后单击【工具集】,创建自定义工具集。

　　(2)在 ArcToolbox 窗口中单击右键,单击【添加工具箱】,打开【添加工具箱】对话框,找到刚才建立的工具箱加入 ArcToolbox 中,即可将已创建的工具箱添加到 ArcToolbox 窗口中。用户可以将系统提供的常用工具复制到自定义工具箱或该工具箱下的工具集中,但不可将自定义工具复制到系统自带的工具箱或工具集中。

### 3. 管理工具集

在 ArcToolbox 窗口中,双击 ArcToolbox 工具即可打开该工具的对话框,设置后可利用该工具提供的功能。右击任意一个 ArcToolbox 工具或工具箱,弹出菜单中常用的菜单及其功能如表 2.30 所示。

表 2.30　ArcToolbox 窗口常用的菜单及其功能

| 图 标 | 名 称 | 功能描述 |
|---|---|---|
| | 复制 | 可复制选中的工具或工具箱(仅是自定义的工具箱) |
| | 粘贴 | 将复制的工具箱或者工具粘贴到自定义工具箱或自定义工具集里 |
| ✖ | 移除或删除 | 移除不需要的工具箱或工具 |
| | 重命名 | 重命名工具箱或工具 |
| | 新建 | 在自定义工具箱或工具集中新建工具集和模型 |
| | 添加 | 向自定义工具箱或工具集中添加脚本和工具 |

**注意事项**

利用一些工具之前需要在【扩展模块】对话框中启用相应的扩展模块,如利用 3D Analyst 工具箱中的工具需要启用 3D Analyst 扩展模块。

## 2.3.3　ArcToolbox 功能与环境

### 1. 工具集简介

ArcToolbox 的空间处理工具条目众多、功能丰富。为了便于管理和使用,一些功能接近或者属于同一种类型的工具被集合在一起形成工具的集合,这样的集合被称为工具集。按照功能与类型的不同,工具集主要分为以下几方面。

1)3D 分析工具

3D 分析工具包括转换、表面分析、栅格修补、栅格计算、栅格重分类、TIN 创建等工具和工具集。使用 3D 分析工具可以创建、修改 TIN 和栅格表面,并从中抽象出相关信息和属性,还可以实现表面分析、三维要素分析和三维数据的转换等各种功能。

2)分析工具

分析工具包括提取、叠加分析、邻域分析、统计表等工具。对于所有类型的矢量数据,分析工具提供了一整套方法来运行多种地理处理框架。比如选择、裁剪、相交、联合、判别、拆分、缓冲区、近邻、点距离,频度、汇总统计数据等。

3)制图工具

制图工具主要是掩膜工具集。包括 Cul-De-Sac 掩膜、要素轮廓线掩膜、相交图层掩膜等三种掩膜工具。制图工具与 ArcGIS 中其他大多数工具有着明显的目的性差异,它是根据特定的制图标准来设计的。

4)转换工具

转换工具包含了一系列不同数据格式之间互相转换的工具,涉及的数据格式主要有栅格数据、Shapefile、Coverage、Geodatabase、表、CAD 等。转换工具主要由从栅格格式转换到其他格式、转换为 CAD、转换为 Coverage、转换为 dBase、转换为 Geodatabase、转换为栅格、转换为 Shapefile 等组成。

5）数据管理工具

数据管理工具包括数据库、分离编辑、值域、要素类、要素、字段、普通、一般、索引、连接、图层和表的查看、投影和转换、栅格、关系类、子类型、表、拓扑、版本、工作空间等工具和工具集。数据管理工具提供了丰富且种类繁多的工具来管理和维护要素类、数据集、图层及栅格数据结构。

6）地理编码工具

地理编码又叫做地址匹配，是一个建立地理位置坐标与给定地址一致性的过程。使用该工具可以给各个地理要素进行编码操作、建立索引等。地理编码工具主要有创建、删除地址定位器，取消、使用自动生成地理编码索引，地理编码地址，标准化地址，重建地理编码索引等工具。

7）地统计分析工具

在地统计分析中可以使用各种函数方法创建连续的表面，并对表面或地图进行可视化分析和评价。

8）线性参考工具

线性参考工具主要包括创建、校准路径，叠加、融合、转换路径事件，制作路径事件图层，沿路径定位要素等工具和工具集。利用线性要素工具可以生成和维护线状地理要素的相关关系，如实现由线状 Coverage 到路径的转换，由路径事件属性表到地理要素类的转换等。

9）空间分析工具

空间分析工具提供了很丰富的工具来实现基于栅格的分析。空间分析工具主要包括条件、密度、距离、提取、地下水、水文、地图代数、数学计算、逻辑预算、三角函数、多元多变量、邻域、叠加、栅格创建、重分类、表面、区域等工具。

10）空间统计工具

空间统计工具包含了分析地理要素分布状态的一系列统计工具，这些工具能够实现多种适用于地理数据的统计分析。空间统计工具主要包括分析模型、绘制群体、测量地理分布、实用工具等工具和工具集。

**2．环境设置**

对于一些特殊的模型或者有特殊要求的计算，需要对输出数据的范围、格式等进行调整，ArcToolbox 提供了一系列的环境设置，可帮助用户完成此类问题。在 ArcToolbox 窗口中右击空白处，单击【环境】，打开【环境设置】对话框。该窗口提供了常用的环境设置，包括工作空间的设定，输出坐标系、处理范围的设置，分辨率、M 值、Z 值的设置，数据库、制图以及栅格分析等设置。

# 2.4　ArcScene 与 ArcGlobe 概述

ArcGIS 的三维分析模块包括两个三维可视化应用程序，即 ArcScene 和 ArcGlobe，三维分析模块扩展了 ArcGIS Desktop 的功能，也扩展了 ArcMap 和 ArcCatalog 的三维功能。

ArcScene 允许用户制作具有透视效果的场景,可以对 GIS 数据进行浏览和交互,可以在表面模型数据上叠加栅格数据和矢量数据,并且能对表面模型进行创建和分析,支持 TIN 的创建、显示和分析。

ArcGlobe 提供对巨型三维栅格、地形和矢量数据集进行实时漫游和缩放的功能,能处理数据的多分辨率显示,使数据集能在适当的比例尺和详细程度上可见。ArcGlobe 提供了新颖而独特的查看和分析 GIS 数据的方法,空间参考数据放置在三维球体表面上,显示其真实测量位置,当整体或局部浏览球体时,可以操作球体,并研究和分析其数据。可以查看覆盖在整个球体范围的数据,并无缝地放大到比较详细的局部数据。

另外,利用 ArcMap 的三维分析扩展模块,也可以创建和分析表面模型,查询表面某一位置的属性值和分析表面不同位置的可见性,并且可以计算表面的表面积以及表面以上或以下的体积,还能沿表面的三维线生成剖面。利用 ArcCatalog 的三维分析扩展模块,可以实现对三维数据的管理,并且可以创建具有三维视觉属性的图层,通过 ArcCatalog 的三维视图功能能够预览三维场景。

关于三维分析模块以及 ArcScene 和 ArcGlobe 的内容将在第 13 章进行详细介绍,在此不再赘述。

# 第2篇 数据处理

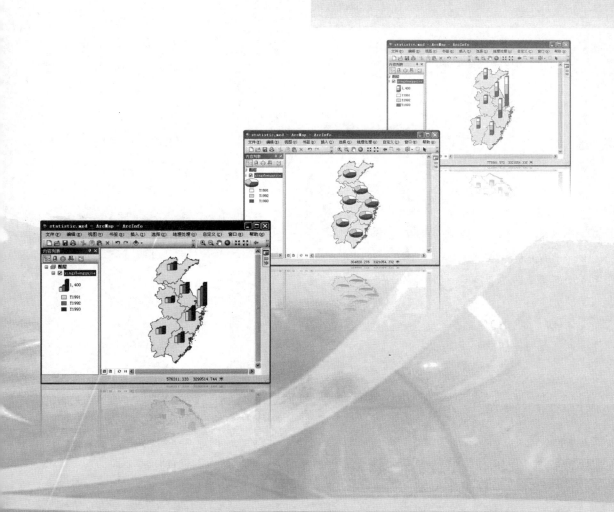

# 第 3 章　地理数据库

地理数据库(Geodatabase)是一种面向对象的空间数据模型,它对于地理空间特征的表达更接近我们对现实世界的认识。地理数据库在一个公共模型框架下,对 GIS 处理和表达的空间特征,如矢量、栅格、不规则格网(triangulated irregular network,TIN)、网络等进行统一描述和存储,是目前最先进的数据管理模式。本章主要介绍地理数据库的概念,Geodatabase 的数据管理,智能化操作,版本与长事务管理等的原理与操作方法。

## 3.1　Geodatabase 概述

### 3.1.1　Geodatabase 数据模型

Geodatabase 和空间数据库(spatial database)在本质上没有很大的区别,只是提法的不同。ArcGIS 使用 Geodatabase 来描述地理数据库的概念与操作,方便起见,本章皆用 Geodatabase 描述地理数据库。

Geodatabase 是 Esri 公司经过多年研发,在先前数据模型的基础上进化而来的,是保存各种数据集的"容器"。它建立在标准的关系数据库(RDBMS)基础之上,使用标准关系数据库技术表现地理信息数据模型,并加入了空间数据管理的模式。

Geodatabase 中所有的数据都被存储在一个 RDBMS 中,既包括每个地理数据集的框架和规则,又包括空间数据和属性数据的简单表格。Geodatabase 为 ArcGIS 更好地管理和使用地理数据提供了数据接口和管理框架,它集成了所有在 ArcGIS 中可以使用的数据类型(如要素类、栅格数据集、表)及其显示、访问、存储、管理和处理的方法。

#### 1.Geodatabase 的数据组织

Geodatabase 依据层次型的数据对象来组织空间数据,这些数据对象包括对象类(object class)、要素类(feature class)和要素数据集(feature dataset)等。

1)对象类

在 Geodatabase 中,对象类是一种特殊的类,它没有空间特征,表现为可关联某种特定行为的表记录。如某块地的主人,在"地块"和"主人"之间,可以定义某种关系。

2)要素类

同类空间要素的集合即为要素类,如河流、道路、植被、用地、电缆等,也就是通常理解的矢量数据中的"图层"。要素类之间可以独立存在,也可以具有某种关系。当不同的要素类之间存在关系时,可将其组织到一个要素数据集中。

3)要素数据集

要素数据集由一组具有相同空间参考的要素类组成。一般而言,在以下三种情况下,可以考虑将不同的要素类组织到一个要素数据集(简称为要素集)中。

——专题归类表示。当不同的要素类属于同一范畴时,如全国范围内不同比例尺的公路交通专题数据,其点、线、面类型的要素类可组织成一个要素数据集。

——创建几何网络。构成几何网络的不同要素类必须组织到同一个要素数据集中。如燃气网络中,有阀门、减压阀、管路等设备,它们分别对应点或线类型的要素类,在进行燃气网络对应的几何网络建模时,这些要素类就必须放在同一要素数据集下。

——考虑平面拓扑。共享公共几何特征的要素类,如用地、水系、行政区界等。当移动其中的一个要素时,其公共的部分也要求一起移动,并保持这种公共关系不变。此种情况下,必须将这些要素类放到同一要素数据集下。

4)关系类

关系类(relationship class)定义两个不同的要素类或对象类之间的关联关系。例如,可以定义房主和房子之间的关系,房子和地块之间的关系等。

5)几何网络

几何网络(geometric network)是由若干要素类构建的一种新的类,用于表示现实世界中公用网络基础设施的行为并对这种行为进行建模。几何网络由一组相连的边和交汇点以及连通性规则组成。如定义一个供水网络,指定同属一个要素数据集的"阀门"、"泵站"、"接头"对应的要素类加入其中,并扮演"连接点"的角色;同时指定同属一个要素数据集的"供水干管"、"供水支管"和"入户管"等对应的要素类加入供水网络来扮演"边"的角色。

6)地址定位器

地址定位器(locators)是地理数据库中的一个数据集,用于管理要素的地址信息,从而执行地理编码。地理编码是根据地址定位器匹配单个地址或地址表的过程。对于每个匹配的地址,都将返回一个经过地理编码的位置。

**2. Geodatabase 数据模型的优点**

Geodatabase 使用面向对象的数据建模,可以定义自己的对象类型,通过定义对象之间的拓扑、空间关联和普通关联,以及定义它们之间的相互作用关系,更自如地表现地理信息。Geodatabase 数据模型的优势在于:

(1)Geodatabase 数据模型是地理数据统一存储的仓库,所有数据都能在同一数据库里存储和管理。

(2)数据输入和编辑更加准确。通过智能的属性验证能减少很多编辑错误,这是 Geodatabase 数据模型被广泛采用的最主要原因。

(3)更为直观地处理数据模型,包含了与用户数据模型相对应的数据对象。

(4)要素具有丰富的关联环境。使用拓扑关系、空间表达和一般关联,用户不仅可以定义要素的特征,还可以定义要素与其他要素的关联情况。当与要素相关的要素被移动、改变或删除的时候,用户预先定义好的关联要素也会作出相应的变化。

(5)可制作蕴含丰富信息的地图。通过直接在 ArcMap 中应用先进的绘图工具,可以更好地控制要素的绘制,还可以添加一些智能绘图行为。

(6)地图显示中,要素是动态的。在 ArcGIS 中处理要素时,它们能根据相邻要素的变化作出响应。

(7)更形象地定义要素形状。Geodatabase 数据模型中,可以使用直线、圆弧、椭圆弧和贝塞尔曲线来定义要素形状。

(8)要素都是连续无缝的。Geodatabase 中可以实现无缝无分块的海量要素存储。

（9）多用户并发编辑地理数据。Geodatabase 数据模型允许多用户编辑同一区域的要素，并可以协调冲突。

Geodatabase 数据模型的优势就是搭建了一个框架，从而轻易地创建智能化要素，模拟真实世界中对象之间的作用和行为。

### 3.1.2　Geodatabase 的类型

Geodatabase 有以下三种类型：文件地理数据库、个人地理数据库和 ArcSDE 数据库。

#### 1. 文件地理数据库和个人地理数据库

文件地理数据库和个人地理数据库是地理数据库的完整信息模型，包含拓扑、栅格目录、网络数据集、Terrain 数据集、地址定位器等，这两种地理数据库不支持地理数据库版本管理。

文件地理数据库是以文件夹形式存储的各种类型的 GIS 数据集的集合，可以存储、查询和管理空间数据和非空间数据。在不使用 DBMS 的情况下能够扩展并存储大量数据。文件地理数据库可同时由多个用户使用，但同一数据同一时间只能由一个用户编辑。因此，一个文件地理数据库可以由多个编辑者访问，但必须编辑不同的数据。

个人地理数据库所有的数据集都存储于 Microsoft Access 数据文件内，在 Microsoft Access 数据文件中存储和管理空间数据和非空间数据。个人数据库存储在 Access 数据库中，其最大容量为 2 GB，并且一次只有一个用户可以编辑个人地理数据库中的数据。

#### 2. ArcSDE 地理数据库

ArcSDE 地理数据库是支持多用户同时并发编辑的大型地理数据库，它通过 ArcSDE 空间数据库引擎在关系数据库（如 IBM DB2、Oracle、PostgreSQL 和 SQL Server 等）的基础上增加了处理空间数据的能力。主要优点：通过关系数据库存储空间数据；可以有弹性地选择数据库的规模和大小；便于使用结构化查询语句（structured query language，SQL）来访问 Geodatabase 的表和记录。

ArcSDE 地理数据库可充分利用 DBMS 的基础架构实现以下内容：超大型连续 GIS 数据库，多用户的同时并发编辑，长事务和版本化工作流等。在大型企业级 GIS 中一般采用 ArcSDE 地理数据库进行空间数据的存储和服务。

# 3.2　Geodatabase 的数据管理

Geodatabase 可以看做是一种数据格式，它将矢量、栅格、地址、网络和投影信息等数据一体化存储和管理。Shapefile 文件、Coverage 文件在 Geodatabase 出现之前就已经广泛使用。Shapefile 文件是使用最广泛的空间数据类型，Coverage 文件是地理关系型数据类型的代表，被认为是第二代 GIS 数据模型（Geodatabase 是第三代数据模型）。尽管两者不属于 Geodatabase 的范畴，但它们是 Geodatabase 数据的重要数据源，因此下面先对它们进行介绍。

### 3.2.1　Shapefile 文件的创建

Shapefile 文件是 Esri 研发的工业标准的矢量数据文件，一个完整的 Shapefile 文件至少包括 3 个文件：一个主文件（＊.shp）、一个索引文件（＊.shx）和一个 dBase 表文件（＊.dbf）。

—— ＊.shp。存储地理要素的几何图形的文件。

—— ＊.shx。存储图形要素与属性信息索引的文件。

—— ＊.dbf。存储要素属性信息的 dBase 表文件。

一个 Shapefile 文件中的主文件、索引文件和 dBase 文件必须具有相同的前缀，且它们必须放在同一个文件夹下。如主文件：countries.shp；索引文件：countries.shx；dBase 表：countries.dbf。

Shapefile 文件并不存储拓扑关系、投影信息和地理实体的符号化信息，仅仅存储空间数据的几何特征和属性信息，所以要想在不同的机器迁移数据时保持符号化信息不变，必须使用地图文档格式（＊.mxd）或者图层文件格式（＊.lyr）。尽管 Shapefile 文件无法存储投影等信息，但是可以对它进行定义投影和构建空间索引等操作，在同一文件夹下生成具有不同扩展名的文件。如，＊.prj 文件用于存储坐标系的信息；＊.xml 文件为元数据文件，用于存储 Shapefile 的相关信息等。

创建一个新的 Shapefile 时，必须定义它包含的要素类型，如点、线、面等类型。Shapefile 创建之后，这些类型不能被修改。创建 Shapefile 文件的操作步骤如下：

图 3.1 【空间参考属性】对话框

（1）在 ArcCatalog 目录树中，右击要存放 Shapefile 的文件夹，在弹出菜单中，单击【新建】→【▢ Shapefile】，打开【创建新 Shapefile】对话框。

（2）在【创建新 Shapefile】对话框中，设置文件【名称】和【要素类型】。要素类型可以为点、折线、面、多点、多面体。

（3）单击【编辑】按钮，打开【空间参考属性】对话框，如图 3.1 所示。此处可定义 Shapefile 的坐标系统，系统默认为"Unkown"。

（4）单击【确定】按钮，完成新建 Shapefile 文件的操作，新创建的 Shapefile 文件出现在文件夹中。

**注意事项**

a）在【创建新 Shapefile】对话框中，选中复选框【坐标将包含 M 值。用于存储路径数据】表示 Shapefile 要存储表示路径的折线；选中复选框【坐标将包含 Z 值。用户存储 3D 数据】表示 Shapefile 将存储三维要素。

b）在 ArcCatalog（或任何 ArcGIS 程序）中查看 Shapefile 文件时，将仅能看到一个代表 Shapefile 的文件，使用 Windows 资源管理器则可看到所有与 Shapefile 相关联的多个文件信息。复制、删除 Shapefile 时，建议在 ArcCatalog 中执行该操作。如果使用 Windows 资源管理器进行操作，请确保选择组成该 Shapefile 的所有文件。

### 3.2.2　Coverage 文件的创建

Coverage 模型是地理关系型数据类型的代表。其主要特征是：

（1）空间数据与属性数据相结合。空间数据存储在二进制索引文件中，可使显示和访问最优化；属性数据存储在表格中，用二进制文件中的要素数目的行数来表示，并且属性和要素使用同一 ID 连接。

（2）矢量要素之间的拓扑关系也被存储。存储线的结点用以推算哪些线在哪些地方相连，同时还包含线的右侧及左侧有哪些多边形。

Coverage 作为一个目录存储在计算机中，目录的名称即为 Coverage 的名称，Coverage 的有序集合被称为工作空间。每个 Coverage 工作空间都有一个 info 数据库，存储在子目录 info 文件夹下。Coverage 文件夹中的每个 *.adf 文件都与 info 文件夹中的一对文件（*.dat 和 *.nit）关联。因此，切勿删除 info 文件夹，这样会损坏 Coverage 文件。

创建新 Coverage 文件时，可将其他 Coverage 文件作为模板。使用 ArcToolbox 中的【转为 Coverage】工具输入一个或多个要素类可创建单个 Coverage 文件。组合数据时，将主 Coverage 文件用做某项目中所有 Coverage 文件的模板是十分必要的，便于 Coverage 文件正确地叠加，否则，不同 Coverage 文件中的相同要素（例如海岸线）可能无法对准。值得注意的是通过模板创建新 Coverage 文件时，模板 Coverage 文件的控制点、边界和坐标系信息将复制到新 Coverage 文件中。如果不使用模板，则必须向新 Coverage 文件中添加控制点，然后才能将要素添加到其中。向新 Coverage 文件中添加要素之前无须设置该 Coverage 文件的边界。

创建 Coverage 文件的操作步骤如下：

（1）在 ArcToolbox 中，双击【转换工具】→【转为 Coverage】→【要素类转 Coverage】工具，打开【要素类转 Coverage】对话框，如图 3.2 所示。

（2）在【要素类转 Coverage】对话框中，输入【输入要素类】数据 Shp.shp（位于"...chp03\创建 coverage\data"），指定【输出 Coverage】的保存路径和名称，【XY 容差（可选）】（坐标间的最小距离）及【双精度（可选）】根据需要进行设置，如图 3.2 所示。

（3）单击【确定】按钮，完成操作。

图 3.2　【要素类转 Coverage】对话框

**注意事项**

如果有 ArcInfo 级别许可并安装了 ArcInfo Workstation，可以直接新建 Coverage 文件，但是由于 Workstation 目前使用较少，这里不再赘述。

### 3.2.3　Geodatabase 的创建

在 ArcGIS 中，可以采用三种方式来创建地理数据库：

（1）设计并新建一个空的地理数据库。

（2）复制并修改现有地理数据库，随后向复制的地理数据库中加载数据集。

（3）创建完全复制于现有地理数据库的地理数据库。

文件和个人数据库可以通过以上方法建立，但是 ArcSDE 数据库须在安装对应的关系数据库管理系统并进行相关的配置以后，通过添加空间数据库连接的方式使用。

**1. 创建地理数据库**

创建地理数据库的操作步骤如下：

（1）在 ArcCatalog 目录树中，右击要建立新地理数据库的文件夹，在弹出菜单中，单击【新建】→【▇文件地理数据库】，创建文件地理数据库。

（2）在 ArcCatalog 目录树窗口，将出现名为"新建文件地理数据库"的地理数据库，输入文件地理数据库的名称后按 Enter 键，一个空的文件地理数据库就建成了。同样可以建立个人地理数据库。

在建立一个新的地理数据库后，就可以在这个数据库内建立起基本组成项。数据库的基本组成项包括要素类、要素数据集、属性表（table）、关系类以及工具箱（toolbox）、栅格目录（raster catalog）、镶嵌数据集（mosaic dataset）、栅格数据集（raster dataset）等。

**2. 创建要素数据集**

要素数据集是存储要素类的集合。建立一个新的要素数据集，必须定义其空间参考，包括坐标系统（地理坐标、投影坐标）和坐标域（$X$、$Y$、$Z$、$M$ 范围及其精度）。数据集中所有的要素类必须使用相同的空间参考，且要素坐标要求在坐标域内。定义了要素数据集空间参考之后，在该数据集中新建要素类时不需要再定义其空间参考，直接使用数据集的空间参考。如果在数据集之外即在数据库的根目录处新建要素类时，则必须单独定义空间参考。

创建要素数据集的操作步骤如下：

（1）在 ArcCatalog 目录树中，右击要建立新要素数据集的地理数据库，在弹出菜单中，单击【新建】→【▥要素数据集】，打开【新建要素数据集】对话框。

（2）在【新建要素数据集】对话框中，输入要素数据集【名称】。单击【下一步】按钮，打开选择坐标系对话框。

（3）选择要素数据集要使用的空间参考，可以选择为地理坐标系、投影坐标系或不设置参考坐标系。单击【下一步】按钮，打开相关容差设置对话框。

（4）设置【XY 容差】、【Z 容差】及【M 容差】值，一般情况选中【接受默认分辨率和属性域范围（推荐）】复选框。

（5）单击【完成】按钮，完成要素数据集的创建。

**3. 创建要素类**

在 ArcCatalog 目录树中创建要素类，可以在要素数据集中建立，也可以独立建立，但在独立建立时必须要定义其投影坐标。创建要素类时，需选择创建的要素类用于存储的要素类型，如多边形、线、点、注记、多点、多面体、尺寸注记等。

1）在要素数据集中建立要素类

在要素数据集中建立要素类的操作步骤如下：

（1）在 ArcCatalog 目录树中，右击要创建新要素类的要素数据集，在弹出菜单中，单击【新建】→【▢要素类】，打开【新建要素类】对话框，如图 3.3 所示。

图 3.3　【新建要素类】对话框

（2）在【新建要素类】对话框中输入要素类的【名称】以及【别名】，并选择要素类类型，在【几何属性】区域根据需要选择坐标是否包含 M 值或者 Z 值。

（3）单击【下一步】按钮。若在图 3.3【几何属性】区域中，单击选中【坐标包含 M 值。用于存储路径数据】复选框，则打开图 3.4 所示对话框，根据需要设置【M 容差】；若不选择，如果是在文件地理数据库的要素数据集中建立要素类时，则弹出定义配置关键字对话框，指定要使用的配置关键字，单击【下一步】按钮，打开图 3.5 所示对话框，如果是在个人地理数据集中建立要素类时，则直接打开图 3.5 所示对话框。

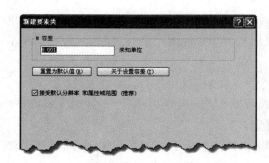

图 3.4　设置新建要素类中的 M 容差

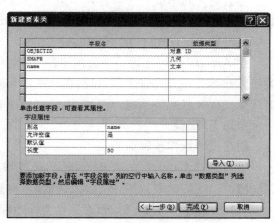

图 3.5　向新建要素类中添加字段

（4）添加要素类字段，设置相应的【字段名】、【数据类型】和【字段属性】。默认情况下，有几个字段已添加到注记要素类中。如果要从另一个要素类或表中导入字段，可单击【导入】按钮，在打开的对话框中选择要导入的要素类或表，则该要素类或表的字段将添加到新建的要素类字段中。同时可以在【字段属性】中修改任意字段属性。

（5）单击【完成】按钮，完成要素类的创建。

2）建立独立的要素类

独立要素类就是在地理数据库中不属于任何要素数据集的要素类，其建立方法与在要素集中建立简单要素类相似。只是独立要素类必须建立空间参考坐标、投影系统参数以及 XY 域。

创建独立要素类的操作步骤如下：

(1)在 ArcCatalog 目录树中,右击要创建新要素类的地理数据库。

(2)在弹出菜单中,单击【新建】→【□要素类】,在对话框中输入要素类的【名称】及【别名】;在下拉框中选择将在该要素类中存储的要素类型;如果数据需要 $M$ 值或 $Z$ 值,则选中相应的复选框。

(3)单击【下一步】按钮,选择要使用的空间参考,或导入要将其空间参考用做模板的要素类或要素数据集;如果要在所选坐标系中更改任何参数,则单击【修改】按钮,编辑坐标系参数。

(4)单击【下一步】按钮,设置【XY 容差】或接受默认值。地球表面上投影点的默认【XY 容差】是 1 mm。如果步骤(2)中选择了具有 $M$ 值或 $Z$ 值,则输入【M 容差】或【Z 容差】。

(5)如果是个人地理数据库,单击【下一步】则跳到步骤(6)。如果是文件地理数据库或者 ArcSDE 地理数据库,单击【下一步】,则打开指定数据库存储配置对话框,可指定要使用的配置关键字。单击【下一步】按钮,弹出添加字段对话框。

(6)在对话框中添加字段,如图 3.5 所示。

(7)单击【完成】按钮,完成独立要素类的创建。

**4. 创建表**

表用于显示、查询和分析数据。行和列分别称为记录和字段。每个字段可存储一个特定的数据类型,如数字、日期或文本等。

要素类实际上就是带有特定字段(包含有关要素几何的信息)的表。这些字段包括用于存储点、线和多边形几何图形的 Shape 字段。ArcGIS 会自动添加、填充和保留一些字段,例如唯一标识符数字(OBJECTID)和 Shape。

在 ArcGIS 中可通过一个公用字段(也称为键)将一个表中的记录与另一个表中的记录相关联。此类关联方式有多种,包括在地图中临时连接或关联表,或者在地理数据库中创建可以保持更长久关联的关系表。例如,可将宗地所有权信息表与宗地图层进行关联,因为它们共享一个宗地 ID 字段。

创建表的操作步骤如下：

(1)在 ArcCatalog 目录树中,右击要创建新表的数据库,在弹出菜单中,单击【新建】→【▤表】,打开【新建表】对话框,输入表的【名称】及【别名】。

(2)单击【下一步】按钮,如果是在文件地理数据库中创建新表,可选配置关键字,以使用多种语言管理文本字段。大多数情况下,使用"DEFAULTS"关键字。如果是个人地理数据库则不需要配置关键字。

(3)单击【下一步】按钮,向表中添加字段,单击【字段名】列中的下一个空白行输入名称,然后选择【数据类型】,也可设置其【字段属性】,操作如前文所述。

(4)单击【完成】按钮,完成表的创建。

**5. 创建空间索引**

在关系表或要素类中存储数据时,就可以建立空间索引来快速查找要素类中的要素。识别要素、通过点选或框选来选择要素以及平移和缩放等都需要使用空间索引。建立空间索引后,查询时将先在索引里查找,然后返回适合的记录,这要比从第一条记录开始遍历整个表的速度快得多,这样就提高了空间要素的查询速度。

1)创建空间索引

创建空间索引的操作步骤如下:

(1)在 ArcCatalog 目录树中,右击要创建索引的要素类 Road(位于"…\chp03\新建文件地理数据库\新建文件地理数据库.gdb\dataset"),在弹出菜单中,单击【属性】,打开【要素类属性】对话框,单击【索引】标签,切换到【索引】选项卡,如图 3.6 所示。

(2)单击【添加】按钮,打开【添加属性索引】对话框,在【名称】文本框中输入新索引的名称,如图 3.7 所示。

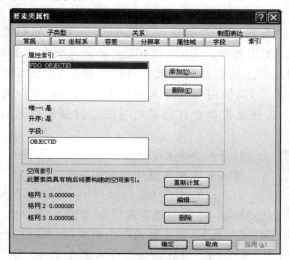
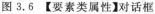

图 3.6　【要素类属性】对话框

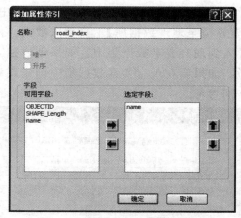

图 3.7　【添加属性索引】对话框

**注意事项**

如果要建立索引的字段的值是唯一的,选中【唯一】复选框。如果想要索引字段的数据按升序排序,选中【升序】复选框。

(3)在【可用字段】列表框中,单击选定想要建立索引的一个或多个字段。单击➡按钮,把选定的字段移动到【选定字段】列表框中。可使用➡和⬇按钮来改变字段在索引中的顺序。

(4)单击【确定】按钮,关闭【添加属性索引】对话框。

(5)单击【确定】按钮,关闭【添加空间索引】对话框。

(6)单击【确定】按钮,关闭【要素类属性】对话框。

2)修改空间索引

修改空间索引的操作步骤如下:

(1)在 ArcCatalog 目录树中,右击需要修改空间索引的要素类,在弹出菜单中,单击【属性】,打开【要素类属性】对话框,然后切换到【索引】选项卡。

(2)如果已经存在一个空间索引,则需要先删除已经存在的索引。如果不存在空间索引,请直接跳到步骤(4)。

(3)单击【删除】按钮,删除已存在的空间索引。

(4)单击【编辑】按钮,打开【添加空间索引】对话框,输入新的索引参数。

(5)单击【确定】按钮,关闭要素类属性对话框。

### 3.2.4　Geodatabase 数据导入

在 Geodatabase 中维护空间数据,可以通过先新建要素类然后再添加、编辑要素的方法,更常使用的是将已经存在的数据导入 Geodatabase 中。通过 ArcCatalog,可以将 CAD、Table、Shapefile、Coverage 等数据或栅格影像等加载到 Geodatabase 中。导入一个数据表或要素类的同时,就创建了一个新的 Geodatabase 要素类。如果已有数据不是上述几种格式,可以用 ArcToolbox 中的工具进行数据格式的转换,再加载到地理数据库中。

**1. 导入数据**

可将 Shapefile、Coverage、CAD 数据和地理数据库要素类导入 Geodatabase 中。如果要导入的要素类已具有它在 Geodatabase 中所需使用的坐标系,则使用【要素类至要素类】或【要素类至地理数据库】工具导入数据。使用这些工具创建的要素类可以是独立的,也可以导入到现有要素数据集中。如果创建独立要素类,则使用与要导入的要素类相同的空间参考。如果要在现有要素数据集中创建要素类,则新要素类会自动采用与要素数据集相同的空间参考。

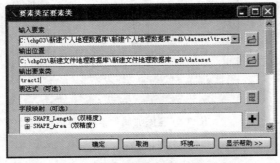

图 3.8　【要素类至要素类】对话框

1）导入要素类

导入要素类的操作步骤如下:

(1)在 ArcCatalog 目录树中,右击要导入 Geodatabase 中的要素数据集,在弹出菜单中,单击【导入】。如果导入单个要素,则可以选择【要素类(单个)】;如果要导入多个要素,则可以选择【要素类(多个)】。这里以导入单个要素类为例进行介绍。单击【要素类(单个)】,打开图 3.8 所示的【要素类至要素类】对话框。

> **注意事项**
>
> ArcGIS 中,在如图 3.8 所示的对话框中输入指定条目时,如【输入要素】、【输出位置】等,可以通过下拉框选择(如果地图文档中已加载数据)或者点击 📁 按钮,输入其他数据,也可以手工输入。本书的后续章节对此问题简单描述为输入……的数据。

(2)在【输入要素】文本框中输入要转入的要素 tract(位于"…\chp03\新建个人地理数据库\新建个人地理数据库.mdb\dataset"),在【输出位置】文本框中指定输出路径和名称。

(3)单击【确定】按钮,完成要素类的导入。

2）导入表

导入表的操作步骤如下:

(1)在 ArcCatalog 目录树中,右击要导入表的地理数据库,在弹出菜单中,单击【导入】→【表(单个)】,打开【表至表】对话框。

(2)在【表至表】对话框中设置参数,同导入要素类相同。

——【输入行】。指定输入 dBase、info 或地理数据库表。

——【输出位置】。输入将创建输出表的位置。

——【输出表】。输入输出表的名称。

——【表达式(可选)】。输入将用于选择记录的 SQL 查询表达式。表达式的语法因数据格式的不同而有所差异。

——【字段映射(可选)】。选择字段和字段内容。

——【配置关键字(可选)】。此设置用于定义文件和 ArcSDE 地理数据库的存储参数(配置)。个人地理数据库不使用配置关键字。

(3)单击【确定】按钮,完成表的导入。

**2.导出数据**

导出数据能在多个地理数据库之间共享数据并选择性地更改数据格式。ArcGIS 可将地理数据库的全部或任意部分导出,从而能够灵活地传输数据。

1)导出 XML 工作空间文档

将要素数据集、类和表导出至导出文件时,也会导出所有的数据。例如,如果导出几何网络或拓扑类,那么也会导出该网络或拓扑中的所有要素类。如果导出处于某关系中的要素类或表,那么除要素类或表之外,也会导出与其关联的关系类。对于具有与要素关联的注记要素类同样如此。对于具有域、子类型或索引的要素类,其域、子类型或索引也会导出。

导出 XML 工作空间文档的操作步骤如下:

(1)在 ArcCatalog 目录树中,右击要导出的地理数据库、要素数据集、要素类或表,在弹出菜单中,单击【导出】→【 XML 工作空间文档】,打开【导出 XML 工作空间文档】对话框,如图 3.9 所示。

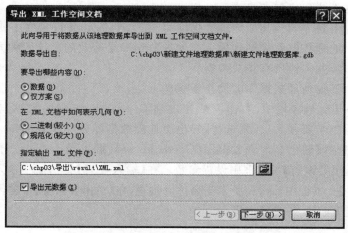

图 3.9　【导出 XML 工作空间文档】对话框

(2)在【导出 XML 工作空间文档】对话框中,若要导出架构和数据,选择【数据】;若要导出架构而不包含任何要素类和表记录,选择【仅方案】。

(3)指定要导出的新文件的路径和名称,若通过在文本框中输入的方式指定路径和名称,则为文件提供 *.xml、*.zip 或 *.z 扩展名来指定文件类型;若通过【另存为】对话框来指定路径和名称,则在【另存为】对话框中指定文件类型。如果要导出的数据包含元数据,则选中【导出元数据】复选框。单击【下一步】按钮,打开图 3.10 所示对话框。

（4）在导出的数据列表中包括了所有相关数据，例如，在步骤（1）中仅右击要素数据集，则数据集中的所有要素类都会被列出。

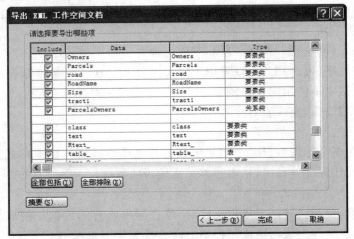

图 3.10　导出 XML 工作空间文档中选择要导出的项

（5）单击【完成】按钮，完成 XML 工作空间文档的导出。

**2）导出要素类至其他地理数据库**

导出要素类并将其导入到其他地理数据库，与在 ArcCatalog 目录树中使用【复制并粘贴】命令将数据从一个地理数据库复制到另一个地理数据库是等效的。这两种方法都会创建新的要素数据集、类和表，并传输所有相关数据。

导出要素类至其他地理数据库的操作步骤如下：

（1）在 ArcCatalog 目录树中，右击需要导出到 Geodatabase 中的数据，在弹出菜单中，单击【导出】。如果是单个要素导出，则选择【转出至地理数据库（Geodatabase）（单个）】。如果是多个要素导出，则选择【转出至地理数据库（Geodatabase）（批量）】。

（2）在【要素类至要素类】对话框中设置参数。在【输入要素】文本框中输入要转入的数据库位置，在【输出位置】文本框中输入新要素类名称的位置，在【输出要素类】中输入新要素类名称。

（3）单击【确定】按钮，完成导出操作。

**3.加载数据**

数据的导入和数据的载入，虽然都是向数据库中添加数据，但是它们的方式是不同的。数据的导入是在数据库本身没有要素类或要素集的情况下，将另外已有的数据导入。而数据的载入是在数据库中原有要素类或要素集的基础上，继续添加数据。

1）在 ArcCatalog 中加载数据

在 Geodatabase 中载入数据是指将其他形式或格式的数据内容加载到 Geodatabase 的要素类或表格中。其操作步骤如下：

（1）在 ArcCatalog 目录树中，右击要载入数据的要素类 City（位于"…\chp03\新建文件地理数据库\新建文件地理数据库.gdb\dataset"），在弹出菜单中，单击【加载】→【加载数据】，打开【简单数据加载程序】对话框。单击【下一步】按钮，打开图 3.11 所示对话框。

（2）在对话框中，选择要输入的 Shapefile、Coverage、表格或要素数据集，单击【添加】按钮将其增加到数据列表中。单击【下一步】按钮，打开图 3.12 所示对话框。

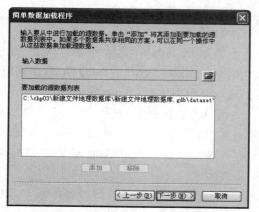

图 3.11　【简单数据加载程序】中的
加载源数据

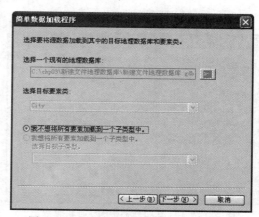

图 3.12　【简单数据加载程序】中的选择
目标地理数据库

（3）加载【选择一个现有的地理数据库】，确定加载数据的目标地理数据库，然后【选择目标要素类】。单击【下一步】按钮，打开图 3.13 所示对话框。

（4）单击【匹配源字段】列中的下拉框并选择与目标字段匹配的源数据字段。如果不想将源数据中某个字段的数据加载到目标数据中，可将【匹配源字段】参数保留为"无"。单击【下一步】按钮，打开图 3.14 所示对话框。

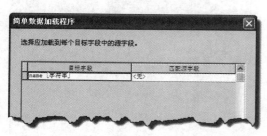

图 3.13　【简单数据加载程序】中的匹配字段

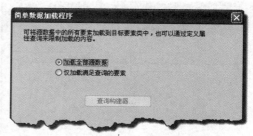

图 3.14　【简单数据加载程序】中的加载源数据

（5）如果要加载所有源数据，则选中【加载全部源数据】单选按钮。如果要使用属性查询来限定从源数据加载到目标中的要素，则选中【仅加载满足查询的要素】单选按钮。

（6）单击【下一步】按钮，打开【摘要】对话框。

（7）单击【完成】按钮，完成数据的加载。

2）在 ArcMap 中加载数据

ArcMap 中的对象加载器可用于加载多个源表和要素类，前提是它们处于作为加载目标的要素类的空间参考范围内。还可指定将输入数据中的相应字段分别加载到目标要素类或表的字段中。此外,可通过此向导指定一个查询,以限定所加载的要素。

在 ArcMap 中加载数据的操作步骤如下:

(1)在 ArcMap 中添加【加载对象】命令。

——在 ArcMap 主菜单中,单击【自定义】→【自定义模式】,打开【自定义】对话框,切换到【命令】选项卡,在【类别】列表框中单击【数据转换器】。

——将【加载对象】命令从【命令】列表拖放到【编辑器】工具栏中,此命令将显示在工具栏中。

——单击【关闭】按钮。

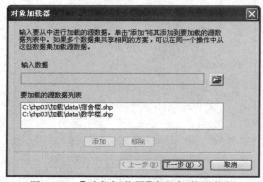

图 3.15　【对象加载器】中的加载源数据

(2)使用【加载对象】命令载入数据。

——将数据 Adata 添加到 ArcMap(位于"…\chp03\加载\data\AddData.gdb"),单击【编辑器】→【开始编辑】,启动数据编辑。

——单击【加载对象】按钮,打开【对象加载器】对话框,加载源数据"宿舍楼.shp"和"教学楼.shp"(位于"…\chp03\加载\data"),如图 3.15 所示。

——单击【下一步】按钮,选择要加载对象的【目标】图层,单击【下一步】按钮。

——单击【匹配源字段】下拉框,然后单击要与目标字段匹配的源数据字段。如果不想将源数据中某个字段的数据加载到目标数据中,可将【匹配源字段】参数保留为"无"。如图 3.16 所示。

——单击【下一步】按钮,如果要加载所有源数据,则选中【加载全部数据源】单选按钮。如果要使用属性查询来限定从源数据加载到目标中的要素,则选中【仅加载满足查询的数据源】单选按钮,然后单击【查询构建器】按钮,打开【查询数据】对话框,创建查询以限定要从源数据加载到目标中的要素。单击【下一步】按钮,打开图 3.17 所示对话框。

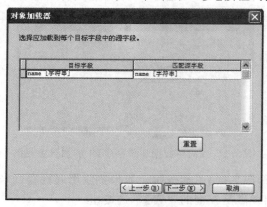

图 3.16　【对象加载器】中的匹配字段

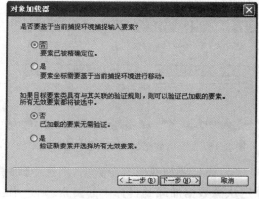

图 3.17　【对象加载器】中的设置捕捉要素

——在【对象加载器】中的设置捕捉要素对话框中,根据需要设置相关参数。

——单击【下一步】按钮,查看已指定用于加载数据的选项,如果要进行更改,则单击【上一步】。

——单击【完成】按钮,完成数据的加载,在 ArcMap 中全图显示可查看数据加载的结果。

# 3.3　Geodatabase 的智能化操作

前面讲述了如何新建一个 Geodatabase 并且向其加载数据,但 Geodatabase 中所包含的不仅仅是要素类、要素集和表,还可能包含关系类、注释类、几何网络、拓扑等不同的结构和类别。拓扑关系将在第 6 章中介绍,本节主要讲述 Geodatabase 中属性域、子类型、注记和关系类等操作。

## 3.3.1　属性域操作

地理数据库按照面向对象的模型存储地理信息,也可以将其非空间信息保存在表中。对于要素和表可以设置一些规则进行限制,对属性的约束称为属性域。

属性域是描述字段合法值的规则,是一种增强数据完整性的方法,用于约束表或要素类的任意特定属性中的允许值,可分为【范围】和【编码的值】。【范围】可以指定一个范围的值域,即【最大值】和【最小值】。【编码的值】给一个属性指定有效的取值集合,包括两部分内容,一个是存储在数据库中的代码值,一个是代码实际含义的描述性说明。【编码的值】可以应用于任何属性类型,包括文本、数字、日期等。

如果要素类中的要素或表中的非空间对象已被分组为各个子类型,则可将不同的属性域分配给每个子类型。一个域与某个属性字段相关联,只有该域内的值才有效,即此字段不会接受不属于该域的值。例如某个建筑的建筑年份限定在 1900—2008 年,超过 2008 这个数字的年份则被视为非法。可以在地理数据库中的各要素类、表和子类型之间共享特性域。例如,给水主干管的要素类和给水支管的要素类可以将同一个域用于地表类型字段。

### 1. 属性域的创建

在 ArcCatalog 中,可以很方便地为 Geodatabase 创建属性域。其操作步骤如下:

(1)在 ArcCatalog 目录树中,右击【新建文件地理数据库】(位于"…\chp03\新建文件地理数据库.gdb"),在弹出菜单中,单击【属性】,打开【数据库属性】对话框,如图 3.18 所示。

(2)单击【属性域】标签,切换到【属性域】选项卡。

(3)单击【属性域名称】列表框下的空字段输入新域的名称。单击新域的【描述】列表框,然后输入此域的描述。

(4)在【属性域属性】区域,可以设置如下属性:①【字段类型】可以修改此域属性字段的类型,默认值为长整型。②【属性域类型】有【范围】和【编码的值】两种选择。若在【属性域类型】选择【范围】,则会出现【最小值】和【最大值】;本例选择【编码的值】,编码值域仅支持默认的【分割策略】和【合并策略】。当要把一个要素分割成两个要素时,选择【分割策略】;当要把两个要素合并成一个要素时,选择【合并策略】。

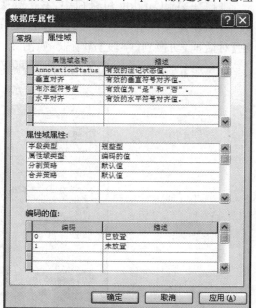

图 3.18　【数据库属性】对话框

（5）单击【确定】按钮，完成属性域的创建。

**2.属性域的查看**

按照上述方法为一个 Geodatabase 创建了属性域后，在 Geodatabase 里面的要素都具有了属性域，对其进行查看的方法如下：

（1）在 ArcCatalog 目录树中，右击需要查看属性域的要素类，单击【属性】，打开【要素类属性】对话框。单击【子类型】标签，切换到【子类型】选项卡。

（2）单击【属性域】按钮，打开【工作空间属性域】对话框，可对属性域进行查看。

**3.属性域的删除与修改**

在 Geodatabase 属性域对话框中，可以进行属性域的删除或修改，包括属性域的名称、类型、有效值等。只有属性域的拥有者才能删除和修改属性域。在属性域的建立过程中，建立属性域的用户被记录在数据库中。属性域还可以与要素类、表、子类型的特定字段关联，当一个属性域被一个要素类或表应用时，就不能被删除或修改。属性域的删除与修改的操作步骤如下：

（1）在 ArcCatalog 目录树中，右击要删除或修改属性域的地理数据库，在弹出菜单中，单击【属性】，打开【数据库属性】对话框，单击【属性域】标签，切换到【属性域】选项卡。

（2）单击选中属性域名称文本框的某一行，如果要删除，直接按 Delete 键即可；如果要修改，则和上述新建方法一样改变其设置。

（3）单击【确定】按钮，完成属性域的删除或修改。

**4.属性域的关联**

在 Geodatabase 中一旦建立了一个属性域后，就可以将其默认值与表或要素类中的字段相关联。属性域与一个要素类或表建立关联以后，就在数据库中建立了一个属性有效规则。

同一属性域可与同一表、要素类或子类型的多个字段相关联，也可以与多个表和要素类中的多个字段相关联。属性域的关联操作步骤如下：

（1）在 ArcCatalog 目录树中，右击要关联的要素类 Rtext（位于"…\chp03\新建文件地理数据库\新建文件地理数据库.gdb\dataset"），在弹出菜单中，单击【属性】，打开【要素类属性】对话框，切换到【字段】选项卡，如图 3.19 所示。

图 3.19 【要素类属性】中的属性域关联

（2）在【字段名】中选中设置属性域的字段,在【字段属性】区域中单击【属性域】下拉框,选择合适的属性域。

（3）选择相关的属性域,单击【确定】按钮,实现属性域的关联。

**注意事项**

> 并非表或要素类中的所有对象都必须在相同字段中应用相同的【属性域】或默认值。要将不同的属性域和默认值应用到单个表或要素类中的同一字段,必须创建子类型。

### 3.3.2　子类型

子类型是要素类中具有相同属性的要素的子集,或表中具有相同属性的对象的子集。可通过它们对数据进行分类。

子类型是特征类（或对象类）中特征（或对象）的次级分类。例如一个公路线要素类可以根据其字段类型的值细分为"高速公路"和"普通公路"两个子类型。

子类型通过创建编码值来实现,因此它必须与短整型或长整型数据类型的字段相关联。每个整数值代表子类型中的一个要素。例如,RoadClass 子类型中的下列编码可能会代表街道要素类中的有效类:0—地方街道,1—二级街道,2—主街道。

#### 1. 创建子类型

在 ArcCatalog 中,可以很方便地为 Geodatabase 的要素类或表创建子类型,具体创建方法和操作步骤如下:

（1）在 ArcCatalog 目录树中,右击要添加子类型的要素类 Rtext（位于"…\chp03\新建文件地理数据库\新建文件地理数据库.gdb\dataset"）,在弹出菜单中,单击【🖼 属性】,打开【要素类属性】对话框,切换到【子类型】选项卡,如图 3.20 所示。

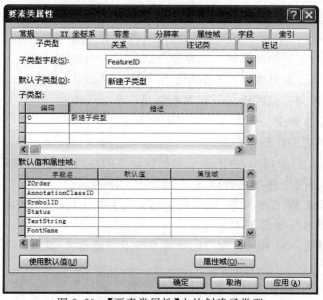

图 3.20　【要素类属性】中的创建子类型

（2）在【子类型字段】下拉框中选择一个子类型的字段。在【编码】列表框中选择空白字段，输入新的子类型编码（整数型）。在【描述】列表框中输入新建子类型的描述。

（3）在【默认值和属性域】区域输入每个字段的【默认值】和【属性域】。

> **注意事项**
>
> 要将某个属性域与新子类型的某个字段关联在一起，则单击属性域字段，再单击下拉箭头，然后在域列表中单击相应的域，列表中仅显示适用于此字段类型的属性域。要将该子类型设置为默认子类型，单击下拉箭头，然后在子类型列表中将其选中。

（4）重复以上步骤，添加其他的子类型，可以在任何时候为子类型设置默认子类型。

（5）添加新子类型时，单击【使用默认值】按钮，新建的子类型则采用默认子类型的所有【默认值】和【属性域】。

（6）单击【确定】按钮，保存设置。

**2.修改子类型**

修改子类型方法和上述方法基本类似，只是创建是在原来没有子类型的基础上新建，而修改是在原有子类型的基础上进行改变，所以步骤和上述步骤基本一致。

### 3.3.3 创建地理数据库注记

对于地理现象的表述，既有空间信息，又有非空间的属性信息。如要表现地理信息的属性，可以采用注记的方式。地理数据库注记存储于注记要素类中。与其他要素类一样，注记要素类中的所有要素均具有地理位置和属性。注记通常为文本，但也包括其他类型符号系统的图形形状（如方框或箭头）。每个文本注记要素都具有符号系统，其中包括字体、大小、颜色以及其他任何文本符号属性。

地理数据库注记包含两种类型：标准注记和与要素关联的注记。标准注记不与地理数据库中的要素关联。标准注记的一个例子是，地图上标记某山脉的文字，没有特定的要素代表该山脉，但它却是一个想要标记的区域。与要素关联的注记与地理数据库中另一个要素类中的特定要素相关联，反映了与其关联的要素中的字段值。例如，供水管网中的输水干管可以用其名称进行注记，而名称则存储在输水干管要素类的一个字段中。

**1.创建标准注记要素类**

创建标准注记类的操作步骤如下：

（1）在 ArcCatalog 目录树中，右击要创建新注记类的地理数据库，在弹出菜单中，单击【新建】→【□要素类】，打开【新建要素类】对话框，如图 3.21 所示。

（2）在【新建要素类】对话框中输入【名称】及【别名】，单击【此要素类中所存储的要素类型】下拉框，选择"注记要素"，如图 3.21 所示。

（3）单击相关的【下一步】按钮，为注记要素类指定空间参考，设置【XY 容差】，进入图 3.22 所示对话框。

（4）在对话框中，输入【参考比例】，该比例尺应为注记正常显示时的比例尺，然后在【地图单位】下拉框中选择注记所用的单位，此单位应与坐标系指定的单位相匹配。如果要素类的坐标系是未知的,则该单位默认为米。设置是否【需要从符号表中选择符号】。单击【下一步】按钮,进入图 3.23 所示对话框。

图 3.21　新建注记要素类

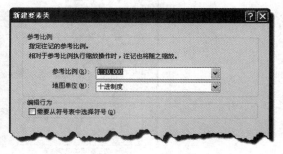

图 3.22　设置新建注记要素类中的参考比例

图 3.23　设置新建注记要素类中的注记属性

　　(5)在对话框中,【文本符号】为第一个注记类设置的默认文本符号属性。指定此类中注记的可见比例尺范围,若缩小或放大均显示注记,选中【在任何比例尺范围内均显示注记】单选按钮;若要设置注记显示的比例尺范围,则选中【缩放时若超过以下范围则不显示注记】单选按钮。如果要添加其他注记类,则单击【新建】按钮并指定注记类的名称。

　　(6)单击【下一步】按钮,在文件或 ArcSDE 地理数据库中创建新注记要素类并且要使用自定义存储关键字,单击【使用配置关键字】单选按钮,然后从下拉框中选择要使用的关键字。如果不想使用自定义存储关键字,请选择【默认】单选按钮。如图 3.24 所示。

　　(7)单击【下一步】按钮,添加字段。

　　(8)单击【完成】按钮,完成注记类创建。

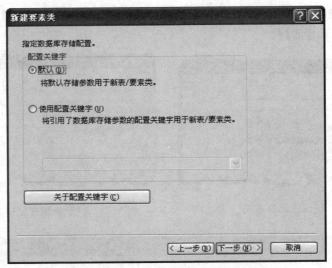

图 3.24　新建要素类的配置关键字设置

**2.创建与要素关联的注记要素类**

以在要素数据集中创建与要素关联的注记要素类为例进行说明。其操作步骤如下：

(1)在 ArcCatalog 目录树中,右击要在其中创建新注记要素类的要素数据集,在弹出菜单中,单击【新建】→【□要素类】,打开【新建要素类】对话框。

(2)在对话框中输入【名称】及【别名】,选择"注记要素"。选中【将注记与以下要素类进行连接】复选框,在下拉框中选择关联要素类,该要素类必须与要创建的注记要素类位于同一个要素数据集中。单击【下一步】按钮,进入图 3.25 所示对话框。

(3)输入【参考比例】。若安装了 Maplex(智能标注引擎),则选择"ESRI Maplex 标注引擎";若没有安装,则选择"ESRI 标准标注引擎"。单击【下一步】按钮,进入图 3.26 所示对话框。

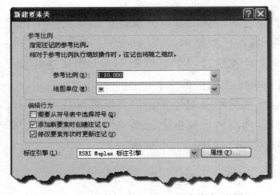

图 3.25　与要素关联的注记要素类标注设置

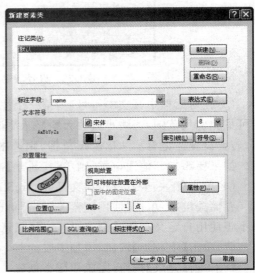

图 3.26　与要素关联的注记属性设置

（4）指定包含第一个注记类文本的关联要素类字段，可选择一个【标注字段】或单击【表达式】来指定多个字段。为注记类设置默认的【文本符号】和【放置属性】，也可单击【标注样式】按钮来加载现有的标注样式。

（5）单击【比例范围】来指定所显示的注记比例尺范围，然后单击【SQL 查询】按钮指定该注记类将只标注关联要素类中的某些要素。如果想要添加其他注记类，单击【新建】按钮并指定注记类的名称。

（6）单击【下一步】按钮，在文件或 ArcSDE 地理数据库中创建新注记要素类并且要使用自定义存储关键字，单击【使用配置关键字】按钮，然后从下拉框中选择要使用的关键字。如果不想使用自定义存储关键字，请保留对【默认】单选按钮的选择。

（7）单击【下一步】按钮，添加字段。

（8）单击【完成】按钮，完成关联注记的创建。

### 3.创建尺寸注记要素类

尺寸是一种特殊类型的地理数据库注记，用于显示地图上特定的长度或距离。尺寸可以指示建筑物或地块某一侧的长度，或指示两个要素（例如消火栓和建筑物拐角）之间的距离。在地理数据库中，尺寸存储在尺寸要素类中。与地理数据库中的其他要素类一样，尺寸要素类中的所有要素均具有地理位置和属性，可以位于要素数据集之内或之外。与注记要素一样，尺寸要素是图形要素，并且其符号系统存储在地理数据库中。

建新尺寸要素类时，可为其创建默认样式、自定义样式以及导入样式。以创建自定义样式要素类为例进行描述。其操作步骤如下：

（1）在 ArcCatalog 目录树中，右击创建新尺寸注记类的地理数据库或要素数据集，在弹出菜单中，单击【新建】→【▢要素类】，在【新建要素类】对话框中输入【名称】及【别名】，在【此要素类中所存储的要素类型】下拉框中选择"尺寸注记要素"。

（2）单击【下一步】按钮，如果该要素类是独立要素类，则选择或导入一个坐标参考系。

（3）单击【下一步】按钮，接受默认【XY 容差】或输入所需的【XY 容差】。单击【下一步】按钮，进入图 3.27 所示对话框。

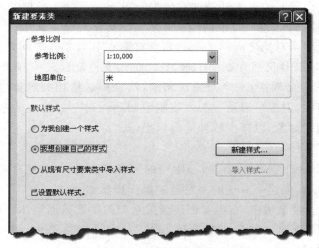

图 3.27　尺寸注记要素类样式选择

(4)输入【参考比例】,然后在【默认样式】中选择【我想创建自己的样式】(在此可以选择默认样式或导入样式)。单击【新建样式】按钮,进入图 3.28 所示对话框。

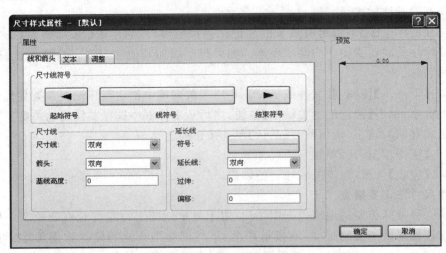

图 3.28 【尺寸样式属性】对话框

(5)在【尺寸样式属性】对话框中,设置尺寸样式的特征。

(6)单击【确定】按钮,在 ArcSDE 或文件地理数据库中创建此要素类,使用默认配置关键字,或单击【使用配置关键字】单选按钮,并从下拉框中选择一个关键字。若是个人地理数据库则直接进入步骤(7)。

(7)单击【下一步】按钮,尺寸要素类所需的字段将会添加到要素类中。

(8)单击【完成】按钮,完成尺寸注记类的创建。

## 3.3.4 创建关系类

关系类的一个明显特征就是基数(cardinality)。基数是描述一种类型的对象与另一种类型的对象之间关联的个数。关系的基数通常分为一对一、一对多、多对多。

Geodatabase 支持两种关系:一是简单关系,二是复合关系。简单关系是指 Geodatabase 中相互独立的两个或多个对象之间的关系。如果对象 A 和对象 B 之间是简单关系,对象 A 从数据库中被删除后,对象 B 仍然存在。Geodatabase 还支持复合关系,此时一个对象的生命周期控制另一个对象的生命周期,一个对象被删除,消息传送给相关对象,相关对象也被删除。复合关系总是一对多的,但也可以通过关系规则限制到一对一。建立关系类后便可在修改对象时自动地更新其相关对象,以减少额外的编辑操作。

### 1. 创建关系类

假定在 Geodatabase 中,一块地可以被唯一的拥有者占有,一个拥有者只能拥有唯一的地块,这是一对一的关系。创建一对一的关系类的操作步骤如下:

(1)在 ArcCatalog 目录树中,右击要创建新关系类的要素数据集 dataset(位于"…\chp03\新建文件地理数据库\新建文件地理数据库.gdb"),在弹出菜单中,单击【新建】→【🔗关系类】,打开【新建关系类】对话框,如图 3.29 所示。

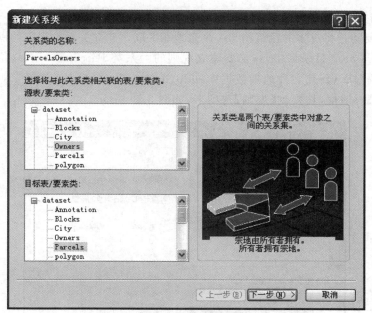

图 3.29　【新建关系类】对话框

（2）在【新建关系类】对话框中，输入新关系类的名称"ParcelsOwners"。在【源表/要素类】列表框中，选择要素类"Owners"。在【目标表/要素类】列表框中，选择"Parcels"。单击【下一步】按钮，进入下一个对话框。

（3）选中【简单（对等）关系】单选按钮，建立简单的关系类（若建立复合关系则在这一步选中【复合关系】）单选按钮。单击【下一步】按钮，进入下一个对话框。

（4）在【当从源表/要素类遍历到目标表/要素类时，为该关系指定标注】文本框中输入"Parcels"；在【当从目标表/要素类遍历到源表/要素类时，为该关系指定标注】文本框中输入"Owners"。选择关系的消息传递方向。默认情况下，简单关系类的消息传递方向是不传递任何消息。单击【下一步】按钮，进入下一个对话框。

（5）在本例中，一个所有者拥有一个宗地，并且一个宗地由一个所有者拥有，关系是一对一的关系，从而选择【1—1（一对一）】单选按钮。单击【下一步】按钮，进入下一个对话框。

（6）选择【否，我不想将属性添加到此关系类中】单选按钮，本例中的关系类不需要属性（若建立有属性的关系类则在本步骤选择【是，我要将属性添加到此关系类中】）。单击【下一步】按钮，进入下一个对话框。

（7）在【在源表/要素类中选择主键字段】下拉框中为要素类或表选择主键，在【在目标表/要素类中选择外键字段（引用了源表/要素类中的主键字段）】下拉框中选择外键。此处均选择"OBJECTID"字段。

（8）单击【下一步】按钮，打开关系类汇总信息框，检查为新关系类指定的选项，如果要进行更改，单击【上一步】按钮返回。

（9）单击【完成】按钮，完成一对一关系类的创建。

### 2.建立关系类规则

在创建关系类时，可使用一对一、一对多或多对多的基数对其进行创建。

关系通常需要在多个限制性条件下进行定义。例如，在宗地与建筑物的关系中，需要将每个建筑物与宗地相关联或指定一个宗地包含最多的建筑物数量。要防止忘记将一个建筑物与一个宗地相关联,还要防止将过多的建筑物与一个宗地相关联。建立关系类规则的操作步骤如下:

(1)在 ArcCatalog 目录树中,右击要建立规则的关系类 ParcelsOwners(位于"...\chp03\新建文件地理数据库\新建文件地理数据库.gdb\dataset"),在弹出菜单中,单击【属性】,打开【关系类属性】对话框,切换到【规则】选项卡,如图 3.30 所示。

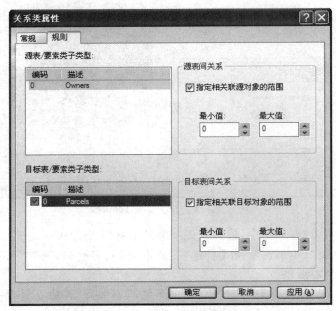

图 3.30 【关系类属性】对话框

(2)在【源表/要素类子类型】区域中,如果源类有子类型,单击想要与关系规则关联的子类型,如果源类没有子类型,无需选择,关系规则将应用于所有要素。

(3)在【目标表/要素类子类型】区域中,如果目标类有子类型,单击想要与源类中备选子类型相关的目标子类型。如果目标类没有子类型,无需选择,关系规则将应用于所有的要素。

(4)单击选中【目标表间关系】区域中的【指定相关联目标对象的范围】复选框,指定与每一个源对象相关的目标对象的范围(如果关系的源或目标均为多个,可以限制基数的指定范围)。在【源表间关系】中,关系的基数是一对多,关系源是 1,则不能修改基数的范围;关系的目标是多个,可以修改其范围。

(5)单击【最大值】或【最小值】数值框,增加或减少相关目标对象的最大最小数目。

(6)重复上述步骤,指定这个关系类的所有关系规则。

(7)单击【确定】按钮,完成关系类规则的创建。

### 3.关系类中的连接

在 ArcMap 中,为了使用相关要素类的字段来符号化和标注当前要素,首先必须创建要素类、相关要素类或表的连接。一旦建立了连接,来自相关要素类或表的字段被添加到要素层中,可以利用这个字段符号化、标注和查询要素。相关字段的连接的操作步骤如下:

(1)在 ArcMap 内容列表中,右击要素数据层 Road(位于"...\chp03\新建文件地理数据库\新建文件地理数据库.gdb\dataset"),在弹出菜单中,单击【连接和关联】→【连接】,打开【连接数据】对话框,如图 3.31 所示。

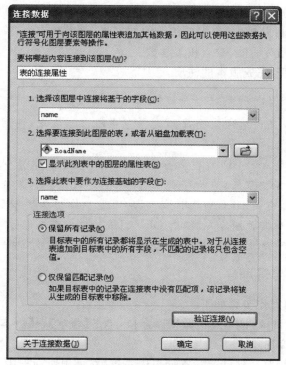

图 3.31　【连接数据】对话框

(2)单击【要将哪些内容连接到该图层】下拉框,选择"表的连接属性"(也可选择"另一个基于空间位置的图层的连接数据")。

(3)单击【选择该图层中连接将基于的字段】下拉框,选择一个要连接的字段;单击【选择要连接到此图层的表,或者从磁盘加载表】下拉框,选择要素类的属性表;单击【选择此表中要作为连接基础的字段】下拉框,完成相关字段的连接。

(4)单击【验证连接】按钮,验证成功后,单击【确定】按钮。

# 3.4　版　本

版本是整个地理数据库在某个时刻的快照,包含地理数据库中的所有数据集。版本不仅仅备份地理数据库,相反,版本及其内部进行的事务可通过系统表进行追踪。这样可隔离用户在多个编辑会话中的工作,使得用户进行编辑时不必锁定版本中的要素或直接影响到其他用户,且无需备份数据。

利用版本化,多个用户可对 ArcSDE 地理数据库中的同一数据进行编辑,而无需应用锁或复制数据。用户始终可以通过版本访问 ArcSDE 地理数据库。连接到多用户地理数据库时,需要指定连接的版本,默认情况下将连接到 DEFAULT 版本。

## 3.4.1　版本的注册

在数据库中要将数据注册为版本才能使用版本化编辑。将数据注册为版本后,会创建两个增量表以追踪针对数据执行的插入、更新和删除操作。版本化数据集包含原始表(称为业务表或基表)以及增量表中存储的任何更改。版本注册的操作步骤如下:

(1)在 ArcCatalog 目录树中,右击要注册的数据集、要素类或表,单击【注册版本】。

(2)打开【注册版本】对话框,输入相关参数。

(3)单击【确定】按钮,完成版本的注册。

**注意事项**

a)版本数据以文件地理数据库形式保存在随书光盘中,使用时请将数据导入 ArcSDE 数据库中。

b)版本仅针对 ArcSDE 地理数据库。DEFAULT 版本是 ArcSDE 的默认版本,为根版本且不能被删除,在大多数工作中,它是数据库的发布版本。可以将其他版本中的变更提交到 DEFAULT 版本,从而逐步维护和更新 DEFAULT 版本。此外,还可以像编辑其他版本一样,对 DEFAULT 版本直接进行编辑。

### 3.4.2 版本的创建与管理

版本创建与管理的操作步骤如下:

(1)在 ArcCatalog 目录树中,右击数据库连接,单击【版本】→【版本管理器】,打开【版本管理器】对话框,如图 3.32 所示。

(2)在【版本管理器】对话框已有版本处单击右键,在弹出对话框中,单击【新建版本】,进入图 3.33 所示【新建版本】对话框。输入新建版本的【名称】和【描述】信息,选择恰当的权限选项,默认情况下为【私有】。

图 3.32 【版本管理器】对话框

图 3.33 【新建版本】对话框

(3)单击【确定】按钮,完成操作。

#### 1.在 ArcMap 中操作版本

1)创建新版本

创建新版本的操作步骤如下:

(1)在 ArcMap 中加载【版本管理】工具条,单击【创建版本】按钮(必须有一个版本是激活状态)。

(2)打开【新建版本】对话框,输入新建版本名称及描述的内容,然后选择恰当的权限选项。

（3）单击【确定】按钮，完成操作。

2）切换版本

切换版本的操作步骤如下：

（1）在内容列表中的【按源列出】选项卡中右击 ArcSDE 数据库，在弹出菜单中，单击【切换版本】，打开【切换版本】对话框，如图 3.34 所示。

（2）单击【版本类型】下拉框，然后选择"事务"或"历史"。

（3）单击列表框中的某个版本以对其进行选择。

（4）单击【确定】按钮，完成操作。

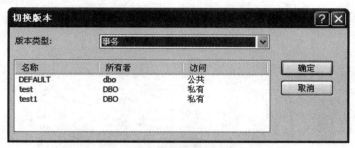

图 3.34　【切换版本】对话框

3）刷新工作空间

在【版本管理】工具条中单击【 刷新】按钮即可。

**2.编辑版本**

版本化设计的地理数据库能够有效地支持和管理数据库的交换，并且允许多用户同时对一个版本进行编辑。在 ArcMap 中每一个编辑在存储以前都是版本的一种表达方式。

当多用户同时编辑一个版本或是协调两个版本时，就会出现冲突。当两个或两个以上的用户对同一个要素进行编辑时，也可能出现冲突。为了确保数据库的完整性，当一个要素同时在两个版本下编辑时，数据库就会自动报告错误。对于每个冲突，可以选择将要素恢复到它在编辑会话开始时的状态，也可以选择保持它在当前编辑会话中的状态，还可以选择用冲突编辑会话或目标版本中的要素来替换它。同一版本中发现的冲突在保存时，如果保存首选项设置为在任何情况下都自动保存更改，将无法查看冲突，此时会根据编辑选项对话框的版本化选项卡中设置的冲突规则对更改进行协调。协调的操作步骤如下：

（1）在 ArcMap 中，加载【版本管理】工具条。

（2）单击【版本管理】工具条上的【协调】按钮，打开【协调】对话框。

（3）单击【目标版本】，指定定义冲突的方式及解决冲突的方式，如图 3.35 所示。

　指定是【优先使用目标版本】还是【优先使用编辑版本】解决冲突。如果选择的解决规则是支持目标版本，则当前编辑会话中所有冲突要素均被替换为它们在目标版本中的要素。如果有多个用户在编辑同一个版本并检测出冲突，则用第一个保存的要素替换编辑会话的表示。如果选择的解决规则是支持编辑版

图 3.35　【协调】对话框

本,则当前编辑会话中的所有冲突要素均优先于目标版本中的冲突要素。

（4）单击【确定】按钮，查看冲突，在对话框底部显示冲突要素（预协调版本和冲突版本），如图 3.36 所示。

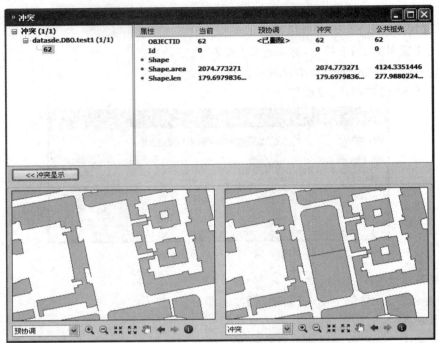

图 3.36　【冲突】对话框

**注意事项**

发生冲突的情况：在当前正在编辑的版本和目标版本中对同一要素进行更新；在一个版本中更新某个要素，同时在另一版本中删除该要素；在当前正编辑的版本和目标版本中修改在拓扑结构上相关的要素或关系类。图 3.36 为第二种情况。

（5）完成协调过程和查看所有冲突后，通过【提交】更改到目标版本，完成合并过程。

# 第4章　空间数据采集

空间数据采集是指将遥感影像、纸质地图、外业观测数据等不同来源的数据进行处理,使之成为GIS软件能够识别和分析的形式,这往往是构建一个具体的GIS系统的第一步。随着测绘技术的进步,尽管遥感和全数字化测量的数据成果已经是数字形式,但这些数据还需要进一步处理才能被GIS系统使用。本章首先以遥感影像和纸质地图的矢量化为例,介绍矢量化和地理配准的详细步骤,再通过实例讲解使用ArcScan进行矢量化的过程,最后介绍了空间校正的原理与方法。

## 4.1　空间数据采集基础知识

建立一个GIS系统经常要用到不同类型的数据,主要包括:

(1)地图数据。各种类型的地图内容丰富,图上实体间的空间关系直观,实体的类别、属性可以用各种不同的符号加以识别和表示。过去一段时间里,建立GIS系统最直接的数据来源就是对纸质地图进行矢量化。

(2)遥感影像数据。随着遥感技术的不断发展,遥感影像数据已成为GIS重要的信息源。通过遥感影像可以快速、准确地获得各种大面积的综合专题信息。

(3)统计数据。统计数据是GIS属性数据的主要来源,如人口数量、经济构成、国民生产总值等,它是区域规划、空间决策的主要依据之一,也是空间分析重要的输入指标。

(4)实测数据。实测数据是指通过各种野外实验实地测量所得到的数据。如GPS点位数据、地籍测量数据等。

(5)文本资料数据。在灾害监测、土地资源管理等专题信息系统中,文字说明资料对确定地物的属性特征起着重要作用。

GIS可用的数据源多种多样,进行选择时应注意从以下几个方面考虑:

(1)是否满足系统功能的要求。

(2)所选数据源是否已有使用经验,如果传统的数据源可用,就应避免使用其他陌生的数据源。

(3)系统成本。数据成本占GIS工程成本的70%,甚至更多。因此,数据源的选择对于工程整体的成本控制至关重要。

## 4.2　数据采集方式

空间数据采集的任务是将地理实体的图形数据和属性数据输入到地图数据库中。图形数据的采集往往采用矢量化的方法,主要包括手扶跟踪矢量化和扫描跟踪矢量化两种方法;属性数据的采集主要使用键盘输入、属性数据表的连接等方式。下面主要介绍图形数据的采集方式。

### 4.2.1　手扶跟踪矢量化

手扶跟踪矢量化是最早采用的纸质地图矢量化的方式,它是在数字化软件的支持下应用手扶跟踪数字化仪来完成,主要利用电磁原理记录数字化仪面板上点的平面坐标来获取矢量数据。其基本过程是:将需要矢量化的图件(地图、航片等)固定在数字化仪面板上,然后设定数字化范围,填入相关参数,设置特征码清单,选择数字化方式,按地图要素的类别实施图形矢量化。手扶跟踪矢量化对复杂地图的处理能力较弱、效率不高、精度较低、操作人员劳动强度大,目前已基本被淘汰。

手扶跟踪矢量化的基本方式有两种:点方式和流方式。采用点方式矢量化,操作人员可以选择最有利于表现曲线特征、使面积误差最小的点位进行矢量化,缺点是每记录一个坐标点位,操作人员都必须按键来通知计算机以记录该点的坐标;流方式矢量化是将十字光标置于曲线的起点并向计算机输入一个按流方式矢量化的命令,让它以等时间间隔或等距间隔开始记录坐标。

### 4.2.2　扫描跟踪矢量化

扫描跟踪矢量化法是目前最常用的地图数据采集方法,其作业速度快、精度高,操作人员工作强度较低。扫描跟踪矢量化的基本过程是:首先使用具有适当分辨率和扫描幅面的扫描仪及相关扫描图像处理软件对纸质地图扫描生成栅格图像,然后经过几何纠正、噪声消除、线细化、配准等一系列处理之后,即可进行矢量化。

对栅格数据的矢量化有以下两种方式:

(1)软件自动矢量化。通过特定的算法将图件上的线条自动转化为矢量要素,工作速度快、效率高,但是由于软件智能化的局限性,后期需要大量的处理与编辑工作,实际应用中一般不采用这种方法。

(2)屏幕鼠标跟踪矢量化。屏幕鼠标跟踪矢量化又分为全手工矢量化和半自动矢量化。全手工矢量化是操作者逐点跟踪目标线,完成一条线的矢量化。半自动矢量化是人工先指定一条线的起点,软件自动跟踪至它不能判断去向的位置,通常是多条线段的交叉点、线段不连续处、文字标注等隔断处,然后人工指定新的位置,软件自动进行新的跟踪,直到人工结束一条线的跟踪为止。这种方法较好地兼顾了人工对地物的判断和软件的自动化,矢量化速度较快,且后续编辑工作量小,是目前普遍采用的方法。

## 4.3　矢量化的步骤

地图矢量化是把栅格数据转换成矢量数据的处理过程。矢量化通常要经过扫描、图像预处理、配准、数据分层、矢量化等几个步骤。

### 4.3.1　扫描

扫描是纸质地图矢量化的第一步,它将纸质地图转化为计算机可以识别的数字形式,扫描时需要设定的相关参数如下:

(1)扫描模式。地形图扫描一般采用二值扫描或灰度扫描,黑白航片或卫片采用灰度扫描,彩色航片或卫片采用彩色扫描。一般情况是将图像进行彩色扫描,然后进行二值化处理。

(2)扫描分辨率。根据扫描要求,地形图扫描一般采用 300dpi 或更高的分辨率。

(3)亮度、对比度、色调、GAMMA 曲线等,根据需要调整。

## 4.3.2　图像预处理

经过扫描后的图像还要经过图像预处理,如去噪声、几何纠正、投影变换等。图像预处理是在图像分析中,对输入图像进行特征抽取、分割、匹配和识别前所进行的处理,主要目的是消除图像中无关的信息,恢复有用的真实信息,增强有关信息的可检测性和最大限度地简化数据,从而提高特征抽取、图像分割、匹配和识别的可靠性。

### 1.几何校正

由于受地图介质及存放条件等因素的影响,地图的纸张容易发生变形,或者遥感影像本身就存在着几何变形,通过几何校正可以在一定程度上改善数据质量。几何校正最常用的方法是仿射变换法(属于一阶多项式变换),可以在 $X$ 轴和 $Y$ 轴方向进行不同比例的缩放,同时进行旋转和平移。仿射变换的特性是:直线变换后仍为直线,平行线变换后仍为平行线,不同方向上的长度比发生变化。其坐标变换公式为

$$\left.\begin{array}{l} X = A_0 + A_1 x + A_2 y \\ Y = B_0 + B_1 x + B_2 y \end{array}\right\} \tag{4.1}$$

式中,$x$、$y$ 为数字化仪坐标,$X$、$Y$ 为实际坐标。$A_0$、$A_1$、$A_2$、$B_0$、$B_1$、$B_2$ 为 6 个未知系数。当控制点个数多于基本求解个数时可用最小二乘法原理来计算这 6 个未知数,即

$$\left.\begin{array}{l} Q_X = U_i - (A_0 + A_1 x_i + A_2 y_i) \\ Q_Y = V_i - (B_0 + B_1 x_i + B_2 y_i) \end{array}\right\} \tag{4.2}$$

式中,$x_i$、$y_i$ 为第 $i$ 个控制点的数字化仪坐标,$U_i$、$V_i$ 为对应的实测坐标,由 $\sum (Q_X)^2$ 最小和 $\sum (Q_Y)^2$ 最小,可以解出 $A_0$、$A_1$、$A_2$、$B_0$、$B_1$、$B_2$,实现图幅的变形校正。

### 2.投影变换

当数据源采用不同的地图投影时,需要将源数据转换为所需的地图投影,这一过程称为投影变换,投影变换的方法有正解变换、反解变换和数值变换。

(1)正解变换。通过建立严密的或近似的解析关系式,直接将数据由一种投影的坐标($x$、$y$)变换到另一种投影的坐标($X$、$Y$)。

(2)反解变换。即由一种投影的坐标反解出其地理坐标,然后再将地理坐标代入另一种投影的坐标公式中,从而实现由一种投影的坐标到另一种投影的坐标的变换。

(3)数值变换。采用插值法、有限差分法、最小二乘法、待定系数法等,实现由一种投影到另一种投影的变换。数值变换是较常用的投影变换方法,常用的有三参数法和七参数法。

## 4.3.3　地理配准

扫描得到的地图数据通常不包含空间参考信息,航片和卫片的位置精度也往往较低,这就需要通过具有较高位置精度的控制点将这些数据匹配到用户指定的地理坐标系中,这个过程称为地理配准。即通过建立数学函数将栅格数据集(扫描后的图像)中各点的位置与标准空间参考中的已知地理坐标点的位置相连接,从而确定图像中任一点的地理坐标。地理配准的具体操作步骤将在 4.4 节介绍。

地理配准中控制点的选择要遵循以下原则：

(1)变换公式是 $n$ 次多项式,则控制点个数最少为$(n+1)(n+2)/2$。

(2)应选取图像上易分辨且较精细的特征点。

(3)特征变化大的地区应多选点。

(4)图像边缘处要尽量选点。

(5)尽可能满幅、均匀地选点。

### 4.3.4 数据分层

数据分层是当前 GIS 软件处理空间数据最基本的策略,数据分层过程中一般应遵循以下原则：

(1)不同类的要素分布在不同的图层,如河流、桥梁、公路、居民地等。

(2)不同几何形状的要素分布在不同的图层,如面状地物的行政区域与点状地物的水井、杆塔等在不同图层。

(3)同种性质、不同类别的地物分布在不同图层,如同为交通线的铁路与公路在不同图层;但同种类型、不同等级的地物宜放在同一图层,如不同等级的公路宜置于同一图层中,应用中可通过子类加以区分。

(4)不同时间段的数据分布在不同的图层上。

此外,不同比例尺的地图中地物的几何类别可能不同,如在小比例尺的行政区划图中学校是一个点,而在大比例尺的地图中,学校有可能是面。在分层时,要充分考虑地图比例尺对地物表现形式的影响来选择点、线、面类别,避免将点状地物误当做面状地物数字化以致矢量化过程变得烦琐。

在矢量化开始前,就应该制订详细的分层方案。一般的,矢量化过程中可以划分较多的图层,以便于对某一类地物的属性统一赋值,需要时可以对图层进行合并。

### 4.3.5 图形数据追踪

图形数据追踪是以栅格数据为基础,用矢量化软件依次对各个图层的地物进行跟踪矢量化。一般的,GIS 软件在矢量化时需先使目标图层处于可编辑状态,并进行相应的捕捉设置,以便在后续图像追踪过程中能够准确定位,提高数字化精度。点、线、面图层矢量化的方法为：

(1)点的矢量化较简单,只需将地图上的点放大到合适的大小,然后在其中心处定位即可。

(2)线的矢量化要求将线条放大到合适的宽度,按栅格图像中线条的整体走势进行矢量化,而且尽量使线条平滑,矢量化过程中通常会用到捕捉工具来捕捉结点。

(3)面的矢量化较为复杂,因为面的矢量化过程中要正确处理拓扑关系。面与面之间的拓扑关系有:相邻、相交、相离、包含等,面的矢量化过程首先要考虑空间数据采取的是简单数据结构(如 spaghetti 结构)还是拓扑数据结构,然后再考虑不同面实体之间的拓扑关系。对于居民地等相离的面状实体,无论是简单数据结构还是拓扑数据结构,都是沿着多边形边界进行跟踪至闭合。对于全国行政区的省界等相邻的面状实体,简单数据模型需要将公共边界矢量化两次,而拓扑结构矢量化的方法是将每一条线仅矢量化一次,然后通过拓扑处理构造多边形实体。

### 4.3.6　属性录入

属性数据的录入可随矢量化几何数据同步进行，也可以在处理好几何数据以后边检查图形数据质量边录入。

# 4.4　地理配准

### 4.4.1　地理配准工具条介绍

启动 ArcMap，在主菜单中单击【自定义】→【工具条】→【地理配准】，加载【地理配准】工具条，如图 4.1 所示，其对应的功能如表 4.1 所示。

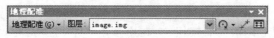

图 4.1　【地理配准】工具条

**表 4.1　【地理配准】工具条详解**

| 图标 | 名　　称 | 功能描述 |
|---|---|---|
| | 地理配准 | 包括更新地理配准、纠正、适应显示范围等选项 |
| | 图层 | 选择要配准的图层 |
| ↻、⊞、⤢ | 旋转、平移、缩放 | 旋转、平移、缩放要配准的图像 |
| ↗ | 添加控制点 | 添加控制点 |
| ⊞ | 查看连接表 | 查看控制点的连接表 |

### 4.4.2　地理配准的步骤

地理配准一般要经过选择坐标系统、添加控制点、检查残差、选择地理配准方法以及进行地理配准等几个步骤。下面以遥感影像的配准为例来详细介绍地理配准的操作步骤：

（1）启动 ArcMap，打开地图文档 GeoPZ. mxd（位于"…\chp04\地理配准\data"），如图 4.2 所示，加载【地理配准】工具条。

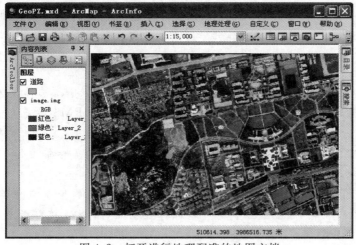

图 4.2　打开进行地理配准的地图文档

（2）在主菜单中单击【视图】→【📷数据框属性】,打开【数据框属性】对话框,单击【坐标系】标签,打开【坐标系】选项卡,选择坐标系统"Beijing_1954_3_Degree_GK_CM_120E"。

**注意事项**

　　在【选择坐标系】列表框中,列出了可以选择使用的坐标系统。我们经常使用的北京 54 坐标系、西安 80 坐标系等在【预定义】下可以找到。在 Geographic Coordinate System 下定义了经纬度表示的地理坐标系统,在 Projected Coordinate System 下是预定义的投影坐标系统。

（3）在内容列表中右击 image.img,单击【🔍缩放至图层】,全图显示图像文件,在【地理配准】工具条上,单击【地理配准】→【适应显示范围】,将在与目标图层相同的区域中显示栅格数据集。

（4）单击【地理配准】工具条上的按钮✈,在影像上选取与道路相对应的点,单击鼠标左键（缺省出现绿色十字丝）,再移动鼠标至"道路"图层上的目标位置处单击鼠标左键（缺省出现红色十字丝）,系统认为绿色十字丝处为原始坐标,如纸质地图坐标,红色十字丝为目标坐标,如实际地理坐标,从而确定了一组对应关系。

**注意事项**

　　a）也可以通过鼠标左键单击图像上明显的点,然后右击选择【输入 X 和 Y】选项,输入 X 和 Y 的地理坐标（经纬度）或者平面直角坐标。

　　b）如果勾选【地理配准】下的【自动校正】选项,那么在输入每一个控制点以后,系统自动计算匹配结果,图像文件会发生变化。有时图像会超出显示范围之外（即图像不见了）,这时候在内容列表中右击图像文件的【缩放至图层】即可。如果不勾选【自动校正】选项,则图像在输入控制点过程中不发生变化,所有控制点输入完以后,可单击【地理配准】下的【更新地理配准】完成操作。

（5）依次在影像上增加 5～7 个控制点,单击【地理配准】工具条上的按钮▦,打开【连接表】对话框,可以查看各点的残差与 RMS 总误差。RMS 总误差是评估变换精度的重要依据,可通过连接表对话框右上角的按钮✖删除残差较大的连接。

**注意事项**

　　a）残差是指起点所落的位置与指定的实际位置之间的差,总体误差是对所有控制点的残差求均方根,该值称为 RMS 总误差。一般的,RMS 误差大于 1 的控制点应删除。

　　b）对具有方里网坐标的地形图进行配准时,方里网的坐标单位是千米,如果数据框单位是米,输入坐标时要注意单位换算。

　　c）在【连接表】对话框中单击【保存】按钮,可将当前的控制点保存为磁盘上的文件,以后使用时不需在图中逐个地选择控制点,可以直接打开连接表,然后单击【加载】按钮即可。

（6）单击【地理配准】→【变换】→【一次多项式（仿射）】，仿射变换至少需要 3 个连接。变换的阶次越高，可校正的畸变就越复杂。一般来说，如果栅格数据集需要进行拉伸、缩放和旋转，可以使用一阶变换。而如果必须弯曲栅格数据集，可以使用二阶或三阶变换。

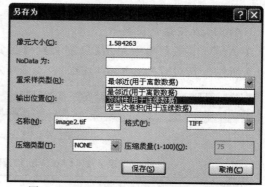

（7）单击【地理配准】→【更新地理配准】，完成栅格图像的配准。

（8）单击【地理配准】→【纠正】，打开【另存为】对话框，如图 4.3 所示。可以根据设定的变换公式对配准影像重新采样，生成一个新的栅格影像文件。

图 4.3　配准后【另存为】栅格图像对话框

**注意事项**

　　重采样的类型有三种：最邻近内插、双线性内插、双三次卷积内插。最邻近内插是将最邻近的像元值赋给新像元；双线性内插使用邻近 4 点的像元值，按照不同的权重进行线性内插；双三次卷积内插使用内插点周围的 16 个像元值，用三次卷积函数进行内插。对于最邻近内插法得到的图像灰度值有明显的不连续性，而后两种方法克服了最邻近内插法的灰度不连续的缺点，但其计算量增大。

# 4.5　ArcScan 矢量化

## 4.5.1　ArcScan 简介

### 1. ArcScan 概述

ArcScan 是 ArcGIS Desktop 的扩展模块，是栅格数据矢量化的一套工具集。用这些工具可以创建要素，将栅格影像矢量化为 Shapefile 格式或地理数据库要素类文件。ArcScan 和 ArcMap 编辑环境完全集成在一起，它还提供简单的栅格编辑工具，可以在进行批矢量化前擦除和填充栅格区域，以提高处理效率，减少后处理工作量。

ArcScan 的矢量化方法分为交互式矢量化和自动矢量化两种。如果要完全控制矢量化过程或仅需对栅格图像的一部分区域进行矢量化时，通常采用交互式矢量化方法，又称为栅格追踪。它具有半自动矢量化功能，即可以在栅格图上分别单击某条线上的两个点，系统会自动跟踪并矢量化这两点之间的线段。自动矢量化又称为批处理矢量化，它通过执行某一命令来自动生成矢量要素。矢量化方式的选择因处理栅格数据的需要而异。

### 2. ArcScan 使用前提

（1）ArcScan 扩展模块必须被激活。

（2）ArcMap 中添加了至少一个栅格数据层和至少一个对应的矢量数据层。

（3）栅格数据要进行二值化处理。

（4）编辑器必须启动。

**3. ArcScan 矢量化工具**

在 ArcMap 主菜单中单击【自定义】→【工具条】→【ArcScan】，加载【ArcScan】工具条，如图 4.4 所示。其对应的各选项功能如表 4.2 所示。

图 4.4　【ArcScan】工具条

表 4.2　【ArcScan】工具条上各选项及其功能

| 图标 | 名　　称 | 功能描述 |
|---|---|---|
|  | 栅格 | 选择栅格图层 |
| 🔳 | 编辑栅格捕捉选项 | 设置栅格颜色、栅格线宽度、栅格实体直径等选项 |
|  | 矢量化 | 包括矢量化设置、显示预览、生成要素以及选项设置 |
| 🔲 | 在区域内部生成要素 | 在选定区域内部生成要素 |
| 🗒️ | 矢量化追踪 | 单击鼠标进行矢量化追踪 |
| ✏️ | 点间矢量化追踪 | 在点之间进行矢量化追踪 |
| ⚡ | 形状识别 | 自动识别栅格图像上地物的形状并生成对应的矢量要素 |
|  | 栅格清理 | 生成要素前对栅格图像进行编辑，包括开始清理、停止清理、栅格绘画工具条、擦除所选像元、填充所选像元等选项 |
|  | 像元选择 | 对栅格图像像元的选择操作，一般与栅格清理菜单中的工具结合使用。包括选择已连接像元、交互选择目标、清除所选像元、将选择另存为等选项 |
| 🔲 | 选择已连接像元 | 选择已连接像元 |
| 🔲₊ | 查找已连接像元的区域 | 查找已连接单元的面积（以像素为单位） |
| 🔲₊ | 查找已连接像元包络矩形的对角线 | 查找从单元范围的一角到另一角的对角线距离 |
| ✛ | 栅格线宽度 | 显示栅格线的宽度，以便确定一个适当的最大线宽度值设置 |

下面以栅格跟踪矢量化为例来介绍使用 ArcScan 矢量化的步骤。其操作步骤如下：

（1）启动 ArcMap，在目录窗口右击 data 文件夹（位于"…\chp04\ArcScan\data"），单击【新建】→【文件地理数据库】，新建文件地理数据库，命名为 ArcScanGDB。

（2）在 ArcScanGDB 数据库中创建线要素类 BordLines 和 ContourLines，分别用于存储地块边界和等高线，将 ParcelScan. img 图像文件和 BordLines、ContourLines 线要素类加载到 ArcMap 场景中并加载【ArcScan】工具条。

（3）在内容列表中右击 ParcelScan. img，单击【🔍缩放至图层】显示栅格图像。再次右击 ParcelScan. img，单击【📄属性】，打开【图层属性】对话框，单击【符号系统】标签，打开【符号系统】选项卡，设置相关参数，如图 4.5 所示，对栅格图像进行二值化处理，结果如图 4.6 所示。

图 4.5　栅格图像二值化处理

图 4.6　二值化处理后的图像

（4）在【编辑器】工具条上，单击【编辑器】→【开始编辑】，选择 BordLines 线要素类，单击【确定】按钮，启动数据编辑并激活【ArcScan】工具条。

（5）在【ArcScan】工具条上，单击【栅格清理】→【开始清理】，启动栅格清理，单击【像元选择】下的【选择已连接像元】，打开【选择已连接像元】对话框，如图 4.7 所示，按图设置相关参数。单击【确定】按钮，选择图像上的文本文字。单击【栅格清理】→【擦除所选像元】，擦除多余的文字和数字标注等，结果如图 4.8 所示。单击【栅格清理】→【停止清理】，停止栅格清理。

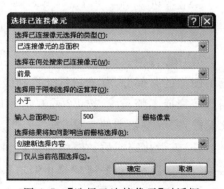

图 4.7　【选择已连接像元】对话框

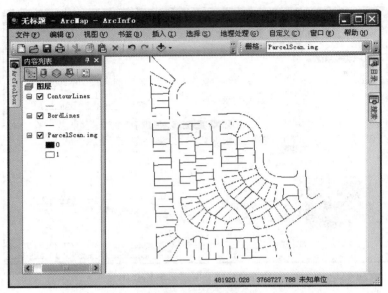

图 4.8　栅格清理结果

**注意事项**

利用【栅格清理】下【栅格绘画工具条】上的【擦除】和【魔术擦除】工具也可以对栅格图像进行清理,将在下一小节阐述。

(6)在【编辑器】工具条上,单击【编辑器】→【选项】,打开【编辑选项】对话框,选择【常规】选项卡,选中【使用经典捕捉】复选框,单击【确定】按钮,完成设置。单击【编辑器】→【捕捉】→【捕捉窗口】,打开【捕捉环境】窗口,在对话框下侧单击【栅格】展开各选项,选择【中心线】和【交点】,关闭【捕捉环境】窗口。

**注意事项**

ArcScan 使用的是经典捕捉环境而非【捕捉】工具栏上的捕捉设置,启用经典捕捉时,便会禁用编辑中所使用的【捕捉】工具栏的捕捉环境。因此,使用 ArcScan 完成工作后,应取消选择【使用经典捕捉】复选框来重新启用【捕捉】工具栏的捕捉设置。

(7)单击【创建要素】模板上的 BordLines,在【ArcScan】工具条上,单击按钮,适当放大栅格图像的某部分,移动鼠标捕捉到线上一点,然后沿着边界单击,开始对该区域跟踪矢量化,当跟踪完成了整条线,按 F2 或双击完成草图。用相同的方法对栅格图像其他部分进行矢量化追踪,完成整幅图的矢量化。

(8)矢量化完成后,在【编辑器】工具条上,单击【编辑器】→【保存编辑内容】保存矢量化结果。单击【编辑器】→【停止编辑】,停止编辑要素。

(9)属性的录入。单击【编辑器】工具条上的按钮,单击要输入属性的线要素,单击【编辑器】工具条上的按钮,打开【属性对话框】,输入各要素的属性值,使图形数据与属性数据匹配。

## 4.5.2　ArcScan 自动矢量化

　　矢量化的工作量一般很大,人工完成效率较低,可考虑使用 ArcScan 的自动矢量化功能,自动矢量化过程中栅格数据的清理和矢量化设置对矢量化的结果影响很大。对于大多数图像文件来说,自动矢量化的后续处理工作量较大,实际中一般很少采用,这里只作简单介绍。

　　(1)启动 ArcMap,打开地图文档 ArcScanBatch. mxd(位于"…\chp04\ArcScan")。加载【ArcScan】工具条。

　　(2)启动数据编辑,在【ArcScan】工具条上,单击【栅格清理】→【开始清理】,开始清理栅格图像,单击【栅格清理】→【栅格绘画工具条】,打开【栅格绘画】工具条,如图 4.9 所示。【栅格绘画】工具条上各选项的功能如表 4.3 所示。

图 4.9　【栅格绘画】工具条

表 4.3　【栅格绘画】工具条详解

| 图标 | 名　　称 | 功能描述 |
| --- | --- | --- |
| | 画笔 | 用于涂绘新单元或将新单元添加到栅格中的现有单元 |
| | 画笔大小 | 更改画笔的大小 |
| | 填充 | 使用当前前景颜色来填充某个区域或对象 |
| | 线、矩形、面、椭圆 | 绘制线、矩形、面和椭圆 |
| | 线宽 | 设置线的宽度 |
| | 擦除 | 删除栅格中的单元 |
| | 擦除大小 | 更改橡皮擦工具的大小 |
| | 交换 BG 与 FG | 切换前景颜色和背景颜色 |
| | 魔术擦除 | 用于擦除相连单元。单击相连单元,即可将其擦除,包括超出当前地图显示范围的相连单元。也可以在一系列相连单元周围拖出一个选框来将其擦除,完全位于该框内的所有相连单元都将被移除,穿过该选框的相连单元不会受到影响 |

　　(3)在【栅格绘画】工具条上单击按钮，单击并按住鼠标左键即可擦除地块顶上的注记。单击栅格绘画工具条上的按钮，围绕着标号为"001"地块的注记画一个框可以删除这个注记,如图 4.10 所示。

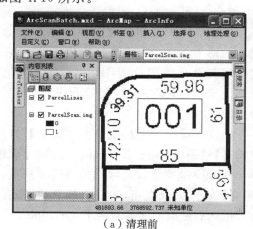

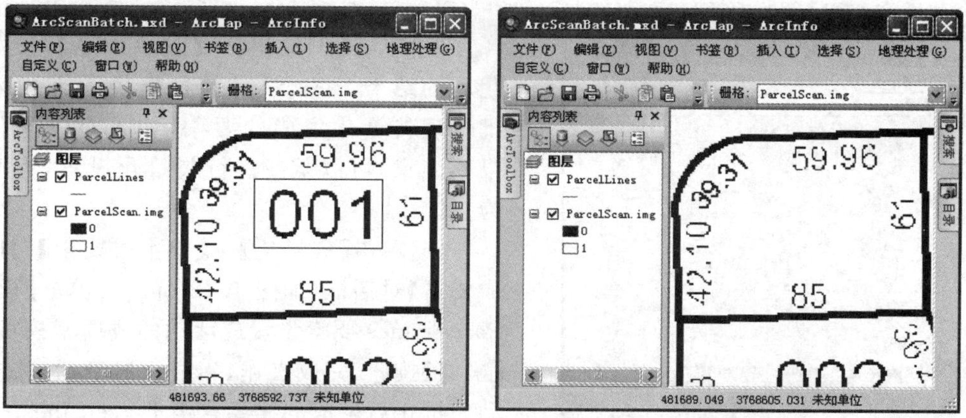

(a)清理前　　　　　　　　　　(b)清理后

图 4.10　魔术擦除清理前后对比

注意事项

也可以结合使用【栅格清理】和【像元选择】下的子菜单清除图像上的文字和标记。

（4）自动矢量化依靠用户自定义的设置，这些设置将影响生成要素的形状。在【ArcScan】工具条上，单击【矢量化】→【矢量化设置】，打开【矢量化设置】对话框，设置相关参数如图 4.11 所示。

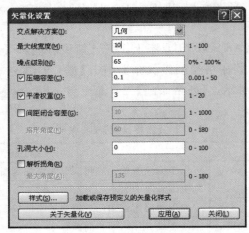

图 4.11 【矢量化设置】对话框

注意事项

【交点解决方案】决定在交点处如何创建要素；【最大线宽度】指定一个线段的宽度，小于等于此宽度的栅格数据才矢量化为线，可用 ArcScan 工具条上的【栅格线宽度】工具来测量线的宽度；【压缩容差】是影响输出矢量要素几何属性的最重要设置，用于减少矢量化过程中的结点个数；【平滑权重】是用于平滑矢量化的数据，数值越大，矢量化的线要素就越平滑；【间距闭合容差】定义了一个距离，一条线段如果中间有断开，但断开的长度小于此距离，则系统会将其矢量化为一条完整的线；【解析拐角】定义一个角度，当一条线断开，则会自动搜寻距离小于间距闭合容差的线段，搜寻的角度即为此角度；【孔洞大小】决定系统忽略的空洞大小。

图 4.12 【生成要素】对话框

（5）单击【矢量化】→【显示预览】，预览矢量化后的结果。ArcScan 通过提供此方式来预览批处理矢量化生成的要素，如果对矢量化的结果不满意，可以重新进行矢量化设置，直至满意为止。

（6）单击【矢量化】→【生成要素】，打开【生成要素】对话框，如图 4.12 所示。单击【模板】将ParcelLines 要素设置成活动的线要素模板，单击【确定】按钮，完成操作，当显示刷新后，将看到自动矢量化后生成的线要素类 ParcelLines。

# 4.6　空间校正

一个 GIS 系统所用的数据通常来自多个部门,相对于基础数据而言,其他一些数据会在几何上发生变形或旋转,即描述同一地理位置的数据源之间出现不一致,这时可以通过空间校正进行数据整合。空间校正的一个典型应用是对矢量化后的结果进行处理。空间校正和地理配准操作方法类似,空间校正的对象是矢量数据,而地理配准的对象是栅格数据。

## 4.6.1　空间校正工具条介绍

在 ArcMap 主菜单中,单击【自定义】→【工具条】→【空间校正】,打开【空间校正】工具条,如图 4.13 所示。【空间校正】工具条上各选项及其功能如表 4.4 所示。

图 4.13　【空间校正】工具条

表 4.4　【空间校正】工具条详解

| 图标 | 名　称 | 功能描述 |
|---|---|---|
| | 空间校正 | 包括设置校正数据、校正方法、校正、校正预览、连接线、属性传递映射和选项设置 7 个子菜单 |
| | 选择元素 | 选择元素 |
| | 新建位移连接 | 添加新控制点的连接 |
| | 修改连接线 | 对控制点的连接进行修改 |
| | 多位移连接 | 创建多个位移连接,适合于曲线要素 |
| | 新建标识连接 | 将要素正确地固定在指定的位置上 |
| | 新建受限校正区域 | 限制校正区域的范围,只适用于【橡皮页变换】校正方法 |
| | 清除受限校正区域 | 清除校正时受限的范围 |
| | 查看连接表 | 通过查看连接表中的 RMS 误差,可以对校正的精度进行检查 |
| | 边匹配 | 沿某个范围的边将要素与相邻范围内相应要素对齐 |
| | 属性传递工具 | 将源数据的属性信息传递给目标数据 |

执行空间校正的一般步骤为:

(1)启动 ArcMap,创建新地图或打开现有地图,将要编辑的数据添加到地图上。

(2)加载【空间校正】工具条。

(3)启动数据编辑。

(4)选择要用于校正的输入数据,选择空间校正方法。

(5)创建位移连接。

(6)执行校正。

(7)保存编辑内容,停止编辑会话。

## 4.6.2　空间校正的方法

在 ArcGIS 10 中,可使用的空间校正方法如图 4.14 所示。空间校正变换用于在坐标系内移动、平移数据或者转换单位。如果要在坐标系之间转换数据,则应该先对数据进行投影。橡皮页变换用于纠正几何变形。边匹配是沿着某一图层的边要素与邻接图层的要素对齐。属性传递是在图层之间复制属性。

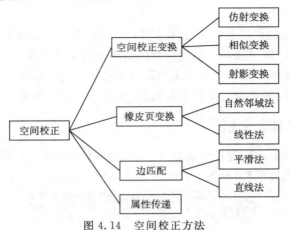

图 4.14　空间校正方法

**注意事项**

由于空间校正在编辑会话中执行，因此可使用现有编辑功能（如捕捉）来增强校正效果。

### 4.6.3　空间校正变换

空间校正变换常用于将数据从未定义空间参考的数字化仪或扫描仪的单位转换为实际坐标。其操作步骤如下：

（1）启动 ArcMap，打开地图文档 Transform.mxd（位于"…\chp04\SpatialAdjustment\data"），加载【空间校正】工具条。

（2）确定【编辑器】工具条处于打开状态，启动数据编辑。

（3）在【空间校正】工具条上，单击【空间校正】→【设置校正数据】，打开【选择要校正的输入】对话框，选中【以下图层中的所有要素】单选按钮，选择要校正的数据 design，如图 4.15 所示。

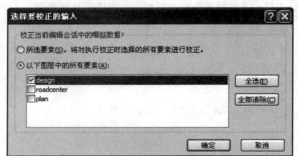

图 4.15　校正数据设置

**注意事项**

ArcMap 提供了两种选择方式：一种是对所选的要素进行空间校正，另外一种是通过勾选图层对整个图层中的要素进行空间校正。

(4)单击【空间校正】→【校正方法】→【变换—仿射】，选择校正方法。ArcGIS 提供的 3 种空间校正变换方法的功能及特点如表 4.5 所示。

**表 4.5　三种空间校正变换方法的功能与特点**

| 变换名称 | 变换功能 | 最少位移连接数 | 特点 |
|---|---|---|---|
| 仿射变换 | 缩放、旋转、平移、倾斜 | ≥3 | 仿射变换可以不同程度地对数据进行缩放、旋转、平移和倾斜变换 |
| 相似变换 | 缩放、旋转、平移 | ≥2（如果计算 RMS 误差，则至少≥3） | 相似变换可以缩放、旋转和平移数据。但不会单独对轴进行缩放，也不会产生任何倾斜。相似变换可使变换后的要素保持原有的横纵比，如果要保持要素的相对形状，这一点就显得非常重要 |
| 射影变换 | 此方法可用于对从航空像片中采集的数据直接进行变换 | ≥4 | 变换前后共点、共线、交比、相切、拐点以及切线的不连续性保持不变 |

(5)在【编辑器】工具条上，单击【编辑器】→【捕捉】→【捕捉工具条】，打开【捕捉工具条】，选择折点捕捉，以便准确地建立校正连接。

(6)单击【空间校正】工具条上的按钮，单击被校正要素图层 design 上的某点，再单击基准要素图层上的对应点，建立一个连接，即起点是被校正要素上的某点，终点是基准要素上的对应点。用同样的方法建立足够的连接，如图 4.16 所示。

图 4.16　建立好的位移连接

(7)理论上有三个连接就能作仿射变换，但实际使用中可尽量多建立几个连接，尤其是在拐点等特殊点上，而且点要均匀分布。在【空间校正】工具条上，单击按钮查看各个位移连接的坐标值和 RMS 误差，如图 4.17 所示。可对残差过大的连接删除或重新设置，以提高校正效果。

连接表

| ID | X 源 | Y 源 | X 目标 | Y 目标 | 残差 |
|---|---|---|---|---|---|
| 5 | -13769.568511 | 1155.373688 | -14409.163323 | 856.284234 | 0.007018 |
| 6 | -13752.315792 | 1461.301877 | -14411.012342 | 1162.692935 | 0.021769 |
| 9 | -14151.684320 | 1483.824129 | -14810.995608 | 1160.279248 | 0.026868 |
| 10 | -14155.564782 | 1760.667745 | -14832.049924 | 1436.372237 | 0.037759 |
| 11 | -14176.775674 | 1159.419615 | -14815.824540 | 834.953708 | 0.014748 |
| 12 | -13735.214277 | 1764.199296 | -14412.843046 | 1466.067240 | 0.027141 |

删除连接线(D)

关闭

RMS 误差:　0.024579

图 4.17　位移连接属性表

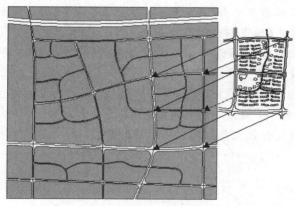

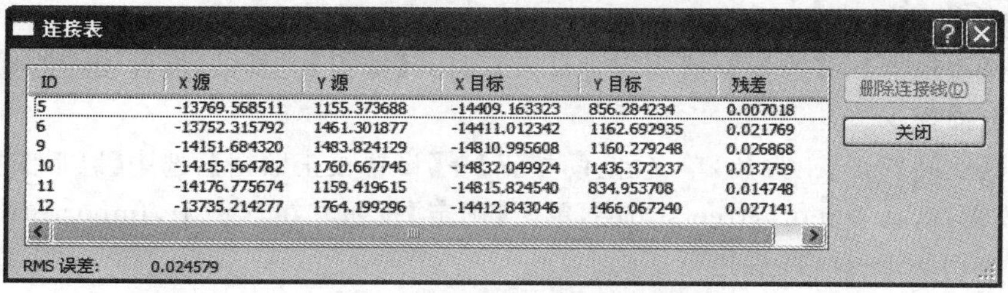

(8)单击【空间校正】→【校正预览】,预览校正效果。若对效果满意,便可执行校正;若不满意校正效果,则应该返回到第(7)步,检查位移连接的设置是否恰当,删除 RMS 误差较大的连接线,并重新新建位移连接。

(9)单击【空间校正】→【校正】,完成操作,结果如图 4.18 所示。

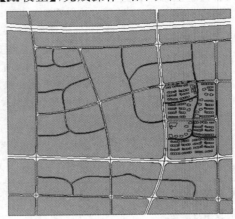

图 4.18　空间校正变换的结果

**注意事项**

a)如果【捕捉】的子菜单中是【捕捉窗口】,可以通过单击编辑器菜单中的【选项】,在弹出的编辑选项中单击【常规】标签,打开【常规】选项卡,取消选择【使用经典捕捉】复选框,单击【确定】铵钮。

b)如果知道被校正图上关键点的真实坐标,可以通过这些关键点进行变换。首先建立连接文件,格式为文本文件,第一列是关键点的屏幕 $x$ 坐标,第二列是关键点的屏幕 $y$ 坐标,第三列是关键点真实的 $x$ 坐标,第四列是关键点真实的 $y$ 坐标,中间用空格分开,每个关键点一行。在【空间校正】工具条上,单击【空间校正】→【连接线】→【打开连接线文件】,进行空间校正变换。

### 4.6.4　橡皮页变换

橡皮页变换常用于对数据进行小型的几何校正。在橡皮页变换校正中,经常将一个图层与另外一个与之十分靠近的图层对齐,调整源图层以适应更精确的目标图层。在橡皮页变换中,表面被逐渐拉伸,并使用保留直线的分段变换方法来移动要素。其操作步骤如下:

(1)启动 ArcMap,打开地图文档 Rubbersheet. mxd(位于"… \chp04\SpatialAdjustment\data"),启动数据编辑。

(2)单击【编辑器】→【捕捉】→【捕捉工具条】,打开【捕捉】工具条,设置相应的捕捉环境,本例中设置折点捕捉。

(3)加载【空间校正】工具条,单击【空间校正】→【设置校正数据】,选中【以下图层中的所有要素】单选按钮,选择 ImportStreets 图层,单击【确定】按钮。在本例中,ImportStreets 图层需要调整与 ExistingStreets 图层进行匹配。

(4)单击【空间校正】→【校正方法】→【橡皮页变换】,设置校正方法。

（5）单击【空间校正】→【选项】，打开【校正属性】对话框，单击【常规】选项卡，在【校正方法】下拉框中选择"橡皮页变换"，如图 4.19 所示。单击【选项】按钮，打开【橡皮页变换】对话框，选中【自然邻域法】单选按钮，单击【确定】按钮，返回【校正属性】对话框，再次单击【确定】按钮，完成设置。

橡皮页变换的两种方法：自然邻域法和线性法的区别如表 4.6 所示。

表 4.6　橡皮页变换的方法

| 方法 | 特　点 |
|---|---|
| 线性法 | 1. 用于快速创建 TIN 表面，但并不真正考虑邻域。<br>2. 线性法选项执行速度稍快。<br>3. 当许多连接均匀分布在校正数据上时可以生成不错的结果 |
| 自然邻域法 | 1.自然邻域法（与反距离权重法相似）执行速度稍慢。<br>2.当位移连接不是很多并且在数据集中较为分散时，得出的结果会更加精确。<br>3.应在存在一些间距很远的连接时使用自然邻域法 |

（6）在主菜单中单击【书签】→【ImportStreets】，单击【空间校正】工具条上的按钮，添位移加连接。首先将连接捕捉到 ImportStreets 图层中的源位置处单击，再将连接捕捉到 ExistingStreets 图层中的相应的目标位置处单击。按逆时针方向继续创建连接，查看捕捉提示，确保捕捉位置正确。本例中共创建 7 个位移连接，如图 4.20 所示。

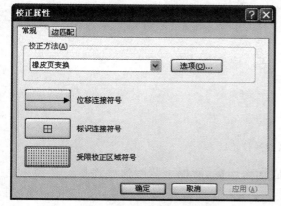

图 4.19　橡皮页变换【校正属性】设置

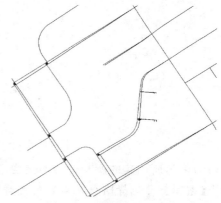

图 4.20　位移连接示意图

**注意事项**

另外使用【多位移连接】按钮，可一次操作创建多个位移连接。此工具有助于节省时间，对于弯曲要素尤为适用。

（7）单击【书签】→【Curve features】，定位到该研究区域。单击【空间校正】工具条上的按钮，先单击 ImportStreets 图层中的弯曲的道路要素，再单击 ExistingStreets 图层中的弯曲的道路要素，系统提示输入要创建的连接的数量，接受默认值 10，回车确认，地图中即会显示多个连接，如图 4.21 所示。用同样的方式为其他弯曲的要素创建多个连接。

（8）单击【空间校正】工具条上的按钮，缩小地图并按如图 4.22 所示在 5 个交叉点处添加 5 个标识连接。在关键交叉点处添加标识连接以确保要素位置保持不变。

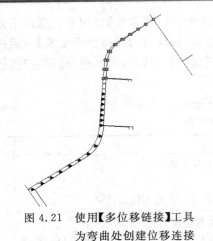

图 4.21　使用【多位移链接】工具
为弯曲处创建位移连接

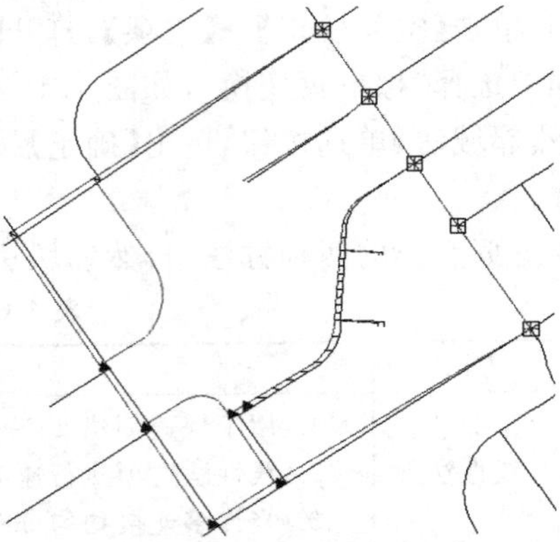

图 4.22　添加标识连接

(9)单击【空间校正】→【校正预览】,预览校正结果,如果不满意,可进一步修改。最后单击
【空间校正】→【[]校正】,实现变换,校正结果如图 4.23 所示。

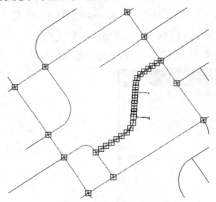

图 4.23　橡皮页变换校正结果

(10)因为所创建的所有位移连接均已转换成标识连接,所以可删除这些连接。在菜单栏
中单击【编辑】→【选择所有元素】,可选择所有连接,因为它们都是图形元素,按 Delete 键,删
除这些元素。保存编辑内容并停止对数据的编辑。

### 4.6.5　边匹配

边匹配用于沿相邻图层的边缘将要素对齐。通常,对包含较低精度的要素图层进行调整,而
将精度高的要素图层用做目标图层。其操作步骤如下:

(1)启动 ArcMap,打开地图文档 EdgeMatch. mxd(位于"…\chp04\SpatialAdjustment\
data"),启动数据编辑。

(2)加载【空间校正】工具条,单击【空间校正】→【设置校正数据】,选中【所选要素】单选按
钮,单击【确定】按钮,完成校正数据的设置。

(3)单击【空间校正】→【校正方法】→【边捕捉】,设置校正方法。

(4)单击【空间校正】→【选项】,打开【校正属性】对话框,单击【常规】标签,打开【常规】选项
卡,在校正方法中选择"边捕捉",单击【选项】按钮,在方法中选择【平滑】。有关边匹配的方法

如表 4.7 所示。单击【边匹配】标签,打开【边匹配】选项卡,在【源图层】下拉框中选择"road1",在【目标图层】下拉框中选择"road2",选中【避免重复连接线】复选框,如图 4.24 所示。单击【确定】按钮,完成边匹配校正属性的设置。

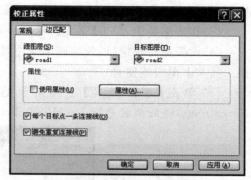

图 4.24 边匹配【校正属性】设置对话框

表 4.7 边匹配方法

| 边匹配方法 | 特 点 |
|---|---|
| 平滑 | 位于连接线源点的折点将被移动到目标点。其余折点也会被移动,从而产生整体平滑效果。此项为默认设置 |
| 线 | 只有位于连接线源点的折点会被移动到目标点,要素上的其余折点保持不变 |

(5)单击【空间校正】工具条上的按钮，拖动鼠标左键绘制矩形框选择要连接的范围,黑色圆点标记的点为自动得到连接节点,如图 4.25 所示。如果边周围拖出选框后并未创建任何连接,可以稍微缩小地图,然后重试。

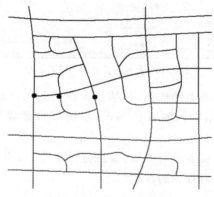

图 4.25 获得连接结点

(6)单击【编辑器】工具条上的按钮 ►,按住鼠标左键在边匹配区域周围拖出一个矩形框。

(7)单击【空间校正】→【校正预览】,预览结果,如果不满意,可以进一步修改。

(8)单击【空间校正】→【校正】,实现变换。保存编辑内容并停止对数据的编辑。

## 4.6.6 属性传递

属性传递通常用于将属性从精度较低的图层复制到精度较高的图层。例如,将水文要素的名称从先前数字化的比例尺为 1∶5 万的高度概化的地图传递到比例尺为 1∶2.5 万的更为详细的地图。在 ArcMap 中,可指定要在图层间传递哪些属性,然后以交互方式选择源要素和目标要素。其操作步骤如下:

(1)启动 ArcMap,打开地图文档 AttributeTransfer.mxd(位于"…\chp04\SpatialAdjustment\data"),启动数据编辑。

(2)加载【空间校正】工具条,单击【空间校正】→【属性传递映射】,打开【属性传递映射】对话框。在弹出的【属性传递映射】对话框中,在【源图层】下拉框中选择"Streets",在【目标图层】下拉框中选择"NewStreets"。先后在源图层和目标图层字段列表框中单击 NAME 字段,然后单击【添加】按钮。用同样方法添加 type 字段,如图 4.26 所示。单击【确定】按钮。

(3)在主菜单中,单击【书签】→【New streets】,将当前视图设置为本练习的编辑区域。

(4)设置捕捉环境,以便准确地使用属性传递工具将源要素属性传递到目标要素中。在捕捉工具条上单击按钮 ▱。

(5)单击【基础工具】工具条上的按钮 ⓘ,先后单击源图层 Streets 和目标图层 NewStreets,查看两者之间 NAME 和 Type 字段的差异。

图 4.26 【属性传递映射】对话框

(6)单击【空间校正】工具条上的按钮 ⯑,捕捉到源要素的边后单击,再捕捉到目标要素的边后单击。如在选择目标要素的同时按住 Shift 键可以将源要素的属性传递到多个目标要素中。

(7)对所传递属性的目标要素进行验证,验证方法如第(5)步所示。

(8)保存编辑内容并停止对数据的编辑。

# 第 5 章　空间数据编辑

空间数据编辑是对空间数据进行处理、修改和维护的过程。通常来讲,采集的空间数据在几何图形和空间属性上往往存在错误或者不够完善的地方,需要通过后续的编辑对其进行修改和处理。空间数据编辑是 ArcGIS 软件的基本功能,包括图形数据编辑、属性数据编辑、网络编辑、拓扑编辑等。本章主要介绍图形数据编辑,包括要素编辑、注记编辑和尺寸注记编辑。

## 5.1　ArcMap 编辑简介

ArcGIS 的数据编辑功能是在 ArcMap 中完成的。ArcMap 提供了强大的数据编辑能力,它能创建和编辑要素数据、表格数据、拓扑和几何网络数据等,能编辑空间数据库和不同类型的数据文件(shapefile 文件、coverage 文件等),处理的数据包括点、线、面、注记、尺寸、复杂形状(多点、复杂多边形)等多种类型。

在 ArcMap 中进行数据编辑的基本步骤如下:

(1)启动 ArcMap,加载要进行编辑的数据。

(2)打开编辑工具条。

(3)启动编辑会话,执行数据编辑。

(4)保存编辑数据,并关闭编辑会话。

ArcGIS 10 的编辑功能较以前版本有较大改进,更加易用和人性化,可减少单击按钮的次数、简化工作流程、加快数据的处理。这些改进主要表现在:

(1)对编辑工具进行了重新设计和组织,将图层选择放在单独的窗口中,使编辑工具平面化,更易于使用。

(2)为启动编辑提供了两个入口,一是编辑器的下拉菜单,二是内容列表。右击需要编辑的图层,在弹出的菜单栏中,单击【编辑要素】→【✐开始编辑】,可启动编辑。

(3)组织要素模板。ArcGIS 10 提供了基于模板的要素创建功能,可极大地缩减编辑的工作量,提高编辑的质量。它为每一个图层创建了一个默认的要素模板,用户可自定义多个模板。通过模板可以定义默认属性,编辑时只需要选择要素模板即可自动完成默认属性的填充。

(4)创建要素窗口。ArcGIS 10 提供了创建要素窗口,主要用于创建和管理模板,用户可以选择一个要素模板进行要素编辑。创建要素窗口的下方还有构造工具,根据图层的类别分别提供了相应的工具。

(5)跟随工具条。在 ArcGIS 10 编辑过程中,会出现跟随工具条,主要有【要素构造】工具条和【编辑折点】工具条。利用跟随工具条能够快速访问编辑时常用的命令,提高编辑效率。

(6)创建注记。将注记的创建和编辑集成到创建要素窗口和注记构造窗口。

(7)捕捉设置。将捕捉设置集成到捕捉工具条,可以通过单击相关的按钮直接设置捕捉方式。

(8)属性窗口。设计了更加灵活的属性窗口,可以使用两种风格的视图,可以设置显示方式及字段的可编辑性等。

# 5.2　要素编辑

## 5.2.1　数据编辑的环境设置

要素编辑就是矢量数据的编辑。编辑数据时,一般需要先进行编辑环境的设置,如选择设置、捕捉设置、单位设置等,以提高空间数据编辑的效率和准确性。

### 1.选择设置

选择设置是指在使用选择工具时,指定哪些图层可以被选择,从而保证不受非目标数据的干扰,提高编辑数据的准确性。选择设置包括图层的可选性设置和可见性设置两种。

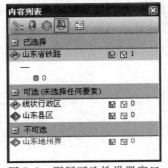

图 5.1　图层可选性设置窗口

1)设置图层的可选性

在内容列表中单击按钮▣,切换到按选择列出视图,视图中列出当前可选图层和不可选图层的集合。单击列表中按钮▣,可切换图层的可选择性,如图 5.1 所示(▣图标如果点亮表示要素类有要素被选中,其后的数字表示选择的要素数量)。

2)设置图层的可见性

图层的可见性设置可使某些图层在视图中不可见,提高选择和捕捉的效率。在内容列表中单击按钮▣,取消选择图层名称前面的复选框即可使该图层不可见。

### 2.捕捉设置

捕捉设置的操作步骤如下:

(1)在【编辑器】工具条上,单击【编辑器】→【捕捉】→【捕捉工具条】,加载【捕捉】工具条,如图 5.2 所示。工具条详解如表 5.1 所示。

表 5.1　【捕捉】工具条详解

| 图标 | 名　称 | 功能描述 |
|---|---|---|
| ○ | 点捕捉 | 捕捉到点要素 |
| ⊞ | 端点捕捉 | 捕捉到端点 |
| □ | 折点捕捉 | 捕捉到折点 |
| ◿ | 边捕捉 | 捕捉到线要素或面要素的边界 |
| ✔ | 使用捕捉 | 是否启动捕捉功能 |
| ◈ | 交点捕捉 | 捕捉要素的交点 |
| △ | 中点捕捉 | 捕捉线段的中点 |
| ⌒ | 切线捕捉 | 捕捉到曲线或面的边的切点 |
| | 捕捉到草图 | 是否捕捉到要素的草图 |

图 5.2　【捕捉】工具条

(2)在【捕捉】工具条中,单击【捕捉】→【选项】,打开【捕捉选项】对话框,如图 5.3 所示。(或在【编辑器】工具条中,单击【编辑器】→【捕捉】→【选项】,也可打开【捕捉选项】对话框。)话框中的各项参数及其作用如表 5.2 所示。

图 5.3　【捕捉选项】对话框

表 5.2　捕捉选项说明

| 选项 | 说　明 |
|---|---|
| 容差 | 捕捉范围的大小,以像素为单位表示 |
| 捕捉符号 | 设置用于捕捉符号的颜色 |
| 捕捉提示 | 捕捉时屏幕上的提示文字,有图层名称、捕捉类型和背景三种提示 |
| 文本符号 | 设置提示文本的颜色、字体、符号和其他属性 |

## 5.2.2　添加编辑工具

### 1.编辑工具

在 ArcGIS 中,对要素进行编辑,首先要添加编辑工具。添加编辑工具有两种方法:

(1)在【标准】工具条中,单击【编辑器工具条】按钮,打开【编辑器】工具条。

(2)在任意工具栏处单击鼠标右键,在弹出菜单中单击【编辑器】,打开【编辑器】工具条,如图 5.4 所示。

【编辑器】工具条详解如表 5.3 所示。

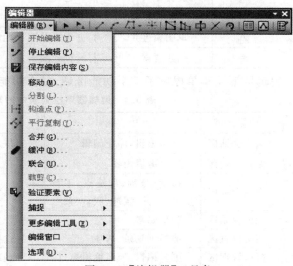

图 5.4　【编辑器】工具条

表 5.3　【编辑器】工具条详解

| 图标 | 名　称 | 功能描述 |
|---|---|---|
| 编辑器(R)▾ | 编辑器 | 编辑命令菜单 |
| ▶ | 编辑工具 | 选择要编辑的要素 |
| ▶▲ | 编辑注记工具 | 选择要编辑的要素注记 |
| ╱ | 直线段 | 创建直线 |
| ╭ | 端点弧段 | 创建弧段工具,结束点在圆弧 |
| ╭ | 弧段 | 创建弧段工具,结束点在端点 |
| ╱ | 中点 | 在线段中点处创建点或折点 |
| ▱ | 追踪 | 追踪线要素或面要素的边,创建线要素 |
| ∧ | 直角 | 绘制直角工具 |
| ⌖ | 距离—距离 | 分别以两个点为圆心以指定距离为半径的两个圆的相交处创建点或折点 |

续表

| 图标 | 名　称 | 功能描述 |
|---|---|---|
| ⌀ | 方向—距离 | 用已知点的距离和方向创建点或折点 |
| ⊀ | 相交点 | 在线的交点处创建点或折点 |
| ⌐ | 正切曲线段 | 以某点为切点创建线要素 |
| ⌐ | 贝塞尔曲线 | 创建贝塞尔曲线要素 |
| ✳ | 点工具 | 创建点要素 |
| ▱ | 编辑折点 | 编辑折点 |
| ▱ | 整形要素工具 | 修改选择要素 |
| ⊕ | 裁剪面工具 | 线要素裁剪选中的面要素 |
| ╳ | 分割工具 | 分割选择的线要素 |
| ↻ | 旋转工具 | 旋转选择要素 |
| ▦ | 属性 | 打开属性窗口 |
| ◮ | 草图属性 | 打开编辑草图属性窗口 |
| ▤ | 创建要素 | 打开创建要素窗口 |

编辑器下拉菜单提供了 7 个功能区域,每个功能区域及其功能描述如表 5.4 所示。

表 5.4　编辑器下拉列表中的功能区域及其功能

| 功能区域 | 功　能 | 功能描述 |
|---|---|---|
| 编辑会话区 | 开始编辑、停止编辑 | 提供对编辑会话的启动和停止管理 |
| 保存编辑区 | 保存编辑内容 | 保存正在编辑的数据 |
| 常用命令区 | 移动、分割、构造点、平行复制、合并、缓冲、联合、裁剪 | 提供常用的编辑命令 |
| 验证要素区 | 验证要素 | 验证要素的有效性 |
| 捕捉设置区 | 捕捉工具条、选项 | 提供捕捉工具条及设置捕捉选项 |
| 窗口管理区 | 更多编辑工具、编辑窗口 | 管理编辑窗口和编辑工具的显示状态 |
| 选项设置区 | 选项 | 提供了拓扑、版本管理、单位等选项的设置功能 |

**2. 高级编辑工具**

为了实现更加复杂的编辑,ArcMap 提供了高级编辑工具,实现复制、裁剪和分割要素等,在任意工具栏处单击鼠标右键,在弹出菜单中单击【高级编辑】,打开【高级编辑】工具条,如图 5.5 所示。

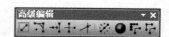

图 5.5　【高级编辑】工具条

【高级编辑】工具条详解见表 5.5。

表 5.5　【高级编辑】工具条详解

| 图标 | 名　称 | 功能描述 |
|---|---|---|
| ▱ | 复制要素工具 | 复制选择的要素 |
| ⌐ | 内圆角工具 | 两要素夹角转为内圆角 |
| →⊦ | 延伸工具 | 延伸选择要素 |
| ⊢ | 修剪工具 | 裁剪选择要素 |

续表

| 图标 | 名　称 | 功能描述 |
|---|---|---|
| ✝ | 线相交 | 剪断选择要素 |
| ✕ | 拆分多部分要素 | 拆分选择的多部分要素 |
| ● | 构造大地测量要素 | 为选择要素构造大地测量要素 |
| ⌐ | 概化 | 简化选择要素 |
| ⌐ | 平滑 | 平滑选择要素 |

## 5.2.3　启动编辑会话

加载编辑工具条后,需要启动编辑会话,使数据层处于编辑状态。ArcGIS 提供了两种启动编辑会话的途径:

(1)最常用的方式。在【编辑器】中,单击【编辑器】→【✏ 开始编辑】(以下简称"启动编辑")。

(2)快捷启动编辑。在内容列表中右击需要编辑的图层,在弹出菜单中,单击【编辑要素】→【✏ 开始编辑】,启动编辑会话。

启动编辑以后,如果数据有多个数据源,则弹出【开始编辑】对话框,如图 5.6 所示,用于对多个数据源进行选择(只能同时对一个数据源进行编辑)。

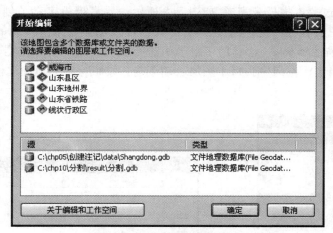

图 5.6　【开始编辑】对话框

【开始编辑】对话框中列出了内容列表中被激活的地图中所有数据源的图层。单击【确定】按钮后,如果图层列表中存在不可编辑图层或其他问题,ArcGIS 将会进行提示,如表 5.6 所示。

表 5.6　编辑会话启动异常时的状态描述

| 状态 | 描　述 |
|---|---|
| ❌ 错误 | 图层将不能启动编辑会话 |
| ⚠ 警告 | 可以启动编辑会话,但可能无法编辑地图中的某些项 |
| ⓘ 消息 | 提供有关在编辑时如何提高性能的建议,此消息提示不影响编辑 |

### 5.2.4 使用创建要素窗口

启动编辑后,ArcGIS将启动【创建要素】窗口,如图5.7所示。每次在地图上创建要素时,一开始都要用到【创建要素】窗口。在【创建要素】窗口中选择某要素模板后,将基于该要素模板的属性建立编辑环境;此操作包括设置要存储新要素的目标图层、激活要素构造工具并做好为所创建要素指定默认属性的准备。为减少混乱,图层不可见时,在【创建要素】窗口中模板也将隐藏。【创建要素】窗口的顶部面板用于显示地图中的模板,而窗口的底部面板则用于列出创建该类型要素的可用工具。要素创建工具(或构造工具)是否可用取决于在窗口顶部选择的模板类型。例如,如果线模板处于活动状态,则会显示一组创建线要素的工具。相反,如果选择的是注记模板,则可用的工具将变为可用于创建注记的工具。【创建要素】窗口是创建要素的快捷入口。它提供了以下功能:

(1)快速直观地选择要编辑的图层。

(2)创建和使用要素模板进行创建要素。

(3)丰富的构造工具,可以很容易地构造特殊的要素。如圆、手绘曲线、要素端点等。

(4)可以根据内容列表中图层的状态自动调整可编辑图层列表。

(5)支持模板创建、过滤、分组、模糊搜索等功能。

(6)根据不同的图层类型,提供不同的构造工具。

创建要素可通过要素模板来完成,如图5.8所示。要素模板定义了创建要素所需的全部信息:存储要素的图层、创建的要素所应具有的属性以及创建要素所使用的默认工具。另外,模板也具有名称、描述和标签,这有助于对模板进行查找和组织。如果启动编辑时未显示模板,则会在当前编辑工作空间中为每个图层自动创建。模板保存在地图文档(＊.mxd)和图层文件(＊.lyr)中。

图5.7 【创建要素】窗口

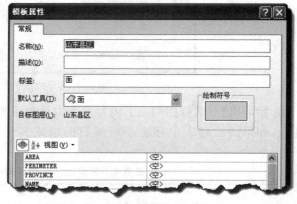

图5.8 【模板属性】对话框

ArcGIS为每个图层生成了一个默认模板,可以利用这些模板去创建要素,还可以创建自定义的模板。在【创建要素】窗口上单击按钮,打开【组织要素模板】对话框,如图5.9所示。

图 5.9 【组织要素模板】对话框

在【组织要素模板】对话框中可以执行以下操作：

（1）图层过滤。单击按钮 可选择过滤方式。主要有两种过滤方式：仅可编辑的图层和仅包含模板的图层。【仅可编辑的图层】显示可以编辑的所有图层。【仅包含模板的图层】显示具有模板的图层（模板必须显示出来）。

（2）新建模板。指定图层和属性，为所选图层创建一个新模板。

（3）复制。复制当前选择的模板。

（4）删除。删除下拉菜单提供三个选项：【删除】、【删除图层中的全部内容】和【删除地图中的全部内容】。【删除】是删除图层中选择的模板。【删除图层中的全部内容】是删除所选图层中所有的模板。【删除地图中的全部内容】是删除所有图层中的所有模板。

（5）标签。为已选择的模板增加标签。

（6）属性。查看或更改当前要素模板的属性，如名称、描述、默认构造工具、默认属性等。

## 5.2.5 创建新要素

创建要素的入口是创建要素模板，因此创建要素的操作是从创建要素模板开始的。创建要素有创建点要素、创建线要素和创建面要素三种形式。

### 1. 创建点要素

添加要编辑的点图层，启动编辑后，在【创建要素】窗口中选择该点要素模板，窗口下方会自动显示点构造工具。创建点要素共有两个构造工具：

（1）【 点】。此为默认构造工具，通过在地图上单击或通过输入坐标的方式创建点要素。

（2）【 线末端的点】。该工具是通过绘制一条折线，取最后一个端点来构造点要素。

1）通过单击地图创建点要素

点是可创建的最简单要素，只需在【创建要素】窗口中单击点模板，点工具便自动激活，在地图上单击想要添加点的位置，即可完成点要素的创建。其操作步骤如下：

（1）在【创建要素】窗口中单击点要素模板。

（2）单击【创建要素】窗口中的【 点】构造工具（此工具为默认工具）。

（3）在地图上单击创建点要素，该点创建后处于选取状态。

2）草绘线末端创建点要素

使用【 线末端的点】构造工具可绘制一条线并在该线的末端创建一个点。创建草图线只需在地图上进行数字化，或者利用任何快捷方式或草图约束（如长度、约束平行、方向或绝对 $X$、$Y$），在线上放置一个折点即可。其操作步骤如下：

（1）在【创建要素】窗口中单击点要素模板。

（2）单击【创建要素】窗口中【 线末端的点】构造工具。

（3）根据需要单击地图创建草图线。例如要使线具有一定长度,可在右键菜单中单击【长度】,在弹出窗口中输入距离量测值,然后单击添加折点。

（4）单击跟随工具条【要素构造】中的按钮，或者双击最后一个折点完成草图,草图线的末端自动生成一个点要素。

3）在绝对 X、Y 位置创建点或者折点

在地图空白处的右键菜单中,通过【绝对 X,Y】菜单,可以在精确的 X、Y 位置创建点或折点。例如,可使用【绝对 X,Y】对话框在动物栖息地数据中利用全球定位系统(Global Positioning System,GPS)设备获得的 X、Y 坐标创建一个鸟巢。

用【绝对 X,Y】创建点或折点的操作步骤如下:

（1）有三种方式可实现在线和面中创建点要素或折点:

——创建点要素。在创建要素窗口中单击点要素模板,然后单击点构造工具。

——在线中创建折点。在创建要素窗口中单击线要素模板,然后单击线构造工具/。

——在面中创建折点。在创建要素窗口中单击面要素模板,然后单击面构造工具。

（2）在地图上单击鼠标右键,在弹出的菜单中选择【绝对 X,Y】,或直接按下键盘 F6,打开【绝对 X,Y】对话框,如图 5.10 所示。

图 5.10 【绝对 X,Y】对话框

（3）单击单位按钮，然后单击用于输入位置的单位。

（4）输入坐标,按下 Enter 键创建点要素或折点。

**2. 创建线要素**

加载要编辑的线图层,启动编辑后,在【创建要素】窗口中选择该线要素模板,然后选取相应的构造工具,在地图上单击创建线要素。

线要素模板提供了线、矩形、圆形、椭圆、手绘曲线五种构造工具,如表 5.7 所示。

表 5.7 线构造工具

| 图标 | 名 称 | 功能描述 |
|---|---|---|
| / | 线 | 在地图上绘制折线 |
| ▣ | 矩形 | 在地图上拉框绘制矩形 |
| ◯ | 圆形 | 指定圆心和半径绘制圆形 |
| ◕ | 椭圆 | 指定椭圆圆心、长半轴和短半轴绘制椭圆 |
| ⌇ | 手绘曲线 | 单击鼠标左键,移动鼠标绘制自由曲线 |

使用【/线】构造工具创建线要素,只需在地图上单击放置折点的位置即可,比较简单。下面重点介绍其余四种线要素构造工具。

1）创建矩形线要素

【▣矩形】构造工具用于创建矩形要素,如建筑物等。表 5.8 所示快捷键可用于矩形工具。

表 5.8 矩形工具快捷键

| 键盘快捷键 | 编辑功能 |
| --- | --- |
| Tab | 按 Tab 键可使矩形处于竖直方向(以 90°角垂直或水平),而不进行旋转。这将会进入一种模式,在该模式中,创建的所有矩形都是竖直方向的。再次按 Tab 键可退出此模式,这样便可创建具有旋转角度的矩形 |
| A | 输入拐角的 $X$、$Y$ 坐标。建立矩形角度之后,可以设置第一个拐角的坐标或任一后续拐角的坐标 |
| D | 设置完第一个拐角点后指定角度方向 |
| L 或 W | 输入长、宽边长的尺寸 |
| Shift | 创建正方形而不是矩形 |

创建矩形线要素的操作步骤如下:

(1)单击【创建要素】窗口中某个线要素模板。

(2)单击【创建要素】窗口中的【▢矩形】构造工具。

(3)在地图中单击放置矩形第一个顶角的位置。

(4)拖动并单击设置矩形的旋转角度。可以通过右击选择命令或使用键盘快捷键输入 $X$、$Y$ 坐标、方向角、选择矩形是水平的还是旋转的,或输入长、宽边的尺寸。默认情况下,尺寸以地图单位表示,也可通过在输入值后附加单位缩写来指定其他单位形式的值。

(5)拖动并单击完成创建矩形线要素的操作。

2)创建圆形线要素

【◯圆形】构造工具用于创建圆形线要素,如储水罐等,表 5.9 所示快捷键可用于圆形工具。

表 5.9 圆形工具快捷键

| 键盘快捷键 | 编辑功能 |
| --- | --- |
| R | 输入半径 |
| A | 输入中心点的 $X$、$Y$ 坐标 |

创建圆形线要素的操作步骤如下:

(1)单击【创建要素】窗口中某个线要素模板。

(2)单击【创建要素】窗口中的【◯圆形】构造工具。

(3)在地图中单击放置圆心,然后拖动鼠标。绘制圆时,圆内将出现表示半径的直线,也可以右击或使用键盘快捷键输入 $X$、$Y$ 坐标或输入半径。

(4)单击完成创建圆形线要素的操作。

3)创建椭圆线要素

【◯椭圆】构造工具用于创建椭圆形线状要素,表 5.10 所示快捷键可用于椭圆工具。

表 5.10 椭圆工具快捷键

| 键盘快捷键 | 编辑功能 |
| --- | --- |
| Tab | 默认情况下,【椭圆】工具从中心点向外创建椭圆。使用 Tab 键可改为从端点绘制椭圆,再次按下 Tab 键退出该模式,回到从中心点创建椭圆 |
| A | 输入半径中心点(或端点)的 $X$、$Y$ 坐标 |
| D | 设置完第一个点后指定角度方向 |
| R | 输入长半径或短半径 |
| Shift | 创建圆,而不是椭圆 |

创建椭圆线要素的操作步骤如下:

(1)单击【创建要素】窗口中某个线要素模板。

（2）单击【创建要素】窗口中的【◯椭圆】构造工具。

（3）单击放置椭圆中心，然后拖动鼠标。

（4）设置长半径和短半径，然后进行拖动。还可以右击或使用键盘快捷键输入 $X$、$Y$ 坐标，设置方向角，选择从中心还是从端点构造椭圆，或者输入长半径或短半径。

（5）单击完成创建椭圆线要素的操作。

4）创建手绘线要素

使用【❧手绘曲线】构造工具，可以随指针的移动创建线。因此，在创建快速、自由式设计时，手绘工具尤为重要。创建手绘线要素的操作步骤如下：

（1）单击【创建要素】窗口中某个线要素模板。

（2）单击【创建要素】窗口中的【❧手绘曲线】构造工具。

（3）单击地图开始手绘，在此不用按住鼠标左键。

（4）按照需要的形状拖动指针，按住空格键可捕捉到现有要素。

（5）单击地图完成草图并创建要素，手绘线将自动平滑为贝塞尔曲线。

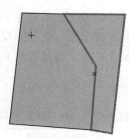

图 5.11　利用自动完成面工具完成
面要素的创建

**3．创建面要素**

加载要编辑的面要素图层，启动编辑后，在【创建要素】窗口中选择面要素模板，然后选取相应的构造工具，在地图上单击创建面要素。面要素模板提供了面、矩形、圆形、椭圆、手绘曲线、自动完成面等六种构造工具。大部分工具的使用方式和线要素的创建方式相同。其中自动完成面工具是通过与其他多边形要素围成的闭合区域自动完成面要素的创建，如图 5.11所示。

**4．创建其他要素工具**

【编辑器】还提供了其他工具用于创建新要素，如表 5.11所示。

表 5.11　创建要素工具

| 工具 | 名　　称 | 功能说明 |
|---|---|---|
| ╱ | 直线段 | 创建直线段 |
| ╭ | 端点弧段 | 由起点、终点和半径构成的弧段，结束点在圆弧上 |
| ╭ | 弧段 | 由起点、终点和半径构成的弧段，结束点在端点 |
| ╱ | 中点 | 在线段的中点处创建起点或折点 |
| ▱ | 追踪 | 追踪线要素或面要素。在编辑过程中，单击该工具，把鼠标移到被追踪的要素附近即可追踪 |
| ⌐ | 直角 | 该工具只能创建与前一线段成90°角的线段，使用该工具可以创建建筑物等具有方形拐角的要素 |
| ⊘ | 距离—距离 | 分别以两个点为圆心以指定距离为半径的两个圆的相交处创建点或折点 |
| ⌀ | 方向—距离 | 由已知点的距离和已知点的方向创建点或折点，从而定义方向线 |

续表

| 工具 | 名　称 | 功能说明 |
|---|---|---|
| ⤴ | 交叉点 | 两条线段之间相交的点作为起点或转点 |
| ⌐ | 正切曲线段 | 添加与先前草绘的线段相切的线段 |
| ⤵ | 贝塞尔曲线段 | 创建贝塞尔曲线 |
| ⬛ | 点 | 直接在地图上单击创建点要素(仅点图层有效) |

## 5.2.6　基于现有要素创建要素

### 1.复制要素

1)简单复制现有要素

简单复制现有要素的操作步骤如下:

(1)启动编辑,单击【编辑器】工具条上的编辑工具按钮▶。

(2)在地图上选择要复制的要素(按住 Shift 键可以选择多个要素)。

(3)单击【标准】工具条上的复制按钮🗐(或 Ctrl+C)。

(4)单击【标准】工具条上的粘贴按钮🗐(或 Ctrl+V)。

(5)在弹出的【粘贴】对话框中,选择目标图层,单击【确定】按钮。完成复制操作,在原要素的位置复制出一个新要素。

2)使用复制命令复制要素

需要将要素复制到目标位置或将一个要素按照需要的大小进行缩放复制,而不与原有要素重叠时,可以使用【高级编辑】工具条中的复制要素工具来完成。其操作步骤如下:

(1)启动编辑,选择要复制的要素。

(2)在任意工具栏处单击鼠标右键,在弹出菜单中单击【高级编辑】,打开【高级编辑】工具条,再单击复制要素工具按钮🗐。

(3)在要粘贴的位置单击或拉一个矩形框。

(4)在弹出的【复制要素工具】对话框中,选择目标图层,单击【确认】按钮。要素将按原始大小被复制到以单击位置(单击位置即新要素的中心位置)为中心的位置或缩放到矩形框大小。

3)平行复制线要素

平行复制线要素的操作步骤如下:

(1)启动编辑,选择要复制的线要素。

(2)在【编辑器】工具条中,单击【编辑器】→【↙平行复制】,打开【平行复制】对话框。

(3)在对话框中设置各个选项,如图 5.12 所示。

【模板】指新要素使用的模板。在组织要素模板中定义,默认和当前要素一致。

【距离】指平行复制的距离。单位和当前地图单位一致。

【侧】指出在要素的哪侧创建要素。有三个选项:双向(两侧)、左、右。

【拐角】指出新要素在拐角处的样式。有三种样式如图 5.13 所示。

其他选项用于对多个连接的线要素处理。

(4)单击【确定】按钮,完成平行复制线要素的操作。

图 5.12 【平行复制】对话框

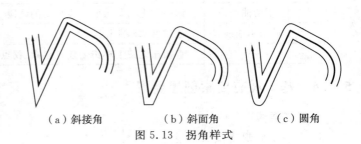

（a）斜接角　　　（b）斜面角　　　（c）圆角

图 5.13　拐角样式

**2. 使用现有线构造点**

使用现有线构造点的操作步骤如下：

（1）加载线图层和要存放构造点的点图层，启动编辑，选择要构造点的线要素。

（2）在【编辑器】工具条中，单击【编辑器】→【├·│构造点】，打开【构造点】对话框。

（3）在对话框中设置相关选项，如图 5.14 所示。

【模板】指新要素使用的模板。在组织要素模板中定义，默认和当前要素一致。

图 5.14　【构造点】对话框

【点数】指从线要素上采样的点个数。

【距离】指构造点之间的距离。单位和当前地图单位一致。

【方向】用于指定是从线的起点还是终点开始构造点要素。

【按测量】指沿着线基于 $M$ 值以特定间隔创建点，只有具有 $M$ 值的要素有效。

【在起点和终点创建附加点】指是否将起点和终点作为构造点。如果选择该选项，则构建的点个数增加两个。如果距离值刚好为线要素长度的倍数，则不在线的两端重复创建点。

（4）单击【确定】按钮，完成构造点的操作。

**3. 使用缓冲区创建要素**

使用缓冲区创建要素的操作步骤如下：

（1）选择要进行缓冲区操作的要素。

（2）在【编辑器】工具条中，单击【编辑器】→【缓冲】，打开【缓冲】对话框。

（3）在对话框中设置相关选项，如图 5.15 所示。

【模板】指新要素使用的模板。在组织要素模板中定义，默认和当前要素一致，只能选择面图层或线图层模板。

【距离】指缓冲区的距离。单位和当前地图单位一致。

（4）单击【确定】按钮，完成缓冲区创建要素的操作。

图 5.15　【缓冲】对话框

### 4.合并同一层的多个要素创建要素

通过合并某一图层的多个要素来构建一个新的要素(结果不保留原要素)。其操作步骤如下:

(1)启动编辑,选择要进行合并的多个要素。

(2)在【编辑器】工具条中,单击【编辑器】→【合并】,打开【合并】对话框,如图 5.16 所示。

(3)设置保留属性的要素。

(4)单击【确定】按钮,完成合并多要素创建新要素的操作。

图 5.16 【合并】对话框

### 5.联合不同层的多个要素创建要素

在不同图层之间,通过联合相同要素类型的要素来构造新的要素(结果保留原始要素)。其操作步骤如下:

(1)选择进行联合的多个要素。

(2)在【编辑器】工具条中,单击【编辑器】→【联合】,打开【联合】对话框。

(3)在对话框中设置构造新要素的要素模板。

(4)单击【确定】按钮,完成联合多个要素创建新要素的操作。

### 6.通过相交要素创建新要素

通过对同一图层的要素相交来创建要素。首先添加相交命令到【编辑器】中。在 ArcMap 主菜单中单击【自定义】→【工具条】→【自定义】,打开【自定义】对话框。在【命令】标签中,【类别】中选择【编辑器】,然后在【命令】中找到"相交",将其拖动到编辑器下拉菜单中。通过相交要素创建新要素的操作步骤如下:

(1)启动编辑,选择要执行相交的线要素或面要素(两个或两个以上要素)。

(2)在【编辑器】工具条中,单击【相交】按钮,打开【相交】对话框。

(3)在对话框中选择构造要素的模板。

(4)单击【确定】按钮,完成相交要素创建新要素的操作。

### 7.根据线要素构造面要素

在某些情况下,需要根据闭合或能构成闭合环的线要素来构造面要素,如根据行政区轮廓线构造行政区面,或根据湖泊边线和堤坝线围成的范围构造湖泊等。构造面命令位于【拓扑】工具条中。根据线要素构造面要素的操作步骤如下:

(1)添加线要素和要存放构造面的面要素,启动编辑,选择地图上可以构成闭合曲线的要素集合。

(2)在【拓扑】工具条中,单击【构造面】按钮。

图 5.17 【构造面】对话框

(3)在弹出的【构造面】对话框中设置相关选项,如图 5.17 所示。

【模板】指新要素使用的模板。在组织要素模板中定义,默认选择第一个面图层模板。

【拓扑容差】指构建面要素时允许的容差范围。

选择【使用目标中的现有要素】时,生成的

新要素将自动调整与目标图层中现有面要素之间的关系,使要素之间不形成压盖。

(4)单击【确定】按钮,完成构造面的操作。

### 5.2.7 修改要素

要素的修改包括两个方面:几何形状的修改和属性的修改。要素的修改是在启动编辑会话的基础上,以下操作的前提均是启动编辑会话。

**1. 几何形状修改**

1)添加与删除折点

添加与删除折点的操作步骤如下:

(1)选择要编辑的要素,在【编辑器】工具条上单击【编辑折点】按钮或双击要编辑的要素,弹出【编辑折点】工具条,如图 5.18 所示。此时,要素进入草图编辑状态(以下简称"进入草图编辑状态")。按住 Shift+Tab 键隐藏该窗口,按 Tab 键再次显示该窗口。

【编辑折点】工具条详解如表 5.12 所示。

表 5.12 【编辑折点】工具条详解

图 5.18 【编辑折点】
工具条

| 工具 | 名　称 | 描　述 |
|---|---|---|
| 　 | 添加折点 | 在现有要素上添加折点,对单个点要素无效 |
| 　 | 移除结点 | 在当前选择要素上移除折点,还可以通过框选来删除多个折点。对单个点要素无效 |
| 　 | 完成草图 | 完成草图编辑,退出折点编辑状态 |
| 　 | 草图属性 | 包含当前编辑要素的所有折点顺序及其坐标值 |

(2)单击【草图属性】按钮,弹出【编辑草图属性】对话框,如图 5.19 所示。

在【编辑草图属性】对话框中,能够通过直接修改折点的 $X$、$Y$ 坐标值来修改要素图形。单击某个折点,在地图上闪烁显示该点。

图 5.19 【编辑草图属性】对话框

| # | X | Y |
|---|---|---|
| 0 | 1038048.564 | 4511909.258 |
| 1 | 1037147.572 | 4515541.835 |
| 2 | 1035611.360 | 4520779.299 |
| 3 | 1034485.193 | 4521648.219 |
| 4 | 1033561.220 | 4522361.131 |
| 5 | 1032393.196 | 4523042.261 |
| 6 | 1030730.568 | 4523583.690 |
| 7 | 1028264.021 | 4524056.408 |
| 8 | 1026028.840 | 4524158.925 |

(3)在编辑草图属性窗口的列表中单击鼠标右键,弹出右键菜单。菜单具体说明如下:

【插入其前】指在选择点的前面插入一个折点,为该点和该点前面点的中点。

【插入其后】指在选择点的后面插入一个折点,为该点和该点后面点的中点。

【闪烁】指闪烁复选框选中的折点。

【缩放至】指缩放到复选框选中的折点。

【平移至】指平移到复选框选中的折点。

【删除】指删除复选框选中的折点。

(4)在【编辑折点】或【编辑草图属性】中,单击【完成草图】按钮,完成折点的相关操作。

2)移动折点

移动折点的操作步骤如下:

(1)要素进入草图编辑状态后,将鼠标移动到需要移动的折点上,鼠标指针变为样式,此时可通过拖动鼠标移动折点。

(2)按住 Shift 键或者鼠标拉框可选择多个折点,选中的折点状态为空心矩形。直接用鼠标拖动移动折点。

(3)精确移动折点。精确移动折点有两种方法:一是输入移动的偏移量进行移动,二是输入点的坐标进行移动。通过右键菜单可打开【移动】和【移动至】对话框,如图 5.20 所示。

（a）移动对话框 　　　　　　　（b）移动至对话框

图 5.20　移动折点对话框

(4)移动折点并保留要素的常规形状。在【编辑器】工具条中,单击【编辑器】→【选项】,打开【编辑选项】对话框,选择【常规】选项卡,选中【移动折点时相应拉伸几何】复选框,移动折点时要素的其他部分将保持原有形状。

(5)贝塞尔曲线编辑。双击贝塞尔曲线,将出现如图 5.21 所示的贝塞尔曲线调整杆,调节调整杆的方向或长度来调整贝塞尔曲线。

3)线要素方向的翻转

翻转可以反转线的方向,使草图的最后一个折点变为第一个折点,从而更改要素的方向。如果编辑线的方向表示流向,以及使用符号表示线的方向时,翻转工具非常有用。翻转的操作步骤如下:

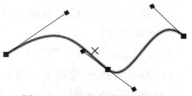

图 5.21　贝塞尔曲线调整杆

(1)启动编辑,双击要翻转的线要素。

(2)在草图上右键单击,在弹出菜单中单击【翻转】,完成线要素的翻转操作。

4)修剪线要素到指定长度

修剪线要素的操作步骤如下:

(1)启动编辑,双击要修剪的线要素。

(2)在草图上右键单击,在弹出菜单中单击【修剪到长度】,打开【修剪对话框】。

(3)在【修剪】对话框中,输入修剪后的长度,按 Enter 键确认,完成修剪操作。

5)更改线段类型

更改线段类型的操作步骤如下:

(1)启动编辑,双击要更改线段的要素。

(2)在需要更改线段的位置右键单击,在弹出菜单中单击【更改线段】。弹出菜单中有三个选项,可更改当前线段的线条类型。

【笔直】指将当前线段改为直线。

【圆弧】指以当前线段的端点为圆弧的端点。

【贝塞尔】指以当前线段的端点为贝塞尔曲线的端点。

(3)选择线段类型后,单击地图空白位置,完成更改线段类型操作。

6)修整要素

修整要素的操作步骤如下:

(1)选择要修整的要素,在【编辑器】工具条上单击修整要素工具按钮 。

(2)在地图上绘制草图。在要修整的线段上单击,弹出【要素构造】工具条,如图 5.22 所示。选择【 直线段】工具,在地图上绘制草图。

（3）双击完成修整，结果如图 5.23 所示。

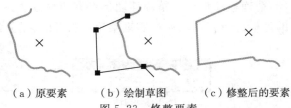

（a）原要素　　　（b）绘制草图　　　（c）修整后的要素

图 5.23　修整要素

图 5.22　【要素构造】工具条

7）裁剪面

裁剪面的操作步骤如下：

（1）选择要裁剪的面要素，在【编辑器】工具条上单击裁剪面工具按钮 ⊕ 。

（2）在地图上绘制穿过被裁剪要素的线。

（3）面要素将被裁剪为两部分，其属性将被保留。

8）旋转要素

旋转要素的操作步骤如下：

（1）选择要旋转的要素，在【编辑器】工具条上单击旋转按钮 ↻ 。

（2）将鼠标移动到要素上，鼠标指针变为 ⊕ 时，在地图上拖动旋转，或按下键盘 A，输入旋转角度，按 Enter 键，实现要素旋转。

9）移动要素

移动要素有两种方法：

（1）直接拖动选中的要素进行移动。

（2）在【编辑器】工具条中，单击【编辑器】→【移动】，打开【增量 X、Y】对话框。输入 X 偏移量和 Y 偏移量，按 Enter 键确认。

10）分割线要素

分割线要素的操作步骤如下：

（1）选中要分割的线要素，在【编辑器】工具条中，单击【编辑器】→【分割】，打开【分割】对话框。

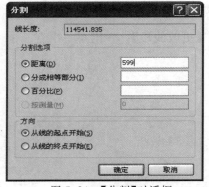

图 5.24　【分割】对话框

（2）在【分割】对话框中设置相关的选项，如图 5.24 所示。

【距离】指按距离分割，最后一部分可能小于指定距离，需要指定开始点。

【分成相等部分】指平均分成指定数目的部分。

【百分比】指按百分比分成两段，需要指定开始点。

（3）单击【确定】按钮，完成线要素分割操作。

11）裁剪要素

将与选择要素重叠的要素以指定缓冲区进行裁剪。

裁剪要素的操作步骤如下：

（1）选择裁剪的要素。在【编辑器】工具条中，单击【编辑器】→【裁剪】，打开【裁剪】对话框。

（2）在【裁剪】对话框中设置相关的选项，如图 5.25 所示。

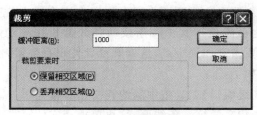

图 5.25　【裁剪】对话框

【缓冲距离】指裁剪的缓冲距离。

【保留相交区域】指相交区域将被保留,其余部分被裁减掉。

【丢弃相交区域】指相交区域将被裁剪掉。

(3)单击【确定】按钮,完成裁剪操作,结果如图 5.26 所示。

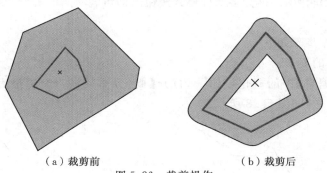

（a）裁剪前　　　　　　　　　　　（b）裁剪后

图 5.26　裁剪操作

12)内圆角

内圆角操作步骤如下:

(1)单击【高级编辑】工具条中的内圆角工具按钮 ,在地图上单击用于创建内圆角的两个要素。

(2)按 R 键,弹出【内圆角选项】对话框,如图 5.27 所示,设置相关参数。

【修建现有线段】指定是否对现有线段进行截断处理。

【固定半径】指以输入的半径为圆角半径进行处理。

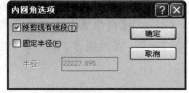

(3)单击鼠标左键,弹出【内圆角】对话框,选择创建内圆角的模板,单击【确定】按钮,完成操作。

图 5.27　【内圆角选项】对话框

13)延伸

延伸要素的操作步骤如下:

(1)选择要将其他要素延伸到的要素,单击【高级编辑】中的延伸工具按钮 。

(2)单击需要延伸要素靠近被延伸到的要素的一端,完成延伸操作。

14)修剪

修剪要素的操作步骤如下:

(1)选择一条线要素作为修剪其他线的参考。

(2)单击【高级编辑】中的修剪工具按钮 ,单击要修剪掉的部分,该部分将被剪掉。

15)线相交

使用【线相交】工具可在交叉点处分割线要素。分割操作会更新现有要素的形状,并使用要素类的默认属性值创建新要素。线要素之间可能存在许多潜在交点,这些交点可能位于这两条线中间的明显位置,也可能位于其中一条或两条线延长线的隐蔽交点处。当使用【线相交】工具时,工具会自动将要素延伸到交点,这样既可延伸现有要素,也可添加新要素。

线相交处理操作步骤如下:

(1)启动编辑,单击【高级编辑】工具条中的线相交工具按钮✝。

(2)首先在地图上单击相交的第一条线要素,再单击相交的第二个线要素。

16)要素拆分

要素拆分是将所选多部分要素分离为多个独立的组成要素。

要素拆分的操作步骤如下:

(1)选择要拆分的组合要素。

(2)单击【高级编辑】中的拆分多部分要素按钮❖即可。

17)简化要素

简化要素的操作步骤如下:

(1)选择要简化的要素。

(2)单击【高级编辑】中的概化按钮▣,打开【概化】对话框。设置最大允许偏移量,单击【确定】按钮,完成操作,如图5.28所示。

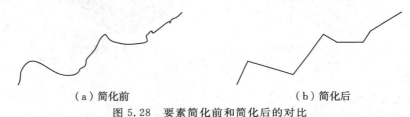

（a）简化前　　　　　　　　　　　　　　（b）简化后

图5.28　要素简化前和简化后的对比

18)平滑要素

平滑要素的操作步骤如下:

(1)启动编辑,选择要进行平滑操作的要素。

(2)单击【高级编辑】中的平滑按钮▣,打开【平滑】对话框。设置最大允许偏移量,单击【确定】按钮,完成操作,如图5.29所示。

（a）平滑前　　　　　　　　　　　　　　（b）平滑后

图5.29　要素平滑前和平滑后的对比

**2. 属性修改**

属性修改也就是属性的编辑。ArcGIS 10调整了属性窗口,使布局更清晰、功能更强大,使用起来更方便、更直观。

在编辑状态下,单击【编辑器】窗口上的属性按钮▣或在地图上右键单击,在弹出菜单中,单击【▣属性】,打开【属性】对话框,如图5.30所示。

为避免漏掉输入属性数据,因此希望创建要素后立即输入,ArcGIS 中提供了以下设置:

(1)在【编辑器】工具条中,单击【编辑器】→【选项】,在弹出的【编辑选项】对话框中选择【属性】标签,如图 5.31 所示。

图 5.30　【属性】对话框

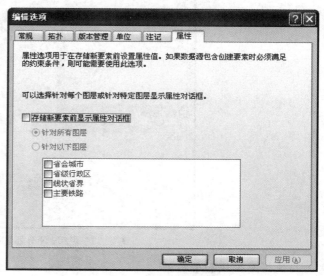

图 5.31　【编辑选项】对话框

(2)选中【存储新要素前显示属性对话框】复选框,还可以通过过滤图层来有选择地显示属性对话框。这样,创建要素后,就会立即弹出【属性】对话框,直到单击【确认】或【关闭】按钮时才可以进行其他地图操作。

1)批量设置属性值

ArcGIS 支持批量设置属性值,有两种方法进行批量设置属性值。

(1)在【属性】窗口中选择多个要设置属性的要素,字段列表中将显示选择要素的公共属性,可通过输入或选择来修改属性,如图 5.32 所示。

(2)在属性表中修改。打开属性表,按住 Shift 键选择需要修改的多个要素,在需要修改属性的列标题上右键单击,选择【字段计算器】,单击打开【字段计算器】对话框,如图 5.33 所示,输入需要修改的属性值或加载表达式文件。

图 5.32　批量设置属性

2)复制属性

(1)在【属性】窗口中右击需要被复制的要素。在弹出菜单中,单击【复制属性】,属性就被复制到剪贴板中。

(2)在目标要素上右击需要设置属性的要素。在弹出菜单中,单击【粘贴属性】,属性就被粘贴到要素对应的字段中。

 **注意事项**

　　该方法会覆盖掉目标要素原有的属性。

图 5.33  【字段计算器】对话框

3）使用属性域和子类型

（1）打开【属性】窗口。

（2）单击带有属性域或子类型的字段，在右侧单击，可弹出下拉框，从下拉框中选择一个值即可，如图 5.32 所示，子类型和属性域操作基本一致，这里不再赘述。

# 5.3  注记编辑

## 5.3.1  创建注记

在第 3 章已经讲解了如何创建注记要素类，在此不再阐述。打开已经创建好的注记要素类。启动编辑后，在【创建要素】窗口上选择一个注记模板。选择相应的构造工具创建注记。ArcGIS 提供了 5 种创建注记的构造工具，详细的注记构造工具和注记样式如表 5.13 所示。

表 5.13  注记样式

| 类型 | 说明 | 样式 |
| --- | --- | --- |
| 水平 | 创建一个沿水平方向的注记 | 长江 |
| 沿直线 | 创建一个沿起点和终点方向的注记 | 长江 |
| 跟随要素 | 创建一个沿着线要素或面要素边界的注记 | 长江 |
| 牵引线 | 创建一个带有牵引线的注记 | 长江 |
| 弯曲 | 创建一个沿曲线的注记 | 长江 |

选择注记模板将自动弹出【注记构造】对话框,它有两种状态,可以使用按钮 ⟳ 进行切换,如图 5.34 所示。

 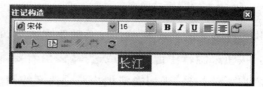

图 5.34　注记构造窗口的两种状态

**1. 创建水平注记**

创建水平注记的操作步骤如下:

(1)利用【标准】工具栏中的工具缩放到要创建注记的要素位置,如“北京”。

(2)在【创建要素】对话框中,单击水平构造工具 ▲,在【注记构造】对话框中输入“北京”,或利用查找文本按钮 ▲ 填充文本框。

(3)在地图上单击想要放置注记的位置,即可创建水平注记。

**2. 创建沿直线注记**

创建沿直线注记的操作步骤如下:

(1)单击沿直线构造工具 ▲,在【注记构造】对话框中输入“沿直线注记”,或利用查找文本按钮 ▲ 填充文本框。

(2)在地图上单击想要放置注记的位置,移动指针时,文本将绕第一个点旋转,将文本旋转到合适的方向。

(3)再次单击放置第二个点,将创建沿直线注记。

**3. 创建跟随线或面的边注记**

利用【跟随要素】工具,可以在放置注记的同时对其相对于地图中要素边的位置进行约束。采用这种方式既可以创建标准注记,也可以创建关联要素的注记。其操作步骤如下:

(1)单击跟随要素构造工具 ▲,在【注记构造】对话框中,单击跟随要素选项按钮,打开【跟随要素选项】对话框,如图 5.35 所示,设置跟随要素选项。

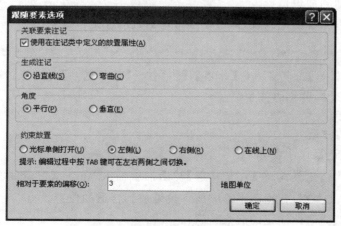

图 5.35　【跟随要素选项】对话框

(2)在【注记构造】对话框中输入“包兰线”,或利用查找文本按钮 ▲ 填充此文本框,并利用平移缩放工具缩放到包兰线的位置。

（3）单击注记要跟随的要素，被跟随的要素将闪烁显示。如果单击的要素不正确，可以按 Esc 键返回，然后选择跟随其他要素。

（4）如果构建此要素时需要覆盖任何跟随要素选项，可单击【注记构造】对话框的【沿着要素注记反向】按钮来翻转注记方向，或选择【沿着要素角切换】来切换平行或垂直于要素，或选择【沿着要素侧切换】来切换注记相对于要素的侧。

（5）再次单击可在所需位置沿要素放置注记。

> **注意事项**
>
> a）对于关联要素的注记，需确定是否选择【使用在注记类中定义的放置属性】。如果未选中此选项，将使用在【跟随要素选项】对话框中指定的各个设置。（此复选框只适用于关联要素的注记，而不适用于标准注记。）
>
> b）单击【沿直线】或【弯曲】设置注记是以经过文本字符串终点的直线形式来跟随要素，还是以曲线形式来跟随要素。
>
> c）单击【平行】或【垂直】设置注记跟随的角度是与要素平行还是与其垂直。单击其中一个约束放置按钮指定拖动注记时注记沿要素的放置方式，【光标单侧打开】可将注记约束为与光标位于同一侧，【左侧】或【右侧】约束注记与要素数字化方向的相对位置，选择【在线上】，可将注记放置在要素之上。此外，还可输入注记相对于要素的偏移值。

### 4．创建带牵引线的注记

创建带牵引线的注记操作步骤如下：

（1）单击牵引线构造工具，在【注记构造】对话框中输入"中国的首都"，或利用查找文本按钮填充此文本框，并利用平移缩放工具缩放到北京的位置。

（2）单击要设置为标记要素牵引线起始点的位置。

（3）将注记拖动到理想位置。

（4）再次单击可完成注记放置，即可创建带牵引线的注记。

> **注意事项**
>
> 单击【编辑器】工具条中的【选项】，然后打开【编辑选项】对话框，单击【注记】选项卡，可以修改牵引线的符号。

### 5．创建弯曲的注记

创建弯曲的注记操作步骤如下：

（1）单击弯曲构造工具，在【注记构造】对话框中输入"正在练习弯曲注记"，或利用查找文本按钮填充此文本框，并利用平移缩放工具缩放到合适的位置。

（2）单击要设置为弯曲注记的起点位置。

（3）单击以添加用于定义弯曲注记要素基线的折点。

（4）双击完成草图并放置注记，效果如图 5.36 所示。

图 5.36　创建注记结果

### 5.3.2　修改注记

#### 1. 复制和粘贴注记

可将注记要素复制和粘贴到相同或不同的注记要素类中。其操作步骤如下：

(1)选择要复制的注记。单击【编辑器】工具条中的编辑工具 ▶ 或编辑注记工具 ▶₄，在地图上单击注记(按住 Shift 键可选择多个注记)。

(2)右击【复制】命令或按 Ctrl＋C 组合键。

(3)右击【粘贴】命令或按 Ctrl＋V 组合键,弹出【粘贴】对话框,选择粘贴到的用来存储注记的注记图层。

#### 2. 移动注记

移动注记的操作步骤如下：

(1)直接移动注记。选择注记,拖动鼠标,使注记拖动到指定位置。

(2)沿要素移动。使用编辑注记工具 ▶₄,选择要移动的注记。在要跟随的要素上单击右键,在弹出菜单中单击【跟随此要素】,注记将会沿着指定线或面的边界移动。

#### 3. 旋转注记

旋转注记的操作步骤如下：

(1)选择要旋转的注记,单击【编辑器】工具栏中的旋转工具 🔄,鼠标会变成"⊕"样式,将鼠标放在已选择的注记上,直接转动鼠标旋转到一定角度。

(2)如果用编辑注记工具 ▶₄ 选择单个注记,注记则会呈现图 5.37 所示的状态。

——当鼠标放在两个 1/4 圆上时,两个 1/4 圆上分别作为旋转点和参照点。

——拖动三角形可以进行放大或缩小。

——在其中一个 1/4 圆上单击并按下 A 键,将弹出注记【角度】设置对话框,如图 5.38 所示。

图 5.37　注记选择状态

图 5.38　注记角度对话框

在【角度】对话框中,主要包括两种类型:地理和绝对。地理旋转类型以小圆为参照点顺时针旋转一定角度,绝对旋转类型以注记中心点为参照点逆时针旋转一定角度。如图 5.39 所示。

（a）地理旋转类型（左1/4圆作为旋转点）　　　　　　　（b）绝对旋转类型

图 5.39　地理旋转类型和绝对旋转类型的对比

### 4.删除注记

有两种删除注记的方法:

(1)在地图上删除。选择要删除的注记,直接按 Delete 键或右击点删除命令。

(2)在【属性】窗口中选择要删除的注记,右击【✖删除】命令,如图 5.40 所示。

图 5.40　属性窗口中删除注记

### 5.堆叠和取消堆叠

堆叠注记会将地理数据库注记的文本放置在多个行上。如果注记包含很多文字,则可采用堆叠来使注记适合地图布局,如图 5.41 所示。

标题 ---- 内容　　　　　　　标题
　　　　　　　　　　　　　　　----
　　　　　　　　　　　　　　　内容
（a）堆叠前　　　　（b）经两次堆叠后的效果

图 5.41　堆叠示例

使用【 编辑注记工具】（以下都用此工具选择），选择要堆叠或取消堆叠的注记要素，右击【堆叠】或【取消堆叠】，即可堆叠或取消堆叠注记要素。

**注意事项**

在进行堆叠操作时，在哪里进行堆叠必须在注记中添加空格。如要将"标题内容"进行堆叠显示，首先在"标题"后面加上一个空格，变为"标题 内容"，然后再进行堆叠操作。

#### 6. 向注记添加牵引线

向注记添加牵引线的操作步骤如下：

（1）选择要添加牵引线的注记。

（2）右键单击，在弹出菜单中单击【添加牵引线】，注记中将会出现一个草图折点，拖动折点调整牵引线的位置。

#### 7. 将注记转换为多部分

当需要使用注记要素的一个部分（如词组中的一个字）而不想将其完全放入要素中时，多部分注记可能会很有用。如果想要通过将注记的文本在整个形状范围内展开（如沿着河流或山脉范围展开）的方式来标识大型要素，则需要此操作。注记文本字符串中要转换的部分必须包含空格（通常为文字间距）。

将注记转换为多部分的操作步骤如下：

（1）单击【编辑器】工具条中的编辑注记工具 ，并选择注记。

（2）右键单击，在弹出菜单中单击【转换为多部分】，如图 5.42 所示。

（3）单击要编辑的部分。默认情况下，该部分以洋红色条带高亮显示。在【编辑选项】对话框的【注记】选项卡中，设置【多部分文本选择符号】可更改某些部分在被选中时在多部分注记中的显示方式。

图 5.42　将注记转换为多部分

（4）将编辑部分拖动到新位置或右键单击以访问其他命令。

（5）要将多部分注记转换为单部分，选择注记要素，右键单击，在弹出菜单中，单击【转换为单部分】。

#### 8. 编辑关联要素的注记

关联要素的注记是直接与要素关联的特殊类型的地理数据库注记。关联要素的注记反映地理数据库中要素的当前状态，移动、编辑或删除要素后，关联要素的注记将自动更新。

（1）向地图中添加要素类及其关联的注记要素类。

（2）启动编辑并在源要素类（点、线或面图层）中选择想要生成注记的要素。要为所有要素

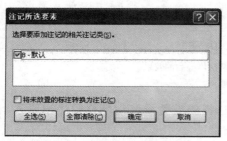

图 5.43　【注记所选要素】对话框

创建注记,可以选择所有要素。

(3)在内容列表中的源要素类图层上右键单击,在弹出菜单中,单击【选择】→【注记所选要素】,打开【注记所选要素】对话框,如图 5.43 所示。

(4)在打开的【注记所选要素】对话框中设置目标注记要素类和【是否将未放置的标注转为注记】选项。

(5)单击【确定】按钮。

# 5.4　尺寸注记编辑

尺寸注记要素是一种特殊类型的文本,用于显示地图上的长度或距离,如表示属性线的长度、桥垮之间的距离以及地理要素沿某个轴的长度。尺寸注记要素存储于地理数据库中的尺寸注记要素类中,尺寸注记要素同简单要素的创建方式不同,需要用户输入特定数量的点来描述尺寸要素的几何形状。可以创建各种形状的尺寸注记要素,如对齐、简单对齐、水平线状、垂直线状和旋转线状等。下面介绍尺寸注记的创建和编辑。尺寸注记要素类的创建在前面的章节中已介绍,此处不再介绍。

## 5.4.1　创建尺寸注记

### 1. 直接创建尺寸注记要素

创建尺寸注记,从【创建要素】窗口开始。在此窗口中,可选择用来保存要素的模板和用来创建尺寸注记的尺寸注记构造工具。所用的工具可指示创建的尺寸注记类型和所需的点数。输入正确的点数后,草图会自动完成。

下面介绍使用不同尺寸注记构造工具构造尺寸注记的方法:

(1)对齐工具。需要三个输入点:起始尺寸注记点、终止尺寸注记点和描述尺寸注记线高度的第三点,输入第三个点后草图自动完成,如图 5.44 所示。

(2)简单对齐工具。需要两个输入点:起始尺寸注记点和终止尺寸注记点,输入第二个点后草图自动完成,如图 5.45 所示。

(3)线性工具。可创建水平和垂直尺寸注记要素,需要三个输入点:起始尺寸注记点、终止尺寸注记点和描述尺寸注记线高度的第三点,输入第三个点后草图自动完成,样式如图 5.46 所示。

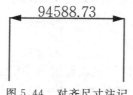

图 5.44　对齐尺寸注记

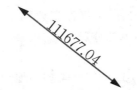

图 5.45　简单对齐尺寸注记

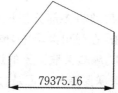

图 5.46　线性尺寸注记

(4)旋转线性工具。需要四个输入点:起始尺寸注记点、终止尺寸注记点、描述尺寸注记线高度的第三点和描述延伸线角度的第四点,输入第四点后草图自动完成,如图 5.47 所示。

（5）自由对齐工具。可创建简单对齐和对齐尺寸注记要素。当输入第二点时，双击鼠标左键，则会在两点之间自动创建简单对齐尺寸注记。输入第三点时，双击鼠标左键则会在两点之间，并且以第三点为高度自动创建对齐尺寸注记。当输入点的个数多于三个时，会提示错误信息，如图 5.48 所示。

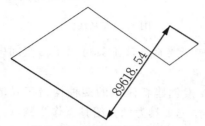

图 5.47　旋转线性尺寸注记

图 5.48　自由对齐工具错误提示信息

（6）自由线性工具。可创建水平线性、垂直线性和旋转线性尺寸注记要素。如果输入三个点将会创建水平线性和垂直线性尺寸注记要素，如果输入四个点，则会创建旋转线性尺寸注记要素。

直接创建尺寸注记的六种构造工具操作步骤基本一致，在此仅以对齐工具为例详细介绍其操作步骤。

（1）打开 ArcMap，加载线状行政区要素类和 size 尺寸注记要素数据（位于"…\chp05\尺寸注记\data\shandong.gdb"）。

（2）启动编辑，单击【创建要素】窗口中的 size 模板。

（3）在【创建要素】窗口中，单击【构造工具】中的【 对齐】工具，鼠标样式变为"十"字状。

（4）在山东地图上找到最东端的点，单击鼠标左键，然后找到最西部的点，再单击鼠标左键。移动鼠标会发现两点之间会出现一个双向箭头，箭头两端分别有一条牵引线与最东端的点和最西端的点相连。将箭头移动到最佳位置，单击鼠标左键，完成创建尺寸注记，结果如图 5.49 所示。

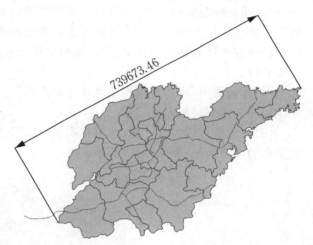

图 5.49　用对齐工具创建尺寸注记

**2．通过已有尺寸注记要素创建**

（1）连续注记工具。用已有注记为基础创建注记，首先选择一个已有注记的终止点作为新注记的起始点，新尺寸注记要素的基线将会与所选的现有尺寸注记要素的基线保持平行，如图 5.50 所示。

（2）基线注记工具。可创建新尺寸注记要素，其起始尺寸注记点与作为基线的现有尺寸注记要素相同，如图 5.51 所示。

（3）尺寸注记边工具。可处理任何类型的要素。尺寸注记边工具可自动创建尺寸，其基线由现有要素的线段来描述，且只创建水平和垂直线性尺寸注记要素。

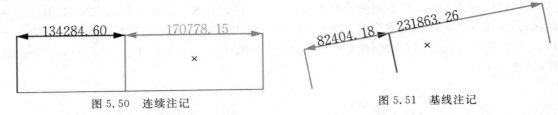

图 5.50 连续注记 图 5.51 基线注记

（4）垂直注记工具。可创建两个互相垂直的尺寸注记要素。该工具可用于为空间中两个可能相交的要素创建尺寸注记，样式如图 5.52 所示。

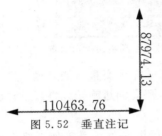

图 5.52 垂直注记

通过已有尺寸注记要素创建新注记的四种构造工具的操作基本一致，在此仅以连续注记工具为例介绍其操作步骤。

（1）打开 ArcMap，加载线状行政区要素类和 size 尺寸注记要素数据（位于"…\chp05\尺寸注记\data\shandong.gdb"）。

（2）启动编辑，在【创建要素】窗口中单击 size 模板。

（3）在【创建要素】窗口中，单击【构造工具】中的【🃏连续注记】工具，鼠标样式变为"🐾"。

（4）单击将已有注记的终止尺寸注记点作为新尺寸注记要素的尺寸注记点，移动鼠标指针，将会动态绘制新的尺寸注记要素，而该要素的起始尺寸注记点将固定在所选尺寸注记要素的终止尺寸注记点处。新尺寸注记要素的高度也将固定为所选尺寸注记的高度。终止尺寸注记点会随着指针的移动而移动，同时新尺寸注记要素的基线会与所选的现有尺寸注记要素的基线平行。

（5）在地图上，单击希望终止尺寸注记点的位置。创建的新尺寸注记类型与最初选择的尺寸注记要素的类型相同。

（6）要创建连续的尺寸注记，可单击前一个尺寸注记，然后拖动并单击可以接连不断地创建更多的尺寸注记，如图 5.53 所示。

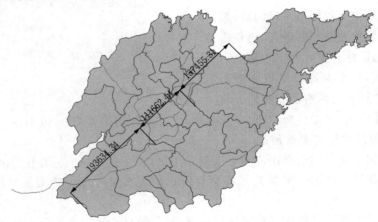

图 5.53 创建连续尺寸注记

## 5.4.2 编辑尺寸注记

编辑尺寸注记之前，要确保尺寸注记要素类处于可编辑状态。

### 1. 删除尺寸注记要素

删除尺寸注记要素的操作步骤如下：

(1)单击【编辑器】工具条上的【▶编辑工具】。

(2)单击要删除的要素,在单击要素的同时按住 Shift 键可选中其他要素。

(3)单击【标准】工具条上的删除按钮✖或按 Delete 键。

### 2. 修改尺寸注记要素的几何属性

修改尺寸注记要素几何属性的操作步骤如下：

(1)单击【编辑器】工具条中的【▶编辑工具】,然后双击要编辑的要素,尺寸注记上会出现几个折点,如图 5.54 所示。

(2)将鼠标指针放在要修改的尺寸注记的折点上,当鼠标样式变为"◇"时,拖动折点改变其位置。如图 5.54 所示,共有四个折点,拖动箭头旁边的端点可改变尺寸注记的高度,拖动数值下面的红色折点(在软件中显示为红色)可改变尺寸注记文本的位置,拖动另外两个端点,可改变起始尺寸注记点和终止尺寸注记点的位置。

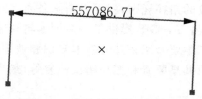

图 5.54 修改尺寸注记的几何

(3)单击地图中的任意位置,完成草图。或者在【编辑折点】工具条中单击【完成草图】按钮。

### 3. 修改尺寸注记要素的样式与属性

所有尺寸注记要素均与尺寸注记样式相关联。创建一个新的尺寸注记要素时,必须为其指定尺寸注记样式。创建尺寸注记要素后,自动应用所选样式的所有属性。可使用【属性】对话框修改其中的部分属性,但有一些属性(如尺寸注记要素元素的符号系统)则无法修改。

(1)单击【编辑器】工具条中的【▶编辑工具】,然后单击要编辑的要素。

(2)单击【编辑器】工具条中的【▦属性】按钮,打开【属性】对话框,如图 5.55 所示。

图 5.55 修改尺寸注记样式

(3)单击【尺寸样式】下拉箭头,然后单击要指定给此要素的尺寸注记样式。

(4)单击【提交】按钮,将更改内容应用于尺寸注记。

# 第6章　空间数据的拓扑处理

除了可对简单要素进行编辑之外，ArcGIS还能对空间关联的多个要素进行编辑。拓扑是不同地理实体几何关系的表征，它定义了各要素之间空间关联方式的一组规则，通过拓扑关系可以提高空间数据的维护质量。例如，在一个包含省和海岸线的地理数据库中，在对省边界数据进行更新时，通过建立各省边界的多边形之间不能互相重叠，以及海岸线必须与省的边界一致的拓扑规则，就可以消除各省之间相互重叠，或者某个省的边界与海岸线的边界不吻合的错误。ArcGIS提供了一系列编辑和管理拓扑关系的工具，以保证地理数据库的空间完整性。本章主要介绍拓扑的基本知识和地理数据库拓扑操作，包括拓扑创建、拓扑重定义、拓扑验证、编辑共享要素和拓扑错误修复等，最后提供一个实例，以供读者参照练习。

## 6.1　拓　扑

### 6.1.1　拓扑的概念

拓扑一词来自于希腊文，意思是"形状的研究"，它是几何对象在弯曲或拉伸等变换下位置关系保持不变的性质。拓扑被看做一种描述地理空间关系的模型，一种维护地理空间实体间几何关系的机制。在 GIS 中，拓扑的主要功能是保证空间数据的质量，同时也为模拟地理空间现象提供一个模型框架，在这个框架中，地理实体被赋予了行为、有效性规则、属性域，以及默认值等。利用这些特征，能够通过计算机描述的空间实体真实地模拟现实的地理空间。

拓扑关系是指地理空间实体间的一种关系，这种关系不会因为地理空间实体的地理空间变换而改变。拓扑关系主要用于以下操作：

（1）利用拓扑关系，可控制地理实体共享几何的方式。例如，相邻多边形（如宗地）具有共享边、街道中心线和人口普查区块共享几何以及相邻的土壤多边形共享边。

（2）根据拓扑关系，不需要利用坐标或距离，就可以确定一种空间实体相对于另一种空间实体的位置关系。

（3）利用拓扑关系，便于空间要素的查询。例如某条铁路通过哪些地区，某县与哪些县相邻。

（4）根据拓扑关系，可重建地理实体。例如根据弧段构建多边形。

### 6.1.2　拓扑中的要素

参与拓扑的要素类可以是点、线和多边形。拓扑关系作为一种或多种关系存储在地理数据库中，描述的是不同要素的空间关联方式，而不是要素自身。

（1）在拓扑中，多边形要素由定义其边界的边、边相交的结点和定义边形状的顶点构成，如图 6.1 所示。

（2）线要素由一条边组成，最少有两个结点用以定义边的端点，由一些顶点定义边的形状，如图 6.2 所示。

（3）点状要素与拓扑中的其他要素重合时，它们表现为结点。

当拓扑中的要素有部分相交或重叠时，定义这些公共部分的边和结点是共享的。以下是相邻要素的一些示例：

（1）多边形要素可以共享边（多边形拓扑）（图 6.1）。

（2）线要素可以共享端点结点（边结点拓扑）（图 6.2）。

（3）线要素与其他线要素共享线段（路线拓扑），如图 6.3 所示。

（4）区域要素（面要素）与其他区域要素相一致（区域拓扑）。

（5）线要素可以与其他点要素共享端点顶点（结点拓扑）。

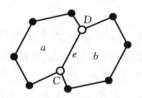

图 6.1　多边形要素

注：面要素 $a$ 和 $b$ 共享结点 $C$ 和 $D$ 以及边 $e$。

图 6.2　线要素

注：1. 线要素 $a$ 和 $b$ 具有端点结点 $C$、$D$ 和 $E$。

2. 线要素 $a$ 和 $b$ 共享结点 $E$。

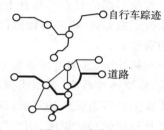

图 6.3　路线拓扑

注："自行车轨迹"与"道路"之间的共享几何用粗线表示。

## 6.1.3　拓扑参数

拓扑关系中存储了许多参数。如拓扑容差、等级、拓扑规则等。拓扑还包含有一个存储脏区域（已经编辑过的区域）、错误和异常的要素层，以此来保证拓扑数据的质量。

### 1. 拓扑容差

拓扑容差（topology tolerance）是不重合的要素顶点间的最小距离，它定义了顶点间在接近到怎样的程度时可以视为同一个顶点。位于拓扑容差范围内的所有顶点被认为是重合的并被捕捉到一起（图 6.4）。在实际应用中，拓扑容差一般是一段很小的实际地面距离。

在 ArcGIS 中，拓扑容差可分为 $XY$ 拓扑容差和 $Z$ 拓扑容差。$XY$ 拓扑容差是指当两个要素顶点被判定为不重合时它们之间的最小水平距离；$Z$ 拓扑容差限定高程上的最小差异，或重合顶点间的最小 $Z$ 值。

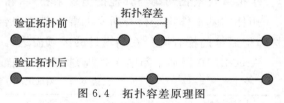

图 6.4　拓扑容差原理图

默认的拓扑容差值是根据数据的准确度和其他一些因素，由系统计算出来的。在大多数情况下，默认拓扑容差是 $X$、$Y$ 分辨率（定义用于存储坐标的数值精度，又称坐标精度）的 10 倍。用实际单位表示的默认拓扑容差为 0.001 米；如果以英尺为单位记录坐标系，默认值便为 0.003 281 英尺（0.039 37 英寸）；如果坐标以经纬度表示，则默认值为 0.000 000 055 6 度。

### 2. 等级

等级（ranks）是当要素需要合并时，用来控制哪些要素被合并到其他要素上的参数。

在拓扑中指定要素类等级用来控制在建立拓扑和验证拓扑过程中，当捕捉到重合顶点时哪些要素类将被移动。即不同级别的顶点落入拓扑容差中，低等级的要素顶点将被捕捉到高等级要素的顶点位置上;同一等级的要素落入拓扑容差中,它们将被捕捉到其几何平均位置进行合并。合并示意图如图 6.5 所示。

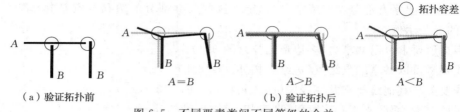

图 6.5　不同要素类间不同等级的合并

如果不同的要素类具有不同的坐标精度,例如,一个是通过差分 GPS 获取的数据,另一个是未校正的 GPS 获取的数据,利用等级就可以保证准确定位的顶点不会被捕捉到定位不太准确的顶点上。

在拓扑中,最多可以设置 50 个等级,1 为最高等级,50 为最低等级。设立要素类等级的原则是,将准确度较高(数据质量较好)的要素类设置为较高的等级,准确度较低(数据质量较差)的要素类设置为较低的等级,保证拓扑验证时将准确度较低的数据整合到准确度较高的数据。等级是精度的相对量度,两个要素类在等级上的差异并不相关,即将其等级设置为 1 和 2 与设置为 1 和 3 或 1 和 10 是一样的。

**3. 拓扑规则**

拓扑规则(rules)通过定义拓扑的状态,控制要素之间存在的空间关系。在拓扑中定义的规则可控制一个要素类中各要素之间、不同要素类中各要素之间以及要素子类之间的关系。

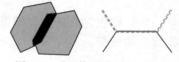

图 6.6　"不能重叠"拓扑规则

例如,"不能重叠"拓扑规则用于控制同一多边形要素类中或线要素类中要素之间的关系。如果两个要素存在重叠,重叠的几何部分会被标识出来并以黑色显示,并在拓扑中存储为错误和异常要素,如图 6.6 所示。

在要素类的子类型之间也可以定义拓扑规则。例如,假设有两个街道线要素的子类型:正常街道(在两个结点处与其他街道相连)与死胡同街道(在一个结点处为死角)。拓扑规则便可以要求街道要素在两端与其他街道要素相连,除非遇到街道属于死胡同子类型的情况。

拓扑的基本作用是检查所有的要素是否符合所有的规则。这种检查可能会需要花费一些时间,但后续的检查则只在编辑过的区域内进行。

ArcGIS 10 增加了新的拓扑规则,表 6.1 描述了六组新增的拓扑规则和相应的错误示例。

表 6.1　ArcGIS 10 新增的拓扑规则

| 拓扑规则 | 规则描述 | 错误示例 |
|---|---|---|
| 包含一个点<br>(面规则) | 要求每个多边形包含一个点要素且每个点要素落在单独的多边形中。多边形要素类的要素和点要素类的要素之间必须存在一对一的对应关系,如行政边线与其首都。每个点必须完全位于一个多边形内部,而每个多边形必须完全包含一个点。点必须位于多边形中,而不是边线上 | 包含多个点、点未在多边形内部、点位于多边形边界上,产生多边形错误 |

| 拓扑规则 | 规则描述 | 错误示例 |
|---|---|---|
| 不能与其他线要素相交（线规则） | 要求一个要素类中的线要素不能与另一个要素类中的线相交或叠置。线可以共享端点。该规则适用于两个图层中的线绝对不能交叉或只能在端点处相交时的情况如街道和铁路 | 线与线重叠处产生线错误；线与线交叉处产生点错误 |
| 不能与其他线要素相交或内部接触（线规则） | 要求两个要素类中的线要素仅在端点处相交。任何有叠置或任何不是在端点处发生相交的都是错误的 | 线与线重叠处产生线错误；线与线交叉或接触处产生点错误 |
| 必须位于内部（线规则） | 要求线要素必须包含在多边形要素内。线可以与多边形边线部分重合或全部重合，但不能延伸到多边形之外，如必须位于州边线内部的高速公路和必须位于分水岭内部的河流 | 线不在多边形内部产生线错误 |
| 必须与其他点要素保持一致（点规则） | 要求一个要素类中的点必须与另一个要素类中的点重合。此规则适用于点必须被其他点覆盖的情况。如变压器必须与配电网络中的电线杆重合，观察点必须与工作站重合 | 一个点要素类的点不与其他点要素类的点重合，产生点错误 |
| 必须不相交（点规则） | 要求点与相同要素类中的其他点在空间上相互分离，发生叠置的任何点都是错误。此规则可确保相同要素类的点不重合或不重复。如城市图层中、宗地块 ID 点、井或路灯杆 | 同一要素类中的点重合处产生点错误 |

## 4. 内部要素层

为保证创建和编辑拓扑的逻辑性和连续性,拓扑内部会存储脏区域、错误和异常两个附加类型的要素类。

## 5. 脏区域

脏区域(dirty area)是建立拓扑关系后,又被编辑、更新过的区域,或者是受到添加或删除要素操作影响的区域。脏区域将追踪那些在拓扑编辑过程中可能不符合拓扑规则的位置,是允许验证拓扑的选定范围,而不是全部,如图 6.7 所示。

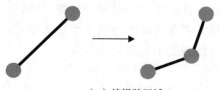

（a）编辑脏区域　　　（b）生成脏区域

图 6.7　生成脏区域

脏区域在拓扑中作为一个独立要素存储。在创建或删除参与拓扑的要素,修改要素的几何,更改要素的子类型,协调版本,修改拓扑属性或更改地理数据库拓扑规则时,ArcGIS 均会创建脏区域。每个新的脏区域都和已有的脏区域相连,并且每个验证过的区域都会从脏区域中删除。

### 6.错误和异常

错误(errors)以要素的形式存储在拓扑图层中,并且允许用户提交和管理要素不符合拓扑规则的情况。错误要素记录了发现拓扑错误的位置,用红色点、线、方块表示。其中,某些错误是数据创建与更新过程中的正常部分,是可以接受的,这种情况下可将该错误要素标记为异常(exceptions),用绿色点、线、方块表示。

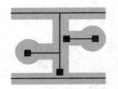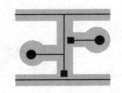

■ "不能有悬挂点"规则对应的错误要素
● 已标记为"异常"的错误要素

图 6.8 错误和异常要素

例如,某个城市的街道数据库可能有一条规定:中心线必须在两个端点处与其他中心线连接,在拓扑规则中定义为"不能有悬挂点"。此规则通常可确保在编辑街道线段时将其正确地捕捉到其他街道线段,但是在城市的边界处可能没有街道数据。此时街道的外部端点无法捕捉到其他中心线,这些实例会被标记为异常。不过仍然能够使用该规则查找未正确进行数字化或编辑的实例,如图 6.8 所示。

ArcGIS 可以创建要素类中错误和异常的报告,并且将错误要素数目作为评判拓扑数据集中数据质量的度量。用 ArcMap 中的【错误检查器】来选择不同类型的错误并且放大浏览每一个错误之处,通过编辑不符合拓扑规则的要素来修复错误,修复后,错误便从拓扑中删除。

在拓扑图层存储了点、线、面三类错误要素。下面介绍几个常见错误的具体表现形式。

1)悬挂结点

悬挂结点(dangle node)是仅与一个线要素相连的孤立结点。在图中用一个方形符号表示。与悬挂结点相连的弧称为悬挂弧。悬挂结点的产生有多边形不封闭、结点不重合、未及和过伸等几种情形,如图 6.9 所示。

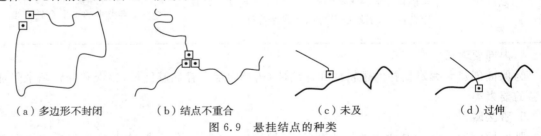

（a）多边形不封闭　　　（b）结点不重合　　　（c）未及　　　（d）过伸

图 6.9 悬挂结点的种类

2)伪结点

伪结点(pseudo node)是两个线要素相连、共享的结点。在图中用菱形符号表示,如图 6.10 所示。造成伪结点的原因常常是没有一次录入完毕一条线,然而伪结点并不一定都是错误的。一般来说,一条线不应该被分割为两条线段的情况下才是伪节点,如现实中存在两条不同属性的线相连(如公路和农村路),这样一般不判定为伪节点。

3)碎屑多边形

碎屑多边形(sliver polygon)又称条带多边形,如图 6.11 所示。一般是因为重复录入引起的,由于前后两次录入同一条线的位置不可能完全一致,造成了碎屑多边形。另外,用不同比例尺的地图进行数据更新时,也可能产生碎屑多边形。

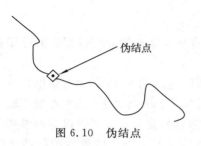

图6.10 伪结点

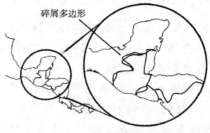

图6.11 碎屑多边形

4)不正规多边形

不正规多边形(weird polygon)是输入线时点的次序倒置或者位置不准确引起的,如图6.12所示。在生成拓扑时,同样会产生碎屑多边形。

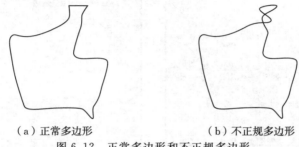

(a)正常多边形　　　　　(b)不正规多边形

图6.12 正常多边形和不正规多边形

上述错误一般应在建立拓扑的过程中进行编辑修改。

# 6.2 拓扑创建

拓扑表达的是地理对象之间的相邻、包含、关联等空间关系。创建拓扑关系可以使Geodatabase更真实地表示地理要素,更完美地表达现实世界的地理现象。拓扑管理能清晰地反映实体之间的逻辑结构关系,它比几何数据更具稳定性,不随地图投影的变化而变化。

创建拓扑时,需按照以下约定指定从要素数据集中参与拓扑的要素类:

(1)一个拓扑可以使用同一要素数据集中的一个或多个要素类;

(2)一个要素数据集可具有多个拓扑;

(3)但是,一个要素类只能属于一个拓扑;

(4)一个要素类不能被一个拓扑和一个几何网络同时占有。

ArcGIS提供了多种定义和创建拓扑的方法,主要是使用ArcCatalog窗口或ArcCatalog的工具。此外,还可以使用地理处理工具ArcToolbox来创建拓扑。下面分别介绍这两种方法,实例数据位于随书光盘("…\chp06\创建地理数据库拓扑\data\Topology.gdb\Water")中。

> **注意事项**
>
> 只有简单要素类才能参与拓扑,注记、尺寸等复杂要素类是不能参与构建拓扑的。

### 6.2.1　使用 ArcCatalog 创建拓扑

使用 ArcCatalog 创建拓扑的操作步骤如下：

（1）在 ArcCatalog 目录树中，右击 Water 数据集，在弹出菜单中，单击【新建】→【拓扑】，打开【新建拓扑】对话框。

（2）浏览创建拓扑的简单介绍后，单击【下一步】按钮，进入图 6.13 所示对话框。

（3）在【输入拓扑名称】文本框中输入拓扑名称，在【输入拓扑容差】下的文本框中输入容差值。默认容差值将被设置为要素数据集的 XY 容差。默认值是 0.001 米或以空间参考单位表示的等效值（例如，单位是英尺时为 0.003 281 英尺，单位是以十进制度数表示的经纬度时为 0.000 000 055 6 度），单击【下一步】按钮，进入图 6.14 所示对话框。

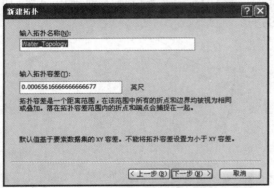

图 6.13　设置拓扑名称及拓扑容差

图 6.14　选择参与到拓扑的要素类

（4）在【选择要参与到拓扑中的要素类】列表框中，选择参与创建拓扑的要素类，单击【下一步】按钮，进入图 6.15 所示对话框。

（5）设置参与拓扑的要素类的等级：在【等级】下拉框为每一个要素类设置等级。如果要素类具有 Z 值，单击【Z 属性】按钮，为 Z 设置容差值和等级，单击【下一步】按钮。在打开的对话框中单击【添加规则】按钮，进入【添加规则】对话框，如图 6.16 所示。

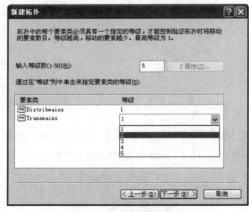

图 6.15　拓扑等级设置

图 6.16　【添加规则】对话框

（6）在【要素类的要素】下拉框中选择参与拓扑的要素类，并在【规则】下拉框中选择相应的拓扑规则，以控制和验证要素共享几何特征的方式，单击【确定】按钮。

（7）返回上一级对话框，可重复添加规则操作，为参与拓扑的每一个要素类定义一种拓扑规则，单击【下一步】按钮，进入图 6.17 所示对话框。

（8）查看【摘要】信息框的反馈信息。如有设置错误，可单击【上一步】按钮重新设置。检查无误后，单击【完成】按钮，弹出【新建拓扑】提示框，提示正在创建新拓扑。

（9）稍后出现一对话框，询问是否立即进行拓扑验证。单击【否】按钮，可在以后的工作流程中再进行拓扑验证，创建后的拓扑显示在 ArcCatalog 目录树中；单击【是】按钮，出现进程条，进程结束时，拓扑验证完毕，创建后的拓扑显示在 ArcCatalog 目录树中，如图 6.18 所示。

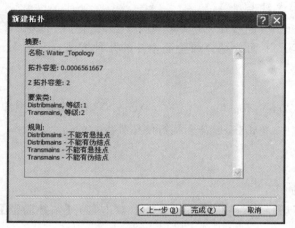

图 6.17　查看参数、规则设置

图 6.18　新创建的拓扑 Water_Topology
在 ArcCatalog 目录树中的显示

## 6.2.2　使用 ArcToolbox 创建拓扑

使用 ArcToolbox 创建拓扑的操作步骤如下：

（1）在 ArcToolbox 中双击【数据管理工具】→【拓扑】→【创建拓扑】，打开【创建拓扑】对话框，如图 6.19 所示。

（2）在【输入要素数据集】文本框中输入需要创建拓扑的要素数据集。

（3）在【输出拓扑】文本框中输入创建的拓扑名称。

（4）在【拓扑容差（可选）】文本框中输入拓扑容差值。当此文本框为空时，系统采用默认的最小拓扑容差值。

（5）单击【确定】按钮，完成创建拓扑操作。

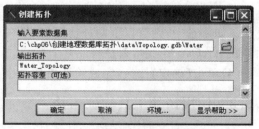

图 6.19　【创建拓扑】对话框

**注意事项**

使用【创建拓扑】工具创建的拓扑是空的，没有任何要素类和拓扑规则，需要使用【拓扑】工具集的【添加要素类】工具和【添加拓扑规则】工具来为其添加要素类和拓扑规则，关于它们的操作将在下面章节中详细介绍。

# 6.3　拓扑验证

创建拓扑后,需要对拓扑的要素类内容进行验证,执行以下处理任务:

(1)对要素顶点进行裂化和聚类以查找共享相同位置(具有通用坐标)的重叠要素。

(2)将共享坐标的顶点插入到共享几何的重叠要素中。

(3)运行一系列完整性检查以确定是否违反了为拓扑定义的规则。

(4)针对要素数据集中潜在的错误创建错误日志。

验证拓扑有多种方法,可以在 ArcCatalog 中,也可在 ArcToolbox 中。此外,还可以在修复错误期间,使用【拓扑】工具条进行部分验证。下面分别介绍验证拓扑的几种方法。

## 6.3.1　使用 ArcCatalog 验证拓扑

在 ArcCatalog 目录树中右击拓扑数据集 Water_Topology(位于"…\chp06\创建地理数据库拓扑\data\Topology.gdb\water"),在弹出菜单中,单击【🗹验证】,执行使拓扑生效的命令。

## 6.3.2　使用 ArcToolbox 验证拓扑

使用 ArcToolbox 验证拓扑的操作步骤如下:

(1)在 ArcToolbox 中单击【数据管理工具】→【拓扑】→【拓扑验证】,双击打开【拓扑验证】对话框,如图 6.20 所示。

图 6.20　【拓扑验证】对话框

(2)在【输入拓扑】文本框中输入需要验证的拓扑数据。

(3)取消选择【可见范围(可选)】复选框(系统默认),验证整个拓扑,即验证拓扑中的所有要素。如果选中,则有以下两种情况:如果在 ArcMap 中,只验证当前视图范围内的拓扑要素;如果在 ArcCatalog 中,则是验证整个拓扑。

(4)单击【确定】按钮,完成验证拓扑操作。

## 6.3.3　使用拓扑工具验证拓扑

本节重点讲述如何验证整个拓扑,使用拓扑工具对脏区域的验证操作将在 6.6 节作详细介绍。

# 6.4　拓扑重定义

对于已创建好的地理数据库拓扑,可以使用 ArcCatalog 或 ArcToolbox 地理处理工具进行一系列的修改。如添加、删除要素类,添加、删除拓扑规则,拓扑重命名,更改拓扑容差,更改坐标等级等。以已创建的 Water_Topology 为例,数据位于随书光盘("…\chp06\创建地理数据库拓扑\result\Topology.gdb\Water")中。

## 6.4.1 获取拓扑属性信息

获取拓扑属性信息的操作步骤如下:

(1)在 ArcCatalog 目录树中右击 Water_Topology,在弹出菜单中,单击【⬛属性】,打开【拓扑属性】对话框。

(2)在对话框中记录了拓扑的属性信息。可单击不同的标签,切换到相应选项卡进行详细查看。

🔺 **注意事项**

> 在 ArcCatalog 中,拓扑重定义操作都是在【拓扑属性】对话框打开的前提下进行的,此步骤在下面的操作中简称为"打开【拓扑属性】对话框"。

## 6.4.2 拓扑重命名

拓扑重命名的操作步骤如下:

(1)打开【拓扑属性】对话框,切换到【常规】选项卡,如图 6.21 所示。

图 6.21 【拓扑属性】对话框

(2)在【名称】文本框中输入新的拓扑名称。

(3)单击【确定】按钮,完成拓扑重命名操作。

此外,也可以在 ArcCatalog 中右击 Water_Topology,在弹出菜单中,单击【重命名】。

🔺 **注意事项**

> 重命名拓扑不会影响其状态,不需要重新验证拓扑。

## 6.4.3 向拓扑中添加新的要素类

### 1. 使用 ArcCatalog 向拓扑中添加新的要素类

使用 ArcCatalog 向拓扑中添加新要素类的操作步骤如下:

(1)打开【拓扑属性】对话框,切换到【要素类】选项卡。

(2)单击【添加类】按钮,弹出【添加类】对话框。

(3)选择要添加的要素类(在当前对话框中,列举了当前要素数据集中未添加到当前拓扑中的所有要素),如图 6.22 所示。

（4）单击【确定】按钮，关闭【添加类】对话框。

（5）为刚添加的要素设置坐标等级（详见 6.4.6 小节）。

（6）为其添加拓扑规则（详见 6.4.7 小节）。

（7）单击【确定】按钮，关闭【拓扑属性】对话框。

**2. 使用 ArcToolbox 向拓扑中添加新的要素类**

使用【数据管理工具】→【拓扑】→【向拓扑中添加要素类】也可向现有拓扑中添加要素类。拓扑可以是空的拓扑或已有要素类的拓扑。添加的要素类必须跟拓扑在同一要素数据集中，并且不能是版本化（已经注册过版本）的要素类。使用 ArcToolbox 向拓扑中添加新的要素类的操作步骤如下：

（1）在 ArcToolbox 中双击【数据管理工具】→【拓扑】→【向拓扑中添加要素类】，打开【向拓扑中添加要素类】对话框，如图 6.23 所示。

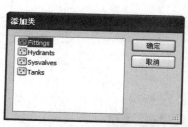

图 6.22　【添加类】对话框

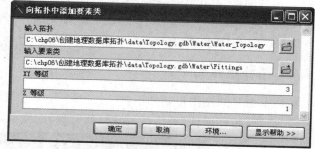

图 6.23　【向拓扑中添加要素类】对话框

（2）在【输入拓扑】文本框中输入要添加要素类的拓扑 Water_Topology（位于"…\chp06\创建地理数据库拓扑\data\Topology.gdb\Water"）。

（3）在【输入要素类】文本框中输入要添加的要素类 Fittings（位于"…\chp06\创建地理数据库拓扑\data\Topology.gdb\Water"）。

（4）在【XY 等级】文本框中输入位置（XY 值）精度的等级。

（5）在【Z 等级】文本框中输入高程（Z 值）精度的等级。

（6）单击【确定】按钮，完成向拓扑中添加要素类操作。

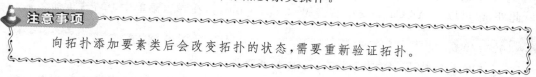

**注意事项**

向拓扑添加要素类后会改变拓扑的状态，需要重新验证拓扑。

### 6.4.4　移除要素类

**1. 使用 ArcCatalog 移除要素类**

使用 ArcCatalog 移除要素类的操作步骤如下：

（1）打开【拓扑属性】对话框，切换到【要素类】选项卡。

（2）在【要素类】列表框中选择要移除的要素，如图 6.24 所示。

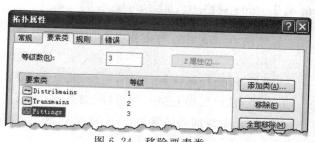

图 6.24　移除要素类

（3）单击【移除】按钮，完成移除要素类操作。

**注意事项**

单击【全部移除】按钮，可移除当前拓扑已添加的所有要素。

**2. 使用 ArcToolbox 移除要素类**

使用 ArcToolbox 移除要素类的操作步骤如下：

（1）在 ArcToolbox 中双击【数据管理工具】→【拓扑】→【从拓扑中移除要素类】，打开【从拓扑中移除要素类】对话框，如图 6.25 所示。

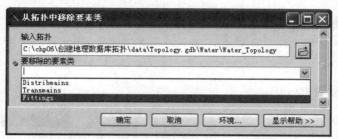

图 6.25 【从拓扑中移除要素类】对话框

（2）在【输入拓扑】文本框中输入需要移除要素类的拓扑数据 Water_Topology（位于"…\chp06\创建地理数据库拓扑\data\Topology.gdb\Water"）。

（3）在【要移除的要素类】下拉框中，选择需要移除的要素类（下拉框中列出了参与该拓扑的所有要素）。

（4）单击【确定】按钮，完成移除要素类操作。

**注意事项**

从拓扑中移除要素类会一并移除与要素类关联的所有拓扑规则，需要重新验证整个拓扑。

## 6.4.5 更改拓扑容差

**1. 使用 ArcCatalog 更改拓扑容差**

使用 ArcCatalog 更改拓扑容差的操作步骤如下：

（1）打开【拓扑属性】对话框，切换到【常规】选项卡。

（2）在【拓扑容差】文本框中输入新的拓扑容差值，见图 6.21。

（3）单击【确定】按钮，完成更改拓扑容差操作。

**2. 使用 ArcToolbox 更改拓扑容差**

使用 ArcToolbox 更改拓扑容差的操作步骤如下：

（1）在 ArcToolbox 中双击【数据管理工具】→【拓扑】→【设置拓扑容差】，打开【设置拓扑容差】对话框，如图 6.26 所示。

（2）在【输入拓扑】文本框中输入需要修改拓扑容差的拓扑 Water_Topology。

（3）在【拓扑容差】文本框中输入新的拓扑容差值。

图 6.26 【设置拓扑容差】对话框

(4)单击【确定】按钮,完成更改拓扑容差操作。

> **注意事项**
>
> 　　更改拓扑的拓扑容差需要重新验证该拓扑。拓扑容差越大,将数据中要素从其当前位置移动的可能性就越大。如果拓扑容差过大,形状将发生变化。

### 6.4.6　更改坐标等级

**1.更改等级数**

更改等级数的操作步骤如下:

(1)打开【拓扑属性】对话框,切换到【要素类】选项卡,如图 6.27 所示。

(2)在【等级数】文本框中输入新的等级数值(范围 1~50)。

(3)单击【确定】按钮,完成更改等级数操作。

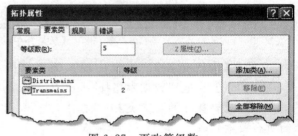

图 6.27　更改等级数

> **注意事项**
>
> 　　仅更改等级数不需要重新验证拓扑。

**2.更改要素类的等级值**

更改要素类等级值的操作步骤如下:

(1)打开【拓扑属性】对话框,切换到【要素类】选项卡,如图 6.28 所示。

图 6.28　更改要素类的等级值

(2)在【要素类】列表框中选择需要修改等级的要素类,在右侧【等级】下拉框中,选择该要素类的新等级值。

（3）单击【确定】按钮，完成更改要素类的等级值操作。

**注意事项**

更改任何要素类的等级值均需要重新验证拓扑。

## 6.4.7 拓扑规则处理

### 1.向拓扑添加规则

1）使用 ArcCatalog 向拓扑添加规则

使用 ArcCatalog 向拓扑添加规则的操作步骤如下：

（1）打开【拓扑属性】对话框，切换到【规则】选项卡。

（2）单击【添加规则】按钮，弹出【添加规则】对话框，如图 6.29 所示。

图 6.29 【添加规则】对话框

（3）在【要素类的要素】下拉框中，选择与要添加的拓扑规则关联的要素。

（4）在【规则】下拉框中，选择要添加的拓扑规则。

（5）在【要素类】下拉框中，选择这个规则关联的其他要素。

（6）选中【显示错误】复选框。

（7）单击【确定】按钮，完成添加拓扑规则操作。

2）使用 ArcToolbox 向拓扑添加规则

使用 ArcToolbox 向拓扑添加规则的操作步骤如下：

（1）在 ArcToolbox 中双击【数据管理工具】→【拓扑】→【添加拓扑规则】，打开【添加拓扑规则】对话框，如图 6.30 所示。

图 6.30 【添加拓扑规则】对话框

（2）在【输入拓扑】文本框中输入需要添加规则的拓扑 Water_Topology。

（3）在【规则类型】下拉框中选择需要添加的拓扑规则。

（4）在【输入要素类】文本框中输入与规则相关联的源要素类 Distribmains。

（5）在【输入子类型（可选）】文本框中输入第（4）步选择的源要素子类型的描述（不是代码）。如果源要素上不存在子类型，或者要将规则应用于要素类中的所有子类型，可将此留空。

（6）在【输入要素类（可选）】文本框中输入与规则相关联的目标要素类。

（7）在【输入子类型（可选）】文本框中输入第（6）步选择的目标要素子类型的描述，操作同第（5）步。

（8）单击【确定】按钮，完成添加拓扑规则操作。

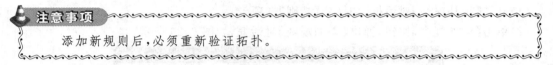
注意事项

　　添加新规则后，必须重新验证拓扑。

**2. 从拓扑中移除规则**

**1）使用 ArcCatalog 从拓扑中移除规则**

使用 ArcCatalog 从拓扑中移除规则的操作步骤如下：

（1）打开【拓扑属性】对话框，切换到【规则】选项卡。

（2）在列表框中选择要移除的拓扑规则，如图 6.31 所示。

图 6.31　移除拓扑规则

（3）单击【移除】按钮，移除该拓扑规则。若单击【全部移除】按钮，可移除已添加的全部拓扑规则。

**2）使用 ArcToolbox 从拓扑中移除规则**

使用 ArcToolbox 从拓扑中移除规则的操作步骤如下：

（1）在 ArcToolbox 中双击【数据管理工具】→【拓扑】→【移除拓扑规则】，打开【移除拓扑规则】对话框，如图 6.32 所示。

（2）在【输入拓扑】文本框中输入需要移除拓扑规则的拓扑。

（3）在【规则】下拉框中选择需要移除的拓扑规则（下拉框列举了当前拓扑中添加的所有拓扑规则）。

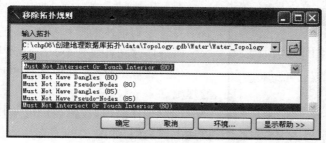

图 6.32　【移除拓扑规则】对话框

（4）单击【确定】按钮，完成移除拓扑规则操作。

**注意事项**

移除拓扑规则同样需要重新验证拓扑。

### 3.另存为规则集文件

另存为规则集文件的操作步骤如下：

（1）打开【拓扑属性】对话框，切换到【规则】选项卡。

（2）单击【保存规则】按钮，弹出【另存为】对话框。

（3）单击【保存】按钮，保存为规则集文件，如 myrule.rul。

### 4.加载拓扑规则

加载拓扑规则的操作步骤如下：

（1）打开【拓扑属性】对话框，切换到【规则】选项卡。

（2）单击【全部移除】按钮，移除当前已添加的所有拓扑规则。

（3）单击【加载规则】按钮，弹出【打开】对话框。

（4）单击【打开】按钮，打开拓扑规则集文件（如 myrule.rul）。

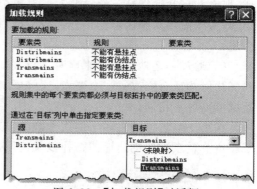

（5）此时弹出【加载规则】对话框。如果导入的规则是从这个拓扑中创建的，新建的拓扑要素名字必须与要素匹配。如果名字不同，新建的拓扑规则必须与要建立拓扑关系的要素相关联。

（6）单击【目标】列下的下拉按钮，在下拉框中，选择与新的拓扑相关联的要素，如图 6.33 所示。

（7）单击【确定】按钮，完成加载拓扑规则操作。

图 6.33　【加载规则】对话框

**注意事项**

a）将规则集文件加载到具有之前指定规则的拓扑中会将规则集中的规则附加到现有规则。

b）加载规则集文件需要重新验证拓扑。

c）如果在规则集中有指定的要素类无法与新拓扑中的要素类相匹配，则涉及不匹配要素类的规则不会被加载。

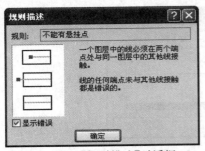

图 6.34 【规则描述】对话框

**5．查看规则描述**

查看规则描述的操作步骤如下：

（1）打开【拓扑属性】对话框，切换到【规则】选项卡。

（2）在【规则】列表框中选择想要查看规则描述信息的规则。

（3）单击【描述】按钮，打开【规则描述】对话框，详细描述了该规则，如图 6.34 所示。

（4）单击【确定】按钮，完成查看规则描述操作。

### 6.4.8　将拓扑添加到 ArcMap

拓扑可以作为地图图层添加到 ArcMap 窗口中，以便进行后续的编辑操作。其操作步骤如下：

（1）在 ArcMap 工具栏中，单击【添加数据】按钮✥，打开【添加数据】对话框。

（2）选择已创建好的拓扑，如"Water_Topology"，单击【添加】按钮。

（3）弹出【正在添加拓扑图层】对话框，询问是否将参与拓扑的所有要素类也一起添加到 ArcMap 中。单击【是】按钮，将拓扑及参与拓扑的要素类都添加到 ArcMap 中。

# 6.5　共享要素的编辑

在 ArcMap 中，可对共享要素进行如下编辑操作：

（1）使用常规的编辑工具编辑拓扑中的单个要素。如果这个要素与其他要素共享几何特征，那么共享几何特征不会被修改。对单个要素的编辑操作可能会违反拓扑规则而产生拓扑错误，所以需要对脏区域的拓扑进行验证，找到并修复错误要素，这些内容将在 6.6 节作详细讲述。

（2）通过创建地图拓扑来同时编辑共享几何特征的多个要素。编辑两个或多个要素间的共享几何特征会修改每一个要素，这些要素可以属于同一个要素类或者不同的要素类，几何图形也可以各不相同。

在第 4 章已详细讲述了使用常规编辑工具对空间数据的编辑操作，在这里就不作详细介绍。本节重点讲述创建地图拓扑以及使用拓扑工具来编辑地图拓扑中的共享要素。

### 6.5.1　添加拓扑工具条

【拓扑】工具条的工具包括：用于创建地图拓扑的工具和用来进行编辑的工具。在编辑状态下才能使用，所以在任何拓扑工具可用之前需要先开始编辑。添加【拓扑】工具条的操作步骤如下：

（1）启动 ArcMap，加载【编辑器】工具条。在【编辑器】工具条中，单击【编辑器】→【开始编辑】，启动编辑。

（2）在【编辑器】工具条中，单击【编辑器】→【更多的编辑工具】→【拓扑】，打开【拓扑】工具条（图 6.35），还可在 ArcMap 主窗口中，右击工具栏空白处，在弹出菜单中，单击【拓扑】。【拓扑】工具条详解如表 6.2 所示。

图 6.35　【拓扑】工具条

表 6.2　【拓扑】工具条详解

| 图标 | 名　　称 | 功能描述 |
|---|---|---|
|  | 地图拓扑 | 在要素的重叠部分之间创建拓扑关系 |
|  | 拓扑编辑工具 | 编辑要素共享的边和结点 |
|  | 修改边 | 处理所选拓扑边,并根据这条边生成编辑草图,同时更新共享边的所有要素 |
|  | 修整边工具 | 通过创建一条新线替换现有边,同时更新共享边的所有要素 |
|  | 显示共享要素 | 查询哪些要素共享指定的拓扑边或结点 |
|  | 构造面 | 根据现有的所选线或其他面创建新面 |
|  | 分割面 | 通过叠置要素分割面 |
|  | 打断相交线 | 在交叉点处分割所选线 |
|  | 验证指定区域中的拓扑 | 对指定区域的要素进行检查,以确定是否违反了所定义的拓扑规则 |
|  | 验证当前范围中的拓扑 | 对当前地图窗口范围的要素进行检查,以确定是否违反了所定义的拓扑规则 |
|  | 修复拓扑错误工具 | 快速修复检查时产生的拓扑错误 |
|  | 错误检查器 | 查看并修复产生的拓扑错误 |

## 6.5.2　创建地图拓扑

参与地图拓扑的要素类必须位于同一文件夹或同一地理数据库内,任何 Shapefile 文件或要素类数据都可以创建地图拓扑,但是注记、标注和关系类及几何网络要素类,不能添加到地图拓扑中。

创建地图拓扑时,需要指定参与地图拓扑的要素类,还需要指定拓扑容差来决定要素的哪些部分是重合的,以及哪些几何特性在地图拓扑中是共享的。其操作步骤如下:

（1）启动 ArcMap,加载需要编辑的空间数据集（Dataset）或 Shapefile。

（2）在【编辑器】工具条中,单击【编辑器】
→【开始编辑按钮 】,启动编辑。此时
【拓扑】工具条的地图拓扑按钮 被激活。

（3）在【拓扑】工具条中,单击地图拓扑按钮 ,打开【地图拓扑】对话框,如图 6.36
所示。

（4）在【要素类】列表框中选中参与创建地图拓扑的数据。

（5）在【拓扑容差】文本框中输入拓扑容差值,也可采用系统默认设置。

（6）单击【确定】按钮,完成地图拓扑的创建。

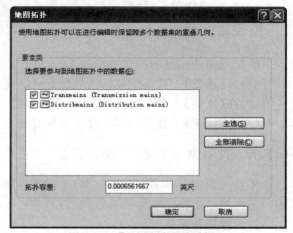

图 6.36　【地图拓扑】对话框

创建地图拓扑后,在【拓扑】工具条的【拓扑】下拉框中会显示名为"〈地图图层〉"的条目。线状要素和多边形要素的边界转换为拓扑边;点状要素、线的端点,以及边相交的位置转化为结点。每次编辑状态下只能定义一个地图拓扑。地图拓扑为临时拓扑,仅在编辑期间有效,并且不会作为图层永久存储或显示在地图中。在地图拓扑中,不涉及任何拓扑规则,因此在下一节提到的拓扑验证中无需验证地图拓扑,并且不会产生任何错误要素。

地图拓扑主要用于以下两个方面:

(1)可为无法参与地理数据库拓扑的 Shapefile 定义地图拓扑。

(2)可对两个参与不同地理数据库拓扑的要素类执行拓扑编辑。在这种情况下,可以定义包含这两个要素类的地图拓扑。

> **注意事项**
>
> 　　地理数据库拓扑是在地理数据库中创建和存储的数据对象。地理数据库拓扑定义了要素数据集中各要素类之间关系的一组规则。地理数据库拓扑是在目录窗口或 ArcCatalog 中创建的,可以像任何其他数据一样作为图层添加到 ArcMap 中。对要素类执行了编辑操作后,需要验证地理数据库拓扑以查看所做的编辑是否违反了任何拓扑规则。可修复任何错误或将其标记为异常。要在编辑地理数据库的数据时使用地理数据库拓扑,该数据所参与的地理数据库拓扑必须存在于地图中。若没有特殊说明,本章中的拓扑均指地理数据库拓扑。

### 6.5.3　重构拓扑缓存

使用拓扑编辑工具 🔣 选择拓扑元素时,ArcMap 将自动创建拓扑缓存来存储位于当前显示范围内要素的边与结点之间的拓扑关系。

但当在地图上放大到某块较小区域进行编辑后返回到之前的范围时,某些要素可能不会显示在拓扑缓存中。要融入这些要素,必须重新构建拓扑缓存。重构拓扑缓存也可以移除为进行捕捉和编辑而创建的临时拓扑结点。其操作步骤如下:

(1)在【拓扑】工具条中,单击拓扑编辑工具按钮 🔣 。

(2)右击地图窗口,在弹出菜单中,单击【构建拓扑缓存】。

### 6.5.4　捕捉到拓扑结点

捕捉到拓扑结点的操作步骤如下:

(1)在【捕捉】工具条中,单击【捕捉】→【✔使用捕捉】。

(2)在【捕捉】工具条中,单击点捕捉按钮 ○ 。

(3)在【捕捉】工具条中,单击【捕捉】→【捕捉到拓扑结点】,完成对拓扑结点的捕捉。

### 6.5.5　查看共享拓扑元素的要素

拓扑元素可以被多个要素共享,在编辑期间知道哪些要素共享某个结点或边是很有必要的。下面将以拓扑结点为例,讲述查看共享拓扑结点要素的操作。

#### 1.选择拓扑元素

使用拓扑编辑工具 🔣 可以选择共享的边和结点,也可以用来选择定义边形状的单个顶点。表 6.3 为选择拓扑元素的一些方法,选中的拓扑边和结点以洋红色显示。

表 6.3　选择拓扑元素的操作

| 操作类型 | 操作步骤 |
|---|---|
| 选择结点 | 在【拓扑】工具条中,单击按钮，然后选择结点;或在结点周围拖出一个矩形框选出结点。若同时按住 N 键,可确保不选中边 |
| 选择边 | 在【拓扑】工具条中,单击按钮，然后选择边;或在边周围拖出一个矩形框选出边。若同时按住 E 键,可确保不选中结点 |
| 添加拓扑选择 | 在选择结点或边的同时按下 Shift 键 |

**2.取消选择拓扑元素**

由于某些需要,在编辑拓扑边和结点的过程中,可能会取消已选择的拓扑元素,具体操作如表 6.4 所示。

表 6.4　取消选择拓扑元素的操作

| 操作类型 | 操作步骤 |
|---|---|
| 取消单一选择 | 在【拓扑】工具条中,单击按钮，按住 Shift 键的同时单击要取消选择状态的边和结点 |
| 取消所有选择 | 在【拓扑】工具条中,单击按钮，右击地图窗口,在弹出菜单中,单击【清除所选拓扑元素】;或单击地图旁边的空白处,清除对边和结点的选择 |

**3.显示共享要素**

显示共享要素的操作步骤如下:

(1)在【拓扑】工具条中,单击拓扑编辑工具按钮，选择共享的拓扑结点。

(2)在【拓扑】工具条中,单击显示共享要素按钮，打开【共享要素】对话框(图 6.37);或右击地图窗口,在弹出菜单中,单击【显示共享要素】。

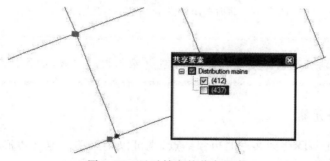

图 6.37　显示结点的共享要素

(3)单击"+",显示给定要素类中共享该结点的所有要素(一个给定的拓扑元素可能被多个要素类中的要素所共用,所以可以列举出多个要素类)。

(4)单击列表中的要素,该要素将在地图上闪动。

**4.选择共享同一拓扑元素的要素**

选择共享同一拓扑元素的要素的操作步骤如下:

(1)单击【拓扑】工具条上的拓扑编辑工具按钮，选择共享的拓扑结点。

(2)右击地图窗口,在弹出菜单中,单击【选择共享要素】。此时,共享此结点的要素都处于选中状态,如图 6.38 所示。

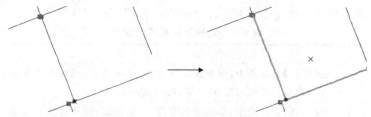

图 6.38　选择共享结点的要素

**5.暂时关闭拓扑元素对某个要素的共享**

暂时关闭拓扑元素对某个要素共享的操作步骤如下：

(1)在【拓扑】工具条中,单击拓扑编辑工具按钮，选择共享的拓扑结点。

(2)在【拓扑】工具条中,单击显示共享要素按钮；或右击地图窗口,在弹出菜单中,单击【显示共享要素】,打开【共享要素】对话框。

(3)单击"＋",显示图层中所有共享该结点的要素。

(4)在列表中取消选中该要素,拓扑编辑中可取消对该要素的共享,如图 6.39 所示。在以后所进行的编辑中,该要素不会随之更新。

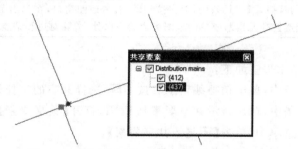

图 6.39　暂时关闭线段 437 对拓扑结点的共享

**注意事项**

　　要素的取消共享状态是暂时的,当拓扑元素不被选中时,这种状态即结束。

## 6.5.6　移动拓扑元素

可用拓扑编辑工具移动共享的边和结点,也可以用来移动定义边形状的单个顶点。当移动了顶点、边和结点时,所有共享这些结点或边的要素都被拉伸。

**1.移动结点**

移动结点的操作步骤如下：

(1)在【拓扑】工具条中,单击按钮，选择需要移动的结点。

(2)按住鼠标左键将结点拖动到新的位置。

(3)释放鼠标,结点被移动,与其拓扑关联的边都相应地更新位置,如图 6.40 所示。

**2.移动拓扑边**

移动拓扑边的操作步骤如下：

(1)在【拓扑】工具条中,单击按钮，选择需要移动的拓扑边。

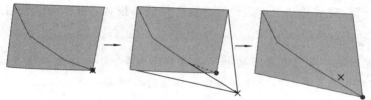

图 6.40　结点移动运行结果

（2）按住鼠标左键将边拖动到新的位置。

（3）释放鼠标，拓扑边被移动。边会保持与原先位置上共享边的端点结点的连接。如图 6.41 所示。

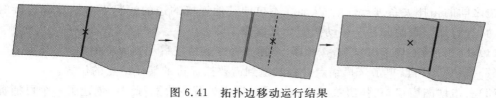

图 6.41　拓扑边移动运行结果

### 3.相对增量移动

指定移动增量 $x$、$y$ 的值可移动一个或多个拓扑边或结点。这里以拓扑结点为例讲述移动增量 $x$、$y$ 的操作，其操作步骤如下：

（1）在【拓扑】工具条中，单击按钮，选择要移动的结点。

（2）右击地图窗口，在弹出菜单中，单击【移动】，打开【移动增量 x,y】对话框。

（3）在文本框中分别输入相对于原始位置的 $x$ 和 $y$ 的距离值，如图 6.42 所示。

（4）按 Enter 键，完成拓扑结点的相对增量移动，如图 6.43 所示。

图 6.42　【移动增量 x,y】对话框

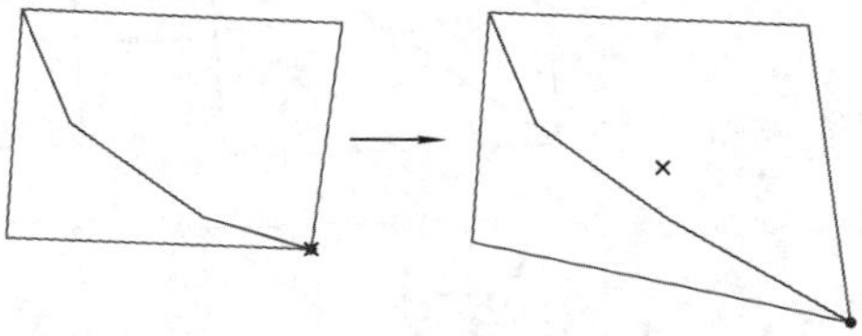

图 6.43　拓扑结点相对增量移动运行结果

> **注意事项**
>
> 　如果要移动多个拓扑元素，【移动】命令会将选择锚点移动到指定位置，然后将拓扑元素相对于选择锚点的位置进行移动。

### 4.移动至指定位置

将拓扑元素移动至指定位置的操作步骤如下：

（1）在【拓扑】工具条中，单击按钮，选择要移动的结点或边（以结点为例）。

（2）右击地图窗口，在弹出菜单中，单击【移动至】，打开【移动到 x,y】对话框。

（3）单击下拉按钮，选择输入数据的单位，默认采用系统设置。

（4）在文本框中分别输入需要移动拓扑元素到达的绝对 $x$ 和 $y$ 的坐标值，如图 6.44 所示。

图 6.44　【移动到 x,y】对话框

（5）按 Enter 键，完成移动至指定位置。操作结果与相对增量移动结果相同。

如果要移动一条边或多个拓扑元素，【移动至】命令会将选择锚点移动到指定位置，然后将拓扑元素相对于选择锚点的位置进行移动。

### 5.分割—移动结点

移动拓扑中的结点时，与该结点连接的所有边均被拉伸以保持与结点的连接。移动边时，边的线段将进行拉伸，以保持共享端点结点与其先前位置相连接。也可以临时将结点与其他共享边之间的拓扑关系进行分割，从而在不拉伸其他连接的边的情况下对结点和连接的边进行移动，这就是结点的分割—移动操作。其操作步骤如下：

（1）在【拓扑】工具条中，单击按钮，选择要将端点结点移动到其上的边。

（2）按住 Ctrl 键，单击选择锚点并将其拖到需要捕捉边的端点结点的位置。

（3）右击地图窗口，在弹出菜单中，单击【在锚点处分割边】。此时，创建了一个可捕捉这条边端点结点的新结点。

（4）单击需要移动端点的边。

（5）按住 N 键，在要选择的端点周围拖出一个矩形框，选中端点。

（6）按住 S 键（S 键将指针变成"分割—移动"指针），单击并拖动该端点，将其移动到之前创建的结点位置处。边的端点被移动到新位置，并且保留了原来的拓扑关系，如图 6.45 所示。

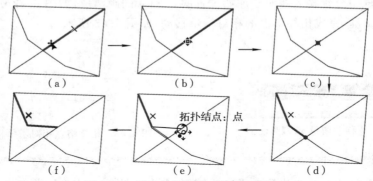

图 6.45　结点的"分割—移动"运行结果

如果不捕捉结点到新的结点或边，"分割—移动"的操作就会被取消。

### 6.按比例拉伸要素几何特征

如果既要移动结点又要保持要素的常规形状，可按比例拉伸要素的几何特征。如果在启用了"按比例拉伸"的情况下将结点拖动到新位置，则要素几何线段的比例将保持不变，从而保持了要素的形状。

下面以面和线要素是否按比例拉伸为例，说明拖动结点时各自的变化：

（1）按比例拉伸。其他结点也会跟随移动（图 6.46）。要素的草图进行橡皮页变换以保持其形状。

（2）不按比例拉伸。结点在被拖动时单独移动（图 6.47）。系统默认设置为不按比例拉伸。

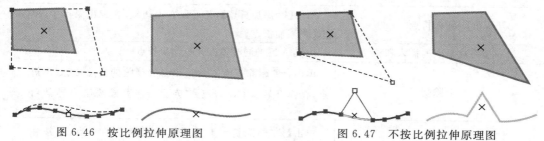

图 6.46　按比例拉伸原理图　　　　　　图 6.47　不按比例拉伸原理图

按比例拉伸要素几何特征的具体操作步骤如下：

（1）在【编辑器】工具条中，单击【编辑器】→【选项】，打开【编辑选项】对话框。

（2）在【常规】选项卡中，选中【移动折点时相应拉伸几何】复选框，如图 6.48 所示。

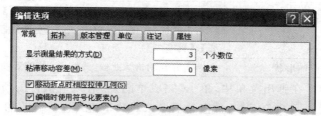

图 6.48　【编辑选项】设置对话框

（3）单击【确定】按钮，关闭【编辑选项】对话框。

（4）在【拓扑】工具条中，单击按钮$\blacksquare$。

（5）单击一个拓扑结点或双击一条拓扑边后单击一个顶点。

（6）按住鼠标左键将结点或顶点拖到新的位置。

（7）释放鼠标。共享该结点或顶点的要素几何特征按比例被拉伸，如图 6.49 所示。

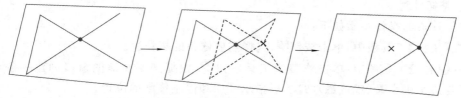

图 6.49　按比例拉伸要素几何特征的运行结果

## 6.5.7　编辑拓扑边

### 1. 修改拓扑边

修改拓扑边的操作步骤如下：

（1）在【拓扑】工具条中，单击按钮$\blacksquare$，选择需要修改的拓扑边。

（2）在【拓扑】工具条中，单击修改边按钮$\blacksquare$，利用弹出的【编辑折点】工具条，对拓扑边进行修改，包括结点的添加、删除、移动等操作。表 6.5 是修改拓扑边的方法。

表 6.5　修改拓扑边的方法

| 操 作 | 步 骤 |
|---|---|
| 插入折点 | 单击【▷﹎添加折点】；还可以右击边线，在弹出菜单中，单击【▷﹎添加折点】 |
| 一步完成折点的插入和移动 | 按住 A 键的同时单击并拖动新折点 |
| 删除折点 | 单击【▷﹎删除折点】，然后单击要删除的折点；或右击折点，在弹出菜单中，单击【▷﹎删除折点】，或按住 D 键然后单击 |
| 删除多个折点 | 单击【▷﹎删除折点】，然后框选要删除的折点；或按住 Delete 键，然后框选要删除的折点；或按住 Backspace 键，然后框选要删除的折点 |
| 通过拖动折点对其进行移动 | 选择一个或多个折点然后将其拖放到新位置 |
| 按相对 $x$、$y$ 距离移动折点 | 右击选择一个或多个折点，在弹出菜单中，单击【移动】 |
| 将折点移动到一个绝对 $X$、$Y$ 位置 | 右击折点，在弹出菜单中，单击【移动至】 |
| 更改线段类型 | 右击线段，在弹出菜单中，单击【更改线段】→【笔直】（【圆弧】/【贝塞尔】） |
| 更改弧线段的形状 | 单击并拖动出弧线段，或按 R 键，然后输入半径 |

（3）右击地图窗口，在弹出菜单中，单击【完成草图】。对该边执行的所有操作都将应用到所有共享该边的要素。图 6.50 为通过拖动折点来对共享边线进行修改的示例。

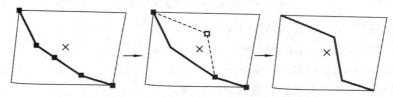

图 6.50　修改拓扑边的运行结果

**2. 修整拓扑边**

修整拓扑边的操作步骤如下：

（1）在【拓扑】工具条中，单击按钮▣，选择需要修整的拓扑边。

（2）在【拓扑】工具条中，单击修整边工具按钮▣，根据需要在地图窗口创建一条草图线，该草图线与边至少交叉（或接触）两次，以指示开始和停止修整的位置。

（3）双击地图窗口。图 6.51 所示为通过在草图上放置折点，修整拓扑边的示例。

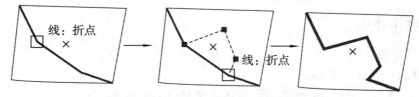

图 6.51　修整拓扑边的运行结果

**3. 打断相交线**

使用【打断相交线】按钮▣，可以将线在交叉点处分割。使用该工具时，不必在地图拓扑或地理数据库拓扑环境中。当对多部分（multipart）线要素执行此操作时，将在交点处分割成新要素。图 6.52 为打断相交线的几种类型。

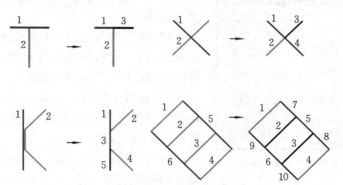

图 6.52  打断相交线的类型

下面以第一种情况为例介绍打断相交线的操作步骤：

(1)在【编辑器】工具条中，单击编辑工具按钮▶，选择要在交叉点上进行分割的线要素。

(2)在【拓扑】工具条中，单击打断相交线按钮。在弹出的对话框中输入拓扑容差，这里采取默认设置，单击【确定】按钮，最后所选边在相交处被分割为多个新要素，如图 6.53 所示。

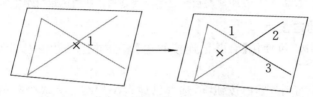

图 6.53  打断相交线的运行结果

#### 4．分割拓扑边

通过临时添加新拓扑结点来分割边，将只分割拓扑边，而不会将要素分割为两个要素。此操作经常用于移动边的某一部分而又不影响边的其他部分，或者创建一个要捕捉到的新结点。

1)在锚点处分割拓扑边

在锚点处分割拓扑边的操作步骤如下：

(1)在【拓扑】工具条中，单击按钮，选择要分割的拓扑边。

(2)按住 Ctrl 键，并将锚点拖动到想要分割的位置。

(3)右击地图窗口，在弹出菜单中，单击【在锚点处分割边】，完成在锚点处分割拓扑边的操作，如图 6.54 所示。

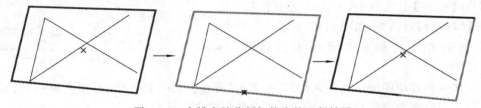

图 6.54  在锚点处分割拓扑边的运行结果

2)在距端点一定距离处分割拓扑边

在距端点一定距离处分割拓扑边的操作步骤如下：

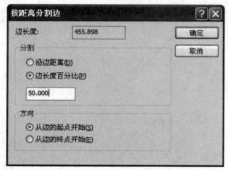

图 6.55 【按距离分割边】对话框

（1）在【拓扑】工具条中，单击按钮 ⊞，选择要分割的拓扑边。

（2）右击地图窗口，在弹出菜单中，单击【按距离分割边】。此时将沿边显示箭头，指示边的方向，同时打开【按距离分割边】对话框，如图 6.55 所示。

（3）选择分割的方式和方向。选择以边的起点还是终点作为测量起点，按一定的距离还是按边长百分比来分割边。

（4）单击【确定】按钮，完成在距离端点一定距离处分割拓扑边操作，结果如图 6.56 所示。

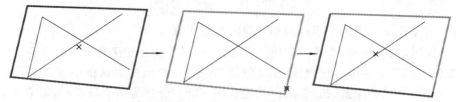

图 6.56 在距离端点一定距离处分割拓扑边的运行结果

### 5. 合并要素内的连接边

如果已分割拓扑边，可使用【合并已连接的边】来合并这条边并移除插入的结点。其操作步骤如下：

（1）在【拓扑】工具条中，单击按钮 ⊞，选择已通过添加结点完成分割的要素边。

（2）右击地图窗口，在弹出菜单中，单击【合并已连接的边】，之后所选边即与相邻边合并，拓扑结点也被移除。

## 6.5.8 根据现有要素创建新要素

### 1. 根据其他要素形状构造面

利用拓扑边特性和多边形自动闭合功能，可以自动生成多边形。

根据其他要素形状构造面的操作步骤如下：

（1）在【编辑器】工具条中，单击编辑工具按钮 ▶，选择需要利用其几何形状构建新多边形要素的那些要素。

（2）在【拓扑】工具条中，单击构造面按钮 ⊠，打开【构造面】对话框，如图 6.57 所示。

（3）选择用于存储新要素的多边形要素类。

图 6.57 【构造面】对话框

——如果具有地图图层的要素模板，可单击【模板】按钮，打开【选择要素模板】对话框，然后单击用于创建新要素的模板；也可双击模板的预览选择其他模板。

——如果没有要素模板，可单击要用来创建要素的图层。

（4）在【拓扑容差】文本框中可输入拓扑容差值。

（5）选择【使用目标中的现有要素】复选框，可创建将现有多边形的边界作为边界的新多边形要素。

　　(6)单击【确定】按钮,在目标要素类中,生成新的多边形要素,如图 6.58 所示。

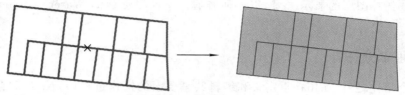

图 6.58　构造面运行结果

### 2. 通过叠置要素分割面

　　通过叠置要素分割面的操作步骤如下:

　　(1)单击【编辑器】工具条的按钮 ▶,选择要用于分割现有面要素类的线要素类或面要素类(分割中只使用与面叠置的要素),这里以用线要素类分割为例进行介绍。

　　(2)在【拓扑】工具条中,单击分割面按钮 ,打开【分割面】对话框,如图 6.59 所示。

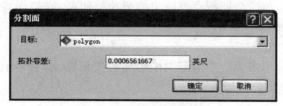

图 6.59　【分割面】对话框

　　(3)在【目标】下拉框中选择要用来存储新要素的图层。

　　(4)在【拓扑容差】文本框中输入拓扑容差值,可使用默认拓扑容差或使拓扑容差与地理数据库拓扑的拓扑容差相匹配。

　　(5)单击【确定】按钮,完成通过叠置要素分割面的操作,如图 6.60 所示。

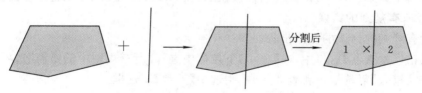

图 6.60　通过叠置要素分割面的运行结果

> **注意事项**
>
> 　　所选的输入要素与输出面要素必须属于不同的要素类,以保留输出要素的属性值,避免输出要素被输入要素的值覆盖。

## 6.6　拓扑编辑

　　为了保证地理数据库的空间完整性,需要对违反拓扑规则而产生的拓扑错误进行编辑,修复错误要素。

使用【拓扑】工具条可用来查找和修复违反拓扑规则的问题。违反拓扑规则的要素最初被标记为拓扑错误,但在必要时,可将其标记为异常。有时为了突出显示某个或某类错误要素,还会经常更改拓扑图层的显示符号,以方便查看。下面以创建的 Water_Topology 为例进行介绍。

## 6.6.1　验证部分拓扑

验证整个拓扑之后,在拓扑重定义和编辑共享要素的操作过程中,ArcGIS 会自动追踪脏区域。在验证拓扑时,不再对整个范围而是自动对脏区域的内容进行验证(部分验证),以提高计算机处理效率。

在对错误要素编辑后,ArcGIS 也会自动创建脏区域并对其进行验证,查看是否产生新的拓扑错误。若有新错误产生,需要继续对该错误要素进行编辑操作;反之,当前的错误要素已修复完毕,执行下一个错误要素的修复任务。

**1. 验证指定区域的拓扑**

在【拓扑】工具条中,单击验证指定范围中的拓扑按钮，在地图窗口画一个矩形框,处于边界框内的要素将被验证。

**2. 验证当前范围的拓扑**

在【拓扑】工具条中,单击验证当前范围中的拓扑按钮，验证当前视图范围内的拓扑,不可见区域的拓扑将不被验证。

## 6.6.2　查找拓扑错误与异常

在【拓扑】工具条中,单击按钮工具可在一个表中查找拓扑错误,该表显示违反的规则、错误的要素类、错误的几何特征、错误中要素的 ID 以及错误是否已被标记为异常等。可以按表中的任意字段对错误进行分类,以便处理给定类型的所有错误。

在【拓扑】工具条中,单击错误检查器按钮，在 ArcMap 窗口中出现【错误检查器】窗口。

**1. 查找所有规则的错误**

查找所有规则的错误的操作步骤如下:

(1)在【错误检查器】窗口中,在【显示】下拉框中选择"所有规则中的错误"选项。

(2)选中【错误】复选框。若查找异常,则选中【异常】复选框。

(3)取消选择【仅搜索可见范围】复选框。若选中,则仅搜索当前地图窗口可见的错误。

(4)单击【立即搜索】按钮,在【错误检查器】窗口下侧列表框中列出了所有规则中错误的详细信息,如图 6.61 所示。

图 6.61　查找到的所有规则中的错误

**2．查找违反特定拓扑规则的错误**

查找违反特定拓扑规则的错误的操作步骤如下：

(1)在【错误检查器】窗口中,在【显示】下拉框中选择需要查找的被违反的拓扑规则。

(2)选中【错误】复选框。

(3)取消选择【仅搜索可见范围】复选框。

(4)单击【立即搜索】按钮,在【错误检查器】窗口下侧列表框中列出了所有违反此拓扑规则的错误的详细信息,如图6.62所示。

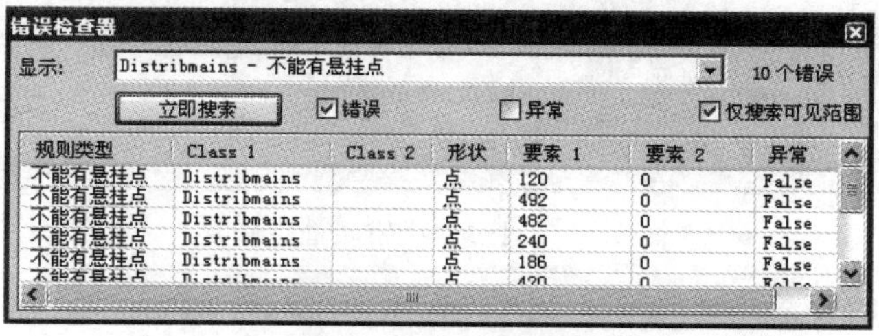

图6.62　查找到的违反特定拓扑规则的错误

## 6.6.3　修复拓扑错误

在验证拓扑并发现拓扑错误之后,需要将所有的错误都修复,最终获得没有任何错误的数据。不同的错误类型有各自不同预定义的修复方法。

某种修复是否适用于特定拓扑错误取决于拓扑错误的类型及其要素的几何属性。例如：由"不能有悬挂结点"规则引起的错误,修复时可将悬挂弧修剪、延伸或捕捉到另一条线；由"必须被其他要素覆盖"规则引起的错误,修复时可以通过创建新要素或删除要素来实现；由"叠置面要素"引起的错误,修复时可将多个面合并到其中某一个面中,或从两个面中减除重叠部分或者转换为一个单独的新面要素。

**1．预定义修复**

(1)可使用【拓扑】工具条上的修复拓扑错误工具按钮快速修复拓扑错误。在地图中选择错误后右击,在弹出菜单中,针对该错误类型从预定义的大量修复方法中选择一种方法进行修复。

(2)也可右击【错误检查器】中某一错误条目,在弹出菜单中,单击【平移至】或【缩放至】,选择针对此错误类型的预定义修复方法。

对于图6.63所示"不能有悬挂点"规则产生的错误(矩形框内)(该错误在地图中显示为黑色,在【错误检查器】对话框中呈选中状态),修剪过伸线是适合该错误的修复方法,单击预定义修复中的【修剪】。

在编辑期间,每次保存编辑内容都会自动清空【错误检查器】窗口中的内容,单击【错误检查器】对话框的【立即搜索】按钮可以使这些内容重新显示出来,此做法可确保【错误检查器】对话框始终显示最新的错误和异常信息。

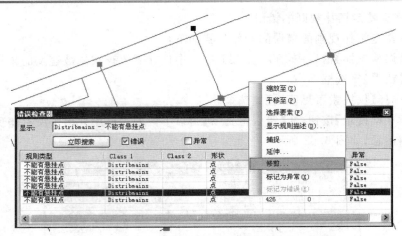

图 6.63　对过伸线错误进行修复

**2．合并至最长的要素**

在地图窗口中的操作步骤如下：

（1）在【拓扑】工具条中，单击按钮，在地图上选择某一错误（以伪结点为例）。

（2）右击地图窗口，在弹出菜单中，单击【选择要素】，共享此伪结点的线要素在地图中高亮显示，如图 6.64 所示。

图 6.64　合并至最长的要素运行结果

（3）右击地图窗口，在弹出菜单中，单击【合并至最长的要素】，该结点两端线段自动合并，结点自动删除。

（4）在【拓扑】工具条中，单击验证指定范围中的拓扑按钮，重新验证拓扑以确保编辑内容正确无误。

在错误检查器中的操作步骤如下：

（1）在【错误检查器】窗口中查找"不能有伪结点"错误（以伪结点错误为例）。

（2）在错误列表中选择一个错误条目，右键单击，在弹出菜单中，单击【缩放至】，可在地图窗口中查看此错误。

（3）继续在该错误条目上右键单击，在弹出菜单中，单击【合并至最长的要素】，结点两端线段自动合并，结点自动删除。

（4）在【拓扑】工具条中，单击按钮，重新验证拓扑以确保编辑内容正确无误。

**3．将错误区域并入一个多边形**

在地图窗口中的操作步骤如下：

（1）在【拓扑】工具条中，单击按钮，选择需要合并到一个与其重叠的多边线上的错误区域。

（2）右击地图窗口，在弹出菜单中，单击【合并】。

（3）选择错误区域要并入的多边形要素，单击【确定】按钮。

（4）在【拓扑】工具条中，单击按钮🐾，重新验证拓扑以确保编辑内容正确无误。

在错误检查器中的操作步骤如下：

（1）在【错误检查器】窗口中，查找多边形要素产生的错误区域。

（2）在错误列表中选择一个错误条目，右键单击，在弹出菜单中，单击【合并】。

（3）选择错误区域要并入的多边形要素，单击【确定】按钮。

（4）在【拓扑】工具条中，单击按钮🐾，再次验证拓扑以确保编辑内容正确无误。

### 4．查找受某一错误影响的要素

查找受某一错误影响的要素的操作步骤如下：

（1）在【错误检查器】窗口下侧的错误列表中，选择某一错误条目。

（2）单击错误的【要素 1】字段，可查找受到错误影响的第一要素，该要素在地图上闪烁。

（3）单击错误的【要素 2】字段，可查找受到错误影响的第二要素，该要素在地图上闪烁。

### 5．获取错误所违反规则的描述

获取错误所违反规则的描述的操作步骤如下：

（1）在【错误检查器】窗口中，在【显示】下拉框中选择某一被违反的拓扑规则。

（2）单击【立即搜索】按钮，右击错误列表中某一错误条目，在弹出菜单中，单击【显示规则描述】，如图 6.65 所示。

图 6.65　显示错误所违反的规则描述

（3）在打开的【规则描述】信息框中，详细描述了该错误，错误会被标记为红色。

（4）单击【确定】按钮，关闭【规则描述】信息框。

### 6．汇总剩余拓扑错误

在地理数据库拓扑中修复了某些错误之后，可以生成一个报表来汇总数据中的剩余拓扑错误数。其操作步骤如下：

（1）在 ArcCatalog 目录树中右击拓扑图层，在弹出菜单中，单击【🖿 属性】，打开【拓扑属性】对话框。

（2）切换到【错误】选项卡，单击【生成摘要】按钮，生成一个关于剩余错误数的报表并在列表中显示出来，如图 6.66 所示。

（3）单击【导出到文件】按钮，可将此报表保存为 *.txt 文本文件。

（4）单击【确定】按钮，关闭【拓扑属性】对话框。

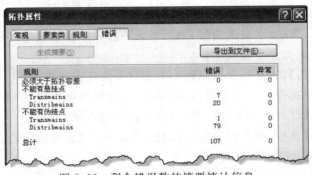

图 6.66　剩余错误数的摘要统计信息

**7. 将错误标识为异常**

违反拓扑规则最初被存储为拓扑错误,在必要时,可将其标记为异常,此后将忽略异常,但还可以将它们返回为错误状态。

在数据创建和更新的过程中,很容易发生异常。因此,地理数据库可能会定义这样一条拓扑规则:要求建筑物要素不能与地块线相交,以此作为数字化建筑物的质量控制。这个规则可能对 90％ 的城市要素都适合,但是在高密度的居住区和商业区,这个规则就可能不正确,因此常常将违反这种规则的行为标记为异常。将错误标识为异常的操作步骤如下:

(1)在【错误检查器】窗口中,在【显示】下拉框中选中【所有规则中的错误】选项。

(2)选中【错误】复选框。单击【立即搜索】按钮,在下侧列表框中列出了所有错误的详细信息。

(3)在错误列表中选择某一错误条目,按 X 键或右键单击,在弹出菜单中,单击【标记为异常】,如图 6.67 所示,可将错误标识为异常。

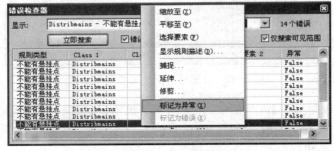

图 6.67　将错误标记为异常

此外,在【拓扑】工具条中,单击按钮 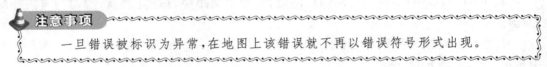,在地图中选择一错误要素并右击,在弹出菜单中,单击【标识为异常】,也可实现将错误标识为异常操作。

⚠️ **注意事项**

一旦错误被标识为异常,在地图上该错误就不再以错误符号形式出现。

## 6.6.4　更改拓扑图层的符号系统

在进行拓扑编辑过程中,经常会用更改共享要素符号的方法让某一要素或者某一类要素在图层中更清楚地显示。

**1.改变所选错误要素的符号**

改变错误要素的符号的操作步骤如下：

(1)在【编辑器】工具条中,单击【编辑器】→【选项】,打开【编辑选项】对话框。

(2)单击【拓扑】标签,切换到【拓扑】选项卡。

(3)在图 6.68 所示的【活动错误符号系统】区域中,可单击某错误要素的符号按钮,改变该错误要素在被选中时的显示方式。

(4)单击【确定】按钮,关闭【编辑选项】对话框。

**2.改变拓扑元素的符号**

改变拓扑元素的符号的操作步骤如下：

(1)打开【编辑选项】对话框,切换到【拓扑】选项卡(与"改变所选错误要素的符号"操作相同)。

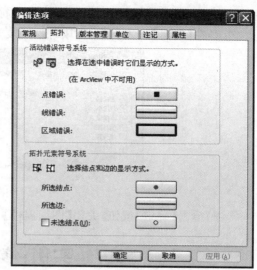

图 6.68　更改拓扑图层的符号显示

(2)在图 6.68 所示的【拓扑元素符号系统】区域中,可单击拓扑元素的符号按钮,改变其在地图中的显示方式。

(3)如果要显示尚未选中的结点,可选中【未选结点】复选框,并更改未选结点的符号。

(4)单击【确定】按钮,关闭【编辑选项】对话框。

**3.改变错误和异常的符号**

通过更改与不同拓扑规则关联的错误要素和异常的符号,可更加轻松地了解数据中存在的问题。默认情况下,拓扑在内容列表中显示为包含区域、线和点错误的图层。异常将不会被自动绘制。操作步骤如下：

(1)在 ArcMap 内容列表中,打开【图层属性】对话框,切换到【符号系统】选项卡。

(2)在【显示】列表中,选中想要在地图上可视的错误类型的复选框。

(3)单击要改变符号的错误类型,在右侧设置该错误类型的显示方式。可选中【单一符号】单选按钮,为这个类型的错误要素设置一个新的符号;也可选中【按错误类型符号化】单选按钮,系统按违反的拓扑规则对错误类型进行分类并在下侧列表框中一一列举。以点错误按错误类型符号化为例进行介绍,选择一个违反的拓扑规则,如图 6.69 所示。

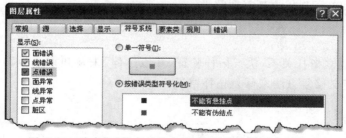

图 6.69　改变"不能有悬挂点"拓扑规则错误要素的符号

(4)在弹出的【符号选择器】对话框中,为违反此拓扑规则的错误要素设置新符号。

(5)单击【确定】按钮,关闭【图层属性】对话框。

**4.显示脏区域并改变它的符号**

显示脏区域可轻松查看被编辑影响的区域。其操作步骤如下：

（1）打开【图层属性】对话框,切换到【符号系统】选项卡。

（2）在【显示】列表框中,选中【脏区】复选框（图 6.70）,可在右边为其设置显示方式。

图 6.70　改变脏区域的显示符号

（3）单击【确定】按钮,关闭【图层属性】对话框。

# 6.7　实例:修复 CAD 线数据错误

## 6.7.1　背景

导入 ArcGIS 的 CAD 地块线数据经常会出现某条给定的线或线的某部分被数字化两次、线的一端未连接到另一地块线的情况,如过伸和未及。为保证线数据的连通性,需要找到这些错误线的位置,并把错误纠正过来。

## 6.7.2　目的

通过本实例,熟练掌握数据拓扑处理的具体流程,包括拓扑创建、拓扑验证、查找拓扑错误、修复拓扑错误等,进一步加深在 ArcGIS 中对空间数据拓扑处理与维护的认识。

## 6.7.3　数据

数据位于随书光盘（"…\chp06\Ex1"）中,请将数据拷贝到"C:\chp06\Ex1"。

（1）LotLines 为导入的 CAD 宗地地块线数据（LotLines）。

（2）StudyRegion 为该区域地界面数据。

## 6.7.4　任务

对 LotLines 建立拓扑关系,执行拓扑验证,并以过伸、未及和重复数字化的线为例,详细讲述如何利用预定义修复方法来修复拓扑错误。

## 6.7.5　操作步骤

启动 ArcMap,打开 GeodatabaseTopology.mxd 地图文档（位于"C:\chp06\Ex1\data"）,单击【目录】窗口按钮📁。

### 1. 创建地理数据库拓扑

在目录窗口中右击 StudyArea,单击【新建】→【📇拓扑】,打开【新建拓扑】对话框,设置如下参数:

(1)设置名称和拓扑容差,接受默认名称和拓扑容差,单击【下一步】按钮。

(2)选择参与拓扑的要素类,LotLines,单击【下一步】按钮。

(3)设置拓扑等级数目,接受默认等级,单击【下一步】按钮。

(4)设置拓扑规则,添加规则"不能有悬挂点",单击【确定】按钮后,单击【下一步】按钮。

(5)查看参数、规则摘要信息,单击【完成】按钮。

(6)是否立即验证拓扑,单击【是】按钮。

### 2．查找需修复的错误

将生成的 StudyArea_Topology 图层加载到 ArcMap 中,单击【书签】→【Dangle errors】,地图窗口自动缩放到书签表示的区域,可看到本实例需要进行修复的三个悬挂结点错误(过伸、未及、重复数字化线错误),如图6.71所示。

(1)打开【编辑器】工具条,进入编辑状态,加载【拓扑】工具条,单击错误检查器按钮，打开【错误检查器】窗口。

(2)选中【错误】和【仅搜索可见范围】复选框,单击【立即搜索】按钮。错误条目显示在列表框中,如图6.72所示。

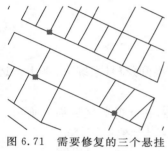
图6.71 需要修复的三个悬挂结点错误

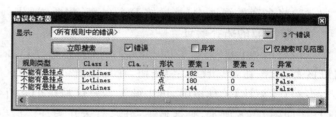
图6.72 当前地图的拓扑错误显示在错误检查器窗口中

### 3．修剪过伸错误

(1)选中最上端的悬挂结点错误并放大,可看到发生错误的地块线超出另一地块线的位置,如图6.73所示。

(2)在【错误检查器】窗口中,右击该错误条目,在弹出菜单中单击【修剪】。

(3)输入修剪最大距离:"3",按 Enter 键。过伸线段被修剪,错误消失,如图6.74所示。

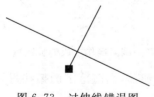
图6.73 过伸线错误图

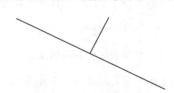
图6.74 修剪过伸线运行结果

### 4．延伸未及错误

(1)在工具栏中,单击返回到上一视图按钮，直至能够看到此区域中的其余两个错误。

(2)放大到其余两个错误的最西部,直至能够看到发生错误的地块线未能连接到另一地块线的位置,如图6.75所示。

(3)在【拓扑】工具条中,单击修复拓扑错误工具按钮，右击该错误,在弹出菜单中,单击

【延伸】。

(4)输入延伸最大距离:"3",按 Enter 键。未及线延伸并捕捉至另一条线,错误消失,如图 6.76 所示。在重复此操作过程中,如果未及线与另一条线之间的距离大于所指定的最大距离(本实例为 3 m),那么未及线不会被延伸。

图 6.75　未及线错误图　　　　　　　　　图 6.76　延伸未及线的结果

**5. 删除重复数字化的线**

(1)在工具栏中,单击返回到上一视图按钮◀,直至能够看到此区域中的最后一个错误为止。

(2)放大至可以看到两条几乎平行的地块线为止,发现其中一条线具有悬挂结点,如图 6.77 所示。

(3)将多余的线选中,然后按 Delete 键,将此线删除。

**6. 脏区域的拓扑验证**

(1)右击 StudyArea_Topology,打开【拓扑属性】对话框,切换到【符号系统】选项卡。选中【脏区】复选按钮,单击【确定】按钮,在地图窗口显示脏区域。

(2)在【拓扑】工具条中,单击验证指定区域中的拓扑按钮,在北部脏区域周围拖出一个选框。如图 6.78 所示,脏区域被移除,且未在验证区域发现任何其他错误。

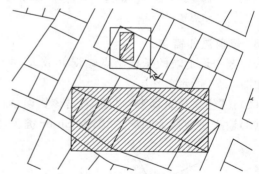

图 6.77　重复数字化的线错误图　　　　　图 6.78　编辑操作生成的脏区域

(3)在【拓扑】工具条中,单击验证当前范围中的拓扑按钮,当前范围的拓扑得到验证,脏区域被移除,无错误产生。

对于当前拓扑中的其他错误,均可以通过修剪、延伸或删除多余线来逐个进行修复。用【修复拓扑错误】工具对选择的多个错误同时进行修复。如修复所有未及错误的操作:

(1)在工具栏中,单击全图按钮,显示剩余的全部错误。

(2)在【拓扑】工具条中,单击按钮,选中错误后右键单击,在弹出菜单中,单击【延伸】。

(3)直接按 Enter 键。3 m 范围内的未及线错误均被修复。

(4)在【拓扑】工具条中,单击按钮,将当前操作产生的脏区域全部删除。

# 第 7 章　空间参考与变换

地图图层中的所有元素都具有特定的地理位置和范围,这使得它们能够定位到地球表面上相应的位置。精确定位地理要素对于制图和 GIS 来说都至关重要,而要正确地描述要素的位置和形状,需要引入一个用于定义位置的框架——空间参考。空间参考包括一个 $X$、$Y$、$Z$ 值坐标系以及 $X$、$Y$、$Z$ 和 $M$ 值的容差值和分辨率值,利用这些属性,可以描述一个地物在地球上的真实位置。此外,在实际应用中,由于获得的原始数据并非总是经过预处理的,因此,在坐标系统、投影方式等方面会与用户的需求不一致,这时就需要进行投影转换。本章将介绍空间参考的相关定义,投影变换预处理以及投影变换的方法等内容。

## 7.1　空间参考与地图投影

### 7.1.1　空间参考

空间参考是用于存储各要素类和栅格数据集坐标属性的坐标系。

#### 1. 坐标系统

坐标系统是一个二维或三维的参照系,用于定位坐标点,通过坐标系统可以确定要素在地球上的位置。比较常用的坐标系统有两种:大地坐标系和投影坐标系。

#### 2. 坐标域

坐标域是一个要素类中,$X$、$Y$、$Z$ 和 $M$ 坐标的允许取值范围。一般来说,定位地理位置只需要 $X$ 和 $Y$ 坐标。可选的 $Z$ 和 $M$ 坐标用来存储高程值和里程值(高程值 $Z$ 可用于 3D 分析,里程值 $M$ 可用于线性参考等)。

在 Geodatabase 中,空间参考是独立要素类和要素集的属性,要素集中的要素类必须应用要素集的空间参考。空间参考必须在要素类或要素集的创建过程中设置,一旦设置完成,只能修改坐标系统,而无法修改坐标域。

在 Geodatabase 的坐标系中,有以下几个重要参数:Precision,$X$、$Y$ domain,$Z$ domain,$M$ domain,Resolution 等。为提高存储和处理效率,要素的坐标值存储整数。Precision 是要素坐标值的放大倍数,决定了要素坐标的小数点后的位数,或者说决定了要素坐标的有效位数。$X$、$Y$ domain 是要素的 $X$、$Y$ 坐标值可允许的输入范围。$Z$ domain 和 $M$ domain 分别是 $Z$ 坐标和 $M$ 坐标可允许的输入范围。其中,minX、minY、minZ 和 minM 是坐标偏移量的起算位置。Precision 参数由软件自动计算,用户只需设置 Resolution 参数。Resolution 指分辨率,代表当前地图范围内 1 像素代表多少地图单位,地图单位取决于数据本身的空间参考,一般来说,使用默认值即可。

### 7.1.2　大地坐标系

地球表面是一个高低不平、极其复杂的自然表面,要在这样一个复杂的曲面上用数学公式计算和处理测量与制图的各种数据是不可能的。但地球表面的高差与地球半径相比是极小的。可以设想用一个尽可能与地球形状基本吻合的、以数学公式表达的表面作为地球的形状，以便在此基础上进行计算。这个用数学公式表达的、模拟地球形状的形体就是所谓的椭球体。

椭球体仅定义了地球形状，却没有描述与地球之间的位置关系。调整椭球体的位置，使之拟合地球表面，这种与地球相对定位的椭球体称为大地基准。

椭球体与地球表面定位后（即大地基准确定后），就可以划分经线和纬线，形成以经纬度为单位的大地坐标系。

### 7.1.3  投影坐标系

投影坐标系始终基于地理坐标系，而后者是基于球体或旋转椭球体的。大地坐标系是一个不可展的曲面，以经纬度为单位。而地图是一个平面，且实际工作中经常需要对长度和面积进行量算，所以需要将坐标系由曲面转换为平面，并将坐标值单位由度转换为米等长度单位，这样的转换方法称为地图投影。投影后平面的、以米为单位的坐标系统称为投影坐标系统。

我国现行的大于等于 1：50 万比例尺的各种地形图都采用高斯-克吕格投影。高斯-克吕格投影属于等角投影，没有角度变形。常用的 1954 北京坐标系和 1980 西安坐标系的投影坐标系统采用的就是高斯-克吕格投影。

## 7.2  投影变换预处理

当数据的空间参考系统（坐标系统、投影方式等）与用户的需求不一致时，就需要对数据进行投影变换。同样，在完成本身有投影信息的数据采集时，为了保证数据的完整性和易交换性，要定义数据投影。这时，就需要进行一些预处理，如利用定义投影工具为数据预先定义投影，以便用于后续操作；利用创建自定义地理（坐标）变换工具，创建符合实际需要的坐标转换方法等。

### 7.2.1  定义投影

坐标系的信息通常从数据源获得。如果数据源具有已定义的坐标系，ArcMap 可将其动态投影到不同的坐标系中；反之，则无法对其进行动态投影。因此，在对未知坐标系的数据进行投影时，需要先使用定义投影工具为其添加正确的坐标信息。此外，如果某一数据集的坐标系不正确，也可使用该工具进行校正。定义投影的操作步骤如下：

（1）启动 ArcToolbox，在 ArcToolbox 中双击【数据管理工具】→【投影和变换】→【定义投影】，打开【定义投影】对话框，如图 7.1 所示。

图 7.1  【定义投影】对话框

（2）在【定义投影】对话框中，输入【输入数据集或要素类】数据（位于"…\chp07\data"）。

（3）单击【坐标系】文本框右边的 📖 按钮，打开【空间参考属性】对话框。【XY 坐标系】的【名称】文本框显示为"Unknown"，表明原始数据没有定义坐标系统。

（4）定义投影的方法有以下三种：

——单击【空间参考属性】对话框中的【选择】按钮，打开【浏览坐标系】对话框。其中坐标系统分为三类：Geographic Coordinate Systems（地理坐标系统）、Projected Coordinate Systems（投影坐标系统）和 Vertical Coordinate Systems（垂直坐标系统）。地理坐标系统使用地球表面的经度和纬度表示；投影坐标系统利用数学换算将三维地球表面上的经度和纬度坐标转换到二维平面上；垂直坐标系统可以定义高度或深度值的原点，除非要将数据集与使用不同垂直坐标系的其他数据合并，否则不需要使用该系统。在定义坐标系统之前，要了解数据源，以便选择合适的坐标系统。

——当已知原始数据与某一数据的投影相同时，可单击【空间参考属性】对话框中的【导入】按钮，浏览具有该坐标系统的数据，用该数据的投影信息来定义原始数据。

——单击【空间参考属性】对话框中的【新建】按钮，可以新建地理坐标系统或投影坐标系统。图 7.2 为【新建地理坐标系】对话框，定义地理坐标系统包括定义或选择基准面、角度单位和本初子午线等。图 7.3 为【新建投影坐标系】对话框，定义时需要选择投影类型、设置投影参数及线性单位等。因为投影坐标系统是以地理坐标系统为基础的，所以在定义投影坐标系统时还需要选择或新建一个地理坐标系统。

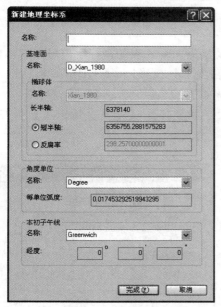

图 7.2 【新建地理坐标系】对话框

图 7.3 【新建投影坐标系】对话框

（5）定义投影坐标系统后，单击【完成】按钮，返回上一级对话框，在【详细信息】文本框中可以浏览投影坐标系统的详细信息。单击【修改】按钮，可修改已定义的投影坐标系统；单击【清除】按钮，可清除原有投影坐标系统，以便定义新的投影坐标系统。

（6）单击【确定】按钮，完成定义投影坐标系统的操作。

## 7.2.2 创建自定义地理(坐标)变换

有时需要对一个地区的数据进行地理坐标转换,如将1954北京坐标系转换为WGS 84坐标系,但系统提供的地理变换方法不能满足实际需要,可根据自身需求自定义地理变换,用于在两个地理坐标系或基准面之间进行数据转换。以自定义的 GCS_Beijing_1954 转 GCS_WGS_1984 为例说明转换方法(适用区域为塔里木盆地)。其操作步骤如下:

图 7.4 【创建自定义地理(坐标)变换】对话框

(1)在 ArcToolbox 中双击【数据管理工具】→【投影和变换】→【创建自定义地理(坐标)变换】,打开【创建自定义地理(坐标)变换】对话框,如图 7.4 所示。

(2)在【创建自定义地理(坐标)变换】对话框中,输入【地理(坐标)变换名称】、【输入地理坐标系】,以及【输出地理坐标系】。

(3)在【方法】下拉框中选择在输入地理坐标系和输出地理坐标系之间进行数据变换的方法。还可以在【参数】区域中将变换参数作为自定义地理变换字符串的一部分进行设置或编辑。

(4)单击【确定】按钮,完成操作。

## 7.2.3 转换坐标记法

转换坐标记法将包含点坐标字段的表转换为点要素类。输入表的坐标字段可以有多种记法,例如 GARS(全球区域参考系统)、UTM(通用横轴墨卡托投影)和 MGRS(军事格网参考系),输出的点要素类中包含该坐标字段。其操作步骤如下:

(1)在 ArcToolbox 中双击【数据管理工具】→【投影和变换】→【转换坐标记法】,打开【转换坐标记法】对话框,如图 7.5 所示。

(2)在【转换坐标记法】对话框中,输入【输入表】数据,指定【输出要素类】的保存路径和名称。

(3)在【X 字段(经度)】、【Y 字段(纬度)】的下拉框中选择输出表中的 X 坐标字段名称和输入表中的 Y 坐标字段名称。

(4)在【输入坐标格式】、【输出坐标格式】的下拉框中选择输入数据的坐标格式、输出点要素类的坐标格式。默认格式为 DD(十进制度)。

(5)【ID】是可选项,用于将输出要素连接回输入表。

(6)【空间参考】是可选项,选择输入坐标的空间参考,默认为 GCS_WGS_1984。

(7)单击【确定】按钮,完成操作。

图 7.5 【转换坐标记法】对话框

**注意事项**

　　【转换坐标记法】工具用于将包含点坐标字段的表转换为点要素类,且支持的坐标格式更多。【添加 XY 坐标】工具主要用于将字段 POINT_X 和 POINT_Y 添加到输入点要素的属性表中。

# 7.3　投影变换

　　投影变换是指将一种地图投影转换为另一种地图投影,主要包括投影类型、投影参数和椭球体参数等的改变。在 ArcToolbox 的【数据管理工具】下的【投影和变换】工具集中有栅格和要素两种类型的数据变换。

## 7.3.1　矢量数据的投影变换

### 1. 投影

　　采用不同坐标系的数据,需要对其进行投影变换,以便该数据与其他地理数据集成。矢量数据的投影变换通过投影工具实现。该工具不仅能实现矢量数据在大地坐标系和投影坐标系之间的相互转换,还可以实现两种坐标系自身之间的转换。需要注意的是,对于包含未定义或未知坐标系的矢量数据,在使用该工具之前必须先使用【定义投影】工具为其定义坐标系。

　　矢量数据投影变换的操作步骤如下:

　　(1)在 ArcToolbox 中双击【数据管理工具】→【投影和变换】→【要素】→【投影】,打开【投影】对话框,如图 7.6 所示。

　　(2)在【投影】对话框中,输入【输入数据集或要素类】数据(位于"...\chp07\data"),指定【输出数据集或要素类】的保存路径和名称,并在【输出坐标系】文本框中输入输出数据的坐标系统。

图 7.6　【投影】对话框

　　(3)【地理(坐标)变换】是可选项,用于实现两个地理坐标系或基准面之间的变换。当输入和输出坐标系的基准面相同时,地理(坐标)变换为可选参数。如果输入和输出基准面不同,则必须指定地理(坐标)变换。

　　(4)单击【确定】按钮,完成操作。

### 2. 批量投影

　　批量投影支持多个输入数据的批量转换。【批量投影】工具的用法和【投影】工具大体一致,在此不再赘述。需要注意的是,在使用该工具的过程中,虽然输出坐标系和模板数据集都是可选参数,但必须输入其中一个。如果这两个参数均为空,则会导致工具执行失败。同时,由于该工具不验证是否需要进行变换,因此要先对输入数据中的一个数据使用【投影】工具进行确定。若需要变换,可参照【地理(坐标)变换(可选)】下拉框,选择一种合适的变换方法,输入【变换(可选)】数据即可。

### 7.3.2 栅格数据的投影变换

#### 1. 栅格数据的投影变换

栅格数据的投影变换是指将栅格数据集从一种地图投影变换到另一种地图投影。利用【投影栅格】工具可实施栅格数据的投影变换。其操作步骤如下：

(1)在 ArcToolbox 中双击【数据管理工具】→【投影和变换】→【栅格】→【投影栅格】,打开【投影栅格】对话框,如图 7.7 所示。

图 7.7 【投影栅格】对话框

(2)在【投影栅格】对话框中,输入【输入栅格】数据(位于"…\chp07\data\Stowe.gdb"),指定【输出栅格数据集】的保存路径和名称,在【输出坐标系】文本框中输入输出数据的坐标系统。

(3)【地理(坐标)变换(可选)】用于实现两个地理坐标系或基准面之间的变换。

(4)【重采样技术(可选)】有四种选择,如表 7.1 所示。

表 7.1 重采样技术分类表

| 名　称 | 特　点 |
| --- | --- |
| NEAREST<br>(最邻近分配法) | 是四种插值法中速度最快的插值方法。主要用于分类数据(如土地利用分类),因为它不会更改像元值 |
| BILINEAR<br>(双线性插值法) | 可根据周围像元的加权平均距离确定像元的新值 |
| CUBIC<br>(三次卷积插值法) | 通过拟合穿过周围点的平滑曲线确定新的像元值。适用于连续数据(如高程表面),但是可能导致输出栅格中包含输入栅格范围以外的值 |
| MAJORITY<br>(多数重采样法) | 适用于分类数据,不能用于连续数据 |

(5)【输出像元大小(可选)】指定输入、输出栅格的单元大小,默认为所选栅格数据集的像元大小。

(6)【配准点(可选)】用于确定对齐像素时使用的 $X$、$Y$ 坐标,可指定原点以便对输出像元进行定位。

(7)单击【确定】按钮,完成操作。

**2.栅格数据变换**

数据变换是指对数据进行平移、扭曲、旋转和翻转等位置、形状和方位的改变等操作。

1)平移

平移是指根据 $X$ 和 $Y$ 平移值将栅格数据移动(滑动)到新的位置。其操作步骤如下:

(1)在 ArcToolbox 中双击【数据管理工具】→【投影和变换】→【栅格】→【平移】,打开【平移】对话框,如图 7.8 所示。

(2)在【平移】对话框中,输入【输入栅格】数据(位于"…\chp07\data"),指定【输出栅格数据集】的保存路径和名称,在【X 坐标平移值】、【Y 坐标平移值】文本框中输入沿 $X$、$Y$ 方向的移动距离。

(3)【输入捕捉栅格(可选)】可以浏览某一栅格数据集,用于对齐输出栅格数据集。

(4)单击【确定】按钮,完成操作,如图 7.9 所示。

图 7.8 【平移】对话框

图 7.9 平移结果图

2)扭曲

扭曲是指将栅格数据通过输入的控制点进行多项式变换。其操作步骤如下:

(1)在 ArcToolbox 中双击【数据管理工具】→【投影和变换】→【栅格】→【扭曲】,打开【扭曲】对话框,如图 7.10 所示。

(2)在【扭曲】对话框中,输入【输入栅格】数据(位于"…\chp07\data"),指定【输出栅格数据集】的保存路径和名称。

(3)在【源控制点】区域中的【X 坐标】和【Y 坐标】文本框中分别输入源数据控制点 $X$、$Y$ 坐标,单击按钮 +,将输入值添加到下面的窗口列表中,以便进行多次输入;单击 × 按钮可以删除选中的 $X$、$Y$ 坐标;单击按钮 ↑、↓ 可以将选中的 $X$、$Y$ 坐标上下移动。【目标控制点】区域中的操作与前相同。

(4)【变换类型(可选)】有五种选择:

——POLYORDER1。一阶多项式,将输入点拟合为平面,这是默认设置。

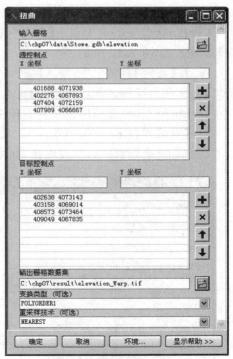

图 7.10 【扭曲】对话框

——POLYORDER2。二阶多项式,将输入点拟合为稍微复杂一些的曲面。

——POLYORDER3。三阶多项式,将输入点拟合为更为复杂的曲面。

——ADJUST。对全局和局部精度都进行优化。先执行一次多项式变换,然后使用不规则三角网(TIN)插值方法局部校正控制点。

——SPLINE。此变换可将源控制点准确地变换为目标控制点。控制点是准确的,只是控制点之间的栅格像素不准确。

(5)【重采样技术(可选)】默认为 NEAREST。

(6)单击【确定】按钮,完成操作,如图 7.11 所示。

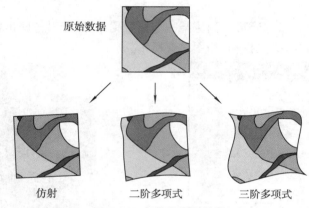

图 7.11　扭曲的图解表达

3)旋转

旋转是指将栅格数据按指定的角度,围绕指定枢轴点转动。其操作步骤如下:

(1)在 ArcToolbox 中双击【数据管理工具】→【投影和变换】→【栅格】→【旋转】,打开【旋转】对话框,如图 7.12 所示。

(2)在【旋转】对话框中,输入【输入栅格】数据(位于"…\chp07\data"),指定【输出栅格数据集】的保存路径和名称,在【角度】文本框中输入旋转的角度。

(3)【枢轴点(可选)】用于设置旋转中线点的 $X$、$Y$ 坐标,默认为栅格的左下角坐标。

(4)【重采样技术(可选)】默认为 NEAREST。

(5)单击【确定】按钮,完成操作,如图 7.13 所示。

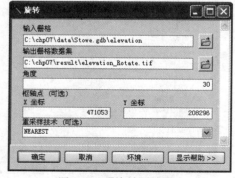

图 7.12　【旋转】对话框

图 7.13　旋转结果图

4）翻转

翻转是指将栅格数据沿穿过区域中心的水平轴从上向下翻转,它在校正倒置的栅格数据集时非常有用。其操作步骤如下:

（1）在 ArcToolbox 中双击【数据管理工具】→【投影和变换】→【栅格】→【翻转】,打开【翻转】对话框,如图 7.14 所示。

图 7.14　【翻转】对话框

（2）在【翻转】对话框中,输入【输入栅格】数据（位于"…\chp07\data"）,指定【输出栅格数据集】的保存路径和名称。

（3）单击【确定】按钮,完成操作。图 7.15 是某区域的翻转结果。左边为原始数据,右边为翻转结果。

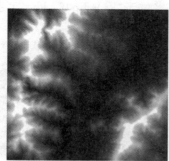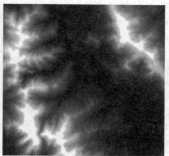

图 7.15　翻转前后的图像对比

5）重设比例

重设比例是指将栅格数据按照指定的 $X$ 和 $Y$ 比例因子来调整栅格的大小。如果比例因子大于 1,则图像将被调整到较大尺寸;反之,则调到较小尺寸。其操作步骤如下:

（1）在 ArcToolbox 中双击【数据管理工具】→【投影和变换】→【栅格】→【重设比例】,打开【重设比例】对话框,如图 7.16 所示。

（2）在【重设比例】对话框中,输入【输入栅格】数据（位于"…\chp07\data"）,指定【输出栅格数据集】的保存路径和名称。

（3）在【X 比例因子】、【Y 比例因子】文本框中输入数据在 $X$、$Y$ 方向上的缩放因子,其值必须大于 0。

（4）单击【确定】按钮,完成操作,重设比例结果如图 7.17 所示。

图 7.16　【重设比例】对话框

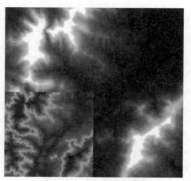

图 7.17　重设比例结果

6）镜像

镜像是指将栅格数据沿穿过栅格中心的垂直轴从左向右翻转。其操作步骤如下：

（1）在 ArcToolbox 中双击【数据管理工具】→【投影和变换】→【栅格】→【镜像】，打开【镜像】对话框，如图 7.18 所示。

图 7.18　【镜像】对话框

（2）在【镜像】对话框中，输入【输入栅格】数据（位于"…\chp07\data"），指定【输出栅格数据集】的保存路径和名称。

（3）单击【确定】按钮，完成操作，如图 7.19 所示。左边为原始数据，右边为镜像结果。

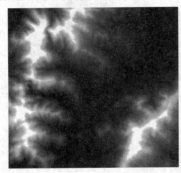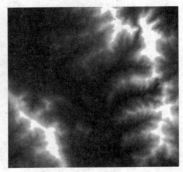

图 7.19　镜像前后的图像对比

# 第 8 章　空间数据可视化

空间数据可视化是有效传输与表达地理信息,挖掘空间数据之间的内在联系,揭示地理现象内在规律的重要手段。它通过运用地图学、计算机图形学和图像处理技术,将地学信息的输入、处理、查询、分析与预测的结果采用符号、图形、图像并结合图表、文字、表格、动画等方式在屏幕上表示出来,具有动态性、交互性等典型特征。空间数据可视化是 GIS 的基本功能和立足点,ArcGIS 10 在地图可视化方面做了较大改进,以期更灵活地进行地理信息的表达。本章主要讲述时态数据可视化、动画制作、报表和图表的制作等内容。

## 8.1　时态数据可视化

空间数据有三个基本特征,即几何图形、属性和时间。时态数据可视化是按照时间顺序展示地理数据随时间变化的趋势。当地理数据描述的地理现象变化缓慢或者不关心时间问题时可以使用数据更新的模式来处理时间变化的影响,但当被描述的对象随时间变化很快(如云量变化、日照变化等),或者一些历史数据也需要保存时(如地籍变更、海岸线变化、环境变化等),时态数据可视化就显得十分重要。

### 8.1.1　时态数据的存储方式

时间信息可存储于要素类、栅格目录和表中,也可以存储于 NetCDF 数据或追踪图层内。时态数据的有效存储是时态数据可视化的第一步。

对于要素图层,可用两种方式随时间推移而显示要素。一是每个要素的形状和位置保持不变,但属性值可随时间推移而发生变化,如图 8.1 所示,行政区形状和位置不发生变化,但人口随时间发生了变化;二是每个要素的形状或位置随时间的推移发生了变化,如对于随时间推移而可视化的飓风轨迹,要用点要素来表示飓风在特定时间所处的位置。

| OBJECTID* | Shape* | Name | State_Name | POP | DATE_ST | DATE_END | Shape_Length | Shape_Area |
|---|---|---|---|---|---|---|---|---|
| 2698 | 面 | Abbeville | South Carolina | 33400 | 01/01/1900 | 01/01/1910 | 162402.504779 | 1339524251.7354 |
| 5944 | 面 | Abbeville | South Carolina | 34804 | 01/01/1910 | 01/01/1920 | 162402.504779 | 1339524251.7354 |
| 8975 | 面 | Abbeville | South Carolina | 27139 | 01/01/1920 | 01/01/1930 | 162402.504779 | 1339524251.7354 |
| 12185 | 面 | Abbeville | South Carolina | 23323 | 01/01/1930 | 01/01/1940 | 162402.504779 | 1339524251.7354 |

图 8.1　时态数据的属性表

栅格目录用于存储表示随时间推移而发生变化的栅格。例如,表示海洋温度随时间变化的栅格,需要在栅格目录属性表中包含一个时间字段,用来指示每个栅格的有效时间,如图 8.2 所示。

| OBJECTID* | NAME | Shape* | Raster | Date_Time | SHAPE_Length | SHAPE_Area |
|---|---|---|---|---|---|---|
| 1 | Image1.gif | 面 | Raster | 1998-10-14 12:00:00 | 3068 | 522753 |
| 2 | Image2.gif | 面 | Raster | 1998-10-15 | 3068 | 522753 |
| 3 | Image3.gif | 面 | Raster | 1998-10-15 12:00:00 | 3068 | 522753 |
| 4 | Image4.gif | 面 | Raster | 1998-10-16 | 3068 | 522753 |
| 5 | Image5.gif | 面 | Raster | 1998-10-16 12:00:00 | 3068 | 522753 |

图 8.2　时态数据的栅格目录属性表

### 8.1.2　时态数据的显示

时态数据的显示方式有：利用【时间滑块】工具浏览时态数据、创建时间动画，利用 ArcGIS 扩展模块中的"追踪分析"功能创建追踪图层，以及利用"数据圆环图"对时态数据进行分析。

#### 1.时间滑块

利用【时间滑块】工具可以控制和管理时态数据的显示。当图层启用时间属性后，该工具处于可用状态。在【工具】工具条中单击打开"时间滑块"窗口按钮，即可打开【时间滑块】工具条，如图 8.3 所示。

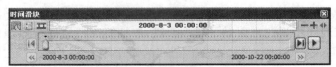

图 8.3　【时间滑块】工具条

【时间滑块】工具条详解如表 8.1 所示。

表 8.1　【时间滑块】工具条详解

| 图标 | 名　称 | 功能描述 |
| --- | --- | --- |
|  | 在地图中禁用时间 | 可在启用、禁止时间两种情况之间进行切换 |
|  | 选项 | 设置时间滑块的相关属性 |
|  | 导出至视频 | 将时间可视化对象导出至视频格式或连续图像 |
|  | 扩大时间范围 | 扩大时间滑块的时间范围 |
|  | 缩小时间范围 | 缩小时间滑块的时间范围 |
|  | 完整时间范围 | 恢复至完整的时间范围 |
|  | 后退 | 后退到上一个时间戳 |
|  | 前进 | 前进到下一个时间戳 |
|  | 播放 | 播放按顺序显示数据的时间动画 |
|  | 暂停 | 在任一时间点暂停时间动画 |

#### 2.时态数据的显示实例

以利用【时间滑块】工具浏览时态数据为例，讲述时态数据的显示。

（1）启动 ArcMap。

（2）打开飓风路径 hurricanes2000.mxd 地图文档（位于"…\chp08\时态数据可视化\data"）。

（3）添加飓风路径的时态数据 2000_hrcn.shp（位于"…\chp08\时态数据可视化\data\Data"），加载完毕，如图 8.4 所示。

（4）在内容列表中双击 2000_hrcn 图层，打开【图层属性】对话框，单击【时间】标签，切换到【时间】选项卡，如图 8.5 所示。

（5）选中【在此图层中启用时间】复选框。因为添加时态数据集后，必须先设置其时间属性，才能在 ArcMap、ArcGlobe 或 ArcScene 中使用【时间滑块】来显示随时间变化的数据。

（6）单击【图层时间】下拉框，选择"每个要素具有单个时间字段"。如果时间戳存储在单个属性字段中，则使用"每个要素具有单个时间字段"；如果要素的开始时间和结束时间存储在两个单独的字段中，则使用"每个要素具有一个开始和结束的时间字段"，在这种情况下，要素会在某个特定时间段内显示,具体取决于开始时间字段和结束时间字段中的时间值。

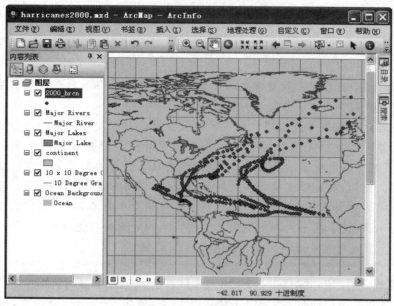

图 8.4　飓风路径示例

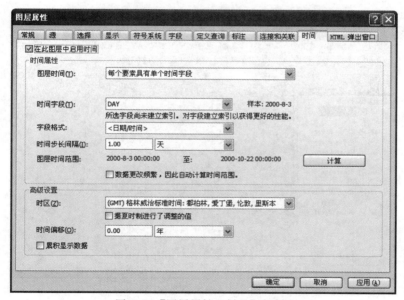

图 8.5　【图层属性(时间)】对话框

　　(7)在【时间字段】下拉框中选择"日期型"的时间字段"DAY",【字段格式】属性一般是指"日期型"时间字段的格式。如果时间值未存储在"日期型"的字段中,利用【转换时间字段】地理处理工具将包含时间值的字符串字段或数值字段转换为"日期型"字段。

　　(8)将【时间步长间隔】设置为"1 天"。通常以固定时间间隔采集时态数据,如每小时或每天。时间步长间隔用于定义时态数据的间隔长度,并可使用时间滑块以指定的间隔来查看数据。默认情况下,将时间滑块的时间步长间隔设置为当前显示(地图)的所有启用时间的图层的最小时间步长间隔。

（9）在【高级设置】区域中，单击【时区】下拉框，选择"（GMT）格林尼治标准时间……"，【时间偏移】采用默认值"0.00 年"。

**注意事项**

a)【时区】下拉框用来设置采集数据的时区，这样 ArcGIS 软件可以整合在不同时区中记录的数据集。

b)通过时间偏移可使用相对于实际记录数据的时间偏移时间值来显示已启用时间的数据。对数据应用时间偏移不会影响存储在其源数据中的日期和时间信息，它仅影响时间滑块显示数据的方式，从而使数据在显示时就好像发生在另一个时间一样。例如，要比较连续两年的飓风季节，可以向来自第一个飓风季节的数据应用另一年的时间偏移，然后同时回放两个飓风季节的数据，就如同它们是在同一年发生的一样，便于找出两年间飓风发生的时间和地点的有关规律。

c)时间戳是指某个时刻或时间间隔。

（10）单击【确定】按钮，此时【工具】工具条中【时间滑块】处于可用状态。

（11）单击时间滑块按钮，然后单击播放按钮，效果是一个动画过程，截取瞬时图，如图 8.6 所示。

图 8.6　飓风路径演示

（12）如果播放的速度过快，可单击【时间滑块】中的选项按钮，打开【时间滑块选项】对话框，如图 8.7 所示。单击【回放】标签，切换到【回放】选项卡，在【显示每个时间戳的数据】的速度条中，拖动模块到合适的位置，再次单击播放按钮观察效果。由于时间步长为 1d，并且数据 2000_hrcn 采样间隔为 6 h，因此会在画面中看到一次有 1 个点、3 个点或 4 个点的情况。

（13）在 ArcMap 主菜单中单击【文件】→【保存】，即可保存时态地图。

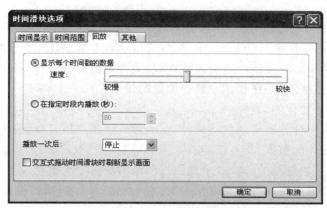

图 8.7 【时间滑块选项】对话框

### 8.1.3 时态地图的保存和导出

除了可以将时态数据可视化对象打印输出外,还可以用以下方法保存和导出时态地图可视化对象。

**1. 保存为时态地图**

使用时间滑块可随着时间变化对启用了时间的数据集交互执行可视化。此外,也可以创建时态地图,用于在特定时间对已启用时间的数据集执行可视化。只要是 ArcGIS 文档(ArcMap、ArcGlobe、ArcScene)便可保存时态地图,下次打开地图文档时,地图将基于时间滑块上的时间显示数据,时间滑块属性也将随地图一起保存。

**2. 导出为视频**

单击【时间滑块】中的导出至视频按钮 ▦,可将时间可视化对象导出为视频文件。在【导出动画】对话框中单击【选项】按钮,打开【导出程序选项】对话框,可以设置视频分辨率的宽度和高度,根据要求的帧导出视频。选中【启用离屏录制】复选框,可以确保避免不必要的窗口导出至视频。

**3. 导出为连续图像**

可以选择将时间可视化对象导出为一组连续的图像,这些连续图像是以 Windows 位图(\*.bmp)或 JPEG(\*.jpg)格式生成的一系列动画照片。该过程可以视为:将动画拆开,然后生成一系列类似连环漫画册的一张接一张的图像,创建方法同【导出至视频】工具。

## 8.2 动画制作

动画是对一个对象(如一个图层)或一组对象(如多个图层)的属性变化进行可视化的展现。使用动画可以对视角的变化、文档属性的变更和地理移动等这些动作进行存储,并在需要时重新播放。动画使文档变得生动,在 ArcMap、ArcScene 和 ArcGlobe 中可以创建不同类型的动画,本节介绍在 ArcMap 中制作动画的方法,关于在 ArcScene 中创建动画将在 13.4.3 小节中介绍。

## 8.2.1　创建动画

在 ArcMap、ArcScene 或 ArcGlobe 中,如果要以动画形式呈现对象属性,则必须创建动画轨迹并将其绑定到对象。轨迹由一组关键帧构成,关键帧是动画的基本结构单元,各关键帧即对象属性(如图层的透明度值)在动画中某个位置的快照。在一个轨迹中需要两个或更多关键帧,以创建出能够显示变化的动画。

在 ArcMap 中有三种方法来创建动画:以动画形式呈现视图、以动画形式呈现图层和以动画形式呈现随时间变化的数据,其对应的轨迹为"地图视图"轨迹、"地图图层"轨迹和"时间动画"轨迹。"地图视图"轨迹是 ArcMap 中地图视图范围在每个关键帧发生的变化;"地图图层"轨迹是图层可见性或透明度在每个关键帧中发生的变化;"时间动画"轨迹是根据关键帧之间的时间间隔设置、更新显示时间以显示启用时间的数据。

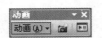

图 8.8　【动画】工具条

### 1. 创建动画工具

ArcGIS 中使用【动画】工具条来创建动画。在 ArcMap 主菜单中单击【自定义】→【工具条】→【动画】,即可打开【动画】工具条,如图 8.8所示。

【动画】工具条详解如表 8.2 所示。

表 8.2　【动画】工具条详解

| 图标 | 名　　称 | 功 能 描 述 |
|---|---|---|
| 【动画】 | 动画 | 显示一个包含所有其他动画工具的菜单 |
| ❧ | 清除动画 | 从文档中移除所有动画轨迹 |
| ☐ | 创建关键帧 | 为新轨迹或现有轨迹创建关键帧 |
| 🗐 | 创建组动画 | 创建用于生成分组图层属性(可见性、透明度)动画的轨迹 |
| ☁ | 创建时间动画 | 创建用于生成时间地图动画的轨迹 |
| 🛪 | 根据路径创建飞行动画 | 通过定义照相机或视图的行进路径来创建轨迹 |
| 📂 | 加载动画文件 | 将现有动画文件加载到文档 |
| 💾 | 保存动画文件 | 保存动画文件 |
| 🎞 | 导出动画 | 将动画文件导出为视频或连续图像 |
| ▤ | 动画管理器 | 编辑和微调动画、修改关键帧属性和轨迹属性以及在预览更改效果时编辑关键帧和轨迹的时间 |
| 📷 | 捕获视图 | 通过捕获视图创建一个动画 |
| ▶❚❚ | 打开动画控制器 | 打开【动画控制器】对话框 |

### 2. 播放动画工具

创建动画轨迹后,可通过【动画控制器】对话框自动播放动画,也可使用【动画管理器】中【时间视图】选项卡的滑块手动播放动画。

#### 1)动画控制器

在【动画】工具条上单击动画控制器按钮▶❚❚,打开【动画控制器】对话框,如图 8.9 所示。

当完成创建动画轨迹之后,打开【动画控制器】对话框,单击播放按钮 ▶ 可播放包含【动画管理器】中的所有选中轨迹的动画。使用【选项】按钮将显示更多高级播放选项,可以更改动画的总持续时间或播放速度,如果缩短持续时间,动画将以更快的速度播放,但可能不会显示动画中的所有信息。

此外,还可以指定显示帧数,如果不确定所需显示帧数并且某一轨迹是时间动画轨迹,单击【计算】按钮确定绘制所有时间片所需的最小帧数,还可以设置每帧的持续时间。选中【仅播放】复选框并输入起始值和终止值,可播放动画的某一子集。如果选中【按持续时间】单选按钮,则上述值将以秒为单位;如果选中【按帧数】单选按钮,则上述值将以帧为单位。

2)动画管理器

在【动画】工具条单击【动画】→【动画管理器】菜单,打开【动画管理器】对话框,单击【时间视图】标签,切换到【时间视图】选项卡,如图 8.10 所示。

图 8.9　【动画控制器】对话框

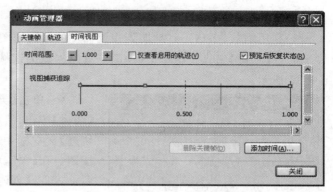

图 8.10　【动画管理器】对话框

在【时间视图】选项卡中,可单击并拖动出现的较细垂直时间线来手动播放动画,手动播放动画还可定位到动画中的某一特定点并显示相关数据。

**3. 以动画形式呈现视图**

以动画形式呈现 ArcMap 视图,创建的动画保存在"地图视图"轨迹中。在 ArcMap 中,视图属于显示画面中可见数据的一部分,以动画形式呈现视图的方法是:对"地图视图"轨迹中的每个关键帧,利用【工具】工具条中的放大按钮⊕、缩小按钮⊖和平移按钮來来改变视图范围。

在 ArcMap 中创建地图视图轨迹的方法有以下几种。

1)捕获透视图

使用【动画】工具条中的捕获视图工具捕获地图的范围,并将这些透视图作为关键帧保存在"地图视图"轨迹中。具体操作步骤如下:

(1)启动 ArcMap,添加 xingzhengqujie. shp 文件(位于"…\chp08\捕获透视图\data\huadong")。

(2)打开【动画】工具条。

(3)利用缩放、平移工具导航至想要捕获的透视图——ArcMap 中的地图范围。

(4)单击【动画】工具条上的捕获视图按钮。

(5)重复步骤(3)和(4),将更多视图捕获为 ArcMap 中地图视图轨迹的关键帧。

(6)在【动画】工具条中单击打开动画控制器按钮,打开【动画控制器】对话框。

(7)单击播放按钮▶,预览动画效果。

2)录制地图视图轨迹

在【动画控制器】对话框中,单击录制按钮●,录制导航。录制导航时,可以使用缩放、平移工具改变地图视图范围。单击停止按钮■,停止录制,即可创建"地图视图"轨迹。通过单击播放按钮▶,回放动画,可生成视图轨迹的动画。

3)创建地图视图属性关键帧

创建关键帧类似于绑定到轨迹的一个或多个对象的属性拍摄快照。使用【创建动画关键帧】对话框,可以创建关键帧从而构建围绕地图进行缩放或平移的动画。第一个关键帧将在当前位置创建,而其他关键帧则可通过导航到新位置,并根据需要进行创建。创建关键帧的操作步骤如下:

(1)启动 ArcMap,添加 xingzhengqujie. shp 文件(位于"…\chp08\创建地图视图属性关键帧\data\huadong")。

(2)打开【动画】工具条。

(3)利用缩放、平移工具导航到想要捕捉的地图视图位置。

(4)在【动画】工具条中单击【动画】→【□创建关键帧】,打开【创建动画关键帧】对话框,如图 8.11 所示。

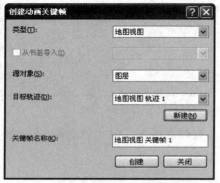

图 8.11 【创建动画关键帧】对话框

(5)单击【类型】下拉框并选择"地图视图"。单击【新建】按钮,使用默认名称创建新轨迹,或者在【目标轨迹】文本框中输入新轨迹的名称,然后单击【新建】按钮。在【关键帧名称】文本框中输入合适的关键帧名称,单击【创建】按钮,即可创建第一个关键帧。

(6)导航到新位置,重复步骤(5),直至创建了动画所必需的所有关键帧。

(7)单击【关闭】按钮。

(8)在【动画控制器】对话框中单击播放按钮▶,预览动画效果。

**注意事项**

a)在【创建动画关键帧】对话框中,如果【创建】按钮不可用,在【目标轨迹】下拉框中输入新轨迹的名称后,单击【新建】以将其建立为新轨迹,【创建】按钮便会变得可用。

b)至少需要创建两个关键帧才能创建显示变化的轨迹。

### 4. 以动画形式呈现图层

在 ArcMap 中,可以创建一个更改图层属性(如透明度和可见性)的动画,所创建的动画包含在"地图图层"轨迹内。创建"地图图层"轨迹的目的是为了使某些图层变得透明,以便其他图层能够随着动画的播放而可见,或者要按顺序显示不带时间字段的数据(创建组动画)等。

1)创建图层属性的关键帧

通过 ArcMap、ArcScene 或 ArcGlobe 中的【创建动画关键帧】对话框,可以创建关键帧以生成用于改变图层属性(如透明度和可见性)的动画。具体操作步骤如下:

(1)启动 ArcMap,添加栅格数据 elevation(位于"…\chp08\创建图层属性关键帧\data")。

（2）更改想要捕捉的图层属性。打开【效果】工具条（打开方式同打开【动画】工具条），如图 8.12 所示。

图 8.12 【效果】工具条

（3）单击调节透明度按钮，将图层 elevation 的透明度设置为"100％"（此时为全透明的）。

（4）在【动画】工具条中单击【动画】→【创建关键帧】，打开【创建动画关键帧】对话框，在该对话框的【类型】下拉框中选择"地图图层"；单击【源对象】下拉框，选择想要将轨迹绑定到的图层 elevation；在【目标轨迹】文本框中输入"elevation_animation"，然后单击【新建】按钮；可以命名关键帧，单击【创建】按钮，即可创建轨迹的第一个关键帧。

（5）接下来分别将透明度设置为"75％"、"50％"、"25％"、"0％"，重复步骤（4），分别创建另外 4 个关键帧。

（6）单击【关闭】按钮，然后在【动画控制器】对话框中单击播放按钮，预览动画效果。

**注意事项**

在不用关闭【创建动画关键帧】对话框情况下，可以连续更改属性来创建关键帧。

**2）创建组动画**

根据地图的现有图层组或各独立图层创建图层组动画，该动画将按顺序呈现一系列图层。例如，某图层组中的各图层可能分别表示各个时刻的快照，如果在内容列表中将这些图层按时间顺序排列，可以创建为组中各图层依次开启和关闭可见性的轨迹。生成动画的顺序将取决于内容列表中的排列顺序，因此，需要根据播放顺序来排列图层的顺序。创建组动画的操作步骤如下：

（1）启动 ArcMap，添加栅格数据 landuse 和 elevation（位于"…\chp08\创建组动画\data"）。

（2）在【动画】工具条中单击【动画】→【创建组动画】，打开【创建组动画】对话框，如图 8.13 所示。在该对话框中将【淡化过渡】滑块拖到合适的位置，同时选中【每次一个图层】和【淡化时各图层混合】复选框，其他取默认值。

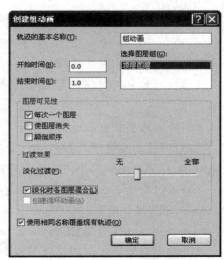

图 8.13 【创建组动画】对话框

【淡化过渡】是图层的淡入和淡出效果，使图层的进入和退出很自然，【淡化时各图层混合】（即一个图层淡出的同时下一个图层淡入），使得图层可见性与不可见性的交替显得比较流畅，避免了图层之间的突然变换。

（3）单击【确定】按钮，即可创建组动画。

（4）打开【动画控制器】对话框，单击播放按钮，浏览各图层之间的切换效果。

**5．以动画形式呈现随时间变化的数据**

以动画形式呈现随时间变化的数据（时间动画）与使用【时间滑块】所取得的效果相似，可以在这两种工具之间进行选择，选择哪种工具取决于要如何对随时间变化的数据进行可视化。如果只想对 ArcMap 中的时态数据进行可视化，则应使用【工具】工具条中的【时间滑块】工具。但是，如果想要在可视化随时间变化的时态数据时添加其他动画效果，则应创建时间动画，它可与其他动画轨迹（地图视图、地图图层）一起播放。例如，在可视化随时间变化的数据时定位到感兴趣的位置，则应创建时间动画轨迹以更改显示画面（地图）的时间，还应创建"地图视图"轨迹以移动地图范围，最后，这两个轨迹便可使用【动画控制器】一起播放。

在创建时间动画之前，要对创建时间动画的图层启用时间属性。在【动画】工具条中的【动画】下拉框中单击"创建时间动画"选项，然后弹出一个创建时间动画成功的对话框，最后利用【动画管理器】调试动画即可。

## 8.2.2　编辑动画

如果所做的动画不满足需求，可以对动画进行编辑，直到满意为止。修改动画的方法有三种：修改轨迹属性、修改关键帧属性、修改【时间视图】选项卡参数设置。

**1．修改轨迹属性**

根据轨迹类型（"地图视图"轨迹、"时间动画"轨迹、"地图图层"轨迹）的不同，附加到某轨迹的对象（如图层）的各种属性（如透明度或可见性）可由此轨迹控制，可以启用或禁用轨迹属性，还可以将对象附加到轨迹中或从轨迹中分离对象。

1）附加或分离轨迹的对象

创建某个动画轨迹时，该轨迹可被绑定到一个或多个对象，如一个"地图图层"轨迹则被绑定到一个或多个图层，有时需要更改附加到轨迹的对象列表。例如，假设已经创建一个"地图图层"轨迹来更改某一图层的透明度，通过将该图层从绑定列表中分离并将另一个图层附加到列表中的方法，可将此透明度应用于另一个图层，还可以将两个图层都附加到列表中，这样，两个图层的透明度将同时发生变化。

在前面的"创建图层属性关键帧"部分，已经创建了 elevation_animation 轨迹，此轨迹的属性只是应用于 elevation 图层，此时想通过附加和分离轨迹的对象的方法将此属性应用到 landuse 图层。具体操作步骤如下：

（1）打开地图"创建图层属性关键帧.mxd"（位于"…\chp08\创建图层属性关键帧\result"）。

（2）添加栅格数据 landuse（位于"…\chp08\创建图层属性关键帧\data"）。

（3）打开【动画管理器】对话框，单击【轨迹】标签，切换到【轨迹】选项卡，选中所创建的轨迹"elevation_animation"，单击右边栏中的【属性】按钮，打开【轨迹属性】对话框，如图 8.14 所示。

（4）可以看到 elevation 在【附加对象】栏中，说明轨迹属性只对图层 elevation 起作用，选中 elevation，此时【分离】按钮变为可用状态，单击【分离】，elevation 移动到【可选对象】栏中，然后选中 landuse，单击【附加】按钮，landuse 移动到【附加对象】栏中。

（5）在内容列表中取消选择图层 landuse 前的复选框。

（6）打开【动画控制器】，单击播放按钮 ▶，浏览动画效果。

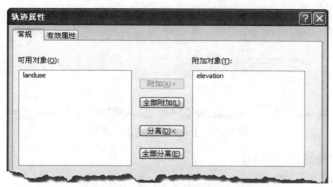

图 8.14　【轨迹属性（常规）】对话框

2）禁用轨迹的有效属性

播放动画时，附加到轨迹的对象中不可用的属性值不会发生变化。例如，如果"地图图层"轨迹的透明度属性不可用，则动画播放期间，附加到轨迹的图层的透明度便不会发生变化。对于"时间动画"轨迹，必须在动画中应用全部属性（间隔、时间和单位）。

打开相应轨迹的【轨迹属性】对话框，在【有效属性】选项卡中可取消一些属性。

**2．修改关键帧属性**

如果关键帧属性不可用，则关键帧列表中（【动画管理器】对话框的【关键帧】选项卡中）将不显示常规值而改为显示特殊字符串"--"。还可以更改各关键帧属性值对动画进行微调以达到理想的效果。

1）禁用关键帧属性

（1）当动画创建后，打开【动画管理器】对话框。

（2）在【动画管理器】对话框中，单击【轨迹】标签，切换到【轨迹】选项卡，单击已创建的轨迹，然后单击【关键帧】选项卡，查看为该轨迹创建的关键帧。或者，在【关键帧类型】下拉框中选择关键帧类型，然后在【追踪】下拉框中单击想要检查的轨迹的名称，如图 8.15 所示。

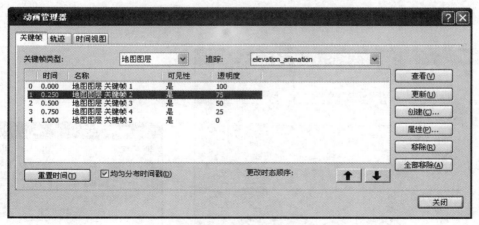

图 8.15　【动画管理器（关键帧）】对话框

（3）单击选中【名称】列表中任一关键帧名称，然后单击【属性】按钮，打开【关键帧属性】对话框，如图 8.16 所示，其中列有该轨迹的有效属性，取消选中不想在动画中应用的关键帧属性。

图 8.16 【关键帧属性】对话框

（4）单击【确定】按钮，完成操作。

2）更改关键帧属性

在图 8.15 中直接单击关键帧属性的值，使该值处于可编辑状态，然后输入相应的值，按 Enter 键，即可完成关键帧属性的更改。

**3. 修改【时间视图】选项卡设置**

【动画管理器】中的【时间视图】选项卡能以交互方式更改轨迹和关键帧的排列方式。

1）改变轨迹的动画时间

默认情况下，动画轨迹覆盖整个动画：其开始时间为 0.0，结束时间为 1.0。可以在【轨迹】选项卡中更改这些值，也可通过在【时间视图】选项卡中拖动轨迹的边，以交互方式对其进行修改。改变轨迹的动画时间的操作步骤如下：

（1）打开【动画管理器】对话框，单击【时间视图】标签，切换到【时间视图】选项卡。将鼠标指针定位到时间线的起点（终点）的右上方或右下方，直到指针形状变为开括号或闭括号为止。

（2）单击并沿时间轴拖动，如图 8.17 所示，左下角的时间值由"1.0"变成"0.8005"，即改变了动画的时间。

2）向动画添加轨迹

（1）打开【动画管理器】对话框，切换到【时间视图】选项卡。

（2）单击【添加时间】按钮，打开【延长动画时间】对话框，如图 8.18 所示。可选择【当前起点之前】或【当前终点之后】，在【动画增加时间】文本框中输入增加的时间值，然后单击【确定】按钮。

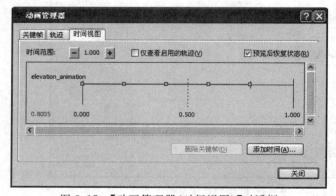

图 8.17 【动画管理器(时间视图)】对话框

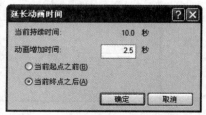

图 8.18 【延长动画时间】对话框

（3）接下来在原来动画轨迹的基础上，利用前述方法创建一个新轨迹。

（4）在【轨迹】选项卡上，将新轨迹的起始时间值设置为现有轨迹的结束时间（选中【当前终点之后】单选按钮），在【时间视图】选项卡中可以看到新添加的轨迹开始点在原有轨迹的结束点上。

### 8.2.3　导出和共享动画

当创建动画成功后，可以将动画保存为视频、连续的图像、独立的动画文件（＊.ama）、包含动画的地图文档（＊.mxd）等。

#### 1. 将动画导出为视频文件

与导出时态可视化对象到视频文件的方法类似。在【动画】工具条中单击【动画】→【🎞导出动画】，打开【导出动画】对话框，在对话框中单击【保存类型】下拉框，选择"AVI"。另外，还可以单击【选项】按钮，打开【导出程序选项】对话框，在该对话框中进行进一步设置，如自定义视频分辨率、基于帧导出视频等。

> **注意事项**
>
> 在【导出程序选项】对话框中选中【启用离屏录制】复选框可以避免不必要的窗口出现在导出的文件中，并且只有在最大化时，此选项才可用。

#### 2. 将动画导出为连续图像

创建动画后，可以将动画导出为连续图像的集合，这些连续图像是以 Windows 位图（＊.bmp）或 JPEG（＊.jpg）格式生成的一系列动画照片。与"将动画导出为视频文件"不同的是保存类型为"Sequential Images"。

#### 3. 保存动画文件

将动画轨迹保存为独立的 ArcMap 文件（＊.ama），以便将它们加载到其他文档。方法是在【动画】工具条中单击【动画】→【💾保存动画文件】，打开【保存动画】对话框，然后进行相关的设置即可。

通过【动画】下拉菜单中的【📂加载动画文件】加载动画文件。

#### 4. 保存动画轨迹

保存 ArcMap 文档时，已创建的动画轨迹将被保存在文档中。单击【标准】工具条中的保存按钮💾，系统会为动画追加一个现有文档，如果没有任何文档，系统会为包含动画的新文档提供一个添加文档名的提示。

## 8.3　图表制作

图表是对数据进行可视化的重要手段，借助图表能以直观易懂的方式呈现地图要素的相关信息以及它们之间的关系。也可为非空间表格数据创建图表，通过图表显示地图中要素的信息。

典型的图表是在笛卡儿网格上绘制的，其刻度显示在两条互相垂直的轴（$X$ 轴和 $Y$ 轴）上。通常，自变量在水平轴（$X$ 轴）上表示，因变量在垂直轴（$Y$ 轴）上表示。图表上显示的每个数据点都由数据源中两个（或多个）字段值的交点来定义。数据点在图表中并不一定显示为一个点，根据图表类型的不同，一个数据点可以由一个圆点、一条线、一个矩形或其他一些图形表示。

### 8.3.1　创建图表

图表类型的选择依据以下几个方面：要显示数据中的数据趋势、关系、分布还是比例，是为了追踪短时间内的变化还是长时间内的变化，是否比较整体的各部分，要比较不同组的事物还是追踪一段时间内的变化，是否确定不同事物之间的关系等。

**1. 创建不同类型的图表**

ArcMap 提供了多种图表类型（如条形图、直方图、条块最小值和最大值图、折线图、面积图、散点图、箱图、气泡图、极线图、饼图、散点图矩阵等），不同的图表类型便于展示特定种类的信息。

1）创建图表的基本步骤

创建图表向导将引导完成在 ArcMap 中创建图表的必要步骤。部分类型的图表可以使用 states.shp（位于"…\chp08\创建图表\data"）作为练习数据。下面先介绍创建不同类型图表的相同步骤，不同步骤分别见后文。

（1）在 ArcMap 主菜单中单击【视图】→【图】→【 创建】，打开【创建图向导】对话框，如图 8.19 所示。（以下操作过程中如果从【视图】中启动创建图向导，则简称"单击【创建】"）。

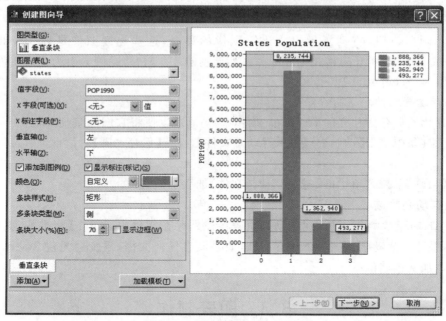

图 8.19　【创建图向导】对话框

（2）在【创建图向导】对话框中，单击【图类型】下拉框，选择合适的图表类型。

（3）单击【图层/表】下拉框，选择含有要绘制图表的图层或表。

（4）单击【值字段】下拉框，选择要绘成图表的数据字段。

（5）图表中的数据点在 X 轴方向上最初按源表中数据值的顺序排列。单击【X 字段】下拉框，选择数据源的字段，则数据点的顺序将参照这个字段。例如，有一个包含经济（GDP）字段和人口统计（population）字段的表，将其创建成条形图，如果将【值字段】设置为"GDP"，而将【X 字段】保留为默认值"〈无〉"，则会根据表中 GDP 的数据值顺序排列各个条，但如果将【X 字段】设置为"population"字段,并将类型设置为"升序",则图表按国家人口数升序自左至右排列。

(6)【X 标注字段】可用于指定一个不同的字段来标注图的水平轴。

(7)单击【垂直轴】与【水平轴】下拉框可用于设置标注轴的属性,如"左"、"右"、"顶部"、"下"等。

(8)默认情况下,输入数据的值将被添加到图表的图例中。可通过取消选择【添加到图例】复选框来禁用此设置。

(9)选中【显示标注(注记)】复选框,可查看图表中以实际值标注的各个数据点。

(10)单击【颜色】下拉框,根据要求选择"与图层匹配"、"选项板"和"自定义",设置图表的颜色属性。

(11)【添加】下拉菜单中的【新建系列】与【新建函数】选项详细介绍参见 8.3.1 小节相关内容。

(12)单击【下一步】按钮,进入图 8.20 所示对话框,通过该对话框设置图表的常规属性。

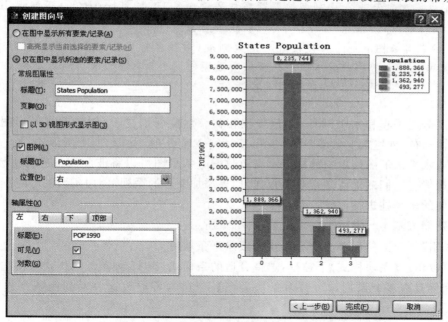

图 8.20　图表的常规属性设置对话框

(13)默认情况下,【在图中显示所有要素/记录】单选按钮处于选中状态,即数据源中的所有要素、记录都将显示在图表中,【高亮显示当前选择的要素/记录】复选框也处于选中状态。当需要仅仅显示选定的数据时,可选中【仅在图中显示所选的要素/记录】单选按钮。

(14)在图表的【常规图属性】区域中更改图表的标题,添加页脚,该页脚将被添加到图表的底部。

(15)选中【以 3D 视图形式显示图】复选框,将以拉伸的近似 3D 效果显示图表。

(16)选中或取消选择【图例】复选框来使图表的图例可用或不可用,多数图表类型会默认启用此功能。图例可放置在图表的左侧、右侧、顶部或底部,这可以通过【位置】下拉框进行控制,默认位置是在图表的右侧。在【标题】文本框中添加标题的文本,默认情况下,图例没有标题。

(17)图表具有四个轴,分别通过【轴属性】区域的【左】、【右】、【下】和【顶部】选项卡进行管理。【可见】复选框用于标注轴的刻度。在【标题】文本框中,可以输入用做每个轴名称的文本。【对数】复选框可用于在各个轴上生成半对数图和双对数图,对数图通常用于压缩在值之间存在非线性关系的大范围数据。

(18)单击【完成】按钮。图表即以浮动窗口的形式创建在 ArcMap 中。

其中各种类型图表的创建步骤在图 8.20 所示对话框中都是相同的,在【创建图向导】对话框中的差异分别见下文。

> **注意事项**
>
> a)对数坐标中坐标轴是按照相等的指数增加变化表示的。例如,如果每 1 cm 代表 10 的 1 次方,则坐标轴刻度的表示依次为 1,10,100,1000,10000……对于算术坐标系统来讲,即普通的笛卡儿坐标,纵横的刻度都是等距的。例如,如果每 1 cm 的长度都代表 2,则刻度按照顺序 0,2,4,6,8,10,12,14……但一般情况下,刻度是均匀表示的,按照 0,1,2,3,4 的顺序排下去。
>
> b)半对数图有一个轴被设置为对数刻度(对数坐标),另一个轴默认为算术刻度(算术坐标系统中的算术刻度),而双对数图的两个轴都被设置为对数刻度。

2)条形图

条形图分为垂直和水平两种,创建步骤相似。主要区别在于,创建垂直条形图时,条沿 Y(垂直)轴分布;创建水平条形图时,条沿 X(水平)轴分布,如图 8.21 所示。

垂直或水平条形图用单独的柱显示离散数据。条形图可以将彼此的量进行比较,并可表明数据的趋势。它们的优点是直观性很强,如果添加额外的系列,使用条形图可对不同系列间表示数据值的多个柱进行比较。

与创建图表基本步骤的不同之处如图 8.22 所示。

(1)单击【创建】,然后单击垂直条块▥或水平条块▤。

(2)可以单击【条块样式】下拉框,选择合适的条样式,有 13 种条形图样式可供选择。

(3)如果具有多个系列,单击【多条块类型】下拉框,可更改这些系列的条一起显示时的方式。

图 8.21　条形图

图 8.22　条形图创建的不同之处

（4）使用【条块大小（%）】数值框可以按要求调整条的宽度。

（5）选中【显示边框】复选框可在图表中的每个条周围绘制一个框。

3）条块最小值和最大值图

条块最小值和最大值图用于显示与地理数据相关的最小值和最大值,如图 8.23 所示。例如,可以显示特定时刻在不同水文站观测到的沿河流的最小及最大排水量值。与条形图相似的是条块最小值和最大值图也用单独的柱显示离散数据;不同的是,各个柱并不是"落在" X 轴上,而是以最小值开始,并以最大值结束。条块最小值和最大值图不仅可以将彼此的量进行比较,而且还可以显示系列的最小值和最大值。

与条形图创建步骤的不同之处如图 8.24 所示。

（1）单击【创建】,选择条块最小值和最大值图按钮。

（2）单击【最大值字段】下拉框,然后选择要绘成最大值的数据字段。

（3）单击【最小值字段】下拉框,然后选择要绘成最小值的数据字段。

图 8.23　条块最小值和最大值图

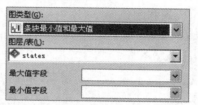

图 8.24　条块最小值和最大值创建的不同之处

4）直方图

直方图的优势在于它是一种很直观的图表类型,用于在有序的列中显示连续数据,非常适用于较大的数据点集。直方图实质上是一个频率分布图(图 8.25),它将源数据值归到各个条柱或组距中,列高度表示落在每个条柱中的项目数的频数,这意味着不能从直方图读出确切的数据值并且也很难用直方图比较多个数据集。

与创建图表基本步骤的不同之处如图 8.26 所示。

（1）单击【创建】,然后单击直方图按钮。

（2）更改【图格数目】数值框可增加或减少直方图中的条柱数。

（3）使用【透明度%】数值框来调节直方图的透明度。默认情况下,每个系列的直方图是不透明的(透明度为 0%)。如果具有多个系列,则使用透明度设置可让直方图中原本会被隐藏的部分变为可见。

（4）如果不希望看到直方图周围的边框线,可取消选中【显示边框】复选框。同样,如果不希望看到直方图条柱之间的垂直线,可取消选中【显示线】复选框。

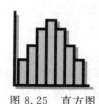

图 8.25　直方图

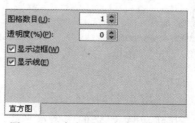

图 8.26　直方图创建的不同之处

5）折线图

折线图由一条或多条连接连续属性值的线组成（图 8.27），它很容易确定数据范围、最小值和最大值、间距、聚类和异常值。当要显示事物随时间发展的变化情况或显示数据的趋势时，折线图非常有用，面积图和折线图相似，也用来显示数据的趋势。

折线图分为垂直和水平两种，创建步骤相似。主要区别在于：垂直折线图，源数据字段中的值将在垂直轴上绘制；水平折线图，源数据字段中的值将在水平轴上绘制。与创建图表基本步骤的不同之处如图 8.28 所示。

（1）单击【创建】，然后单击垂直线按钮 或水平线按钮 。

（2）使用【阶梯模式】来控制数据点的连接方式。当设置为"关"时，将直接使用具有角度的线段来连接点。设置"开"和"反转"时，则用水平线段和垂直线段连接数据点。

（3）在【线】选项卡中可以更改线的宽度及其样式（实线、虚线等）。

（4）在【符号】选项卡中可以改变在数据点位置放置的标记符号样式，如更改标记符号的宽度、高度、样式和颜色。

图 8.27　折线图

图 8.28　折线图创建的不同之处

6）散点图

散点图（图 8.29）使用数据值作为 $X$、$Y$ 坐标来绘制点，它可以揭示格网上所绘制的值之间的相关关系，还可以显示数据的趋势，当存在大量数据点时，散点图的作用尤为明显。散点图与折线图相似，不同之处在于折线图通过将点或数据点相连来显示每一个变化。

与创建图表基本步骤的不同之处如图 8.30 所示。

（1）单击【创建】，然后单击散点图按钮 。

（2）使用【符号属性】选项卡可以更改散点图中数据点的外观。【画笔】选项卡可控制点的【宽度】、【高度】和【样式】，【边框】选项卡可控制点标记符号轮廓的【宽度】、【样式】和【颜色】。

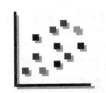

图 8.29　散点图

图 8.30　散点图创建的不同之处

7）箱形图

箱形图（图 8.31）是显示多个值的统计分布规律的有效方式。箱形图是由最中间的水平线、一个方框、外延出来的两条水平线和最外端的离散点（异常点）组成，其中最中间的水平线表示当前变量的中位数，方框的两端分别表示上四分位数（即 75% 百分位数）和下四分位数

（即 25％百分位数），二者之间的距离为四分位数间距，整个方框内包括了中间 50％的数据分布范围，方框外的上、下两条水平线分别表示除去异常值外的最大、小值。异常值是指与四分位数值（即方框上下界）的距离超过某个系数乘以（默认为 1.5）四分位间距的数值，其中离方框上、下界的距离超过四分位数间距 1.5 倍的为轻度异常值，默认用圆圈表示；超过 3 倍的为极端异常值，默认用星形线符号表示。

　　箱形图通常用于比较同一数据集或几个不同数据集中多个系列的变化性。当比较两组或多组数据的中心或分散程度时，可以创建并排显示的箱形图。

　　与创建图表基本步骤的不同之处如图 8.32 所示。

　　（1）单击【创建】，然后单击箱形图按钮。

　　（2）修改【须长度】文本框中的标准阈值。须长度的默认值为 1.5，即超过箱体长度 1.5 倍的值为异常值。

　　（3）使用【符号属性】选项卡更改箱形图的外观。

　　（4）使用【盒】选项卡，更改图表中箱体形状的大小（相对于总图表面积）及其填充颜色。

　　（5）使用【轻度异常值】与【极端异常值】选项卡，控制异常值符号的大小与形状，当形状为多边形形状时，其填充颜色由【颜色】控件确定。

　　（6）【须】选项卡用于更改箱图中须线的宽度、样式和颜色。

图 8.31　箱形图

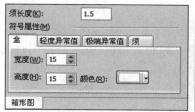

图 8.32　箱形图创建的不同之处

**注意事项**

　　中位数是将总体的数值按大小顺序排列，处于中间位置的那个标志值。百分位数是一种位置指标，中位数实际上是一个特定的百分位数，即 50％百分位数。

8）饼图

　　饼图由一个被分割成两个或更多扇区（切片或楔形）的圆（"饼"）组成（图 8.33）。饼图显示了部分和整体之间的关系，适合于显示比例和比率。通过"拆分"某个饼图切片（将其从中心略微向外分离）可以高亮显示该饼图切片。

　　与创建图表基本步骤的不同之处如图 8.34 所示。

　　（1）单击【创建】，然后单击饼图按钮。

　　（2）通过【排序字段】来按另一字段对楔形进行升序或降序排序。

　　（3）在【标注字段】中指定一个不同的字段来标注图表中的楔形，通常为文本（字符串）字段。

　　（4）若要为饼图创建不完整的圆，可将【饼图总角度（度）】的默认设置 360°减小为其他值。

　　（5）使用【旋转饼图（度）】数值框以度为单位将饼图的起点从默认的位置调整为其他位置。

　　（6）使用【拆分最大的一份（％）】数值框来高亮显示饼图的最大一块楔形。

(7)选中【显示边框】复选框以显示饼图以及所有楔形的轮廓。

图 8.33　饼图

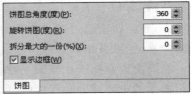

图 8.34　饼图创建的不同之处

> **注意事项**
>
> a)饼图中的楔形最初将三点钟位置(即钟表中时针指向三点)作为起点呈现第一个数据值,然后以逆时针方向依次绘制后续的楔形来代表后续值。通过排序字段可按另一字段对楔形进行升序或降序排序。
>
> b)饼图一般不适于显示负值。条形图更适用于显示负值,因为可以用垂直于水平基线下方的条形来代表负值。如果在饼图的输入数据中使用了负值,将在饼图中使用其绝对值。

9)泡状图

泡状图以二维方式绘制三个变量(图 8.35),它是散点图的一种变化形式,其中气泡大小表示特定数值。例如,用三个变量,即总人口($y$ 轴)、城市人口百分比($x$ 轴)以及感染艾滋病的人口(气泡大小)来绘制气泡图表。

与创建图表基本步骤的不同之处如图 8.36 所示。

创建泡状图的操作步骤如下:

(1)单击【创建】,然后单击泡状图按钮。

(2)单击【半径字段】下拉框,然后选择用来表示气泡大小的字段,该值可确定气泡相对于图表上其他数据点的大小。然后分别单击【Y 字段】和【X 字段】下拉框,选择合适的变量。

(3)使用【泡状图】选项卡,可以更改气泡在气泡图中的外观,如【透明度】等。

(4)使用【边框】选项卡可控制气泡轮廓的【宽度】、【样式】和【颜色】。

图 8.35　泡状图

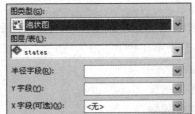

图 8.36　泡状图创建的不同之处

10)在表中创建图表

除了在 ArcMap 主菜单的【图】菜单中创建图表,还可以在表窗口中创建。具体操作步骤如下:

(1)打开包含要绘成图表的数据值的表。

(2)单击表窗口左上角的表选项按钮,弹出菜单,然后单击【创建图】,剩下的步骤见

8.3.1 小节中的相关描述。

### 2. 对图表使用系列

初始图表可以根据表或图层的所选字段绘制,当将其他字段作为新系列添加时,在图表中也可以显示该字段。因此,可以向一个图表添加多个系列,各个系列的数据可以来自同一个输入数据集或来自其他图层。例如,有 1990 年和 2000 年几个国家的国内生产总值(GDP)表,GDP_1990 和 GDP_2000 字段可被描述为数据中的不同系列,通过向图表添加这两个系列,可创建含有系列的图表如图 8.37 所示。

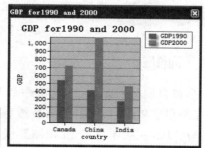

| GDP1990 | GDP2000 | country |
|---|---|---|
| 537 | 717 | Canada |
| 412 | 1079 | China |
| 272 | 465 | India |

图 8.37　含有系列的图表

1)添加系列

在【创建图向导】对话框中单击【添加】,打开【添加】下拉菜单,然后选择【新建系列】,如图 8.38 所示,接下来的步骤和创建相应的图表步骤一致。(或者右击图表,选择【属性】,打开相应的【图表属性】对话框,切换到【系列】选项卡,单击【添加】下拉菜单,选择【新建系列】选项。)

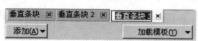

图 8.38　添加系列

> **注意事项**
>
> 　　每个系列可以具有自己的图表类型,这样可以将不同图表类型合并为一个图表。

2)命名系列

图表中的各个系列将应用默认名称,名称将包含图表的类型以及一个附加数字,对于每个相同类型的后续图表,该数字都将自动加一。单击系列名称的文本使其处于编辑状态,然后输入名称即可修改系列的名称。

3)更改系列顺序

单击系列的选项卡,当看到蓝色的插入标记时,将其向左或向右拖动到合适的位置。

4)移除系列

单击该系列选项卡上的移除系列图标▣即可。

### 3. 将函数添加到图表

添加函数可增强图表的视觉效果和分析效果。图表函数对数据系列中的值应用特定的数学运算或统计运算,以函数线的形式反映描述性或统计性信息趋势,创建的函数线将以系列的形式添加到图表中。将函数添加到图表的操作步骤如下:

(1)在【创建图向导】对话框中单击【添加】下拉菜单,选择【新建函数】,进入【函数设置】页

图 8.39　函数设置

面,如图 8.39 所示。

(2)单击【函数类型】下拉框,选择要显示的函数。

(3)单击【数据源(系列)】下拉框,选择要应用函数的系列。

(4)【添加到图例】复选框默认是选中的,如果不希望函数的条目显示在图例上,可取消选中。

(5)在【线属性】区域可以更改函数线的宽度、样式和颜色。

(6)单击【下一步】按钮,单击【完成】按钮,完成设置。

### 8.3.2　显示和查询图表

创建图表后,它将自动显示在 ArcMap 的一个独立窗口中。如果该图表窗口已关闭,则可通过在 ArcMap 主菜单中单击【视图】→【图】,然后从列表中单击要打开的图表。打开图表的另一个方法是在 ArcMap 主菜单中单击【视图】→【图】→【📊管理】,打开【图表管理】窗口,然后双击图表,或右击该图表,在弹出菜单中单击【打开】。

#### 1. 在 ArcMap 布局视图中使用图表

在 ArcMap 中可以将图表作为一个元素添加到布局,并可以向布局添加多个图表,这些图表可以是多次复制同一图表而产生的,也可以是与地图中各种数据集相关联的不同图表。当更改图表所依赖图层中的要素或属性时,显示在布局上的图表会自动更新,对图表的更改也将反映在这些副本中;反之,当更改图表所依赖图层中的要素或属性而又不希望图表及副本自动更新时,需将图表创建成静态图形。

1)向布局中添加图表

从【图表】窗口可以直接将图表添加到布局或从【图表管理器】将图表添加到布局(图 8.40)。具体操作步骤如下:右击【图表】窗口,在弹出菜单中单击【添加到布局】。或者在【图表管理器】中,右击图表,在弹出菜单中单击【添加到布局】。

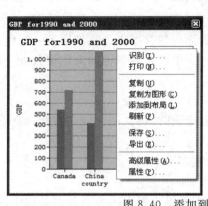

图 8.40　添加到布局

2)在布局中修改图表

修改【布局视图】中图表的方法与修改【数据视图】中图表的方法相同。具体操作步骤如下:

（1）在布局视图中，右击图表，然后在弹出菜单中单击【属性】，打开【属性】对话框，对图表类型、数据和外观进行更改。

（2）单击【确定】按钮，完成修改。

3）在布局中创建图表副本

在布局中可以创建同一图表的多个副本，并且与数据源的更改动态关联。具体操作步骤如下：

（1）单击【工具】工具栏中的选择元素工具 。

（2）在布局中，单击要复制的图表将其选中。

（3）右击选定的图表，然后在弹出菜单中单击【 复制】，或在主菜单中单击【编辑】→【 复制】。

（4）右击布局，然后在弹出菜单中单击【 粘贴】，或在主菜单中单击【 粘贴】。

（5）图表的副本将出现在布局中。使用鼠标指针拖动图表到合适的位置。

**注意事项**

通过将图表再次添加到布局也可以创建图表副本。

4）基于图表创建静态图形

（1）在布局视图中创建。操作步骤如下：

——右击【图表】窗口，在弹出菜单中单击【复制为图形】。

——右击布局视图，然后在弹出菜单中单击【 粘贴】。

（2）在图表管理器中创建。

在图表管理器中创建静态图形的方法与在布局视图中创建静态图形相同。

**2. 高亮显示图表选择内容**

图表是动态的，当更改图层中的选定要素集时图表会自动更新。如果在图表自身进行选择，图层和属性表中的选择内容也会随之更新。图表还会通过高亮显示选定集来响应用户作出的选择。具体操作步骤如下：

（1）单击【工具】工具栏中的选择元素按钮 ，在图表上进行选择。

（2）右击图表窗口，在弹出菜单中单击【属性】，打开对应的属性对话框，单击【外观】标签，切换到【外观】选项卡。

（3）单击选中【在图中显示所有要素/记录】单选按钮（如果尚未选中该按钮）。

（4）选中【高亮显示当前选择的要素/记录】复选框。

（5）单击【应用】按钮，查看更改，或单击【确定】按钮，完成操作。

选定要素在图表和地图显示画面中都会高亮显示。

另外，如果仅选中【仅在图中显示所选的要素/记录】复选框，在图表中仅仅显示选定的内容。

## 8.3.3　修改和管理图表

通过控制图表的视觉特性可以进一步高效地显示数据。例如，可以选择要使用的字段、添加标题、标注轴以及更改图表标记（如条形图中的条）的颜色。通过访问属性对话框来更改图表所使用的常规外观和数据，也可以通过 Editing 对话框对图表外观进行更细致的控制。

**1. 修改图表**

要更改图表的常规属性，右击图表，然后在弹出菜单中单击【属性】。要更改高级属性，右击该图表,在弹出菜单中单击【高级属性】。也可以在图表管理器中右击要更改的图表,然后单击【属性】或【高级属性】。

　　1)在系列和外观中修改图表

　　当打开属性对话框后,单击【系列】或【外观】标签,切换到【系列】选项卡或【外观】选项卡,如图 8.41 和图 8.42 所示,这两个选项卡中的参数设置与创建图表向导中完全一致。在此不再赘述。

图 8.41　系列设置

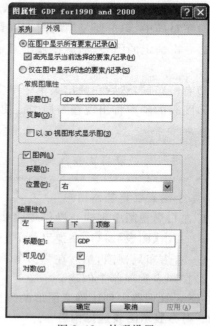

图 8.42　外观设置

　　创建图表之后,在【系列】选项卡中数据源保持不变的情况下可更改【图类型】,但需要重新设置【值字段】,还可更改【图层/表】和【X 字段】等;在【外观】选项卡中可以更改【标题】和【页脚】等。

　　2)修改图表的高级属性

　　右击所创建的图表,在弹出菜单中单击【高级属性】,打开 Editing 对话框,如图 8.43 所示,在该对话框中可对图表的属性做进一步的修改。

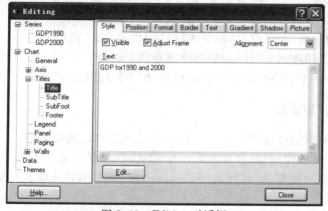

图 8.43　Editing 对话框

2．**管理图表**

ArcMap 地图文档可能包含多个图表,使用图表管理器便于对这些图表进行管理。图表管理器是一个可停靠的窗口,在该窗口中可以创建、打开、保存、重命名和移除图表。还可以将图表导出、打印以及添加到布局等。

要访问图表管理器,在 ArcMap 主菜单中单击【视图】→【图】→【管理】,打开 Graph Manager 对话框,如图 8.44 所示。

图 8.44　Graph Manager 对话框

(1)在 Graph Manager 对话框中单击创建新图图标可以启动【创建图向导】,具体的操作步骤参见 8.3.1 小节所述。

(2)单击加载图标,用来查找和打开先前创建的图表( *.grf 文件)。也可以通过单击【视图】,指向【图】,然后单击【加载】菜单。

(3)单击要重命名的图表的名称字段,使其处于编辑状态,然后输入新名称。或者右击名称字段,单击【重命名】,然后输入新名称。

(4)单击删除按钮,可删除图表。

(5)在【名称】列表框中选择要查看属性的图表,然后单击属性按钮。

(6)在【名称】列表框中双击要打开的图表,或右击该图表,并选择【打开】,可打开图表。

## 8.3.4　保存和导出图表

如果要将图表从一个地图文档复制到另一个地图文档,应先将其保存为磁盘上的文件,这样,便可将图表加载到另一个地图文档中,并将其放置在适当的位置。当将图表保存到磁盘中时,将保留在图表上设置的所有属性,包括图表类型、图表所依据的数据、是否存在所选数据集以及图表绘制的字段等。

1．**保存图表**

(1)右击图表窗口,在弹出菜单中单击【保存】,打开【另存为】对话框。

(2)在【另存为】对话框中导航至要保存图表的位置。

(3)在【文件名】文本框中输入文件名,将会对输出文件应用 *.grf 扩展名。

(4)单击【保存】按钮。

还可以使用【保存图表】工具(在【数据管理工具】工具箱中的【图表】工具箱中)来保存图表。或者在 Graph Manager 对话框中右击图表,然后在弹出菜单中单击【保存】保存图表。

 注意事项

在【标准】工具栏中单击保存按钮,将图表设置保存到地图文档中。

2．**导出图表**

可将图表导出为多种图像格式或矢量格式,也可以将图表的数据源导出为多种标准格式。如将图表导出为以下图像文件格式:Windows 位图( *.bmp)、画笔( *.pcx)、GIF( *.gif)、便携式网络图形( *.png)以及 JPEG( *.jpg)等。

支持的矢量图形文件格式有:可缩放矢量图形( *.svg)、封装的 PostScript( *.eps)、便携文档格式( *.pdf)以及 Windows 常规元文件( *.wmf)和增强型元文件( *.emf)。

数据的导出格式可以是文本(＊.txt)、XML、HTML 和 Microsoft Excel。

右击图表窗口,然后在弹出菜单中单击【导出】,打开【导出】对话框,或者在 Graph Manager 窗口中右击图表,然后在弹出菜单中单击【导出】,打开【导出】对话框。

1)将图表数据导出为图像或矢量格式

(1)在【导出】对话框中,切换到 Picture 选项卡。

(2)选择要使用的导出格式。

(3)为 Size 和 Option 选项卡设置相应值。

(4)单击 Save 按钮。

2)导出图表数据

图表使用属性字段或数据源中的字段创建而成。如果有必要,可以导出图表数据,以便独立于原始源属性来操纵和共享图表数据。导出图表数据时,可选择导出所有系列或特定系列,如果选择文本,还可以设置输出格式和分隔符类型。具体操作步骤如下:

(1)在【导出】对话框中,切换到 Data 选项卡。

(2)单击 Series 下拉框,然后选择要导出的系列。选择"all",将所有系列导出到输出文件。

(3)从 Format 列表框中选择一个格式类型。

(4)单击 Save 按钮。

# 8.4　报表制作

报表以可控表格的形式显示地图要素的属性信息,报表中显示的信息直接来源于存储在地图中的地理数据或独立表格中的数据。

ArcMap 内置了用于创建和修改、查看报表的【报表向导】、【报表设计器】和【报表查看器】工具。【报表向导】为报表中的数据设置分组、排序和汇总,选择显示表格中的哪些字段以及显示报表时所使用的布局和样式等。通过【报表设计器】可以控制报表的每一个组成部分,创建自定义样式、配置字段的对齐方式和位置、添加图片以及执行其他操作。使用【报表查看器】可预览报表,生成完整报表,包含按钮和报表的内容视图以便浏览和逐页导航报表,在"报表查看器"中可保存和导出报表,也可将报表添加至地图布局。

## 8.4.1　创建报表

创建报表的操作步骤如下:

(1)启动 ArcMap,打开报表数据 ReportData.mxd(位于"…\chp08\创建报表\data")。

(2)在 ArcMap 主菜单中单击【视图】→【报表】→【▦创建报表】。也可以先打开华东地区近几年农村居民人均纯收入表,然后从【表】窗口的【表选项】菜单中打开【报表向导】对话框,如图 8.45 所示。

(3)在【报表向导】对话框中,单击【图层/表】下拉框,然后选择报表所基于的图层或表"华东历年农村居民人均纯收入"。

(4)在【可用字段】列表框中双击想要包含在报表中的字段,则这些字段移至【报表字段】列表框中。如要求报表字段包括地区名、奇数年的数据,因此双击相应的字段。使用箭头按钮 ▶ 也可以移动所选字段或所有字段,如果要仅基于所选要素或 SQL 查询创建报表,单击数据集选项按钮,打开【数据集选项】对话框,可以在该对话框中进行相关的设置。

图 8.45 【报表向导】对话框

(5)在【报表字段】列表框选择字段名称,单击箭头按钮↑、↓排序报表字段。

(6)单击【下一步】按钮,进入图 8.46 所示对话框。

图 8.46 报表分组设置

(7)如果需要对报表分组,在【报表字段】列表框中双击报表字段创建分组级别。组织报表的一种方法是按共同值分组信息,记录分组更易于理解报表并发现数据的内在模式。例如,在一个包含世界主要城市的图层中,可以依据"城市所属的国家"字段分组城市。此报表不需要分组。

(8)单击【下一步】按钮,进入图 8.47 所示对话框。

图 8.47 报表排序设置

（9）选择要在报表中排序的字段"地区"，并按字母顺序"升序"排序。

（10）如果要在报表末尾、每页尾部或报表中每组末尾显示数值字段的汇总统计数据（如报表字段的总和、平均值、计数、标准差、最小值和最大值等），单击【汇总选项】按钮，打开【汇总选项】对话框，如图 8.48 所示。如要在报表结尾和每页的结尾显示 2001 年、2005 年全国农村居民人均纯收入的平均值。单击【可用部分】下拉框，选中"报表结尾"，选中 Y2001、Y2005 两条记录的【Avg】下的复选框。

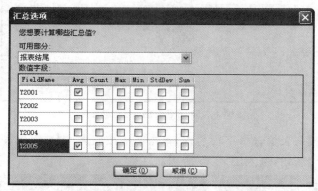

图 8.48 【汇总选项】对话框

（11）单击【确定】按钮，然后单击【下一步】按钮，进入图 8.49 所示对话框。

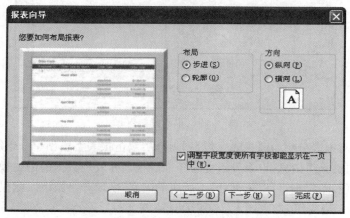

图 8.49 报表布局设置

（12）选择报表的布局【步进】和方向选项【纵向】。【步进】选项仅在每个报表页面顶部显示字段名称。【轮廓】选项在报表的每个组中都显示字段名称（此选项在分组时起作用）。【纵向】是页面的方向为纵向，【横向】是页面的方向为横向。

（13）单击【下一步】按钮，打开报表样式设置对话框，从预定义和自定义样式列表框中选择报表样式。选择 havelock（默认）样式。

（14）单击【下一步】按钮，进入报表标题设置对话框，在完成报表前，决定是否要保留默认标题（即报表所基于的图层/表的名称）。此处默认此标题。

（15）单击选中【预览报表】单选按钮。如果选择【预览报表】，报表将在【报表查看器】中显示，且会包含用于保存报表、添加到布局和编辑报表设计的选项。如果选择【修改报表设计】，则会在【报表设计器】中打开报表，且可以添加元素和更改报表的属性。

（16）单击【完成】按钮，进入【报表查看器】对话框，如图 8.50 所示。

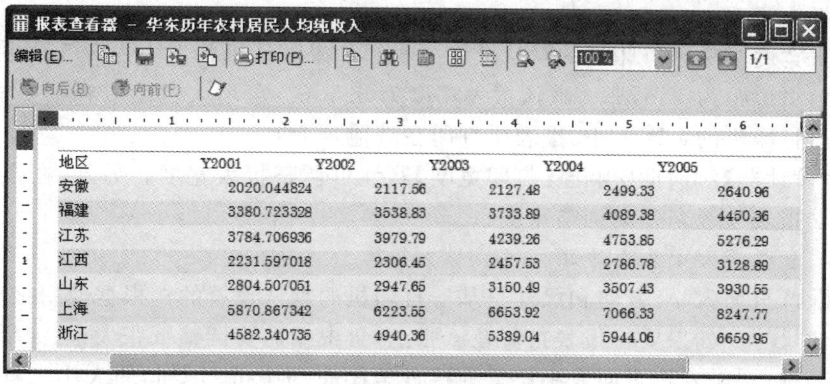

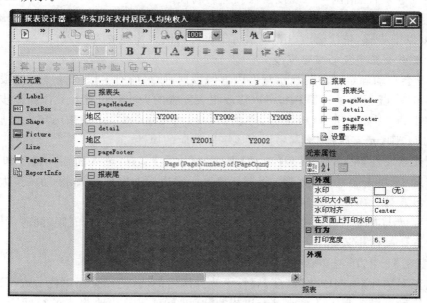

图 8.50　【报表查看器】对话框

在【报表查看器】中，单击添加报表至 ArcMap 布局按钮，在地图布局中放置报表；单击保存报表输出至文件按钮，将报表保存为报表文档文件（＊.rdf）；单击导出报表至文件按钮，导出报表。将报表保存为不同格式以便分发。单击【编辑】按钮，可实现报表查看器与报表设计器的切换。

## 8.4.2　报表整理

报表分为若干节，每一节都表示报表中的某一特定区域，通过操作节内容和设置大小、颜色等属性可控制报表的外观。构成报表的节分别为"报表头"、"页眉"、"组头"、"详细资料"、"组尾"、"页脚"和"报表尾"等。报表头通常包含报表标题，报表尾则包含日期和页码。

续上一节所做实例，在【报表查看器】对话框中单击【编辑】按钮，进入【报表设计器】对话框，如图 8.51 所示。

图 8.51　【报表设计器】对话框

**1. 设置报表大小**

1）设置报表宽度

默认报表宽度取决于打印机的默认纸张大小。如果默认纸张大小为 8.5 in 乘以 11 in（以英寸为单位），页边距为 1 in，那么默认报表宽度为 6.5 in。可增大宽度以容纳要显示的数据，如果宽度超出打印机的页面大小，报表将打印在其他页上。

在【报表设计器】对话框中调整【打印宽度】属性可调整报表宽度。另外，在报表布局中也可以通过拖动报表边缘来手动调整宽度。

2）设置报表页面大小和页边距

报表的默认页面大小、方向和尺寸是基于打印机的默认设置的。根据使用报表的意图，可以选择适当的尺寸。如果要将报表打印在纸张上，可根据需要调整纸张大小；如果想把报表整合到地图布局中，就需要将页面大小设置为接近地图布局中可用空间的大小。具体操作步骤如下：

（1）在图 8.51 中，双击【设置】，打开【报表设置】对话框。

（2）单击【页面设置】按钮，调整页边距。

（3）单击【打印机设置】按钮，调整纸张大小。

（4）单击【确定】按钮，接受所做更改并关闭该对话框。

**2. 处理报表中的字段**

1）在报表中设置字段别名

默认情况下，报表中显示的字段名称与该字段在数据库中的名称相同。由于数据库中的字段名称通常是字段中存储的属性的缩写或隐含描述，所以更改报表中的字段名称、设置字段别名，是一种使报表更易于理解的方式。具体操作步骤如下：

（1）展开 pageHeader 节点，单击要更改的字段名称"lbl 华东历年农村居民人均纯收入_Y2001"，则【元素属性】格网中出现该字段相应的属性。

（2）在【元素属性】格网中，在【文本】文本框中输入新的名称"2001 年"，并按 Enter 键。

（3）重复以上步骤，依次修改"lbl 华东历年农村居民人均纯收入_Y2002"……

2）在报表中设置字段的显示宽度

ArcMap 会自动确定字段的显示宽度以容纳数据，如果所有字段的宽度超出报表的宽度，字段将会换行。在【报表设计器】中，可以修改报表元素的大小和位置。具体操作步骤如下：

（1）在图 8.51 中，展开 detail 节点，单击文本标注元素（如"lbl 华东历年农村居民人均纯收入_Y2001"），则【元素属性】格网中出现该字段相应的属性。

（2）在【元素属性】格网中，展开【布局】下面的【大小】节点，输入所需 width 和 height 值。或在报表布局中，单击要修改的元素，将鼠标放置元素边框上出现箭头，手动调整大小。

3）改变报表的行间距和列间距

如果想要增大或减小报表中记录之间的垂直距离，则可以调整行间距，同时可以控制元素的列间距。具体操作步骤如下：

（1）在图 8.51 中，单击 detail。

（2）在【元素属性】格网中将【高度】属性更改为所需的值（使用页面单位），或可通过在报表布局中向下拖动页脚节来手动更改 detail 节的【高度】值，以此更改报表的行间距。默认的页面单位是英寸。

（3）在【元素属性】格网中将【列间距】属性更改为所需间距。

**3．添加报表元素**

1）在表头中添加图片、标题

（1）在报表布局中，单击选中 pageHeader，并放置鼠标在上面直至有上下箭头出现，然后向下拖动 pageHeader，使报表头留有一块合适大小的区域以显示标题等元素。同样向 pageFooter 和【报表尾】添加元素也要有合适的区域。

（2）单击【报表头】。

（3）单击【元素属性】中【外观】前的加号。

（4）单击【背景色】下拉框，选择"DarkOrange"。

（5）单击【设计元素】中的 Picture，将其拖到报表头的合适位置并调整其大小。

（6）单击【报表头】前面的加号，然后单击元素"Picture1"即上步中添加的图片元素的默认名。

（7）单击【元素属性】格网中的【数据】属性的【图像】，然后单击省略号【…】按钮，为"Picture1"选择图片"国家统计局标识.jpg"（位于"…\chp08\创建报表\data"）。

（8）单击【设计元素】栏中的 Label，将其拖到报表头的合适位置并调整其大小。

（9）在【元素属性】下，将【文本】属性更改为"中国历年农村居民人均纯收入"，按 Enter 键接受修改。

（10）单击【字体】，单击省略号（…）按钮，打开【字体】对话框，【字体】设置为"宋体"，【大小】为"二号"，【字形】为"常规"。然后单击【确定】按钮。

（11）单击【前景色】下拉框，选择"DodgerBlue"，改变标题的颜色。

（12）用加标题的方法，再向报表头中拖入一个 Label，【文本】改为"单位：元"，字体为默认，【前景色】为"Gray"，并调至合适的位置，如图 8.52 所示。

（13）单击运行报表按钮▶，即可看到添加标题后的效果。

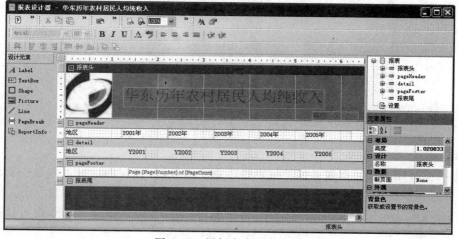

图 8.52　添加表头元素结果

2）在报表背景中添加图像

（1）单击 detail。

（2）在【元素属性】格网中修改【背景色】为"Transparent（透明）"，即修改了整个细节的背景色。

（3）展开 detail，以此将每个元素的背景色设置为"Transparent（透明）"。有时为了突出显示某个元素，可单独设置其背景色。

（4）单击【报表】。

（5）在【元素属性】格网中，单击【水印】，然后单击省略号【…】按钮，选择作为报表背景的图像"背景.jpg"。（位于"…\chp08\创建报表\data\ReportData"），调整【水印大小模式】为"Zoom"，【水印对齐】为"Center"。其中"Clip"（裁剪）模式将图像设置为图像元素的初始范围，"Stretch"（拉伸）模式将拉伸图像到适合元素的范围，而"Zoom"（缩放）模式将在元素内保持图片的最大横纵比。

（6）单击运行报表按钮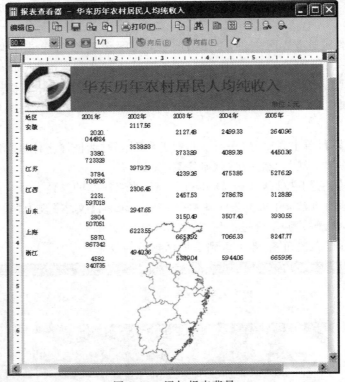，如图 8.53 所示，可以看到行政图作为报表背景添加到报表中。

图 8.53　添加报表背景

3）添加报表页码、日期

将页码或日期添加到报表可以使报表传达更多信息，页码在创建报表向导中默认自动产生，这里以添加日期为例进行介绍。

（1）单击【设计元素】中的 ReportInfo，将其拖入 pageFooter（页脚）节下，也可以拖入报表头、报表尾节中。

（2）在【元素属性】格网中，更改【格式字符串】为"{RunDataTime：}"，或根据要求改为其他格式。

（3）同时可以更改日期的字体、字形、字号、前景色等。

（4）单击运行报表按钮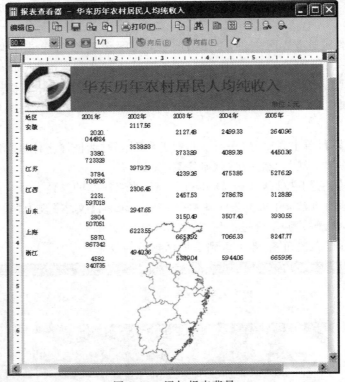，可以看到制作报表的当前日期添加到报表中。

4）为报表添加脚注

可以使用脚注来显示任意类型的补充信息，如版权、日期或参考信息等，这里以在报表尾中添加版权为例进行介绍。

（1）单击【设计元素】中的 Label，将其拖入报表布局中的报表尾。

（2）在【元素属性】中，修改【文本】为"2001—2005 版权归中国国家统计局所有"，同时可以更改此标注的字体、字形、字号、前景色等。

（3）单击运行报表按钮，可以在报表结尾处看到版权信息。

#### 4. 创建自定义样式

报表中包含大量信息，设计报表时需要考虑如何使报表易于阅读，通过为记录设置不同的颜色来增强报表的可读性，以使读者在视觉上很容易区分临近记录中的数据。

在【报表设计器】中，使用报表样式管理器工具，为报表创建自定义样式。选择现有样式，然后单击【样式管理器】对话框中的【添加】按钮，即创建一种自定义样式，可以根据特定需要修改此样式，但无法在 ArcMap 中编辑预置样式。

### 8.4.3　报表生成和输出

#### 1. 保存报表

保存报表会创建一份可以打印、共享或加载到其他地图文档中的报表文档。报表保存为报表文档文件（*.rdf）。报表文档只是在创建报表时数据集的快照，不会动态链接到基础数据。保存报表的操作步骤如下：

（1）单击【报表查看器】中的保存按钮。

（2）在【保存报表文档】对话框中，导航到保存该报表的位置。

（3）输入报表的名称。

（4）单击【保存】按钮，完成操作。

#### 2. 导出报表

导出报表可以将报表保存为多种格式以便分发，可将报表导出为以下格式：Adobe 格式（*.pdf）、HTML 格式（*.htm）、TIFF 格式（*.tif）、Microsoft Excel 格式（*.xls）、富文本格式（*.rtf）和纯文本（*.txt）。具体操作步骤如下：

（1）在【报表查看器】中打开或预览报表。

（2）单击【报表查看器】的导出报表至文件按钮。

（3）在【导出报表】对话框中选择导出格式。

（4）单击省略号按钮（…）导航到保存输出的位置。

（5）输入报表的名称。

（6）单击【保存】按钮。

（7）单击【确定】按钮，完成操作。

#### 3. 加载报表

报表保存为文件后，通过加载报表来打开报表的设计要素和修改，如添加字段、脚注或图片等，这样就不必在每次修改时都通过向导创建报表。加载报表的操作步骤如下：

（1）从 ArcMap 主菜单中单击【视图】→【报表】→【加载报表】，打开【加载报表文档】对话框。

（2）在【文件类型】下拉框中选择要加载的文件类型，以指定加载报表的方式。如果要在报表设计器中加载和编辑现有报表，则选择报表布局文件（＊.rlf），报表布局文件与用于创建报表的数据相关联。如果要在报表查看器中显示静态报表，则选择报表文档文件（＊.rdf）。

（3）在【加载报表文档】对话框中，导航到要加载的文件。

（4）单击【打开】按钮，加载报表。

**注意事项**

报表布局文件（＊.rlf）是在报表设计器中，单击保存按钮得来的。

# 第 9 章 地图制图

地图作为一种信息载体,以符号、图形、文字等形式表征大量的有关自然和社会经济现象的位置、形态、分布和动态变化的信息,表达了它们在空间和几何上的严格关系,是人们记录和认识客观地理环境的最佳手段,在人类社会发展进程中一直发挥着重要的作用。地图编制是一个非常复杂、专业性很强的过程。本章主要介绍地图制图过程中空间数据符号化与样式、地图注记、掩膜制作、制图表达、数据驱动制图、制图综合以及使用地图修饰元素(如图名、图例、坐标格网等)进行地图制图与输出的方法。

## 9.1 符号化与样式

空间数据可视化是通过地图语言实现的,地图语言由地图符号、色彩和文字组成。地图符号由形状不同、大小不一、色彩有别的图形和文字组成,是地图语言的图解部分。同文字语言相比,图解语言更形象直观、一目了然,不仅能表示地理现象的空间位置、分布特点及质量和数量特征,还具有相互联系和共同表达地理环境各要素总体特征的特殊功能。

符号化是以图形方式对地图中的地理要素、标注和注记进行描述、分类和排列,以找出并显示定性和定量关系的过程。地图符号有点状、线状和面状符号三种,都是通过不同的形状、尺寸、色彩等的组合来表达地理实体。无论是点状要素、线状要素或是面状要素都可以通过要素的属性特征采取单一符号化、定性符号化、定量符号化、统计图表符号化、组合符号化等多种表示方法实现数据的符号化,制作符合用户需求的各种地图。

### 9.1.1 符号的选择与修改

通过符号可绘制地图上的地理要素、文本和图形。根据符号绘制的几何类型,将其分为四类:标记、线、填充和文本。标记用于显示点位置或装饰其他符号类型,线符号用于显示线性要素和边界,填充符号用于填充面或其他区域(例如地图背景),文本符号用于设置标注和注记的字体、字号、颜色及其他文本属性。

符号的选择在制图中至关重要,使用符号选择器对话框可从多个可用样式中选择符号,并且每个符号都有一个标签用来描述其图形特征,如颜色或类型,利用这些标签可以有针对性地搜索符号。

当所选符号不满足要求时,可修改符号的属性,但不会改变样式文件中此符号原有的属性。如果要将修改过的符号重复使用或在别的地图文档中共享使用,需另存为样式符号。

符号选择与修改的操作步骤如下:

(1)启动 ArcMap,添加 states. shp 与 cities. shp(位于"…\chp09\符号的选择与修改\data")。

(2)在内容列表中单击 cities 图层标签下的符号,打开【符号选择器】对话框,如图 9.1 所示。如果提供的符号均不适用,可在【搜索】文本框中输入符号名称、类别、标签或颜色,然后指定搜索范围【全部样式】或【引用的样式】,最后单击文本框后面的搜索按钮🔍,从中搜索出一种适用的符号。

图 9.1 【符号选择器】对话框

(3)在【当前符号】区域,可以简单地修改符号的颜色、大小、角度。还可单击【编辑符号】按钮,打开【符号属性编辑器】对话框,对符号做进一步修改。

(4)要保存符号以供重复使用,单击【另存为】按钮,打开【项目属性】对话框,如图 9.2 所示。

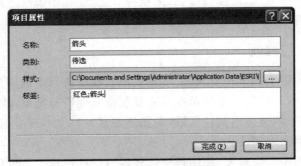

图 9.2 【项目属性】对话框

(5)在【名称】和【类别】文本框中分别输入"箭头"和"待选",修改【标签】便于符号查询,在【样式】中选择一个可写入样式以使符号保存其中。

(6)单击【确定】按钮,将符号保存到相应的样式库中。

## 9.1.2 创建新符号

创建新符号的方式有两种:一是对现有符号进行修改,并保存到样式中以供重复使用,此内容已在上一小节中介绍;二是使用样式管理器对话框在相应的样式(除系统自带样式外)中直接创建新符号。

下面以创建 2D 符号为例进行介绍,3D 符号的创建方法类似,详细介绍见第 13 章。

**1. 创建标记符号**

标记符号用于绘制点要素和点图形,可与其他符号配合使用,以整饰线符号或创建填充模式和文本背景。创建的标记符号的位置是在样式管理器的"标记符号"文件夹中。

有四种标准标记符号类型:"简单标记符号"由一组具有可选轮廓和颜色组成的标记符号,"字符标记符号"是通过系统字体文件夹中的显示字体创建而成的标记符号,"箭头标记符号"是具有可调尺寸和图形属性的简单三角形符号组成的标记符号,"图片标记符号"是由 Windows 位图(＊.bmp)或 Windows 增强型图元文件(＊.emf)图形创建的标记符号。另外,还有"3D 简单标记符号"、"3D 标记符号"和"3D 字符标记符号"。

创建标记符号的操作步骤如下:

(1)在 ArcMap 窗口,单击【自定义】→【样式管理器】,打开【样式管理器】对话框。

(2)单击 Administrator.style 下的【标记符号】文件夹(Administrator.style 是系统自动生成的空样式集,名称因机器而异)。

(3)在【样式管理器】的右边区域,右击空白处选择【新建】→【标记符号】,打开【符号属性编辑器】对话框,如图 9.3 所示。

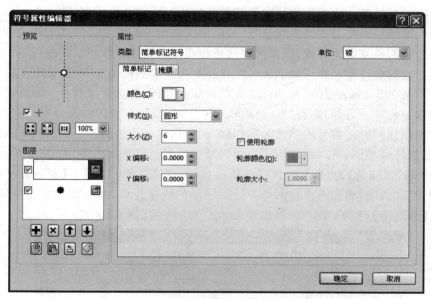

图 9.3 【符号属性编辑器】对话框

(4)单击【类型】下拉框,选择"简单标记符号",切换到【简单标记】选项卡,如设置【颜色】为"白色",【样式】为"圆形",【大小】为"6 磅"。

(5)在【图层】区域单击【添加图层】按钮,添加一个"简单标记"图层,也可以添加其他标记符号类型的图层,如设置【颜色】为"黑色",【样式】为"圆形",【大小】为"8 磅",预览栏中可以浏览符号的形状(两个点符号的叠合显示)。

(6)单击【确定】按钮,如图 9.4 所示,一个简单的标记符号做好了。

图 9.4 新建标记符号

### 2. 创建线符号

线符号用于绘制线性数据，如交通网、供水系统、边界等。线还可以用于绘制其他要素（例如面、点和标注）的轮廓。线符号在样式管理器的"线符号"文件夹中创建。

有五种标准线符号类型："简单线符号"是简单实线或带有预定义样式的线；"制图线符号"是通过属性来控制重复虚线样式、线段间连接点和线端头的线符号；"混列线符号"是由重复的线符号片段组成的线符号；"标记线符号"是由沿着几何绘制的重复标记模式组成的线符号；"图片线符号"是 Windows 位图（＊.bmp）或 Windows 增强型图元文件（＊.emf）图形在线长度方向上的连续切片。另外，还有"3D 简单线符号"和"3D 简单纹理线符号"。

线符号的创建和标记符号的创建大致相似，例如制作一个公路符号，它由两个符号图层组成，均为制图线符号类型，可以添加不同的线符号类型以制作精美的符号。底部的图层（轮廓）【宽度】为"10 磅"，【颜色】为"黑色"；顶部的图层（填充）【宽度】为"7 磅"，【颜色】为"红色"；【线连接】为"圆形"（"圆形"线用于连接两个符号图层中的线接合点，从而确保成角度连接时连接处的美观），【线端头】为"平端头"。制作效果如图 9.5 中的【预览】区域。

图 9.5 新建线符号

228

### 3．创建填充符号

填充符号可用于绘制面要素,例如国家、省区、土地利用区域、栖息地和宗地等。填充可通过单色、两种或多种颜色之间平滑的梯度过渡效果或者线、标记或图片的填充模式进行绘制。填充符号在样式管理器的"填充符号"文件夹中创建。

标准的填充类型有五种:"简单填充符号"是快速绘制的单色填充;"渐变填充符号"是对线性、矩形、圆形或者缓冲区色带进行梯度填充;"图片填充符号"是 Windows 位图(＊.bmp)或 Windows 增强型图元文件(＊.emf)图形的连续切片;"线填充符号"是以可变角度和间隔距离排列的等间距平行影线的模式进行填充;"标记填充符号"是重复标记符号的随机或等间距模式。另外,还有"3D 纹理填充符号"。图 9.6 所示为不同类型的填充符号示意图。

　（a）简单填充　　　（b）渐变填充　　　（c）图片填充　　　（d）线填充　　　（e）标记填充

图 9.6　不同类型的填充符号

填充符号制作的方法与标记符号和线符号类似,不再举例。

### 4．创建文本符号

文本符号用于绘制地图上的标注、注记、标题、动态文本、描述、注释、图例、比例尺、经纬网标注、表或其他文本信息和表格信息。文本符号与其他类型的常用符号(标记、线和填充符号)的关键区别在于,文本符号只能具有一个图层。文本符号在样式管理器的"文字符号"文件夹中创建。

文本符号用于控制文本的显示效果,并可用于对已命名要素进行分类。例如,可使用不同的文本符号大小表示与城市名称标注对应的人口数量。创建文本符号的步骤如下:首先在【样式管理器】中【文字符号】中右击右栏空白区域,然后弹出菜单中单击【新建】→【文本符号】,打开【编辑器】对话框,再使用【常规】、【带格式的文本】、【高级文本】、【掩膜】四个选项卡进行复杂的文本符号的各种设置。

## 9.1.3　符号化

### 1．单一符号化

单一符号化采用统一大小、统一形状、统一颜色的符号来表达同一个要素类的所有要素,而不管要素本身在质量、数量和大小等方面的差异。显而易见,单一符号化不能反映地图要素的数量差异。

当新的数据被加载到 ArcMap 中时,默认的系统符号化方法就是单一符号化,即数据层所包含的数据要素以同一种符号显示在地图窗口中。单一符号化的操作步骤如下:

(1)启动 ArcMap,添加 xingzhengqujie.shp 文件(位于" … \chp09\定性符号化\data\huadong"),可看到 xingzhengqujie 图层使用单一符号化方法进行了符号化。

(2)在内容列表中右击 xingzhengqujie 图层,在弹出菜单中单击【属性】,打开【图层属性】对话框,单击【符号系统】标签,切换到【符号系统】选项卡,如图 9.7 所示。

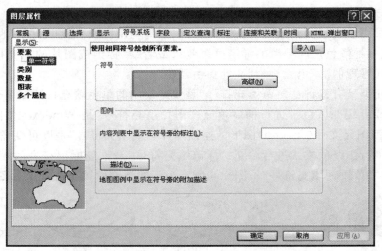

图 9.7 单一符号化符号设置

（3）在【显示】列表框中单击【要素】，选择【单一符号】，单击【符号】色块，打开【符号选择器】对话框。

（4）在【符号选择器】对话框中选择合适的符号，单击【确定】按钮返回。

（5）单击【确定】按钮，完成单一符号化的设置，即可看到显示结果。

**2．定性符号化**

定性符号化是对属性值为字符型、整数型的属性分类，对具有相同属性值的要素应用相同的符号，对属性值不同的要素应用不同的符号。定性符号化包括"唯一值"、"唯一值、多个字段"、"与样式中的符号匹配"三种方法。其中，"唯一值"是根据属性值的不同，给每一个唯一值指定不同的符号；"唯一值、多个字段"是使用多个字段的唯一值的组合来指定要素的符号，例如，道路图层使用道路权属和铺筑材料两个字段的唯一值的组合来表示路段的不同，并基于这两个字段来分配符号；"与样式中的符号匹配"是将图层类别字段值与所引用的样式中的符号名称相匹配，匹配成功后该符号用来符号化相应的类别，此情况常用共享的样式来符号化图层类别，通常使用样式中符号名称来填充图层的类别字段值，如图 9.8 所示。

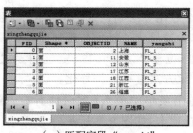

（a）匹配字段"yangshi"

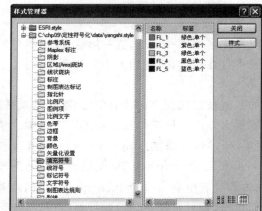

（b）匹配样式"填充符号"

图 9.8 "与样式中的符号匹配"中符号与要素的对应关系

1)唯一值定性符号化

(1)启动 ArcMap,添加 xingzhengqujie. shp 文件(位于"…\chp09\定性符号化\data\huadong"),打开图层 xingzhengqujie 的【图层属性】对话框,如图 9.9 所示。

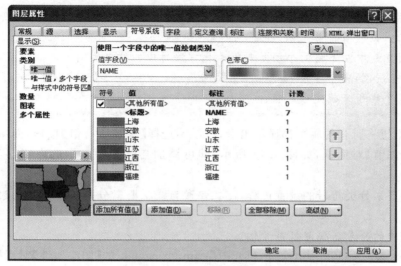

图 9.9　唯一值符号设置

(2)在【图层属性】对话框中,单击【符号系统】标签,切换到【符号系统】选项卡,在【显示】列表框中选择【类别】并单击【唯一值】。

(3)在【值字段】区域单击下拉框,选择字段"NAME"。

(4)单击【添加所有值】按钮,在【色带】区域下拉框中选择一种色带,改变符号颜色,也可以直接双击【符号】列表下的每一符号,进入【符号选择器】对话框直接修改每一符号的属性。

(5)单击【确定】按钮,图层符号化结果如图 9.10 所示。

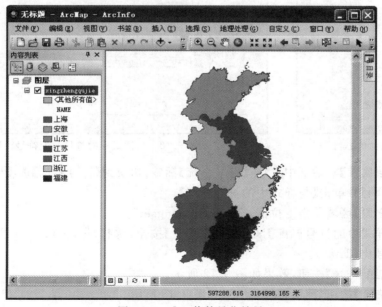

图 9.10　唯一值符号化结果

---

**注意事项**

a) ArcGIS 的符号化功能，以及专题图功能主要是在【符号系统】选项卡中进行操作。

b) 图 9.9 中选中"〈其他所有值〉"前的复选框表示未进入分类的要素以该符号显示；反之，以缺省符号显示。

c) 图 9.9 中左下角的小图是与符号化方法对应的结果样图。

d)"唯一值，多个字段"与"唯一值"方法类似，区别在于【值字段】区域可以选择不超过三个字段来确定唯一值。

---

(6)如果不想将所有的属性都显示出来，可以不选择【添加所有值】按钮，而单击【添加值】按钮，打开【添加值】对话框，如图 9.11 所示，即可添加自己想要显示的内容，接下来的步骤同上。

以上是面要素分类符号的设置过程，点状要素与线状要素分类符号设置的过程与上述过程类似。

2)与样式中的符号匹配定性符号化

(1)添加 xingzhengqujie.shp 文件，打开图层 xingzhengqujie 的【图层属性】对话框，如图 9.12 所示。

图 9.11 【添加值】对话框

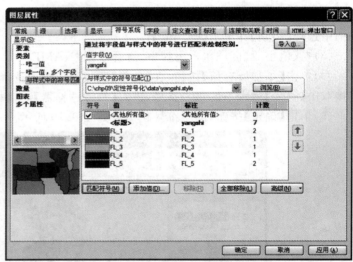

图 9.12 与样式中的符号匹配符号设置

(2)在【图层属性】对话框中，单击【符号系统】标签，切换到【符号系统】选项卡，在【显示】列表框中选择【类别】并单击【与样式中的符号匹配】。

(3)在【值字段】区域单击下拉框，选择字段"yangshi"。

(4)在【与样式中的符号匹配】区域单击【浏览】按钮，选择 yangshi.style 文件（位于"…\chp09\定性符号化\data"）。

(5)单击【匹配符号】按钮，效果如图 9.12 所示。

(6)单击【确定】按钮，图层符号化结果如图 9.13 所示。

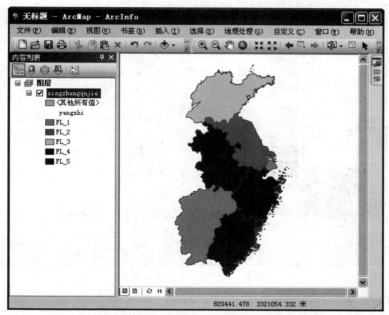

图 9.13　与样式中的符号匹配符号化结果

**3. 定量符号化**

定量符号化针对属性表中的数值字段,特别是连续的属性值进行分类显示。定量符号包括"分级色彩"、"分级符号"、"比例符号"和"点密度"等方法。"分级色彩"是将要素属性值按照一定的分类方法分成若干个类,然后用不同的颜色表示不同的类,特别适用于面要素类;"分级符号"是将要素属性值按照一定的分类方法分成若干类别,然后用不同的符号表示不同的类别;"比例符号"不进行分类,而是根据属性值调整每个符号的大小来描绘属性,即按照一定的比例关系来确定与制图要素属性值相对应的符号的大小,属性数值与符号大小一一对应;"点密度"是应用一定大小的点状符号表示一定数量的制图要素,或表示一定范围内的密度数值,数值较大的区域点值符号较多,数值较小的区域点值符号较少,结合区域大小本身的差异,形成一种点密度图,适用于面要素类。

启动 ArcMap,添加 states. shp 文件(位于"…\chp09\定量符号化\data\states"),打开 states 图层的【图层属性】对话框,切换到【符号系统】选项卡,如图 9.14 所示。

1)分级色彩定量符号化

(1)在【显示】列表框中选择【数量】,然后单击【分级色彩】。

(2)在【字段】区域中单击【值】下拉框,选择属性字段"POP1990",在【归一化】下拉框中选择属性字段为"AREA",表示某一地区的 1990 年的人口密度。单击【色带】下拉框选择一种合适的色带。在【分类】区域中,分级方案默认的是系统中"自然间断点分级法",分类数为"5",如图 9.14 所示。这种方法是在分级数确定的情况下,通过聚类分析将相似性最大的数据分在同一级,将差异性最大的数据分在不同级。该分级方法所得到的分级方案可以较好地保持数据的统计特征。但分级界限往往是一些任意数,不符合常规制图的需要,因此需进行进一步的设置。

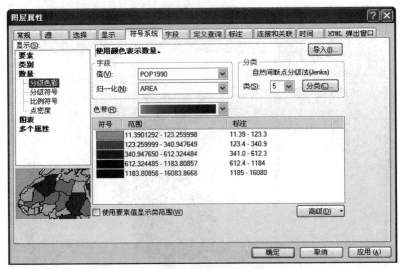

图 9.14　分级色彩符号设置

在图 9.14 中选择【使用要素值显示类范围】复选框,可通过实际数据值而非分类中指定的分类间隔值来显示分类间隔。

(3)单击【分类】按钮,打开【分类】对话框,如图 9.15 所示。单击【类别】下拉框,选择"7"。

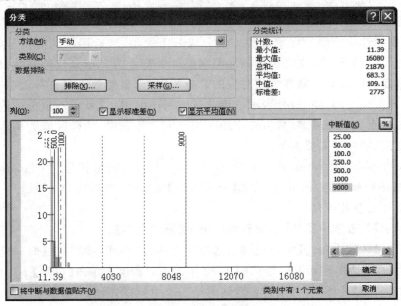

图 9.15　【分类】对话框

(4)单击【方法】下拉框,选择分级方法为"手动";单击【中断值】列表框中的第一个数字,使数据处于编辑状态,输入数字 25,重复上面的步骤,依次将"中断值"修改为:25、50、100、250、500、1000、9000;选择【显示标准差】和【显示平均值】复选框;单击【确定】按钮,返回到【图层属性】对话框。

(5)单击【确定】按钮,图层符号化结果如图 9.16 所示。

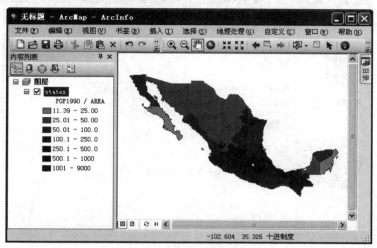

图 9.16　分级色彩符号化结果

"分级符号"与"分级色彩"设置相似,参照以上设置,得到的图层符号化结果如图 9.17 所示。

图 9.17　分级符号符号化结果

在默认状态下,分级符号的大小是固定的,不随地图在屏幕上的缩放而变化。如果需要在屏幕缩放时分级符号发生相应的变化,可以通过在内容列表中右击数据框的快捷菜单【参考比例】→【设置参考比例】命令。如果想恢复到原来的状态,只要单击【清除参考比例】菜单命令即可。

以上是面要素类的分级色彩符号化和分级符号符号化的具体操作方法,点要素类和线要素类的符号化步骤同上。

2)比例符号

比例符号方法可应用于点状、线状和面状要素的符号化表示。

①不可量测比例符号

如果比例符号表示的属性数值无存储单位,则不能通过显示的比例符号得到其代表的属性数值的大小。其操作步骤如下:

(1)在【显示】列表框中选择【数量】,然后单击【比例符号】,如图 9.18 所示。

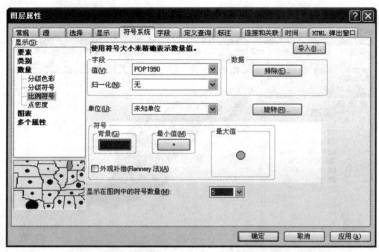

图 9.18　比例符号设置(无存储单位的情况)

**注意事项**

在图 9.18 中,【单位】用于选择存储【值】字段数据所用的单位,选择"未知单位"可设置最小符号,该符号将用于【值】中最小的值,并且成为其他值的符号的参考基准;否则,数据值将被解释为使用所选的单位(地图单位),并在地图上按照实际大小绘制符号。

(2)在【值】下拉框中选择属性字段"POP1990",可使用【排除】按钮来移除异常值;单击【单位】下拉框,选择"未知单位";单击【背景】按钮,进入【符号选择器】对话框,可以为所有的比例符号选择统一背景,但不可以设置不同的背景。

(3)单击【最小值】按钮,进入【符号选择器】对话框,可选择符号的类别和设置符号的大小、颜色等参数。当符号过小时,选中【外观补偿】复选框,可增加符号的大小,此处不必选择。

(4)设置【显示在图例中的符号数量】为"5",单击【确定】按钮,完成比例符号的设置,图层符号化结果如图 9.19 所示。

图 9.19　比例符号符号化结果

对比图 9.17 和图 9.19 可以看出,在图 9.17 中符号的大小只有 7 种,并且和图例中的符号完全一致,因为人口被分为 7 个等级。在图 9.19 中,虽然图例中只显示了 5 个符号,但地图中的每一个符号的大小都不一样,并且与图例中的符号有一定的差异,因为每个洲的 1990 年的人口数量都不一样,而且不会正好是图例中的数字,这就是分级符号与比例符号表示方法的差异所在。

如果应用比例符号表示的属性数值与地图上的长度或面积量测值有关的话,就需要在【图层属性】对话框中确定量测单位,所对应的比例符号的参数设置如下。

②可量测比例符号

如果比例符号表示的属性数值有存储单位,则可通过显示的比例符号量测出其代表的属性数值。其操作步骤如下:

(1)在图 9.20 所示对话框中,单击【值】下拉框,选择属性字段“AREA”;单击【单位】下拉框,选择量测单位为“英尺”(以地图单位为单位);在【数据表示】区域选中【半径(1/2 宽度)】单选按钮,表示【值】下拉框中字段的数据应用于符号的半径。

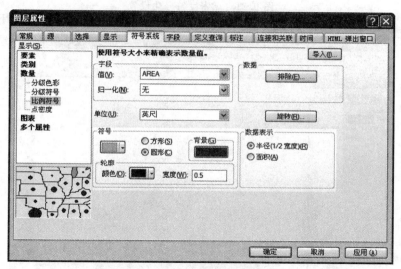

图 9.20　有存储单位的比例符号设置

(2)在【符号】区域可以设置符号的“颜色”、“形状”、“背景”以及轮廓的“颜色”和“宽度”。

(3)单击【确定】按钮,完成比例符号的设置,即可看到结果图,此处从略。

3)点密度

(1)在【显示】列表框中选择【数量】,然后单击【点密度】,如图 9.21 所示。

(2)在【字段选择】列表框中,双击属性字段“POP1990”,该属性进入右边的列表中,双击【符号】列表框中的符号,进入【符号选择器】对话框,可以改变点符号的相关参数。

(3)在【密度】区域中调节【点大小】和【点值】滑动框,来定义点符号的大小和其代表的数值大小;在【背景】区域可以设置点符号的背景及其背景轮廓的符号;选中【保持密度】复选框表示地图比例发生变化时点密度保持不变(即点大小随着放大或缩小相应地增加或减少)。

(4)单击【确定】按钮,图层符号化结果如图 9.22 所示。

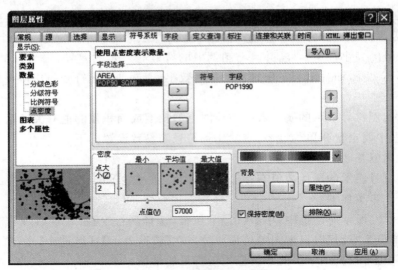

图 9.21　点密度符号化设置

图 9.22　点密度符号化结果

**注意事项**

　　大多数情况下,只需使用点密度图来对一个字段绘图。在一些特殊情况下,可能要比较不同类型的分布,且可能会选择对两个或三个字段绘图。

### 4. 统计图表符号化

　　统计图表是专题地图中经常使用的一类符号,用于表示制图要素的多项属性。常用的统计图表有:饼图,用于表示制图要素的整体属性与组成部分之间的比例关系;条形图、柱状图,用于表示制图要素的多项可比较属性或者表示变化趋势;堆叠图,可显示不同类别的数量,例如查看按年龄类别划分的人口数,每个要素均使用一个图表进行描述,图表可显示各个类别的数量。统计图表符号化的操作步骤如下:

（1）打开地图文档 statistic.mxd（位于"…\chp09\统计图表符号化\data"）。

（2）打开 xingzhengqujie 图层的【图层属性】对话框，单击【符号系统】标签，切换到【符号系统】选项卡，进入如图 9.23 所示的对话框，在【显示】列表框中选择【图表】→【条形图/柱状图】。

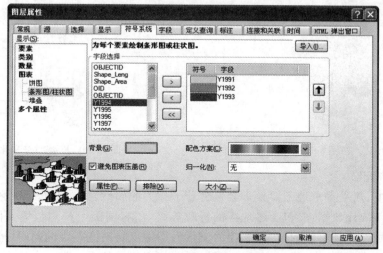

图 9.23 条形图、柱状图符号设置

（3）在【字段选择】列表框中，分别选择字段"Y1991"、"Y1992"、"Y1993"，然后单击按钮 > ，所选择的字段自动移动到右边的列表框中，在【符号】列表中双击符号，进入【符号选择器】对话框，修改该符号或选择另外的符号，单击上移按钮 ↑ 或下移按钮 ↓ ，可以调整条或柱的排列顺序。

（4）单击【属性】按钮，打开【图表符号选择器】对话框，可在此对话框中修改图表符号。

（5）单击【背景】颜色框，打开【符号选择器】对话框，为图表选择合适的背景，只针对所有的图表。

（6）单击【确定】按钮，统计图表符号化结果如图 9.24 所示。

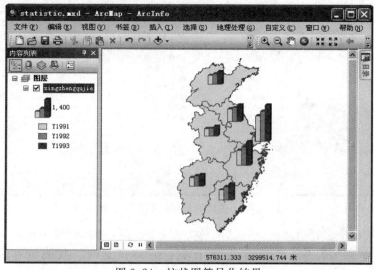

图 9.24 柱状图符号化结果

饼图与堆叠图的设置方法同上,符号化结果如图 9.25 和图 9.26 所示。

图 9.25　饼图符号化结果

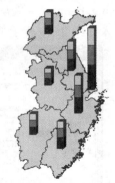

图 9.26　堆叠图符号化结果

**5. 组合符号化**

实际应用中,几乎每个地图要素都会包含若干相关的属性,如一省的行政区划图数据中既有各地区的人口统计数据,又包含各地区的行政等级,还有国民生产总值等。因此,有时针对要素的单个符号设置是不够的。又如,在河流数据层中反映河流等级的同时,还需要反映河流中水的流量等。这时可以选择组合符号表示方法,使用符号的大小表示水流量,符号的颜色表示河流的等级。组合符号化就是利用不同的符号参数表示同一地图要素的不同属性信息。组合符号化的操作步骤如下:

(1)启动 ArcMap,添加 cities. shp 和 states. shp(位于"…\chp09\组合符号化\data")。

(2)打开 cities 图层的【图层属性】对话框,切换到【符号系统】选项卡,在【显示】列表框中选择【多个属性】→【按类别确定数量】,如图 9.27 所示。

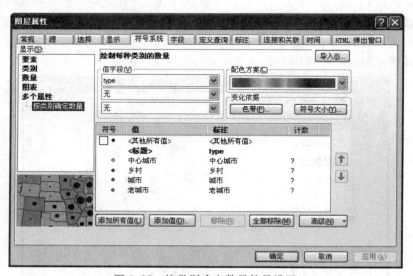

图 9.27　按类别确定数量符号设置

(3)在【值字段】中选择"type",单击【配色方案】下拉框,选择符号的色彩方案,并单击【添加所有值】按钮,加载属性字段"type"的所有属性值,取消选择"〈其他所有值〉"前的符号复选框。

（4）单击【符号大小】按钮，打开【使用符号大小表示数量】对话框，如图 9.28 所示。

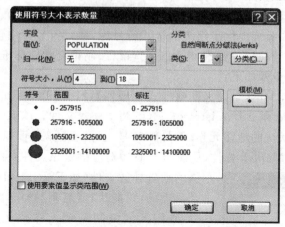

图 9.28　【使用符号大小表示数量】对话框

（5）单击【值】下拉框选择"POPULATION"。

（6）单击【分类】按钮，打开【分类】对话框，在【类别】后的下拉框中选择"4"，在【方法】下拉框中选择分级方法为"手动"，并在【中断值】列表框中输入数字，使数据处于编辑状态，按照相应的制图标准重复同样的操作步骤修改分级界限，单击【确定】按钮，返回【使用符号大小表示数量】对话框。

（7）单击【确定】按钮，即可得到经过组合符号化的地图，如图 9.29 所示。

图 9.29　组合符号化结果

## 9.1.4　样式管理器

样式（style）是 ArcGIS 提供的用于管理、存储、组织和共享符号的一种容器，它将点、线、面和文本符号等组织成一个样式文件（＊.style），以便于在不同的地图文档中共享符号库。在规范化的制图业务中，不同种类地物的表达方式往往较为固定，采用样式文件的方式管理地图符号,可使制图符号和地理要素分离,提高制图效率。

样式管理器用于对不同类型的地图要素(指北针、比例尺、图例等)、标注类型、色彩方案等进行统一管理。ArcGIS 系统提供了很多的样式符号库,样式符号库中包含了编制不同类型地图时所需的大量图例符号和相关要素,利用它们可以编制符合相应标准或规范的地图。

样式管理器的操作步骤如下:

(1)在 ArcMap 窗口单击【自定义】→【样式管理器】,打开【样式管理器】对话框。【样式管理器】左边有 ESRI. style 和 Administrator. style 两个样式文件。ESRI. style 是一个系统默认的样式文件,包含一组默认的地图元素、符号和符号属性,在【样式管理器】对话框的左边单击任一文件夹(参考系统、Maplex 标注、阴影等),右边对应的是该文件夹中相应的内容。系统提供的缺省样式文件(如 ESRI. style 中)的符号、地图元素是只读的,只能执行【复制】操作,因此可将该文件中的符号、地图元素复制到个人样式文件中。Administrator. style(名称可能因机器而异)样式文件是安装 ArcGIS 软件时系统自动创建的空的个人样式文件,在【样式管理器】的右边可新建新的符号或地图元素,或执行复制、剪切、粘贴、删除、重命名和编辑属性等操作。

图 9.30 【样式引用】对话框

(2)单击【样式…】按钮,打开【样式引用】对话框,如图 9.30 所示。可以选择所需要引用的样式,如果这里的样式不能满足用户的需要,可单击【将样式添加至列表】将事先制作好的样式(∗. style)添加至列表。也可以单击【创建新样式】制作自己的样式(∗. style)来管理自己的符号。

> **注意事项**
>
> a)在创建新样式时,其一系列相应的文件夹是自动生成的。
>
> b)样式不仅可应用于当前地图文档,还可用于其他地图文档。当用到样式中的符号时,用到的每个符号的副本嵌入到地图中,当在地图中修改符号时,不会影响它们所引用的原样式。同样,对样式中符号所做的任何更新也不会反映到使用该符号的地图上。

# 9.2  地图注记

地图传达地理要素的信息,将文本添加到地图上会改善地理信息的可视化效果。

不同的文本在地图中有不同的作用,如描述性文本可以放置在地图要素的附近,也可以向地图上需要注意的某个区域添加文本,或添加文本来改善地图的外观(如,添加地图标题、地图作者、日期等)。ArcGIS 提供了几种不同类型的文本:标注、地理数据库注记、地图文档注记、图形文本等。尺寸注记是一种特殊类型的地理数据库注记。文本的添加方法与创建工具如表 9.1 所示。

表 9.1　向地图添加文本方法详解

| 名称 | | 存储位置 | 适用范围 | 创建或编辑工具 |
|---|---|---|---|---|
| 标注 | | 标注是动态生成的,不涉及存储,而只有标注属性需要储存,保存在地图文档(*.mxd)中,或存储在图层文件(*.lyr)中 | 要标注的文本字符串从要素属性表中获取,并且可以组合多个属性字段的值添加 | 【标注】工具条 |
| 注记 | 地理数据库注记 | 存储在地理数据库的注记要素类,注记要素类与点、线和面要素类一样,是独立的图层文件 | 在单个或多个地图中使用文本,文本数量可以很多(相当于要素类中的一个要素) | 【编辑器】工具条 |
| | 地图文档注记 | 存储在地图文档的每个数据框的注记组中,如果删除了地图,则该地图文档注记也被删除 | 在某一特定地图中使用文本,并且添加的文本数量相对较少(少于几百条) | 【绘图】工具条 |
| 图形文本 | | 图形文本存储在地图布局页面中,不能在数据视图中查看该文本,且不能被组织成注记组,因此这一文本有时被称为布局文本 | 用于布局地图,有解释说明的作用 | 【绘图】工具条 |

标注是一种自动放置的文本,其文本字符串基于要素属性,具有快速简单的特性,只能为要素添加文本。它是不可选的,用户也不能编辑单个标注的显示属性,可将标注转换为注记来编辑单条文本的一些属性。

注记用来描述特定要素或向地图添加常规的信息(如,日期等)。与使用标注一样,可以使用注记为地图要素添加描述性文本,或仅仅手动添加一些文本来描述地图上的某个区域。但与标注不同的是,每条注记都存储自身的位置、文本字符串以及显示属性,因此可以选择单条文本来编辑其位置与外观。可以使用 ArcMap 将标注转换为注记,根据注记存储的位置可分为地图文档注记(存储在 *.mxd 文档)和地理数据库注记(存储为要素类)。

在 ArcMap 布局视图中,数据框处于无焦点时创建的文本称为图形文本,该文本类型在布局视图中数据框处于有焦点时改变地图比例尺时大小保持不变,其详细内容参考 9.2.2 小节。

创建和编辑地理数据库注记参见 3.3.3 小节和 5.3 节。

## 9.2.1　地图标注

根据添加标注的对象,可分为"逐个要素标注"、"部分要素标注"、"全部要素标注"、"多种属性标注"和"编程自动标注"等多种方式。其中"逐个要素标注"的详细介绍参见 9.2.2 小节。

添加标注的方法是:先选择要添加标注的对象(所有要素或要素子集),然后为该对象选择需要标注的文本字符串、文本符号、放置属性等,最后为该标注设置相应的标注优先级、标注权重、要素权重等内容。

### 1. 标注工具

1)标注工具条

【标注】工具条中包含多个用来控制 ArcMap 中标注功能的按钮。在 ArcMap 主菜单中,单击【自定义】→【工具条】→【标注】,打开【标注】工具条,或右击数据框,弹出数据框快捷菜单,指向【标记】,会出现标注工具条中的部分工具,如图 9.31 所示。

 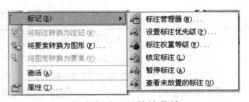

（a）【标注】工具条　　　　　　（b）标注工具快捷菜单

图 9.31　标注工具

通过【标注】工具条,可访问 Esri 标注引擎的常规设置、标注管理器、标注优先级设置和标注权重等级设置等对话框,也可以打开 Maplex 标注引擎,使用其提供的放置标注的深入功能。【标注】工具条详解如表 9.2 所示。

表 9.2　【标注】工具条详解

| 图标 | 名　称 | 功能描述 |
|---|---|---|
| | 标注管理器 | 打开【标注管理器】对话框 |
| | 设置标注优先级 | 更改标注的优先级顺序 |
| | 标注权重等级 | 更改标注和要素权重 |
| | 锁定标注 | 将标注锁定在当前的位置,且大小不变,这样在进行平移和缩放时,标注的位置将保持不变 |
| | 暂停标注 | 暂停标注绘制(针对的是地图中所有图层,要实现某个图层标注的开关,可右击该图层,打开快捷菜单,单击【标注要素】),同时控制地图中所有图层的已绘制标注是否显示 |
| | 查看未放置的标注 | 显示无法放置在地图上的标注,地理空间限制所致 |
| 快速 | | 实现在"快速"和"最佳"之间切换标注放置质量,此功能只有在 Maplex 扩展模块已安装,并且标注引擎已启动时可用 |

2)标注管理器

通过【标注管理器】对话框可以查看和修改地图中所有标注分类的标注属性,如指定、修改和管理各图层的标注,无须反复访问其相应的图层属性对话框。

本节仅介绍"标准标注引擎"的标注管理器。单击【标注】工具条的标注管理器按钮,打开【标注管理器】对话框,如图 9.32 所示。默认情况下,不论当前图层是否被标注,每个图层至少有一种标注分类("默认"分类)。无法标注的图层(如,引用栅格数据的图层等)不会列出。

图 9.32　【标注管理器】对话框

标注管理器能够进行如下参数的设置。

（1）文本字符串。当开启标注时，最初会基于单个字段标注要素，如在气象地图上，使用"日降雨量"标注气象站。也可使用多个属性字段进行标注，如可同时使用"日降雨量"和"最大风速"标注气象站。无论标注是基于单个属性字段还是多个属性字段，确定标注文本的语句均被称为标注表达式。每个标注类别都具有自己的标注表达式，单击【表达式】按钮，可以设置标注分类的标注表达式。标注是动态构造的，因此，如果要素的属性值发生改变，标注也将随之变化。

（2）文本符号与标注样式。文本符号应用于标注分类中的所有标注。文本符号包括：字体、字号、颜色、粗体、斜体和下划线等属性，并且可以将文本符号保存在样式中以便在地图文档中使用。单击【符号】按钮，打开【符号选择器】对话框，可使用更高级的文本符号属性为标注添加注释、牵引线、阴影、晕圈和其他效果。另外，还可以直接单击【标注样式】按钮，打开【标注样式选择器】对话框，选择合适的标注样式。

（3）放置属性。标注引擎分别为点、线、面图层提供了不同的放置属性解决方案。此外，安装并启用 Maplex for ArcGIS 扩展模块可以提供功能增强的标注放置属性。

在【标注管理器】对话框中，单击图层的标注分类，在右边的【放置属性】区域中，可以对标注相对于图层中要素的位置进行简单的设置。还可以单击【属性】按钮，打开【放置属性】对话框，切换到【放置】选项卡，做进一步设置。

在【放置属性】对话框的【冲突检测】选项卡中（图 9.33），可以为标注分类设置标注权重和要素权重。标注权重可分为"低"、"中"和"高"。要素权重可分为"无"、"低"、"中"和"高"。一般规则是：要素不能被具有相等或较小权重的标注压盖。默认情况下，标注权重被设置为"高"，要素权重被设置为"无"。通常应该为较重要的标注指定较高的标注权重，并且要慎用要素权重，增大要素权重将会增加 ArcMap 放置标注所需的处理时间。将点要素和线要素的要素权重设置为"高"，可确保不会在这些要素上放置标注。将面要素的要素权重设置为"高"，可确保不会在这些要素的轮廓上放置标注。

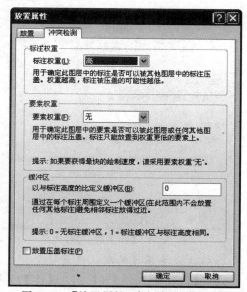

图 9.33　【放置属性（冲突检测）】对话框

默认情况下，ArcMap 会自动解决标注之间的冲突，并且不允许标注压盖，通过选中【放置压盖标注】复选框，可以使某一标注分类不遵循此原则。

（4）其他设置。在【比例范围】对话框中设置标注的最小比例，使标注仅在指定的比例范围内进行绘制，可提升地图的整体重绘性能。

单击【摘要】按钮，打开【标注摘要】对话框，可显示数据框中所有图层以及各图层中的所有标注分类及其属性，用于质量保证和性能检查。

单击【SQL 查询】按钮，打开【SQL 查询】对话框，选择标注特定的对象。

**注意事项**

a）通过某个图层的【图层属性】对话框中的【标注】选项卡也可以查看和更改地图中的标注分类的标注属性，但只能是针对该图层的标注分类。可以选择【以相同方式为所有要素加标注】选项，功能与用【标注管理器】中相应图层的"默认"标注分类进行标注相同。也可以选择【定义要素类并为每个类加不同的标注】选项，为同一图层添加标注分类，并选择不同的要素子集进行标注。

b）标注后，在不压盖的情况下，ArcMap 的标准标注引擎将在地图上的可用空间内尽可能多地放置标注，平移和缩放时，ArcMap 将根据放置属性自动调整标注位置以适合可用空间。

### 2．标注属性的默认设置

在添加标注前，进行一些参数的设置，可达到预期的标注效果。

#### 1）全局参数设置

在【标注】工具条中单击【标注】→【选项】，打开【标注选项】对话框，如图 9.34 所示。

【未放置的标注的颜色】控制无法在地图中放置的标注颜色。通过单击【颜色】下拉框选择

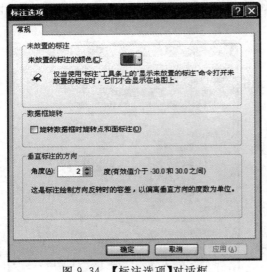

图 9.34 【标注选项】对话框

一种颜色将未放置标注的颜色更改为其他颜色。在【标注】工具条中，单击查看未放置的标注按钮，可显示未放置的标注。

【旋转数据框时旋转点和面标注】控制在旋转数据框时，是否旋转点和面标注。

【垂直标注的方向】针对线要素标注，当标注几乎垂直于"南北"方向的线要素、"南北"方向的面要素或面要素的边界时，用于控制是将标注从"南"到"北"（左到右）读取，还是从"北"向"南"（右到左）读取。在【角度】文本框中键入$-30°\sim30°$之间的数值，改变标注读取顺序。合适的正数将强制对方向为北略偏西的线标注从南至北读取。合适的负数将强制对方向为北略偏东的线标注从北至南读取。

#### 2）标注分类属性的默认设置

通过【标注管理器】或【图层属性】对话框中的【标注】选项卡可设置文本符号属性、放置位置、比例范围、标注样式等。

### 3．标注分类

当要对图层中要素类的子集添加标注时，可以使用标注分类。同时可为每个标注分类指定不同的标注字段、文本符号属性、比例范围、标注优先级和放置属性等。例如，可以只标注人口多于 100 万的城市，并且用较大的字体来标注人口相对较多的城市等。

创建标注分类的步骤如下（以在标注管理器中创建为例）：

（1）打开地图文档 huadong. mxd（位于"…\chp09\标注分类\data"）。

（2）确认内容列表中 shenghui 图层前的复选框已被选中。

（3）在【标注】工具条中单击标注管理器按钮🔔。

（4）在【标注分类】列表框中单击想要创建标注分类的图层名称"shenghui"。

（5）在【输入分类名称】文本框中为新的标注分类输入名称"山东省会"，并单击【添加】按钮。

（6）取消选择【默认】标注分类复选框，以避免将省名标注两遍（当标注分类选用同一属性字段标注时）。

（7）右击标注分类列表上的标注分类"山东省会"，在弹出菜单中，单击【SQL 查询】选项（或单击标注分类"山东省会"，然后单击【SQL 查询】按钮），打开 SQL 查询对话框。

（8）双击"NAME"，单击【获取唯一值】按钮，再单击运算符"＝"，最后双击"济南"。单击【验证】按钮，确定表达式正确后，单击【确定】按钮。

（9）单击【标注字段】下拉框，选择要用做标注的属性字段"NAME"，设置文本符号、放置属性、比例范围、标注样式等。

（10）分别选中图层 shenghui 与标注分类"山东省会"前的复选框，这样才可以标注此分类标注。

（11）可以重复以上步骤设置其他标注分类。

（12）单击【确定】按钮，可看到在山东省省会的位置标注了"济南"。

以上实例既练习了添加标注分类、单个属性字段的标注，又利用 SQL 查询功能实现了部分要素（仅标注"济南"这个要素）的标注。如果不使用 SQL 查询功能，系统将默认标注全部要素。

**4．多属性字段标注**

在【图层属性】对话框中，单击【标注】标签，切换到【标注】选项卡，通过【文本字符串】区域中的【表达式】功能可实现多属性字段标注。多属性字段标注的操作步骤如下：

（1）打开地图文档 huadong.mxd（位于"…\chp09\多属性字段标注\data"）。

（2）打开 shenghui 图层的【图层属性】对话框，单击【标注】标签，切换到【标注】选项卡。

（3）选中【标注此图层中的要素】复选框。

（4）单击【方法】下拉框，选择"以相同方式为所有要素加标注"。如图 9.35 所示。

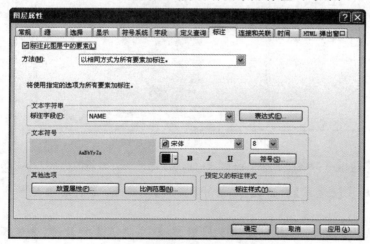

图 9.35　【图层属性（标注）】对话框

（5）单击【表达式】按钮，打开【标注表达式】对话框，如图 9.36 所示。

图 9.36 【标注表达式】对话框

(6)选择【字段】区域中的字段"NAME"和"PINYIN",单击【追加】按钮,将其添加到【表达式】区域中,如图 9.36 所示。单击【验证】按钮,检验表达式的正确性。

(7)单击【确定】按钮,返回到【图层属性】对话框。

(8)单击【确定】按钮。每个省份都被标注了省份名称和对应的汉语拼音,如图 9.37 所示。

图 9.37 多属性字段标注结果

**注意事项**

a)在【标注表达式】对话框中,选中【高级】复选框,可利用编程的方式编写表达式。

b)在默认情况下,当放大或缩小地图时,标注将不进行放缩,要实现同步缩放可通过设置数据框参考比例尺来实现。

**5. 标注转换**

如果要精确控制文本在地图中的位置,需将标注转换为注记。转换时需要确定是将注记存储在地图文档中还是存在地理数据库中。如果选择地理数据库注记,还需决定是创建标准要素还是关联要素的注记要素类。当转换为关联要素的注记要素类时,如果移动、删除要素,则该要素的注记也将随之移动或删除;如果改变要素的属性,那么基于该要素属性的注记文本也会随之改变。

可将标注转换为新的注记组或新的注记要素类,也可将其添加到现有的注记组或注记要素类中,但是当转换为关联要素的注记类时,始终需要创建新的注记要素类。转换过程结束后,可有选择地显示所有未放置的标注(现在是未放置的注记),以交互方式将它们放置在地图上。

1)准备工作

转换标注之前,需要仔细设置比例和标注属性,因为它们可确定新注记的大小、位置和外观。

将标注转换为注记时,如果没有设置数据框参考比例,则根据该比例获取注记的参考比例。如果数据框参考比例等于零,则根据当前地图比例获取注记的参考比例。如果注记参考比例与数据框参考比例(设置数据框参考比例前提下)或当前地图比例(没有设置数据框参考比例)不匹配,ArcMap 将显示警告消息。

另外,还需要确定转换标注的范围。有两种选择:转换所有标注,缩放到全图范围;仅转换某个范围内的标注,缩放至包含这些标注的范围。

**注意事项**

a)当前地图比例:在 ArcMap 中,该比例出现在【标准】工具条的比例框中。

b)数据框参考比例:要素符号系统、动态标注和数据框图形以指定符号大小显示在屏幕上时所使用的比例。当"当前地图比例"大于"数据框参考比例"时,符号系统、动态标注等的符号变大;反之,则变小。

c)注记参考比例:这是注记组或地理数据库注记要素类中的文本以符号大小显示在屏幕上时所使用的比例。当"当前地图比例"大于"注记参考比例"时,注记符号变大;反之,则变小。

d)注记参考比例设置方法:把将要转换为注记的标注缩放至合适的大小,然后设置数据框参考比例;或者当缩放至合适大小后直接将标注转换为注记(在不设置数据框参考比例的前提下)。

2)将标注转换为地理数据库注记

将标注转换为地理数据库注记的操作步骤如下:

(1)确保比例和标注属性设置正确,准备要转换的标注。

(2)要转换某个图层中的标注,可在 ArcMap 的内容列表中右击该图层。要转换多个图层中的标注,可右击数据框。

(3)在弹出的快捷菜单中,单击【将标注转换为注记】选项,打开【将标注转换为注记】对话框,如图 9.38 所示。

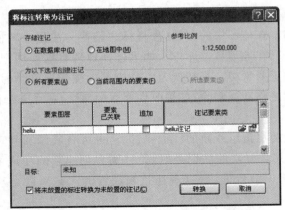

图 9.38 【将标注转换为注记】对话框

(4)在【存储注记】区域中,单击选中【在数据库中】单选按钮。

(5)指定要创建注记的要素(【所有要素】或【当前范围内的要素】)。

(6)如果要创建关联要素的注记类,选中【要素已关联】复选框,并单击文件夹图标📂,指定创建新的注记要素类的路径和名称。

(7)如果要创建标准注记并希望将该注记添加到现有标准注记要素类中,选中【追加】复选框,然后单击文件夹图标📂,选择已有的注记要素类。如果要创建新标准注记要素类,确保【要素已关联】和【追加】复选框都处于选中状态,单击打开文件夹图标📂,然后指定要创建的新注记要素类的路径和名称。

(8)某些标注由于没有足够的空间而未显示在地图上,要转换这些标注,选中【将未放置的标注转换为未放置的注记】复选框,这样便可将未放置的标注保存到注记要素类中,但需要在转换过程结束后以手动方式逐个放置。在转换之前,使用标注优先级、标注和要素权重及标注放置选项可增大所显示的标注数量。

(9)单击【转换】按钮,完成操作。

3)放置未放置的地理数据库注记

利用【编辑器】工具条放置未放置的地理数据库注记的操作步骤如下:

(1)单击【编辑器】→【开始编辑】。

(2)单击【编辑器】→【编辑窗口】→【未放置的注记】,打开【未放置的注记】对话框。

(3)在【未放置的注记】窗口中,单击【显示】下拉框,选择包含未放置注记的注记要素类。

(4)单击【立即搜索】按钮,列出未放置的注记,如图 9.39 所示。

图 9.39 未放置的注记对话框

(5)默认情况下,地图上不会显示未放置的注记。要绘制未放置的注记,需要选中【绘图】

复选框,则所有未放置的注记都将显示出来。

(6)如果只想处理特定范围内的注记,可缩放至合适的范围,选中【可见范围】复选框,然后单击【立即搜索】按钮,更新列表。

(7)在【文本】列表框中单击列表中的文本,在视图中将闪烁该注记。如果要放大到未放置的注记区域,可右击列表中的文本,在弹出的快捷菜单中单击【缩放至注记】或【缩放至要素】。

(8)右击列表中的文本,在弹出的快捷菜单中单击【放置注记】来放置本条注记。

在地图上放置注记要素后,该要素将呈选中状态,使用编辑注记工具 ▶ 将注记拖动到要放置该注记的位置。

> **注意事项**
>
> 　　在编辑会话期间,每次保存编辑内容时,【未放置的注记】窗口中的内容都将被清除。需要再次单击【立即搜索】按钮重新填充列表,这样做可以确保窗口始终显示地理数据库中最新的未放置的注记要素。

4)将标注转换为地图文档注记

将标注转换为地图文档注记的操作步骤如下:

(1)确保比例和标注属性设置正确,准备要转换的标注。

(2)如果要转换某个图层中的标注,可在 ArcMap 的内容列表中右击该图层。

(3)如果要转换多个图层中的标注,可右击数据框,在弹出的快捷菜单中,单击【将标注转换为注记】,打开【将标注转换为注记】对话框。

(4)在【存储注记】区域中,选中【在地图中】单选按钮。

(5)指定要创建注记的要素(【所有要素】或【当前范围内的要素】)。

(6)在【注记组】列表中,单击注记组名称使其处于编辑状态。可指定一个新的或现存的注记组的名称,当指定已有的注记组名称时即将标注追加到现存的注记组中,如果指定一个新的注记组名称时,将创建一个新的注记组。

(7)某些标注由于没有足够的空间未显示在地图上,要转换这些标注,选中【将未放置的标注转换为未放置的注记】复选框,这样便可将未放置的标注保存到地图文档中,以便以后对它们进行放置。

(8)单击【转换】按钮,完成操作。

如果选中【将未放置的标注转换为未放置的注记】复选框,并且存在未放置的标注,则会出现【溢出注记】对话框,其中列有未放置的注记。由于未放置的注记存储在地图文档中,因此,如果要在其他时间放置这些注记,则需关闭溢出注记窗口,要确保在关闭 ArcMap 之前保存当前地图文档。

> **注意事项**
>
> 　　a)在【数据框属性】对话框的【注记组】选项卡中管理注记组。
>
> 　　b)如果要转换为现有注记组,确保当前地图比例(或数据框参考比例(如果已设置))与现有注记组的参考比例匹配。如果不与现有注记组的参考比例相匹配,则后来转换时的参考比例将覆盖原来的参考比例,并且如果存在关联图层时,关联图层也将覆盖原来的关联图层。

5）放置未放置的地图文档注记

放置未放置的地图文档注记的操作步骤如下：

（1）如果已选中【将未放置的标注转换为未放置的注记】复选框，并且转换时存在未放置的注记，则将未放置的注记存储在地图文档中。

（2）打开包含未放置的注记的地图文档。

（3）在【绘图】工具条的【绘制】菜单中单击【溢出注记】选项，打开【溢出注记】对话框。

（4）在默认情况下，所有未放置的注记都列于【溢出注记】对话框中。如果仅列出当前范围内的注记，右击对话框中的任意位置，在弹出菜单中，单击【显示范围内的注记】。

（5）在默认情况下，地图上不会显示未放置的注记。如果要显示未放置的注记，右击【溢出注记】窗口中的任意位置，在弹出菜单中，单击【绘制注记】，未放置的注记在显示时会带有红色轮廓且不可选。

（6）右击【注记】列表框中的某个注记，并单击【平移至要素】，可在地图中移至该要素。

（7）右击【注记】列表框中的某个注记，并单击【闪烁要素】，可在地图中闪烁该注记的要素。

（8）右击列表框中的注记，在弹出菜单中，单击【添加注记】，放置本条注记。

（9）在【绘制】工具条中，单击选择元素工具 ▶。

（10）在地图上单击注记，然后将其拖动到所需的位置。

**6．显示地图提示**

地图提示可提供更多的信息。

（1）打开地图文档 huadong.mxd（位于"…\chp09\显示地图提示\data"）。

（2）打开 xingzhengqujie 图层的【图层属性】对话框，单击【显示】标签，切换到【显示】选项卡。

（3）在【显示表达式】组合框中，单击【字段】下拉框，选择"NAME"字段，同时可单击【表达式】按钮来显示多个属性字段。

（4）选中【使用显示表达式显示地图提示】复选框，如图 9.40 所示。

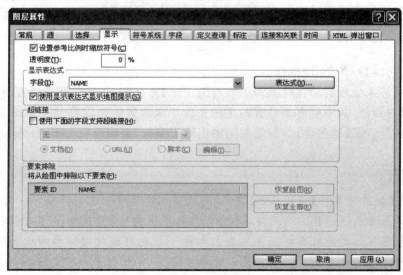

图 9.40　设置地图提示

（5）单击【确定】按钮，使用选择要素、平移、缩放等多个工具指向任一个要素时，以一个随鼠标指针移动的黄色方框显示该要素的属性字段 NAME 的提示。

## 9.2.2　地图文档注记

利用【绘图】工具条可以创建和编辑地图文档注记。在 ArcMap 主菜单中单击【自定义】→【工具条】→【绘图】，打开【绘图】工具条。

### 1. 注记组

使用注记组便于打开或关闭多条相关文本的显示，此外，还可以将注记组与某一特定图层相关联，以便在内容列表中打开或关闭图层时，其文本也会自动打开或关闭。

默认情况下，添加到数据框中的文本将添加到"〈默认〉"注记组中。添加文本前，可通过设置【活动注记目标】（在【绘图】工具条单击【绘制】→【活动注记目标】）更改此默认设置。当处于数据视图状态时，使用【绘图】工具条中的工具添加到地图的任何注记，以及处于布局视图状态且在数据框有焦点时所添加的任何地图文档注记，均会被添加到活动注记目标。

1）创建注记组

使用【新建注记组】可创建新的注记组，也可在【数据框属性】对话框中创建新的注记组。将标注转换为地图文档注记时，也可以创建注记组。创建注记组的操作步骤如下：

（1）在【绘图】工具条单击【绘制】→【新建注记组】，打开【新建注记组】对话框，如图 9.41 所示。

（2）在【注记组名称】文本框中输入注记组的名称，可选择注记组的【关联图层】、设置【参考比例】、设置注记组可见的比例范围等。

（3）单击【确定】按钮，完成操作。

（4）在内容列表中打开【数据框属性】对话框，单击【注记组】标签，切换到【注记组】选项卡，如图 9.42 所示。

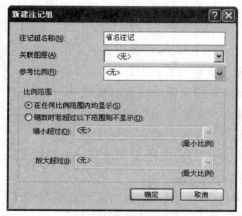

图 9.41　【新建注记组】对话框

图 9.42　注记组管理

（5）在【关联图层】列表项中双击要与图层相关联的注记组，打开【注记组属性】对话框。

（6）在【注记组属性】对话框中，单击【关联图层】下拉框，选择要与注记组相关联的图层名称，然后单击【确定】按钮，返回到【数据框属性】对话框。

（7）单击【确定】按钮，即可完成创建注记组的设置。

> **注意事项**
>
> 可在【数据框属性】对话框的【注记组】选项卡中管理注记组,根据需要开启和关闭注记组、创建新的注记组、删除注记组以及编辑注记组的属性(包括参考比例)。

2)在注记组之间移动文本

在注记组之间移动文本的操作步骤如下:

(1)在【绘图】工具条中单击选择元素按钮 ▶,单击一个或多个文本。

(2)在 ArcMap 主菜单中单击【编辑】→【✂剪切】。也可以右击文本,在弹出菜单中,单击【✂剪切】。

(3)在【绘图】工具条中单击【绘制】→【活动注记目标】,单击图形移动所指向的注记组。

(4)在 ArcMap 主菜单中单击【编辑】→【📋粘贴】,即可完成注记组之间移动文本的操作。

> **注意事项**
>
> 文本会粘贴到其原始位置下方稍微偏右的位置。

### 2．创建地图文档注记

创建地图文档注记之前,可通过【默认符号属性】(在【绘图】工具条中单击【绘制】→【默认符号属性】)设置新文本的默认符号属性。

1)在某个点处添加文本

在某个点处添加文本的操作步骤如下:

(1)在【绘图】工具条中指定活动注记目标。

(2)在【绘图】工具条中单击【新建文本】→【A 新建文本】。

(3)在地图显示中单击要添加文本的位置处,并输入文本字符串,文本将水平显示。

(4)按 Enter 键。

2)添加与要素属性相关的文本

要加快执行为要素添加描述性文本的任务,并且要添加的文本在要素属性表中,可以使用【📑标注】菜单功能自动获取要素的属性字符串。其操作步骤如下:

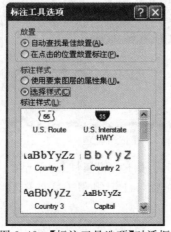

图 9.43 【标注工具选项】对话框

(1)在【绘图】工具条中指定活动注记目标。

(2)在【标注】工具条中单击标注管理器按钮 📑。

(3)在要标注的图层下方选择相应的标注分类。

(4)单击【标注字段】下拉框,单击要用做标注的属性字段。

(5)单击【确定】按钮。

(6)在【绘图】工具条中,单击【新建文本】下拉框,单击【📑标注】,打开【标注工具选项】对话框,如图 9.43 所示。

(7)单击选中【在点击的位置放置标注】单选按钮。如果单击选中【自动查找最佳放置位置】单选按钮,ArcMap 将使用为数据框指定的标注引擎和为图层设置的标注属性查找标注的最佳位置。

(8)单击选中【选择样式】单选按钮,并在【标注样式】列表框中单击要使用的标注样式。如果选中【使用要素图层的属性集】单选按钮,则单击要素时将使用所单击要素图层的标注属性创建新文本。

(9)单击要标注的要素,即可对要素添加注记。

3)向布局中添加文本

在布局视图中,当数据框有焦点时,数据框处于可编辑状态,添加的文本将存储在相应的【活动注记目标】中,即会在数据视图中显示;当数据框无焦点时,添加的文本将保存在地图布局中,这种文本不会在数据视图中显示。

(1)在布局中将文本添加到数据框中的操作步骤如下:

——在【绘图】工具条中单击选择元素按钮 ,要确保处于布局视图中。

——双击数据框中的任意位置以将其设置为焦点。数据框周围将由特殊的影线符号轮廓绘制。

——在【绘图】工具条中指定活动注记目标。

——使用【绘图】工具条中的新建文本工具将新文本添加到数据框中。

(2)在布局中添加图形文本的操作步骤如下:

——确保处于布局视图中,如果数据框有焦点(此时,数据框周围将显示带阴影的轮廓),通过单击选择元素按钮 ,并单击布局中数据框之外的任意位置将焦点移除。

——使用【绘图】工具条中的任意一种文本工具(【 标注】除外)向布局中添加新文本。或者,在 ArcMap 主菜单中单击【插入】→【 文本】、【 标题】、【动态文本】、【比例文本】,将文本添加到布局中。

动态文本是图形文本的一种,如当前时间、当前日期等,可根据其各自属性的当前值动态变化。动态文本只能用在地图布局上,该文本会随地图文档、数据框或数据驱动页面的当前属性动态发生变化。

4)其他添加文本的方法

除以上添加文本的方法外,还可以利用【 样条化文本】菜单沿曲线添加文本,利用注释菜单添加带注释框和牵引线的文本,利用面文本、矩形文本、圆形文本菜单,添加在图形边界内按照图形形状安排布局的文本。

3.编辑地图文档注记

当要编辑地图文档注记时,要将【活动注记目标】设定为要编辑的注记组。可单击选择元素按钮 ,然后单击一个地图文档注记进行修改、编辑、删除操作。也可单击选择元素按钮 ,按住鼠标左键,拖动画出一个矩形选中多个注记,然后编辑这些注记。

1)地图文档注记常规编辑

选择要编辑的地图文档注记,右击该注记,在弹出菜单中,单击【属性】菜单,打开【属性】对话框,如图 9.44 所示,可将"长江"中的"长"加粗显示。

图 9.44 【属性】对话框

通过【属性】对话框,可更改注记的文本字符串、符号类型、文本字体、注记的角度等。另外,可以使用【绘图】工具条中的按钮对注记进行修改,如旋转按钮↻可以改变注记的方向,编辑折点按钮△可以编辑形状等。

当要删除某个注记时,选择该注记,在键盘上按 Delete 键或在【标准】工具条中单击删除按钮✖。

2)使用格式化标签

ArcGIS 文本格式化标签可用于修改部分文本的格式。这样,可以创建混合格式的文本,例如,在图 9.44 中"〈bol〉长〈\bol〉江",则可以将"长"字体加粗。在 ArcMap 中,地图中或地图周围任何放置文本的位置几乎都可以使用文本格式化标签,即在任何可以指定文本字符串或文本符号的位置都可以使用标签。例如,注记、图例文本和地图标题等。

# 9.3  掩　膜

掩膜是利用遮盖或隐藏要素的视觉处理技术来增强地图表现力的一种手段,让地图更加清晰,经常用它来处理多个图层由于叠放而出现压盖冲突的情况。掩膜实质是包含一些多边形要素的要素类,生成掩膜之后,可用它来遮盖某个或某几个图层,使其在掩膜的位置不显示。

ArcToolbox 提供的掩膜工具有死胡同(Cul-De-Sac)掩膜、要素轮廓线掩膜、交叉图层掩膜。

## 9.3.1  死胡同掩膜

为了使两条相交线的连接部分更光滑,系统默认将线符号的线端头设置为"圆形",如果线不相交的另一端不希望线端头是"圆形"的,使用此工具创建掩膜,显示为"平方"类型。此工具是仅能在线的未连接端(亦称为死胡同)创建掩膜,而且仅接受线图层输入。死胡同掩膜创建的操作步骤如下:

(1)启动 ArcMap,打开地图文档 xianmao. mxd(位于"…\chp09\死胡同(Cul-De-Sac)掩膜\data")。

(2)启动 ArcToolbox,在 ArcToolbox 中双击【制图工具】→【掩膜工具】→【死胡同(Cul-De-Sac)掩膜】,打开【死胡同(Cul-De-Sac)掩膜】对话框,如图 9.45 所示。

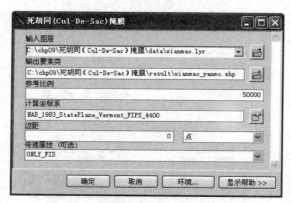

图 9.45　【死胡同(Cul-De-Sac)掩膜】对话框

(3)输入【输入图层】和【输出要素类】。

(4)在【参考比例】文本框中输入"50000",意思是"1∶50 000 的比例尺"。

(5)在【计算坐标系】和【边距】栏中使用默认值。空间参考默认同数据的空间参考一致。

(6)单击【传递属性】下拉框,选择"ONLY_FID"。

(7)单击【确定】按钮。得到图 9.46 所示处理结果,矩形是创建的掩膜,掩膜压盖住线要素。可能掩膜出现在线的下面,可在内容列表中利用【按绘制顺序列出】调整图层的顺序。

（a）处理前　　　　　　　　（b）处理后

图 9.46　死胡同掩膜工具运行结果

**注意事项**

a)【边距】是创建的掩膜宽度，默认值为 0，即创建的掩膜同线的宽度一致。如果边距为负值，则会比线的宽度窄；如果为正值，则比线的宽度宽。

b)【传递属性】是输入要素的属性是否会传递到掩膜图层的属性中，有三个选项：ONLY_FID（只保留输入要素的 FID）、NO_FID（不传递属性）、ALL（所有属性都会被传递）。

c)【参考比例】用于在使用页面单位指定掩膜时，计算掩膜几何的参考比例。该比例通常是地图的参考比例。

线端头指的是线的开口形状，有"平端头"、"圆形"、"平方"三种类型，如图 9.47 所示。

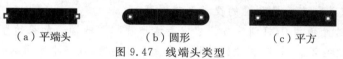

（a）平端头　　　　　　　（b）圆形　　　　　　　（c）平方

图 9.47　线端头类型

## 9.3.2　要素轮廓线掩膜

在输入图层中的符号化要素周围按照指定的距离和形状创建掩膜面。该工具接受点、线和面要素图层以及地理数据库注记图层作为输入。其创建的操作步骤如下：

（1）启动 ArcMap，打开地图文档 yslkxym.mxd（位于"…\chp09\要素轮廓线掩膜\data"）。

（2）启动 ArcToolbox，在 ArcToolbox 中双击【制图工具】→【掩膜工具】→【要素轮廓线掩膜】，打开【要素轮廓线掩膜】对话框，如图 9.48 所示。

（3）输入【输入图层】和【输出要素类】。

（4）如果输入图层是注记图层，则【参考比例】将自动设置为图层要素类的参考比例，以确保掩膜计算的准确性。

（5）【计算坐标系】和【边距】使用默认值。

（6）单击【掩膜类型】下拉框，选择"CONVEX_HULL"。

（7）单击【为未放置的注记创建掩膜】

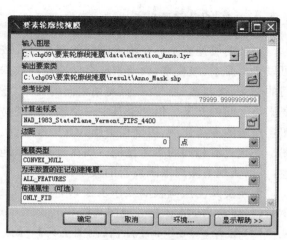

图 9.48　【要素轮廓线掩膜】对话框

下拉框,选择"ALL_FEATURES"。

(8)单击【传递属性】下拉框,选择"ONLY_FID"。

(9)单击【确定】按钮。Anno_Mask 掩膜要素类会自动添加到 ArcMap 中,在内容列表将图层 Anno_Mask 置于图层 elevation_Clip 之上,并将图层 Anno_Mask 的符号填充颜色设置为白色,轮廓宽度为 0,运行结果如图 9.49 所示。对比处理前后可以看出为注记创建了掩膜,使得放置注记地方的等高线呈断开状态,但实际上等高线并没有被打断。

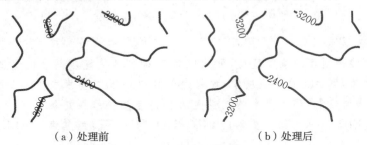

(a)处理前　　　　　　　　　　　(b)处理后

图 9.49　要素轮廓线掩膜工具运行结果

> **注意事项**
>
> a)是否【为未放置的注记创建掩膜】选项仅在对地理数据库注记图层执行掩膜操作时使用。"ALL_FEATURES"为所有的注记要素创建掩膜,"ONLY_PLACED"仅为状态为已放置的要素创建掩膜。
>
> b)如果边距值为 0,将创建与符号化要素形状相同的面。如果边距为负值,则面将小于符号化要素。通常,将边距值指定为大于 0 的值,以产生所需的掩膜效果。
>
> c)掩膜类型有四种:"VONVEX_HULL"(默认选项,创建要素的凸多边形)、"BOX"(表示创建要素的外包矩形)、"EXACT"(表示创建与要素形状完全一致的掩膜)、"EXACT_SIMPLIFIED"(表示按照简化的要素形状创建掩膜)。
>
> d)使用【等值线注记】工具(在 ArcToolbox 中双击【制图工具】→【注记】→【等值线注记】)同样可实现本节实例的效果。

### 9.3.3　交叉图层掩膜

交叉图层掩膜工具在输入图层的交叉点处按照指定的形状和大小创建掩膜面,输入图层可以是点要素、线要素、面要素或存储在地理数据库中的注记要素类。不仅可以处理线与面之间的交叉、线与线、点与线、点与面之间的交叉,还可以处理注记要素类与线要素、面要素、注记要素类之间的交叉。但如果其中一个输入图层是注记图层,则该参考比例将自动设置为交叉图层掩膜的参考比例,以确保掩膜计算的准确性。如果正在交叉两个注记图层,则这两个注记图层必须具有相同的参考比例。如在道路与宗地重叠的地方,使用该工具设置一定距离的掩膜,可以实现道路周围隔离带的效果。

创建交叉图层掩膜的操作步骤如下:

(1)启动 ArcMap,打开地图文档 transportation.mxd(位于"…\chp09\交叉图层掩膜\data")。

(2)在 ArcToolbox 中双击【制图工具】→【掩膜工具】→【交叉图层掩膜】,打开【交叉图层掩膜】对话框,如图 9.50 所示。

（3）输入【掩膜图层】、【被掩膜图层】、【输出要素类】参数。

（4）在【参考比例】文本框中输入地图的参考比例，如"100000"。

（5）【计算坐标系】采用默认值。

（6）将【边距】设置为"1 点"。将边距调整为大于 0 可增强掩膜的效果。

（7）其他设置采用默认值。

（8）单击【确定】按钮。运行结果如图 9.51 所示。对比处理前后效果可以看出，公路与宗地之间添加了隔离带效果。

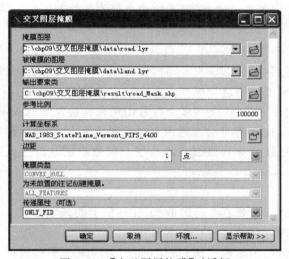

图 9.50　【交叉图层掩膜】对话框

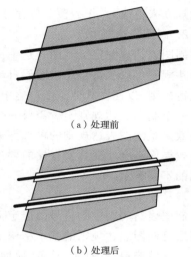

（a）处理前

（b）处理后

图 9.51　交叉图层掩膜工具运行结果

# 9.4　制图表达

制图表达是一种智能的符号化方案，可以制作出表现力非常丰富的符号，同时可以在出图时对符号进行动态编辑和修改。在 ArcGIS 中，默认将数据和显示分开管理，数据中不存储符号以及颜色信息，对地图所做的渲染操作保存在 mxd 文档中，对于地理数据库格式的数据，如果使用制图表达的方法对地图进行渲染，则将数据和显示一同存储在数据库中。

## 9.4.1　制图表达的概念

制图表达是一种符号化空间要素的智能方法。一个要素类可以有多种制图表达方案，一个制图表达是一系列制图表达规则组成的集合，一条制图表达规则由符号图层和几何效果组成。

制图表达的优点体现在：使用制图表达能够不按照原有数据的几何形态绘制；制图表达使用数据驱动模式进行制图，根据每个要素的属性定制符号，无须生成额外的数据；地理数据库的要素类支持多种制图表达方案，用于多种类型地图产品的生产；单个要素可使用覆盖来个性化定制其制图表达，以提高地图质量。

个人地理数据库、文件地理数据库和 ArcSDE 地理数据库中的任何点要素、线要素和面要素类都支持制图表达，但地理数据库必须升级到 9.2 版本以上才可以使用制图表达。

### 1. 制图表达

要素类制图表达是要素类的一个属性，用于指定和存储一系列规则，这些规则将指定要素类中要素的绘制方式。要素类制图表达不能独立于要素类而存在。在要素类中添加、删除和修改要素时,改动会自动反映在与该要素关联的要素类制图表达中。删除一个要素类后,所有关联的要素类制图表达都将被删除。创建制图表达后,会向要素类中添加两个新的字段"RuleID"和"Override",每个要素通过"RuleID"和渲染样式关联起来,"Override"中存储对规则的覆盖。下文中制图表达亦指要素类制图表达的简称。

要素制图表达是制图表达规则应用于单个要素的一个实例,它是该制图表达规则中几何效果和符号图层应用于要素几何得到的结果。要素制图表达外观的各部分可以通过更改制图表达规则来更改,并作为覆盖值存储,这样可以解决冲突,还可调整单个要素的绘制。

### 2．制图表达规则

制图表达规则定义制图表达中一组相关要素的绘制方式,包含符号图层和几何效果。制图表达规则可以从符号化的图层自动转换得到,也可以从头开始构建,并且可在样式内存储制图表达规则,以便在其他制图表达中共享和重复使用这些规则。

一个制图表达规则至少需要一个符号图层,同时也支持多个符号图层来构造复杂的效果。几何效果是制图表达规则的可选部分,它可以在绘制时动态地改变要素的几何形状来达到期望的效果而不会改变真实存储的要素本身,这就意味着可以在不改变空间数据的基础上完成数据的不同表示。

#### 1）符号图层

制图表达规则中的符号图层定义要素几何(即要素本身的形状)在地图上的显示方式。符号图层是制图表达规则的基本结构单元,分为三种类型:填充、笔划和标记。

——填充符号图层。单色,使用单一颜色均匀地填充面;影线,使用等间距的平行线填充面;渐变,使用平滑过渡效果,呈直线形状、圆形或矩形等方式填充面。

——笔划符号图层。以实心笔划对线几何和面轮廓进行符号化。可从颜色、线宽度、端头类型和连接类型几方面对其进行定义。其中,线连接类型包括尖头斜接、圆形和平头斜接,如图 9.52 所示。

——标记符号图层。以制图表达标记符号对点和位置进行符号化。可使用标记编辑器修改制图表达标记,然后将其保存到样式中的制图表达标记文件夹(不要与标记符号文件夹相混淆)中,用来共享和重复使用。

符号图层在制图表达规则中的显示顺序即绘制顺序。如图 9.53 所示,列表中最下面的图标表示最先绘制的符号图层,即填充符号图层 先绘制,然后绘制笔划符号图层 ,最后绘制标记符号图层 。

（a）尖头斜接

（b）圆形

（c）平头斜接

图 9.52　线连接类型

图 9.53　符号图层绘制顺序示例

2）几何效果

在制图表达规则中可以将几何效果应用于一个符号图层,也可以全局方式将其应用于所有符号图层。

制图表达规则的全局效果是一个存放几何效果的容器,这些几何效果适用于制图表达规则中的所有符号图层。例如,应用于线要素类别的制图表达规则的全局效果中包含"线-面缓冲区"几何效果,制图表达规则中的填充符号图层可定义缓冲区面如何填充,制图表达规则中的笔划符号图层可定义缓冲区面的轮廓(而非基础线要素本身)如何绘制,因为该几何效果已将绘制几何从线变为面。如图 9.54 所示。矩形框选中的是基础线要素本身。

将几何效果添加到单个符号图层可仅将定义传递到该符号图层的几何,规则中的其他符号图层则不受影响。例如,如果应用到线要素的制图表达规则的全局效果为空,并且某填充符号图层包含"缓冲区"几何效果,则在该填充符号图层中定义的填充将应用到缓冲面,但同一个制图表达规则中不带任何几何效果的笔划符号图层仅会定义基础线要素的绘制方式,而不会定义缓冲面的轮廓,因为"缓冲区"几何效果仅适用于该填充符号图层。如图 9.55 所示。

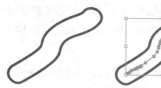  

图 9.54　全局效果示例　　　　　　　图 9.55　符号图层中的几何效果示例

3）制图表达的几何逻辑

因为几何效果可以更改几何形状,有些情况下,甚至可以更改几何类型,所以几何效果在保证制图表达几何逻辑的有效性中就非常重要。几何效果按顺序运行,一个几何效果的输出会成为下一个几何效果的输入,因此,可以使用一系列几何效果来获取对应的几何逻辑。无论几何是如何通过一系列几何效果来进行动态更改的,最后一个效果的最终输出必须与符号图层的几何类型相匹配。如一个点要素类中一个制图表达规则包含"从点开始的径向线"几何效果,此时可利用笔划符号图层来符号化线几何,因为点几何已变为线几何;相反,则会出现几何逻辑错误。

如果添加的符号图层的标题处显示警告符号⚠,则表明几何逻辑中存在无效组合,刚添加的符号图层中没有要符号化的几何。几何与符号的组合结果如表 9.3 所示。

表 9.3　几何与符号图层组合

| 符号图层 | 面几何 | 线几何 | 点几何 |
|---|---|---|---|
| 填充符号图层 | 符号化面内部 | 产生几何逻辑错误⚠,因为没有要填充的面几何 | 产生几何逻辑错误⚠,因为没有要填充的面几何 |
| 笔划符号图层 | 符号化面轮廓 | 符号化线 | 产生几何逻辑错误⚠,因为没有要绘制的线几何 |
| 标记符号图层 | 按照标记放置样式在面内放置标记 | 按照标记放置样式在线上放置标记 | 按照标记放置样式在点上放置标记 |

### 3．覆盖

覆盖是将制图表达规则的改变应用于特定要素。在编辑期间为单个要素制图表达使用覆盖，不会破坏制图表达规则的结构。此外，不仅可以覆盖制图表达规则的显示属性，还可以覆盖要素制图表达的几何。

1）形状覆盖

对要素制图表达的形状和位置修改时形成形状覆盖（几何覆盖）。创建制图表达时，必须指定其几何编辑行为，以决定使用制图表达编辑工具编辑要素时是存储于 Override 字段，还是 Shape 字段。当选择【将对几何的更改存储为制图表达覆盖】，并且存储于 Override 字段时，不改变要素的几何形状，可以通过【清除形状覆盖】来恢复到制图表达规则相应的默认值；当选择【更改支持要素的几何】，并且存储于 Shape 字段时，会改变要素的几何形状，无法通过【清除形状覆盖】来恢复到制图表达规则相应的默认值。

2）属性覆盖

构成制图表达规则的符号图层和几何效果中的每个元素都将成为该制图表达规则的一个属性。可通过在编辑期间操作这些属性值来覆盖各个要素制图表达的规则。

当处于编辑状态时，单击【制图表达】工具条上的制图表达属性按钮，打开【制图表达属性】对话框，当形成属性覆盖时，该对话框中相应属性的后面可能会有一个图标，用以指示其当前状态。

图标 表示制图表达属性的默认值已被覆盖。单击此图标可移除覆盖并将属性值恢复为该制图表达规则中所指定的默认值。

图标 说明该制图表达属性引用了要素类表中的字段，且其属性值不同于该制图表达规则中所指定的默认值。单击此图标可使属性值恢复为规则中所指定的默认值。

3）自由式制图表达覆盖

如果需要完全控制单个要素的图形外观，可通过将该要素转换为自由式制图表达来完全覆盖它。自由式制图表达不与其他任何要素相关联，从而可实现外观的完全自定义和控制。与制图表达规则覆盖相比，应该尽可能少地创建自由式制图表达覆盖，因为它们需要在 Override 字段中存储信息，因而，当在一副地图上大量使用自由式制图表达时，会对性能造成影响。

## 9.4.2 创建制图表达

在 ArcCatalog 或 ArcMap 的目录窗口中以及 ArcToolbox 中的【添加制图表达】工具（在 ArcToolbox 中双击【制图工具】→【制图表达管理】→【添加制图表达】）都可以创建制图表达，也可基于 ArcMap 中符号化的图层直接创建。

### 1．在 ArcMap 内容列表中创建制图表达

在 ArcMap 内容列表中创建制图表达的操作步骤如下：

（1）启动 ArcMap，打开 Representations_1.mxd（位于"…\chp09\创建制图表达\data"）。

（2）在内容列表中右击 RoadL 图层，在弹出菜单中，单击【将符号系统转换为制图表达】，打开【将符号系统转换为制图表达】对话框，如图 9.56 所示。

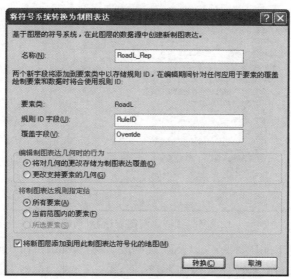

图 9.56 【将符号系统转换为制图表达】对话框

（3）所有选项采用默认值，单击【转换】按钮。新图层 RoadL_Rep 被添加到内容列表中，该图层是经过设置的制图表达方案符号化的结果。

**注意事项**

a）制图表达【名称】将自动使用附加后缀"_Rep"的要素类名称进行填充。

b）【规则 ID 字段】是一个存储整数值的字段名称，该值指定了要素所引用的制图表达规则，可存储与要素对应的制图表达规则的数值。默认情况下，此字段名称为"RuleID"。

c）【覆盖字段】用于存储对要素的制图表达规则所执行的所有覆盖，它属于blob 字段类型。默认情况下，此字段的名称为"Override"。

d）【编辑制图表达几何时的行为】下的两个单选按钮指示 ArcGIS 使用制图表达编辑工具所做的几何编辑的存储位置。

e）通过比例符号、按类别确定数量或某个图表符号渲染器显示的图层不能转换为制图表达规则。

**2．在 ArcCatalog 或 ArcMap 目录窗口中创建制图表达**

当在 ArcCatalog 或 ArcMap 目录窗口中创建制图表达时，可使用现有的符号系统为要素类创建新的制图表达，有关符号系统的信息可从图层文件中获得，也可以从头开始创建。其操作步骤如下：

（1）启动 ArcCatalog。

（2）在目录树中打开 TrailL 要素类的【要素类属性】对话框（TrailL 要素类位于"…chp09\创建制图表达\data\Representations_1.gdb\TopographicMap"）。

（3）在【要素类属性】对话框中，单击【制图表达】标签，切换到【制图表达】选项卡。

（4）单击【新建】按钮，打开【新建制图表达】对话框，如图 9.57 所示。

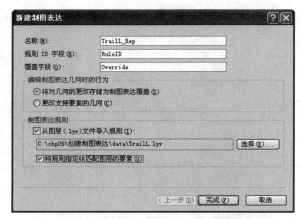

图 9.57 【新建制图表达】对话框

(5)保留默认名称"TrailL_Rep",以及默认字段名称"RuleID"和"Override"。

(6)选中【从图层文件(.lyr)导入规则】复选框,单击【选择】按钮,选择创建制图表达文件夹中的 TrailL.lyr。

(7)选中【将规则指定给匹配图层的要素】复选框。当从中导入规则的图层文件与当前要素类具有相同源时此选项才可用。选中此选项会将制图表达规则指定给各个要素。

(8)单击【完成】按钮。在【要素类属性】对话框的【制图表达】选项卡上会出现新建的 TrailL_Rep 要素类制图表达,如图 9.58 所示。

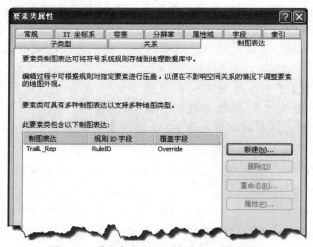

图 9.58 【要素类属性(制图表达)】对话框

(9)单击选中相应的制图表达,可执行【删除】、【重命名】的操作。单击【属性】按钮,打开【要素类制图表达属性】对话框,单击【常规】标签,切换到【常规】选项卡,如图 9.59 所示。

在【常规】选项卡中可以对制图表达的名称、规则 ID 字段、覆盖字段和几何编辑行为进行修改。

(10)切换到【制图表达】选项卡,如图 9.60 所示,可对该制图表达的规则进行添加、删除等操作,还可编辑符号图层和设置几何效果等。

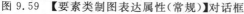

图 9.59　【要素类制图表达属性(常规)】对话框　　　　图 9.60　【要素类制图表达属性(制图表达)】对话框

(11)单击【确定】按钮,返回到【要素类属性】对话框。单击【确定】按钮,关闭【要素类属性】对话框。

(12)在 ArcCatalog 目录树中保持 TrailL 要素类仍为选中状态,单击【预览】选项卡,然后从其底部【预览】下拉框中选择"表",如图 9.61 所示。

(13)检查属性表,查看是否已添加了两个新字段:"RuleID"和"Override"。

**3. 使用制图表达来符号化图层**

要使用制图表达绘制图层,需确保原要素类至少包含一个制图表达。如果至少存在一个制图表达,则在【图层属性】对话框的【符号系统】选项卡的【显示】列表框中将显示制图表达标题,从该列选择一个制图表达以用于绘制要素。当要素类被添加至 ArcMap 中时,会自动使用制图表达来符号化要素几何,默认使用第一个制图表达(在该要素类存在制图表达的情况下),当要素类存在制图表达时也可以使用 ArcToolbox 中的【设置图层制图表达】工具(双击【制图工具】→【制图表达管理】→【设置图层制图表达】)为图层设置制图表达。

| RuleID | Override |
|---|---|
| Trail | Blob |
| Trail | Blob |
| Trail | Blob |
| Trail | Blob |
| Trail | Blob |
| Hiking Path | Blob |
| Hiking Path | Blob |
| Hiking Path | Blob |

图 9.61　附加字段

## 9.4.3　处理制图表达规则

**1. 添加制图表达规则**

可在【图层属性】对话框的【符号系统】选项卡中添加制图表达规则,也可在【要素类制图表达属性】对话框中添加制图表达规则。添加制图表达规则的操作步骤如下:

(1)启动 ArcMap,打开 Representations_2.mxd(位于"…\chp09\处理制图表达规则\data")。

(2)在 ArcMap 主菜单单击【书签】→【1)Buildings】。

(3)在内容列表中打开图层 BuildingP_Rep 的【图层属性】对话框,单击【符号系统】标签,切换到【符号系统】选项卡,如图 9.62 所示。

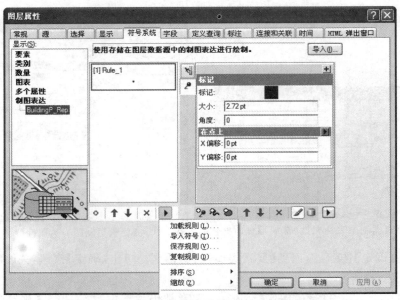

图 9.62 【图层属性(添加制图表达规则)】对话框

(4)单击创建新规则按钮 ,将一条新的制图表达规则添加到 BuildingP_Rep 要素类制图表达。

同时也可单击上移规则按钮↑、下移规则按钮↓,调整制图表达规则顺序。通过删除规则按钮✕可删除制图表达规则。在规则选项按钮▶中,可通过【加载规则】、【保存规则】加载【样式管理器】中的制图表达规则,还可以将制作的规则保存到【样式管理器】中用来共享;通过【复制规则】可对选中的规则进行复制。

(5)单击图层选项按钮▶,单击【单位】→【点】。

(6)单击新规则名称将其选定,使其处于可编辑状态,输入"NewBuildings"。NewBuildings 制图表达规则由带有默认制图表达标记(大小为"5pt"的黑色方块)的单个标记符号图层组成,下面将它更改为"2pt"的红色方块。

——在标记符号图层 中,如图 9.62 所示,单击黑色方块制图表达标记,打开【制图表达标记选择器】对话框。

——在【制图表达标记选择器】对话框中可以选择其他制图表达标记,或添加其他样式,也可对制图表达标记的属性作进一步处理。单击【属性】按钮,打开【标记编辑器】对话框,如图 9.63 所示,【标记编辑器】对话框包含了【制图表达】工具条的大部分工具,并且制图表达标记与制图表达规则一样,由符号图层和几何效果组成。此制图表达标记由单个填充符号图层组成,且符号图层将方块填充为实心黑色。

——在【标记编辑器】对话框中单击制图表达标记按钮,然后单击填充符号图层 ,最后单击【颜色】属性旁边的样本并从打开的

图 9.63 【标记编辑器】对话框

调色板中选择红色。制图表达标记变为红色。

　　——单击【确定】按钮，关闭【标记编辑器】对话框，然后单击【确定】按钮，关闭【制图表达标记选择器】对话框。

　　——在【大小】文本框中输入"2pt"，按 Enter 键。

　　——单击【确定】按钮。出现【警告】对话框，提示对规则所做的更改是否存储在数据库中，单击【确定】按钮，表示接受，然后关闭【警告】对话框。

> **注意事项**
>
> 　　如果制图表达规则及其属性的列表不可用，查看是否处于编辑模式下或者数据已在 ArcCatalog 打开。

### 2. 为要素指定制图表达规则

为要素选择制图表达规则，需要用到【制图表达】工具条和【编辑器】工具条。在 ArcMap 主菜单中单击【自定义】→【工具条】→【制图表达】，打开【制图表达】工具条，如图 9.64 所示。

图 9.64　【制图表达】工具条

为要素指定制图表达规则的操作步骤如下：

（1）启动 ArcMap，打开 Representations_2. mxd（位于"…\chp09\处理制图表达规则\data"）。

（2）在 ArcMap 主菜单中单击【书签】→【1）Buildings】，按照"添加制图表达规则"章节中的方法为 BuildingP_Rep 添加 NewBuildings 制图表达规则。

（3）在内容列表中右击 BuildingP_Rep 图层，在弹出菜单中单击【选择】→【将此图层设为唯一可选图层】。

（4）在【编辑器】工具条中单击【编辑器】→【开始编辑】。

（5）使用【制图表达】工具条中的选择工具 ▶ 在当前视图中选择一些建筑物。

（6）在【制图表达】工具条中单击制图表达属性按钮 ，打开【制图表达属性】对话框，如图 9.65 所示。其中【可见性】是控制要素制图表达的可见性，当此复选框未选中时，选中的要素制图表达在 ArcMap 视图和在打印时均不可见，在【制图表达】工具条中【制图表达】下拉菜单中【设为可见】和【设为不可见】二者的功能与【可见性】复选框功能相同。

（7）在【制图表达属性】窗口中单击【制图表达规则】下拉框，选择"NewBuildings"规则，将其应用至所有选定建筑物，在数据视图中可以看到所选建筑物被符号化为红色的正方块。

（8）关闭【制图表达属性】窗口，停止编辑并保存编辑内容。

（9）打开图层 BuildingP_Rep 的【图层属性】对话框。

（10）选择 NewBuildings 制图表达规则，在标记符号图层 中的【角度】文本框中输入"45"（该角度按逆时针旋转，正东方向为 0°）。单击【应用】按钮，并将此对话框移开，以便查看所做的更改，如图 9.66 所示。

（11）单击显示字段覆盖按钮 ，切换到字段映射视图，用来链接到数据的属性字段，用该值驱动建筑物符号的角度。

（12）从【角度】下拉框选择"Angle"字段作为角度属性的显式字段,这样产生了对角度属性的覆盖。

（13）单击【确定】按钮,如图9.67所示。现在已根据在"Angle"属性字段中存储的值对建筑物的角度进行了调整,即利用了制图表达的数据驱动制图功能。

图9.65　【制图表达属性】对话框

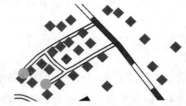

图9.66　建筑物角度变为45°

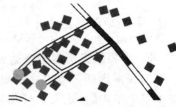

图9.67　按属性值设置角度

### 3．添加几何效果和符号图层

添加几何效果和符号图层的操作步骤如下:

（1）启动ArcMap,打开Representations_2.mxd(位于"…\chp09\处理制图表达规则\data")。

（2）在ArcMap主菜单中单击【书签】→【2）Trail and Swamp】。

（3）使TrailL_Rep成为唯一可选图层。

（4）打开TrailL_Rep的【图层属性】对话框,切换到【符号系统】选项卡。

（5）单击名为Trail的制图表达规则,再单击笔划符号图层。

（6）单击添加按钮,打开【几何效果】对话框,如图9.68所示。

（7）双击【线输入】→【偏移】。

（8）单击【确定】按钮,关闭【几何效果】对话框,则将向该规则添加【偏移】几何效果,如图9.69所示。

图9.68　【几何效果】对话框

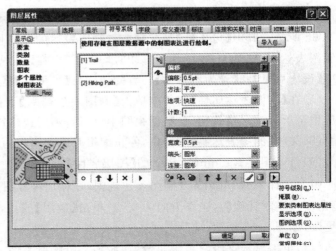

图9.69　【图层属性】(添加几何效果)对话框

（9）在【偏移】文本框中，输入"0.5pt"。

（10）单击添加新笔划图层按钮，为此制图表达规则添加新图层。

（11）在【宽度】文本框中输入"0.5pt"，新添加的笔划符号图层默认线宽为"1pt"。

（12）单击添加按钮，打开【几何效果】对话框，双击【线输入】→【偏移】，添加【偏移】几何效果。

（13）在【偏移】文本框中输入"－0.5pt"。

（14）打开【几何效果】对话框，双击【线输入】→【虚线】，为该笔划符号图层添加【虚线】效果。

（15）要更改虚线模式符号系统提供的默认值，在【模式】文本框中输入"3 1"，务必在两个数字之间保持一定间隔。然后在【位置】文本框中输入"1.5"。

（16）单击【应用】按钮，如图 9.70 所示，可以看到踪迹线由原来的一条变成了两条。并且其中一条变成了虚线，是因为将【偏移】效果应用到该笔划符号图层，即将几何效果应用到了单个符号图层。

下面练习在制图表达规则中将几何效果应用至所有符号图层，这时必须将其添加为全局效果。

（17）单击【虚线】区域的按钮，然后单击【移除效果】，将【虚线】效果移除。

（18）单击顶层选项卡，展开规则的全局效果部分。

（19）重复步骤（14）和（15），添加【虚线】效果。

（20）单击【确定】按钮。如图 9.71 所示，两条实线变成了两条虚线，即【虚线】效果应用于两个笔划符号图层。

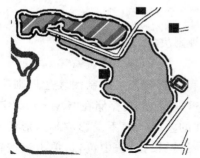

图 9.70　几何效果应用于单个符号图层

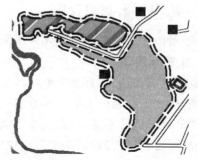

图 9.71　添加全局几何效果

**4．向面符号系统中添加标记符号图层**

标记符号图层可以添加到点几何、线几何和面几何。添加标记符号图层的操作步骤如下：

（1）打开 WetlandsA_Rep 的【图层属性】对话框，然后选择 Swamp 制图表达规则。在原始地图中，沼泽仅使用"方钠石蓝"颜色进行了符号化，向制图表达规则添加标记符号图层，以使沼泽符号系统对于用户来说显得更加友好。

（2）单击添加新标记图层按钮，默认制图表达标记和标记放置样式包含在新符号图层内。

（3）单击黑色方块制图表达标记，打开【制图表达标记选择器】对话框。

（4）在【制图表达标记选择器】对话框中单击"Swamp"符号，再单击【确定】按钮。

（5）在【大小】文本框中输入"3pt"，如图 9.72 所示。默认标记放置样式为"面中心"，且在每个面中仅放置一个标记。下面将标记放置样式更改为可在面中放置多个标记的标记放置样式。

——通过单击放置标注旁边的箭头 ▶，打开【标记放置】对话框，如图 9.73 所示。

——在【标记放置】对话框中，单击选中【在面内部随机放置】，然后单击【确定】按钮，其他参数采用默认值。

——单击【确定】按钮，关闭【图层属性】对话框，添加标记符号图层后的效果如图 9.74 所示。

图 9.72 添加标记符号

图 9.73 【标记放置】对话框

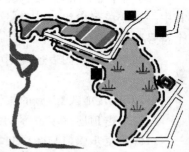

图 9.74 添加标记符号图层示例

### 9.4.4 编辑要素制图表达

要素制图表达的外观由其几何所采用的制图表达规则决定。

#### 1. 编辑制图表达

使用【制图表达】工具条中的编辑工具可编辑几何和任意组合中的制图表达规则属性，进而修改所选要素在地图上的显示方式。在制图表达编辑中，将修改存储在"Override"字段中，并保持"Shape"字段不变，以此创建形状覆盖，要素存储的空间几何不受影响。当形成形状覆盖时，【制图表达属性】对话框中会出现一个【擦除形状覆盖】按钮，选中覆盖，单击该按钮即可清除形状覆盖；单击【制图表达】菜单下的【清除形状覆盖】可以清除所有形状覆盖；或者利用【移除覆盖】地理处理工具清除覆盖。

编辑制图表达的操作步骤如下：

1)使用选择工具编辑制图表达

(1)启动 ArcMap，打开 Representations_3.mxd（位于"…\chp09\编辑要素制图表达\data"）。

(2)打开【制图表达】工具条和【编辑器】工具条。

(3)在 ArcMap 主菜单中单击【书签】→【3）Area Building】。

(4)在内容列表中使 BuildingA_Rep 成为唯一可选图层。

(5)开始编辑。

(6)在【制图表达】工具条中，使用选择工具 ▶ 单击或拖出一个矩形选择一建筑物，如图 9.75 所示，注意围绕该建筑物的矩形选择框。

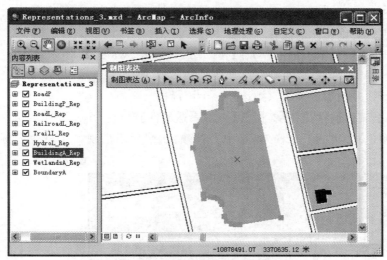

图 9.75   选择要素制图表达结果

选择工具 或套索选择工具 将要素制图表达作为一个整体进行操作,如调整大小、旋转方向和移动位置,所选要素制图表达的几何和折点将以所选颜色以及细线和实心小方块高亮显示,选定的所有要素制图表达将由矩形边界框包围起来。

(7)将鼠标指针停留在任意角控点上,当光标变为箭头 时,拖动箭头调整建筑物的大小。

(8)将指针再次停留在角控点上,直到光标变为弯曲箭头 ,通过拖动来旋转建筑物。

2)使用直接选择工具编辑制图表达

(1)在【制图表达】工具条中,单击直接选择工具 。

(2)通过使用直接选择工具 在折点的周围拖出一个选框选择一个折点,选定的折点是实心的,而未选定的折点则是空心的。

使用直接选择工具 或套索直接选择工具 可以一次选择多个要素制图表达的相应部分(线段和折点)。部分及完全选中的要素制图表达的几何将以所选颜色高亮显示,但没有边界框。

(3)拖动选定折点使其远离其他折点,以便修整要素。

(4)停止编辑并保存编辑内容。

3)对比编辑制图表达前后的变化

(1)添加数据 BuildingA(位于"…\编辑要素制图表达\data\Representations_3.gdb\TopographicMap")。

(2)对新添加的图层 BuildingA 用单一符号方式进行符号化,如图 9.76 所示。同一数据源的图层 BuildingA 执行形状覆盖后,原始数据几何形状未发生变化,其中较小多边形为原始数据几何形状,被压盖的较大多边形为执行形状覆盖后的多边形。

**2. 编辑属性**

要素制图表达是根据其相应的制图表达规则属性绘制的。可在编辑会话期间修改各个要素制图表达的属性,以更改要素制图表达的外观。这些修改会成为对制图表达规则的覆盖,并存储在 Override 字段中,形成属性覆盖。当形成属性覆盖时,在【制图表达】工具条的【制图表达】菜单中单击【清除属性覆盖】可以清除所有属性覆盖,或者利用【移除覆盖】工具清除覆盖。

编辑制图表达规则属性的操作步骤如下：

(1)在 ArcMap 主菜单中单击【书签】→【2)Trail and Swamp】。

(2)使 WetlandsA_Rep 成为唯一可选图层。

(3)开始编辑，并使用选择工具 ，选择一个沼泽面。

(4)单击制图表达属性按钮 ，打开【制图表达属性】窗口。

(5)单击【颜色】旁边的颜色样本，选中一种颜色，则后面出现一个覆盖图标 ，如图 9.77 所示。

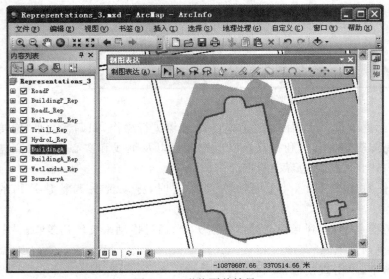

图 9.76  形状覆盖结果

图 9.77  属性覆盖示例

(6)单击【覆盖】图标 ，颜色将恢复为原来的值。

# 9.5  制图综合

制图综合是对制图区域中客观事物的取舍和简化，主要表现在内容的取舍、数量简化、质量简化和形状简化等方面。影响制图综合的主要因素有地图的比例尺、用途和主题，制图区域的地理特征以及符号图形大小等。ArcToolbox 提供了制图综合的工具，如消除、融合、简化线、简化面、简化建筑物、平滑线、平滑面、提取中心线、细化道路网和合并分开的道路等。

## 9.5.1  融合

将具有相同类别的(某个属性字段相同)的要素合并为一个新的要素，如将具有相同属性字段"地区"的华东和华中的各个省级行政区域通过融合得到两个区域。融合工具运行的结果可能会生成多部件要素。它适用于面要素类、线要素类和点要素类，操作步骤如下：

(1)在 ArcToolbox 中双击【数据管理工具】→【制图综合】→【融合】，打开【融合】对话框，如图 9.78 所示。

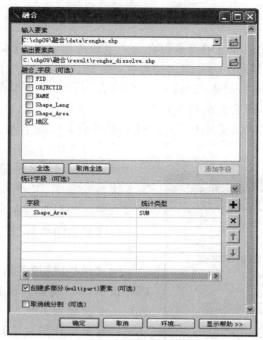

图 9.78　【融合】对话框

（2）分别在【输入要素】、【输出要素类】栏中输入要融合的要素类"ronghe. shp"和输出要素类的路径以及输出要素类名称"ronghe_dissolve. shp"。

（3）在【融合_字段】列表框中选择分类基于的字段,选中字段"地区"前的复选框。

（4）单击【统计字段（可选）】下拉框,选择"Shape_Area";然后单击【统计类型】下拉框,选择"SUM"。

（5）默认选中【创建多部分（multipart）要素】复选框。

（6）【取消线分割】复选框用于移除只有两条线共有的端点并将两条线合并为一条连续线。共享公共端点的线不超过两条时,该公共端点为伪结点。

（7）单击【确定】按钮,运行工具,运行效果如图 9.79 和图 9.80 所示。得到根据字段地区划分的区域数据,同时对"Shape_Area"字段进行了统计,因而在新的要素类属性表中会含有各地区的面积值。

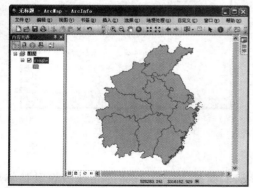

图 9.79　融合前

图 9.80　融合后

### 9.5.2 聚合

聚合是将比较聚集的或邻近的要素聚合为一个新的面要素。【聚合面】工具是在指定的距离内合并小的面要素，如果两个面要素的边界在指定的距离之内，则两个面要素将会合并在一起。【聚合点】工具使用方法同【聚合面】工具，但聚合点是在位于聚合距离范围内的三个或更多点的聚类周围创建面。聚合面的操作步骤如下：

(1)在 ArcToolbox 中双击【制图工具】→【制图综合】→【聚合面】，打开【聚合面】对话框，如图 9.81 所示。

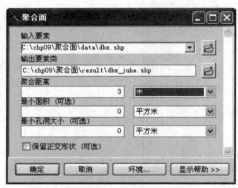

图 9.81 【聚合面】对话框

(2)分别在【输入要素】、【输出要素类】栏中输入要聚合的要素类"dbx.shp"和输出要素类的路径以及输出要素类名称"dbx_juhe.shp"。

(3)【聚合距离】设置为"3 米"。输入值必须大于 0。

(4)【最小面积】采用默认值"0"。该值是指能够保留的面要素的最小面积，如果为 0，则是希望保留所有面要素。

(5)【最小孔洞大小】采用默认值"0"。该值是指能够保留的最小多边形孔的面积，如果为 0，则是希望保留所有多边形孔。

(6)取消选择【保留正交形状】复选框。选中该复选框表示要素保持直角的规则形状，适用于建筑物一类的多边形；否则则要保持要素的自然形状，如土壤或植被这样的不规则形状的面要素类。

(7)单击【确定】按钮，运行工具，处理前后的结果如图 9.82 和图 9.83 所示。对比图 9.82 和图 9.83 可看到聚合后发生的变化。同时还会生成一个 dbf 表格，其 OUT_FID 和 INPUT_FID 分别记录了聚合前面要素与聚合后面要素的对应关系。

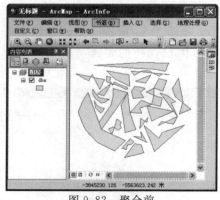

图 9.82 聚合前

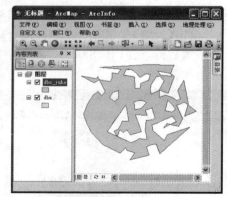

图 9.83 聚合后

### 9.5.3 简化面

【简化面】工具用来简化面要素，在维持基本形状的前提下去除一部分点或去除对整体趋势影响较小的一部分曲线段。【简化线】工具使用方法同【简化面】。简化面的操作步骤如下：

（1）在 ArcToolbox 中双击【制图工具】→【制图综合】→【简化面】，打开【简化面】对话框，如图 9.84 所示。

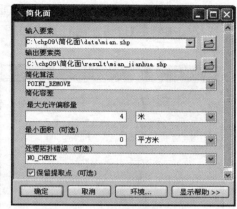

（2）分别在【输入要素】、【输出要素类】输入要简化的要素类"mian.shp"和输出要素类的路径以及输出要素类名称"mian_jianhua.shp"。

（3）【简化算法】采用默认值"POINT_REMOVE"。

（4）在【简化容差】区域中，将【最大允许偏移量】设为"4 米"，【最小面积】采用默认值"0"，【处理拓扑错误】采用默认值"NO_CHECK"。其中【最大

图 9.84　【简化面】对话框

允许偏移量】决定了简化的程度，【最小面积】是所能保留面要素的最小面积，默认值为"0"，即保留所有要素。

（5）选中【保留提取点】复选框。如果选中该选项，会将面积为 0 的多边形输出到一个点要素中。

（6）单击【确定】按钮。处理前后的结果如图 9.85 和图 9.86 所示。

图 9.85　简化前

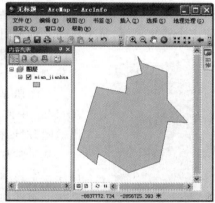

图 9.86　简化后

## 9.5.4　平滑面

【平滑面】工具用来平滑面要素，从而得到比较好的视觉效果。【平滑线】工具使用方法同【平滑面】工具。平滑面的操作步骤如下：

（1）在 ArcToolbox 中双击【制图工具】→【制图综合】→【平滑面】，打开【平滑面】对话框，如图 9.87 所示。

（2）分别在【输入数据】、【输出要素类】输入要平滑的要素类"mian.shp"和输出要素类的路径以及输出要素类名称"mian_pinghua.shp"。

（3）【平滑算法】采用默认值"PEAK"。

（4）设置【平滑容差】为"10 米"。该功能只针对 PEAK 算法时可用，数值越大，光滑的程度越高。

（5）选中【保留环的端点】复选框。该功能只针对 PEAK 算法时可用。

(6)【处理拓扑错误】采用默认值"NO_CHECK"。

(7)单击【确定】按钮。运行结果如图 9.88 所示,将其与图 9.85 比较可看出,面的边缘得到了平滑。

图 9.87  【平滑面】对话框

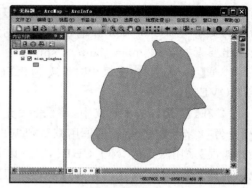

图 9.88  平滑后

# 9.6  数据驱动页面

数据驱动页面是通过设置索引图层生成多个输出页面的方法。索引图层用于通过单个布局生成多个输出页面,每个页面显示不同范围的数据,范围由索引图层中的要素定义。任何要素图层均可用做索引图层,基于索引图层中的各个索引要素,地图被分割为多个部分,然后为每个索引要素生成一个相应的页面。

地图册是一组每个页面的布局均相同的地图页面集合,在 ArcMap 中使用数据驱动页面对其进行快速定义,并可以通过【导出地图】对话框将其快速导出以创建地图集。

基于常规的面格网(索引图层)可创建数据驱动页面,例如,要创建一本显示华东地貌的地图册,借助表示格网的索引图层,可以创建一系列面积相等的页面,如图 9.89 所示。

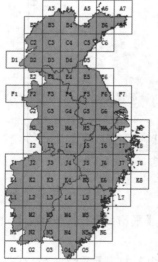

图 9.89  格网索引图层

不仅格网可用做索引图层,其他面要素图层也可以作为索引图层,如使用中国各省的面要素来创建数据驱动页面,将为每个省创建一个相应的页面。也可以使用点要素图层、线要素图层作为索引图层,前提是必须为要素图层,非要素图层(如栅格图层)不能用于索引图层。下面以面要素图层用做索引图层制作中国各省近三年来农村居民人均纯收入增长趋势的专题地图集。

## 9.6.1  数据驱动页面的创建

在 ArcMap 主菜单中单击【自定义】→【工具条】→【数据驱动页面】,或在【布局】工具条中单击数据驱动页面工具条按钮,打开【数据驱动页面】工具条,如图 9.90 所示。

图 9.90  【数据驱动页面】工具条

【数据驱动页面】工具条详细介绍如表 9.4 所示。在数据视图和布局视图中都可以使用数据驱动页面工具。

表 9.4　数据驱动页面工具条介绍

| 图标 | 名　称 | 功能描述 |
|---|---|---|
| <br> | 数据驱动页面设置 | 进行启动数据驱动页面的相关设置 |
| <br> | 刷新数据驱动页面 | 某些情况下,需要刷新现有的数据驱动页面 |
| ◀◀ | 第一页 | 导航到第一页 |
| ◀ | 上一页 | 导航到当前所处页面的上一个页面 |
| 1 / 2<br>显示名称<br>显示页面 | 当前页 | 单击下拉框,可选择"显示名称"来显示页面的名称,或选择"显示页面"来显示系列内页面索引(如 3/17),也可以在此文本框中输人要查看的页面名称或索引来导航到感兴趣的页面 |
| ▶ | 下一页 | 导航到当前所处页面的下一个页面 |
| ▶▶ | 最后一页 | 导航到最后一个页 |
| 页面文本 | | 单击页面文本,可以插入一些动态文本,如数据驱动页面名称、数据驱动页面页码等 |

使用【设置数据驱动页面】对话框可以创建并自定义新的数据驱动页面,此对话框包含两个选项卡:【定义】和【范围】。可从【数据驱动页面】工具条或【页面和打印设置】对话框中打开此对话框。创建数据驱动页面的操作步骤如下:

(1)打开地图文档 shujuqudong.mxd(位于"…\chp09\数据驱动页面\data")。

(2)打开【数据驱动页面】工具条,单击数据驱动页面设置按钮 ,打开【设置数据驱动页面】对话框。

(3)单击【定义】标签,切换到【定义】选项卡,如图 9.91 所示。

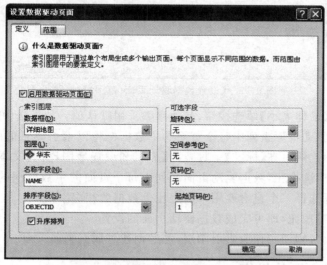

图 9.91　【设置数据驱动页面(定义)】对话框

(4)选中【启用数据驱动页面】复选框。

(5)单击【数据框】下拉框,选择"详细地图",该数据框将作为主数据框。

(6)单击【图层】下拉框,选择"华东",该图层中各省的面要素将作为索引要素定义主数据框的地图范围。

(7)单击【名称字段】下拉框,选择"NAME"。名称字段用于定义地图系列中各页面的名称。为了避免使用数据驱动页面时引起混淆,应该选择所有值均唯一的名称字段。

(8)【排序字段】采用默认字段"OBJECTID"。地图系列中需要对第一页、最后一页,以及其间的所有页面进行排序。同时可以采用索引图层中其他字段作为排序字段。

(9)【可选字段】区域参数均采用默认值。

有时可能对地图系列中的特定页面或所有页面应用地图旋转,利用【计算格网收敛角】工具(在 ArcToolbox 中双击【制图工具】→【数据驱动页面】→【计算格网收敛角】)创建用于将系列中各地图页面的地图旋转至正北方向的值作为一个旋转字段存储于索引图层中。

同样,有时需要对地图系列中特定页面使用特定的空间参考。指定"空间参考"字段时,此字段中的值将定义数据驱动页面系列中每个页面的主数据框的空间参考。可使用【计算中央经线和纬线】和【计算 UTM 带】工具(存放位置同【计算格网收敛角】工具)填充空间参考字段。

数据驱动页面还允许定义页码。页码可基于索引图层的字段值。

(10)单击【范围】选项卡,如图 9.92 所示。

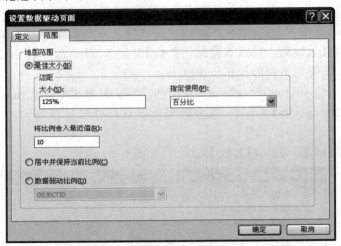

图 9.92 【设置数据驱动页面(范围)】对话框

(11)单击选中【最佳大小】单选按钮,其他参数采用默认值。如果选中【居中并保持当前比例】单选按钮,数据驱动页面系列中每个页面的主数据框将以索引要素的中心居中,并保持恒定的地图比例,地图比例可在【标准】工具条的【显示和设置地图比例】文本框中设置。如果选中【数据驱动比例】单选按钮,数据驱动页面系列中每个页面的主数据框的地图比例将由数据驱动,可单击下拉框选择一个包含要用来确定比例数据的相应字段。

(12)单击【确定】按钮,即可完成数据驱动页面的设置。

至此,利用行政区划图层作为索引图层,已经创建了数据驱动页面。

## 9.6.2 数据驱动页面的操作

确保地图处于布局视图中,该地图文档中包含两个数据框:详细地图和定位器地图。详细地图数据框中包含两个图层:人均收入和华东。人均收入是一个利用统计图表(条形图或柱状图)符号化的图层,用来显示 2003 年至 2005 年各省农村居民人均纯收入增长趋势;华东作为一个索引图层,用来定义各省的地图范围。定位器地图数据框包含一个图层,即华东图层,用来定位各省在华东范围内的位置,通过设置【范围指示器】选项卡来(在【数据框属性】对话框中)实现此功能。其中添加数据框、插入标题、比例尺、图例和相关数据框的设置将在9.7节中详细介绍。

### 1. 添加动态文本

通过使用动态文本,可以在从一个页面切换至另一个页面时,使页面布局的重要信息发生动态变化(如保存日期、数据驱动页面名称等)。添加动态文本的操作步骤如下:

(1)首先在 ArcMap 中切换到布局视图,然后在【数据驱动页面】工具条中,单击【页面文本】→【数据驱动页面名称】,或者在 ArcMap 主菜单中单击【插入】→【动态文本】→【数据驱动页面名称】,即可显示当前页面的页面名称。

(2)单击【绘图】工具条中的选择元素按钮 ,选择刚添加的文本元素,然后将其拖动到布局中所需的位置。

(3)双击文本元素,打开【属性】对话框,在该对话框中单击【更改符号】按钮,可更改文本的大小、字体样式等。

(4)同法添加数据驱动页面页码,即显示当前页面的页码。

### 2. 导航数据驱动页面

可以使用数据驱动页面工具条浏览页面或直接转到感兴趣的页面。

浏览数据驱动页面的另一种方法是直接转到感兴趣的特定页面。可使用【数据驱动页面】工具条中的下拉框执行此操作。此文本框可显示当前正在查看页面的页面名称或页面索引。页面名称来自【设置数据驱动页面】对话框中指定的名称字段。页面索引由数据驱动页面排序逻辑确定,排序逻辑由【设置数据驱动页面】对话框中的排序字段定义。导航数据驱动页面的操作步骤如下:

(1)单击【数据驱动页面】工具条中的下拉框。

(2)选择"显示名称"或"显示页面",将显示当前页面的页面名称或索引编号。

(3)在下拉框中输入页面名称或索引编号,即可跳转到相应的页面。

### 3. 刷新数据驱动页面

如果在创建了数据驱动页面后发生以下情况之一,则需要刷新页面:向索引图层中添加或删除了要素;对排序字段、名称字段值进行了编辑;使用了页面定义查询功能;对索引图层的某个字段进行了编辑。

单击刷新数据驱动页面按钮 之前,数据驱动页面将保留原始页面设置。单击后,将正确地反映新页面、删除的页面、新排序顺序和新名称等。

### 4. 添加范围指示器

当详细地图的空间位置很难确定时,利用范围指示器可为用户提供参考。范围指示器是在某数据框内显示另一数据框范围的一种方法。范围指示器是动态的,只要相关数据框(详细地图或定位器地图)的范围发生变化,范围指示器就会自动更新。数据发生旋转或投影被更改时,范围指示器也会更新。如果有必要,可以将指示器的默认红色轮廓符号更改为另一种颜色或更改为另一种符号,还可以添加牵引线并自定义其显示。添加范围指示器的操作步骤如下:

(1)在内容列表中双击【定位器地图】数据框,打开【数据框属性】对话框,单击【范围指示器】标签,切换到【范围指示器】选项卡。

(2)在【其他数据框】列表框中选择【详细地图】,然后单击按钮 ,将详细地图数据框添加到【显示以下数据框的范围指示器】列表框,如图 9.93 所示。

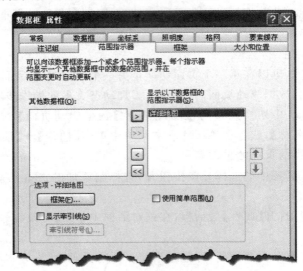

图 9.93　范围指示器设置

(3)单击【框架】按钮,修改范围指示器的框架属性,同时可以添加牵引线。

(4)如果选中【使用简单范围】复选框,则会用矩形框显示数据框的范围。否则,当前索引要素的轮廓将会用做指示器。

(5)单击【确定】按钮,在图 9.94 中可以看到,定位器地图数据框中高亮显示了详细地图的数据框范围。

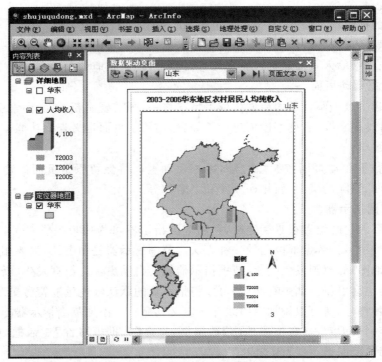

图 9.94　定位器地图的演示

**5. 使用页面定义查询**

如图 9.94 所示,在显示山东省统计图表的同时,也显示了其他省的统计图表数据,使用【页面定义查询】可以使每个页面上仅显示一个省的统计图表数据。

【页面定义查询】基于 SQL 查询绘制图层的要素。虽然与其他定义查询相似,但【页面定义查询】仅适用于数据驱动页面,并且是动态的。其操作步骤如下:

(1)在内容列表中,打开人均收入图层的【图层属性】对话框。

(2)单击【定义查询】标签,切换到【定义查询】选项卡。

(3)单击【页面定义】按钮,打开【页面定义查询】对话框,如图 9.95 所示。

(4)选中【启用】复选框。

(5)单击【页面名称字段】下拉框,选择"NAME"。该字段的值可以与数据驱动页面名称字段的值相匹配,二者的字段名称可以不一样。

(6)单击选中【匹配】单选按钮,单击【确定】按钮,返回到【图层属性】对话框。

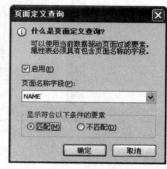

(7)单击【确定】按钮,然后单击刷新数据驱动页面按钮 ，得到每个页面仅显示一个省的统计图表数据。

图 9.95　页面定义查询对话框

**注意事项**

a)如果数据驱动页面未启用,则【图层属性】对话框的【定义查询】选项卡上不会显示【页面定义】按钮。

b)如果禁用了数据驱动页面,则会忽略页面定义查询,不过如果稍后启用了数据驱动页面,则图层还会存储该查询。

c)如果对数据驱动页面索引图层进行了更改,则可能导致无法绘制使用页面定义查询的图层。如果进行了更改,则需要重新创建页面定义查询。

d)页面定义查询是一个基于数据驱动页面的指定页面名称字段值的动态"SQL Where"子句。因此,要定义的图层必须包含一个属性,该属性包含可与数据驱动页面索引图层的指定页面名称字段相匹配的值。

## 9.6.3　数据驱动页面的导出

使用【导出地图】对话框可将数据驱动页面导出为 PDF。要导出数据驱动页面,必须满足两个条件:必须启用数据驱动页面,地图文档必须位于布局视图中。其操作步骤如下:

(1)在 ArcMap 菜单中单击【文件】→【导出地图】,打开【导出地图】对话框。

(2)导航到要保存导出文件的位置。

(3)单击【保存类型】下拉框,选择"PDF"。

(4)在【文件名】文本框中输入导出文件的文件名,如"专题地图集"。

(5)在【选项】区域,单击【页面】标签,切换到【页面】选项卡,单击【全部】单选按钮。

(6)单击【保存】按钮。将生成一个 7 页的 PDF 文档,如图 9.96 所示。

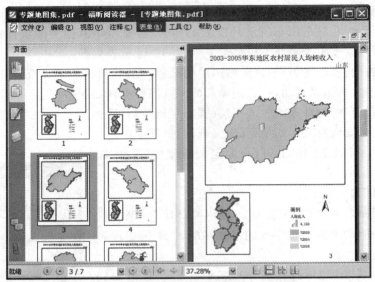

图 9.96　利用数据驱动页面生成的专题地图集

# 9.7　制图与输出

编制地图时,需要考虑地图的打印或出版效果。同时,为了能够制作出完美的地图并将所有的信息表达出来,满足生产和生活的需要,需要考虑一些其他因素:是单独一幅地图,还是系列图的一部分;打印版本的大小;页面的方向;所含数据框的数目;是否包含其他地图元素,如标题、指北针或图例;是否添加图形或图表;地图上的比例尺如何表示;如何组织页面上的地图元素等。

## 9.7.1　版面设置

地图编制是在布局视图中进行的,【布局】工具条中的工具可用于地图排版。在 ArcMap 主菜单中单击【自定义】→【工具条】→【布局】,打开【布局】工具条,如图 9.97 所示。

图 9.97　【布局】工具条

### 1. 模板操作

如果要创建系列地图,可以使用地图模板使布局标准化。如果系列地图的背景数据相同,还可以把背景数据包含到模板中。使用模板可以节省时间,避免重复工作。

地图模板是 ArcMap 中的文档,其文件扩展名为".mxt",便于与地图文档".mxd"区分,任何地图文档(.mxd)都可以用做地图模板。使用模板可以存储布局、数据,以及要反复使用的 ArcMap 定制界面。当使用模板启动一个新地图时,ArcMap 将其复制到新地图文档中并保持原有模板文档不变。

当创建地图时,可以选用 ArcMap 系统自带的地图模板,也可以定义自己的模板。直接将地图文档(*.mxd)保存或复制到用户配置文件的特殊文件夹中,如 C:\Documents and Settings\Administrator\Application Data\ESRI\Desktop10.0\ArcMap\Templates,即可创建地图模板。为了使生成的模板图标更醒目,可保存地图模板的缩略图。在 ArcMap 主菜单中单击【文件】→【地图文档属性】,在【地图文档属性】对话框中单击【生成缩略图】按钮。用户可以在 Templates 文件夹下创建一个 User 文件夹来管理自己的地图模板。

也可以为系统所有的用户创建模板,只要将模板保存到路径(〈安装盘〉:\ProgramFiles\ArcGIS\Desktop10.0\MapTemplates)的文件夹下,这些模板将列在【模板】节点下面。

**注意事项**

> 可在【新建文档】对话框中选择地图模板,还可在【选择模板】对话框选择模板。在布局视图中,单击【布局】工具条中更改布局按钮🖿,打开【选择模板】对话框。

**2.版面尺寸设置**

地图编制之前需要根据地图的比例尺、用途等设置版面的尺寸,然后再在这张纸上布置地图。如果没有进行相关的设置,系统会应用它默认的纸张尺寸和打印机。版面尺寸设置的操作步骤如下:

(1)在 ArcMap 主菜单中单击【文件】→【🗎页面和打印设置】,打开【页面和打印设置】对话框,如图 9.98 所示。

图 9.98　【页面和打印设置】对话框

(2)在【地图页面大小】区域中设置版式。当选中【使用打印机纸张设置】复选框时,页面的尺寸和方向将不可改变。但当此地图文档被共享,而接受共享的一方没有同型号的打印机时,地图文档就会自动调整其尺寸,破坏原有的设置。

(3)【根据页面大小的变化按比例缩放地图元素】复选框是系统根据调整后的纸张参数自动调整比例尺,如果想完全按照自己的需要设置地图比例尺不要选择此项。

(4)单击【确定】按钮,完成设置。

**3.辅助要素**

ArcMap 系统中提供了多种地图输出的辅助要素,如参考线、格网、标尺、页边距等,用户可以灵活地使用这些辅助要素,使地图要素排列得更加规则。

设置方法:切换到布局视图,右击图形区外侧,在弹出菜单中指向【参考线】、【格网】、【标尺】、【页边距】,然后再在其相应的二级菜单中单击【捕捉到参考线】、【捕捉到格网】、【捕捉到标尺】、【捕捉到页边距】等,即可实现要素的对齐。

## 9.7.2 制图数据操作

一幅 ArcMap 地图通常包括若干个数据框,如果需要设置数据组的框架风格,添加、复制数据组或者调整数据组的尺寸等操作,就需要在布局视图中进行相关操作。

**1.设置图框与底色**

当地图中含有多个数据框时,可为每个数据框设置自己的图框样式和底色。其操作步骤如下:

(1)在内容列表中的数据框上右键单击,在弹出菜单中,单击【属性】,打开【数据框属性】对话框,单击【框架】标签,切换到【框架】选项卡,如图 9.99 所示。

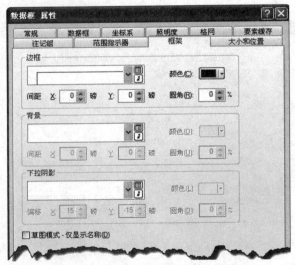

图 9.99 【数据框属性(框架)】对话框

(2)单击【边框】区域的下拉框,选择边框的样式;或通过单击样式选择器按钮,打开【边框选择器】对话框,在该对话框中选择边框的样式、更改边框的属性;也可以单击样式属性按钮,打开【边框】对话框,修改边框的属性。单击【颜色】下拉框可设置边框的颜色,在下面的【X】、【Y】中可以设置边框的边距,调整【圆角】的百分比可以调整拐角的圆滑程度。

(3)设置【背景】和【下拉阴影】的方法与设置边框类似。

(4)单击【大小和位置】标签,可以对数据框的大小和位置进行设置。

(5)单击【确定】按钮,完成图框和底色的设置。

**2.添加数据框**

简单的地图通常只有一个数据框,但当用户想通过添加额外的数据来补充说明主数据时,如显示插图或概略图,则需要添加数据框。添加数据框的操作步骤如下:

（1）在 ArcMap 主菜单中单击【插入】菜单。

（2）单击【数据框】,则在布局视图中将自动添加一个新数据框,此时该数据框处于"激活"状态,可以向该数据框添加数据。

### 3．复制数据框

当要在地图上布置的两个数据框的图层数据内容相同时,可以采用直接复制数据框的方法来实现。其操作步骤如下：

（1）在布局视图中单击要复制的数据框。

（2）在 ArcMap 主菜单中单击【编辑】→【复制】。

（3）单击【编辑】→【粘贴】。

### 4．旋转数据框

在实际应用中,由于制图区域的形状或其他原因,可能要对输出的制图数据框进行一定角度的旋转,以满足某种制图效果。旋转数据框的操作步骤如下：

（1）在 ArcMap 主菜单中单击【自定义】→【工具条】→【数据框工具】,打开【数据框工具】工具条,如图 9.100 所示。

图 9.100 【数据框工具】工具条

（2）在工具条中,单击旋转数据框按钮 。

（3）鼠标移至布局视图需要旋转的数据框上,鼠标箭头变成带箭头的半圆形,左键单击拖放旋转。或者直接在数据框工具数值栏中输入旋转角度,回车即可。

如果要取消刚才的旋转操作,只需要单击清除旋转按钮 即可。

### 5．绘制坐标格网

坐标格网是地图重要的组成要素,反映地图的坐标系统和投影信息。根据制图区域的大小,将坐标格网分为三种类型：小比例尺大区域的地图上,坐标格网通常是经纬网；中比例尺中区域的地图上,通常使用投影坐标格网,又叫方里格网；大比例尺小区域地图上,使用方里格网或参考格网。格网向导的使用让格网创建变得轻松容易,三种格网的创建方法类似,下面以创建经纬网为例介绍。

（1）在 ArcMap 内容列表中,双击需要放置经纬网的数据框,打开【数据框属性】对话框,单击【格网】标签,切换到【格网】选项卡,如图 9.101 所示。

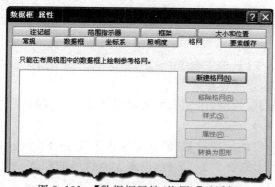

图 9.101 【数据框属性(格网)】对话框

(2)单击【新建格网】按钮,打开【格网和经纬网向导】对话框,如图 9.102 所示。

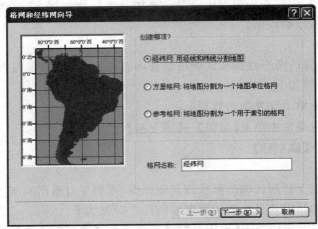

图 9.102　【格网和经纬网向导】对话框

(3)单击【经纬网】单选按钮,并在下面的【格网名称】文本框中输入格网的名称。

(4)单击【下一步】按钮,打开【创建经纬网】对话框,选中【经纬网和标注】单选按钮,并在【放置纬线间隔】文本框中输入"10 度 0 分 0 秒",在【放置经线间隔】文本框中输入"10 度 0 分 0 秒",同时可以单击【样式】按钮选择经纬线的样式。

(5)单击【下一步】按钮,打开【轴和标注】对话框,如图 9.103 所示。

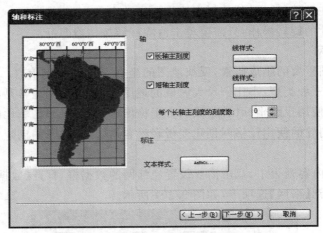

图 9.103　【轴和标注】对话框

(6)在【轴】区域中,选中【长轴主刻度】复选框,绘制主要格网标注线;单击【长轴主刻度】复选框后面的【线样式】按钮,设置标注线符号。

(7)选中【短轴主刻度】复选框,绘制次要格网标注线;单击【短轴主刻度】复选框后面的【线样式】按钮,设置标注线符号。

(8)在【每个长轴主刻度的刻度数】数值框中输入主要格网的细分数;在【标注】区域中单击【文本样式】按钮,打开【符号选择器】对话框,设置文本符号的样式。

(9)单击【下一步】按钮,打开【创建经纬网】对话框,如图 9.104 所示。

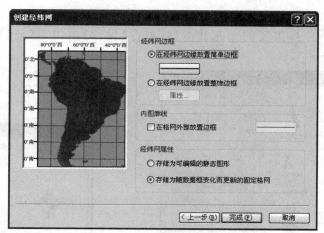

图 9.104 【创建经纬网】对话框

(10)在【经纬网边框】区域中,选中【在经纬网边缘放置简单边框】单选按钮;在【内图廓线】区域中,选中【在格网外部放置边框】复选框。

(11)在【经纬网属性】区域中,选中【存储为随数据框变化而更新的固定格网】单选按钮,经纬网将随着数据框的变化而更新。

(12)单击【完成】按钮,完成经纬网参数的设置,返回到【数据框属性】对话框中,新建立的格网文件显示在列表中。然后单击【确定】按钮,经纬网将出现在布局视图中。

当对所做的经纬网不满意时,可在【数据框属性】对话框中单击列表中格网或经纬网名称,然后单击【样式】按钮或【属性】按钮,修改格网或经纬网的相关属性;单击【移除格网】按钮,可以将格网或经纬网移除;单击【转换为图形】按钮,可将格网或经纬网转换为图形元素。

### 9.7.3 制图元素

一幅完整的地图除了包含反映地理数据的线划和色彩要素外,还应包含与地理数据相关的一系列制图元素,如标题(图名)、指北针、比例尺、图例、统计图表和报表等。可在布局视图中添加这些制图元素。

**1. 添加与修改标题**

(1)在 ArcMap 主菜单中单击【插入】→【Title 标题】,打开【插入标题】对话框。

(2)在【插入标题】对话框的文本框中输入地图的标题。

(3)单击【确定】按钮,则一个标题矩形框出现在布局视图中。

(4)单击矩形框,并按住鼠标左键,将标题矩形框拖动到合适的位置。可以双击标题矩形框,打开【属性】对话框,在文本框中会出现"〈dyntype＝"document"property＝"title"/〉"的标签语句,该语句是系统自动生成的,如果要更改标题可以直接将新标题覆盖掉这条语句。如果要修改标题的格式,如标题的字体、大小、颜色、位置等,点击该对话框的相应按钮即可。

另外,还可以对标题部分使用文本格式化标签。

**2. 添加与修改指北针**

指北针指示了地图的方向。创建和修改指北针的方法如下:

(1)在 ArcMap 主菜单中单击【插入】→【N 指北针】,打开【指北针选择器】对话框,如

图 9.105 所示。

(2)在列表框中选择需要的指北针类型；单击【属性】按钮，打开【指北针】对话框，如图 9.106 所示。

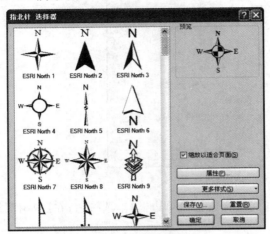

图 9.105 【指北针选择器】对话框

图 9.106 【指北针】对话框

(3)在【常规】区域中的【大小】数值框中输入指北针的大小，单击【颜色】下拉框，设置指北针的颜色。

(4)在【校准角度】数值框中输入指北针旋转的角度，单击【字体】下拉框设置指北针标记的字体。

(5)单击【确定】按钮，完成指北针属性参数的设置，返回到【指北针选择器】对话框。

(6)单击【确定】按钮，完成指北针参数的设置，设置的指北针将出现在布局视图中。

(7)单击刚创建的指北针，拖动到合适的位置。如果不满意创建的指北针，可以双击创建的指北针，打开【指北针属性】对话框，重新修改指北针的样式和相关属性。

**3. 添加与修改比例尺**

在 ArcMap 系统中，有两种类型的比例尺：图形比例尺和文本比例尺。图形比例尺虽然不能明显地表达制图比例，但可以用于地图量测，并且标注数值随图形比例尺矩形框缩放而发生变化；文本比例尺可以明显地表达地图元素与所代表的地物之间的定量关系，但不能直接用于地图量测，而且不随文本比例尺矩形框的缩放而变化。因此，两种比例尺各有优缺点，一般情况下在地图上放置这两种比例尺。

1)图形比例尺

(1)在 ArcMap 主菜单中单击【插入】→【比例尺】，打开【比例尺选择器】对话框，如图 9.107 所示。

(2)选择所需要的比例尺类型，单击【属性】按钮，打开【比例尺】对话框，如图 9.108 所示。

(3)在【主刻度数】数值框和【分刻度数】数值框中分别输入主刻度数和分刻度数。

(4)单击【调整大小时】下拉框，选中"调整分割值"；单击【主刻度单位】下拉框，选择比例尺划分单位"千米"。

(5)单击【标注位置】下拉框，选择"条之后"，即单位将放置于比例尺条的后面。

(6)单击【符号】按钮，打开【符号选择器】对话框，设置比例尺标注字体的类型。

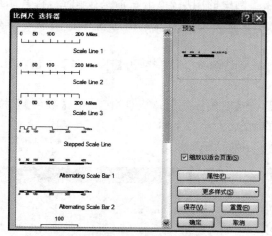

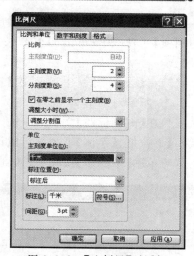

图 9.107　【比例尺选择器】对话框　　　　　图 9.108　【比例尺】对话框

（7）在【间距】数值框中输入标注与比例尺图形之间的距离；单击【确定】按钮，返回到【比例尺选择器】对话框。

（8）单击【确定】按钮，完成比例尺参数的相关设置。在布局视图中可以将比例尺拖放到合适的位置。另外，可以双击比例尺矩形框，打开相应的图形比例尺属性对话框，修改图形比例尺的相关参数。

2）文本比例尺

文本比例尺是使用文字来表示地图的比例尺，如 1 cm＝100 km，表示地图上 1 cm 代表地面上 100 km。创建与修改文本比例尺的过程与图形比例尺类似，它使用【1:n 比例文本】来创建文本比例尺。

**4．添加与修改图例**

图例用来说明地图上使用的各种符号的确切含义，有助于增强地图的易读性。图例包含两部分内容：一部分用于表达地图符号的点、线、面按钮，另一部分是对地图符号含义的标注和说明。

1）添加和编辑图例

（1）在 ArcMap 主菜单中单击【插入】→【图例】，打开【图例向导】对话框，如图 9.109所示。

图 9.109　【图例向导】对话框

289

（2）在【地图图层】列表框中选择要包含在图例中的图层，单击右箭头按钮，将其添加到【图例项】列表框中；单击向上箭头按钮或向下箭头按钮调整图层符号在图例中排列的顺序。

（3）在【设置图例中的列数】数值框中输入图例的列数，单击【下一步】按钮，进入到图 9.110 所示对话框。

（4）在【图例标题】文本框中输入图例标题；在【图例标题字体属性】区域中，【颜色】下拉框、【大小】下拉框、【字体】下拉框可以设置字体的颜色、大小和字体等。

（5）单击【下一步】按钮，进入到图 9.111 所示对话框。

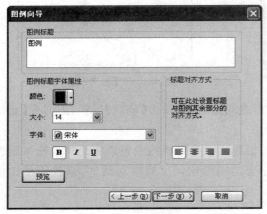

图 9.110　图例标题设置

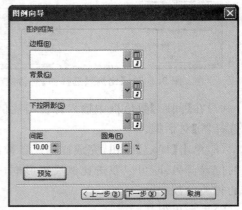

图 9.111　图例框架设置

（6）单击【边框】下拉框设置图例背景边框符号，单击【背景】下拉框设置图例的背景色，单击【下拉阴影】下拉框设置图例阴影的颜色。

（7）单击【下一步】按钮，进入到图 9.112 所示对话框。

图 9.112　图例项设置

（8）在【宽度】文本框中输入图例方框的宽度，在【高度】文本框中输入图例方框的高度。

（9）在【图例项】列表框中单击线图层的图例项，然后单击右边的【线】下拉框，选择图例中线的样式。

（10）在【图例项】列表框中单击面图层的图例项，然后单击右边的【面积】下拉框，选择图例中面的样式。

（11）单击【下一步】按钮，进入到图 9.113 所示对话框。在该对话框中设置图例各部分之间的距离。

（12）单击【完成】按钮，则在布局视图中将会出现设置的图例。

如果对图例不满意，可双击图例，打开【图例属性】对话框，修改图例的相关参数。

2）将图例转换为图形

如果希望更精确地控制组成图例的各项，可将图例转换为图形。一旦将地图图例转换为图形后，它不再连接到初始数据，并且不会响应对地图进行的更改。因此，最好在地图的图层和符号系统完成后再将图例转换为图形。

（1）右击已创建的图例，在弹出菜单中，单击【转换为图形】，即可将图例转换为图形。

（2）右击已转换为图形的图例，在弹出菜单中，单击【取消分组】，将图形进行分组，以便可以单独编辑组成图例的单个元素（图面、文本等），如图 9.114 所示。

（3）双击图例的单个元素，打开【属性】对话框，可设置【文本】、【面积】、【框架】等。或右击图例的单个元素，在弹出菜单中进行【图形操作】、【顺序】等设置。还可以同时选中一些单个元素，在右键弹出菜单中单击【组】，将这几个元素重新组合。

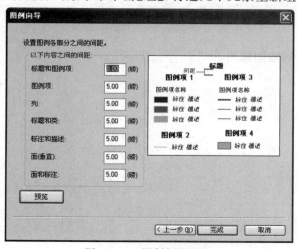

图 9.113　图例间距设置

图 9.114　取消分组后的结果

## 9.7.4　地图打印与导出

通常情况下，编制好的地图按照两种方式输出：一是通过打印机或绘图仪将编制好的地图打印输出；二是将编制好的地图转换为通用格式的栅格图形，如 emf、eps、bmp、jpg、tif 和 gif 等格式，存储为磁盘文件，以便在多个系统中应用。

### 1. 地图打印

当需要打印地图时，确定相对应的打印机或绘图仪很关键。在打印之前要设置打印机或绘图仪及其纸张尺寸，然后进行打印预览，如果要打印的地图小于打印机或绘图机的页面大小，则可以直接打印或选择更小的页面打印；如果地图大于打印机或绘图机的页面大小，则可以分幅打印或强制打印。

（1）在 ArcMap 主菜单中单击【文件】→【打印预览】。

（2）在地图打印预览对话框中单击【打印】按钮，打开【打印】对话框。

（3）单击【设置】按钮，设置打印机的型号以及相关参数。

（4）单击【将地图平铺到打印机纸张上】单选按钮，选中【全部】单选按钮，然后单击【确定】按钮，提交打印机即可。

（5）如果地图页面的大小大于打印机的页面大小，单击选中【平铺】单选按钮，然后在后面的数值框中选择打印的范围，进行分幅打印；或者单击选中【缩放地图以适合打印机纸张】单选按钮，进行强制打印。

（6）在【打印份数】数值框中输入要打印的地图份数。

（7）单击选中【打印到文件】复选框，打开【打印到文件】对话框，确定打印文件目录和路径。

（8）单击【保存】按钮，可生成打印文件。

## 2．地图导出

可将地图文件转换为其他格式的文件，以便在其他环境中共享。其操作步骤如下：

（1）在 ArcMap 主菜单中单击【文件】→【导出地图】，打开【导出地图】对话框。

（2）在【导出地图】对话框中，单击【保存类型】下拉框，选择要保存的文件格式；在【文件名】下拉框中输入存储文件的名称；单击【保存在】下拉框，选择要存储文件的位置。

（3）单击【选项】按钮，打开与保存文件类型相对应的文件格式参数设置对话框，设置图像的分辨率、格式等参数。

（4）单击【保存】按钮，将当前编制好的地图输出。

# 第3篇 分析建模

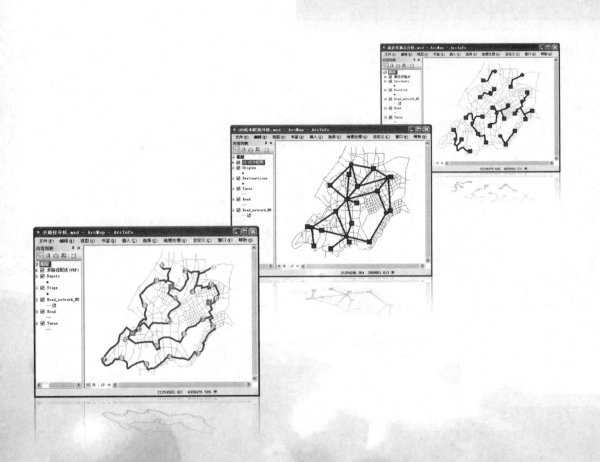

# 第 10 章　矢量数据的空间分析

空间分析是综合分析空间数据技术的统称,是地理信息系统的核心部分,在地理数据的应用中发挥着举足轻重的作用。从数据模型上看,空间分析分为矢量数据的空间分析和栅格数据的空间分析两种。GIS 不仅能满足使用者对地图的浏览与查看,而且可以解决诸如哪里最近、周围有什么等有关地理要素位置和属性的问题,这些都需要用到矢量数据的分析功能。相对于栅格数据的空间分析来说,矢量数据的空间分析一般不存在模式化的处理方法,而表现为分析方法的多样性和复杂性,它主要基于点、线、面三种基本形式。在 ArcGIS 中,矢量数据的空间分析方法主要有数据提取、统计分析、缓冲区分析和叠加分析等。本章将对这些方法进行详细介绍,并以大型商场选址为例,说明矢量数据的空间分析基本原理和方法。栅格数据的空间分析将在第 11 章中介绍。

## 10.1　数据提取

在实际应用中,所需的数据经常是所提供数据的一部分,因此,往往需要从提供的数据中提取部分数据以满足特定需求。例如,从全国土地利用数据中提取山东省土地利用数据,提取的条件是山东省的行政边界,这需满足一定的空间查询条件;又如,从地下管网数据中提取管径大于 500 mm 的管线,这需满足一定的属性查询条件。数据提取(extract)就是在给定的要素类中,依据空间或属性条件,通过数据裁剪、分割、筛选和表筛选等操作,提取所需要的内容。

### 10.1.1　裁剪

数据裁剪(clip)是将输入要素与裁剪要素重叠的部分提取出来,并形成一个新的数据文件的过程,裁剪原理如图 10.1 所示。

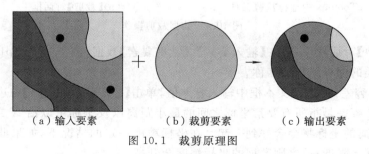

（a）输入要素　　　　　　（b）裁剪要素　　　　　（c）输出要素

图 10.1　裁剪原理图

除了面要素可以被裁剪之外,点要素和线要素同样可以被裁剪,图 10.2 和图 10.3 分别为点要素和线要素被面要素裁剪的情况。

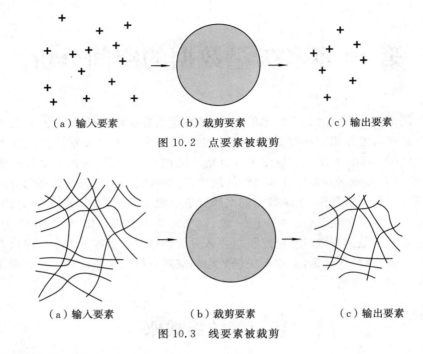

（a）输入要素　　　　　（b）裁剪要素　　　　　（c）输出要素

图 10.2　点要素被裁剪

（a）输入要素　　　　　（b）裁剪要素　　　　　（c）输出要素

图 10.3　线要素被裁剪

要素裁剪的操作步骤如下：

（1）在 ArcToolbox 中双击【分析工具】→【提取】→【裁剪】，打开【裁剪】对话框，如图 10.4 所示。

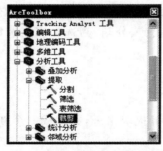

（a）从 ArcToolbox 中选择裁剪工具　　　　　　　　（b）【裁剪】对话框

图 10.4　数据裁剪操作

（2）在【裁剪】对话框中，输入【输入要素】、【裁剪要素】数据（位于"…\chp10\裁剪\data"），指定输出要素类的保存路径和名称。

（3）在【XY 容差（可选）】文本框中输入容差值，单击【XY 容差（可选）】右边的下拉框，选择容差值的单位。容差是指所有要素坐标之间的最小距离以及坐标可以沿 X 或 Y 方向移动的距离，小于该距离的坐标将会合并到一起。在坐标精度一定的情况下，如果此值设置较大，则数据的坐标精度会降低；反之则数据的坐标精度会升高。

（4）单击【确定】按钮，完成要素裁剪操作，裁剪结果如图 10.5 所示。

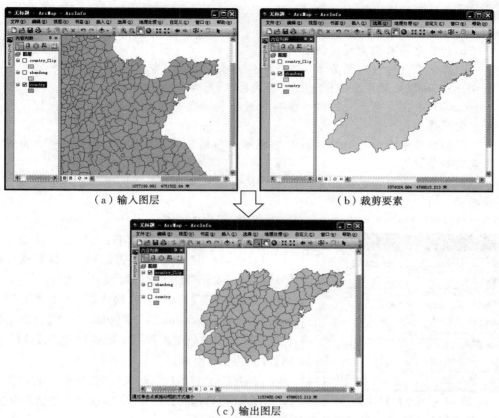

（a）输入图层　　　　　　　　　　　　（b）裁剪要素

（c）输出图层

图 10.5　数据裁剪的结果

### 10.1.2　分割

　　数据分割（split）是按照分割区域将输入要素类分割成多个输出要素类，分割原理如图 10.6 所示。

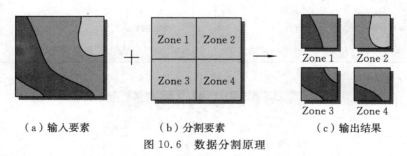

（a）输入要素　　　　　　（b）分割要素　　　　　　（c）输出结果

图 10.6　数据分割原理

　　数据分割首先要确定分割区域数据。分割区域数据是由一个多边形要素类来确定的，且这个要素类必须由文本型字段值来定义分割区域，该字段被称为拆分字段。在图 10.6 中，正方形为分割区域数据，Zone 为拆分字段。拆分字段的每个唯一值定义了一个分割区域，分别是：Zone1、Zone2、Zone3 和 Zone4 四个区域。操作完成后，拆分字段的唯一值作为输出要素类的名称。输出要素的类型将保存在输入要素图层所在的工作空间。

**注意事项**

a)分割要素必须是面。

b)拆分字段数据类型必须是文本型。

c)拆分字段的唯一值必须以有效字符开头。如果目标工作空间是文件地理数据库、个人地理数据库或 ArcSDE 地理数据库，则字段值必须以字母开头。像"220 degrees"这样以数字开头的字段值将导致错误。也有例外情况，如 Shapefile 名称可以使用数字开头。

d)输出要素类的总数等于拆分字段唯一值的数量，其范围为输入要素与分割要素的叠加部分。

e)每个输出要素类的要素属性表所包含的字段必须与输入要素属性表中的字段相同。

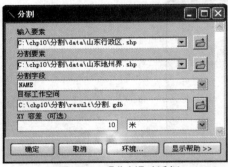

图 10.7 【分割】对话框

要素分割的操作步骤如下：

(1)在 ArcToolbox 中双击【分析工具】→【提取】→【分割】，打开【分割】对话框，如图 10.7 所示。

(2)在【分割】对话框中，输入【输入要素】、【分割要素】数据(位于"…\chp10\分割\data")，在【分割字段】下拉框选择对应的分割要素的字段名称，输入【目标工作空间】对应的工作空间。

(3)在【XY 容差(可选)】文本框中输入容差值，单击【XY 容差(可选)】右边的下拉框，选择容差值的单位。

(4)单击【确定】按钮，完成要素分割操作，分割结果如图 10.8 所示。

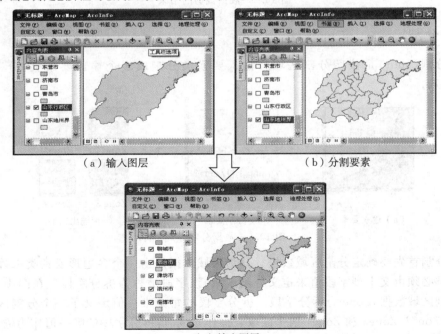

（a）输入图层　　　　　　　（b）分割要素

（c）输出图层

图 10.8 数据分割的结果

## 10.1.3　筛选

筛选(select)是从输入要素类中提取满足指定条件的要素,并将其存储为输出要素类中的过程。通常使用 SQL 表达式表示提取条件。

要素筛选的操作步骤如下:

(1)在 ArcToolbox 中双击【分析工具】→【提取】→【筛选】,打开【筛选】对话框,如图 10.9 所示。

(2)在【筛选】对话框中,输入【输入要素】数据(位于"…\chp10\筛选\data"),指定输出要素类的保存路径和名称。

(3)在【表达式】文本框中,可直接输入表达式,也可以通过单击▣按钮在弹出的【查询构建器】对话框中构建,如图 10.10 所示。在【查询构建器】对话框中,设置筛选要素的 SQL 语句,单击【确定】按钮,返回【筛选】对话框。若表达式为空,表示不指定筛选条件,即将全部输入要素保存到输出要素类中。

图 10.9　【筛选】对话框　　　　　　　　图 10.10　【查询构建器】对话框

(4)单击【确定】按钮,完成要素筛选操作,筛选结果如图 10.11 所示。

　(a)输入图层　　　　　　　　　　　(b)筛选结果

图 10.11　数据筛选的结果

### 10.1.4　表筛选

表筛选(table select)是从表格或表格视图中筛选出满足指定属性条件(或表达式)的记录或要素,并将其保存在一个新输出表的过程。输入表可以是 INFO 表格、dBASE 表格、Geodatabase 表格、要素类或者表格视图。如果输入表为要素类,那么输出表就是该要素类的属性表中只包含满足属性条件(或表达式)的记录。

表筛选的操作步骤如下:

(1)在 ArcToolbox 中双击【分析工具】→【提取】→【表筛选】,打开【表筛选】对话框,如图 10.12 所示。

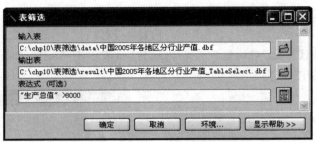

图 10.12　【表筛选】对话框

(2)在【表筛选】对话框中,输入【输入表】数据(位于"…\chp10\表筛选\data"),指定输出表的保存路径和名称。

(3)在【表达式】文本框中,可直接输入表达式,也可以通过单击▦按钮在弹出的【查询构建器】对话框构建。

(4)单击【确定】按钮,完成表筛选操作,筛选结果如图 10.13 所示。

| OID | 地区 | 农业 | 工业 | 交通运输、 | 住宿和餐饮 | 生产总值 |
|---|---|---|---|---|---|---|
| 0 | 河北 | 1503.07 | 4665.21 | 702 | 115.22 | 10096.11 |
| 1 | 辽宁 | 882.41 | 3489.58 | 509.37 | 178.84 | 8009.01 |
| 2 | 上海 | 80.34 | 4129.52 | 582.6 | 168.31 | 9154.18 |
| 3 | 江苏 | 1461.49 | 9334.69 | 741.06 | 287.25 | 18305.66 |
| 4 | 浙江 | 892.83 | 6349.34 | 512.94 | 221.27 | 13437.85 |
| 5 | 山东 | 1963.51 | 9568.58 | 968.64 | 441.26 | 18516.87 |
| 6 | 河南 | 1892.01 | 4896.01 | 625.87 | 302.23 | 10587.42 |
| 7 | 广东 | 1428.27 | 10482.03 | 990.53 | 520.63 | 22366.54 |

图 10.13　表筛选的结果

# 10.2　统计分析

统计(statistics)分析用于对表格或者属性表进行统计计算,如频率、平均值、最小值、最大值和标准差等。在实际应用中,统计分析常用来探索数据。例如,检查特定属性值的分布或者查找异常值(极高值或极低值)。统计分析的另一个用途是汇总数据,通常按照类型进行汇总,如分别计算每种土地利用类型的面积等。通过汇总数据可以更好地了解研究区域的情况。统计分析工具集包含两个工具:频数工具和汇总统计数据工具。

## 10.2.1　频数

频数(frequency)是指在表格或者图层的属性表中,某个属性值或者属性值组合出现的次数。频数工具的主要作用是读取表格中的一组字段,计算字段的每个唯一值出现的频数,并创建一个包含唯一字段及其频数的新表。以某城市的土地利用类型表格数据(图 10.14)为例说明频数工具的用法,表格中共有三个字段:"土地类型"字段存储的是城市土地的利用类型,"面积"字段存储的是每种土地利用类型的面积,"所在区域"字段存储的是该土地利用类型所在的城市区域。如果要计算每种土地利用类型的地块数量,可使用频数工具。

| OID | Field1 | 土地类型 | 面积 | 所在区域 |
|---|---|---|---|---|
| 0 | 0 | 旱地 | 300 | A |
| 1 | 0 | 水域 | 150 | B |
| 2 | 0 | 城市用地 | 500 | C |
| 3 | 0 | 水田 | 210 | B |
| 4 | 0 | 未利用地 | 150 | A |
| 5 | 0 | 旱地 | 102 | C |
| 6 | 0 | 旱地 | 140 | C |
| 7 | 0 | 水田 | 350 | A |
| 8 | 0 | 未利用地 | 50 | A |

图 10.14　土地利用类型属性表

频数统计的操作步骤如下:

(1)在 ArcToolbox 中双击【分析工具】→【统计分析】→【频数】,打开【频数】对话框,如图 10.15 所示。

(2)在【频数】对话框中,输入【输入表】数据(位于"…\chp10\频数\data"),指定输出表的保存路径和名称。

(3)在【频数字段】中选择要统计的字段,如"土地类型",如图 10.15 所示。

(4)单击【确定】按钮,完成频数统计操作,运行结果如图 10.16 所示。

【FREQUENCY】字段记录的是土地利用类型的唯一值频数。其结果为:城市用地 1 块、旱地 3 块、水田 2 块、水域 1 块、未利用地 2 块。

频数操作还可以完成更复杂的统计,如统计每个区域的每一种土地利用类型的面积各是多少,即 A、B、C 三个区域内的城市用地、旱地、水田、水域和未利用地的面积各是多少,各有多少块等。可以先用【频数】工具,指定【频数字段】为"土地类型"和"所在区域",在【汇总字段(可选)】中选择"面积"为求和字段(参照勾选对应字段),可以得到如图 10.17 所示结果。

图 10.15　【频数】对话框

| OBJECTID * | FREQUENCY | 土地类型 |
|---|---|---|
| 1 | 1 | 城市用地 |
| 2 | 3 | 旱地 |
| 3 | 2 | 水田 |
| 4 | 1 | 水域 |
| 5 | 2 | 未利用地 |

图 10.16　频数字段为"土地类型"的统计结果

| OID | FREQUENCY | 土地类型 | 所在区域 | 面积 |
|---|---|---|---|---|
| 0 | 1 | 城市用地 | C | 500 |
| 1 | 1 | 旱地 | A | 300 |
| 2 | 2 | 旱地 | C | 242 |
| 3 | 1 | 水田 | A | 350 |
| 4 | 1 | 水田 | B | 210 |
| 5 | 1 | 水域 | B | 150 |
| 6 | 2 | 未利用地 | A | 200 |

图 10.17　频数统计对面积求和的结果

从上面的例子可以看出,频数工具可以进行分类统计以及分类求和。进行分类统计时可以指定一个或者多个频率分类字段,统计出每类要素的个数。若是采用汇总字段,就可在分类统计的基础上,再统计出每类要素的某些数值字段之和。

## 10.2.2 汇总统计数据

汇总统计(summary statistics)数据就是对输入表格中的字段进行汇总计算,输出结果为表格,表格由包含统计运算结果的字段组成。在输出表格中,使用"统计类型_字段名称"命名约定来为每种统计类型创建字段,可用的统计类型如表 10.1 所示。当输出表为 dBASE 表时,字段名称会被截断为 10 个字符。

表 10.1 统计类型及其工具描述

| 统计类型 | 工具描述 |
|---|---|
| SUM | 计算指定字段的和 |
| MEAN | 计算指定字段的平均值 |
| MAX | 查找指定所有记录的最大值 |
| MIN | 查找指定所有记录的最小值 |
| RANGE | 查找指定字段的值范围(MAX-MIN) |
| STD | 查找指定字段中值的标准差 |
| FIRST | 查找"输入表"中的第一条记录,并使用该记录的指定字段值 |
| LAST | 查找"输入表"中的最后一条记录,并使用该记录的指定字段值 |
| COUNT | 查找汇总计算中包括的值的数目,计算范围包括除空值外的每个值 |

汇总统计数据的操作步骤如下:

(1)在 ArcToolbox 中双击【分析工具】→【统计分析】→【汇总统计数据】,打开【汇总统计数据】对话框,如图 10.18 所示。

图 10.18 【汇总统计数据】对话框

(2)在【汇总统计数据】对话框中,输入【输入表】数据(位于"…\chp10\汇总统计数据\data"),指定输出表的保存路径和名称。

(3)单击【统计字段】下拉框,选择统计字段,同时选择【统计类型】。如统计字段为"面积",统计类型为"SUM"。

(4)单击【案例分组字段】下拉框,选择分组字段,如果不指定案例分组字段,那么每种统计方法都是对表格中的所有记录进行统计,结果只有一条记录。如果指定了案例分组字段,那么先根据分类字段的取值将输入表格中记录分成若干组,然后再对每组记录进行统计,结果记录数与分组个数相同。汇总计算时,会排除字段为"Null"的字段。

(5)单击【确定】按钮,完成汇总统计数据操作,结果如图 10.19 所示。

（a）输入数据

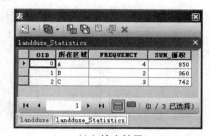
（b）输出结果

图 10.19　汇总统计数据的结果

# 10.3　缓冲区分析

缓冲区（buffer analysis）是为了识别某一地理实体对周围地物的影响而在其周围建立的一定宽度多边形区域。缓冲区分析是用来确定不同地理要素的空间邻近性或接近程度的一种分析方法。作为 GIS 的空间分析功能之一，缓冲区分析的应用非常广泛，常用于分析矢量实体的某种属性对周围的影响。例如，城市中工厂排放的废水废气所影响的空间范围，交通噪音污染影响的空间范围，湖泊对周围耕地的影响等，可以分别描述为点、线和面的缓冲区。

## 10.3.1　缓冲区的基本概念

### 1. 缓冲区

缓冲区（buffer）是围绕地理要素一定宽度的区域，这个宽度称为缓冲距离。地理要素通常抽象为点、线和面。因此，缓冲区分析主要基于点、线和面进行。

从空间变换的观点出发，缓冲区分析就是将点、线、面状地物分布图变换为这些地物的扩展距离图，图上每一点的值代表离该点最近的某种地物的距离。从数学意义上看，缓冲区分析就是基于空间目标（点、线、面）拓扑关系的距离分析，其基本思想是给定空间目标，确定它们的某个邻域，邻域的大小由邻域半径 $R$ 决定。因此，对于给定的目标 $O$，其缓冲区定义为

$$B = \{x \mid d(x,O) \leqslant R\}$$

式中，$d$ 为 $x$ 与 $O$ 之间的距离，通常是指欧氏距离；$R$ 为邻域半径，或称缓冲距。

空间目标主要是点目标、线目标和面目标，以及点目标、线目标和面目标组成的复杂目标。因此，空间目标的缓冲区分析包括点目标缓冲区、线目标缓冲区、面目标缓冲区和复杂目标缓冲区。图 10.20 是点目标、线目标和面目标缓冲区的示例。

### 2. 轴线

轴线是由线目标坐标点的有序串构成的迹线，或面目标的有向边界线。沿轴线前进方向的左侧和右侧分别称为轴线的左侧和右侧，如图 10.21 所示。

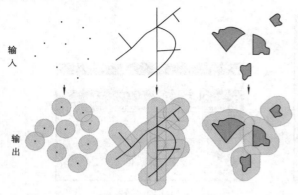

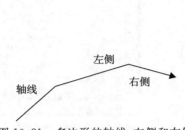

图 10.20　点目标、线目标和面目标缓冲区的示例　　　　图 10.21　多边形的轴线、左侧和右侧

**3. 多边形的方向**

若多边形的边界为顺时针方向,则称为正向多边形,否则称为负向多边形,如图 10.22 所示。

**4. 缓冲区的外侧和内侧**

位于轴线左侧的缓冲区称为缓冲区的外侧,反之为内侧,如图 10.23 所示。

**5. 轴线的凹凸性**

对于轴线上的顺序三点 $P_1$、$P_2$、$P_3$。用右手螺旋法则,若拇指朝里,则中间点是凸的;若拇指朝外,中间点是凹的。如图 10.24 所示。

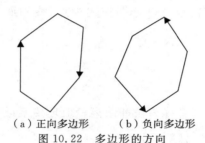

（a）正向多边形　（b）负向多边形
图 10.22　多边形的方向

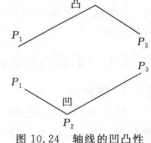

图 10.23　缓冲区的外侧和内侧　　　图 10.24　轴线的凹凸性

## 10.3.2　缓冲区的生成算法

**1. 点缓冲区生成算法**

点目标的缓冲区就是围绕点目标,以缓冲距为半径的圆周所包围的区域。生成算法的关键是确定以点目标为中心的圆周。常用的点缓冲区生成算法是圆弧步进拟合法。

圆弧步进拟合法将圆心角等分,在圆周上用等长的弦代替圆弧,以直代曲,用均匀步长的直线段逐渐逼近圆弧段,如图 10.25 所示。

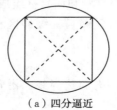 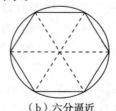 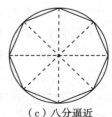

（a）四分逼近　　　　　（b）六分逼近　　　　　（c）八分逼近
图 10.25　圆弧步进拟合法

### 2. 线缓冲区生成算法

线目标的缓冲区,是将线目标的轴线沿法线方向向两侧各平移一个缓冲距,端点用半径圆弧连接所得到的多边形。两侧的缓冲距可以相同,也可以不相同。线目标缓冲区生成算法的关键是确定线目标两侧的缓冲线。

线目标的缓冲区生成算法常用的有角平分线法和凸角圆弧法。角平分线法是一种较简单的方法,而凸角圆弧法是较实用的方法。

#### 1)角平分线法

角平分线法的基本思想是在转折处根据角平分线确定缓冲区的形状,如图 10.26 所示。

角平分线法的基本思想是:首先,确定线状目标的缓冲距离,然后沿线状要素轴线前进方向,依次计算轴线转折点的角平分线。线段起始点和终点处的角平分线为起始线段或者终止线段的垂线。其次,在各点的角平分线的延长线上以缓冲区距离确定各点的缓冲点位置,将缓冲点顺序相连,即构成该线状要素的缓冲区边界的基本部分。再在线状要素起始点和终点处,以缓冲距为半径,以角平分线与线状要素交点所在位置为圆心,分别向外做外接圆,最后将外接圆和缓冲边界的基本部分相连,即为线状要素的缓冲区。

角平分线的确定难以保证双线的等宽性,而且当折点处的夹角变大时,误差会变大。凸角圆弧法就能较好地解决此问题。

#### 2)凸角圆弧法

凸角圆弧法的基本思想是:在轴线的两端用半径为缓冲距的圆弧弥合;在轴线的各转折点,首先判断该点的凹凸性,在凸侧用半径为缓冲距的圆弧弥合,在凹侧用与该点关联的前后两相邻线段的偏移量为缓冲距的两平行线的交点作为对应定点,将这些圆弧弥合点和平行线交点依一定的顺序连接起来,即形成闭合的缓冲区边界。

凸角圆弧法的优点是可以保证凸侧的缓冲线与轴线的宽度,而凹侧的对应缓冲点位于凹角的角平分线上,因而能最大限度地保证缓冲区边界与轴线的等宽关系。

### 3. 面缓冲区生成算法

由于面状要素实际上是由线状要素围绕而成的,因此其缓冲区边界生成算法就是线状要素缓冲区的生成算法。图 10.27 显示了一个多边形面状要素的缓冲区。

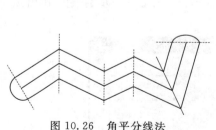

图 10.26　角平分线法

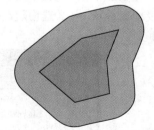

图 10.27　多边形面状要素缓冲区

## 10.3.3　缓冲区的建立

ArcGIS 中缓冲区的建立有两种方法:一种是用缓冲区向导建立,另一种是用缓冲区工具建立。点、线、面要素的缓冲区建立过程基本一致。在此,以线状要素为例来介绍缓冲区建立的方法和步骤。

### 1. 用缓冲区向导建立缓冲区

缓冲区向导工具为建立缓冲区提供了一种简单快捷的操作方式，只需要按照向导工具的提示一步步的设置参数，就可以建立要素的缓冲区。用缓冲区向导建立缓冲区的步骤如下：

1）添加缓冲区向导工具

为了方便使用缓冲区向导工具，需将其添加到工具条中。

（1）在 ArcMap 窗口中，单击【自定义】→【自定义模式】，打开【自定义】对话框，切换到【命令】选项卡。

（2）在【命令】选项卡中，选择【类别】列表框中的【工具】，然后在【命令】列表框中选择【缓冲向导】，按住鼠标左键不放将其拖动到已经存在的工具栏中。

2）使用缓冲区向导建立缓冲区

下面以 roads.shp 文件的缓冲距为 200 m 的缓冲区建立为例进行介绍。

加载 roads.shp 文件（位于"...\chp10\缓冲区\data"）。

（1）使用选择工具选择要建立缓冲区的要素。

（2）单击缓冲区要素向导图标 ，打开【缓冲向导】对话框，如图 10.28 所示。

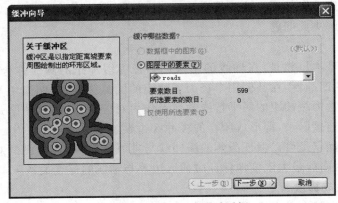

图 10.28 【缓冲向导】对话框

（3）选中【图层中的要素】单选按钮，并在下拉框中选择建立缓冲区的图层。如果仅对选择要素进行缓冲区分析，那么选中【仅使用所选要素】复选框。单击【下一步】按钮，弹出图 10.29 所示对话框。

图 10.29 缓冲距离设置

（4）在【如何创建缓冲区】区域中,有三种建立缓冲区的方式。

——【以指定的距离】指以手动输入的缓冲区半径建立固定缓冲区。

——【基于来自属性的距离】指依据要素中某个字段的值建立缓冲区。

——【作为多缓冲区圆环】指建立多级缓冲区。

本例中选择第一种方法,指定缓冲区距离为 200 m。完成缓冲区距离设置,单击【下一步】,弹出图 10.30 所示对话框。

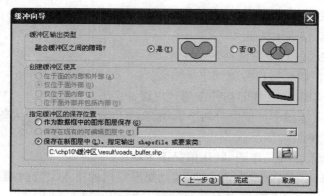

图 10.30　缓冲类型及保存目录

（5）在【缓冲区输出类型】区域中,选择缓冲区输出的类型:是否融合缓冲区之间的障碍,可以参考对话框中的示意图决定。如果使用的是面状要素,那么【创建缓冲区使其】区域就处于激活状态,可以进行各项设置。在【指定缓冲区的保存位置】中选择生成结果文件的方法。

（6）完成设置后,单击【完成】按钮,完成使用缓冲区向导建立缓冲区的操作,结果如图 10.31 所示。

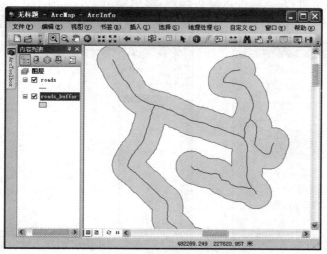

图 10.31　缓冲区分析的结果

## 2．使用缓冲区工具建立缓冲区

下面以为 roads. shp 文件建立缓冲区,缓冲距为 200 m 为例进行介绍。其操作步骤如下:

（1）在 ArcToolbox 中双击【分析工具】→【邻域分析】→【缓冲区】,打开【缓冲区】对话框,如图 10.32 所示。

(2)输入【输入要素】数据(位于"…\chp10\缓冲区\data"),指定【输出要素类】数据。

(3)在【距离[值或字段]】区域,有两个单选按钮:【线性单位】和【字段】。选择【线性单位】,则输入一个数值,并在下拉框中选择单位,用此数值作为缓冲距。选择【字段】,则指定输入要素类的某个属性字段,每个要素的缓冲距等于该要素这个属性字段的值。在此我们选择线性单位,值为 200,单位为米。

(4)【侧类型(可选)】下拉框中有三个选项:FULL、LEFT 和 RIGHT。

——FULL 指在线的两侧建立多边形缓冲区,如果输入要素是多边形,那么缓冲区将包含多边形内的部分,默认情况下为此值。

——LEFT 指在线的拓扑左侧创建缓冲区。

——RIGHT 指在线的拓扑右侧创建缓冲区。

在此例中,选择 LEFT,在线的拓扑左侧建立缓冲区。

(5)【末端类型(可选)】下拉框中有两个选项:ROUND 和 FLAT。主要用于在创建线要素缓冲区时指定线端点的缓冲区形状。

——ROUND 指端点处是半圆,默认情况下为此值。

——FLAT 指在线末端创建矩形缓冲区,此矩形短边的中点与线的端点重合。

(6)【融合类型(可选)】下拉框中有三个选项:NONE、ALL 和 LIST。其主要作用是决定是否执行融合以消除缓冲区重合的部分,此处选择 ALL。

——NONE 指不执行融合操作,不管缓冲区之间是否有重合,都完整保留每个要素的缓冲区,默认情况下为此值。

——ALL 指将所有的缓冲区融合成一个要素,去除重合部分。本例中选择此选项。

——LIST 指根据给定的字段列表来进行融合,字段值相等的缓冲区才进行融合。

(7)单击【确定】按钮,完成缓冲区分析操作,结果如图 10.33 所示。

图 10.32 【缓冲区】对话框

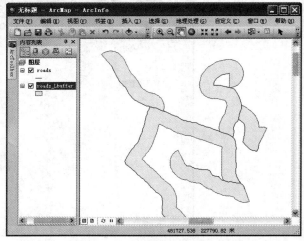

图 10.33 缓冲区分析的结果

### 3. 多环缓冲区的建立

在输入要素周围指定不同的距离创建缓冲区,就建成了多环缓冲区(multiple ring buffer)。在输出要素类中,缓冲区要素可以是多个独立要素,也可以根据缓冲距离进行融合,形成一个面状要素。

多环缓冲区建立的操作步骤如下：

（1）在 ArcToolbox 中双击【分析工具】→【邻域分析】→【多环缓冲区】，打开【多环缓冲区】对话框，如图 10.34 所示。

（2）输入【输入要素】数据（位于"…\chp10\缓冲区\data"），指定【输出要素类】数据。

（3）在【距离】文本框中设置缓冲距离，输入距离后，单击➕按钮，可将其提交到列表中，可多次输入缓冲距离，如 150、250、350。

（4）【缓冲区单位】为可选项，此处选择缓冲区单位"Meters"。

（5）【融合选项（可选）】下拉框中有两个选项：ALL 和 NONE。主要作用是确定输出缓冲区是否为输入要素周围的圆环或者圆盘。

——ALL 指缓冲区将是输入要素周围重叠的圆环，也就是说，缓冲区重叠部分将会被消除。默认情况下为此值。

——NONE 指缓冲区将是输入要素周围重叠的圆盘。每个缓冲区将重叠比自身具有更小缓冲距离的所有缓冲区。

如果输入要素是多边形的话，图 10.34 中的【仅外部面】复选框参数将会被激活。这个参数用于控制输出结果缓冲区中是否包含输入多边形要素的内部。如果选中此参数，那么缓冲区中最里面的缓冲区将会是空心的，不包含输入多边形本身；如果不选中此参数，那么，最里面的缓冲区是实心的，包含输入多边形本身。如图 10.35 所示。

图 10.34　【多环缓冲区】对话框

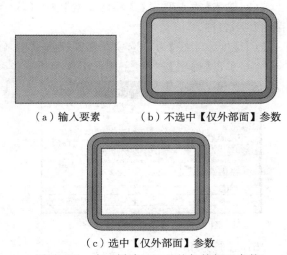

（a）输入要素　　　　（b）不选中【仅外部面】参数

（c）选中【仅外部面】参数

图 10.35　多环缓冲区工具的仅外部面参数

（6）单击【确定】按钮，完成多环缓冲区建立操作，结果如图 10.36 所示。

### 4．点距离

点距离（point distance）工具是在指定的搜索半径内，分析一个图层或要素类内的点与其他图层上所有点的距离。

点距离的输出结果是一个表格，表格包含三个字段，如图 10.37 所示。在计算输入要素与所有邻近要素的距离时，如果没有确定搜索半径，则系统会默认一个搜索半径，此时点距离工具将创建两组点之间的距离矩阵，输出的表可能会非常大。例如，如果输入要素和邻近要素中各包含 1000 个点，则输出表会有一百万条记录。因此，必须使用有意义的搜索半径来控制输出表的大小。

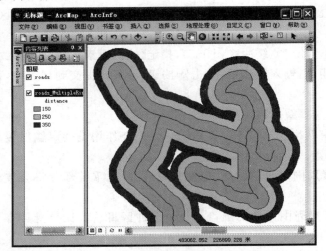

图 10.36　多环缓冲区分析的结果

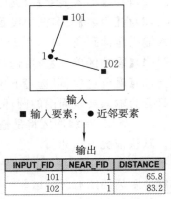

| INPUT_FID | NEAR_FID | DISTANCE |
|---|---|---|
| 101 | 1 | 65.8 |
| 102 | 1 | 83.2 |

图 10.37　点距离分析原理

点距离分析的操作步骤如下：

(1)在 ArcToolbox 中双击【分析工具】→【邻域分析】→【点距离】，打开【点距离】对话框，如图 10.38 所示。

(2)输入【输入要素】、【邻近要素】数据(位于"…\chp10\点距离\data")，指定输出表的保存路径和名称。

(3)【搜索半径】为可选项。在其文本框中，输入查询半径的值，并确定单位。

(4)单击【确定】按钮，完成点距离分析操作，结果如图 10.39 所示。

图 10.38　【点距离】对话框

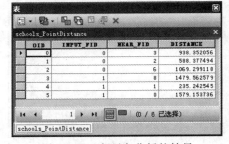

图 10.39　点距离分析的结果

### 5. 近邻分析

近邻(near)分析工具是在指定的搜索半径内，对于输入要素类中的每个要素，在近邻要素类中找出与其距离最近的要素，并计算其距离。图 10.40 显示了邻近距离分析中点与点、点与线和点与面的距离。

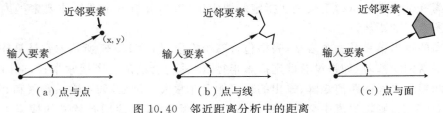

图 10.40　邻近距离分析中的距离

在近邻分析工具中不产生输出结果要素类或表格数据,执行结果是在输入要素类的属性表中添加若干记录近邻要素信息的字段。在【生成近邻表】工具中,执行结果将会生成新的近邻表格。

近邻分析的操作步骤如下:

(1)在 ArcToolbox 中双击【分析工具】→【邻域分析】→【近邻分析】,打开【近邻分析】对话框,如图 10.41 所示。

(2)输入【输入要素】、【邻近要素】数据(位于"…\chp10\点距离\data"),分别表示需要进行近邻分析的图层和邻近图层。

(3)【搜索半径】为可选项。在其文本框中,输入搜索半径,并确定单位。

(4)单击【确定】按钮,完成近邻分析操作,结果如图 10.42 所示。

图 10.41 【近邻分析】对话框

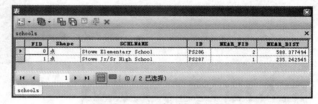

图 10.42 近邻分析的结果

【生成近邻表】工具和【近邻分析】工具的操作基本一致,仅仅增加了【输出表】选项,确定近邻表的输出路径和名称即可,在此不再重复介绍。

# 10.4 叠加分析

叠加(overlay)分析是地理信息系统提取空间隐含信息常用的手段之一,它是在统一的空间参考系统下,通过对不同的数据进行一系列的集合运算,产生新数据的过程。叠加分析的目的是在空间位置上分析具有一定关联的空间对象的空间特征和专属属性之间的相互关系。叠加分析不仅可以产生新的空间关系,还可以产生新的属性特征关系,发现多层数据间的差异、联系和变化等特征。从运算角度看,叠加分析是指两个或两个以上的地理要素图层进行空间逻辑的交、并、差的运算。根据操作形式的不同,叠加分析可以分为擦除分析、相交分析、联合分析、标识分析、更新分析、交集取反和空间连接等七类。

## 10.4.1 擦除分析

擦除(erase)分析是在输入数据层中去除与擦除数据层相交的部分,形成新的矢量数据层的过程。擦除要素可以为点、线和面,点擦除要素仅用于擦除输入要素中的点,线擦除要素可用于擦除输入要素中的线和点,面擦除要素可用于擦除输入要素中的点、线和面。由于面状要素比较直观形象,在此以面擦除要素为例来介绍擦除分析的原理及操作,如图 10.43 所示。

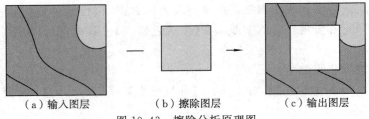

（a）输入图层　　　　　（b）擦除图层　　　　　（c）输出图层

图 10.43　擦除分析原理图

擦除分析的操作步骤如下：

（1）在 ArcToolbox 中双击【分析工具】→【叠加分析】→【擦除】，打开【擦除】对话框，如图 10.44 所示。

（2）在【擦除】对话框中，输入【输入要素】、【擦除要素】数据（位于"…\chp10\擦除\data"），指定输出要素类的保存路径和名称。

（3）【XY 容差】为可选项。在其文本框中输入容差值，并设置容差值的单位。

（4）单击【确定】按钮，完成擦除分析操作，结果如图 10.45 所示。

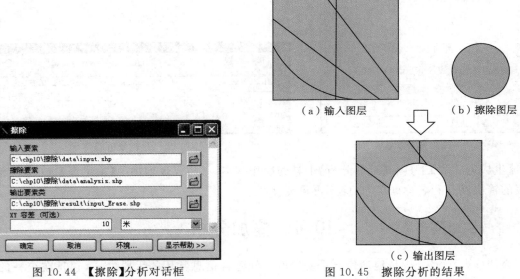

图 10.44　【擦除】分析对话框

图 10.45　擦除分析的结果

## 10.4.2　相交分析

相交（intersect）分析是计算输入要素的几何交集的过程。由于点、线、面要素都可以进行相交操作，因此相交分析的情形可以分为七类：多边形与多边形，线与多边形，点与多边形，线与线，线与点，点与点，还有点、线、面三者相交。原理如图 10.46 所示。

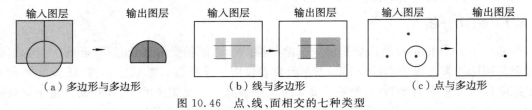

（a）多边形与多边形　　　　（b）线与多边形　　　　（c）点与多边形

图 10.46　点、线、面相交的七种类型

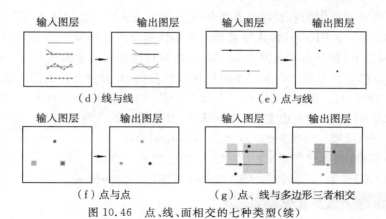

（d）线与线　　　　　　　　　（e）点与线

（f）点与点　　　　（g）点、线与多边形三者相交

图 10.46　点、线、面相交的七种类型（续）

在相交分析中,输入要素可以是几何类型(点、线或多边形)的任意组合。输出要素的几何类型只能是与具有最低维度(点是 0 维、线是 1 维、多边形是 2 维)的输入要素类相同的或维度更低的几何类型。如线和多边形进行相交分析,输出类型只能是线要素。

在实际应用中,不同要素进行相交分析,可能会产生不同类型的几何交集(如点、线或多边形)。指定的输出类型不同,生成的交集就不相同。下面用具体的例子来说明,如图 10.47 所示,四个多边形要素进行相交分析,同时产生了点、线和面三种类型的几何交集。

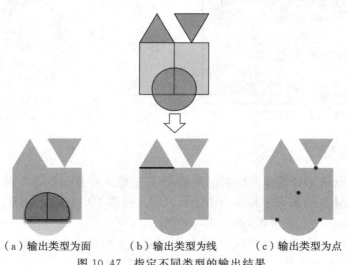

（a）输出类型为面　　　　（b）输出类型为线　　　　（c）输出类型为点

图 10.47　指定不同类型的输出结果

下面以多边形为例介绍相交分析的操作步骤:

(1)在 ArcToolbox 中双击【分析工具】→【叠加分析】→【相交】,打开【相交】对话框,如图 10.48 所示。

(2)在【相交】对话框中,输入【输入要素】数据(位于"…\chp10\相交\data"),点击 ➕ 按钮,可多次添加相交数据层。

(3)指定输出要素类的保存路径和名称。

(4)【连接属性(可选)】下拉框中有三个选项:ALL、NO_FID 和 ONLY_FID,通过其确定输入要素的哪些属性将传递到输出要素类。

——ALL 指输入要素的所有属性都将传递到输出要素类中。默认情况下为此值。

——NO_FID 指除 FID 外,输入要素的其余属性都将传递到输出要素类中。

——ONLY_FID 指只有输入要素的 FID 字段将传递到输出要素类中。

(5)【XY 容差】为可选项。在其文本框中输入容差值,并设置容差值的单位。

(6)【输出类型(可选)】下拉框中有三个选项:INPUT、LINE 和 POINT。

——INPUT 指将【输出类型】保留为默认值,可生成叠置区域。

——LINE 指将【输出类型】指定为"线",生成结果为线。

——POINT 指将【输出类型】指定为"点",生成结果为点。

(7)单击【确定】按钮,完成相交分析操作,结果如图 10.49 所示。

图 10.48 【相交】对话框

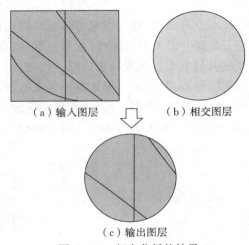

(a)输入图层 (b)相交图层

(c)输出图层

图 10.49 相交分析的结果

## 10.4.3 联合分析

联合(union)分析是计算输入要素的并集,所有的输入要素都将写入到输出要素类中。在联合分析过程中,输入要素必须是多边形。如果输入要素类中有相交的部分,相交部分还会具有相交的输入要素类的所有属性,如图 10.50 所示。

在联合分析中,两个图层进行联合,在输出要素层中可能会出现被其他要素包围的空白区域,称之为间距,亦称为岛状区域。在操作过程中,可选择是否"允许间隙存在",如果不允许,岛状区域将会被填充,反之,岛状区域将不被填充,如图 10.51 所示。

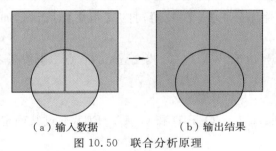

(a)输入数据 (b)输出结果

图 10.50 联合分析原理

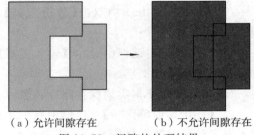

(a)允许间隙存在 (b)不允许间隙存在

图 10.51 间隙的处理结果

联合分析的操作步骤如下：

（1）在 ArcToolbox 中双击【分析工具】→【叠加分析】→【联合】，打开【联合】对话框，如图 10.52 所示。

（2）在【联合】对话框中，输入【输入要素】数据（位于"…\chp10\联合\data"），单击按钮 ，可多次添加联合数据层。

（3）指定输出要素类的保存路径和名称。

（4）选择【连接属性（可选）】，并设置【XY 容差（可选）】。

（5）选中【允许间隙存在（可选）】复选框，即不被包围区域创建要素。

（6）单击【确定】按钮，完成联合分析操作，结果如图 10.53 所示。

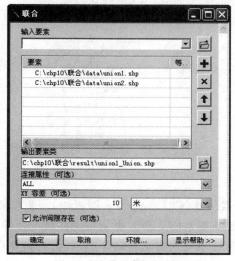

图 10.52　【联合】对话框

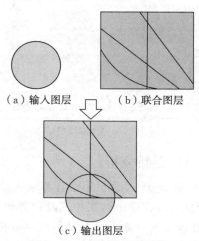

（a）输入图层　　（b）联合图层

（c）输出图层

图 10.53　联合分析的结果

## 10.4.4　标识分析

标识（identity）分析是计算输入要素和标识要素的集合，输入要素与标识要素的重叠部分将获得标识要素的属性。输入要素可以是点、线或面，但是不能是注记要素、尺寸要素或网络要素。标识要素必须是面，或者与输入要素的几何类型相同。标识分析主要有三种类型：多边形和多边形，线和多边形与点和多边形的标识分析，如图 10.54 所示。

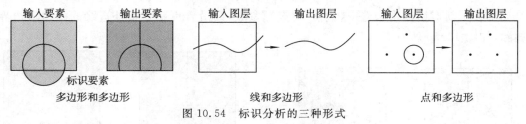

输入要素　　　输出要素　　　输入图层　　　输出图层　　　输入图层　　　输出图层

标识要素

多边形和多边形　　　　　　　线和多边形　　　　　　　点和多边形

图 10.54　标识分析的三种形式

下面以多边形为例介绍标识分析的操作步骤：

（1）在 ArcToolbox 中双击【分析工具】→【叠加分析】→【标识】，打开【标识】对话框，如图 10.55 所示。

（2）输入【输入要素】、【标识要素】数据（位于"…\chp10\标识\data"），指定输出要素类的保存路径和名称。

（3）选择【连接属性（可选）】，并设置【XY 的容差（可选）】。

（4）【保留关系】为可选项，它用来确定是否将输入要素和标识要素之间的附加关系写入到输出要素中。仅当输入要素为线并且标识要素为面时，此选项才适用。

（5）单击【确定】按钮，完成标识分析操作，结果如图 10.56 所示。

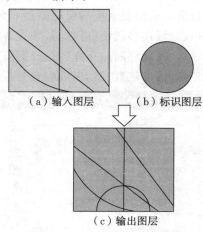

（a）输入图层　　　　（b）标识图层

图 10.55　【标识】对话框

（c）输出图层

图 10.56　标识分析的结果

### 10.4.5　更新分析

更新（update）分析用于计算输入要素和更新要素的几何相交，在输入要素中，与更新要素相交的部分，在输出结果中其几何外形和属性都被更新要素所更新。也就是说在执行过程中，先用更新要素对输入要素进行擦除处理，将擦除后的结果写入到输出结果中，再将更新要素也写入到输出结果中，如图 10.57 所示。

**注意事项**

　a）输入要素和更新要素类型必须是面。

　b）输入要素类与更新要素类的字段必须保持一致。

　c）如果更新要素类缺少输入要素类中的一个（或多个）字段，则将从输出要素类中移除缺失字段。

如果在更新对话框中未选中【边框（可选）】参数，则沿着更新要素外边缘的多边形边界将被删除，如图 10.58 所示。

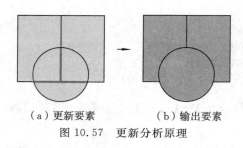

（a）更新要素　　　　　（b）输出要素

图 10.57　更新分析原理

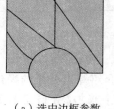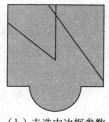

（a）选中边框参数　　　　（b）未选中边框参数

图 10.58　边框参数设置不同结果比较

更新分析的操作步骤如下：

（1）在 ArcToolbox 中双击【分析工具】→【叠加分析】→【更新】，打开【更新】对话框，如图 10.59 所示。

（2）输入【输入要素】、【更新要素】数据（位于"…\chp10\更新\data"），指定输出要素类的保存路径和名称。

（3）选中【边框】复选框，即允许边框存在。

（4）设置【XY 容差（可选）】值。

（5）单击【确定】按钮，完成更新分析操作，结果如图 10.60 所示。

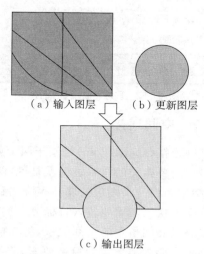

（a）输入图层　（b）更新图层

（c）输出图层

图 10.60　更新分析的结果

图 10.59　【更新】对话框

## 10.4.6　交集取反分析

交集取反（symmetrical difference）分析是将输入要素和更新要素不重叠的部分输出到新要素类中。它首先计算输入要素和更新要素的几何交集，再从输出要素类中去除公共部分，只保留非公共部分。执行交集取反分析的输入要素和更新要素必须具有相同的几何类型，由于面状要素可以

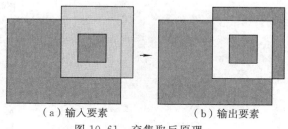

（a）输入要素　　　　　（b）输出要素

图 10.61　交集取反原理

将交集取反原理比较直观地展现出来，在此以多边形要素为例介绍，如图 10.61 所示。

交集取反分析的操作步骤如下：

（1）在 ArcToolbox 中双击【分析工具】→【叠加分析】→【交集取反】，打开【交集取反】对话框，如图 10.62 所示。

（2）输入【输入要素】、【更新要素】数据（位于"…\chp10\交集取反\data"），指定输出要素类的保存路径和名称。

（3）在【连接属性（可选）】和【XY 容差（可选）】中输入连接属性和 XY 容差。

（4）单击【确定】按钮，完成交集取反分析操作，结果如图 10.63 所示。

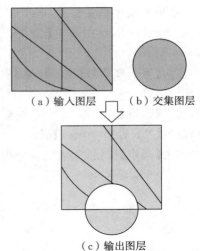

（a）输入图层　　（b）交集图层

（c）输出图层

图 10.63　交集取反分析的结果

图 10.62　【交集取反】对话框

### 10.4.7　空间连接

空间连接（spatial join）是基于两个要素类中要素之间的空间关系将属性从一个要素类传递到另一个要素类的过程。也就是说，两个图层之间根据图层中要素的相对位置关系建立连接，其结果为将一个图层的属性表添加到另外一个图层中。

空间连接工具需要输入目标要素类和连接要素类。以目标要素类为基准，根据目标要素和连接要素之间指定的空间关系，将连接要素类中的属性信息追加到目标要素类中。例如，如果将某个点要素类指定为目标要素，将某个面要素类指定为连接要素，并选择"WITHIN"作为匹配选项，则每个输出点要素除包含其原始属性外，还将包含其所在面的属性。

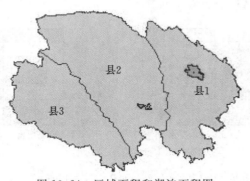

图 10.64　区域面积和湖泊面积图

在这里用一个具体的实例来说明空间连接的功能和用途。假设某市包含三个县级单位：县 1、县 2 和县 3，同时拥有该市湖泊的多边形要素，如图 10.64 所示。使用空间连接求出每个县内的湖泊面积。

如果每个目标要素对应一个连接要素，即一对一，那么连接要素的属性值可以直接追加到目标要素的属性表中。如果一个目标对应多个连接要素，并且希望输出要素类的要素个数与目标要素类相同时，就需要设置连接合并规则。所谓连接合并规则就是对多个连接要素的某个字段进行聚合。聚合后在目标要素属性表中会出现一个新的字段"Join_Count"，用于记录每个目标要素有多少个匹配的连接要素。

在此例中，以该市多边形图层作为目标要素，湖泊图层作为连接要素，空间关系为湖泊在该市的相应位置。从图 10.64 中可以看出，在县 1 中，只有一个湖泊，那么将湖泊要素的属性值直接添加到县 1 上即可。而在县 2 中，有两个湖泊，而要保证输出要素必须与原区域要素个数相同的话，就出现了一个问题：如何将县 2 中的两个湖泊的面积属性添加到县图层的属性表上。类似这样"一对多"的连接，就需要对连接要素的某个字段设置连接合并规则。本例中，可以对县 2 中的面积字段设置"求和"合并规则,将两个湖泊的面积相加即为县 2 的湖泊面积。这样,在输出要素类的属性表中就可以找到每个县的湖泊面积。具体操作步骤如下:

(1)在 ArcToolbox 中双击【分析工具】→【叠加分析】→【空间连接】,打开【空间连接】对话框,如图 10.65 所示。

(2)输入【目标要素】、【连接要素】数据(位于"...\chp10\空间连接\data"),指定输出要素类的保存路径和名称。

(3)【连接操作(可选)】下拉框中有两个选项:JOIN_ONE_TO_ONE 和 JOIN_ONE_TO_MANY。

——JOIN_ONE_TO_ONE 指在相同空间关系下,如果一个目标要素对应多个连接要素,就会使用字段映射合并规则对连接要素中某个字段进行聚合,然后将其传递到输出要素类。默认情况下为此值。

——JOIN_ONE_TO_MANY 指在相同空间关系下,如果一个目标要素对应多个连接要素,输出要素类将会包含多个目标要素实例。

(4)右击"SHAPE_Area_1(双精度)"字段,选择【合并规则】→【总和】,如图 10.65 所示。

图 10.65 【空间连接】对话框

(5)【匹配选项(可选)】用于定义匹配的条件,只要找到该匹配选项,就会将连接要素的属性传递到目标要素。

——INTERSECT 指如果目标要素与连接要素相交,则将连接要素的属性传递到目标要素。默认情况下为此值。

——CONTAINS 指如果目标要素包含连接要素,则将连接要素的属性传递到目标要素。对于此选项,目标要素不能为点,且仅当目标要素为面时,连接要素才能为面。

——WITHIN 指如果目标要素位于连接要素内部,则将连接要素的属性传递到目标要素。对于此选项,连接要素不能为点,且仅当连接要素为面时,目标要素才能为面。

——CLOSEST 指将最近的连接要素的属性表传递到目标要素。

(6)其他选项默认,单击【确定】按钮,完成空间连接操作,结果如图 10.66 所示。

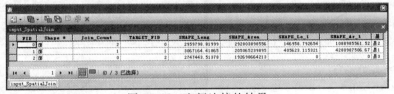

图 10.66 空间连接的结果

## 10.5　泰森多边形

泰森多边形(thiessen polygon)是进行快速插值和分析地理实体影响区域的常用工具。例如,用离散点的性质描述泰森多边形区域的性质,用离散点的数据计算泰森多边形区域的数据。判断一个离散点与其他哪些离散点相邻时,可根据泰森多边形直接得出,且若泰森多边形是 $n$ 边形,则就与 $n$ 个离散点相邻。当某一数据点落入某一泰森多边形中时,它与相应的离散点最邻近,无需计算距离。泰森多边形可用于定性分析、统计分析和邻近分析等。

### 10.5.1 泰森多边形的概念

荷兰气候学家泰森(A. H. Thiessen)提出了一种根据离散分布的气象站的降雨量来计算平均降雨量的方法,即将所有相邻气象站连成三角形,做这些三角形各边的垂直平分线,于是每个气象站周围的若干垂直平分线便围成一个多边形。用这个多边形内包含的唯一气象站的降雨强度来表示这个多边形区域内的降雨强度,称这个多边形为泰森多边形。

利用泰森多边形对输入图层中的点进行插值形成一个新的多边形。新形成的泰森多边形具有唯一的属性,即每个多边形仅包括一个输入点,每个多边形内部的任何位置与其相关点的位置都比与其他多边形近,如图 10.67 所示。

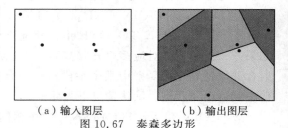

（a）输入图层　　　　（b）输出图层

图 10.67　泰森多边形

泰森多边形有如下特性:

(1)泰森多边形内仅含有一个离散点数据。

(2)泰森多边形内的点到相应离散点的距离最近。

(3)位于泰森多边形边上的点到其两边的离散点距离相等。

### 10.5.2 泰森多边形的构建方法

泰森多边形要求在已知点之间构建初始三角形,即连接已知点形成三角形。因为连接点的方法不同,形成的三角形也不同。Delaunay 三角测量常用于构建泰森多边形。Delaunay 三角网测量确保了每个已知点都与它最近的点相连,这样使得三角形尽量接近等边。经过每条边的中点画垂线,连接起来即构成泰森多边形,如图 10.68 所示。

### 10.5.3 泰森多边形的构建

(1)在 ArcToolbox 中双击【分析工具】→【邻域分析】→【创建泰森多边形】,打开【创建泰森多边形】对话框,如图 10.69 所示。

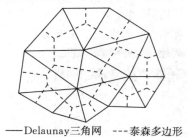

——Delaunay三角网　---泰森多边形

图 10.68　泰森多边形和 Delaunay 三角网

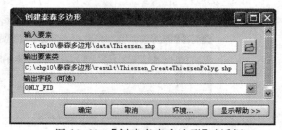

图 10.69　【创建泰森多边形】对话框

(2)输入【输入要素】数据(位于"…\chp10\泰森多边形\data"),指定输出要素类的保存路径和名称。

(3)【输出字段】为可选项。它用于确定输入要素的哪些属性将传递到输出要素类中。包含两个选项:ONLY_FID 和 ALL。ONLY_FID 是仅将输入要素的 FID 字段传递到输出要素类中,默认情况下为此值。ALL 是将输入要素的所有属性都传递到输出要素类中。

（4）单击【确定】按钮,完成创建泰森多边形操作,结果如图 10.70 所示。

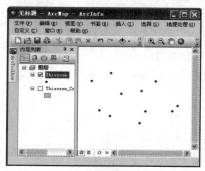 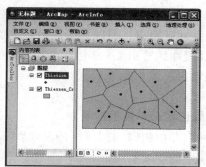

（a）输入图层　　　　　　　　　（b）输出图层

图 10.70　泰森多边形构建的结果

# 10.6　实例:缓冲区和叠加分析的综合应用

本节以大型商场选址为例介绍缓冲区和叠加分析的综合应用。

## 10.6.1　背景

在城市中,如何为大型商场找到一个交通便利、停车方便、人员密集的商业地段是商场开发商最为关注的问题。因此,商场开发商需要从多方面对商场选址进行分析以便选出区位条件最好的位置,从而获取最大的经济效益。

## 10.6.2　目的

熟练掌握 ArcGIS 缓冲区分析和叠加分析操作,综合利用各项矢量数据的空间分析工具解决实际问题。

## 10.6.3　数据

该实例数据位于随书光盘("…\chp10\Ex1\"),请将数据拷贝到"C:\chp10\Ex1"。

（1）城市地区主要交通道路图(mainstreet)。

（2）城市主要居民区图(residential)。

（3）城市停车场分布图(stops)。

（4）城市主要商场分布图(othermarkets)。

## 10.6.4　要求

待寻找地区的区位条件为:

（1）离城市主要交通线路 50 m 以内,以保证商场交通的通达性。

（2）保证在居民区 100 m 范围内,便于居民步行到达商场。

（3）距停车场 100 m 范围内,便于顾客停车。

（4）距已经存在的商场 500 m 范围之外,减少竞争压力。

## 10.6.5　操作步骤

启动 ArcMap,打开 city.mxd 地图文档,位于"C:\chp10\Ex1\data"文件目录下。

### 1. 城市地区主要交通线路影响范围的建立

单击缓冲向导按钮▶️，打开【缓冲向导】对话框，设置如下参数：

(1)【图层中的要素】：mainstreet；单击【下一步】按钮。

(2)确定缓冲区距离：50；确定缓冲距离单位：米；单击【下一步】按钮。

(3)选择【缓冲区输出类型】中的【融合缓冲区之间的障碍?】：是。

(4)确定输出位置："C:\chp10\Ex1\result\缓冲_mainstreet. shp"，单击【完成】按钮，结果如图 10.71 所示。

### 2. 居民居住地影响范围的建立

单击缓冲向导按钮▶️，打开【缓冲向导】对话框，设置如下参数：

(1)【图层中的要素】：residential；单击【下一步】按钮。

(2)确定缓冲区距离：100；确定缓冲距离单位：米；单击【下一步】按钮。

(3)选择【缓冲区输出类型】中的【融合缓冲区之间的障碍?】：是。

(4)确定输出位置："C:\ chp10\ Ex1\result\缓冲_ residential. shp"，单击【完成】按钮。

居民地影响范围缓冲区如图 10.72 所示。

图 10.71　城市主要交通线路影响范围缓冲区　　图 10.72　居民居住地影响范围缓冲区

### 3. 停车场影响范围的建立

单击缓冲向导按钮▶️，打开【缓冲向导】对话框，设置如下参数：

(1)【图层中的要素】：stops；单击【下一步】按钮。

(2)确定缓冲区距离：100；确定距离单位：米；单击【下一步】按钮。

(3)选择【缓冲区输出类型】中的【融合缓冲区之间的障碍?】：是。

(4)确定输出位置："C:\chp10\Ex1\result\缓冲_stops. shp"；单击【完成】按钮。停车场影响范围如图 10.73 所示。

### 4. 已存在商场影响范围的建立

单击缓冲向导按钮▶️，打开【缓冲向导】对话框，设置如下参数：

(1)【图层中的要素】：othermarkets；单击【下一步】按钮。

(2)确定缓冲区距离：500；确定缓冲距离单位：米；单击【下一步】按钮。

(3)选择【缓冲区输出类型】中的【融合缓冲区之间的障碍?】：是。

(4)确定输出位置："C:\chp10\result\Ex1\缓冲_othermarkets. shp"；单击【完成】按钮。

已存在商场影响范围如图 10.74 所示。

图 10.73　停车场影响范围缓冲区　　　图 10.74　已存在商场影响范围缓冲区

**5．进行叠加分析，求出同时满足四个要求的区域**

（1）求取 stops、mainstreet 和 residential 三个图层的交集区域，操作步骤如下：

——在 ArcToolbox 中，双击【分析工具】→【叠加分析】→【相交】，打开【相交】对话框。

——依次添加停车场的缓冲区、主要交通线路的缓冲区和居民地的缓冲区。

——指定输出路径和名称："C:\chp10\result\Ex1\缓冲_three.shp"。

——【连接属性（可选）】为 ALL，【输出类型（可选）】为 INPUT，单击【确定】按钮。求出的交集区域如图 10.75 所示。

（2）求取同时满足四个条件的区域，操作步骤如下：

——在 ArcToolbox 中，双击【分析工具】→【叠加分析】→【擦除】，打开【擦除】对话框。

——在【输入要素】文本框中选择三个区域的交集区域。

——在【擦除要素】中，选择已存在商场的缓冲区数据。

——指定输出路径和名称："C:\chp10\result\Ex1\perfect"，单击【确定】按钮。满足以上四个条件的区域如图 10.76 所示。

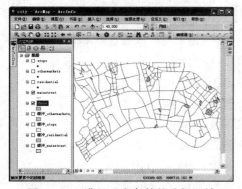 

图 10.75　满足三个条件的选择区域　　　图 10.76　商场最佳选择区域

**6．对整个城市商场的区位条件进行评价**

为了解城市其他地区的商场区位条件，可应用以上数据对整个城市的商场区位进行评价分级。分级标准为：四个条件都满足的为第一等级，满足三个条件的为第二等级，满足两个条件的为第三等级，满足一个条件的为第四等级，完全不满足条件的为第五等级。

第一步：属性赋值。

——分别打开停车场的缓冲、主要交通线路的缓冲区和居民地的缓冲区的属性列表，并分别添加"stops","mainstreet"和"residentia"字段,并且全部赋值为1。

——打开已存在商场缓冲区的属性列表,并添加"markets"字段,赋值为-1。因为已存在商场缓冲区之外的区域才是满足要求的。

第二步:区域叠加。

——启动 ArcToolbox,在 ArcToolbox 中双击【分析工具】→【叠加分析】→【联合】,打开【联合】对话框。

——依次添加四个缓冲区图层。

——指定输出路径和名称:"C:\chp10\result\Ex1\缓冲_four_Union. shp"。

——【连接属性(可选)】选择 ALL,单击【确定】按钮。四个区域联合叠加结果如图 10.77所示。

第三步:分级。

——打开生成的"Union"文件的图层属性表。

——在属性表中添加短整型的字段"class"。

——在"class"字段上单击鼠标右键选择【图字段计算器】选项。

——打开【字段计算器】对话框中,输入公式:"[markets]+[residentia]+[mainstreet]+[stops]",如图 10.78 所示。

图 10.77  四个缓冲区叠加分析结果

图 10.78  分级数值计算实现

图 10.79  商场选址适宜性分析的结果

第四步:应用"class"字段进行分级显示。

第一等级:"class"值为3。

第二等级:"class"值为2。

第三等级:"class"值为1。

第四等级:"class"值为0。

第五等级:"class"值为-1。

最后得到城市区域内商场选址的分级图。颜色越深,表示该地区越适宜建商场,反之,则不适宜修建商场。结果如图 10.79 所示。

在实际情况中,影响商场区位选择的条件还有很多,如城市地价,是否靠近风景区,是否靠近一些娱乐场所,以及商场负责人的主观意愿等因素。这就要求选择合理的区位条件和阈值,寻求符合要求的区域。

# 第 11 章　栅格数据的空间分析

　　栅格数据结构简单、直观，点、线、面等地理实体采用同样的方式存储，便于快速执行叠加分析和各种空间统计分析。基于栅格数据的空间分析在 ArcGIS 中占有重要地位，空间建模的基本过程也是通过栅格数据的空间分析进行的。空间分析是 GIS 的核心和区别于其他信息系统的本质所在。本章讲述栅格数据的基础知识、空间分析的环境设置、密度分析、距离分析、提取分析、栅格插值、重分类、条件分析、太阳辐射分析、表面分析、统计分析等基本概念和操作方法，最后给出三个实例帮助读者理解。

## 11.1　栅格数据的基础知识

　　栅格数据是由按行和列（或格网）组织的单元（或像素）矩阵组成的，每个单元都包含一个信息值。栅格数据一般分为两类：专题数据和图像数据。专题数据的栅格值表示某种测量值或某个特定现象的分类，如高程（值）、污染浓度或人口（数量）等；图像数据的栅格值表示诸如卫星图像或照片等的反射或发射的光或能量。ArcGIS 中的空间分析模块主要是针对专题栅格数据的。

### 11.1.1　栅格数据的组成

#### 1．单元

　　栅格数据由栅格单元组成，单元是特定区域的方块，所有单元大小相同。单元以行和列的形式排列，组成了一个笛卡儿矩阵，每个单元有唯一的行列地址。栅格数据表示内容的详细程度取决于栅格单元的大小，如果单元过大则分析结果精度降低；如果单元过小则会产生大量的冗余数据，并且计算速度降低。因此，选择合适的单元大小，对栅格数据的空间分析非常重要。

　　在确定栅格单元大小时应考虑以下几个因素：输入数据的空间分辨率，需要执行的应用程序和分析，结果数据库的大小，所需的响应时间等。

#### 2．值

　　每个单元被分配一个特定的值以标识或描述单元归属的类或组，或所描述现象的大小或数量，如表示不同的土壤、水体和道路的类型，以及高程、坡度、噪声污染和 pH 浓度等。空间分析模块既支持整型值，也支持浮点值。一般而言，分类数据用整型值表示最佳，连续表面则用浮点型值表示。

#### 3．分区和区域

　　具有相同值的任意两个或多个像元属于同一分区。一个分区内的每组相连像元均可视为一个区域，组成区域的像元数没有具体限制，如图 11.1 所示，分区 2 由两个区域组成，而分区 5 则由一个区域组成。

### 11.1.2　栅格数据的应用

**1．栅格数据用做底图**

栅格数据通常被用做其他要素图层的背景来显示场景,如在其他图层下显示正射影像以提供附加信息。栅格底图主要有三种来源:正射航片、卫星影像和扫描地图。

**2．栅格数据用做表面地图**

栅格数据非常适合表示沿表面连续变化的数据,如高程值、降雨量、温度、人口密度等。

**3．栅格数据用做主题地图**

栅格数据还可以用来制作主题地图。表示主题的栅格数据可通过分析其他数据获得,例如按照土地覆盖类别对卫星影像的内容进行分类,得到栅格数据。

**4．栅格数据用做要素的属性**

栅格结构的数字照片、扫描文档还可用做地理对象的属性。例如可将一棵大树的数字图片用做城市地表图层的属性。

# 11.2　数据分析的环境设置

ArcGIS 10 的环境设置有四个级别,分别为应用程序级别设置、工具级别设置、模型级别设置和模型流程级别设置。应用程序级别是默认设置,对整个系统运行过程都起作用,并且可以随文档一起保存。工具级别设置继承自应用程序级别设置:打开某个工具的对话框并单击环境按钮时,将使用应用程序环境设置作为该工具的环境设置初始值,工具级别设置适用于工具的单次运行并且会覆盖应用程序级别设置。模型级别设置使用某种模式指定和保存,并且会覆盖工具级别设置和应用程序级别设置。模型流程级别设置随模型一起保存,并且会覆盖模型级别设置。

应用程序级别的环境设置步骤为:【地理处理】→【环境】,即可打开【环境设置】对话框。

工具级别环境设置步骤为:在 ArcToolbox 窗口中打开任一工具对话框,单击【环境】按钮,打开【环境设置】对话框,展开对应的环境类别并修改。

**注意事项**

工具的环境最初值是与应用程序环境设置相同的。

模型级别与模型流程级别的环境设置均在模型构建器中进行,设置方法有以下两种:

(1)在【模型属性】的【环境设置】部分中设置环境。

(2)使用模型变量设置环境。

以第一种方法为例,说明设置步骤。在 ArcMap 窗口中单击模型构建器窗口按钮 ,打开【模型】对话框。单击【模型】→【 模型属性】(或右击模型图上任意位置,然后单击【 模型属性】),打开【模型属性】对话框。切换到【环境】选项卡,选中要设置的环境旁边的复选框(可多选),单击【值】按钮,打开【环境设置】对话框进行设置。

### 11.2.1　为分析结果指定磁盘位置

分析结果的缺省位置是系统的临时目录,可以为分析结果指定新的存放位置,操作步骤如下:

（1）打开【环境设置】对话框，单击【工作空间】标签，如图 11.2 所示。

（2）输入【当前工作空间】、【临时工作空间】的存放路径。

（3）单击【确定】按钮，完成设置。

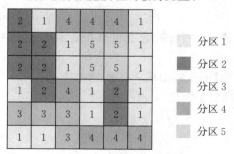

图 11.1　分区和区域

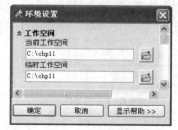

图 11.2　工作空间设置

## 11.2.2　使用分析掩膜

在进行空间分析的过程中，有时只需在局部区域进行分析，而不是整个数据集，这时就需要设置分析掩膜。分析掩膜标识了分析过程中需要考虑到的分析单元即分析范围。设置分析掩膜分两步：首先创建分析掩膜，可通过提取分析工具创建；然后在【环境设置】对话框中的【栅格分析】标签中指定，使之能应用于后续的分析。

### 1. 创建分析掩膜

下面以按圆形区域提取方法为例进行介绍，数据位于"…\chp11\提取分析\data\Stowe.gdb"。

（1）在 ArcToolbox 中双击【Spatial Analyst 工具】→【提取分析】→【按圆形区域提取】，打开【按圆形区域提取】对话框，如图 11.3 所示。

（2）输入【输入栅格】数据，指定【输出栅格】的保存路径和名称。

（3）在【X 坐标】、【Y 坐标】文本框中输入坐标点位。

（4）在【半径】文本框中输入提取的圆形区域的半径。

（5）【提取区域】为可选项，在下拉框中有 INSIDE 和 OUTSIDE 两种选择。选择 INSIDE 获得圆形内部的像元，圆形区域外部的所有像元都将赋予 NoData 值。OUTSIDE 与之相反。

（6）单击【确定】按钮，完成操作，圆形区域为提取结果，如图 11.4 所示。

图 11.3　【按圆形区域提取】对话框

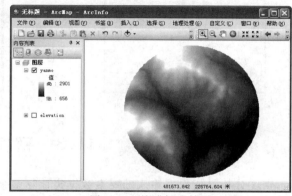

图 11.4　掩膜提取结果

## 2．使用分析掩膜

(1)在【环境设置】对话框中单击【栅格分析】标签,如图 11.5 所示。

图 11.5　栅格分析的掩膜设置

(2)分析结果的默认单元大小(或精度)为输入栅格数据中的最大单元尺寸。在实际应用中,用户可以根据分析需要,在【像元大小】栏的下拉框中选择合适的单元大小进行分析。

(3)在【掩膜】下拉框中输入已创建的掩膜。

(4)单击【确定】按钮,完成设置。

### 11.2.3　选择坐标系统

在 ArcGIS 的空间分析中,可以指定分析结果的坐标系统,操作步骤如下:

(1)在【环境设置】对话框中单击【输出坐标系】标签,如图 11.6 所示。

(2)在【输出坐标系】下拉框中选择坐标系统。通常情况下,分析结果将使用第一个输入栅格数据集的坐标系统。

(3)单击【确定】按钮,完成设置。

### 11.2.4　设置分析结果的范围

在栅格数据的空间分析中,分析范围由所使用的工具决定。例如,相交工具只处理彼此相交的要素,裁剪工具只处理裁剪要素范围内的要素。实际工作中有时需要自定义一个分析范围,操作步骤如下:

(1)在【环境设置】对话框中单击【处理范围】标签,如图 11.7 所示。

(2)在【范围】下拉框中选择空间分析的处理范围。

(3)单击【确定】按钮,完成设置。

图 11.6　输出坐标系统设置

图 11.7　分析结果的范围设置

# 11.3　密度分析

密度分析是指根据输入的要素数据集计算整个区域的数据聚集状况,从而产生一个连续的密度表面。通过计算密度,将每个采样点的值散布到整个研究区域,并获得输出栅格中每个像元的密度值。例如,每个城镇都可以用一个点值来表示该镇的人口总数,但是并非所有人都聚居在该点上,若想了解人口随地区分布的情况,可通过密度计算来得到一个显示地表人口分布状况的表面。图 11.8 为人口分布的密度表面图。

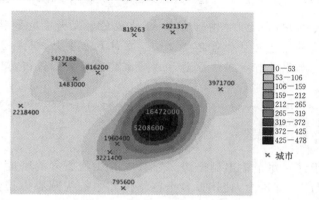

图 11.8　人口分布的密度表面图

**注意事项**

将所有单元的人口数量加在一起等于原始点图层数据中人口的总和。

ArcGIS 的密度分析主要分为核密度分析、线密度分析和点密度分析三种。

## 11.3.1　核密度分析

核密度分析用于计算要素在其周围邻域中的密度,既可计算点要素的密度也可计算线要素的密度,常用于测量建筑密度、获取犯罪情况报告、预测道路或管线对野生动物栖息地造成的影响等。在核密度分析中,落入搜索区域内的点(或线)具有不同的权重,靠近格网搜索中心的点(或线)会被赋予较大的权重。随着其与格网中心距离的加大,权重降低。可使用 Population 字段根据要素的重要程度赋予某些要素比其他要素更大的权重,该字段还允许使用一个点表示多个观察对象。例如,一个地址可以表示一栋六单元的公寓,或者在确定总体犯罪率时可赋予某些罪行比其他罪行更大的权重。对于线要素,分车道高速公路可能比狭窄的土路产生更大的影响,高压线要比标准电线杆产生更大的影响。核密度分析的操作步骤如下:

(1)在 ArcToolbox 中双击【Spatial Analyst 工具】→【密度分析】→【核密度分析】,打开【核密度分析】对话框,如图 11.9 所示。

(2)在【核密度分析】对话框中,输入【输入点或折线(polyline)要素】(位于"…\chp11\密度分析\data\人口调查.shp")、【Population 字段】数据,指定【输出栅格】的保存路径和名称。

(3)【输出像元大小】为可选项,确定输出栅格数据集的单元大小。

(4)【搜索半径】为可选项,确定密度计算的搜索半径。

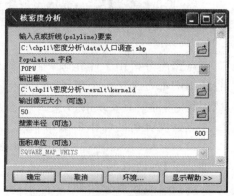

图 11.9　【核密度分析】对话框

（5）【面积单位】为可选项，确定输出密度值的所需面积单位。

（6）单击【确定】按钮，完成密度图制作。

> **注意事项**
>
> 在核密度分析中，设置的搜索半径越大，生成的密度栅格越平滑且概化程度越高；值越小，生成的栅格显示的信息越详细。在计算密度时，仅考虑落入邻域范围内的点或线段。如果没有点或线段落入特定像元的邻域范围内，则为该像元分配NoData。

## 11.3.2 线密度分析

线密度分析用于计算每个输出栅格像元邻域内的线状要素的密度，密度的计量单位为"长度单位/面积单位"。理论上，使用以各个栅格像元中心为圆心以搜索半径绘制一个圆，每条线上落入该圆内的部分长度与 Population 字段值相乘，对这些数值进行求和，然后将所得的总和除以圆面积就得到该栅格像元的密度。图 11.10 为线密度计算的原理说明。

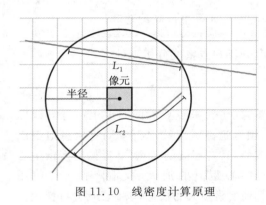

图 11.10 线密度计算原理

图 11.10 中线 $L_1$ 和 $L_2$ 表示各条线上落入圆内部分的长度，相应的 Population 字段值分别为 $V_1$ 和 $V_2$，因此

线密度 $= ((L_1 \cdot V_1) + (L_2 \cdot V_2))/$ 圆面积

线密度分析的操作步骤如下：

（1）在 ArcToolbox 中双击【Spatial Analyst 工具】→【密度分析】→【线密度分析】，打开【线密度分析】对话框。

（2）在【线密度分析】对话框中，输入【输入折线（polyline）要素】、【Population 字段】数据，指定【输出栅格】的保存路径和名称。

（3）在【输出像元大小（可选）】和【搜索半径（可选）】文本框中输入输出栅格数据集的单元大小和密度计算的搜索半径。

（4）单击【确定】按钮，完成密度图制作。

## 11.3.3 点密度分析

点密度分析用于计算每个输出栅格像元周围点要素密度。从理论上讲，每个栅格像元中心的周围都定义了一个邻域，将落入邻域内的样本点的 Population 字段值相加，然后除以邻域面积，即得到点要素的密度。

点密度分析的操作步骤如下：

（1）在 ArcToolbox 中双击【Spatial Analyst 工具】→【密度分析】→【点密度分析】，打开【点密度分析】对话框。

（2）在【点密度分析】对话框中，输入【输入点要素】、【Population 字段】数据，指定【输出栅格】的保存路径和名称。

（3）在【输出像元大小（可选）】文本框中输入输出栅格数据集的单元大小。

（4）【邻域分析】为可选项，指定用于计算密度值的每个像元周围的区域形状，有以下四种选择：

　　——环。需设置内半径和外半径，并指定采用什么单位（像元单位或地图单位）。

　　——圆形。需设置圆形的半径，并指定单位。

　　——矩形。需设置矩形的高度和宽度，并指定单位。

　　——楔形。需设置起始角度、终止角度和半径，并指定半径单位。

（5）单击【确定】按钮，完成密度图制作。

# 11.4　距离分析

距离分析是指根据每一栅格相距其最邻近要素（"源"）的距离分析结果，得到每一栅格与其邻近源的相互关系。通过距离分析，便于人们对资源进行合理的配置和利用，如飞机紧急救援时从指定地区到最近医院的距离，寻找距着火建筑物 500 m 内的所有消防栓等。此外，也可以根据某些成本因素找到从某地到另一个地方的最短路径或最低成本路径。距离分析的两种主要方法是欧氏距离工具和成本加权距离工具。距离分析的两个重要概念是源和成本。

## 11.4.1　源和成本的概念

### 1．源

源是距离分析中的目标或目的地，如学校、商场、水井、道路等。源是一些离散的点、线、面要素，要素可以相邻，但属性必须不同。源可以是栅格数据，也可以是矢量数据。

### 2．成本

成本是指到达目标、目的地的花费，如金钱、时间等。影响成本的因素可以是一个，也可以是多个。成本栅格数据记录了通过每一个栅格的通行成本，一般基于重分类完成。成本数据是一个单独的数据，但有时会遇到需要考虑多个成本因素的情况。此时，需要制定统一的成本分类体系，对单个成本按其大小进行分类，并对每一类别赋予成本量值，通常成本高的量值小，成本低的量值大。最后根据成本影响程度确定单个成本权重，依权重百分比加权求和，得到多个单成本因素综合影响的成本栅格数据。

## 11.4.2　欧氏距离

欧氏距离工具根据直线距离描述每个像元与一个源或一组源的关系。欧氏距离工具有三种：欧氏距离、欧氏方向、欧氏分配。欧氏距离给出栅格中每个像元到最近源的距离，如到最近城镇的距离是多少。欧氏方向给出每个像元到最近源的方向，如到最近城镇的方向是什么。欧氏分配根据最大邻近性标识分配给源的像元，如最近的城镇是什么。

以欧氏距离为例说明操作步骤。

（1）在 ArcToolbox 中双击【Spatial Analyst 工具】→【距离分析】→【欧氏距离】，打开【欧氏距离】对话框，如图 11.11 所示。

图 11.11 【欧氏距离】对话框

（2）在【欧氏距离】对话框中，输入【输入栅格数据或要素源数据】（位于"…\chp11\距离分析\data\Stowe.gdb"），指定【输出距离栅格数据】的保存路径和名称。

（3）【最大距离】为可选项，若进行设定，则计算值在此距离范围内进行，此距离以外的区域被赋予空值，默认距离是到输出栅格边的距离。

（4）在【输出像元大小】文本框中输入输出栅格数据集的单元大小。

（5）【输出方向栅格数据】为可选项，如果选择，则生成相应的直线方向数据，如图 11.12 所示。

（6）单击【确定】按钮，生成每一位置到其最近源的直线距离图。图 11.13 为某区域的欧氏距离图。

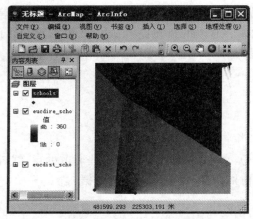

图 11.12 直线方向数据

图 11.13 欧氏距离数据

## 11.4.3 成本距离

成本距离（成本加权距离）工具与欧氏距离工具类似，不同点在于欧氏距离工具计算的是位置间的实际距离，而成本距离工具确定的是各像元距最近源位置的最短加权距离（或者说是累积行程成本）。成本距离工具应用以成本单位表示的距离，而不是以地理单位表示的距离。所有成本距离工具都需要源数据集和成本栅格数据作为输入。成本距离在处理基于地理因子的运动问题时非常有用，如动物的迁徙或顾客的行为研究等。此外，成本距离在降低新建道路、通信线路或管道的建设成本方面也具有广泛的应用。

成本距离分析的输出有多种类型，如成本距离输出、回溯链接方向输出、成本分配输出等。

以到达"destination"（位于"…\chp11\距离分析\data\Stowe.gdb"）的最低成本为例来说明如何实现成本距离分析。其中，成本数据为重分类的土地利用图。土地利用图被分为七个等级，分别赋以权重 1～7。根据土地利用类型的不同，将通达性高的土地类型，如平地赋权重

1,通达性低的林地赋权重 7。利用此成本数据生成参考通达成本在内的成本距离图。具体操作步骤如下：

(1)在 ArcToolbox 中双击【Spatial Analyst 工具】→【距离分析】→【成本距离】,打开【成本距离】对话框,如图 11.14 所示。

(2)在【成本距离】对话框中,输入【输入栅格数据或要素源数据】、【输入成本栅格数据】,指定【输出距离栅格数据】的保存路径和名称。

(3)在【最大距离(可选)】文本框中输入累积成本值不能超过的阈值,若选择【输出回溯链接栅格数据(可选)】,则会生成相应的成本回溯链接栅格数据,如图 11.15 所示。

(4)单击【确定】按钮,生成成本距离数据,如图 11.16 所示。

图 11.14　【成本距离】对话框

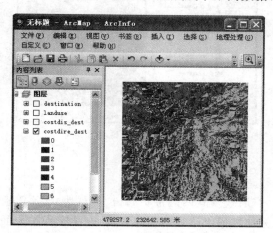

图 11.15　成本回溯链接栅格数据

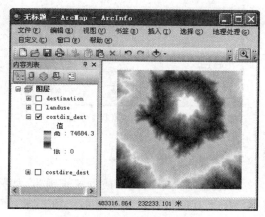

图 11.16　成本距离分析结果

## 11.4.4　成本路径

成本路径工具用于确定目标点与源点之间的最低成本路径。除了需要指定目标外,成本路径工具还将用到通过成本距离工具得出的两个栅格:成本距离栅格和回溯链接栅格。成本距离栅格用于确定分析窗口中各个像元位置到某个源的最小累加成本,回溯链接栅格则用于在成本距离表面上从目标沿最低成本路径回溯到源。

成本路径的计算过程中,出发地可以是点要素,也可以是区域要素。所以存在三种成本路径的计算方法,即

(1)EACH_CELL。为每个区域中的每个栅格单元寻找一条成本最低路径。

(2)EACH_ZONE。为每个区域寻找一条成本最低路径。

(3)BEST_SINGLE。在所有的区域中寻找一条成本最低路径。

以从学校到达"destination"的路径分析为例来说明成本最低路径的实现过程。首先获取成本数据;然后执行成本距离分析,获取成本回溯链接栅格数据(图 11.15)和成本距离分析数

据(图 11.16);最后通过执行成本路径分析来获取成本最优路径。前两步请参阅 11.4.4 小节。下面具体讲解第三步的操作步骤。

(1)在 ArcToolbox 中双击【Spatial Analyst 工具】→【距离分析】→【成本路径】,打开【成本路径】对话框,如图 11.17 所示。

(2)在【成本路径】对话框中,输入【输入栅格数据或要素目标数据】(位于"…\chp11\距离分析\data\Stowe.gdb")、【目标字段(可选)】、【输入成本距离栅格数据】,以及【输入成本回溯链接栅格数据】,指定【输出栅格】的保存路径和名称。

(3)在【路径类型(可选)】下拉框中选择一种计算方法,本例中选择"BEST_SINGLE"。

(4)单击【确定】按钮,得出成本最低路径,如图 11.18 所示。

图 11.17　【成本路径】对话框

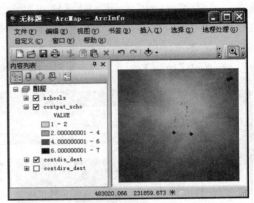

图 11.18　成本最低路径结果

## 11.4.5　最小成本廊道

廊道是不同于两侧基质的狭长地带,如林带、交通线及其两侧带状的树木、草地、河流等自然要素,具有通道和阻隔的双重作用。廊道可以为物种提供适宜的生存环境,在生态保护方面具有重要的意义。如为了保护鹿群,要将两片相邻的鹿群栖息地连接起来,并为其保留一条理想的廊道,而不只是一条路径。这时,就需要利用廊道分析工具。

在廊道分析过程中,首先要使用成本距离工具创建两个成本累积栅格,一个源(或一组源)对应一个成本累积栅格。图 11.19 显示了根据单个像元位置创建的累积成本面。

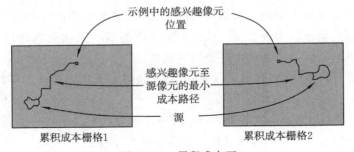

示例中的感兴趣像元位置

感兴趣像元至源像元的最小成本路径

源

累积成本栅格1　　　　　　累积成本栅格2

图 11.19　累积成本面

随后,廊道分析工具会同时添加这两个累积成本面,如图 11.20 所示。

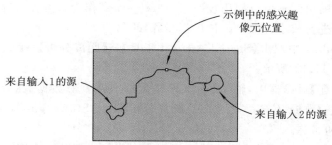

示例中的感兴趣
像元位置

来自输入1的源

来自输入2的源

CORRIDOR 函数中针对孤立的感兴趣像元得出的结果标识出
从一个源（或像元）到另一个源（或像元）且经过此感兴趣像
元所在位置的最小成本路径

图 11.20　同时添加的累积成本面

输出栅格不识别两个源之间的单个最小成本路径，但会识别源之间累积成本的范围。也就是说，到达源 1 的最小累积成本加上到达源 2 的最小累积成本等于经过像元的某个路径的总累积成本。如果从源 1 到源 2 的路径经过该像元，则该累积成本就是最小累积成本。

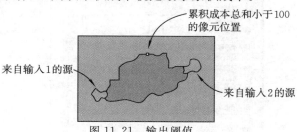

如果从廊道栅格中选择值小于最大累积距离（或阈值）的所有像元，则输出栅格为不超过指定成本的一片带（或廊道）状像元。生成的输出阈值即可视为像元的最小成本廊道，如图 11.21 所示。

累积成本总和小于100
的像元位置

来自输入1的源

来自输入2的源

图 11.21　输出阈值

具体操作步骤如下：

（1）在 ArcToolbox 中双击【Spatial Analyst 工具】→【距离分析】→【廊道分析】，打开【廊道分析】对话框，如图 11.22 所示。

（2）在【廊道分析】对话框中，输入【输入成本距离栅格数据 1】和【输入成本距离栅格数据 2】数据（位于"…\chp11\最小成本廊道\data\廊道分析.gdb"），指定【输出栅格】的保存路径和名称。

（3）单击【确定】按钮，完成操作，结果如图 11.23 所示。

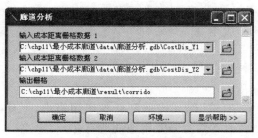

图 11.22　【廊道分析】对话框

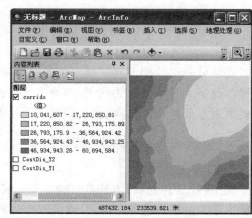

图 11.23　廊道分析结果

## 11.4.6　成本分配

成本分配功能依据成本面上的最小累积成本计算每个格网点归属于哪个源，输出格网的值被赋予其归属源的值。本例以娱乐场所地点"rec_sites"作为数据源,以高程数据"elevation"作为成本栅格数据进行成本分配。具体操作步骤如下:

(1)在 ArcToolbox 中双击【Spatial Analyst 工具】→【距离分析】→【成本分配】,打开【成本分配】对话框,如图 11.24 所示。

(2)在【成本分配】对话框中,输入【输入栅格数据或要素源数据】、【源字段(可选)】,以及【输入成本栅格数据】数据(位于"…\chp11\距离分析\data\Stowe.gdb"),指定【输出分配栅格数据】的保存路径和名称。

(3)在【最大距离(可选)】文本框中输入累积成本值不能超过的阈值,在【输入赋值栅格(可选)】下拉框中选择应用于每个输入源位置的区域值的输入整型栅格。

(4)如果需要生成距离栅格数据和回溯链接栅格数据,可选择【输出距离栅格数据(可选)】和【输出回溯链接栅格数据(可选)】选项。

(5)单击【确定】按钮,完成操作,结果如图 11.25 所示。

图 11.24 【成本分配】对话框

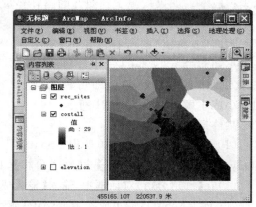

图 11.25 成本分配结果

# 11.5 提取分析

提取分析工具用于获取感兴趣的栅格单元,如提取坡度大于 10% 的所有像元。栅格数据的提取分析大致可以分为两类:一类是按属性、形状或者位置提取像元子集;另一类是将像元值提取到点要素,并将这些值记录到点要素类的属性表中。

## 11.5.1 按属性、形状或位置提取

### 1. 按属性提取

利用【按属性提取】工具可将满足指定属性查询条件的像元提取到新输出栅格中,如提取高程大于 1 000 m 的所有像元,或提取土地利用类型中属性为商业用地的所有像元。

### 2. 按形状提取

利用【按形状提取】工具可基于指定的形状(圆形、矩形或多边形)提取像元,并且可以选择是提取形状内部的像元还是外部的像元。当按圆形提取时,须指定圆心位置和半径;按矩形提取时,须确定矩形的左下角和右上角;按多边形提取时,须输入多边形折点的坐标。

### 3．按位置提取

基于空间位置提取像元有两种方法：一种是通过定义一组感兴趣的坐标点，从某栅格中提取特定的像元；另一种是使用掩膜来确定要提取的像元。

上述三种提取方法的操作步骤基本相同，下面以按属性提取方法为例演示提取栅格像元高程值大于某一数值的提取过程。

（1）在 ArcToolbox 中双击【Spatial Analyst 工具】→【提取分析】→【按属性提取】，打开【按属性提取】对话框，如图 11.26 所示。

（2）在【按属性提取】对话框中，输入【输入栅格】数据（位于"…\chp11\提取分析\data\Stowe.gdb"），指定【输出栅格】的保存路径和名称。

（3）单击【Where 子句】右边的图标，在弹出的【查询构建器】对话框中输入用于选择栅格像元子集的逻辑表达式，如图 11.27 所示。双击"VALUE"，点击【>=】按钮，然后单击【获取唯一值】，选择"3146"完成逻辑表达式，单击【确定】按钮返回。

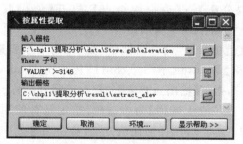 

图 11.26　【按属性提取】对话框　　　　　图 11.27　【查询构建器】对话框

（4）单击【确定】按钮，完成操作，高程提取结果如图 11.28 所示，其中黑色部分为提取结果。

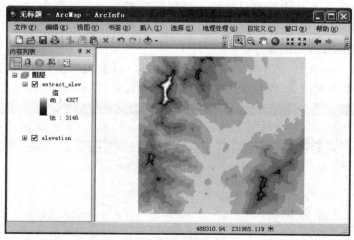

图 11.28　高程提取结果

337

### 11.5.2 将像元值提取到点要素

可以将栅格数据中的像元值直接提取至点要素数据集的属性中。执行此操作的方法有两种：创建新要素输出或将值追加到现有点要素类中。

**1. 将像元值提取到新点要素数据集中**

利用【值提取至点】工具，可以基于一组点要素提取栅格的像元值，并将这些值记录到输出要素类的属性表中，同时为输出要素类添加一个存储新值的名为"RASTERVALU"的新字段。

**2. 将像元值追加到现有点要素数据集中**

利用【多值提取至点】工具，可以在点要素类的指定位置提取一个或多个栅格中的像元值，并将值记录到点要素类的属性表中。

该工具与【值提取至点】工具的区别如下：

（1）此工具只将像元值添加到输入要素数据集的属性表中，不创建新要素数据集。

（2）一次可对多个栅格数据集执行操作。

（3）支持多波段栅格数据集输入。

下面以【值提取至点】工具为例，介绍提取过程。

图 11.29 【值提取至点】对话框

（1）在 ArcToolbox 中双击【Spatial Analyst 工具】→【提取分析】→【值提取至点】，打开【值提取至点】对话框，如图 11.29 所示。

（2）在【值提取至点】对话框中，输入【输入点要素】和【输入栅格】数据（位于"…\chp11\提取分析\data\Stowe.gdb"），指定【输出点要素】的保存路径和名称。

（3）【在点位置上插值】为可选项，指定是否使用插值。不选中表示不应用任何插值方法，将使用像元中心的值；选中则表示将使用双线性插值法，根据相邻像元的有效值计算像元值。除非所有相邻像元都为 NoData，否则会在插值时忽略 NoData 值。

（4）【将输入栅格数据的所有属性追加到输出的点要素】为可选项，确定是否将栅格属性写入输出点要素数据集。不选中表示只将输入栅格的值添加到点属性中，选中则表示输入栅格的所有字段（"计数"除外）都将添加到点属性中。

（5）单击【确定】按钮，完成操作。

图 11.30 和图 11.31 所示为一个点要素数据集运用【值提取至点】工具前后的属性表对比，从中可以发现操作完成后，属性表中增加了一个"RASTERVALU"新字段。

| OBJECTID * | Shape * | AREA | PERIMETER | SCHLNAME | ID | POSTSEC | POLYGONID | SCALE | ANGLE |
|---|---|---|---|---|---|---|---|---|---|
| 1 | 点 | 0 | 0 | Morristown Elem. Schools | PS194 | N | 0 | 1 | 0 |
| 2 | 点 | 0 | 0 | Stowe Elementary School | PS286 | N | 0 | 1 | 0 |
| 3 | 点 | 0 | 0 | Stowe Jr/Sr High School | PS287 | N | 0 | 1 | 0 |
| 4 | 点 | 0 | 0 | Peoples Academy | PS224 | N | 0 | 1 | 0 |
| 5 | 点 | 0 | 0 | Morristown Elementary - Graded | PS194A | N | 0 | 1 | 0 |

图 11.30 使用【值提取至点】工具前的属性表

| | FID | Shape | OBJECT | AREA | PERIME | SCHLNAME | ID | POSTSEC | POLYGONID | SCAL | ANGLE | RASTE |
|---|---|---|---|---|---|---|---|---|---|---|---|---|
| ▶ | 0 | 点 | 1 | 0 | 0 | Morristown Elem. Schools | PS194 | N | 0 | 1 | 0 | 729 |
| | 1 | 点 | 2 | 0 | 0 | Stowe Elementary School | PS286 | N | 0 | 1 | 0 | 734 |
| | 2 | 点 | 3 | 0 | 0 | Stowe Jr/Sr High School | PS287 | N | 0 | 1 | 0 | 792 |
| | 3 | 点 | 4 | 0 | 0 | Peoples Academy | PS224 | N | 0 | 1 | 0 | 725 |
| | 4 | 点 | 5 | 0 | 0 | Morristown Elementary - | PS194A | N | 0 | 1 | 0 | 684 |

图 11.31　使用【值提取至点】工具后的属性表

# 11.6　栅格插值

## 11.6.1　插值的概念

在区域研究过程中,要获得区域内每个点的数据(如高程、浓度等)是非常困难的。一般情况下只采集研究区域内的部分数据,这些数据以离散点的形式存在,只有在采样点上才有准确的数值,未采样点上都没有数值。然而,在实际应用中却经常需要用到某些未采样点的值,此时就需要将已知样本点的值按照一定方法扩散开来,给其他的点赋予一个合理的预测值,这就是插值。

插值是根据有限的样本点数据来预测栅格数据中其他单元的值,常用来预测其他地理点的未知数据值,如高程、降雨量、化学物浓度等。

图 11.32(a)为已知点数据集,图 11.32(b)为通过插值得出的栅格数据。未知点的单元值是通过数学公式,根据邻近的已知点的值进行运算来预测的。

插值的假定条件是空间上分布的现象具有空间相关性。换句话说,距离较近的现象间趋向于拥有相似的特征。比如,街道的一边

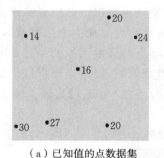
（a）已知值的点数据集

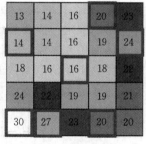
（b）插值后的数据

图 11.32　插值

在下雨,你可以在很高的置信度上预测街道的另一边也在下雨,但对城镇的那边是否也在下雨就不确定,至于对相邻县的天气状况的预测的置信度就更小。依此类推,很容易看出距离样本点较近的点的值比距离样本点较远的点的值更接近样本点的值,这就是空间插值算法的基础。

## 11.6.2　插值方法

### 1. 反距离权重法

反距离权重(inverse distance weighted,IDW)法插值是一种简便、常用的空间插值方法,它以插值点与样本点之间的距离为权重进行加权平均,离插值点越近的样本点赋予的权重越大。

反距离权重法插值依赖于反距离的幂值。幂值是一个正实数,可基于离输出点的距离控制已知点对内插值的影响,默认值为 2。指定较大的幂值会对距离较近的周围点产生更大的

影响,因此,表面会更加详细(更不平滑)。指定较小的幂值会对距离较远的周围点产生更大影响,从而导致更加平滑的表面。此外,由于反距离权重法插值是加权平均距离,所以当采样点足够密集时会获得最佳结果。如果输入点的采样很稀疏或不均匀,则结果可能不足以表达出所需的表面。

由于反距离权重公式与任何实际物理过程都不关联,因此无法确定特定幂值是否过大。作为常规准则,认为值为 30 的幂是超大幂,不建议使用。此外,还需注意一点,如果距离或幂值较大,则可能生成错误结果。可将所产生的最小平均绝对误差最低的幂值视为最佳幂值。

反距离权重法插值的操作步骤如下:

(1)在 ArcToolbox 中双击【Spatial Analyst 工具】→【插值】→【反距离权重法】,打开【反距离权重法】对话框,如图 11.33 所示。

(2)在【反距离权重法】对话框中,输入【输入点要素】和【Z 值字段】数据(位于" …\chp11\栅格插值\data"),指定【输出栅格】的保存路径和名称。

(3)在【输出像元大小(可选)】文本框中输入输出栅格数据集的单元大小。

(4)【幂(可选)】为用于控制内插值周围点的显著性。幂值越高,对较远数据点的影响会越小,默认值为 2。

(5)【搜索半径】为可选项,有"固定"和"变量"两个选项。

——变量。内插计算的样本点个数是固定的,默认为 12;搜索距离是可变的,取决于插值单元周围样本点的密度,密度越大,半径越小。如果在【最大距离】文本框中输入最大搜索半径(以地图单位为单位),若某一邻域的搜索半径在获得指定数目的已测样本点之前已达到了最大距离,则会针对最大距离内的测量点数执行该位置的预测。

——固定。需要规定插值时样本点的最少个数和搜索距离。搜索距离是一个常数,对每一个插值单元来说,用于搜寻样本点的圆形区域的半径都是一样的。如果搜索半径内已测点的数目少于插值点个数的最小整数值时,搜索半径将自动扩大以便能够包含更多的已测点。

(6)【输入障碍折线(polyline)要素(可选)】为输入搜索样本点时用做中断或限制的折线要素。

(7)单击【确定】按钮,完成操作。图 11.34 所示为某区域的反距离权重法插值结果。

图 11.33　【反距离权重法】对话框

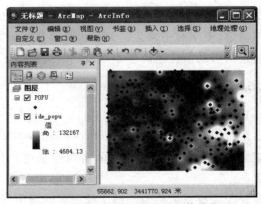

图 11.34　反距离权重法插值结果

### 2．样条函数法

样条函数工具利用最小化表面总曲率的数学函数来估计值,从而生成恰好经过输入点的平滑表面。形象地说,样条函数就如同拉伸一片橡皮膜一样,它通过调整数学函数使之通过所有样本点并保证整体曲率最小。这种方法很好地模拟了像高程、水位高度或污染物浓度这样的渐变曲面。

样条函数插值采用两种不同的计算方法:规则样条函数方法(REGULARIZED)和张力样条函数方法(TENSION)。

规则样条函数方法生成一个平滑、渐变的表面,但是得出的插值结果可能会超出样本点的取值范围。采用该方法时权重越大,表面越光滑,所使用的典型值为 0、0.001、0.01、0.1 和 0.5。

张力样条函数方法根据建模现象的特性来控制表面的硬度。它使用受样本数据范围约束更为严格的值来创建不太平滑的表面。采用该方法时权重越高,表面越粗糙,但表面与控制点紧密贴合。权重的值必须大于或等于 0,典型值为 0、1、5 和 10。

样条函数法插值的操作步骤如下:

(1)在 ArcToolbox 中双击【Spatial Analyst 工具】→【插值】→【样条函数法】,打开【样条函数法】对话框,如图 11.35 所示。

(2)在【样条函数法】对话框中,输入【输入点要素】、【Z 值字段】数据(位于"…\chp11\栅格插值\data"),指定【输出栅格】的保存路径和名称。

(3)在【输出像元大小(可选)】文本框中输入输出栅格数据集的单元大小,在【样条函数类型】下拉框中选择使用的样条函数类型。

(4)【权重】为可选项,影响表面插值特征的参数,默认权重为 0.1。

(5)【点数】为可选项,输入参加插值运算的样本点数目,默认值为 12。

(6)单击【确定】按钮,完成操作。图 11.36 为某区域的样条函数法(规则型)插值结果。

图 11.35　【样条函数法】对话框

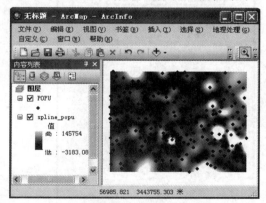

图 11.36　样条函数法插值结果

### 3．克里金法

反距离权重法和样条函数法插值属于确定性插值方法,因为它们直接基于周围已知点的值进行计算或是用指定的数学公式来决定输出表面的平滑度。克里金法(又称克里金法)是基于包含自相关(即测量点之间的统计关系)统计模型的插值方法,它不仅具有预测表面的功能,而且能够对预测的确定性或准确性提供某种度量。

克里金插值与反距离权重法插值的相似之处在于都是通过为已知的样本点赋权重来派生出未知点的预测值。这两种内插方法的通用公式均由数据的加权总和组成,即

$$\hat{Z}(S_0) = \sum_{i=1}^{N} \lambda_i Z(S_i)$$

式中,$Z(S_i)$ 是第 $i$ 个位置处的测量值,$\lambda_i$ 是第 $i$ 个位置处的测量值的未知权重,$S_0$ 是预测的位置,$N$ 是已知点的数目。

在反距离权重法中,权重 $\lambda_i$ 仅取决于预测位置的距离。但是在克里金法中,权重不仅取决于测量点之间的距离、预测位置,还取决于测量点的整体空间排列。因此,利用克里金法进行预测时分为两步:第一步是对已知点进行结构分析,揭示相关性规律,提出变异函数模型;第二步是在该模型基础上进行预测。有关克里金插值的详细内容请参见第 15 章。

克里金法插值的操作步骤如下:

(1)在 ArcToolbox 中双击【Spatial Analyst 工具】→【插值】→【克里金法】,打开【克里金法】对话框,如图 11.37 所示。

(2)在【克里金法】对话框中,输入【输入点要素】和【Z 值字段】数据(位于"…\chp11\栅格插值\data"),指定【输出表面栅格】的保存路径和名称。

(3)在【半变异函数属性】栏中选择克里金方法和半变异模型。

(4)在【输出像元大小(可选)】文本框中填入输出栅格数据集的单元大小,在【搜索半径(可选)】下拉框中选择合适的方法。

(5)【输出预测栅格数据的方差】为可选项,若选择则输出栅格中的每个像元都包含该位置的预测半方差值。

(6)单击【确定】按钮,完成操作。图 11.38 所示为某区域的克里金法插值结果。

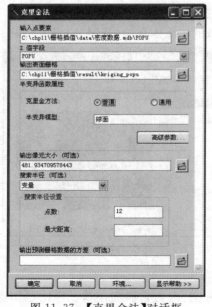

图 11.37　【克里金法】对话框

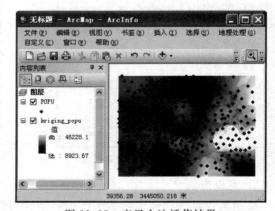

图 11.38　克里金法插值结果

### 4. 自然邻域法

自然邻域法插值通过算法找到距查询点最近的输入样本子集,并根据区域的大小对这些

样本运用权重进行插值，又称为"Sibson"或"区域占用（area-stealing）"插值。该插值方法的基本属性是它具有局部性，仅使用查询点周围的样本子集，且保证插值高度在所使用的样本范围之内。不会推断表面趋势且不能生成输入样本中未表示出的山峰、凹地、山脊或山谷等地形。生成的表面将通过输入样本点且在除样本点位置之外的其他所有位置均是平滑的。

图 11.39 为自然邻域法的原理图。首先，所有点的自然邻域都与泰森多边形相关。最初，泰森多边形由所有指定点构造而成，即图中小圆点周围的多边形；然后会在插值点（五角星）周围创建新的泰森多边形。这个新的多边形与原始多边形之间的重叠比例将用做权重。样本点 $i$ 的权重 $\lambda_i$ 由如下公式计算得出，即

$$\lambda_i = i \text{ 的邻域泰森多边形与新泰森多边形的交集面积 / 新泰森多边形面积}$$

依据上式可计算出图中最北部和东北部的样本点所占的权重分别为 19.12% 和 0.38%。

自然邻域法插值的操作步骤如下：

（1）在 ArcToolbox 中双击【Spatial Analyst 工具】→【插值】→【自然邻域法】，打开【自然邻域法】对话框，如图 11.40 所示。

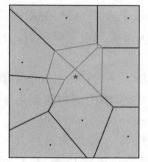

图 11.39　自然邻域法原理图

图 11.40　【自然邻域法】对话框

（2）在【自然邻域法】对话框中，输入【输入点要素】和【Z 值字段】数据（位于"…\chp11\栅格插值\data"），指定【输出栅格】的保存路径和名称。

（3）在【输出像元大小（可选）】文本框中输入输出栅格数据集的单元大小。

（4）单击【确定】按钮，完成操作。图 11.41 为某区域的自然邻域法插值结果。

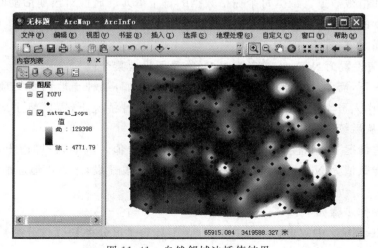

图 11.41　自然邻域法插值结果

# 11.7 重分类

简单的说,重分类就是对原有栅格像元值重新分类从而得到一组新值并输出。重分类工具有多种方法将像元值重新分类或更改为替代值。一次对一个值或成组的值进行重分类的方法是:使用替代字段;基于某条件,如指定的间隔(如按照 10 个间隔将值分组);按区域重分类(如将值分成 10 个所含像元数量保持不变的组)。这些工具可将输入栅格中的众多值轻松地更改为所需值、指定值或替代值。所有重分类方法适合区域中的每个像元。也就是说,当对现有值应用某替代值时,所有重分类方法都可将该替代值应用到原始区域的各个像元。重分类方法不会仅对输入区域的一部分应用替代值。重分类工具包括重分类、查找表、分割、使用表和 ASCII 文件重分类等。

## 11.7.1 重分类

在实际应用中,进行重分类的原因一般有新值替代、将值组合到一起、按相同等级对一组栅格的值进行重分类、将特定值设置为 NoData 或者为 NoData 像元设置某个值四种。

### 1. 新值替代

事物总是处于不断的发展变化之中,地理现象更是如此。为了实时地反映事物的真实属性,经常要用新值代替旧值。例如,某区域土地利用类型的变更、湖泊面积的变化等。

### 2. 将值组合到一起

在栅格数据操作过程中,经常需要简化栅格中的信息,将一些具有某种共性的事物合并为一类。例如,将湖泊、河流、水库等合并为水域,将居住地、道路用地、建筑用地等合并为城市用地。

### 3. 按相同等级对一组栅格的值进行重分类

栅格数据的空间分析有时需要根据偏好值、敏感度值、优先级值或者某些类似的条件为栅格数据创建一个相同的等级。例如,当寻找最易发生雪崩的坡面时,需要综合分析坡度数据、土壤类型数据和植被数据。依据每个栅格数据的每个单元的属性对雪崩活动的感受性将数据重分类为 1~10 的范围。也就是说,在坡度栅格数据中给陡峭的坡面赋值为 10,因为这些地方最易发生雪崩。

### 4. 将特定值设置为 NoData 或者为 NoData 像元设置某个值

在有些情况下,需要从分析中移除某些特定值。例如,某种土地利用类型存在限制条件(如湿地),使工作人员无法在该处从事建筑活动。在这种情况下,需要将土地类型值更改为 NoData 以将其从后续的分析中移除。

在另外一些情况下,可能要将 NoData 值更改为某个值。例如,在城市土地利用类型中,未利用土地可能赋值为 NoData,但是随着城市土地的开发建设,未利用地逐渐得到开发,这时要赋予其新值。

重分类的操作步骤如下:

(1)在 ArcToolbox 中双击【Spatial Analyst 工具】→【重分类】→【重分类】,打开【重分类】对话框,如图 11.42 所示。

图 11.42 【重分类】对话框

(2)在【重分类】对话框中,输入【输入栅格】和【重分类字段】数据(位于"…\chp11\重分类\ data"),指定【输出栅格】的保存路径和名称。

(3)单击【分类】按钮,弹出【分类】对话框,如图 11.43 所示。在【方法】下拉框中选择分类方法,在【类别】下拉框中选择分组数,单击【确定】按钮返回。

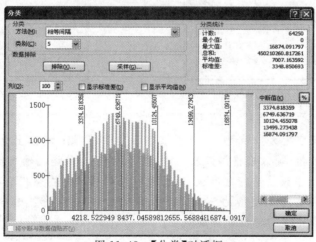

图 11.43 【分类】对话框

(4)若要对每个旧值赋予一个唯一的新值,则单击【唯一】按钮。若要添加新的条目,单击【添加条目】按钮,反之则单击【删除条目】按钮。此外,还可以对新值取反,以及设定数值的精度等。

(5)【将缺失值更改为 NoData】为可选项,若选中则栅格像元中未在重映射表中出现或重分类的值被重分类为 NoData。

(6)单击【确定】按钮,完成操作。

## 11.7.2 查找表

查找表工具的作用是在输入栅格数据表中,查找另一个字段的值,形成一个新的栅格数据。具体操作步骤如下：

(1)在 ArcToolbox 中双击【Spatial Analyst 工具】→【重分类】→【查找表】，打开【查找表】对话框，如图 11.44 所示。

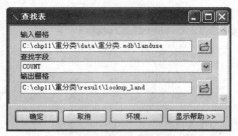

图 11.44　【查找表】对话框

(2)在【查找表】对话框，输入【输入栅格】和【查找字段】数据(位于"…\chp11\重分类\data")，指定【输出栅格】的保存路径和名称。

(3)单击【确定】按钮，完成操作。图 11.45 为原始属性表，图 11.46 为查找结果属性表。

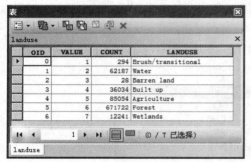

图 11.45　原始属性表

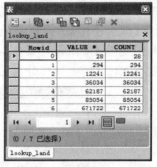

图 11.46　查找结果属性表

**注意事项**

a)如果查找字段为数值型字段，则该字段的值将写入到输出栅格属性表中作为 Value 字段的值，输入栅格属性表中的其他项将不会传递到输出栅格属性表。

b)如果查找字段是字符型字段，则此查找字段将显示在输出栅格属性表中，并且 Value 字段将与输入栅格的 Value 字段具有相同的值，输入栅格属性表中的其他任何项将不会传递到输出栅格属性表。

## 11.7.3　分割

分割工具是按一系列相等的间隔来划分值的整个范围，或者通过将各个像元数量划分到一定数量的组中并保证每组分到的像元数量相等来进行划分。例如，如果输入栅格中值的范围为 1～200，而要分割的间隔数为 10，则输出栅格的值将介于 1～10。输入栅格中值介于 1～20 的像元将指定为 1，值介于 21～40 的像元将指定为 2，依此类推。图 11.47 演示了分割工具的处理过程。

分割的操作步骤如下：

(1)在 ArcToolbox 中双击【Spatial Analyst 工具】→【重分类】→【分割】，打开【分割】对话

框,如图 11.48 所示。

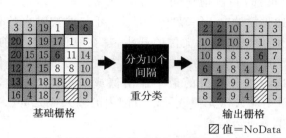

图 11.47　利用分割工具按间隔进行重分类

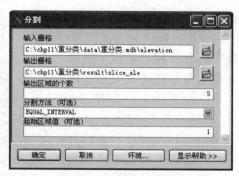

图 11.48　【分割】对话框

(2)在【分割】对话框中,输入【输入栅格】数据(位于"…\chp11\重分类\data"),指定【输出栅格】的保存路径和名称。

(3)在【输出区域的个数】文本框中输入将输入栅格重分类的区域数量。

(4)【分割方法】为可选项,在其下拉框中选择输入栅格中值的分割方式,有 EQUAL_INTERVAL、EQUAL_AREA 和 NATURAL_BREAKS 三种。

——EQUAL_INTERVAL,等间距分割法。确定输入值的范围,然后将该范围分割为指定数量的输出区域。

——EQUAL_AREA,等面积分割法。输入值将被划分为指定数量的输出区域,且每个区域的像元数相同,每个区域所代表的面积大小相等。

——NATURAL_BREAKS,自然分割法。输入值将基于数据中固有的自然分组进行分类。中断点将通过所选择的分类间隔来标识,这些分类间隔可对相似值进行最恰当地分组并使各类之间的差异最大化。像元值将被划分到各个类,如果数据值中存在相对较大的跳跃性,可为这些类设置界限。

(5)【起始区域值】为可选项,定义输出栅格数据集中最低区域的值,默认值为 1。

(6)单击【确定】按钮,完成操作。

## 11.7.4　使用表重分类

使用表重分类通过使用重映射表和重分类表将单个值、一定范围内的值、字符串或 NoData 映射为其他值或 NoData。重映射表可以是 ASCII 文件或 INFO 表,由两部分组成:第一部分是要重分类的特定像元值,第二部分是像元重分类后的输出值。如 INFO 表,见表 11.1。

表 11.1　INFO 表

| 值 | 符号 |
| --- | --- |
| 3 | 1 |
| 5 | 2 |
| 10 | 3 |
| 15 | 4 |

表 11.1 将输出如下结果:

值≤3 的像元分配符号 1。

3<值≤5 的像元分配符号 2。

5<值≤10 的像元分配符号 3。

10<值≤15 的像元分配符号 4。

值>15 的像元分配 NoData。

ASCII 表的工作方式与其 INFO 对应部分的工作方式相同,只是在确定重分类值时其灵活性会更大一些。可使用任何文本编辑器按照以下段落中所讨论的格式规则定义重分类参数，来创建重映射表。

ASCII 重映射表由注释（可选）、关键字（可选）和赋值语句（必选）组成。每条语句必须独占一行。注释是用于提供附加信息的描述性文本，必须以"#"开头，可在重映射表的任意位置显示。关键字用于确定重分类所作用的参数，位于文件的开头，且在赋值语句之前。关键字包括两个：一个是 LOWEST-INPUT，用于确定栅格中进行重分类时要考虑的最小像元值；另一个是 LOWEST-OUTPUT，用于确定重分类值的最小输出值或起点，默认为 1。赋值语句用来实现将输出值分配给指定的单个输入像元值或一定范围内的输入像元值。

例如下面的 ASCII 重映射表将输出表 11.2 所示结果。

```
#Example
# Remap table for cell value reclassification.
LOWEST-INPUT 3
LOWEST-OUTPUT 2
5
6
7
15
```

**表 11.2  ASCII 重映射表 1**

| 输入像元值 | 输出重分类值 |
| --- | --- |
| <3 | NoData |
| 3～5 | 2（最小输出） |
| 5<值≤6 | 3（最小输出+1） |
| 6<值≤7 | 4（最小输出+2） |
| 7<值≤15 | 5（最小输出+3） |
| >15 | NoData |

上例显示了只包含输入像元值的赋值语句的重映射表。此外，还可通过向重映射表添加其他字段，为每个输入值或输入范围指定输出值。输入像元值或范围后首先接的是冒号（:），然后是输出重分类值。例如下面的 ASCII 重映射表将输出表 11.3 所示结果。

```
#Example
# Remap table for cell value reclassification.
LOWEST-INPUT3
5:10
6:16
7:62
15:28
```

**表 11.3  ASCII 重映射表 2**

| 输入像元值 | 输出重分类值 |
| --- | --- |
| <3 | NoData |
| 3～5 | 10 |
| 5<值≤6 | 16 |
| 6<值≤7 | 62 |
| 7<值≤15 | 28 |
| >15 | NoData |

图 11.49  【使用表重分类】对话框

使用表重分类的操作步骤如下：

（1）在 ArcToolbox 中双击【Spatial Analyst 工具】→【重分类】→【使用表重分类】，打开【使用表重分类】对话框，如图 11.49 所示。

（2）在【使用表重分类】对话框中，输入【输入栅格】和【输入重映射表】数据（位于"…\chp11\重分类\data"），指定【输出栅格】的保存路径和名称。

（3）在【来自值字段】、【到值字段】以及【输出值字段】下拉框中选择要重分类的各个值范围的起始值的字段、结束值的字段以及各个范围应更改成的目标整数值的字段。

(4)【将缺失值更改为 NoData】为可选项,若选中则栅格像元中未在重映射表中出现或重分类的值被重分类为 NoData。

(5)单击【确定】按钮,完成操作。

### 11.7.5　使用 ASCII 文件重分类

在使用 ASCII 文件进行重分类前,需要编辑 ASCII 文件。对 ASCII 文件进行格式化的基本格式为:

(1)注释行以"♯"符号作为起始字符,输入的注释数不受限制。

(2)每个分配行都可将输入栅格内的某一个值或一定范围内的值映射为输出值。分配行只接受数值。

(3)ASCII 重映射文件中所有分配行的格式都必须相同。支持两种格式:一种是对指定的单个值进行重分类,另一种是对一定范围的值进行重分类。对单个值重分类时应先指定该值,后接空格,然后是冒号":",再空格,最后是要分配到输出的栅格单元上的值,如 5:20;对一定范围的值进行重分类则应先指定范围中的最小值,后跟空格,然后是范围中的最大值,后接冒号":",再加空格,最后接输出值,如 5 10:50。

使用 ASCII 文件重分类的操作步骤如下:

(1)在 ArcToolbox 中双击【Spatial Analyst 工具】→【重分类】→【使用 ASCII 文件重分类】,打开【使用 ASCII 文件重分类】对话框,如图 11.50 所示。

(2)在【使用 ASCII 文件重分类】对话框中,输入【输入栅格】和【输入 ASCII 重映射文件】数据(位于"…\chp11\重分类\data"),指定【输出栅格】的保存路径和名称。

(3)【将缺失值更改为 NoData】为可选项,若选中则栅格像元中未在重映射表中出现或重分类的值被重分类为 NoData。

图 11.50　【使用 ASCII 文件重分类】对话框

(4)单击【确定】按钮,完成操作。

# 11.8　条件分析与栅格计算器

## 11.8.1　条件分析

条件分析工具包括条件函数工具、选取函数工具和设为空函数工具。

条件函数根据像元值在指定的条件语句中的真假来控制每个像元的输出值。如果像元值被判定为"真",它所获得的输出值由输入条件为真时所取的栅格数据或常数值指定;如果像元值被判定为"假",它所获得的输出值由输入条件为假时所取的栅格数据或常数值指定。

空函数与条件函数类似,不同的是如果判定结果为"真",则为输出栅格上的像元赋予 NoData;否则,将返回由 False 输入确定的值,该值可以是栅格数据,也可以是常数值。

选取函数根据位置栅格数据上每个像元的值来确定输出栅格上的相应位置将使用哪一个输入栅格的值。例如,如果位置栅格中的一个像元的值为 1,则将栅格列表中第一个输入栅格的值用于输出像元值;如果位置栅格的值为2,输出值将来自栅格列表中的第二个输入栅格,依此类推。因此,输入列表的顺序很重要,如果栅格的顺序发生变化,结果也将随之改变。图11.51演示了选取函数的处理过程(其中InRas1为位置栅格,InRas2和InRas3为输入栅格1和2)。以第一行前两列为例,位置栅格的值分别为1、1,因此将选择输入栅格1在此处的值作为输出值。

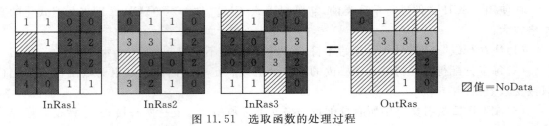

图11.51　选取函数的处理过程

下面以条件函数为例,说明选取的操作步骤。

(1)在ArcToolbox中双击【Spatial Analyst 工具】→【条件分析】→【条件函数】,打开【条件函数】对话框,如图11.52所示。

(2)在【条件函数】对话框中,输入【输入条件栅格数据】数据(位于"…\chp11\条件分析\data\Stowe.gdb"),指定【输出栅格】的保存路径和名称。

(3)【表达式】为可选项,单击▦图标,弹出【查询构建器】对话框,在其中输入逻辑表达式,如"LANDUSE"LIKE'Forest'。

(4)输入【输入条件为 true 时所取的栅格数据或常量值】,选择条件为真时,其值作为输出像元值的栅格数据或者输入常数值。

(5)【输入条件为 false 时所取的栅格数据或常量值】为可选项,选择条件为假时,其值作为输出像元值的栅格数据或者输入常数值。

(6)单击【确定】按钮,完成操作。图11.53为条件函数按上述表达式进行分析后的结果。

图11.52　【条件函数】对话框

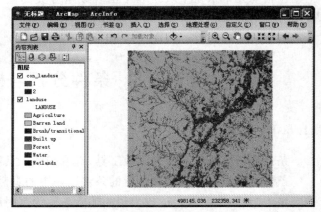

图11.53　条件函数分析结果

## 11.8.2　栅格计算器

栅格计算是栅格数据空间分析中进行数据处理和分析最为常用的方法。利用栅格计算器,除了可以方便地完成基于数学运算符、基于数学函数的栅格运算,还支持调用ArcGIS自带的栅格数据空间分析函数。

栅格计算器具有如下独有优势：

（1）执行单行代数表达式。

（2）使用【模型构建器】时，支持在【地图代数】中使用变量。

（3）为一个表达式的三个或多个输入应用 Spatial Analyst 运算符。

（4）在一个表达式中使用多个 Spatial Analyst 工具。

下面简单说明栅格计算器的几种用途。

### 1. 简单算术运算

如图 11.54 所示，在表达式窗口中先输入计算结果名称，再输入等号（所有符号两边最好各添加一个空格），然后在【图层和变量】栏中双击要用来计算的图层，选择的图层会进入表达式窗口参与运算，数据层的名称尽量用"（ ）"括起来，便于识别。

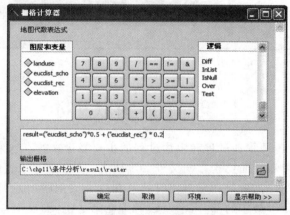

图 11.54　栅格计算器的简单算术运算

### 2. 数学函数运算

在进行数学函数运算时需要先点击函数按钮，然后在函数后面的括号内加入计算对象，应该注意一点，三角函数以弧度为其默认计算单位。如在表达式窗口中构造如下表达式：result＝sin（"landuse"）。其中，"landuse"为图层名称。

### 3. 空间分析函数运算

在栅格计算器中进行空间分析时，可以使用空间分析函数。由于空间分析函数较多，记忆困难，可查阅帮助文档，了解函数全名、参数、引用的语法规则等。下面以条件分析中的选取函数为例，说明在栅格数据器中如何调用空间分析函数的过程。

（1）在 ArcToolbox 中双击【Spatial Analyst 工具】→【地图代数】→【栅格计算器】，打开【栅格计算器】对话框。

（2）条件分析中选取函数分析的语法规则为

$$Pick(in\_position\_raster, in\_rasters\_or\_constants).$$

（3）双击右侧工具栏【条件分析】下的"Pick"，在表达式窗口中出现 Pick（,［］），将光标移到","前，在【图层和变量】下选择位置图层，然后在"［］"中输入栅格数据或者常量值，如在表达式窗口中构造如下表达式：Output＝Pick（（"landuse"），［1,2］）。

（4）单击【确定】按钮，完成分析，图层 landuse 中属性值为 1,2 的数据将在 output 中输出。

图 11.55 为条件分析结果。

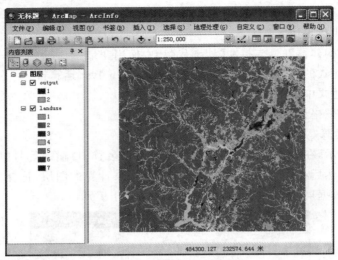

图 11.55　条件分析结果

# 11.9　太阳辐射分析

　　太阳辐射是地球上各种物理过程和生物过程的主要能量来源。入射太阳辐射穿过大气层时会发生改变,由于地形和表面要素影响又进一步改变,最后在地球表面被拦截成直射部分、散射部分和反射部分。直射、散射和反射辐射的总和称为太阳辐射总量或整体日辐射量。其中,直接辐射是辐射总量中最多的部分,散射辐射排在第二位,而反射辐射仅构成辐射总量中很小的一部分。除了周围表面(如积雪)反射能力极强的位置,ArcGIS 的太阳辐射工具在计算辐射总量时将反射辐射排除在外。因此,辐射总量将计算为直接辐射和散射辐射的总和。

　　太阳辐射计算包含如下四个步骤:

　　(1)根据地形计算仰视半球视域。

　　(2)在直射太阳图上叠加视域以便判断直接辐射。

　　(3)在散射星空图上叠加视域以便判断散射辐射。

　　(4)对每个感兴趣的位置都重复上述过程便可生成日照图。

## 11.9.1　太阳辐射的基本概念

　　太阳辐射分析中常用的几个基本概念有:视域、太阳图和星空图等。

### 1. 视域

　　视域是从某特定位置观看天空时,整个天空可见或遮挡的栅格数据表达。要计算视域,先在指定数量的方向上围绕感兴趣的位置进行搜索,然后确定天空遮挡的最大角度(或视角)。对于其他未经过搜索的方向,可通过内插方法确定视角值。随后将视角转换到半球坐标系中,从而将方向三维半球转换为一个二维的栅格图像,同时为视域中的每个栅格像元指定一个用来表示天空方向是可见还是被遮挡的值。

　　图 11.56 描绘了为数字高程模型(DEM)的某个像元计算视域的过程:沿指定数量的方向

计算视角并将其用于创建天空的半球制图表达。生成的视域可描绘出天空方向是可见（显示为白色）还是被遮挡（显示为灰色）。生成的视域结果可与太阳位置和天空方向信息（分别用太阳图和星空图表示）结合使用，从而计算出每个位置的直射、散射和辐射总量并生成准确的日照图。

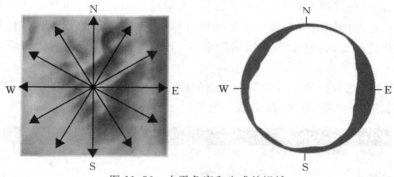

图 11.56　水平角度和生成的视域

### 2. 太阳图

太阳图用来表示太阳轨迹，即太阳随时间变化而产生的位置变化。它可用来计算直接太阳辐射。太阳图由离散的太阳图扇区组成，太阳扇区根据一天之中（小时）和一年之中（日或月）特定时间间隔下太阳所处的位置进行定义。对于每个太阳图扇区，为其指定唯一标识值及其质心的天顶角（与垂直向上的方向所成的角度）和方位角（与正北方向所成的角度）。

图 11.57 是一张北纬 45°的太阳图，计算日期为冬至日（12 月 21 日）到夏至日（6 月 21 日）。每个太阳扇区（彩色框）表示太阳的位置，所用时间间隔为 0.5 h（一天之中）和月（一年之中）。

### 3. 星空图

散射辐射是云、粒子等大气成分分散光线的结果。要计算某特定位置的散射辐射，需要创建一个星空图作为整个天空的半球视图。天空将被划分为由天顶角和方位角定义的一系列天空扇区，每个扇区都将指定唯一标识符值以及质心的天顶角和方位角。根据方向（天顶角和方位角）来计算每个天空扇区的散射辐射。

图 11.58 是一张星空图，图中的天空扇区由 8 个天顶分割和 16 个方位分割定义。每种颜色表示一个唯一的天空扇区或天空的一部分，散射辐射便源自其中。

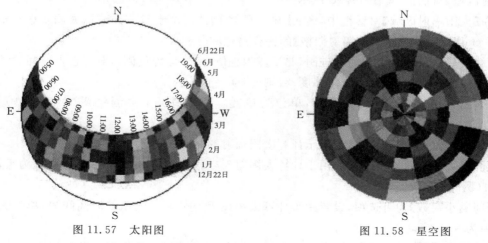

图 11.57　太阳图　　　　　　　图 11.58　星空图

### 11.9.2 太阳辐射的实现

太阳辐射分析工具可以针对特定时间段太阳对某地理区域的影响进行制图和分析。这将考虑大气效应、地点的纬度和高程、坡度和方位、太阳角度的日变化和季节性变化以及周围地形投射的阴影所带来的影响。生成的输出结果可以与其他 GIS 数据集成,从而有助于为物理过程和生物过程建模(因为它们受太阳的影响)。下面结合例子来说明太阳辐射分析的实现过程。

在图 11.59 中,点数据表示可设立葡萄园的地点。要使葡萄产量最大化,必须确定哪个位置可在作物生长期(4 月至 10 月)接受最大量的日照。

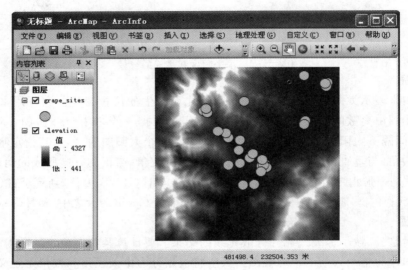

图 11.59　葡萄园的位置图

#### 1. 对该区域进行太阳辐射区域分析

(1)在 ArcToolbox 中双击【Spatial Analyst 工具】→【太阳辐射】→【太阳辐射区域】,打开【太阳辐射区域】对话框,如图 11.60 所示。

(2)在【太阳辐射区域】对话框中,输入【输入栅格】数据(位于"...\chp11\太阳辐射\data\太阳辐射.mdb"),指定【输出总辐射栅格】的保存路径和名称。

(3)【纬度】为可选项,单位为十进制,北半球为正值,南半球为负值。对于包含空间参考的输入表面栅格数据,会自动计算平均纬度;否则,纬度将默认为 45°。

(4)【天空大小/分辨率】为可选项,单位为单元。默认情况下会创建 200×200 单元的栅格。

(5)【时间配置】为可选项,指定用于计算太阳辐射的时间配置(时段)。

(6)【间隔天数】为可选项,设置用于计算太阳图天空分区一年中的时间间隔,单位为天,默认值为 14(两周)。

(7)【间隔小时数】为可选项,设置用于计算太阳图天空分区一天中的时间间隔,单位为小时,默认值为 0.5。

(8)【地形参数】标签下的【坡度和坡向输入类型】有两种选择,可根据实际情况而定,本例中采取默认设置。

——FROM_DEM。基于输入的表面栅格数据来计算坡度和坡向格网，这是默认设置。

——FLAT_SURFACE。坡度和坡向使用常数值零。

(9)【辐射参数】标签下的【散射模型类型】有两种选择，可根据实际情况而定，本例中采取默认设置。

——UNIFORM_SKY，均匀散射模型。所有天空方向的入射散射辐射均相同，这是默认设置。

——STANDARD_OVERCAST_SKY，标准阴天散射模型。入射散射辐射通量随天顶角而变化。

(10)其他均采取默认设置。单击【确定】按钮，完成操作，结果如图 11.61 所示。

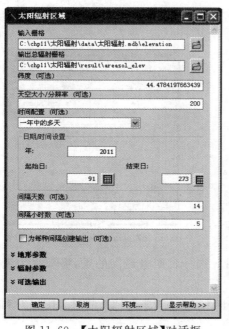

图 11.60　【太阳辐射区域】对话框

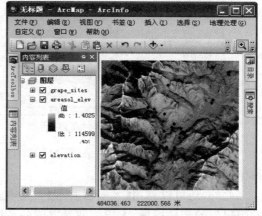

图 11.61　针对整个区域计算的太阳辐射值

使用太阳辐射区域计算了整个研究区域的总日照后，可以得到该区域夏季几个月的日照量情况。

**2．对单个点的太阳辐射情况进行分析**

(1)在 ArcToolbox 中双击【Spatial Analyst 工具】→【太阳辐射】→【太阳辐射点】，打开【太阳辐射点】对话框，如图 11.62 所示。

(2)在【太阳辐射点】对话框中，输入【输入栅格】和【输入点要素或表】数据(位于"…\chp11\太阳辐射\data\太阳辐射.mdb")，指定【输出总辐射要素】的保存路径和名称。

(3)【高度偏移】为可选项，输入要执行计算的 DEM 表面上的高度(以米为单位)，高度偏差将应用到所有输入位置。

(4)在【纬度(可选)】和【天空大小/分辨率(可选)】文本框中输入位置区域的纬度和天空大小。

(5)在【时间配置(可选)】下拉框中选择用于计算太阳辐射的时间配置(时段)。在【间隔天数(可选)和【间隔小时数(可选)】文本框中输入用于计算太阳图天空分区的一年中的时间间隔和一天中的时间间隔。

(6)单击【确定】按钮,完成操作。右击生成图层,选择【打开属性表】,结果如图 11.63 所示。

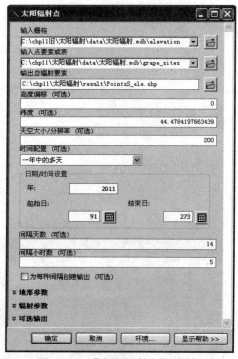

图 11.62 【太阳辐射点】对话框

图 11.63 每个点的日照量统计表

属性表中显示了针对各个位置计算的总日照量。选择日照量最高的点,将其视为最适宜种植葡萄的位置。

此外,还可以利用【太阳辐射图】工具来获得用于计算直接太阳辐射、散射太阳辐射和整体太阳辐射的半球视域、太阳图和星空图的栅格表达。

**注意事项**

由于计算日照耗时很长,需务必确保所有参数正确。计算大型的数字高程模型可能需要数小时,而计算超大型的 DEM 可能需要数天。

# 11.10 表面分析

表面分析是为了获得原始数据中暗含的空间特征信息,如等值线、坡度、坡向、山体阴影等。ArcGIS 表面分析的主要功能有:从表面获取坡度和坡向信息、创建等值线、分析表面的可视性、从表面计算山体的阴影、确定坡面线的高度等。

## 11.10.1　坡向

坡向指地表面上一点的切平面的法线矢量在水平面的投影与过该点的正北方向上的夹角。对于地面任何一点而言,坡向表征了该点高程值改变量的最大变化方向。在输出的坡向数据中,坡向值有如下规定:按顺时针方向从 0°(正北方)到 360°(重新回到正北方,一个完整的圆形)。不具有下坡方向的平坦区域将赋值为−1。在实际应用中,坡向工具可以解决此类问题,如在搜索最佳滑雪坡时,查找山上所有朝北的坡;识别地势平坦的坡度,以便于找到飞机紧急着陆的区域等。

制作坡向图的操作步骤如下:

(1)在 ArcToolbox 中双击【Spatial Analyst 工具】→【表面分析】→【坡向】,打开【坡向】对话框,如图 11.64 所示。

(2)在【坡向】对话框中,输入【输入栅格】数据(位于"…\chp11\表面分析\data\Stowe.gdb"),指定【输出栅格】的保存路径和名称。

(3)单击【确定】按钮,完成操作。图 11.65 所示为某区域的坡向图。

图 11.64　【坡向】对话框

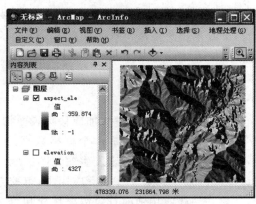

图 11.65　坡向结果图

## 11.10.2　等值线

等值线就是将表面上相邻的等值点(如高程、温度、降水、大气压力等)连接起来的线。等值线的集合常被称为等值线图,但也可拥有特定的术语称谓。例如,表示压力的称为等压线图,表示温度的称为等温线图,表示高程的等高线图是最常使用的等值线图。等值线的分布显示出整个表面上值的变化情况,等值线越密,表面值的变化越大,反之越小。制作等值线图的操作步骤如下:

(1)在 ArcToolbox 中双击【Spatial Analyst 工具】→【表面分析】→【等值线】,打开【等值线】对话框,如图 11.66 所示。

(2)在【等值线】对话框中,输入【输入栅格】数据(位于"…\chp11\表面分析\data\Stowe.gdb"),指定【输出折线(polyline)要素】的保存路径和名称,以及【等值线间距】。

(3)在【等值线间距】文本框中输入等值线的间距。

(4)【起始等值线】为可选项,用于输入起始等值线的值。

(5)【Z 因子】为可选项,默认值为 1。

(6)单击【确定】按钮,完成操作。图 11.67 所示为某区域的等值线图。

图 11.66 【等值线】对话框

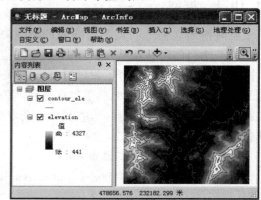

图 11.67 等值线图

**注意事项**

Z 因子是一种转换因子,当垂直(或高程)单位与输入栅格的水平坐标 $(X,Y)$ 单位不同时,可使用 Z 因子调整垂直(或高程)方向的测量单位。例如,如果垂直方向的单位是英尺而水平方向的单位是米,设置 Z 因子为 0.3048,可将 Z 单位从英尺转换为米。

### 11.10.3 填挖方

填挖操作是一个通过添加或移除表面物质来修改地表高程的过程。通过给定不同时期的两个表面,填挖函数会生成一个栅格数据,来显示表面物质增加的区域或表面物质移除的区域,以及在该时段内表面未发生变化的区域。负的体积值表明该区域已被填充,正的体积值表明该地区已发生移除。在实际应用中,填挖方可以解决如确定河谷中沉积物侵蚀和沉积的区域,平整一块建筑用地时计算需要移除和填充的表面物质的体积和面积等问题。填挖方分析的操作步骤如下:

图 11.68 【填挖方】对话框

(1)在 ArcToolbox 中双击【Spatial Analyst 工具】→【表面分析】→【填挖方】,打开【填挖方】对话框,如图 11.68 所示。

(2)在【填挖方】对话框中,输入【输入填/挖之前的栅格表面】和【输入填/挖之后的栅格表面】数据(位于"…\chp11\填挖方\data"),指定【输出栅格】的保存路径和名称。

(3)在【Z 因子(可选)】文本框中输入 Z 因子。

(4)单击【确定】按钮,完成操作。

### 11.10.4 山体阴影

山体阴影通过考虑照明源的角度和阴影,根据表面栅格创建晕渲地貌。它根据假想的照明光源对高程栅格图运用山影函数,计算每个单元以及相关邻域单元的照明值,很好地表达地形的立体形态,而且可以提取地形遮蔽信息。在创建山体阴影图时,主要考虑太阳方位角和太阳高度。

太阳方位角指的是太阳的角度方向,以正北方向为 0°,在 0°～360°范围内按顺时针进行测量。90°的方位角为东,如图 11.69 所示。默认方向角为 315°(即西北方向)。

太阳高度指的是照明源高出地平线的角度或坡度。高度的单位为度,范围为 0°～90°,如图 11.70 所示。默认值为 45°。

图 11.69　太阳方位角

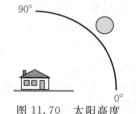

图 11.70　太阳高度

制作山体阴影图的操作步骤如下:

(1)在 ArcToolbox 中双击【Spatial Analyst 工具】→【表面分析】→【山体阴影】,打开【山体阴影】对话框,如图 11.71 所示。

(2)在【山体阴影】对话框中,输入【输入栅格】数据(位于"…\chp11\表面分析\data\Stowe.gdb"),指定【输出栅格】的保存路径和名称。

(3)【方位角】为可选项,指定光源的方位角,默认值为 315°。

(4)【高度】为可选项,指定光源高度角,默认值为 45°。

(5)【模糊阴影】为可选项,不选择则输出栅格只考虑本地光照入射角度而不考虑阴影的影响,选择则同时考虑本地光照入射角度和阴影。输出值的范围从 0～255,0 表示最暗区域,255 表示最亮区域。

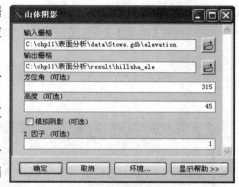

图 11.71　【山体阴影】对话框

(6)在【Z 因子(可选)】文本框中输入 Z 因子。

(7)单击【确定】按钮,完成操作。图 11.72 为某区域的山体阴影图。

通过设置山体阴影栅格图层的透明度,并与 DEM 数据进行叠加,可以得到更好的视觉效果。设置透明度的方法是在【图层属性】对话框的【显示】选项卡中的【透明度】选项中设置,一般以 50%的透明度为佳。叠加显示效果如图 11.73 所示。

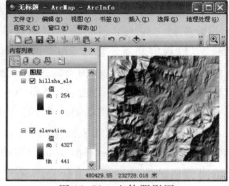

图 11.72　山体阴影图

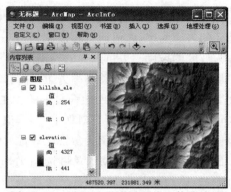

图 11.73　设置透明图层后的山体阴影图

### 11.10.5 坡度

坡度是指过地表面任意一点的切平面与水平地面之间的夹角。坡度用来计算任一单元和邻域单元间变化的最大比率,如单元下降最陡的坡面(单元和它相邻单元间的高程距离的最大变化率)。输出数据中的每个单元都有一个坡度值,坡度值较低则表明地势较平坦,坡度值较高则地势较陡峭。制作坡度图的操作步骤如下:

(1)在 ArcToolbox 中双击【Spatial Analyst 工具】→【表面分析】→【坡度】,打开【坡度】对话框,如图 11.74 所示。

(2)在【坡度】对话框中,输入【输入栅格】数据(位于" … \chp11\表面分析\data\Stowe.gdb"),指定【输出栅格】的保存路径和名称。

(3)【输出测量单位】为可选项,选择坡度的表示方法,有两种情况:

——DEGREE:坡度倾角将以度为单位进行计算。

——PERCENT_RISE:坡度百分比,即高程增量与水平增量之比的百分数。

(4)在【Z 因子(可选)】文本框中输入 Z 因子。

(5)单击【确定】按钮,完成操作。图 11.75 为某区域的坡度图。

图 11.74 【坡度】对话框

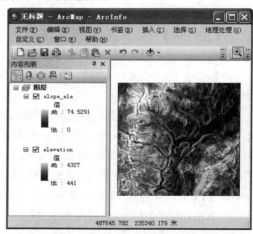

图 11.75 坡度图

### 11.10.6 曲率

地面曲率是对地形表面上一点扭曲变化程度的定量化度量因子。曲率计算的输出结果为每个像元的表面曲率,该值通过将该像元与八个相邻像元拟合而得。曲率是表面的二阶导数,或者可称为坡度的坡度。可供选择的输出曲率类型有剖面曲率(沿最大斜率的坡度)和平面曲率(垂直于最大坡度的方向)。总曲率为正,说明该像元的表面向上凸;曲率为负,说明该像元的表面开口朝上凹入;曲率为 0,说明表面是平的。在剖面曲率输出中,值为负说明该像元的表面向上凸,值为正说明该像元的表面开口朝上凹入,值为 0 说明表面是平的。在平面曲率输出中,值为正说明该像元的表面向上凸,值为负说明该像元的表面开口朝上凹入,值为 0 说明表面是平的。

曲率输出栅格的单位以及可选输出剖面曲线栅格和输出平面曲线栅格的单位是 Z 单位的百分之一(1/100)。某山区(平缓地貌)的全部三个输出栅格的合理期望值介于 $-0.5 \sim 0.5$。如果山势较为陡峭崎岖(极端地貌),那么期望值介于 $-4 \sim 4$。

制作曲率图的操作步骤如下：

(1)在 ArcToolbox 中单击【Spatial Analyst 工具】→【表面分析】→【曲率】,双击打开【曲率】对话框,如图 11.76 所示。

(2)在【曲率】对话框中,输入【输入栅格】数据(位于" … \ chp11 \ 表面分析 \ data \ Stowe.gdb"),指定【输出曲率栅格】的保存路径和名称。

(3)在【Z 因子】文本框中输入 Z 因子。

(4)【输出剖面曲线栅格】为可选项,输出剖面曲线栅格数据集(图 11.77)。

图 11.76　【曲率】对话框

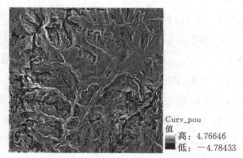

图 11.77　剖面曲率图

(5)【输出平面曲线栅格】为可选项,输出平面曲线栅格数据集(图 11.78)。

(6)单击【确定】按钮,完成操作。图 11.79 为某区域的总曲率图。

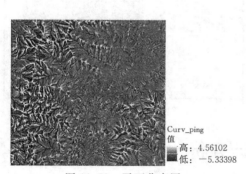

图 11.78　平面曲率图

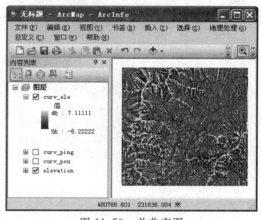

图 11.79　总曲率图

## 11.10.7　可见性分析

有两个工具可用于可见性分析:视域和视点。二者均生成输出视域栅格数据。

视域可用来确定输入栅格中能够从一个或多个观测位置看到的像元。输出栅格的每个像元都会获得一个值,用于指示可从这一位置看到多少个观测点。如果只有一个视点(观测点),则将可看到该视点的像元值指定为 1,将无法看到该视点的像元值指定为 0。视域分析工具在用户想要知道可见对象的情况时很有用,例如,将水塔放置在特定位置,从地表上的哪些位置可以看到水塔,或者从道路上将看到什么风景?

视域工具输出栅格属性表中记录着从每个栅格表面位置可看到的视点数目,该数值存储在属性表的 VALUE 项中。该值记录在输出栅格表的 VALUE 项中。输入栅格上指定为 NoData 的所有像元在输出栅格上仍被指定为 NoData。

视点工具不仅会存储每个视点能够看到的栅格信息，而且会精确识别从每个栅格表面位置可看到哪些视点。例如，要显示只能通过视点 3 看到的所有栅格区域，只需打开输出栅格属性表，然后选择视点 3（OBS3）等于 1 而其他所有视点等于 0 的行，则只能通过视点 3 看到的栅格区域就会在地图上高亮显示。

可见性分析的操作步骤如下：

（1）在 ArcToolbox 中双击【Spatial Analyst 工具】→【表面分析】→【视域】，打开【视域】对话框，如图 11.80 所示。

（2）在【视域】对话框中，输入【输入栅格】、【输入观察点或观察折线（polyline）要素】数据（位于"…\chp11\表面分析\data\Stowe.gdb"），指定【输出栅格】的保存路径和名称。

（3）在【Z 因子（可选）】文本框中输入 Z 因子。

（4）【折射系数】为可选项，空气中可见光的折射系数，默认值为 0.13。

（5）单击【确定】按钮，完成操作。图 11.81 标识了"rec_sites"的视域。图上的点状数据即为"rec_sites"数据点。其中，绿色像元是可见部分，而红色像元则不可见。

图 11.80  【视域】对话框

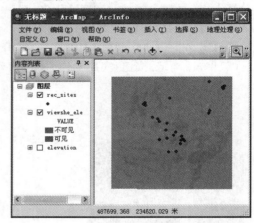

图 11.81  视域图

# 11.11  统计分析

## 11.11.1  局部分析

在空间分析过程中，经常需要对某段时间内的特定现象进行分析，例如，分析 25 年内的年均降雨量，或计算各年间的温度变化，这就要用到局部工具。通过局部工具，可以合并输入栅格，计算输入栅格上的统计数据，还可以根据多个输入栅格上各个像元的值为输出栅格上的每个像元设定一个输出标准等。

局部工具可执行合并，查找输入列表中满足指定条件的出现次数，查找输入列表中满足指定条件的值，查找输入列表中满足指定条件的位置及像元统计五个常规类别的分析。

### 1. 合并

合并工具接受多个输入栅格并为输入值的各种唯一组合指定一个新值。每个输入的原始像元值将被记录在输出栅格的属性表中。组合中出现 NoData 数据时,输出数据为 NoData。附加项将被添加到输出栅格的属性表中,每个输入栅格对应一个附加项,如图 11.82 所示,前面的两个是输入栅格,第三个是输出栅格。

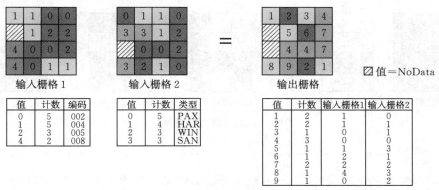

图 11.82　合并原理图

### 2. 查找输入列表中满足指定条件的值的出现次数

局部工具集中有等于频数、大于频数和小于频数三个工具,可以用来确定每个像元从栅格列表得到的输入值等于、大于或小于指定值输入的次数。例如,已知特定的像元位置,考虑赋值像元为 2 以及表 11.4 所示输入像元值,求三个工具的输出结果。

表 11.4　输入像元值列表

| 赋值像元 | 输入栅格 1 | 输入栅格 2 | 输入栅格 3 | 输入栅格 4 | 输入栅格 5 | 输入栅格 6 |
|---|---|---|---|---|---|---|
| 2 | 3 | 6 | 1 | 2 | 0 | 5 |

输入像元值的排序列表为 0、1、2、3、4、5,则三个工具的输出结果如下:

(1)等于频数。由于列表中只有一个输入值等于比较值 2,所以输出像元值为 1。

(2)大于频数。由于有三个输入值大于比较值 2,所以输出像元值为 3。

(3)小于频数。由于有两个值小于比较值 2,所以输出像元值为 2。

### 3. 查找输入列表中满足指定条件的值

局部工具集中的频数取值和等级工具,可以根据输入栅格中哪个值或哪些值满足指定条件来指定像元的输出值。

频数取值工具可以为每个位置确定输入值中第 $n$ 个出现频率最高的值。例如,如果指定的频数取值是 2,那么对于每个像元,应该输出输入栅格列表中出现频率第二高的值。表 11.5 显示了特定栅格位置的每个输入像元中对应像元位置处的值。

表 11.5　频数取值的输入像元值示例

| 频数取值 | 输入栅格 2 | 输入栅格 3 | 输入栅格 4 | 输入栅格 5 | 输入栅格 6 |
|---|---|---|---|---|---|
| 2 | 3 | 3 | 1 | 1 | 3 |

将这些值由低到高排序可得到表 11.6 所示结果。

表 11.6　像元频率排序表

| 值 | 1 | 3 |
|---|---|---|
| 输入像元 | 输入像元 4<br>输入像元 5 | 输入像元 2<br>输入像元 3<br>输入像元 6 |

因此,列表中出现频率最高的值是3,出现了三次;出现频率第二高的值是1,出现了两次。由于指定的频数取值是2,所以对于该像元位置该工具的输出值是1。

图11.83标识出了三个输入栅格的出现频率第二高的值。

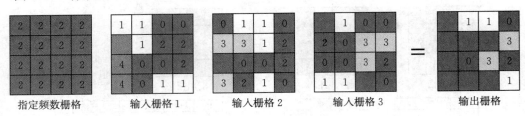

指定频数栅格　　　输入栅格1　　　输入栅格2　　　输入栅格3　　　输出栅格

图 11.83　频数原理图

**注意事项**

a)在频数取值过程中,只要某输入栅格上的某个位置的像元是 NoData,该位置就将接收 NoData 输出。

b)如果某个特定位置出现的值都相同,则输出该值。

c)如果某个特定位置没有出现频率第二高的值或出现频率第二高的值不唯一,则输出 NoData 值。

d)如果某个特定位置出现的值各不相同则输出 NoData 值。

等级工具可以为输入栅格的每个像元值创建一个内部参数列表,列表中的值按照从小到大的顺序排列,并将预先定义的等级顺序(第 $n$ 小的值)位置上的像元值作为输出。表 11.7 显示了特定像元位置的等级栅格的值和每个输入栅格在该位置的值。

表 11.7　等级工具输入栅格列表

| 等级栅格数据 | 输入栅格1 | 输入栅格2 | 输入栅格3 | 输入栅格4 | 输入栅格5 |
|---|---|---|---|---|---|
| 3 | 1 | 5 | 2 | 6 | 8 |

等级栅格所选像元值是常数 3,这表明将返回第三小的值。这些值的等级排列情况如表 11.8 所示。

表 11.8　等级工具顺序参数列表

| 排序 | 1 | 2 | 3 | 4 | 5 |
|---|---|---|---|---|---|
| 像元值 | 1 | 2 | 5 | 6 | 8 |

由于等级输入中的值所定义的位置是第三个位置,所以该像元的输出值是5。

**4. 查找输入列表中满足指定条件的位置**

局部工具集中有两个工具可用来指定含有特定像元值的栅格的位置:最高位置和最低位置。这两个工具分别指定输入栅格最大值出现的位置和最小值出现的位置。表 11.9 显示了特定像元位置的每个输入栅格的值。

表 11.9　输入栅格列表

| 输入栅格1 | 输入栅格2 | 输入栅格3 | 输入栅格4 | 输入栅格5 | 输入栅格6 |
|---|---|---|---|---|---|
| 3 | 2 | 6 | 2 | 5 | 3 |

将这些值由低到高排序可得到表 11.10。

表 11.10　栅格位置排序表

| 值 | 2 | 3 | 5 | 6 |
|---|---|---|---|---|
| 输入栅格 | 输入栅格 2<br>输入栅格 4 | 输入栅格 1<br>输入栅格 6 | 输入栅格 5 | 输入栅格 3 |

最高位置:列表中的最高值 6 包含在第三个输入栅格中。使用最高位置工具得到的输出值为 3,这个输出值表示具有该像元最大值的栅格位于第三个输入栅格中。

最低位置:有两个栅格含有输入列表中的最低值,该值为 2。通过最低位置工具,将报告第一个出现值 2 的栅格的位置。虽然第二个和第四个栅格都含有最低值 2,但由于该值首先在第二个栅格中出现,所以输出像元值为 2。

**5.像元统计**

当用户要计算多层栅格数据间的统计关系时,可利用局部工具的像元统计来完成此类操作。像元统计类型包括:众数、最大值、均值、中位数、最小值、少数、范围、标准差、总和、变异度等。通过像元统计可以对一些随时间而变化的现象进行分析。如众数是逐个像元地确定输入中出现频率最高的值。图 11.84 展示了众数统计的原理。

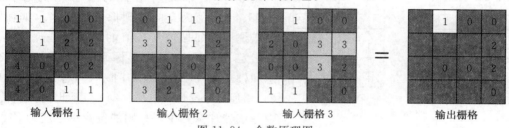

图 11.84　众数原理图

## 11.11.2　邻域分析

邻域运算是以输入数据的单元值为中心,向周围扩展一定的范围,基于扩展范围内的栅格数据进行函数运算,并将结果输出到相应的单元位置的过程。ArcGIS 中存在两种基本的邻域运算:一种针对重叠邻域,另一种针对不重叠邻域。焦点统计工具用来处理具有重叠邻域的输入数据集,块统计工具用来处理非重叠邻域的数据集。图 11.85 演示了两种方法的原理。

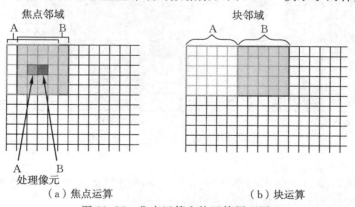

(a)焦点运算　　　　　　　　　　(b)块运算

图 11.85　焦点运算和块运算原理图

邻域分析过程中,需要设置邻域形状。ArcGIS 中提供了以下几种邻域分析窗口:

（1）矩形。矩形邻域的宽度和高度单位可采用像元单位或地图单位。默认邻域大小为 $3 \times 3$ 的像元。

（2）圆形。圆形邻域的大小取决于指定的半径。半径用像元单位或地图单位标识，以垂直于 $x$ 轴或 $y$ 轴的方式进行测量。在处理邻域时，将包括圆形中的所有像元。

（3）环。如选择环形邻域则要设置邻域的内半径和外半径。半径用像元单位或地图单位标识，以垂直于 $x$ 轴或 $y$ 轴的方式进行测量。在处理邻域时，将包括落在环内的所有像元。

（4）楔形。如选择楔形则需要输入起始角度、终止角度和半径三项内容。起始角度和终止角度可以是 $0 \sim 360$ 的整型或浮点型值。角度值以 $x$ 轴的正半轴上的 0 点为起始点，逆时针逐渐增加直至走过一个满圆。在处理邻域时，将包括落在楔形内的所有像元。

此外，还有不规则邻域和权重邻域两种情况，由于用得比较少，读者可参考相关帮助文档。

邻域分析工具可执行焦点统计、块统计和滤波器三种类别的分析。

### 1. 焦点统计

焦点统计工具为每个输入像元位置计算其周围指定邻域内的值的统计数据，例如最大值、平均值或者邻域内遇到的所有值的总和。以图 11.86 中值为 5 的处理像元为例演示如何利用焦点统计求邻域内所有值的总和的处理过程。首先指定一个 $3 \times 3$ 的矩形像元邻域，邻域像元值的总和（3＋2＋3＋4＋2＋1＋4＝19）与处理像元的值（5）相加等于 24（19＋5＝24）。因此，将输出栅格中与该处理像元位置相同的位置指定值为 24。

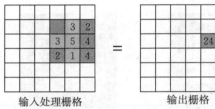

图 11.86　焦点统计原理图

### 2. 块统计

块统计工具可为一组固定的非叠置窗口或邻域中的输入像元计算统计数据（如最大值、最小值、平均值或总和），为单个邻域或块生成的结果将会分配给包含在指定邻域中的所有像元。图 11.87 演示了 $3 \times 3$ 领域块统计求最大值的处理过程。

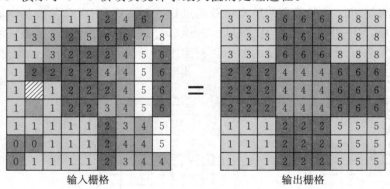

▨ 值＝NoData

图 11.87　块统计求最大值结果图

### 3. 滤波器

滤波器工具既可通过消除不必要的数据来提高栅格数据质量，也可用于提升数据中显示不明显的要素。滤波器分为两种类型：低通型和高通型。

滤波器以每个输入栅格像元上指定的 $3 \times 3$ 滤波器为中心，计算新的 $z$ 值。图 11.88 是滤波器结构图。

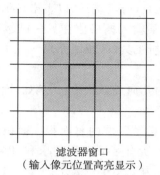

|    |    |    |
|----|----|----|
| z1 | z2 | z3 |
| z4 | z5 | z6 |
| z7 | z8 | z9 |

输入栅格

|    |    |    |
|----|----|----|
| f1 | f2 | f3 |
| f4 | f5 | f6 |
| f7 | f8 | f9 |

3×3滤波器

滤波器窗口
（输入像元位置高亮显示）

图 11.88　滤波器结构图

将滤波器中心（$z5$）作为处理像元的输出栅格像元,指定 $z$ 值的计算公式为

$$z = (z1 \times f1) + (z2 \times f2) + (z3 \times f3) + \cdots + (z9 \times f9)$$

当滤波器边缘的输入栅格像元有 NoData 值时,用中心像元的 $z$ 值替代缺失的 $z$ 值。

低通型滤波器通过减少局部变化和移除噪声来平滑数据。它用来计算每个 3×3 邻域的平均值,目的就是对每个邻域内的高数值和低数值进行平均处理,以减少数据中的极端值。使用"LOW"选项,在计算中心处理像元值时对 9 个输入 $z$ 值的实际加权是相等的,低通型滤波器的权重总和为 1.000。这可以确保表面在经过平滑处理后保持其常规高程。此时 LOW 选项的 3×3 滤波器为

|     |     |     |
|-----|-----|-----|
| 1/9 | 1/9 | 1/9 |
| 1/9 | 1/9 | 1/9 |
| 1/9 | 1/9 | 1/9 |

这里 1/9 约等于 0.11111。例如 $z1$ 至 $z9$ 的取值依次为 7、5、2、4、8、3、3、1、5 时(中心输入像元的值为 8),采用低通型滤波处理后,处理像元位置的输出值为 4.22($z5 = ((7 \times 1) + (5 \times 1) + (2 \times 1) + (4 \times 1) + (8 \times 1) + (3 \times 1) + (3 \times 1) + (1 \times 1) + (5 \times 1))/9$)。

高通型滤波器则着重强调某个像元值与其相邻像元值之间的相对差异。它的作用是突出要素之间的边界(如水体与森林的交界处),从而锐化对象之间的边缘,通常被称做边缘增强滤波器。使用"HIGH"选项的 3×3 滤波器为

|      |      |      |
|------|------|------|
| −0.7 | −1.0 | −0.7 |
| −1.0 | 6.8  | −1.0 |
| −0.7 | −1.0 | −0.7 |

由于核中的值归一化,因此它们合计为 0。当 $z1$ 至 $z9$ 的取值与上例相同时,采用高通滤波处理后,处理像元位置的输出值为 29.5($7 \times (−0.7) + 5 \times (−1) + 2 \times (−0.7) + 4 \times (−1) + 8 \times 6.8 + 3 \times (−1) + 3 \times (−0.7) + 1 \times (−1) + 5 \times (−0.7) = 29.5$)。

## 11.11.3　区域分析

区域分析工具可对属于输入区域的所有像元执行分析,并输出计算结果。区域既可以定义为具有特定值的单个区域,也可由具有相同值的多个区域组成。

区域分析工具分为以下几种类型:作用于区域形状的区域分析工具(分区几何统计、以表

格显示分区几何统计),作用于区域属性的区域分析工具(分区统计、以表格显示分区统计),确定区域中类的面积的区域分析工具(面积制表),确定某输入栅格值在另一区域中频数分布的区域分析工具(区域直方图),填充指定区域的区域分析工具(区域填充)。

### 1. 分区几何统计

分区几何统计工具可用于统计栅格中各个区域的几何或形状信息,例如,面积、周长、厚度和质心等。下面以面积为例说明分区几何统计方法。

对于输入栅格的各个区域而言,分区面积决定了各个区域的总面积。面积的大小通过构成区域的像元数量乘以当前像元大小来计算。计算出所有区域面积并求和,以便将其指定给输出栅格的区域中的各个像元。面积的计算结果以平方地图单位表示。

图 11.89 演示了利用分区几何统计进行面积分析的处理过程,像元大小为 1(例如,区域 1 有 5 个像元,故区域 1 的输出栅格面积为 5)。

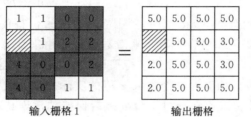

图 11.89　面积分析处理过程

### 2. 分区统计

分区统计即根据赋值栅格为每个区域计算统计数据。分区统计包括众数、最大值、均值、中位数、最小值、少数、范围、标准差、总和、变异度等。区域是指栅格中具有相同值的所有像元,无论这些像元连续与否。

图 11.90 演示了利用分区统计获取众数的处理过程。

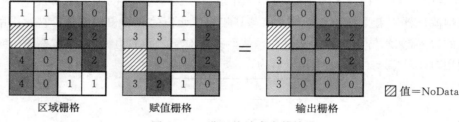

图 11.90　分区统计求众数结果

> **注意事项**
>
> 当区域中的众数值出现次数相等(如上例中区域栅格中值 0 和 1 都出现了 5 次)时,会将最小值指定为该区域中所有像元的输出值。

### 3. 面积制表

面积制表用于计算两个数据集之间交叉制表的区域并输出表。图 11.91 演示了面积制表的原理。

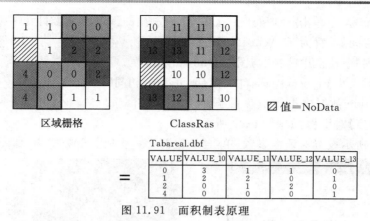

图 11.91 面积制表原理

# 11.12 实 例

## 11.12.1 学校选址

### 1. 背景

合理的学校位置有利于学生的学习与生活。学校的选址问题需要考虑很多因素,如地理位置、娱乐场所配置、与现有学校的距离间隔等。综合把握这些因素对确定学校位置具有重要影响。

### 2. 目的

通过练习,帮助学生熟悉 ArcGIS 栅格数据的欧氏距离制图、数据重分类等空间分析功能,能够解决类似选址等实际问题。

### 3. 数据

该实例数据位于随书光盘("…\chp11\Ex1"),请将数据拷贝到"C:\chp11\Ex1"目录。数据包括以下四个要素类:

(1)土地利用数据(landuse)。

(2)地面高程数据(elevation)。

(3)娱乐场所分布数据(rec_sites)。

(4)现有学校分布数据(schools)。

### 4. 任务

(1)新学校选址需注意以下几点:

——地势平坦。

——结合土地利用数据,选址成本较低的区域。

——距离娱乐场所越近越好。

——距离现有学校较远。

(2)各数据层权重比为:距离娱乐设施占 0.5,距现有学校距离占 0.25,土地利用类型和地形因素各占 0.125。

(3)结合坡度计算、欧氏距离制图、重分类和栅格计算器等功能,给出分析结果图。

### 5. 操作步骤

启动 ArcMap,打开 Ex1.mxd 地图文档(位于"C:\chp11\Ex1\data"),加载上述 4 个要素类。

（1）设置分析环境。单击【地理处理】→【环境】，在弹出的【环境设置】对话框中设置相关参数。

——【工作空间】设置为"C:\chp11\Ex1\result"。

——在【范围】下拉框中选择"与图层 landuse 相同"。

——在【像元大小】下拉框中选择"与图层 landuse 相同"。

（2）从 elevation 数据中提出坡度数据集。双击【Spatial Analyst 工具】→【表面分析】→【坡度】，打开【坡度】对话框，如图 11.92 所示。

按图 11.92 所示设置对话框参数，单击【确定】按钮，生成坡度数据集，如图 11.93 所示。

图 11.92 【坡度】对话框

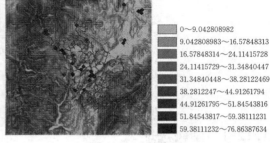
图 11.93 坡度图

（3）从 rec_sites 数据中提取娱乐场所欧氏距离数据。双击【Spatial Analyst 工具】→【距离分析】→【欧氏距离】，打开【欧氏距离】对话框，如图 11.94 所示。

按图 11.94 设置对话框参数，单击【确定】按钮，生成欧氏距离数据集，如图 11.95 所示。

图 11.94 【欧氏距离】对话框

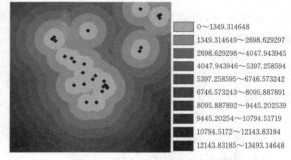
图 11.95 娱乐场所欧氏距离图

（4）从现有学校位置数据 schools 中提取学校欧氏距离数据集。双击【Spatial Analyst 工具】→【距离分析】→【欧氏距离】，打开【欧氏距离】对话框，如图 11.96 所示。

按图 11.96 设置对话框参数，单击【确定】按钮，生成欧氏距离数据集，如图 11.97 所示。

图 11.96 【欧氏距离】对话框

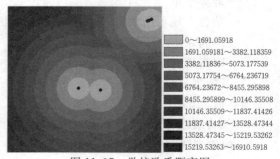
图 11.97 学校欧氏距离图

(5) 重分类数据集。

——重分类坡度数据集。将学校的位置设置在平坦的地区比较有利,因此,采用等间距分级把坡度分为 10 级。平坦的地方适宜性好,赋予较大的值,陡峭的地区赋予较小的值,从而得到重分类坡度数据集,如图 11.98 所示。

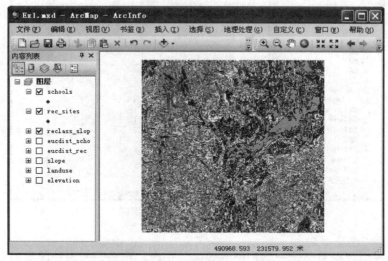

图 11.98　重分类坡度图

——重分类娱乐场所欧氏距离数据集。考虑新学校距离娱乐场所比较近时较好,采用等间距分为 10 类,距离娱乐场所最近的赋值为 10,距离最远的赋值为 1。得到重分类娱乐场所欧氏距离数据集,如图 11.99 所示。

——重分类现有学校欧氏距离数据集。考虑新学校距离现有学校越远越好,将欧氏距离分为 10 级,距离学校最远的赋值为 10,最近的赋值为 1。得到重分类学校欧氏距离数据集,如图 11.100 所示。

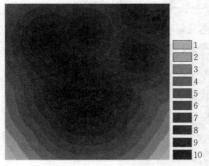

图 11.99　重分类娱乐场所距离图

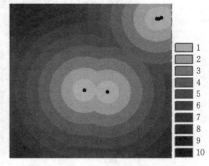

图 11.100　重分类学校距离图

——重分类土地利用数据集。在考察土地利用数据时,可以发现不同的土地类型对学校的选址也存在一定影响。如水体、湿地分布区均不适合建造学校,于是在重分类时删除这两项。

在【重分类】→【重分类】对话框中选择"Wetlands"、"Water",单击【删除条目】,将这两项删除。然后根据用地类型给 Barren land、Forest、Brush/transitional、Built up 和 Agriculture

分别赋予值 2、4、6、8、10，得到重分类土地利用图，如图 11.101 所示。

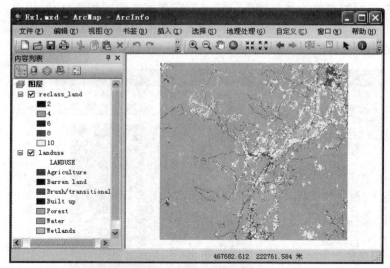

图 11.101　重分类土地利用图

（6）适宜区域分析。

重分类后，各个数据集都统一到相同的等级体系内。现在根据四种因素的不同权重，合并数据集以找出最适宜的位置。

双击【地图代数】→【栅格计算器】，对重分类后的 4 个数据集进行合并运算，计算公式为

$$Suit(适宜性) = 重分类娱乐场所距离 \times 0.5 + 重分类学校距离 \times 0.25 + 重分类坡度 \times 0.125 + 重分类土地利用 \times 0.125$$

得到结果后进行重分类，分为 10 类，将大于 9 的区域提出来，确定其为最佳位置，如图 11.102 所示，等级为 10 的区域为最佳学校修建地址。

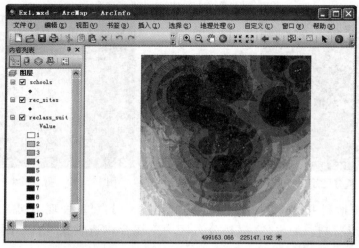

图 11.102　学校选址结果

## 11.12.2　最短路径

### 1．背景

选择最优的路线设计能极大地降低成本,提高道路通行能力和安全性。为了节省成本,要根据地形条件进行设计。本例对路径选择问题进行详细分析,确定最佳路径。

### 2．目的

通过练习,熟悉 ArcGIS 栅格数据的坡度计算、成本距离、成本路径、栅格计算器等操作,能够分析和处理类似寻找最佳路径的实际应用问题。

### 3．数据

该实例数据位于随书光盘("…\chp11\Ex2"),请将数据拷贝到"C:\chp11\Ex2"。数据包括以下 4 个要素类:

(1)地面高程数据(elevation)。

(2)土地利用数据(landuse)。

(3)目标数据(start)。

(4)源数据(destination)。

### 4．任务

(1)新建路径成本较少。

(2)新建路径为较短路径。

(3)新建路径的成本因素将同时考虑坡度数据和土地利用数据,将二者按照 0.6∶0.4 的权重进行合并,公式描述如下

$$成本=重分类坡度×0.6+重分类土地利用×0.4$$

(4)运用空间分析中的坡度计算、成本距离、成本路径、栅格计算器等工具完成分析。

(5)找到最佳路径。

### 5．操作步骤

启动 ArcMap,打开 Ex2.mxd 地图文档(位于"C:\chp11\Ex2\data"),加载 4 个要素类。

(1)设置分析环境。双击【地理处理】→【环境】,在弹出的【环境设置】对话框中设置相关参数。

——【工作空间】设置为"C:\chp11\Ex2\result"。

——在【范围】下拉框中选择"与图层 landuse 相同"。

——在【像元大小】下拉框中选择"与图层 landuse 相同"。

(2)创建成本数据集。

——坡度成本数据集。从 elevation 数据中提出坡度数据集。双击【Spatial Analyst 工具】→【表面分析】→【坡度】,生成坡度数据集。选择坡度数据集,进行重分类,得到重分类坡度数据,如图 11.103 所示。原则是采用等间距分为 10 级,坡度最小的赋值为 1,最大的赋值为 10。

——土地利用成本数据集。在考虑土地利用数据时,发现不同的土地类型对路径的选择、道路花费存在很大的影响。如在水体、湿地分布区修建道路花费较大,于是在重分类时根据用地类型给 Agriculture、Built up、Brush/transitional、Forest、Barren land、Wetlands 和 Water 分别赋予值 1~7,得到重分类土地利用数据集,如图 11.104 所示。

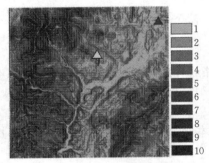

图 11.103 重分类坡度数据

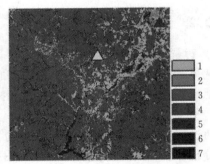

图 11.104 重分类土地利用数据

——合并单因素成本数据,生成最终成本数据。双击【地图代数】→【栅格计算器】,对重分类后的两个数据集进行合并运算,计算公式如下

$$成本=重分类坡度\times0.6+重分类土地利用\times0.4$$

得到最终成本数据集,如图 11.105 所示。

(3)计算成本距离。双击【Spatial Analyst 工具】→【距离分析】→【成本距离】,打开【成本距离】对话框,如图 11.106 所示。

图 11.105 最终成本数据

图 11.106 【成本距离】对话框

按图 11.106 设置对话框参数,单击【确定】按钮,生成成本距离图(图 11.107)和回溯链接图(图 11.108)。

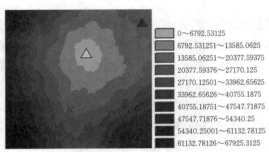

图 11.107 成本距离

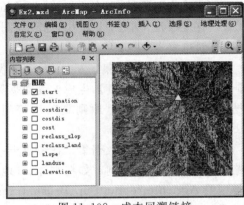

图 11.108 成本回溯链接

(4)求最短路径。双击【Spatial Analyst 工具】→【距离分析】→【成本路径】,打开【成本路径】对话框,如图 11.109 所示。

按图 11.109 设置对话框参数,单击【确定】按钮,生成最佳路径图,如图 11.110 所示。

图 11.109　【成本路径】对话框

图 11.110　最佳路径图

## 11.12.3　人口密度制图

### 1. 背景

人口密度是指单位土地面积上居住的人口数,通常以每平方千米或每公顷内的常住人口为计算单位。人口密度同资源、经济紧密结合,因此,科学准确地分析人口密度的分布情况,对合理制定经济政策、配置资源具有重要意义。

### 2. 目的

通过练习,熟悉 ArcGIS 密度分析的原理及差异性,掌握如何根据实际采样数据特点,结合 ArcGIS 提供的密度分析功能,制作符合要求的密度图。

### 3. 数据

该实例数据位于随书光盘("…\chp11\Ex3"),请将数据拷贝到"C:\chp11\Ex3"。数据包括以下两个要素类:

(1)人口调查数据(population)。

(2)道路数据(road)。

### 4. 要求

(1)利用密度分析工具,生成一个密度表面图,掌握人口数的分布情况。

(2)对核密度分析和简单密度分析结果进行比较,寻找二者的差异。

### 5. 操作步骤

启动 ArcMap,打开 Ex3.mxd 地图文档(位于"C:\chp11\Ex3\data"),加载两个要素类。

(1)设置分析环境。单击【地理处理】→【环境】,在弹出的【环境设置】对话框中设置相关参数。

——【工作空间】设置为"C:\chp11\Ex3\result"。

——在【范围】下拉框中选择"与图层道路相同"。

——在【像元大小】下拉框中选择"如下面的指定",在文本框中输入"50"。

375

（2）双击【图层】，调出【数据框属性】对话框，单击【常规】标签，切换到【常规】选项卡，在【单位】定义区将【地图】和【显示】的单位改为"米"，单击【确定】按钮，完成设置。

（3）双击【Spatial Analyst 工具】→【密度分析】→【核密度分析】，打开【核密度分析】对话框，参考图 11.9 设置对话框参数。

单击【确定】按钮，生成核密度分析结果图，如图 11.111 所示。

（4）双击【Spatial Analyst 工具】→【密度分析】→【点密度分析】，打开【点密度分析】对话框，如图 11.112 所示。

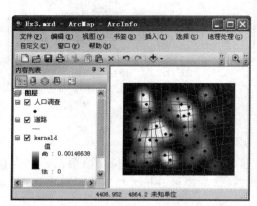

图 11.111 核密度分析产生的人口密度图　　　　　图 11.112 【点密度分析】对话框

按照图 11.112 设置对话框参数，单击【确定】按钮，生成点密度分析结果图，如图 11.113 所示。

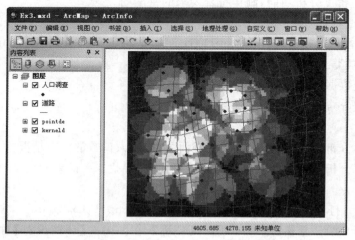

图 11.113 点密度分析产生的人口密度图

对比图 11.112 和图 11.113 可以看出：在核密度分析中，距离样本点越近，像元密度越大；距离越远，像元密度越小。而在点密度分析中，每个样本点周围的像元密度是相同的。因此，在实际应用中，应该根据采样数据的特点，结合分析的目的，选取合适的方法。

# 第 12 章　网络分析

　　网络分析是 ArcGIS 提供的重要的空间分析功能,利用它可以模拟现实世界的网络问题。如从网络数据中寻找多个地点之间的最优路径,确定网络中资源的流动方向、资源配置和网络服务范围等。ArcGIS 使用几何网络分析和基于网络数据集的网络分析两种模式来实现不同网络分析功能。本章介绍 ArcGIS 中的网络要素,几何网络分析的功能及步骤,网络数据集的建立过程、分析功能及步骤等。最后以天然气管网和交通网络两种不同网络为例,给出网络分析的过程。

## 12.1　网络简介

　　网络是图论和运筹学中的一个数学模型,通常用来研究资源在不同地点之间的流动,由结点和弧组成。结点用于模拟资源需要停靠的地点,弧用于模拟从一个结点到另一个结点的连接,也可以描述在两个结点之间进行传输所花费的成本,如时间、距离等。

　　现实世界中多种网络关系可以抽象为网络。道路网被抽象为交通网络,河流水系被抽象为河流网络,自来水管道被抽象为管网网络,如图 12.1 所示。ArcGIS 使用地理网络模型来对现实世界中的各种地理网络关系进行模拟。

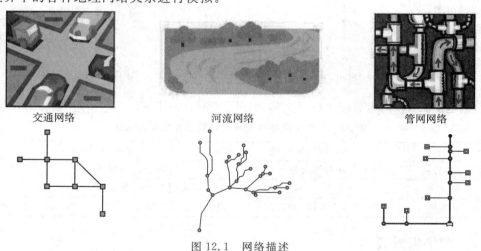

交通网络　　　　　　河流网络　　　　　　管网网络

图 12.1　网络描述

### 12.1.1　ArcGIS 中地理网络的分类

　　根据地理网络中资源流动方向是否确定,ArcGIS 中将地理网络模型分为两种:几何网络模型和网络数据集模型。

　　在几何网络模型中,资源只能按照约定的方向流动,即资源本身不能决定自己的流动方向,需要受网络本身设置的影响,这是区别于网络数据集模型最根本的地方。正因为如此,可使用几何网络模型来模拟供水、排水、电力等管网网络。如图 12.2 所示,自来水管网网络中水流的流动由主干线经由主干线阀门流向下面的各个支线,最终到达用户家中,水流不能决定自己的流向,只能由管网网络的主干线接头和水表来确定水流的流向。利用地理数据库中的要素数据集可建立几何网络,利用【几何网络编辑】和【几何网络分析】工具条中的工具可进行几何网络的编辑和分析。

在网络数据集模型中,可自由改变资源流动的方向、速度及终点等,如驾驶员可选择行车路线、行驶速度和停车位置来模拟交通网络。如图 12.3 所示,从购物中心出来的顾客在十字路口的行驶方向是不确定的,顾客可根据自己的需要决定车辆行驶方向,如右转去加油站,或直行去市政府等。可对网络数据集建立一定的规则来更好地模拟现实中的交通网络,如设置某一条路为单行线,使该路不可以被反向穿过。利用地理数据库中的要素数据集或 Shapefile 工作空间中的 Shapefile 文件可建立网络数据集,利用【网络分析】工具条中的工具可进行网络数据集的分析。

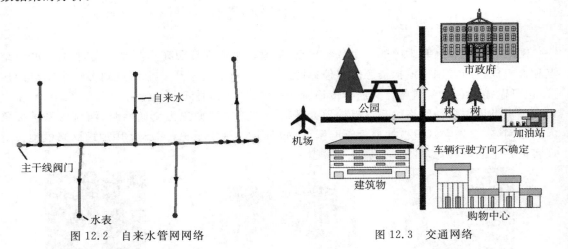

图 12.2　自来水管网网络　　　　　图 12.3　交通网络

几何网络模型和网络数据集模型之间的异同如表 12.1 所示。

表 12.1　几何网络模型和网络数据集模型的区别

| | 几何网络模型 | 网络数据集模型 |
| --- | --- | --- |
| 适用的分析 | 适用于管网网络分析 | 适用于交通网络分析 |
| 资源流向 | 由网络决定 | 用户自己决定 |
| 复杂程度 | 比较简单,不支持转弯,仅支持单模型 | 比较复杂,支持转弯等,支持多模型 |

## 12.1.2　网络组成要素

在 ArcGIS 中,地理网络模型由边和交汇点两种基本要素组成。边用来模拟街道、管网、输电线等传输资源的线状地物;交汇点用来描述路口、接口、阀门等点状地物。边和边通过交汇点连接,资源经过交汇点由一条边传向另一条边。

根据网络要素的功能、作用和特性,结合实际应用的需求,将构成地理网络的元素细分为以下几种:网络边、结点、拐角、中心、站点、障碍、资源、权值等,如图 12.4 所示。这些网络元素的基本属性通常包括:网络边的阻碍强度、资源需求量以及约束条件等。

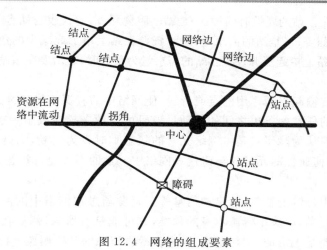

图 12.4 网络的组成要素

### 1．网络边

网络边是构成网络模型的主要框架,对应着网络中的各种线性要素,通常用中心线代表地理实体和现象本身,地理实体和现象的基本属性也存储在中心线上。网络边可以表示的对象有很多种,如公路、铁路、输电线、航空线等。

网络会描述网络边的图形信息和属性信息。它的属性信息包括三种:一是网络边的阻碍强度,即经过这条网络边所耗费的时间或费用等;二是网络边的资源需求量,即沿该网络边需要达到的资源总量,如水流量等;三是网络边的约束条件,即对现实网络中资源运输所经过的线状要素的要求,如隧道的高度限制等。

### 2．结点

网络边的两个端点称为网络结点,网络中边与边之间通过结点相连。结点根据它在网络中的角色或与它相连的边属性而具有某些特定属性,如在道路的交叉路口处具有穿过路口的时间属性等。

### 3．拐角

拐角(转弯)是对网络边中结点处资源流动的可能性描述。资源沿着一条网络边流到某一结点后,在约束条件允许范围内,可逆向返回,也可流向与该点相连的其他网络边。与网络的其他元素不同,拐角表示网络边之间的关系,而不是现实世界实体的抽象。但在现实网络中,拐角对资源的流动有很大影响,如在十字路口处禁止车辆左拐等。

拐角描述了网络中相互连接的网络边在结点处的关系。拐角的主要属性是拐角的阻碍强度,表示在一个结点处,资源流向某一条边所需的时间或费用。当阻碍强度值为负数时,表示资源禁止流向该边。

### 4．中心

中心是网络中具有一定的容量并能够从网络边上获取资源或分发资源的结点所在的位置。中心的属性有两种:中心的资源容量和中心的阻碍限度。中心的资源容量是从其他中心流向该中心或者从该中心流向其他中心的资源总量。

### 5．站点

站点(站)是资源在地理网络中传输的起点和终点,在网络上传输的物质、能量和信息都是从一个站出发,到达另一个站的。站是具有指定属性的网络元素,在最优路径分析和资源分配中都要用到站的属性。站的属性有两种：一是站的阻碍强度，它代表与站有关的费用或阻碍，例如排队等待、停滞时间等；二是站的需求量，表示资源在站上增加或减少的数量。站的需求量为正数时，表示将在该站上拾起资源；反之，站的需求量为负数时，表示要在该站上卸下资源。

### 6. 障碍

障碍是对资源传输起阻断作用的点或者线，使网络中的资源不能通过这些结点或边，阻碍了资源在与其相连的任意两条边之间的流动。障碍可以用来描述战争中被毁坏的桥梁、禁止通行的关口等。一般认为障碍只是将网络元素的状态临时设为阻断，它既不是边要素也不是交点要素，是不带任何属性的元素。障碍代表网络中元素的不可通行状态。

### 7. 资源

资源是在网络中传输的物质、能量和信息等。资源通过在网络中的流动来实现传输和分配。资源的属性很复杂，取决于资源本身的种类，它可能是有形的，例如在网络上流动的各种车辆、货物等；也可能是无形的，例如电流、信息流等。资源的某些属性直接和网络的某些性质发生作用，影响其在网络中的流动。例如，桥梁限制通过车辆的载重量，天桥限制其下面通行车辆的高度等。网络上还存在一些其他的人为限制，例如规定 6 时至 24 时不许货车通过长江大桥，车牌尾数为奇数的车辆不允许在日期为偶数的时间内通过长江大桥等。资源的属性和网络通行规则的联合作用将直接影响资源在网络中的流动情况，这是网络分析常常被忽视的地方，在网络建模时必须予以重视。

### 8. 权值

边和交点可以包含任意数量的权值，权值主要用于存储穿过一条边或通过一个交点时所需要的开销，一种典型的权值是边的长度。权值可能是固定值也可能是动态变化的，如上下班高峰期道路容易拥塞，道路通行能力低，而其他时间通行能力则相对强一些。

# 12.2 几何网络分析

## 12.2.1 几何网络

几何网络是地理数据库中一种特殊的数据类型，由网络要素构成，这些要素被限制在网络内，地理数据库自动对几何网络中网络要素间的拓扑关系进行维护。几何网络的连通性是以几何一致性为基础的，因此叫做几何网络。

### 1. 几何网络中的特殊定义

(1)源和汇：源是资源流动的起点，汇是资源流动的终点，又称为宿。网络中的物质、能量、信息等流动的方向是从源到汇的。几何网络中的点要素可以作为源或汇。

(2)网络权重：网络权重是根据要素的某些属性来计算的，权重可与多个要素类相关，一个网络可以有多个权重。

(3)有效和无效要素：几何网络中任何一个边或交汇点要素在网络中可以是有效的，也可以是无效的。当一个元素无效时，它与周围要素都是不连通的，不能参与几何网络分析。

### 2. 几何网络分析的基本步骤

1)建立几何网络

可用已有的数据类或者存储参与几何网络构建的空要素类来建立几何网络，包括点要素、线要素等，这些要素必须放在同一个要素数据集中。

2）设置几何网络的连通性

根据参与几何网络的要素类之间的连通关系对几何网络设置连通性规则,用以约束几何网络的编辑。

3）编辑几何网络

对几何网络进行修改,包括新建网络要素、连通性的变更、添加权重等。

4）执行网络分析任务

在几何网络上添加标记点,选择分析任务类型,执行分析任务。

## 12.2.2　几何网络的构建

### 1. 建立网络

几何网络是要素数据集中要素类集合之间的拓扑关系,几何网络中的每一个要素有两个角色,即边或交汇点。建立一个几何网络首先要确定哪些要素类参与网络,这些要素类扮演什么角色,并需要指定一系列的权重参数,以及其他一些更高级的参数。

【构建几何网络向导】（下文简称【向导】）将检查要素数据集中一组要素类的连通性,并将这些要素类的类型从简单要素（线和点）升级为网络要素（边和交汇点）。构建几何网络时,要素数据集中必须已存在这些要素类,这些要素类可以为空,在网络构建完成后,可以添加新的网络要素。

在几何网络建立过程中,参与构建几何网络的点要素被称为非孤立交汇点要素,在线要素类中没有点要素的结点处会自动创建孤立交汇点要素,并存储在由【向导】自动创建的孤立交汇点类中,这个类的名称为"几何网络名称_junction"。

建立网络的操作步骤如下:

（1）启动 ArcMap,打开地图文档 gas_network. mxd（位于"…\chp12\创建几何网络\data"）。在目录中,找到 gas_network 要素数据集（位于"…\chp12\创建几何网络\data\gas. mdb"）,右击该要素数据集,再单击【新建】→【几何网络】,打开【新建几何网络】对话框,如图 12.5 所示。单击【下一步】按钮,进入图 12.6 所示对话框。

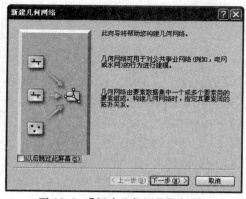

图 12.5　【新建几何网络】对话框

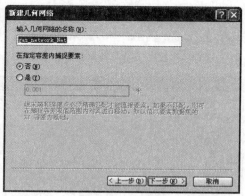

图 12.6　几何网络名称及捕捉容差设置

（2）在【输入几何网络的名称】文本框中输入几何网络的名称,并设置捕捉容差。捕捉容差是指据此将在一定限度内的网络要素捕捉到一起。单击【下一步】按钮,进入图 12.7 所示对话框。

（3）选择参与构建几何网络的要素类,如果有不可用的要素类,可以单击【不可用】查看当前要素数据集中不可用来构建几何网络的要素类及其原因。单击【下一步】按钮,进入图 12.8 所示对话框。

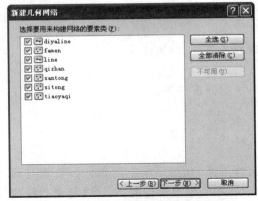

图 12.7　几何网络参与要素类选择

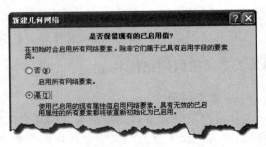

图 12.8　几何网络构建已启用值选择

(4)选择是否保留现有的已启用值,选择【否】,将把所有要素类的 ENABLED 字段值设置为 True,选择【是】,则保留要素类的 ENABLED 字段值。单击【下一步】按钮,进入图 12.9 所示对话框。

(5)为参与几何网络的要素类设置角色,线要素类可以设置为复杂边或简单边,点要素类可以设置为源或汇。单击【下一步】按钮,进入图 12.10 所示对话框。

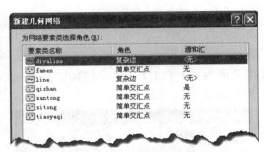

图 12.9　几何网络参与要素类的角色设置

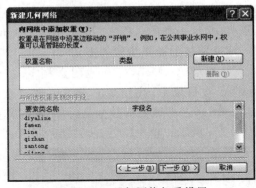

图 12.10　几何网络权重设置

(6)单击【新建】按钮,可以为网络添加新的权重,其中权重的类型必须与要素类参与表达权重的字段类型相一致。单击【下一步】按钮,进入图 12.11 所示对话框。

(7)几何网络设置完成后,则会进入图 12.11 所示界面,显示对几何网络设置的总体描述,如果不对几何网络设置进行修改,则可以单击【完成】按钮,完成几何网络的设置,开始构建几何网络。如果需要修改,可以单击【上一步】按钮,回退到相应页面进行修改。

图 12.11　几何网络构建总述

**注意事项**

a）参加几何网络构建的要素类数据必须统一放在一个要素数据集下。

b）ArcGIS 10.0 之前的版本中可以新建空的几何网络，在 ArcGIS 10.0 中不支持建空的几何网络，所有几何网络的建立必须在已有的要素数据集的基础上建立。

c）新建几何网络向导可以自动调整输入要素类的要素，以正确捕捉到连接的要素，捕捉容差为要素数据集空间参考的 $x$、$y$ 容差。

d）如果出现"几何网络已构建，但存在构建错误"提示时，可以在构建几何网络的网络数据集所在的地理数据库下存在的网络构建错误表中查询错误信息。网络构建错误表名字是"[几何网络名]_Net_ BUILDERR"，该表会列出每个错误的对象 ID、类 ID 和错误类型。常见的错误代码有：11 表示要素的几何具有多部分，16 表示交汇点没有连接到其他任何边要素。

**2．网络连通性规则的设置**

几何网络中的连通性规则用于保持网络要素的完整性。在任何时候，可有选择地验证数据库中的要素，并形成报告说明网络中的哪些要素违背了某个连通性规则。

连通性规则主要有两种类型：边—交汇点规则和边—边规则。边—交汇点规则可以对连接到该边的交汇点的类型及数目进行约束，如可以限制连接到消防水管的消防栓的类型和数量等。边—边规则可以对边和边之间的连接及对它们的公共结点进行约束，如可以限制消防水管和主干线必须通过某特定阀门来连接。边—边规则总是包含一个公共结点，或者是参与几何网络的点网络要素，或者是几何网络构建过程中产生的交汇点要素类中的点要素（要素类名称为"几何网络名称_Junction"）。

为了更好地建立几何网络规则，可以通过建立子类型的方法对几何网络要素类中的要素进行分类。ArcCatalog 通过修改几何网络特征建立和修改网络的连接规则。可在两个要素类之间建立连接规则，也可在一个要素类和另一个要素类的子类型，或者一个要素类的子类型与另一个要素类的子类型之间，甚至一个要素类的子类型之间建立连接规则。

网络连通性规则设置的操作步骤如下：

（1）启动 ArcMap，打开地图文档 gas_network. mxd（位于"…\chp12\几何网络连通性设置\data"），在目录中找到新建的几何网络 gas_network_Net，右击几何网络，单击【属性】，打开【几何网络属性】对话框，切换到【连通性】选项卡，如图 12.12 所示。

（2）在【连通性】选项卡中，设置几何网络要素类的连通性。

（3）单击【连通性规则（要素类）】下拉框选择"diyaline"，在【此要素类中的子类型】列表框中选择"diyaline"，在【网络中的子类型】中选择"line"要素类下的"line"类型，在右侧的【连接点子类型】中选择"tiaoyaqi"类型中的"tiaoyaqi"，从而完成了燃气管网系统中的低压管线和主管线之间的连通性规则，设置两者需通过调压器来进行连接。最终设置结果如图 12.12 所示。

（4）在【连通性规则（要素类）】下拉框中选择"santong"，在【此要素类中的子类型中】列表框中选择"santong"，在【网络中的子类型】中选择"diyaline"要素类下的"diyaline"类型，在右侧的【基数】区域中选中【指定连接点可连接的边数】复选框，先设置最大值为"3"，再设置最小值为"3"，从而完成管网系统中三通与管线的连通性规则，设置三通必须连接 3 条管线。也可以选择【指定边可连接的连接点数】来限制边可以连接的连接点的数目。

（5）依次对 sitong、tiaoyaqi、line 进行连通性规则设置，单击【确定】按钮，完成对几何网络连通性规则的设置。

图 12.12　几何网络连通性规则设置

**注意事项**

　　a)连通性规则一般用来在几何网络新建数据时辅助编辑，可以用来校验已有数据连通性是否正确，不能改变或限制网络要素间的连通性。连通性规则辅助编辑是指对参与几何网络的要素类进行编辑时，如果设置了连通性规则，例如对 gas_network 要素数据集中的 diyaline 要素类进行编辑时，如要新建一条与 line 要素类中要素相连的 diyaline 的要素时，则会在两条要素相连的位置处自动创建一个要素，该要素属于 tiaoyaqi 图层。

　　b)可使用多个相同类型的要素类来构建几何网络并设置连通性规则，但最好使用子类型来辅助设置连通性规则。

　　c)连通性规则设置是双向的，即如果设置了 diyaline 和 line 的连通性规则，则自动设置了 line 和 diyaline 的连通性规则。

### 3. 网络数据的符号化

网络数据的符号化可根据不同的字段值进行符号化，从而直观地显示网络要素类中的要素属性，如通过 ENABLED 字段进行符号化可以明显地区分哪些要素是可运行的，哪些要素是不可运行的。网络数据的符号化的操作步骤如下：

（1）右击需要符号化的图层，单击【📁属性】，打开【图层属性】对话框。

（2）切换到【符号系统】选项卡，在【显示】列表框中的【类别】下单击【唯一值】。

（3）单击【值字段】列表框，选择属性字段"ENABLED"，单击【添加所有值】按钮。

（4）在【符号】列表栏中双击符号图标，打开【符号选择器】对话框，在该对话框中选择合适的符号对要素进行显示。

（5）单击【确定】按钮,完成对几何网络的符号化。

### 4．几何网络的编辑

#### 1）几何网络编辑工具条

【几何网络编辑】工具条是对几何网络进行编辑和验证的工具集合,用于对几何网络进行编辑,如修改几何网络要素的连通性等,编辑完成后可对几何网络进行验证,以方便修改几何网络。在 ArcMap 主菜单中单击【自定义】→【工具条】→【几何网络编辑】工具条,加载【几何网络编辑】工具条,如图 12.13 所示,编辑工具简介见表 12.2。

图 12.13　【几何网络编辑】工具条

表 12.2　几何网络编辑工具描述

| 图标 | 名　称 | 功能描述 |
|---|---|---|
| ⟐ | 连接 | 新建网络要素与周围要素的连通性 |
| ⤬ | 断开连接 | 断开网络要素与周围要素的连通性。可用于移动某一网络要素而不移动与其相连要素的情形 |
| ◤ | 重新构建连通性 | 修复边线和交汇点之间的连通性。可用于修复较小区域内几何位置与网络连通性之间的任何局部不一致 |
| ╫ | 修复连通性 | 修复网络连通性错误,如连通性不一致、网络元素缺少 ID 等 |
| ✓ | 验证连通性命令 | 验证当前网络的连通性是否存在错误 |
| ☑ | 验证网络要素几何工具 | 验证网络要素是否有几何错误。可以先单击工具,再选择要验证的网络对象 |
| ✓ | 验证网络要素几何命令 | 验证全部网络要素是否有几何错误。该工具在检查是否存在空几何对象时十分有用 |
| 📋 | 网络构建出错 | 识别非法要素,如零长度要素、具有多部分几何的要素等 |

#### 2）网络要素的添加与删除

几何网络允许先新建空要素类,然后构建几何网络,再在设置连通性规则后对空要素类进行编辑,这样可以对参与几何网络的要素实施很好的规范,确保几何网络构建的准确性。

对于参与几何网络的要素类进行编辑,具体的操作步骤与普通要素类的编辑类似,但是有一些特殊的规则限制:

（1）必须符合连通性规则的限制。

（2）移动交汇点时,和该交汇点相连接的边要素也会移动,以保证连通性的完整。如果将孤立交汇点移动到边要素上或者其他交汇点处,则与其连接的边要素相互之间实现连通。如果将非孤立交汇点移动到边要素上或者其他交汇点处,除非将其移到孤立交汇点处;否则与其相连的边要素始终不与另一条边要素或者与另一个非孤立交汇点相连接的边要素实现连通。如果不需要改变与其相连的要素,则需要先使用【几何网络编辑】工具条中的断开连接工具,断开网络要素与周围要素的连通。

（3）在孤立交汇点处创建非孤立交汇点要素,会自动将非孤立交汇点要素替代孤立交汇点要素。当删除非孤立交汇点时,则会自动创建孤立交汇点;删除孤立交汇点时,若与其相连的边是简单边,则会自动删除与孤立交汇点相连接的边要素。删除边,交汇点不会受到影响。

3）网络要素连通性的编辑

地理实体的联系往往会发生一定的变化,因此需要对网络要素的连通性进行改变。如自来水管道的一部分进行维修时,水流不能通行,则需要解除该管道与其他管道之间的联系。解除连通性只是解除它与周围管道之间的连通性,并不会在要素类中将其删除,新建连通性则是将要素与周围要素连接在一起,建立新的空间关联。

网络要素连通性编辑的操作步骤如下:

(1)加载【几何网络编辑】工具条。

(2)在【编辑器】工具条中,单击【编辑器】→【✏开始编辑】,启动编辑。

(3)单击想要变更连通性的要素,当新建连通性时,在【几何网络编辑】工具条中单击【连接】工具即可改变要素的连通性,当删除连通性时,可使用【断开连接】工具。

(4)单击【编辑器】→【💾保存编辑内容】,保存编辑结果。

4）网络要素属性编辑

网络要素中点要素的源和汇信息被存储在该要素类的 AncillaryRole 字段中,它有三个选项:Source、Sink 和 None,分别表示交汇点要素的要素为源、汇或两者都不是。在新建几何网络的过程中,如果给某点要素类角色设置为“源“或“汇”,则会自动向该要素类添加 Ancillary Role 字段。描述网络要素是否有效用 ENABLED 属性字段判断,它有两个选项:True 和 False,分别表示网络要素是有效要素还是无效要素,在新建几何网络的过程中,这个字段会自动添加到输入要素类中。

网络要素属性编辑的操作步骤同要素的属性编辑步骤。网络要素的属性可在创建几何网络之前进行编辑,也可在几何网络创建之后进行编辑。在创建几何网络之前对网络要素进行编辑需要保证属性字段名称、属性域一致。对于表示网络源和汇的点要素类数据,需要在几何网络的创建过程中指定点要素类的角色为【源和汇】,而对于网络要素的 ENABLED 字段值,需要选择保留现有的已启用值。

5）网络权重编辑

在【几何网络属性】对话框的【权重】选项卡中可以添加几何网络权重,添加权重必须与几何网络中的一个字段相关联,权重添加完成后无法更改与其相关联的字段。删除网络权重需要删除并重新构建几何网络。网络权重编辑的操作步骤如下:

(1)在 ArcMap 右侧的目录中找到新建的几何网络 gas_network_Net,右击几何网络,单击【📁属性】,打开【几何网络属性】对话框。

(2)切换到【权重】选项卡,可以查看几何网络中的权重信息,单击【新建】按钮,打开【添加新权重】对话框,如图 12.14 所示。

(3)在【名称】中输入几何网络权重名称。在【类型】下拉框中选择权重的类型,类型要和权重所要关联的字段的类型一致。单击【确定】按钮。

(4)选中新添加的权重,在下方的【与所选权重关联的字段】列表框中,设置不同要素类与该权重相关联的字段,如图 12.15 所示。

(5)字段选取完后,单击【确定】按钮,权重将添加到几何网络。

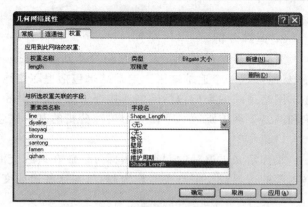

图 12.14 几何网络【添加新权重】对话框　　　　图 12.15 几何网络权重关联字段设置

### 12.2.3 几何网络分析的类型

几何网络分析是在几何网络模型基础上进行的网络分析,主要用于分析以下任务:

(1)流向分析。分析几何网络模型中的资源流向,并给予明确的显示。

(2)追踪分析。对几何网络模型中的资源流动进行追踪,用来确定资源从一个站点到另一个站点的流动路径等。

#### 1. 流向分析

ArcGIS 的流向分析功能明确显示几何网络中资源的流向。例如,自来水管道中水流在某一管道上的流向,输电线网络中某一条输电线上电流的输送方向等。它可以很好地模拟现实世界中资源在管网上的流动。

网络中的流向取决于网络的连通性、源和汇的网络位置、要素的可运行性等条件。在网络中确定源和汇就可以确定网络边的流向(对于环状网络,环网的流向分析需结合具体管网的业务数据,如压力、流速和流量等计算而得)。在排水管网网络中,在特定的位置和时间,水流会根据管线埋设的海拔高度呈自然流向的特点,由于几何网络不支持高程字段,则忽略此特点。

网络边的流向分为三类,如图 12.16 所示。

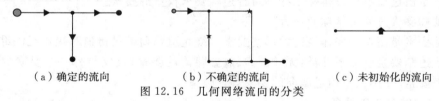

（a）确定的流向　　　　　（b）不确定的流向　　　　（c）未初始化的流向
图 12.16 几何网络流向的分类

1)确定的流向

如果边界的流向可以根据网络连通性、源和汇的网络位置、要素的有效或无效状态等唯一确定,则要素具有确定的流向。

2)不确定的流向

当流向不能根据网络连接性、源和汇的网络位置、要素的有效或无效状态等唯一确定时,就会出现不确定流向。不确定流向一般出现在构成环路或闭路的边界上,也可能出现在流向由多源或汇确定的边界上。

3)未初始化的流向

未初始化流向出现在网络中与源或汇隔离的边界上。如果边界没有与源或汇形成拓扑连接，或边界只是通过无效要素与源或汇连接，都会产生未初始化的流向。

### 2. 追踪分析

追踪分析是在网络要素连通性的基础上，根据一定的目的，对几何网络中的要素进行选择，从而形成一个追踪结果。追踪结果包括追踪路线上的一些网络要素，这些网络要素彼此相连。网络追踪的类型包括网络连接要素分析、公共祖先追踪分析、网络环路分析、网络上溯追踪和网络下溯追踪等。下面介绍追踪分析的基本概念。

1）旗标

旗标定义了追踪的起点。旗标可以放在边或交汇点上，进行追踪时，ArcMap 使用几何网络内部的边界或交汇点要素作为起点，与这些边或交汇点相连的网络要素作为追踪的结果。

2）障碍

障碍指执行追踪任务时网络的中断处。如果只需对网络中的特殊部分进行追踪，可以使用障碍将该部分与网络中的其他部分隔离。障碍可以设置在边或交汇点的任何位置。

3）无效要素

无效要素指将要素的可运行性设置为不可运行，网络要素将调整为无效状态，此时可以停止对该要素的追踪。

4）无效要素层

若不需要对几何网络数据中的一个图层进行追踪，可将其设置为无效要素层。

5）权重值

权重值是一种网络要素属性，用来描述穿过边或结点所消耗的成本。如网络边的长度可以设为它的权重，在最短路径分析中，可选择该权重值作为分析任务应用的权重值。在建立网络时，可指定网络边和结点要素类的哪些属性成为权重，用来确定追踪分析中选取要素时所需要的条件。使用权重时，需要确定使用哪些权重。点状要素仅需要一个权重参数，而线状要素可选择两个权重参数。一个沿着线状要素的数字化方向（"自"-"至"权重值），另一个则与线状要素的数字化方向相反（"至"-"自"权重值）。

6）权重值过滤器

通过权重值过滤器可以排除一些不符合追踪要求权重的要素。

7）被追踪要素与终止追踪的要素

被追踪要素是指追踪操作经过的那些要素。终止追踪要素是指追踪操作无法继续越过的要素。终止追踪要素有如下几类：无效要素、放置障碍的要素、仅仅与另一个要素（死端点）相连的被追踪要素、使用权重值过滤器的要素等。

### 3. 几何网络分析工具条

几何网络分析工具条包含完成流向分析和追踪分析的工具，如设置流向及其显示的符号、设置追踪任务、禁用某一图层、创建标记位置、设定分析任务等。几何网络分析工具条如图 12.17 所示，工具条描述如表 12.3 所示。

图 12.17 【几何网络分析】工具条

表 12.3　几何网络分析工具条工具描述

| 图标 | 名　称 | 功能描述 |
|---|---|---|
|  | 网络 | 指定进行流向分析的几何网络名称 |
|  | 显示目标对象的箭头 | 指定显示箭头的对象,针对参与几何网络构建的线要素类 |
| ↙ | 显示箭头 | 在指定的目标类上显示箭头。显示箭头时,再次单击则取消箭头显示 |
|  | 属性 | 用来设置流向的符号及显示流向的比例尺要求 |
| ⬥ | 设置流向按钮 | 在开启编辑时,为几何网络设置流向 |
|  | 分析 | 选择对分析任务的设置及命令,如禁用网络图层、清除标记、分析设置等 |
| ⬪ | 添加交汇点标记 | 向几何网络添加交汇点标记 |
| ⬪ | 添加边标记 | 向几何网络添加边标记 |
| ⚔ | 添加交汇点障碍 | 向几何网络添加交汇点障碍 |
| ⬪ | 添加边障碍 | 向几何网络添加边障碍 |
|  | 追踪任务 | 选择追踪任务类型,如路径分析、网络上溯追踪分析等 |
| ✗ | 解决 | 执行追踪任务 |

### 4. 几何网络分析的步骤

1)流向分析

流向分析主要实现几何网络中资源流动方向的确定和显示,追踪分析的部分分析任务如网络上溯分析等需要以流向分析为基础。

(1)流向设定的要求及操作。

设置流向需要在几何网络的建立过程中,将有一个要素的点网络要素类设置为源或汇。

点要素类的 AncillaryRole 字段决定了要素在网络中的角色,在设定流向的开始,需要对点要素的 AncillaryRole 字段进行编辑,确定点要素在网络中是源、汇,还是其他角色等。流向设定的操作步骤如下:

——启动 ArcMap,打开地图文档 gas_network. mxd(位于"…\chp12\几何网络流向分析\data"),添加【几何网络分析】工具条和【编辑器】工具条。

——在【编辑器】工具条中,单击【编辑器】→【 ✎ 开始编辑】。

——单击属性按钮▤,打开属性窗口。

——单击编辑工具按钮 ▶,单击需要设定为起点或是终点的结点要素,在属性窗口中选择 AncillaryRole 字段,其值选择"Sourse"或"Sink",设定为起点或是终点。

——在【几何网络分析】工具条中,单击设置流向按钮⬥,完成对流向的设定。

——在【编辑器】工具条中,单击【编辑器】→【 ✎ 停止编辑】,保存设定结果。

> **注意事项**
>
> 如果出现以下情况,必须重新设定流向:创建了一个新的几何网络、对网络要素进行了编辑、添加或删除要素、重画要素以至改变网络连接性、要素连接与断开、改变要素的连通性、添加或删除源和汇、改变要素的可运行性等。

(2)流向的显示的操作步骤如下:

——在【几何网络分析】工具条中,单击【流向】→【显示目标对象的箭头】,在展开的复选框中选择想要显示流向的要素图层。

　　——单击【流向】→【属性】,打开【流向显示属性】对话框。在【箭头符号】选项卡中对三类流向的显示符号进行设置,在【比例】选项卡中设置流向在一定比例尺下的显示要求。

　　——单击【流向】→【✔ 显示箭头】,显示流向箭头。流向分析结果如图 12.18 所示,其中圆点流向符号表示的是不确定流向,因其在一个环路上。

　　2)追踪分析

　　追踪分析主要包括以下几种:网络路径分析、公共祖先追踪分析、网络连接要素分析、网络环路分析、网络中断要素分析、网络上溯路径分析、网络下溯追踪、网络上溯追踪、网络上溯累积追踪等,其中涉及网络上溯或者下溯的分析需要在流向分析基础上才可以正确进行。

　　①追踪分析设置

　　单击【分析】→【选项】,打开【分析选项】对话框,如图 12.19 所示。追踪分析选项设置用于对追踪任务要追踪的要素、权重、结果显示等进行设置。

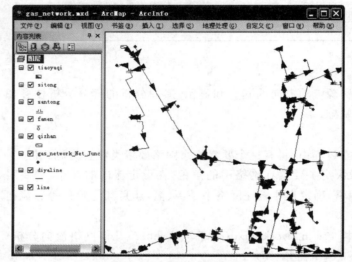

图 12.18　流向分析结果

图 12.19　【分析选项】对话框

　　——【常规】选项卡。用于设置要追踪的要素,指定追踪任务中是否包含不确定流向和未初始化流向的边。

　　——【权重】选项卡。用来设置参与分析任务中的交汇点和边的权重,在 ArcCatalog 中可查看几何网络的属性,并在其中新建网络权重。

　　——【权重过滤器】选项卡。使用权重过滤器来对几何网络中的要素进行选择,不符合权重限制的要素将不参与分析任务。

　　——【结果】选项卡。设置结果的返回格式和内容。

　　②添加旗标或障碍

　　——在【几何网络分析】工具条中,单击【上添加交汇点标记】下拉箭头,然后单击欲添加到网络的旗标或障碍按钮。

　　——左键单击需要添加旗标或障碍的边或交汇点,即可添加旗标或障碍。

　　③追踪分析任务

　　追踪分析任务包括以下九种:

　　——公共祖先追踪分析。用于查找多个标记点的公共来源,如判断自来水管网中引发多个地区发生停水故障可能存在的管网位置等。

——网络连接要素分析。用于查找几何网络中与旗标位置相连的网络要素。

——网络环路分析。用于查找网络中的环路,如供水网络中的环路要素等。

——网络中断要素分析。用于查找网络中与网络不相连的要素。

——网络上溯路径分析。将查找从标记点到网络源之间的路径,如果存在多个标记点时,路径成本将是多个路径的成本之和。

——网络路径分析。用于确定从某一点到另一点的路径及经过的要素数目等。

——网络下溯追踪。用于查找标记点下游的要素,如在自来水管道中用于查看关闭某一阀门所导致停水的范围。

——网络上溯累积追踪。用于查找从标记点到网络源之间的路径,如果存在多个标记点时,路径成本将是多个路径中除去重复要素后的成本之和。

——网络上溯追踪。用于查找从标记点到网络源之间的路径。

④示例

查找最短路径任务用于确定一条长度最短的路径并显示路径的长度,是一种设置权重的查找路径分析(数据位于"…\chp12\几何网络追踪分析\data")。

——选择旗标工具,将旗标放置在查找路径的点要素上。

——在【几何网络分析】工具条中的【分析】下拉菜单中单击【选项】,打开【分析选项】对话框,切换到【权重】选项卡。

——在【边权重】区域单击【沿边的数字化方向的权重】下拉框,选择用于查找最短路径分析的权重名。

——在【边权重】区域单击【沿边的相反数字化方向的权重】下拉框,选择用于查找最短路径分析的权重名。单击【确定】按钮,完成设置。

——单击【追踪任务】→【网络路径分析】。

——单击解决按钮,通过指定的权值过滤器选择的最短路径将显示出来。路径的总成本显示在状态条中。

——最短路径分析结果如图 12.20 所示

图 12.20  最短路径分析结果

**注意事项**

　　a)当网络分析任务中没有设置权重时,路径是由经过的线要素的数目来确定的。

　　b)路径分析中,不可以包含边标记。

# 12.3　网络数据集的网络分析

　　网络分析模块用于实现基于网络数据集的网络分析功能,包括路径分析、服务区分析、最近设施点分析、OD 成本矩阵分析、多路径配送分析、位置分配分析和高级网络的管理与创建等。

　　网络数据集不同于几何网络,是一种高级的连接模型,能够展示复杂的细节,拥有丰富的网络属性模型,可以模拟网络阻力、网络限制以及网络层次等。

　　利用网络分析拓展模块进行网络分析的主要过程是:建立网络数据集,对网络数据集进行编辑,在网络数据集中执行网络分析任务。下面将按照该过程对网络数据集的网络分析功能进行介绍。

## 12.3.1　网络数据集

　　网络数据集适用于创建交通网络,它由简单要素(边和交汇点)和转弯要素组成。使用 ArcGIS 网络分析执行分析时,该分析始终在网络数据集中进行。

### 1. 网络数据集中的网络元素

　　网络数据集是由网络元素组成的,网络元素是根据创建网络数据集时使用的源要素生成的,源要素的几何属性有助于建立连通性。此外,网络元素还包含用于控制网络导航的属性。

　　网络元素的类型有以下三种:

　　(1)边。通过交汇点连接到其他元素,同时也是资源流动的连接线。

　　(2)交汇点。连接边,并且可以创建转弯。

　　(3)转弯。是一种可选关系,存储可影响两条或多条边之间的移动信息及与特定转弯方式有关的信息,如限制一条边在某一路口只能左转等。

　　网络数据集的三种网络元素对应于创建网络数据集的三种数据源:线要素类可作为边要素源,点要素类可作为交汇点要素源,转弯要素类可作为网络中的转弯要素源。转弯要素源会在导航期间明确模拟边元素之间可能存在的移动信息。

　　每个以源形式参与到网络的要素类都会根据它们被指定的角色来生成网络要素,同时它们也能够参与网络拓扑关系。构成几何网络的要素类,不能参与网络数据集的创建。地理数据库要素数据集中的所有要素类均可作为网络源参与网络数据集,但以 Shapefile 格式参与网络数据集创建的只有两种源:Shapefile 线要素类和 Shapefile 转弯要素类。

### 2. 网络连通性

　　ArcGIS 网络数据集中的连通性是通过设置连通性组来限制的。网络数据集中的网络数据源参与连通性组,并在组内相互连接。网络数据集中的每个边源只能被分配到一个连通性组中,但每个交汇点源可被分配到一个或多个连通性组中。不同连通性组之间相互联系的唯一方法是同一个交汇点源被分配到这些不同的连通性组里。

连通性组用于模拟多方式运输系统模型,可为各个连通性组选择要相互连接的网络源。连通性组的使用既区别了多个网络,又能通过共享交汇点把多个网络连接在一起,如某一城市的交通网络可以分为公交运输网络和普通道路网络,可设置为两个不同的连通性组,一个是公交运输网络,一个是普通道路网络,这样既可以使用公交运输网络来模拟人乘坐公交车出行的情况,也可以使用普通道路网络来模拟人步行出行的情况,还可以通过在普通道路上的公交站点来将两个网络连接起来用以模拟更复杂的情况,如人步行一段距离后乘坐公交车出行的情况。

1)边—边连通性策略

同一连通性组内,边之间可通过两种方式进行连接,具体方式取决于边源上采用的连通性策略。

(1)端点连通性策略。此时线要素只能在重合的端点处实现边连接,如图 12.21 所示。遵照此连通性策略,将始终针对一个线要素创建一个边要素。构建具有端点连通性的网络是构建交叉式对象模型(如桥梁)的一种方式。例如,桥源被指定了端点连通性,这意味着桥只能在端点处与其他边要素相连接。因此,从桥下方穿过的任何街道都不与桥相连接。如果要用于构建天桥(桥)和地下通道(隧道)模型的网络中仅包含一个源,则可以考虑在平面数据上使用高程字段。

(2)任何折点连通性策略。此时线要素将在重合折点处被分割为多条边线,并在此处实现边连接,如图 12.22 所示。如果在构建街道网络数据时,设置任何折点连通性策略使得街道在任何折点处都与其他街道相连。如果两条边线没有重合折点或端点,即使选择这个策略,也不会实现两条边线的连通性。若要实现此功能,可对源要素类进行改进,如可使用地理处理工具分割交叉线;也可在这些要素类上建立拓扑,并在编辑街道要素时应用强制要素在交叉点处进行分割的拓扑规则。

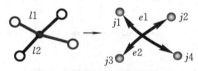
图 12.21　端点连通性策略

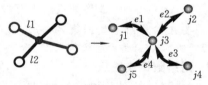
图 12.22　任何折点连通性策略

2)交汇点—边连通性策略

交汇点—边的连通性策略有两种:依边线连通性策略和覆盖连通性策略。

依边线连通性策略允许交汇点在边的折点和端点处连通,覆盖连通性策略则允许交汇点在边线的任意处连通,如图 12.23 和图 12.24 所示。

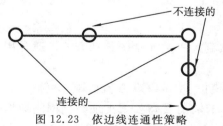
图 12.23　依边线连通性策略

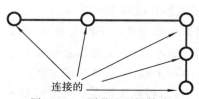
图 12.24　覆盖连通性策略

3）高程字段的使用

网络元素可通过是否共享相同的高程来判断是否相连。构建高程模型的可选方式有两种：使用高程字段和使用几何的 z 坐标值。

在网络数据集中，通过高程字段可以优化交汇点处的连通性，但不能覆盖连通性。在构建桥梁和隧道等特殊方案时，可以使用高程字段和连通性组来优化网络数据集。

如果源要素的几何中存储了 z 值，则可以创建三维网络。z 坐标值使以三维形式构建点和线要素的连通性模型成为可能。在 3D 网络数据集中，要想建立连通性，源要素（具体而言是点、线端点和线折点）必须在同一个位置，即它们的全部三个坐标值：x、y 和 z 值必须相等才可以。

### 3．网络属性

网络属性是网络数据集中控制网络运行能力的属性。例如，穿过某一条道路的行程时间、哪些街道限制哪些车辆、沿指定道路行驶的速度以及哪些街道是单行道等。

网络属性的基本属性有五个：名称、使用类型、单位、数据类型和是否在默认情况下使用。

使用类型决定了这些属性在网络分析中是如何被使用的，类型包括成本、描述符、约束条件或等级。成本类型描述用于构建网络阻抗模型的类型，可以用长度、时间等字段来表示。成本被平均分配到网络边上，即如果整条边的阻抗为 10 min，则经过半条边的花费为 5 min。描述符用于描述网络或网络元素特征的属性，不可分配并且不能作为阻抗使用。约束条件是对网络要素的限制，可以利用此属性来达到建立单行线等具有限制性条件的模型。等级是网络要素描述的级别，可以通过等级属性来实现对不同等级要素的遍历。

描述符、等级和约束条件的单位是未知的，数据类型可以是布尔型、整型、浮点型或双精度型。成本属性不能是布尔型。约束条件为布尔型，而等级是整型。

**注意事项**

ArcGIS 中，道路等级最多可被分为三类，如果网络数据源中道路的等级过多，需要在创建网络数据集时，将道路等级重新整理。

### 4．网络数据集图层

在 ArcMap 中使用网络数据集图层来显示网络数据集。网络数据集图层存储边、交汇点、系统交汇点、脏区的符号。如果网络数据集中包含转弯要素类和流量数据，也可以存储转弯和流量的符号。

在内容列表中右击网络数据集图层，单击【属性】，打开【图层属性】对话框，可查看网络数据集图层的基本信息，可设置它在一定比例尺下的显示要求，也可设置边、交汇点、脏区等的符号显示。

### 5．网络数据集中的转弯

转弯一般出现在交汇点处，构成了从某一边元素到另一边元素的移动方式。通常用来增加通行的成本，或者完全禁止转弯。

ArcGIS 网络分析支持多边转弯模拟、U 型转弯模拟、左转弯模拟和右转弯模拟等。在网络分析中，用转弯要素类中的要素对转弯进行建模。只有将转弯要素类加载到网络数据集中才能使用，在网络之外，转弯要素类没有任何意义。转弯要素类不参与连通性组。

转弯要素通过记录构成转弯的两条线的 ID 值来实现,存储在转弯要素类的 Edge1FID 和 Edge2FID 字段中。同时,转弯要素类通常需要包含一个"转弯阻抗"的字段,用来存储转弯对应的阻抗。如果阻抗值为负值,则表示此处禁止转弯。如果网络数据集是基于 Shapefile 工作空间创建的,Shapefile 转弯要素类必须要包含一个备用 ID 字段来存储线的 ID,因为对 Shapefile 边要素类进行编辑时,ID 号会发生变更。同时也需要对 Shapefile 转弯要素类运行【填充备用 ID 字段】工具(见【Network Analyst 工具】工具箱),该工具会通过备用 ID 在引用边的转弯要素类中创建附加字段。在 Shapefile 边要素类进行编辑后,需要对 Shapefile 转弯要素类运行【按备用 ID 字段更新】工具(见【Network Analyst 工具】工具箱),实现转弯要素对边的正确引用。

在网络中如果两条边之间没有用转弯要素来描述他们的移动信息,则在他们之间隐式地存在一个通用转弯。通过为通用转弯指定延迟赋值器,可为通用转弯指定属性值。如果在折点处,设置了转弯要素,则在此处会覆盖通用转弯。

### 6. 通用转弯

网络数据集中,在不存在转弯要素的位置,会隐式地存在一个通用转弯。通用转弯的主要用途是通过对未表示的转弯移动方式和未受转弯要素限制的移动方式进行约束,从而改进对行驶时间的评估。

无论网络数据集中是否存在转弯要素,都可以使用通用转弯。通用转弯是对所有转弯设置的统一限制,不如转弯要素准确。通过在重要的交叉路口创建转弯要素,在网络数据集的其他区域设置通用转弯,实现网络数据设计的准确性和简便性。

### 7. 指示

指示是对如何在道路中行走的说明,如"在山东路前行 400 m 左转"等。ArcGIS 提供指示功能,用于更为清楚地描述资源在网络中的流动情况。网络数据集要支持指示功能必须满足以下几个条件:

(1)网络属性中必须有一个长度属性,而且必须有单位。

(2)至少要有一个边。

(3)边要素类必须要有一个文本字段。

## 12.3.2　网络数据集的构建与编辑

### 1. 网络数据集的创建

有两种方式创建网络数据集:一种是利用地理数据库中的要素数据集来创建,这需要将所有参与网络的要素类放在同一个要素数据集中;另一种是利用 Shapefile 工作空间来创建,这样创建的网络数据集只能包含 Shapefile 线要素类和 Shapefile 转弯要素类,不能支持多个边源,不能构建多方式网络。因此,最好采用第一种方式创建网络数据集。

在网络数据集的创建过程中,创建向导会在参与网络数据集的线要素的折点和端点处自动创建系统交汇点,并新建一个名为"网络数据集名称_Junctions"的要素类来存储它。

创建网络数据集需经过以下五个步骤。

#### 1)准备要素数据集和源

如果创建基于地理数据库的网络,则需要把作为数据源的要素类放在同一个要素数据集中;如果创建基于 Shapefile 文件的网络,则需把 Shapefile 文件和转弯要素类文件放置在同一个文件夹下。

2）准备网络数据集内部相应角色的源

确保源中具有表示网络阻抗值的字段，可使用阻抗单位来表示这些字段的名称，在【新建网络数据集】向导中自动检测这些字段，如行程时间字段名命名为"Minutes"。对于边源，阻抗值因前进方向的变化而不同时，需要单独为每一个方向设置字段，字段名分别设置为"FT_Minutes"（正方向）和"TF_Minutes"（反方向）。

对单向街道进行建模时，边源应具有描述单向街道方向信息的字段。【新建网络数据集】向导会识别名为 One_Way 或 Oneway 的字符串字段，并创建能够解释其值的赋值器。

使用 z 高程（高度）值对天桥和地下通道进行建模时，需要将天桥和地下通道的相关信息存储在一对整型字段中（一个字段存储边的一个端点）。

3）准备转弯要素类并添加转弯信息

转弯要素是网络数据集的一个可选要素，若要转弯信息参与网络分析，则需创建转弯要素类并添加转弯要素以存储这些转弯信息，转弯要素类中应包含转弯阻抗或条件转弯限制等将在网络属性中使用的信息。

4）使用新建网络数据集向导创建网络数据集

在【新建网络数据集】向导中可以完成以下操作：为网络数据集命名、标识网络源、设置连通性、标识高程数据、指定转弯源、定义属性（如成本、描述符、约束条件和等级）和设置方向等。

5）构建网络数据集

构建网络数据集或编辑现有网络数据集时，必须以构建的方式进行。构建是创建网络元素、建立连通性和为已定义属性赋值（如将要素的可用性设置为"True"）的过程。其操作步骤如下：

（1）启动 ArcMap，打开地图文档 qingdao. mxd（位于"…\chp12\创建网络数据集\data"）。单击【自定义】→【扩展模块】，在打开的对话框中选中 Network Analyst 复选框，单击【确定】按钮，激活网络分析扩展模块。

（2）在右侧的目录中找到 Road_network 数据集，右键单击，在打开的快捷菜单中单击【新建】→【网络数据集】。

（3）打开【新建网络数据集】对话框，如图 12.25 所示。

（4）在【输入网络数据集的名称】文本框中输入网络数据集的名称，单击【下一步】按钮，进入图 12.26 所示对话框。

图 12.25　设置网络数据集的名称

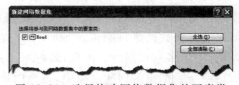

图 12.26　选择构建网络数据集的要素类

（5）选择参与网络数据集构建的要素类，包括点要素类、线要素类等，单击【下一步】按钮，进入图 12.27 所示对话框。

（6）选择需要添加的转弯要素类，其中通用要素是默认选项，单击【下一步】按钮，进入图 12.28 所示对话框。

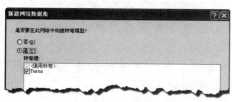

图 12.27　转弯要素类的选择

图 12.28　网络连通性说明

（7）设置网络连通性。单击【连通性】进入图 12.29 所示对话框,可以选择连通性策略。单击【下一步】按钮,进入图 12.30 所示对话框。

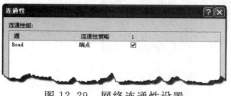

图 12.29　网络连通性设置

图 12.30　高程字段辅助连通性设置

（8）选择是否对网络要素的高程进行建模,选择【是】,则可以设置要素类中用于表示高程的字段,单击【下一步】按钮,进入图 12.31 所示对话框。

（9）为网络数据集指定属性。向导会自动识别并添加要素类中用于表示网络属性的字段,如 Minutes 等。单击【添加】按钮可以添加新的网络属性。如果没有设置网络属性,向导会提示添加一个基于对象长度的网络成本属性。单击【下一步】按钮,进入图 12.32 所示对话框。

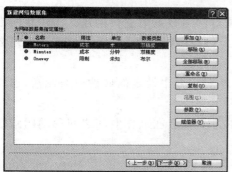

图 12.31　网络数据集属性设置

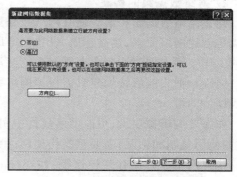

图 12.32　网络数据集方向设置

（10）为网络设置行驶方向。单击【下一步】按钮,进入图 12.33 所示对话框。

（11）此时,向导会将之前所设置的所有信息在此显示,确认无误后,可以单击【完成】按钮,开始创建网络数据集。

（12）网络数据集创建完成后,需要重新构建网络数据集,以便重构网络连通性等。

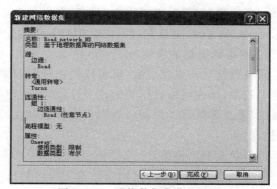

图 12.33　网络数据集信息总述

**注意事项**

a) 在连通性设置中选择不同的边连接方式可能会导致网络连通性不合理,使网络分析任务不符合实际情况。

b) 网络数据集图层属性和网络数据集属性并不一致。网络数据集属性对话框,如图 12.31 所示,可在 ArcCatalog 中通过双击来打开。

网络数据集属性包括创建网络数据集过程中对网络数据集设置的信息,包括源、连通性、高程、转弯、属性、方向等信息。网络数据集图层属性如图 12.34 所示。

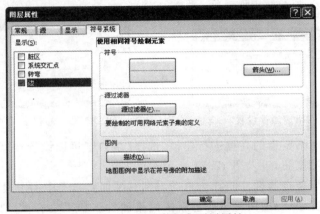

图 12.34　网络数据集图层属性

**2．网络数据集的构建**

创建网络数据集和编辑现有网络数据集后,必须对网络数据集进行构建。构建新网络数据集是创建网络元素、建立连通、设置网络属性和指定值的过程。这个过程会在包含网络数据集的工作空间中创建一个含有所有系统交汇点的点要素类。

网络数据集的后续构建只需根据网络数据集属性对话框中设定的属性更新元素、连通性和属性值即可。

如果要编辑源要素、更改网络属性引用源要素的方式或者在工作空间之间移动网络数据集(如使用复制和粘贴)需要重新构建网络数据集。

构建网络数据集有三种途径:在 ArcGIS 中,添加网络数据集后,单击 Network Analyst 工具条中的构建网络数据集按钮,重新构建网络数据集。在 ArcCatalog 中,右击网络数据集,单击【构建】也可以重新构建网络数据集。也可以使用【构建网络】工具(在 ArcToolbox 中【Network Analyst 工具】→【网络数据集】→【构建网络】)完成此操作。

**3．网络数据集的编辑**

网络数据集构建完成后,就可以对它进行编辑。编辑网络数据集包括添加或删除网络数据集中的源,修改网络数据集的连通性,添加新转弯源或删除现有转弯源,添加、移除或重新定义属性、修改等级等。对网络数据集进行编辑后,需要重新构建网络数据集,以确保网络数据集同步更新。

1) 添加或删除网络源

双击网络数据集,打开【网络数据集属性】对话框,切换到【源】选项卡,单击【添加】按钮,添加新的数据源到网络数据集中,或单击【移除】按钮,移除已添加到网络数据集中的源。如果网络源的变更更改了网络数据集的连通性,则需要在【连通性】选项卡中对连通性进行修改。

2)更改连通性

在【网络数据集属性】对话框中,单击【连通性】标签,切换到【连通项】选项卡,可对源的连通性进行修改,边源连通性可设置为终点或任何折点,交汇点源可设置为遵循或覆盖边源的连通性策略。

3)修改网络属性

在【网络数据集属性】对话框中,单击【属性】标签,切换到【属性】选项卡,可添加或删除网络属性,也可通过属性计算程序对已有的网络属性进行修改。双击网络属性或选中网络属性后单击【赋值器】,打开【赋值器】对话框。在【赋值器】对话框中,可为网络属性中涉及的源设置网络属性值的类型(字段、常量、函数和 VB 脚本),然后在【值】列中为其赋值。

**4. 创建转弯要素类**

可在地理数据库或者 Shapefile 工作空间中创建转弯要素类,然后将其添加到网络数据集中。通过 ArcCatalog 中的快捷菜单、ArcMap 目录窗口中的快捷菜单或地理处理工具也可以创建转弯要素类。创建转弯要素类后,需要添加一定的字段用于存储转弯属性,添加字段的方法同向要素类添加字段,也可以在转弯要素类的创建过程中添加字段。

下面以在地理数据库中创建转弯要素类为例进行介绍。

(1)在 ArcMap 目录窗口中,右击要素数据集,单击【新建】→【▢要素类】,打开【新建要素类】对话框。

(2)在【名称】和【别名】文本框中分别输入要素类的名称和别名;在【类型】区域中设置要素类型为转弯要素及要添加到的网络数据集,设置每个转弯的最大边数,默认值为 5;如果使用3D 数据构建网络数据集,则在【几何属性】区域中需要选择坐标包含 z 值,用于存储转弯要素的高程信息。单击【完成】按钮,即可完成对转弯要素类的创建。

**5. 创建和编辑转弯要素**

转弯要素的创建、编辑和普通网络要素的编辑步骤相似,不同点是转弯要素类必须添加到网络数据集中才可以实现对转弯要素的编辑,而且在编辑时,需要将网络边线要素添加到ArcMap 中,才可以对转弯要素进行创建和编辑。

在 ArcMap 中,可以创建以下三种不同的转弯要素:

(1)普通转弯。按顺序单击组成转弯的每个线要素,可以在一条线要素上单击多次,但至少保证每条线上有一个点,然后双击完成对转弯的编辑。

(2)U 形转弯。在网络线要素上单击创建第一个折点,然后在线的端点处(U 型转弯处)单击创建第二个折点,再在网络线要素单击,双击完成 U 型转弯的创建,如图 12.35 所示。

(3)环形转弯。在环形线要素上单击创建第一个折点,在转弯产生影响的那一侧的交汇点单击创建第二个折点,双击与第一条边共享端点的边,双击完成对环形转弯的创建,如图 12.36 所示。

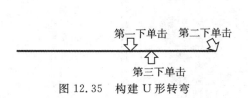

图 12.35　构建 U 形转弯

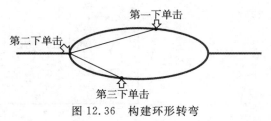

图 12.36　构建环形转弯

**注意事项**

在编辑转弯要素的过程中,要注意开启编辑器工具中的捕捉工具,否则不能吸附到网络边线上,不能生成转弯。

### 6.设置通用转弯

为通用转弯赋值主要通过通用转弯延迟赋值器(图 12.37)来实现。在赋值器中可以在转弯角中设置一定的角度范围来对道路的行进方向进行分类,即通过道路目标方向与原道路方向之间的夹角对道路转角进行分类,以对不同的转角方向设置不同的转弯延迟。在赋值器下方区域可以为不同方向的转弯设置不同的转弯延迟,时间单位为秒。设置通用转变的操作步骤如下:

(1)在 ArcCatalog 中,右击网络数据集,单击【🗁属性】,打开【网络数据集属性】对话框,切换到【属性】选项卡。

(2)选择一个以时间为单位的成本属性,单击【赋值器】按钮,打开【赋值器】对话框。

(3)在【默认值】选项卡中,将转弯元素的类型设置为"通用转弯延迟",单击【赋值器属性】按钮,打开【通用转弯延迟赋值器】对话框,如图 12.37 所示。

(4)为赋值器设置属性,单击【确定】按钮,完成对通用转弯的赋值。

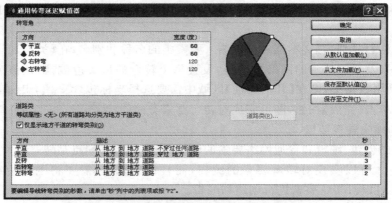

图 12.37 【通用转弯延迟赋值器】对话框

### 7.设置指示

(1)在 ArcCatalog 中,打开【网络数据集属性】对话框,切换到【方向】选项卡。

(2)单击【方向】按钮,打开【网络方向属性】对话框,切换到【常规】选项卡,如图 12.38 所示。

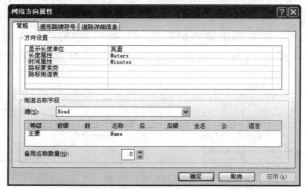

图 12.38 【网络方向属性】对话框

（3）在【常规】选项卡中，可以设置街道名称字段和显示长度单位等。

（4）属性设置完成后，单击【确定】按钮，完成对指示的设置。

### 12.3.3　网络分析的过程

#### 1. 网络分析图层

网络分析图层是用于存储网络分析的输入、属性和结果，在内存中拥有一个工作空间，用于存储每个输入类型以及结果的网络分析类，包括网络分析类和网络分析对象。网络分析对象是指用于网络分析任务的输入数据和输出数据，网络分析类是网络分析任务中的数据分类，用于存储网络分析对象，是网络分析对象的容器。不同的网络分析图层有不同的网络分析类，网络分析图层、网络分析类和网络分析对象之间的关系如图 12.39 所示。网络分析图层以合成图层的形式显示在 ArcMap 的内容列表中，如图 12.40 所示。

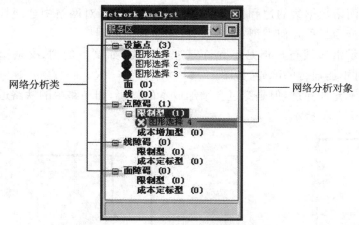

图 12.39　网络分析类和网络分析对象

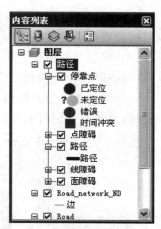

图 12.40　网络分析图层在
内容列表中的显示

网络分析图层主要有六种：路径分析图层、最近设施点分析图层、服务区分析图层、OD 成本矩阵分析图层、多路径派发（VRP）分析图层、位置分配分析图层等。网络分析的执行将始终针对特定网络数据集，因此，网络分析图层必须与网络数据集绑定。

#### 2. 网络分析对象

网络分析对象是网络分析类中的要素或记录。用做网络分析图层的输入和输出，主要包括网络位置和路径等参与网络分析的对象。

1）网络位置

网络位置是一种与网络紧密相关的网络分析对象，在网络上的位置用做分析的输入。在 ArcGIS 中，点网络位置直接存储在网络中，没有坐标信息用于定位，而是通过记录在网络上离它最近的元素（即载体），以及在元素上的位置来实现的。点网络位置按照网络分析图层划分更加精确，详细介绍见表 12.4。

表 12.4　网络分析图层及点网络位置的种类

| 网络分析图层 | 网络位置 |
| --- | --- |
| 路径分析图层 | 停靠点、点障碍 |
| 服务区分析图层 | 设施点、点障碍 |

续表

| 网络分析图层 | 网络位置 |
|---|---|
| 最近设施点分析图层 | 设施点、事件点、点障碍 |
| OD 成本矩阵分析图层 | 起始点、目的地点、点障碍 |
| 多路径派发分析图层 | 停靠点、站点、点障碍 |
| 位置分配分析图层 | 设施点、请求点、点障碍 |

在网络分析任务中,不同的点网络位置有不同的属性,在添加点网络位置后,通过修改它的属性来覆盖当前适用于所有该类型网络位置的属性,从而更符合分析任务要求。相同类型的点网络位置在不同的分析任务中,也会有不同的属性,这些属性将在介绍网络分析任务时详细介绍。

2)障碍

障碍是用于限制或改变关联网络数据集的边和交汇点阻抗的要素集合,对网络中连通性或阻抗值可临时更改。障碍可以分为三种几何类型:点障碍、线障碍和面障碍。

——限制型点障碍。用于表示沿边线行进但是不允许穿过的障碍,如倒下的树、交通事故、道路临时维修等导致道路临时不能通行的障碍,如图 12.41 所示。

——增加成本型点障碍。表示允许穿过,但是穿过会增加成本的障碍,如马路中的铁路道口,穿过会多等一段时间等,如图 12.42 所示。

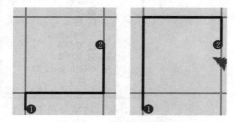

图 12.41　限制型点障碍

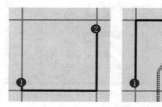

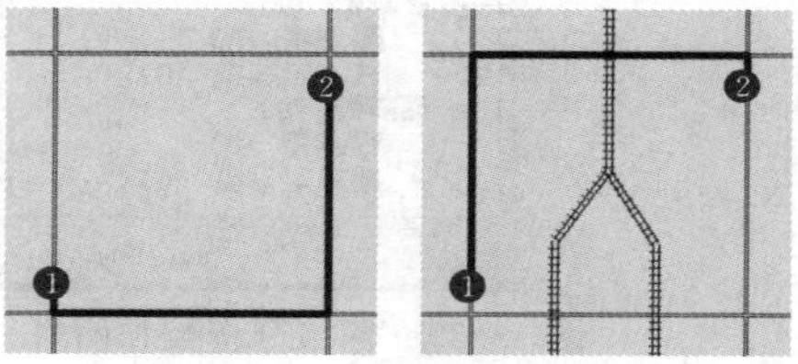

图 12.42　增加成本型点障碍

——限制型线障碍和限制型面障碍。主要用于表示禁止穿过的线和面障碍。在网络分析中,分析任务不会遍历线障碍与网络相交的部分,可以用于快速隔离特定的街道,使其禁止穿过。限制型面障碍可以模拟洪水淹没道路时,道路的通行情况,如图 12.43 所示。

——增加成本型线障碍和增加成本型面障碍。主要用于表示允许在障碍所覆盖的边和交汇点上行进,但是会根据特定的系数增加穿过障碍覆盖边和交汇点的成本。如当高速公路因天气原因导致行驶速度降低时,可以通过为其添加成本型面障碍来增加行程时间,如图 12.44 所示。

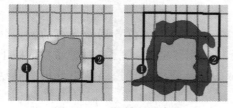

图 12.43　限制型面障碍

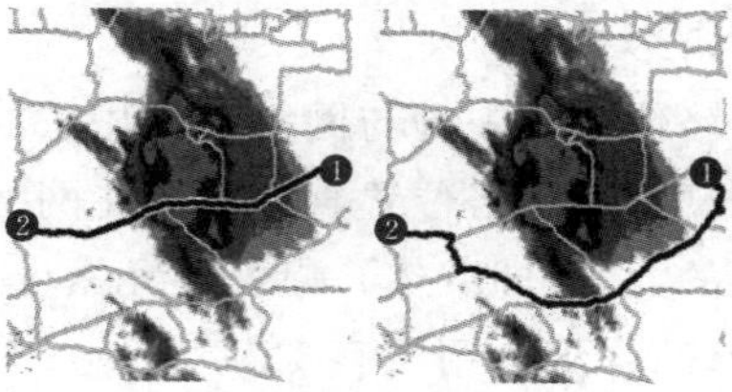

图 12.44　增加成本型面障碍

3)搜索容差和捕捉环境

在网络数据集中,点网络位置并不是直接定位在它所在的坐标处,而是根据一定的搜索容差和捕捉环境设定来吸附到网络数据集上。在创建分析图层时,需要对搜索容差和捕捉环境进行设置,以确保网络分析中点网络位置的正确性。搜索容差是指 ArcGIS 在查找点位置时,点位置载体要搜索的最大半径。如果点在搜索半径之外,生成的网络位置为未定位状态,那么它在网络中就没有位置且不能参加分析任务。

**注意事项**

a)线障碍等网络位置范围不受搜索容差的影响,必须精确地与网络重叠才能起作用。精确添加线障碍可通过在 Network Analyst 窗口中右击线障碍,点击加载位置来实现。

b)选中点网络位置后,单击数字 1 或 2 可查看其在网络上的位置。

c)捕捉环境可以确定在搜索容差内优先定位在特定的源上,如在设置停靠点位置时,需要定位在街道上而不是铁路边上,此时可以设置停靠点的捕捉环境。

### 3.网络分析选项

通过更改网络分析选项来控制网络分析图层的部分全局特征。在 Network Analyst 工具条中单击【Network Analyst】→【选项】,打开【Network Analyst 选项】对话框,如图 12.45 所示。

在【常规】选项卡,可选择用于高亮显示所选要素的颜色以及网络分析完成后将会报告的消息的类型。在【位置捕捉选项】选项卡,可选择是否沿网络捕捉到网络位置,以及捕捉后网络位置的偏移量。在【位置名称】选项卡,可添加和选择地址定位器,选择哪些事件将触发利用最近的地址名称重命名网络分析对象。

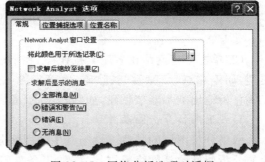

图 12.45  网络分析选项对话框

### 4.添加网络位置

在 ArcGIS 中,通过在 Network Analyst 窗口中选择网络分析类,在网络上单击来添加网络位置,也可以通过【加载位置】菜单来加载网络位置。在 ArcToolbox 也有工具用于网络位置的添加,将在后面介绍。通过【Network Analyst】窗口添加网络位置的操作步骤如下:

(1)在 Network Analyst 窗口中,右击网络分析类,单击【加载位置】,打开【加载位置】对话框。

(2)单击【加载位置】下拉框或单击按钮,选择需要输入的要素类。单击【仅加载选定行】,将选择的要素添加到网络分析类中。

(3)单击【排序字段】下拉框,选择用于网络分析对象排序的字段,设置网络分析对象的排列顺序。

(4)在【位置分析属性】框中可在【字段】中设置字段,将选择的要素类的字段映射到当前网络分析类的特定字段中,从而完成要素类属性到网络分析类属性的转换。在【默认值】一栏可设置该字段的默认值。

(5)在【位置定位】框中,可选择使用空间搜索还是网络位置字段来添加网络位置。

### 5.网络分析的基本步骤

在 ArcGIS 中执行任何网络分析的基本步骤如下。

1）配置网络分析环境

（1）启用网络分析拓展模块。单击【自定义】→【扩展模块】，打开【扩展模块】对话框，选择 Network Analyst，单击【关闭】按钮，关闭对话框。

（2）添加网络分析工具条。在菜单栏右键单击，单击 Network Analyst 工具条，将网络分析工具条添加到 ArcMap 菜单栏中。

（3）显示 Network Analyst 窗口。单击 Network Analyst 工具条中的显示或隐藏 Network Analyst 窗口按钮，显示 Network Analyst 窗口。

2）向 ArcMap 添加网络数据集

网络数据集是执行网络分析的基础，如果没有构建网络数据集，则需要先构建网络数据集。

3）创建网络分析图层

在创建网络分析图层之前需要将网络数据集添加到 ArcMap 中。创建网络分析图层的步骤如下：在 Network Analyst 工具条中，单击 Network Analyst，在下拉菜单中选择要创建的网络分析图层。如果 ArcMap 中包含多个网络数据集，可以在【网络数据集】下拉菜单中选择网络分析图层要参与的网络数据集。

4）添加网络分析对象

网络分析对象是网络分析中使用的输入要素，它的添加方法如下：

（1）单击 Network Analyst 工具条中的显示或隐藏 Network Analyst 窗口按钮，显示 Network Analyst 窗口。

（2）单击创建网络位置工具按钮，在 Network Analyst 窗口中选择想要创建网络位置的类型，如停靠点、点障碍、线障碍、面障碍等，然后在想要创建网络位置的地方单击创建即可。一些分析输出类不能被创建，如路径类、服务区面等，多路径分析中的路径项目是个特例。

5）设置网络分析图层属性

网络分析图层的某些属性与其中的网络分析对象的属性相比，在分析中要更加通用。常规的分析属性包括网络阻抗特性、约束条件特性、U 型转向策略等。每一种分析种类都有自己特有的属性。打开网络分析【图层属性】对话框的方法有以下几种：

（1）单击 Network Analyst 窗口下拉框右侧的分析图层属性按钮，打开网络分析【图层属性】对话框。

（2）在 Network Analyst 窗口下拉框中选择网络分析图层，右击网络分析图层，单击【属性】，打开网络分析【图层属性】对话框。

（3）在 ArcMap 内容列表中，双击分析图层，或者右击分析图层，单击【属性】，打开网络分析【图层属性】对话框。

6）执行分析并显示结果

单击 Network Analyst 工具条中的求解按钮，即可执行分析并生成结果。这些结果将作为网络分析图层的一部分添加到网络分析图层中。部分分析功能会用到方向窗口，单击 Network Analyst 工具条中的方向窗口按钮即可打开方向窗口。

## 12.3.4 网络分析类型

### 1. 路径分析

路径分析是通过分析任务求出阻抗最小的路径的过程。如果阻抗为时间，则求出耗时最短的路径；如果阻抗为距离，则求出路程最近的路径。以邮递员送信，在多个点之间寻找一条耗时最少的路径为例，对路径分析进行简单介绍。

（1）启动 ArcMap，打开地图文档"路径分析.mxd"（位于"…\chp12\网络数据集路径分析\data"），配置网络分析环境。

（2）创建路径分析图层。在 Network Analyst 工具条中单击【Network Analyst】→【新建路径】，新建路径分析图层。路径分析图层自动添加到内容列表中，并在 Network Analyst 窗口中自动添加网络分析类和网络分析对象。

（3）设置网络分析任务。在内容列表中右击路径分析图层，单击【📄属性】，在打开的【图层属性】对话框的【分析设置】、【累积】、【网络位置】选项卡中进行设置。

（4）【分析设置】选项卡设置如图 12.46 所示，具体设置说明如下：

图 12.46　路径分析的分析设置

——在【阻抗】下拉框中设置网络属性中的成本属性，可根据寻找最短路径或最快路径来选择长度成本或时间成本。

——【重新排序停靠点以查找最佳路径】允许在网络分析过程中，不考虑停靠点的排序而进行分析，也可以选择保留第一个和最后一个停靠点的位置，从而确定分析路径的起点或终点。

——【忽略无效位置】，选择此项会忽略在网络中没有定位的停靠点。

——【方向】区域可以设置距离和时间属性的显示单位，也可以单击【自动打开方向窗口】，在任务完成后自动打开方向窗口。

**注意事项**

　　如果不选中【忽略无效位置】，那么在分析任务中遇到无效位置，若没有定位的点位置，会导致网络分析任务中断，而不返回路径。

（5）在【累积】选项卡中，可以设置在网络数据集中要对路径对象进行累积的成本属性，但是网络分析任务中仅会使用阻抗来计算最佳路径。路径分析结果会根据累积的成本属性向路径结果中自动添加一个"Total_[累积]"字段,用于存储累积的成本属性值。

(6)在【网络位置】选项卡中,可以设置网络位置字段的默认值及搜索容差和捕捉环境。

(7)添加网络位置。右击停靠点图层,单击【加载位置】菜单来添加网络位置数据 Stops (位于"…\chp12\网络数据集路径分析\data\chapter12.mdb\Road_network")。复制第一个停靠点(邮局位置)并粘贴,并将其拖放到停靠点的最后一个位置(用以保证最终回到邮局)。

(8)为特定网络位置设置特定属性。在 Network Analyst 窗口中,右击网络分析对象,单击【🖼属性】,打开【属性】对话框,对网络分析对象进行设置。

——RouteName 表示可以访问停靠点的路径名称。可以通过为不同的停靠点设置不同的 RouteName 值来设置多条路径进行分析。停靠点中如果该字段有一部分有值,而另一部分为空,则分析任务不会为没有该字段值的停靠点分配路径。

——Sequence 表示停靠点在路径中的访问次序。可以在 Network Analyst 窗口中上下拖动停靠点的次序实现对该字段的修改。如果在分析设置中选定了重新排序,则此字段会被修改。

(9)求解网络分析任务。网络位置属性设置完成后,在 Network Analyst 工具条中单击求解按钮▦,完成网络分析任务。

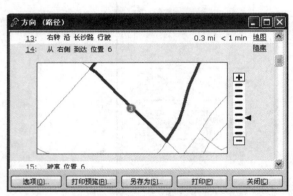

图 12.47 【方向(路径)】对话框

(10)如果在分析设置中选择了【自动打开方向窗口】,则分析任务完成后会自动打开方向窗口。也可以单击 Network Analyst 工具条中的方向窗口按钮▤来打开方向窗口。在方向窗口中详细地介绍在路径中应该怎样行驶,也可以通过单击地图按钮显示当前步骤的详细地图信息(图 12.47),还可以选择打印或者另存为文本文件。

(11)路径分析结果如图 12.48 所示,圆形点为停靠点,点上标号为位置序号,与停靠点名称不同,深色线状要素为路径。

图 12.48 路径分析结果

## 2．查找服务区分析

服务区分析是指查找在设施点一定阻抗范围内的区域。例如，可以查看超市、医院的服务范围等。以查找到医院时间为 5 min、10 min、15 min 的地区为例来对服务区分析进行简单介绍。

（1）启动 ArcMap，打开地图文档"服务区分析.mxd"（位于"…\chp12\网络数据集服务区分析\data"），配置网络分析环境。

（2）创建服务区分析图层。在网络分析工具条中单击【Network Analyst】→【新建服务区】，新建服务区分析图层。服务区分析图层自动添加到内容列表中，并在 Network Analyst 窗口中自动添加网络分析类和网络分析对象。

（3）设置网络分析任务。在内容列表中右击服务区分析图层，单击【 属性】，打开【图层属性】对话框，对【分析设置】、【面生成】、【线生成】、【累积】、【网络位置】选项卡进行设置。服务区分析可以选择输出为面和线，分别在【面生成】和【线生成】选项卡中勾选【生成面】和【生成线】即可完成设置。如果两项都不选，则分析任务不返回任何结果。

（4）【分析设置】选项卡的设置如图 12.49 所示，【累积】选项卡和【网络位置】选项卡的设置参照路径分析中的相关设置。

——【默认中断】是指分析任务中，不会搜索阻抗值超过中断值的设施点。中断值可以设置为多个，从而生成具有多个阻抗值的服务区面或线，不同的中断值之间通过空格或","来区分，在设施点属性中的中断值只能通过空格来区分。

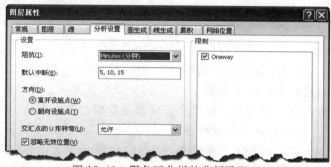

图 12.49　服务区分析的分析设置

——【方向】可以选择为"离开设施点"或"朝向设施点"，不同的方向设置对应计算阻抗值的不同方式，根据网络属性限制条件的不同，可能会有很大的区别。

（5）【面生成】选项卡的设置如图 12.50 所示。

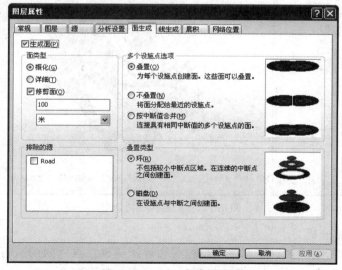

图 12.50　面生成分析设置

【叠置类型】中,可以设置对于多个不同中断值的设施点生成的服务区是否叠置,如对于中断值为 300 m 和 500 m 的设施点生成的服务区,【环】选项则生成 0～300 m 和 300～500 m 的服务区,【磁盘】选项则生成 0～300 m 和 0～500 m 的服务区。

(6)【线生成】选项卡的设置如图 12.51 所示。

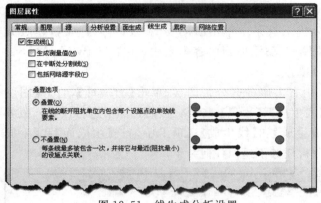

图 12.51　线生成分析设置

【叠置】选项可以选择是否允许线叠加。如果设置为【叠置】选项,则在两个服务区线重合时,会生成两条服务区线;设置为【不叠置】选项,则只能生成一条服务区线,并且它与阻抗最小的设施点连接。

(7)添加网络位置,并为特定的网络位置设置特定的属性。医院位置数据位于"…\chp12\网络数据集服务区分析\data\chapter12.mdb\Road_network"。

(8)对设施点的属性字段说明:【Breaks_[阻抗]】(此处为 Breaks_旅行时间)字段表示设施点进行分析的中断值,其中阻抗为分析任务设置的阻抗字段。可以设置多个中断值,通过空格来区分。在此处的设置会自动覆盖分析任务的默认阻抗。

(9)求解网络分析任务。

(10)服务区分析结果如图 12.52 所示。其中,圆形点为设施点,阴影部分包围的线为生成的线结果,面是生成的面结果,不同灰度值的面是不同的中断值产生的面。在面分析结果中,受单向行驶影响,分析结果不同于从设施点到某一点的道路距离。

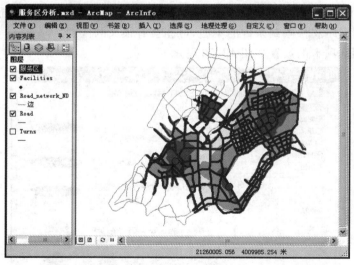

图 12.52　服务区分析结果

## 3. 最近设施点分析

最近设施点分析是通过计算网络中设施点和可预测事件点之间的运行成本,选取成本最小的行程。在分析任务中,可以设置查找数量,行进方向和限制条件等,求解结果将显示事件点与设施点间的最佳路径,输出它们的行程成本并返回驾车指示。以查找从交通事故发生点 10 min 内可以抵达的医院为例,对最近设施点分析进行简单介绍。

(1)启动 ArcMap,打开地图文档"最近设施点分析. mxd"(位于"…\chp12\网络数据集最近设施点分析\data"),配置网络分析环境。

(2)创建最近设施点分析图层。在网络分析工具条中单击【Network Analyst】→【新建最近设施点】,新建最近设施点分析图层。最近设施点分析图层自动添加到内容列表中,并在 Network Analyst 窗口中自动添加网络分析类和网络分析对象。

(3)设置网络分析任务。在内容列表中右击最近设施点分析图层,单击【🖼属性】,打开【图层属性】对话框,分别对【分析设置】、【累积】、【网络位置】选项卡进行设置。

(4)【分析设置】选项卡的设置如图 12.53 所示,【累积】选项卡和【网络位置】选项卡的设置参照路径分析中设置。

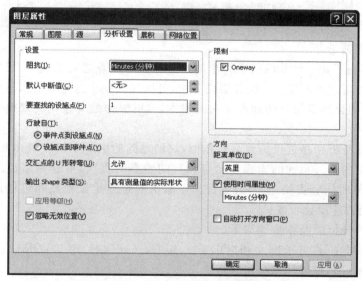

图 12.53　最近设施点分析的分析设置

——【要查找的设施点】是指分析任务可以在限制条件下搜索一定数目的设施点以供选择,如果限制条件下设施点数目不足,则只返回满足限制条件的设施点。

——【行驶自】可以指定是从事件点到设施点还是从设施点到事件点开始计算阻抗值,在有如单向行驶等限制条件时,应注意对此项的设置。

(5)添加网络位置,并为特定的网络位置设置特定的属性。医院位置和预测事故发生点数据位于"…\chp12\网络数据集最近设施点分析\data\chapter12. mdb\Road_networks"。

(6)设施点的属性字段说明:【Cutoff_[阻抗]】(此处为 Cutoff_Minutes)字段,表示该点在搜索事件点时的中断值,只有当前阻抗对应的中断值可以在分析任务中作为依据。

(7)事件点的属性字段说明:TargetFacilityCount 表示的是该事件点搜索设施点的数目。

(8)求解网络分析任务。

(9)最近设施点分析结果如图 12.54 所示。其中,圆点为设施点,方点为事件点,粗线状要素为生成的路径。

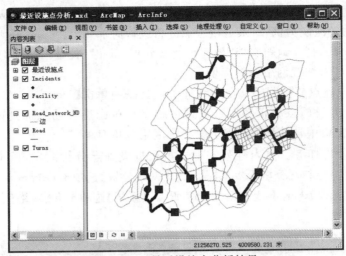

图 12.54　最近设施点分析结果

### 4．OD 成本矩阵分析

OD 成本矩阵分析用于计算网络中多个起始点和目的地点之间的成本，可完成类似多个配货仓库到商店的配货之类的任务。在分析任务中，可以设置一个起始点可以连接的目的地的最大数目，也可以限制起始点与目的地点之间的成本，可以根据配货仓库的规模合理地设置这些参数。

OD 成本矩阵分析和最近设施点分析相似，它们之间的区别主要在输出和计算时间方面：OD 成本矩阵输出的是一系列的连接起始点和目的地点的直线，不返回路径的形状和驾车指示，因此，它的计算时间会更快一些；最近设施点输出的是连接设施点和事件点之间的路径及驾车指示，相对而言速度比较慢。

OD 成本矩阵分析的操作步骤如下：

（1）启动 ArcMap，打开地图文档"OD 成本矩阵.mxd"（位于"…\chp12\网络数据集 OD 成本矩阵分析\data"），配置网络分析环境。

（2）创建 OD 成本矩阵图层。在网络分析工具条中单击【Network Analyst】→【新建 OD 成本矩阵】，新建 OD 成本矩阵图层。OD 成本矩阵图层自动添加到内容列表中，并在 Network Analyst 窗口中自动添加网络分析类和网络分析对象。

图 12.55　OD 成本矩阵分析的分析设置

（3）设置网络分析任务。在内容列表中右击 OD 成本矩阵分析图层，单击【属性】，打开【图层属性】对话框，对【分析设置】、【累积】、【网络位置】选项卡进行设置。

（4）【分析设置】选项卡的设置如图 12.55 所示，【累积】选项卡和【网络位置】选项卡的设置参照路径分析中的设置。

（5）添加网络位置，并为特定的网络位置设置特定的属性。起始点和目的地点数据位于"…\chp12\网络数据集 OD 成本距离分析\data\chapter12.mdb\Road_networks"。

（6）起始点属性中的 TargetDestinationCount 表示该起始点可以查找的目的地点的最大

数目,如果在限制范围内有多个目标,则自动排除路径较远的目的地。

(7)求解网络分析任务。

(8)OD 成本矩阵分析结果如图 12.56 所示。其中,圆点为起始点,方点为目的地点,粗线为路径。

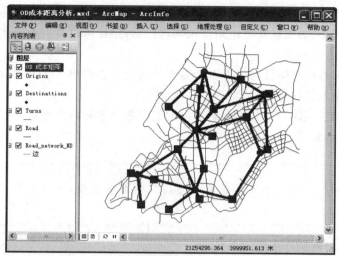

图 12.56　OD 成本矩阵分析结果

### 5. 多路径配送分析

多路径配送(VRP)分析是针对由多条配送途径共同完成指定任务的分析,如大型货运公司有一车队完成在市区范围内货物的配送,可使用多路径配送分析来完成对车队中不同车辆的行驶路径的安排。

与路径分析相比,多路径配送分析可以同时完成对多条路径的规划,以达到优化资源分配的目的。同时也有其他的功能以供选择,如将车辆容量与停靠点数量相匹配,为驾驶员提供休息时间,以及停靠点配对等。

多路径配送分析涉及的网络位置有以下几种:停靠点、站点、路径、站点访问、中断、路径区、路径种子点、路径更新、特点、停靠点对等。

(1)停靠点类。可以表示给用户配送或从用户处接收的地点,它包含容量、服务时间、时间窗及特点等属性。

(2)站点类。表示车辆停靠的地点,也可以充当更新位置,表示装货卸货的地点,车辆路过此站点,进行装货卸货,然后继续配送,它具有时间窗属性。

(3)路径类。表示车辆行驶的路径,可以指定车辆和驾驶员的特征。它具有容量、工作时间、休息时间、特点等属性。

(4)站点访问类。指路径访问的站点,包括路径开始、终止和更新的站点。它是一个只有输出的网络分析类。

(5)中断类。表示路径中的休息点或休息时段。它具有时间窗属性,用来限制休息的时间范围,也可以指定在行驶了多长时间或工作了多长时间后再进行休息。

(6)路径区类。可为路径指定路径区来限制路径的行驶。它分为硬性路径区和软性路径区,硬性路径区不允许路径访问范围外的区域,软性路径区通过停靠点到软性路径区的欧氏距离来决定停靠点分配给路径的可能性,欧氏距离越大,可能性越小。

(7)路径种子点类。可以为路径指定基于点的聚类,在满足限制条件的情况下,停靠点离路径的种子点越近,就越有可能被分配给该路径。它有两种类型:动态种子点和静态种子点。静态种子点指定后位置不会改变,动态种子点指定后会重新分配位置到路径的质心处。路径种子点不能与路径区同时使用。

(8)路径更新类。指路径运行中可以被访问的站点,表示路径中用来装货卸货的中间站点。更新位置可以与起始站点或终止站点相同,每一条路径可以有一个或多个更新位置,也可以多次使用同一个更新位置。

(9)特性类。指路径支持且为停靠点所需要的特点。当路径支持停靠点所需要的全部特点时,才可以访问该停靠点。

(10)停靠点对类。是一个记录表,用来为配送停靠点和接收停靠点进行配对,以使它们能够由同一路径提供服务。

**注意事项**

由于休息点、特点、停靠点对类和路径更新都属于表,所以它们不显示在内容列表中。

多路径配送分析的操作步骤如下:

(1)启动 ArcMap,打开地图文档"多路径分析.mxd"(位于"…\chp12\网络数据集多路径分析\data"),配置网络分析环境。

(2)创建多路径配送分析图层。在网络分析工具条中单击【Network Analyst】→【新建多路径配送】,新建多路径分析图层。多路径分析图层自动添加到内容列表中,并在 Network Analyst 窗口中自动添加网络分析类和网络分析对象。

(3)设置网络分析任务。在内容列表中右击多路径配送分析图层,单击【 属性】,打开【图层属性】对话框,对【分析设置】、【高级设置】、【网络位置】选项卡进行设置。

(4)【分析设置】选项卡的设置如图 12.57 所示。【网络位置】选项卡的设置参照路径分析中设置。

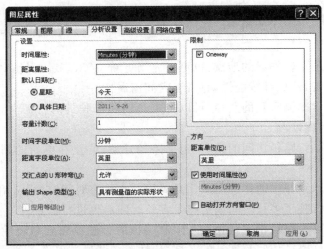

图 12.57 多路径分析的分析设置

——【时间属性】是必选项，多路径分析会把全部分析任务的耗时成本达到最小化。

——【距离属性】是可选项，表示沿网络元素的距离成本属性。

——【默认日期】可以选择具体日期，也可以选择每星期的星期几作为分析日期，如果采用了历史流量数据，根据不同的日期可能会产生不同的路径。

——【容量计数】表示相关车辆限制所需的容量限制的维度数，如果运输车辆受货物体积和货物质量的影响，则应输入 2。

(5)在【高级设置】选项卡中，可以设置时间窗冲突和额外行驶时间的重要性。

——【时间窗冲突】中的【重要性】是为评定遵守时间窗以不引起冲突的重要性。选择"高"，则分析任务会将时间窗冲突达到最小化，但是可能会增加总体的行驶时间。如果想在停靠点处会见客户，则可以应用此设置；选择"中等"，分析任务会考虑时间窗冲突和总体行驶时间之间的平衡来解决分析任务；选择"低"，则会忽略时间窗冲突，使总体行驶时间达到最低。

——【超出行驶时间】中的【重要性】是用于评定减少停靠点对之间的额外行驶时间的重要性。选择"高"，则分析任务会将停靠点对之间的额外行驶时间达到最小化，但是可能会增加总体的行驶时间，在搭载乘客时，为使乘客乘车时间最小化，可以选择此设置；选择"中等"，分析任务会考虑超出行驶时间和总体行驶时间之间的平衡来解决分析任务；选择"低"，则会忽略超出行驶时间，使总体行驶时间达到最低，邮递员分发邮件可以选择此设置。

(6)添加网络位置，并为特定的网络位置设置特定的属性。停靠点数据和站点数据位于"…\chp12\网络数据集多路径分析\data\chapter12.mdb\Road_network"。对于路径类、中断类、路径更新类、特性类、停靠点对类等网络分析类，需要通过在网络分析类名上右击【添加项目】来添加。

(7)对停靠点的属性字段说明如下：

——RouteName 字段表示停靠点所在的路径的名称。该字段的值可以为空，也可以是路径对象的 name 字段的属性值，如果在分析任务执行之前给停靠点该字段赋值，在执行后，该字段可能会发生变化。如果需要将特定的停靠点分配给特定的路径，可以使用特点类来进行约束。

——ServiceTime 字段表示访问该停靠点所需要的时间。

——SpecialtyNames 字段表示该停靠点所需要的特点的名称。可以用来将特定的停靠点分配给特定的路径。

(8)站点属性字段说明参考停靠点属性字段说明。

(9)路径类属性字段说明如下：

——StartDepotName、EndDepotName 字段表示该路径的起始站点和终止站点。

——SpecialtyNames 字段表示路径所支持的特点的名称。

(10)路径区属性字段说明：RouteName 字段表示路径区所要应用的路径。IsHardZone 字段表示路径区的类型，是硬性路径区还是软性路径区。

(11)路径种子点属性字段说明：RouteName 字段表示路径区所要应用的路径。SeedPointType 字段表示种子点的类型，有静态和动态两种可能值。

(12)路径更新类属性字段说明：DepotName 字段表示进行更新时，所在站点对象的名称。RouteName 字段表示更新所要应用到的路径。

（13）特点类属性字段说明：Name 字段表示特点的名称。需要先创建特点，才可以在路径和停靠点处使用特点。在停靠点处指定所需要的特点，在路径上指定他可以支持的特点，这样就会保证该路径一定会经过该停靠点。

（14）求解网络分析任务。

（15）多路径配送分析结果如图 12.58 所示。

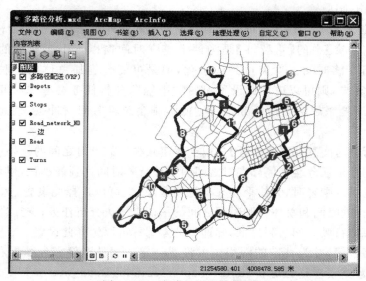

图 12.58　多路径配送分析结果

### 6．位置分配分析

位置分配分析是指在提供服务和货物的设施点和消耗服务和货物的需求点已经给定的情况下，合理地确定设施点的位置，从而高效地满足需求点的需求。如在多个零部件制造工厂确定的情况下，从多个组装工厂候选点中选取一个最优的位置等。

ArcGIS 提供了六种类型来回答不同的位置分配问题：

（1）最小化阻抗。将设施点设置在适当的位置，以使需求点与设施点之间的所有加权成本之和最小。通常用于定位仓库，以减少运输成本。

（2）最大化覆盖范围。定位设施点，以将尽可能多的需求点分配给默认中断值之内的设施点。通常用于定位消防站、急救中心等，以便在指定的时间内到达需求点。

（3）最小化设施点。定位设施点，以将尽可能多的需求点分配给阻抗中断内的设施点，同时保证设施点的数目最小化。此时，需考虑建造设施点的成本问题，如新建快餐公司时，需要考虑新建店面的需求及新建店面的成本。

（4）最大化客流量。选取此类型是假定了需求点分配给设施点的权重随着两者之间的距离增大而减小的情况，在此种情况下则会求取设施点的位置使设施点获取最大权重值。

（5）最大化市场份额。选取此种类型是在假定存在竞争对手的情况下，用一定数目的设施点来获取更大的需求，总市场份额是有效需求点的所有请求权重之和。

（6）目标市场份额。此类型是在假定存在竞争对手的情况下，获取一定目标市场份额所需的设施点的最小数目。

下面以仓库定位为例，对位置分配任务进行简单介绍。

（1）启动 ArcMap，打开地图文档"位置分配分析.mxd"（位于"…\chp12\网络数据集位置分配分析\data"），配置网络分析环境。

（2）创建位置分析图层。在网络分析工具条中单击【Network Analyst】→【新建位置分配】，则路径分析图层自动添加到内容列表中，并在 Network Analyst 窗口中自动添加网络分析类和网络分析对象。

（3）设置网络分析任务。在内容列表中右击位置分配分析图层，单击【🖰属性】，打开【图层属性】对话框，对【分析设置】、【高级设置】、【累积】、【网络位置】选项卡进行设置。

（4）【高级设置】选项卡的设置如图 12.59 所示。【分析设置】选项卡、【累积】选项卡和【网络位置】选项卡的设置参照路径分析中设置。

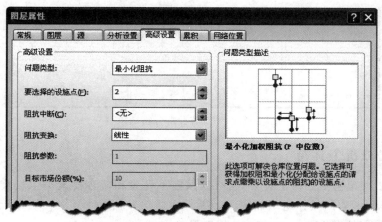

图 12.59 位置分配分析的分析设置

（5）添加网络位置，并为特定的网络位置设置特定的属性。预选仓库位置和配送点位置数据位于"…\chp12\网络数据集位置分配分析\data\chapter12.mdb\Road_network"。

（6）对设施点的属性字段的说明如下：

——FacilityType 表示设施点的类型，有四种类型，分别是候选设施点、必需设施点、竞争者设施点和已选设施点。候选设施点是位置分析中解的来源；必需设施点一定包含在位置分析的解中；竞争者设施点是对于最大化市场份额与目标市场份额问题类型的位置分析产生的，在此类型的分析过程中竞争者设施点表示竞争对手的设施点，将从位置分析的解中移除该类型的设施点；已选设施点是在分析任务完成后表示该设施点已被选择为分析问题的解，如果在完成之前被选择为"已选设施点"，则会被当做候选设施点来处理。

——DemandCount 表示分配给设施点的请求点的数目，非零值表示该设施点是分析任务的解之一。

（7）请求点的属性字段说明：GroupName 表示请求点所在的组的名称，如果不同的请求点具有相同的该字段值，则这些请求点会被分配到同一个设施点下。目标市场份额及最大化市场份额类型的分析任务将忽略此属性。

（8）求解网络分析任务。

（9）位置分析结果如图 12.60 所示。其中，圆点为请求点，方点为设施点，带星号的设施点为位置分析任务所确定的设施点。

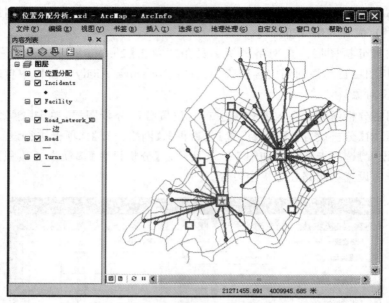

图 12.60　位置分配分析结果

### 12.3.5　网络分析工具箱

　　网络分析工具箱包括分析工具集、网络数据集工具集和转弯要素类工具集。网络分析工具箱在 ArcToolbox 中的具体组织如图 12.61 所示。

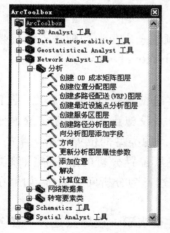

图 12.61　网络分析工具箱

**1. 分析工具集**

　　【分析】工具集包含用于通过网络分析拓展模块执行分析的工具,可以单独执行网络分析功能。

　　1)操作流程

　　(1)通过【创建网络分析图层】工具来创建网络分析图层,可以在此处设置网络分析中的各种参数。

　　(2)通过【添加位置】工具向网络分析图层中添加各位网络位置,如停靠点、设施点、点障碍等,此处添加的网络位置必须是预先处理好的。

　　(3)通过【解决】工具来实现已经设置好的网络分析任务。

　　2)工具说明

　　(1)【创建网络分析图层】工具。包括创建 6 种网络分析图层工具,用于创建 6 种不同的网络分析图层,如路径分析图层等。在创建过程中(图 12.62),需要设置相应的参数来确保网络分析任务的正确执行,其中有许多选项对应于网络分析图层分析的设置,如使用【创建路径分析图层】工具来创建路径分析图层时,选中【重新排序停靠点以查找最佳路径】时,下拉框中的 4 个选项分别对应了 4 种不同的排序方法:

图 12.62 【创建路径分析图层】对话框

——PRESERVE_BOTH。按输入顺序保留第一个和最后一个停靠点作为路径中相应的第一个和最后一个停靠点。

——PRESERVE_FIRST。只保留第一个。

——PRESERVE_LAST。只保留最后一个。

——PRESERVE_NONE。全部不保留,重新排序。

(2)【向分析图层添加字段】工具。可以向网络分析图层中的某一网络分析类中添加字段。一般和添加位置工具一起使用,以将输入要素的字段传递到网络分析图层的子图层中。

(3)【添加位置】工具。向网络分析图层中添加网络分析对象。该工具中的字段映射设置功能可以设置输入要素的字段与输入后成为网络分析对象的字段属性之间的一一对应关系,并可以指定输入后的默认值。

(4)【方向】工具。将包含路径的网络分析图层中的行驶方向信息输出为 ∗.txt 文件或 ∗.xml 文件。

(5)【更新网络分析图层属性参数】工具。更新网络分析图层的网络属性参数值。

(6)【解决】工具。利用新建的网络分析图层及输入的网络位置和属性完成网络分析任务。

(7)【计算位置】工具。将网络位置信息存储为要素属性以便快速地完成对网络位置的添加,一般对于多次要加入到网络分析图层中的网络位置使用此工具。计算位置完成后,可以在添加位置工具中选择"使用网络位置字段代替几何参数"来实现对网络位置的添加。也可以在该工具中定义更大的搜索容差来实现对网络中已定位的网络位置重新定位。

**2. 网络数据集工具集**

网络数据集工具集包括用于执行网络数据集维护任务的工具,如构建网络数据集和融合网络数据集等。

(1)【构建网络】工具。重新构建网络数据集的网络连通性和属性信息。在编辑源要素后,该工具将仅在编辑过的区域中构建网络连通性以便加快构建过程。但编辑网络属性后,将重建整个范围的网络数据集。

(2)【融合网络】工具。对网络数据集中的线数据源进行处理,合并逻辑上彼此连接和本质上彼此相同(即具有相同街道名称,属于同一个等级和具有相同限制等)的线要素,从而达到减少线要素的数目,优化网络分析速度的目的。

(3)【升级网络】工具。使网络数据集使用当前的版本所提供的新功能。使用该工具之前,先需要将地理数据库升级到当前版本。

### 3．转弯要素类工具集

转弯要素类工具集包含用于构建和编辑转弯数据的工具。

(1)【创建转弯要素类】工具。创建一个新的转弯要素类并指定转弯要素类的名称和位置。

(2)【填充备用 ID 字段】工具。如果转弯要素类引用的是边要素源的备用 ID 字段,则可以使用该工具来为该转弯要素添加并填充附加字段。边要素源的备用 ID 字段名必须全部相同。

(3)【增加最大边数】工具。为转弯要素类增加边的最大数量。

(4)【按几何更新】工具。使用转弯要素的几何信息更新转弯要素类中的所有边引用。主要用于在网络线数据源进行编辑后,根据转弯要素记录的构成转弯的边的 ID 不能正确构成转弯的情况,可以通过该工具来进行更新。

(5)【按备用 ID 字段更新】工具。使用备用 ID 字段更新转弯要素类中的所有边引用。

(6)【转弯表至转弯要素类】工具。将转弯表转换为转弯要素类。

## 12.4  3D 网络分析

传统的网络分析,如路径分析、服务区分析等,实现的是二维世界中的网络分析功能,难以实现建筑物内部的 3D 网络分析功能。如网络分析能够确定消防车走那条路可以最快的速度抵达火灾现场,却不能确定在建筑物内部走哪条楼梯才可以最快的速度抵达发生火灾的房间。ArcGIS 10 新添加的 3D 网络分析功能可以实现对建筑物内部的网络分析功能,可以快速地确定消防员前进的 3D 路径。ArcGIS 的 3D 网络分析是通过 ArcScene 和 ArcCatalog 来实现的。

具体操作步骤如下:

(1)以 3D 形式对走廊、楼梯和电梯等通道进行数字化处理,此操作可以在 ArcScene 中完成。

(2)在 ArcCatalog 中对源要素类创建网络数据集,创建过程类似于其他网络数据集的创建,不同之处是在"如何对网络要素的高程进行建模?"时,单击【使用几何的 Z 坐标值】。

(3)在 ArcScene 中添加网络数据集,单击【自定义】→【拓展模块】→【Network Analyst】,添加网络分析模块。

(4)在 ArcToolbox 中双击【Network Analyst Tools】→【分析】下的工具创建网络分析图层,此处双击【创建路径分析图层】工具,创建路径分析图层。

(5)使用【添加位置】工具,可以向路径分析图层中添加停靠点、障碍点等网络位置。在 ArcScene 中没有网络分析工具条,不能提供创建网络位置工具,可以通过 Model Builder 建模来实现单击添加网络位置的功能。本例使用 Model Builder 模型来实现单击添加网络位置的功能。双击【3D 路径分析工具】→【点击添加位置】模型,运行该模型,如图 12.63 所示。设置【输入的网络分析图层】为"路径",【子图层】为"停靠点",选中【交互添加要素】,单击 按钮;然后在 3D 网络数据集上点击,添加停靠点。添加完成后单击【确定】按钮。

图 12.63　单击添加位置工具

（6）网络位置添加完成后，双击【分析】→【解决】，选择输入网络分析图层为"路径"，单击【确定】按钮，执行分析任务。分析任务完成后，分析结果会自动添加到 ArcScene 中。

（7）分析结果如图 12.64 所示。其中，圆形区域为停靠点所在位置。

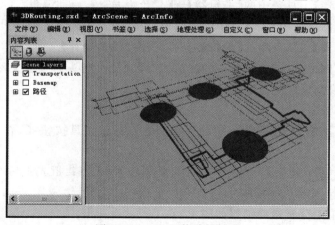

图 12.64　3D 网络分析结果

# 12.5　实　例

## 12.5.1　天然气管网应急分析

### 1．背景

在城市天然气管网系统中，会遇到一些突发事件，影响到居民的日常生活，如何快速到达天然气管网中的事发地点，及时对故障进行修理，是天然气公司需要密切关注的问题，因此需要对天然气管网根据故障的实际情况进行快速定位。

### 2．目的

熟练掌握和运用 ArcGIS 中的几何网络分析功能，综合利用网络分析工具对城市管道网络进行分析，以解决实际问题，加深对几何网络分析功能的理解。

**3．数据**

该实例数据位于光盘"…\chp12\Ex1"，请将数据拷贝到"C:\ chp12\Ex1"。数据主要包括以下两个要素类：

(1)燃气管网网络(gas_network)。

(2)故障点(guzhangdian)。

**4．任务**

根据多名用户反馈自家的天然气出现故障不能使用的情况,判断可能发生故障的地点,确定需要关闭的阀门,以确保维修过程的安全,同时对能够影响到的区域加以通知。

**5．操作步骤**

启动 ArcMap,打开 gas_network. mxd 文件,位于"C:\ chp12\Ex1\data",加载上述两种数据。

1)对数据进行符号化

(1)在内容列表中,单击 famen 要素类的符号显示,在打开的符号选择器对话框中,将符号大小调整为 16。

(2)同样处理 guzhangdian 要素类,并将该要素类的符号颜色设置为红色。

2)确定天然气流向

(1)单击【编辑器】工具条中的【编辑器】→【 开始编辑】,启动编辑。

(2)单击【几何网络分析】工具条中的流向设置按钮 ,为天然气网络设置流向。

(3)单击【编辑器】工具条中的【编辑器】→【 保存编辑内容】。

(4)单击【几何网络分析】工具条中的【流向】→【 显示箭头】,查看天然气的流向,再次单击【 显示箭头】,取消流向的显示。

3)确定爆管位置

(1)单击【几何网络分析】工具条中的添加交汇点标记工具按钮 ,在故障点的位置处添加交汇点。

(2)单击【几何网络分析】工具条中的【追踪任务】→【公共祖先追踪分析】,单击解决按钮 ,确定爆管位置。

(3)公共祖先追踪分析最终结果如图 12.65 所示。

图 12.65　确定爆管位置

4)确定影响范围

(1)单击【几何网络分析】工具条中的添加交汇点标记工具按钮🖖,在公共路径线的最后的一个阀门处单击。

(2)单击【追踪任务】→【网络下溯追踪】,单击解决按钮📐,显示关闭该阀门后的影响区域。

(3)最终结果如图 12.66 所示。

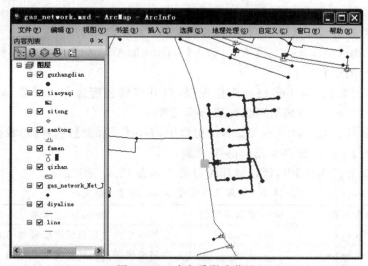

图 12.66　确定受影响范围

## 12.5.2　多路径分析

### 1.背景

随着网络购物的发展,对物流业的要求也越来越高,如何对一个物流公司的运送路线进行合理规划,是物流公司应该考虑的问题。下面是以某物流公司进行货物配送为例,介绍多路径分析。

### 2.目的

熟练掌握和使用 ArcGIS 中的网络分析拓展模块。熟练使用在网络数据集基础上的网络分析,理解网络分析拓展模块和几何网络分析功能的不同之处。

### 3.数据

该实例数据位于光盘"…\chp12\Ex2",请将数据拷贝到"C:\chp12\Ex2"。数据主要包括以下两要素类:

(1)城市地区主要交通道路网络(Road_network_ND)。

(2)主要商铺位置(Shops)。

### 4.任务

A 公司是 B 市的一家物流公司,主要负责 B 市部分食品和服装商铺的货物供应。情况如下:

(1)物流公司给一定位置的店面进行供货,有服装和食品两大类。

(2)A 公司在 B 市有两处仓库,分别是北站和南站,仓库上班时间为早上 5 点到晚上10 点。

（3）A 公司有 3 辆车用于配货，一辆用于配送服装，两辆用于配送食品。车辆的最大载货量是 1 500 kg。

（4）不同店面上班时间不一致，具体时间和需要配送货物数量参见 Shops 数据属性。

（5）公司规定为防止意外，司机开车时间累积 2 h，需要休息 10 min，最长工作时间为 5 h。

**5．操作步骤**

（1）启动 ArcMap，打开 qingdao. mxd 地图文档，位于"…\chp12\Ex2\data"。

（2）新建多路径分析图层，并进行分析设置。

——在 Network Analyst 工具条中，单击【Network Analyst】→【新建多路径配送】，新建【多路径配送分析图层】。

——在内容列表内，双击多路径配送图层，打开多路径配送分析设置，时间属性设置为"Minutes(分钟)"。单击【确定】按钮，完成分析设置。

（3）加载停靠点。在 Network Analyst 窗口中，右击【停靠点】，选择【加载位置】。

——【加载自】下拉框选择为：Shops 要素类。

——在【位置分析属性】中，设置属性映射关系如表 12.5 所示。

表 12.5　停靠点属性与 Shops 属性对照关系

| 停靠点属性 | Shops 要素类字段 | Shops 字段描述 |
|---|---|---|
| ServiceTime | Servicetime | 在停靠点处的装载或卸载货物的时间 |
| TimeWindowStart1 | starttime | 停靠点接受货物开始的最早时间 |
| TimeWindowEnd1 | endtime | 停靠点接受货物开始的最晚时间 |
| DeliveryQuantities | delivery | 停靠点处需要的货物的数目 |
| PickupQuantities | pickup | 停靠点处装载的货物的数目 |
| SpecialtyNames | type | 停靠点的特性，1 代表食品，2 代表服装 |

（4）添加站点。在 Network Analyst 窗口中，右击【站点】，选择【加载位置】。

——【加载自】下拉框选择为：Depots 要素类。

——在【位置分析属性】中，设置属性映射关系为

Name→Description、Description→Description。

（5）创建特性。在 Network Analyst 窗口中，右击【特性】，选择【添加项目】。

——添加特性：Name 字段值为"1"，Description 字段值为"食品"。

——添加特性：Name 字段值为"2"，Description 字段值为"服装"。

（6）加载路径。在 Network Analyst 窗口中，右击【路径】，选择【添加项目】。

——添加路径 1：设置 StartDepotName、EndDepotName 为"北站"、Capacities 为"1500"、MaxTotalTime 为"300"、SpecialtyName 为"1"。

——添加路径 2：设置 StartDepotName、EndDepotName 为"北站"、Capacities 为"1500"、MaxTotalTime 为"300"、SpecialtyName 为"2"。

——添加路径 3：设置 StartDepotName、EndDepotName 为"南站"、Capacities 为"1500"、MaxTotalTime 为"300"、SpecialtyName 为"1"。

（7）添加中断。在 Network Analyst 窗口中，右击【中断】，选择【添加项目】。

——添加中断 1：设置 RouteName 为"路径 1"、MaxTravelBetweenBreaks 为"120"、ServiceTime 为"10"。

——添加中断 2：设置 RouteName 为"路径 2"、MaxTravelBetweenBreaks 为"120"、ServiceTime 为"10"。

——添加中断 3：设置 RouteName 为"路径 3"、MaxTravelBetweenBreaks 为"120"、ServiceTime 为"10"。

(8)执行网络分析任务，结果如图 12.67 所示。

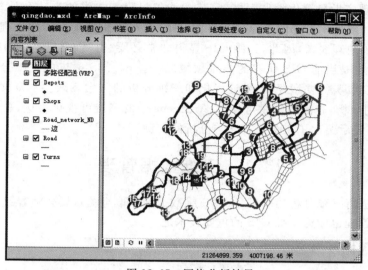

图 12.67 网络分析结果

# 第 13 章   三维分析

二维 GIS 将现实世界简化为平面模型,其功能仅局限于二维的表达和处理,在描述三维空间现象时存在局限性。世界的本原是三维的,GIS 的本质是基于真实的地理环境来直观表达客观世界的各种地理要素,因此,三维 GIS 显得非常必要。三维分析是三维 GIS 数据处理的重要组成部分,也是当前 GIS 研究的热点领域之一。ArcGIS 提供的三维分析扩展模块实现了三维建模、数据编辑、要素存储、性能优化和三维分析的巨大飞跃。本章介绍三维数据的管理及 3D 要素的分析,表面的创建与分析,ArcScene 中的三维可视化表达,ArcGlobe 中数据的显示与分析等,最后给出了三维可视化与分析的实例。

## 13.1   三维数据管理

三维数据是进行三维分析的基础,所以三维数据的获取至关重要。随着数据量急剧增加,三维数据的有效管理也成为三维 GIS 的重要技术之一。

### 13.1.1   三维数据

三维数据是在二维数据的基础上添加了一个维度($Z$ 坐标),ArcGIS 中称其为 $Z$ 值,用来表示特定表面位置的值,如化学物质浓度、位置的适宜性、噪声指数等。一般应用中,通常使用 $Z$ 值表示实际高程值(如海拔高度、地理深度)。

三维数据有四种基本类型:三维点数据、三维线数据、表面数据和体数据。在 ArcGIS 中,可以把三维数据分为两类:3D 要素数据和表面数据。其中,3D 要素数据又包括三维点数据、三维线数据和多面体(MultiPatch)数据。

#### 1. 3D 要素数据

3D 要素数据是地图或场景中三维真实世界对象的制图表达,其 $Z$ 值存储在要素几何中,常用来表示离散对象。三维点数据中每个点坐标除 $X$、$Y$ 值外还包含有一个 $Z$ 值,如飞机的 3D 位置等。三维线数据由三维点数据构成,例如,一条垂直线上每个点的 $X$、$Y$ 坐标相同,但 $Z$ 值不同;又如上山步行路径,每个点的 $X$、$Y$ 和 $Z$ 值可能都不同。 在 3D 要素数据中,使用最多的是多面体数据,ArcGIS 使用的多面体由平面三维环和三角形构成,在三维空间中将这些环和三角形结合起来为占有一定区域和体积的空间对象建立模型,可表示球体和立方体等几何对象,也可表示建筑物、树木等真实世界的对象。

#### 2. 表面数据

表面数据是指具有空间连续特征的地理要素的集合,表示地球表面某部分或整体范围内的地理要素或现象。表面数据有时被称做 2.5 维数据,因为对于每个 $X$、$Y$ 点,其对应的 $Z$ 值是固定不变的。 ArcGIS 中,常用的表面数据有栅格表面、不规则三角网(triangulate irrigulation network,TIN)和 Terrain 数据集。

1)TIN

TIN 是基于矢量数字地理数据的一种形式,以数字方式来表示表面形态,通过将一系列具有 X、Y 和 Z 值的结点组成三角网构建而成。TIN 常用来拟合具有连续分布现象的表面，其中 TIN 的边可用于捕获在表面中发挥重要作用的线状要素（如山脊线、河道等）的位置。

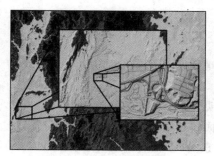

图 13.1　Terrain 数据集

2）Terrain 数据集

Terrain 数据集是一种基于 TIN 的数据集，是多分辨率的 TIN。Terrain 具有一系列 TIN，其中每个 TIN 都在特定的地图比例尺范围内使用。当地图范围较大时使用粗粒度 TIN，当放大地图并将视线集中于特定的地图范围时，则使用细粒度 TIN 以提高详细程度，如图 13.1 所示。

## 13.1.2　三维数据的获取

根据三维数据的分类，ArcGIS 中三维数据的获取包括 3D 要素数据的获取和表面数据的获取。

### 1. 三维点、线数据的生成

三维点数据和三维线数据获取常用的方法有三种：创建包含 Z 值的要素类、转换二维要素类的属性、插值 Shape（参见 13.3.3 小节）。

1）创建包含 Z 值的点、线要素类

三维点、线要素类的 Z 值包含在要素的几何信息中，下面介绍三维线要素类的创建步骤，三维点要素类的创建方法与此类似。具体操作步骤如下：

（1）启动 ArcCatalog，右击要创建三维线要素类的文件夹，在弹出菜单中，单击【新建】→【Shapefile】，打开【创建新 Shapefile】对话框。

（2）在【名称】文本框中，输入要素类名称，在【要素类型】下拉框中选择"折线（Polyline）"。如果要创建三维点要素类，选择"点"；创建多面体要素类，选择"多面体（MultiPatch）"。

（3）单击【编辑】为其定义空间参考，也可以通过【选择】、【导入】和【创建】三种方式来定义空间参考，此处按默认设置。

（4）选中【坐标将包含 Z 值。用于存储 3D 数据】复选框。

（5）单击【确定】按钮，即创建了一个空的三维线要素类，可以在 ArcScene 或 ArcGlobe 中进行编辑。

2）通过二维要素的属性创建三维点、线要素类

【依据属性实现要素转 3D】工具根据输入要素类的属性值生成三维要素类，输入要素类可以是点、线和面类型。下面以点要素为例介绍通过转换二维要素类属性生成三维要素类的方法。其操作步骤如下：

（1）在 ArcScene 中启动 ArcToolbox，双击【3D Analyst 工具】→【3D 要素】→【依据属性实现要素转 3D】，打开【依据属性实现要素转 3D】对话框，如图 13.2 所示。

（2）在【依据属性实现要素转 3D】对话框中，输入【输入要素】数据（位于" … \chp13\Create3D\FromAttri\data"），指定输出要素类的保存路径和名称。

图 13.2　【依据属性实现要素转 3D】对话框

（3）在【高度字段】下拉框中选择"Height"，在【至高度字段（可选）】下拉框中选择"Height"。

（4）单击【确定】按钮，完成操作。

**2．多面体数据的生成**

多面体数据获取常用的方法有以下几种：

（1）直接创建多面体要素类，具体步骤同三维点、线要素类创建的第一种方法类似。

（2）通过转换 3D 文件生成多面体要素类。

（3）通过在两个 TIN 之间拉伸生成多面体要素类（参见 13.3.2 小节）。

（4）通过【面插值为多面体（MultiPatch）】工具生成多面体要素类（参见 13.3.2 小节）。

（5）通过【天际线】和【天际线障碍】工具生成多面体要素类（参见实例二）。

下面仅以转换 3D 文件生成多面体要素类为例说明多面体数据的获取方法。

【导入 3D 文件】工具可将 3D 文件导入到输出要素类中，支持导入的 3D 文件类型有：3D Studio Max（＊.3ds）、SketchUp（＊.skp）、VRML 和 GeoVRML（＊.wrl）、OpenFlight（＊.flt）等。

多面体数据生成的操作步骤如下：

（1）启动 ArcScene，在目录树中右击 result 文件夹（位于"…\chp13\Create3D\From3D"），单击【新建】→【█文件地理数据库】，创建文件地理数据库，重新命名为 3Dmodel.gdb。

> **注意事项**
>
> a）输出多面体要素类可存储为 Shapefile 文件或地理数据库的要素类。如果要保留纹理，则必须输出到地理数据库中，否则输出要素类会丢失纹理。
>
> b）也可以单击【新建】→【个人地理数据库】，创建个人地理数据库。由于文件地理数据库的容量大、兼容性好等特点，所以使用中常建立文件地理数据库。

（2）在 ArcToolbox 中双击【3D Analyst 工具】→【转换】→【由文件转出】→【导入 3D 文件】，打开【导入 3D 文件】对话框，如图 13.3 所示。

（3）在【导入 3D 文件】对话框中，在【输入文件浏览：】下拉框中选择"文件"，单击文本框后的按钮█，选择要导入的 3D 文件"行政楼.skp"（位于"…\chp13\Create3D\From3D\data"）。指定【输出多面体（MultiPatch）要素类】的保存路径和名称，其他参数保持默认值。

> **注意事项**
>
> a）当选中【每个根结点一个要素】复选框时，表示将为每个文件的根结点生成一个要素，未选中表示为每个文件生成一个要素。
>
> b）当选中【Y 轴向上（可选）】复选框时，表示 Y 轴向上，未选中表示 Z 轴向上。

（4）单击【确定】按钮，结果如图 13.4 所示。

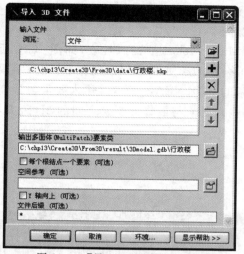

图 13.3　【导入 3D 文件】对话框

图 13.4　转换后的多面体数据

## 13.1.3　3D 要素分析

ArcGIS 10 中提供了 3D 要素分析功能,主要包括 3D 临近、是否为闭合多面体、3D 内部、3D 差异、3D 相交、3D 联合等功能。

### 1. 3D 临近

【3D 临近】工具的作用是在搜索半径范围内,确定输入要素类中的每个要素与邻近要素类中最近要素之间的距离。该工具用于处理 3D 要素而不是 2D 要素,输入要素和邻近要素可以是任何几何类型(点、线、面和体)。其操作步骤如下:

(1)启动 ArcScene,单击工具栏上的添加数据按钮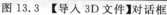,加载数据 OriginalMultipatch. shp 和 PointZ. shp(位于"…\chp13\3D 要素\3D 临近\data")。(以后的操作步骤中简称"加载数据")

(2)在 ArcToolbox 中双击【3D Analyst 工具】→【3D 要素】→【3D 临近】,打开【3D 临近】对话框,如图 13.5 所示。

> **注意事项**
>
> a)如果输入要素、邻近要素中分别含有 $X$、$Y$、$Z$ 坐标字段,并且选中【增量】复选框时,在输入要素类中还会生成 NEAR_DELTX、NEAR_DELTY、NEAR_DELTZ 字段,分别表示输入要素与临近要素之间的最近点在 $X$ 轴、$Y$ 轴、$Z$ 轴方向上的距离。
>
> b)如果在输入要素、邻近要素中分别含有 $X$、$Y$、$Z$ 坐标字段,并且选中【位置】复选框时,还会在输入要素中生成 NEAR_FROMX、NEAR_FROMY、NEAR_FROMZ 等字段,它们分别表示与"输入要素与临近要素之间的最近点"距离最近的点的 $X$、$Y$、$Z$ 坐标。
>
> c)当选中【角度】复选框时,会在输入要素类中生成 NEAR_ANG_V 字段,表示输入要素和邻近要素之间的水平地理角度(即北方位角,正东为 0°,东北为 45°,正北为 90°,正南为 −90°,正西为 180°或 −180°),并且当指定了多个临近要素时,会在输入要素类中生成 NEAR_FC 字段表示最邻近要素的路径名称。

（3）在【3D 临近】对话框中，输入【输入要素】、【邻近要素】数据。

（4）在【搜索半径（可选）】文本框中输入"2"，单位选择"千米"。

（5）单击【确定】按钮，完成操作后打开 OriginalMultipatch. shp 的属性表，如图 13.6 所示。【3D 临近】工具会向输入要素类的属性表中添加多个字段（如果字段已经存在，则对字段进行更新），这些字段包括 NEAR_FID：表示临近要素的 FID；NEAR_DIST：输入要素与最临近要素之间的 2D 距离，即水平距离；NEAR_DIST3：输入要素与最临近要素之间的 3D 距离，即斜距。

图 13.5　【3D 临近】对话框

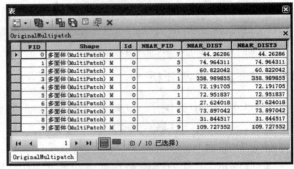

图 13.6　执行 3D 临近分析后的属性表

### 2. 是否为闭合多面体

多面体是否闭合取决于该多面体的构造方式，即构成该多面体的面是否彼此相交，并且壳中是否存在间距或空白空间。如果面彼此不相交或者壳中存在间距或空白空间，则多面体不闭合；反之，则闭合。【是否为闭合 3D】工具主要测试多面体是否为闭合多面体，为输入要素类中的每个多面体要素添加一个带有标记的新字段，指示该要素是否闭合。具体操作步骤如下：

（1）启动 ArcScene，加载数据 MultiData. shp（位于"…\chp13\3D 要素\3D 闭合\data"）。

（2）在 ArcToolbox 中双击【3D Analyst 工具】→【3D 要素】→【是否为闭合 3D】，打开【是否为闭合 3D】对话框，如图 13.7 所示。

（3）在【是否为闭合 3D】对话框中，输入多面体要素类 MultiData. shp。

（4）单击【确定】按钮，完成操作。打开要素类 MultiData 的属性表，结果如图 13.8 所示。

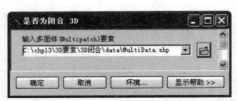

图 13.7　【是否为闭合 3D】对话框

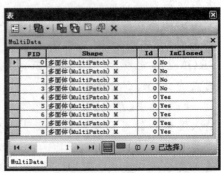

图 13.8　是否为闭合 3D 分析后的属性表

### 3．3D 内部

【3D 内部】工具主要测试输入要素是否落在多面体内,如果落在多面体内,则会在输出表的新字段 Status 中指明其所落入的要素的状态,输入要素可以是具有 Z 值的点、线、面和多面体数据。下面以输入要素为三维点要素类为例说明操作步骤。

(1)启动 ArcScene,加载数据 InsidePoint.shp 和 Multipatch_1.shp(位于"…\chp13\3D要素\3D 内部\data")。

(2)在 ArcToolbox 中双击【3D Analyst 工具】→【3D 要素】→【3D 内部】,打开【3D 内部】对话框,如图 13.9 所示。

(3)在【3D 内部】对话框中,输入【输入要素】、【输入多面体(Multipatch)要素】数据,指定【输出表】的保存路径和名称,其他参数保持默认值。

(4)单击【确定】按钮,完成操作。打开输出属性表,结果如图 13.10 所示。

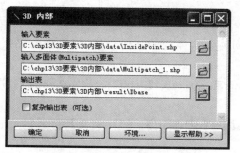

图 13.9　【3D 内部】对话框

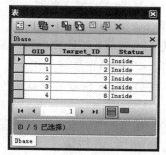

图 13.10　3D 内部分析后的结果

**注意事项**

a)输出表的位置路径中不允许有空格,否则将会提示错误。

b)输入的多面体要素类中必须有闭合的多面体,否则输出为空,且测试过程中会忽略不闭合的多面体。

c)一个要素可能落入多个闭合多面体要素内,在输出表中具有多个条目。

d)选中【复杂输出表】复选框时,在输出表中会包含两个字段 Container_ID 和 Target_ID。Container_ID 会准确指明输入要素全部或部分落入的多面体。

### 4．3D 差异

【3D 差异】工具先计算出两个闭合多面体要素体积的几何交集,然后从一个要素类中剪除另一个要素类的所有体积,并将结果保存到新输出要素类中。其操作步骤如下:

(1)启动 ArcScene,加载数据 cut.shp 和 cuted.shp(位于"…\chp13\3D 要素\3D 差异\data")。

(2)在 ArcToolbox 中双击【3D Analyst 工具】→【3D 要素】→【3D 差异】工具,打开【3D 差异】对话框,如图 13.11 所示。

(3)在【3D 差异】对话框中,输入【要从以下项剪除输入多面体(Multipatch)要素】、【要剪除的输入多面体(Multipatch)要素】数据,指定【输出要素类】的保存路径和名称。

(4)单击【确定】按钮,完成操作。取消对 cut.shp 和 cuted.shp 的显示,结果如图 13.12所示。

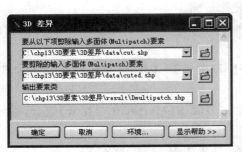

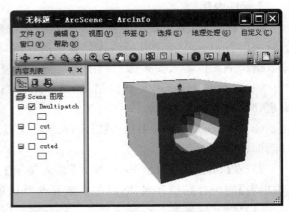

图 13.11 【3D差异】对话框　　　　　　　　图 13.12　3D差异结果

**5．3D 相交**

【3D 相交】工具计算出两个或多个闭合多面体要素体积的几何交集,将重叠的要素输出为新要素。具体操作步骤如下:

(1)启动 ArcScene,加载数据 intersect1.shp 和 intersect2.shp(位于"…\chp13\3D要素\3D 相交\data")。

(2)在 ArcToolbox 中双击【3DAnalyst 工具】→【3D 要素】→【3D 相交】,打开【3D 相交】对话框,如图 13.13 所示。

(3)在【3D 相交】对话框中,输入【输入多面体(Multipatch)要素】、【输入多面体(Multipatch)要素(可选)】数据,指定【输出要素类】的保存路径和名称。

(4)单击【确定】按钮,完成操作。取消对 intersect1.shp 和 intersect2.shp 的显示,结果如图 13.14 所示。

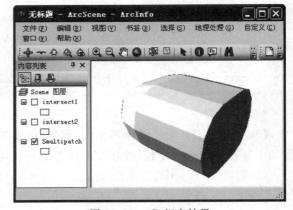

图 13.13 【3D相交】对话框　　　　　　　　图 13.14　3D相交结果

**6．3D 联合**

【3D 联合】工具用来计算重叠多面体的几何交集,然后将多面体聚合在一起,存储到新多面体要素类中。具体操作步骤如下:

(1)启动 ArcScene,加载数据 UniteMultipatch.shp(位于"…\chp13\3D 要素\3D 联合\data")。

（2）在 ArcToolbox 中双击【3D Analyst 工具】→【3D 要素】→【3D 联合】,打开【3D 联合】对话框,如图 13.15 所示。

（3）在【3D 联合】对话框中,输入【输入多面体(Multipatch)要素】数据,指定【输出要素类】的保存路径。【分组字段(可选)】下拉框是选择将输入多面体要素组合到一起进行聚合的字段,此处不设置。其他参数保持默认值。

（4）单击【确定】按钮,完成操作。

图 13.15　【3D 联合】对话框

**注意事项**

3D 联合的结果是将聚合在一起的多个多面体联合为一个新的多面体,本实例从输入多面体要素类以及输出要素类属性表中可以看到两个多面体合成了一个多面体。

# 13.2　表面创建与管理

表面模型是三维空间连续要素的一种数字表达形式。ArcGIS 中可以创建和存储三种类型的表面模型:栅格、TIN 和 Terrain 数据集,这三类表面模型可通过多种数据源创建,也可通过三种模型之间的相互转换得到。本节重点介绍栅格、TIN 和 Terrain 数据集是如何创建、相互转换和管理的。

## 13.2.1　表面创建

### 1. 栅格表面创建

栅格表面以栅格数据形式呈现,每个栅格单元均表示实际信息的某个值,该值可以是高程数据、污染程度、地下水位高度等。创建栅格表面模型的主要方法为插值法,也可以经 TIN 表面或 Terrain 表面转换得到。

1）插值法

实际中,测量研究区域中的每个点位置的高度、浓度或量级通常会非常困难且成本高昂,如果根据采样点值创建一个连续的表面,便可预测出研究范围内其他点的值,这就是插值。采样点可以随机选取、分层选取或规则选取,但必须保证这些点代表了区域的总体特征。在 ArcGIS 中,可使用的插值方法有很多,如反距离权重法、样条函数法、克里金法和自然邻域法等。

2）由 TIN 创建栅格

【TIN 转栅格】工具可通过插值将 TIN 转换为栅格。插值方法有线性插值法（LINEAR）和自然邻域插值法（NATURAL_NEIGHBORS）。线性插值法可将 TIN 三角形显示为平面,通过查找落在二维空间中的三角形并计算像元中心相对于三角形平面的位置来为每个输出像元指定值;自然邻域插值法可产生比线性插值更平滑的结果,它在每个输出像元中心周围的所有方向上找到最近的 TIN 结点,从而使用基于区域的权重方案。输出栅格的数据类型可以是FLOAT 或 INT。FLOAT 是默认值,可以输出单精度浮点值,能用来储存小数形式的值;INT可以输出有符号的长整型值,当允许整数输出时可用。下文以自然邻域插值方法为例,介绍由

TIN 创建栅格的操作步骤。

(1)启动 ArcScene,加载数据 dTIN(位于"…\chp13\CreateRaster\TINToRaster\data")。

(2)在 ArcToolbox 中双击【3D Analyst 工具】→【转换】→【由 TIN 转出】→【TIN 转栅格】,打开【TIN 转栅格】对话框,如图 13.16 所示。

(3)在【TIN 转栅格】对话框中,输入【输入 TIN】数据,指定【输出栅格】的保存路径和名称。

(4)指定【输出数据类型(可选)】,此处采用系统默认设置。

(5)指定插值【方法(可选)】为"NATURAL_NETGHBORS"。其他参数采用默认值。

(6)单击【确定】按钮,完成操作。取消对 dTIN 的显示,输出栅格如图 13.17 所示。

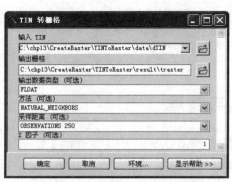

图 13.16 【TIN 转栅格】对话框

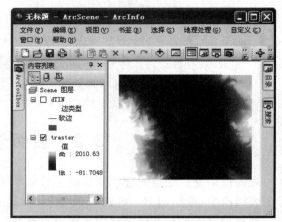

图 13.17 TIN 转栅格输出结果

3)由 Terrain 创建栅格

【Terrain 转栅格】工具运用插值方法将 Terrain 数据集转换为栅格数据。具体操作步骤如下:

(1)启动 ArcMap,加载数据 topo_Terrain(位于"…\chp13\CreateRaster\TerrainToRaster\data\terrain.gdb\topography")。

(2)在 ArcToolbox 中双击【3D Analyst 工具】→【转换】→【由 Terrain 转出】→【Terrain 转栅格】,打开【Terrain 转栅格】对话框,如图 13.18 所示。

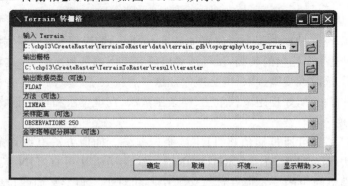

图 13.18 【Terrain 转栅格】对话框

(3)在【Terrain 转栅格】对话框中,输入【输入 Terrain】数据,指定【输出栅格】的保存路径和名称。

(4)【输出数据类型(可选)】采用系统默认设置。

(5)在【金字塔等级分辨率(可选)】下拉框中选择"1",其他参数保持默认值。

(6)单击【确定】按钮,完成操作。取消对 topo_Terrain 的显示,结果如图 13.19 所示。

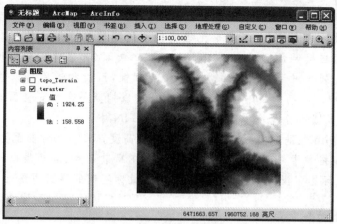

图 13.19　Terrain 转栅格输出结果

## 2. TIN 的创建

TIN 的创建工具有【创建 TIN】(用于在初始时为特定区域创建 TIN)、【编辑 TIN】(用于向 TIN 中添加矢量要素)、【栅格转 TIN】和【Terrain 转 TIN】等工具。

1)由矢量要素创建 TIN

根据包含高程信息的要素(如点、线和多边形)创建 TIN,其操作步骤如下:

(1)启动 ArcScene,加载数据 point. shp(位于"…\chp13\CreateTIN\Frompoint\data")。

(2)在 ArcToolbox 中双击【3D Analyst 工具】→【TIN 管理】→【创建 TIN】工具,打开【创建 TIN】对话框,如图 13.20 所示。

(3)在【创建 TIN】对话框中,指定【输出 TIN】的保存路径和名称。

(4)单击【空间参考(可选)】文本框后的按钮,为 TIN 设置空间参考,此处为默认设置。

(5)输入【输入要素类(可选)】数据 point. shp,该要素类会添加到下方的列表框中。在 height_field 字段下选择"HEIGHT",在 SF_type 字段下选择"离散多点"。

(6)单击【确定】按钮,生成的 TIN 加载到 ArcScene 中,如图 13.21 所示。

图 13.20　【创建 TIN】对话框

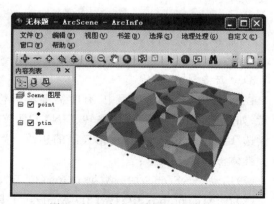

图 13.21　由点要素类生成的 TIN

**注意事项**

　　a)如果输入要素类为空,将创建一个空 TIN。

　　b)"离散多点"是 TIN 网中的结点,主要决定表面的形状,在表面变化程度较大的区域包括较多的离散点,表面变化程度较小的区域包括较少的离散点。断裂线主要用来表示自然要素(如山脊线、河流)或人工要素(如道路),分为硬断裂线和软断裂线。硬断裂线用于表示表面坡度的不连续性,河流和道路可以作为硬断裂线包括在 TIN 中。软断裂线用于向 TIN 添加边,以捕获不会改变表面局部坡度的线状要素,研究区域边界可作为软断裂线包括在 TIN 中。

　　c)height_field:高程字段,用于提供要素的高度;SF_type:表面要素类型字段,用于定义如何将要素几何添加到三角形中,存在离散多点、隔断线以及若干种面类型;tag_field:标签字段,用于指定在 TIN 中用做标签值的要素类属性字段。

2)向 TIN 中添加要素类

【编辑 TIN】工具实现向现有 TIN 中添加要素类,一次可以添加一个或多个要素类。具体操作步骤如下:

图 13.22 【编辑 TIN】对话框

　　(1)启动 ArcScene,加载数据 OrginalTIN 和 AddPoint. shp(位于 "… \ chp13 \ CreateTIN \ EditTIN\data")。

　　(2)在 ArcToolbox 中双击【3D Analyst 工具】→【TIN 管理】→【编辑 TIN】,打开【编辑 TIN】对话框,如图 13.22 所示。

　　(3)在【编辑 TIN】对话框中,输入【输入 TIN】、【输入要素类】数据。

　　(4)在 height_field 下选择"HEIGHT",表面要素类型 SF_type 选择"离散多点"。其他参数保持默认值。

　　(5)单击【确定】按钮,完成操作。

**注意事项**

　　如果场景中的 TIN 没有发生变化,可以将其移除后重新加载,将看到添加要素类后新生成的 TIN。

3)由栅格创建 TIN

在创建表面模型的过程中,有时需要将栅格表面转换成 TIN,以便向表面模型添加更多要素(如河流和道路等)。【栅格转 TIN】工具首先根据足够数量的输入栅格点(像元中心)生成候选 TIN,以便完全覆盖栅格表面的边缘,然后逐步改进 TIN 表面,直到符合指定的 Z 容差。具体操作步骤如下:

(1)启动 ArcScene,加载数据 raster(位于 "…\chp13\CreateTIN\RasterToTIN\data")。

(2)在 ArcToolbox 中双击【3D Analyst 工具】→【转换】→【由栅格转出】→【栅格转 TIN】,

打开【栅格转 TIN】对话框,如图 13.23 所示。

(3)在【栅格转 TIN】对话中,输入【输入栅格】数据,指定【输出 TIN】的保存路径和名称。

(4)在【Z 容差(可选)】文本框中输入容差值"150"。

(5)在【最大点数(可选)】文本框中输入最大点数值"1000000"。

(6)【Z 因子(可选)】采用系统默认值。

(7)单击【确定】按钮,输出的 TIN 如图 13.24 所示。

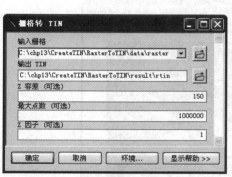

图 13.23  【栅格转 TIN】对话框

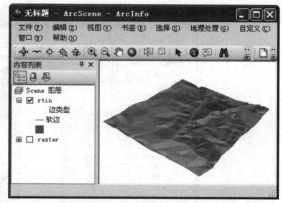

图 13.24  由栅格转出的 TIN

**注意事项**

a)【Z 容差(可选)】指输入栅格与输出 TIN 之间所允许的最大高度差。默认情况下,Z 容差是输入栅格 Z 范围的 1/10。

b)【最大点数(可选)】指将在处理过程终止前添加到 TIN 中的最大点数。默认情况下,该过程将一直持续到所有点被添加完为止。

4)由 Terrain 数据集创建 TIN

【Terrain 转 TIN】工具可将 Terrain 数据集转换为基于文件的 TIN。具体操作步骤如下:

(1)启动 ArcMap,加载数据 topo_Terrain(位于"…\chp13\CreateTIN\TerrainToTIN\data\terrain.gdb\topography")。

(2)在 ArcToolbox 中双击【3D Analyst 工具】→【转换】→【由 Terrain 转出】→【Terrain 转 TIN】,打开【Terrain 转 TIN】对话框,如图 13.25 所示。

图 13.25  【Terrain 转 TIN】对话框

（3）在【Terrain 转 TIN】对话框中，输入【输入 Terrain】数据，指定【输出 TIN】的保存路径和名称。

（4）在【金字塔等级分辨率（可选）】下拉框中选择"1"。

（5）在【最大结点数（可选）】文本框中输入"1000000"。

（6）单击【确定】按钮，完成操作。取消对 topo_Terrain 的显示，输出的 TIN 如图 13.26 所示。

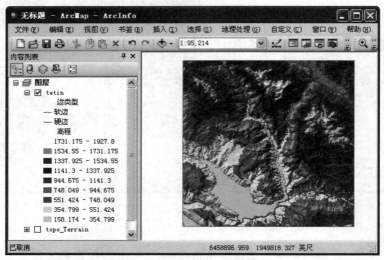

图 13.26　由 Terrain 转出的 TIN

### 3．Terrain 数据集的创建

Terrain 数据集的创建有以下两种方法：

（1）使用【创建 Terrain】地理处理工具。该方法先创建一个新的 Terrain 数据集，然后依次使用【添加 Terrain 金字塔等级】、【向 Terrain 添加要素类】和【构建 Terrain】工具，最终构造一个可用的 Terrain。

（2）使用目录树。右击 ArcCatalog 目录树中包含要素类的数据集，选择【新建】中的【Terrain（E）…】命令来构建 Terrain。

下面以第一种方法为例说明 Terrain 数据集的创建步骤。

1）创建新的 Terrain 数据集

（1）在 ArcCatalog 中启动 ArcToolbox，双击【3D Analyst 工具】→【Terrain 管理】→【创建 Terrain】，打开【创建 Terrain】对话框，如图 13.27 所示。

（2）在【创建 Terrain】对话框中，输入【输入要素数据集】数据（位于"…\chp13\CreateTerrain\data"），指定【输出 Terrain】的名称。

（3）在【平均点间距】文本框中输入平均点距离"10"。

（4）在【金字塔类型（可选）】下拉框中选择"ZTOLERANCE"，其他参数保持默认值。

（5）单击【确定】按钮，即创建了一个新的 Terrain 数据集。

2）添加 Terrain 金字塔等级

（1）双击【3D Analyst 工具】→【Terrain 管理】→【添加 Terrain 金字塔等级】，打开【添加 Terrain 金字塔等级】对话框，如图 13.28 所示。

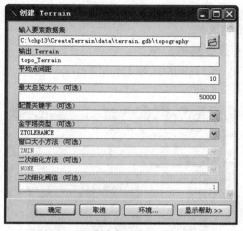

图 13.27　【创建 Terrain】对话框

图 13.28　【添加 Terrain 金字塔等级】对话框

（2）在【添加 Terrain 金字塔等级】对话框中，输入【输入 Terrain】数据（位于"…\chp 13\CreateTerrain\data"）。

（3）在【金字塔等级定义】文本框中输入 Z 容差以及将要添加到 Terrain 数据集的一个或多个金字塔等级的参考比例尺。Z 容差大小可指定为浮点型值，提供的参考比例尺必须为整型值（如值 2 500 表示 1∶2 500 比例尺）。这些值以空格分隔的数值对形式给出，每个金字塔等级为一对。

（4）单击【确定】按钮，完成 Terrain 金字塔等级的添加。

3）向 Terrain 添加要素类

（1）双击【3D Analyst 工具】→【Terrain 管理】→【向 Terrain 添加要素类】，打开【向 Terrain 添加要素类】对话框，如图 13.29 所示。

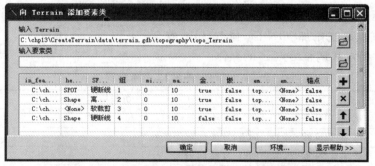

图 13.29　【向 Terrain 中添加要素类】对话框

（2）在【向 Terrain 添加要素类】对话框中，输入【输入 Terrain】数据。

（3）在【输入要素类】文本框中输入要向 Terrain 数据集添加的要素类（位于"…\chp13\CreateTerrain\data"），这些要素类必须与 Terrain 数据集位于同一要素数据集中。将 topo_water_poly 的 SF_type 设置为"硬断线"，其他参数均保持默认值。

（4）单击【确定】按钮，完成要素类的添加。

4）构建 Terrain

（1）双击【3D Analyst 工具】→【Terrain 管理】→【构建 Terrain】，打开【构建 Terrain】对话

框,如图 13.30 所示。

(2)在【构建 Terrain】对话框中,输入【输入 Terrain】数据。

(3)也可在【更新范围】下拉框中重新计算 Terrain 数据集的范围。

(4)单击【确定】按钮,完成 Terrain 的构建。在 ArcCatalog 中对 topo_Terrain 预览,如图 13.31 所示。

图 13.30 【构建 Terrain】对话框

图 13.31 topo_Terrain 预览图

## 13.2.2 表面管理

### 1. TIN 管理

通过使用【TIN 编辑】工具条中的工具可以编辑 TIN 表面的结点、三角形的属性,如添加、移除和修改 TIN 结点、隔断线或面。【TIN 编辑】工具条如图 13.32 所示,其各个工具及其功能如表 13.1 所示。本小节重点讲述添加 TIN 面、修改 TIN 数据区、删除 TIN 结点和调整结点 Z 的操作。

图 13.32 【TIN 编辑】工具条

表 13.1 【TIN 编辑】工具条详解

| 图标 | 名 称 | 功能描述 |
|---|---|---|
| | 添加 TIN 点 | 向 TIN 添加新结点 |
| | 添加 TIN 线 | 向 TIN 添加新隔断线 |
| | 添加 TIN 面 | 向 TIN 添加新面 |
| | 设置 TIN 边类型 | 更改所选边类型 |
| | 设置 TIN 标签 | 更改结点或三角形的标签值 |
| | 修改 TIN 数据区 | 打开或关闭 TIN 的三角形 |
| | 删除 TIN 隔断线 | 从 TIN 中删除隔断线 |
| | 移动 TIN 结点 | 在 TIN 范围内移动 TIN 结点位置 |
| | 连接 TIN 结点 | 在两个结点之间建立隔断线 |
| | 交换边 | 连接到相对的结点以形成一对替代三角形 |
| | 删除 TIN 结点 | 从 TIN 中直接删除或基于一个数字化区域删除 TIN 结点 |
| | 调整结点 Z | 修改结点的 Z 值 |

1）添加 TIN 面

添加 TIN 面的操作步骤如下：

（1）启动 ArcMap，加载数据 EditTIN（位于"…\chp13\MSurface\MTIN\data"）。

（2）在主菜单栏中单击【自定义】→【工具条】→【TIN 编辑】，加载【TIN 编辑】工具条，单击【TIN 编辑】→【✎开始编辑 TIN】，此时 TIN 处于可编辑状态。

（3）在【TIN 编辑】工具条中单击添加 TIN 面图标▰，弹出【添加 TIN 面】对话框。在【模式】下拉框中选择"简单"，表示用于向 TIN 中添加新多边形；在【线类型】下拉框中选择"硬边"；在【高度源】后选择"自表面"，如图 13.33 所示。

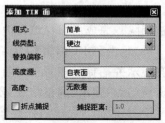

（4）在 TIN 表面上通过单击鼠标绘制多边形添加 TIN 面，完成后单击【TIN 编辑】→【✎停止编辑 TIN】，单击【是】按钮，保存编辑内容。

图 13.33 【添加 TIN 面】对话框

⚠ **注意事项**

a)【模式】下拉框中还有"替换"选项，用于替换多边形，将边界及所有内部高度设置为相同的值；"擦除"选项，用于定义插值的边界，将位于擦除多边形之内的输入数据从插值和分析操作中排除；"裁剪"选项，用于定义 TIN 表面的边界，将位于裁剪多边形之外的输入数据从插值和分析操作中排除。

b)【替换偏移】表示进行数字化的多边形将作为隔断线添加到 TIN 中，并从表面获得高度，仅当模式下选择"替换"时才可用。

2）修改 TIN 数据区

修改 TIN 数据区的操作步骤如下：

（1）单击【TIN 编辑】工具条中的修改 TIN 数据区按钮▧，弹出【修改 TIN 数据区】对话框，如图 13.34 所示。

图 13.34 【修改 TIN 数据区】对话框

（2）在【选择】下拉框中选择"内部点"，用于手动选择要修改的 TIN 三角形。在【掩膜】下拉框选择"设置外部的"，设置要执行掩膜操作的 TIN 三角形。如果 TIN 三角形被掩膜，则表面分析和显示会将该区域视为不包含任何数据（即使数据仍存在）。在 TIN 上单击鼠标修改数据，完成后保存编辑内容。

⚠ **注意事项**

a)在【选择】下拉框中选择"多边形内"时，表示选择数字化多边形内部或与其相交的 TIN 三角形；选择"完全在多边形内"时，表示仅修改完全在数字化多边形内的 TIN 三角形，未完全在数字化多边形范围内的三角形将不会在分析中考虑。

b)在【掩膜】下拉框中选择"在内部设置"时，表示将 TIN 三角形设置为未掩膜，或者显示 TIN 的高程表面。选择"切换当前状态"时，表示根据当前状态将 TIN 三角形更改为已掩膜或未掩膜。

3）删除 TIN 隔断线、删除 TIN 结点、调整结点 Z

删除 TIN 隔断线,删除 TIN 结点和调整结点 Z 的操作步骤如下:

(1)单击【TIN 编辑】工具条中的删除 TIN 隔断线图标 ，单击断裂线的任意位置可将其移除。完成后保存编辑内容。

(2)单击【TIN 编辑】工具条中的删除 TIN 结点图标 ，在 TIN 上单击要删除的结点即可。也可以选择按区域删除 TIN 结点,需要在 TIN 上输入一个多边形,位于多边形内部的结点被删除。完成后保存编辑内容。

(3)单击【TIN 编辑】工具条中的调整结点 Z 图标 ，在 TIN 表面上移动时会以交互方式高亮显示并捕捉到相对于当前指针位置最近的有效结点,当要调整的 TIN 结点高亮显示时,单击该结点,弹出【调整结点 Z】对话框,输入高程值,单击【确定】按钮,高程的变化将立即显示在 TIN 表面上。完成后保存编辑内容。

### 2. Terrain 数据集的管理

Terrain 数据集构建好以后,可对 Terrain 数据集进行移除要素类、删除 Terrain 点、移除金字塔等级等操作。

1）从 Terrain 数据集中移除要素类

从 Terrain 数据集中移除要素类的操作步骤如下:

(1)在 ArcToolbox 中双击【3D Analyst 工具】→【Terrain 管理】→【从 Terrain 中移除要素类】,打开【从 Terrain 中移除要素类】对话框,如图 13.35 所示。

图 13.35 【从 Terrain 中移除要素类】对话框

(2)在【从 Terrain 中移除要素类】对话框中,在【输入 Terrain】文本框中输入数据(位于 "…\chp13\MSurface\MTerrain\data")。

(3)在【输入要素类】下拉框中选择要移除的要素类。

(4)单击【确定】按钮,完成从 Terrain 数据集中移除选择的要素类。

**注意事项**

该工具只是移除 Terrain 数据集对要素类的引用,不能删除要素类。

2）删除 Terrain 点

删除 Terrain 点的操作步骤如下:

(1)在 ArcToolbox 中双击【3D Analyst 工具】→【Terrain 管理】→【删除 Terrain 点】,打开【删除 Terrain 点】对话框,如图 13.36 所示。

图 13.36 【删除 Terrain 点】对话框

（2）在【删除 Terrain 点】对话框中，在【输入 Terrain】文本框中输入要删除点的 Terrain 数据集。

（3）在【输入 Terrain 数据源】下拉框中选择点所在的要素类 topo_mass_points。

（4）设置要移除点的区域位置，可单击【要素图层】单选按钮，并输入定义删除点范围的面要素类。也可单击【范围】单选按钮，并指定要移除点的区域大小。此处设置【要素图层】，输入【要素图层】数据（位于"…\chp13\MSurface\MTerrain\data"）。

（5）单击【确定】按钮，完成 Terrain 点的删除。

3）移除 Terrain 金字塔等级

移除 Terrain 金字塔等级的操作步骤如下：

（1）在 ArcToolbox 中双击【3D Analyst 工具】→【Terrain 管理】→【移除 Terrain 金字塔等级】，打开【移除 Terrain 金字塔等级】对话框，如图 13.37 所示。

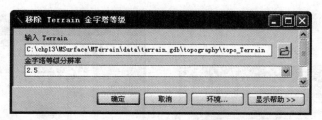

图 13.37 【移除 Terrain 金字塔等级】对话框

（2）在【移除 Terrain 金字塔等级】对话框中，输入【输入 Terrain】数据集 topo_Terrain。

（3）在【金字塔等级分辨率】下拉框中选择要移除的由分辨率指定的金字塔等级"2.5"。

（4）单击【确定】按钮，完成 Terrain 金字塔等级的移除。

# 13.3　表面分析

表面通常蕴含着丰富的信息,如某一点处的高度、温度、气压或浓度等。通过表面分析,可以获取更多的信息,如位于 A 点的观察者能否看到 B 点,山上的植物所受的光照量等。根据 ArcGIS 中使用的表面类型,表面分析可以分为基于栅格表面的分析、基于 Terrain 和 TIN 的表面分析。另外,还包括功能性表面,支持对栅格表面、Terrain 和 TIN 表面的分析。

## 13.3.1　栅格表面分析

栅格表面是由大小相同的栅格单元组成的格网,是一组连续的字段值,在各个点处的值各不相同。基于栅格表面可以进行栅格计算、栅格重分类、栅格表面分析等操作,还可以作坡向、坡度、山体阴影、填挖方、等值线、视域等分析,详细内容参见第 11 章。

## 13.3.2　Terrain 和 TIN 表面分析

基于 Terrain 和 TIN 也可以作各种表面分析,如在两个 TIN 之间拉伸得到多面体,计算输入要素类和 TIN 或 Terrain 之间的体积,将面插值为多面体,进行表面坡向和表面坡度等分析。

### 1. 在两个 TIN 间拉伸

【在两个 TIN 间拉伸】工具通过在两个输入 TIN 之间拉伸面,将面转换为多面体,并将多面体输出为新要素类。其操作步骤如下:

(1) 启动 ArcScene,加载数据 belowtin、uptin 和 StPolygon. shp（位于 "… \ chp13 \ TerrainandTIN\StretchTIN\data"）。

(2) 在 ArcToolbox 中双击【3D Analyst 工具】→【Terrain 和 TIN 表面】→【在两个 TIN 间拉伸】,打开【在两个 TIN 间拉伸】对话框,如图 13.38 所示。

(3) 在【在两个 TIN 间拉伸】对话框中,分别在【输入 TIN】、【输入 TIN】和【输入要素类】中输入数据 uptin、belowtin 和 StPolygon. shp,指定【输出要素类】的保存路径和名称。

(4) 单击【确定】按钮,完成操作。取消对 belowtin、uptin 和 StPolygon. shp 的显示,结果如图 13.39 所示。

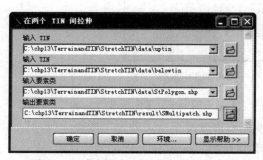

图 13.38　【在两个 TIN 间拉伸】对话框

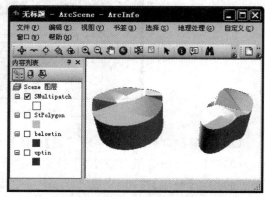

图 13.39　两个 TIN 拉伸形成多面体

**2. 面体积**

【面体积】工具向输入面要素类中添加两个字段"体积"和"SArea"。体积表示输入面要素类与表面之间的体积,SArea 表示与面要素类对应的表面的表面积。本例采用 TIN 作为表面数据,具体操作步骤如下:

(1)启动 ArcScene,加载数据 uptin 和 POLYGON. shp(位于"…\ chp13\TerrainandTIN\面体积\data")。

(2)在 ArcToolbox 中双击【3D Analyst 工具】→【Terrain 和 TIN 表面】→【面体积】,打开【面体积】对话框,如图 13.40 所示。

(3)在【面体积】对话框中,输入【输入表面】、【输入要素类】数据。

(4)在【高度字段】下拉框中选择"height"。

(5)在【参考平面(可选)】下拉框中选择"ABOVE",表示计算参考平面以上的体积。其他参数保持默认值。

(6)在【体积字段(可选)】、【表面面积字段(可选)】中输入要生成的字段名称,这里采用默认设置。

(7)单击【确定】按钮,完成操作。打开 POLYGON. shp 的属性表,如图 13.41 所示。

图 13.40 【面体积】对话框

图 13.41 面体积工具运行后的属性表

**3. 面插值为多面体**

【面插值为多面体】工具可将 TIN 或 Terrain 数据集表面中属于输入面范围内的部分作为多面体提取出来,输入要素类的属性被复制到输出要素类中,并为每个要素计算平面面积和表面面积,将它们作为属性添加到输出要素类中。本例以 TIN 作为表面数据,具体操作步骤如下:

(1)启动 ArcScene,加载数据 stin 和 POLYGON. shp(位于"…\ chp13\TerrainandTIN\插值多面体\data")。

(2)在 ArcToolbox 中双击【3D Analyst 工具】→【Terrain 和 TIN 表面】→【面插值为多面体】,打开【面插值为多面体】对话框,如图 13.42 所示。

(3)在【面插值为多面体】对话框中,输入【输入表面】、【输入要素类】数据,指定【输出要素类】的保存路径和名称。

(4)在【最大带尺寸(可选)】文本框中输入用于创建单个三角条带的点的最大数,此处采用默认设置"1024",其他参数均保持默认值。

(5)单击【确定】按钮,完成操作。取消对 stin 和 POLYGON. shp 的显示,结果如图 13.43 所示。

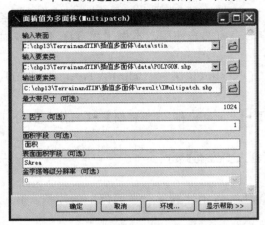

图 13.42　【面插值为多面体】对话框　　　　　图 13.43　由面插值形成的多面体

### 4.表面坡向

【表面坡向】工具可将输入 TIN 或 Terrain 数据集中的坡向信息提取到输出面要素类中,该要素类的各个面按输入表面三角形坡向值进行分类,并且将坡向信息作为属性字段添加到输出要素类中。本例以 TIN 作为表面数据,具体操作步骤如下:

(1)启动 ArcScene,加载数据 stin(位于"…\ chp13\TerrainandTIN\表面坡向\data")。

(2)在 ArcToolbox 中双击【3D Analyst 工具】→【Terrain 和 TIN 表面】→【表面坡向】,打开【表面坡向】对话框,如图 13.44 所示。

(3)在【表面坡向】对话框中,输入【输入表面】数据,指定【输出要素类】的保存路径和名称。

(4)在【类明细表(可选)】中输入类别明细表来自定义坡向。类别明细表中的每条记录包含两个值,用于表示类的坡向范围及其对应的类编码,此处不设置。

(5)在【坡向字段(可选)】中输入坡向字段的名称,此处采用默认设置"AspectCode"。

(6)单击【确定】按钮,完成操作。取消对 stin 的显示,结果如图 13.45 所示。

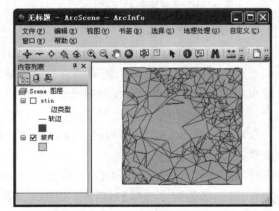

图 13.44　【表面坡向】对话框　　　　　图 13.45　输出坡向

### 5.表面坡度

【表面坡度】工具将输入 TIN 或 Terrain 数据集中的坡度信息提取到输出要素类中,其各个面由输入 TIN 或 Terrain 数据集的三角形坡度值决定,并且将坡度信息作为属性字段添加

到输出要素类中。本例以 TIN 作为表面数据,具体操作步骤如下:

(1)启动 ArcScene,加载数据 stin(位于"…\ chp13\TerrainandTIN\表面坡度\data")。

(2)在 ArcToolbox 中双击【3D Analyst 工具】→【Terrain 和 TIN 表面】→【表面坡度】,打开【表面坡度】对话框,如图 13.46 所示。

(3)在【表面坡度】对话框中,输入【输入表面】数据,指定【输出要素类】的保存路径和名称。

(4)在【坡度单位(可选)】下拉框中可以选择坡度值的测量单位,当使用【类别明细(可选)】时会应用坡度单位,此处按默认设置。

(5)在【坡度字段(可选)】文本框中输入坡度字段的名称,此处采用默认设置"SlopeCode"。其他参数保持默认值。

(6)单击【确定】按钮,完成操作。取消对 stin 的显示,结果如图 13.47 所示。

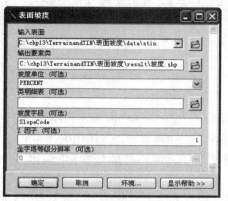

图 13.46　【表面坡度】对话框

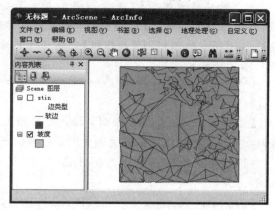

图 13.47　输出坡度

### 13.3.3　功能性表面

功能性表面主要包括为输入要素添加表面信息、插值 shape、表面积和体积的计算以及通视分析等功能。

**1. 表面积和体积的计算**

【表面体积】工具可计算输入表面相对于给定基本高度或参考平面的投影面积、表面面积和体积。如果输入表面是 TIN 或 Terrain 数据集,将对每个三角形进行检查以确定其对面积和体积的影响,然后将这些部分的总和输出;如果输入表面是栅格,将其像元中心连接成三角形,然后使用与 TIN 相同的方式进行处理。计算结果写入 ASCII 文本文件中。具体操作步骤如下:

(1)启动 ArcScene,加载数据 Ntin(位于"…\chp13\功能性表面\面积体积\data")。

(2)在 ArcToolbox 中双击【3D Analyst 工具】→【功能性表面】→【表面体积】,打开【表面体积】对话框,如图 13.48 所示。

(3)在【表面体积】对话框中,输入【输入表面】数据 Ntin,指定【输出文本文件】的保存路径和名称。

(4)在【参考平面】下拉框中选择是在平面的上方

图 13.48　【表面体积】对话框

还是在其下方执行计算,默认情况下计算基础 Z 以上的体积,此处按默认设置。

(5)在【平面高度】文本框中输入计算面积和体积所用的表面值。默认情况下,该值是 ABOVE 的表面最小值和 BELOW 的表面最大值,此处按默认设置。

(6)单击【确定】按钮,完成操作。打开生成的 ASCII 文件即可看到输出的面积和体积信息。

> **注意事项**
>
> 　　【功能性表面】中的【表面体积】工具与【Terrain 和 TIN 表面】中的【面体积】工具比较:
>
> 　　a)【表面体积】支持的表面类型有栅格表面、TIN 和 Terrain 数据集,而【面体积】工具只支持 TIN 和 Terrain 数据集。
>
> 　　b)【表面体积】工具不需要输入面要素类,而【面体积】工具必须输入面要素类。
>
> 　　c)【表面体积】工具可计算输入表面相对于参考平面给定基本高度的投影面积、表面面积和体积,而【面体积】工具只计算输入表面相对于参考平面给定基本高度的表面面积和体积。

### 2. 插值 Shape

【插值 Shape】工具通过表面为输入要素插入 Z 值来将 2D 点、折线或面要素类转换为 3D 要素类。本例以输入线要素类为例介绍通过插值 Shape 来获取 3D 要素类。其操作步骤如下:

(1)启动 ArcScene,加载数据 dvtin 和 Pline. shp(位于"…\chp13\功能性表面\插值 Shape\data")。

(2)在 ArcToolbox 中双击【3D Analyst 工具】→【功能性表面】→【插值 Shape】,打开【插值 Shape】对话框,如图 13.49 所示。

(3)在【插值 Shape】对话框中,输入【输入表面】、【输入要素类】数据,指定【输出要素类】的保存路径和名称。

(4)在【采样距离(可选)】文本框中输入用于内插 Z 值的间距,此处采用系统默认设置。

(5)在【Z 因子(可选)】文本框中输入计算输出要素类中新高度值时输入表面的高度值需要乘的系数,此处采用系统默认设置。

(6)在【方法(可选)】下拉框中选择"NATURAL_NEIGHBORS"。

(7)单击【确定】按钮,完成操作。取消对 Pline 和 dvtin 的显示,结果如图 13.50 所示。

图 13.49　【插值 Shape】对话框

图 13.50　插值 Shape 结果

**3．通视分析**

【通视分析】工具使用 2D 或 3D 折线要素类以及栅格、TIN 或 Terrain 数据集表面来确定观察点和目标点之间的可见性，也可以选择将多面体要素类加入到可见性分析中。具体操作步骤如下：

（1）启动 ArcScene，加载数据 dvtin 和 Pline3D. shp（位于"…\chp13\功能性表面\通视分析\data"）。

（2）在 ArcToolbox 中双击【3D Analyst 工具】→【功能性表面】→【通视分析】，打开【通视分析】对话框，如图 13.51 所示。

（3）在【通视分析】对话框中，输入【输入表面】、【输入线要素】数据，指定【输出要素类】的保存路径和名称。

（4）单击【输入要素（可选）】文本框后的按钮输入多面体要素，它可能会阻碍两点的可视性，此处不设置。

（5）单击【输出障碍点要素类（可选）】文本框后的按钮输入输出障碍点要素类的保存路径和名称，它表示在目标不可见的情况下沿着通视线的第一个障碍点的输出点要素类。

（6）可在【表面选项】下设置【使用曲率】和【使用折射】参数，从而考虑地球曲率和大气折射的影响，此处不设置。

（7）单击【确定】按钮，打开输出要素类属性表如图 13.52 所示。

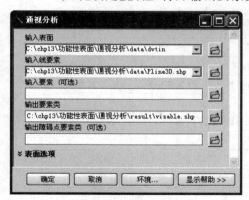

图 13.51 【通视分析】对话框

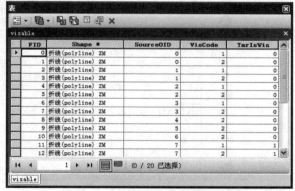

图 13.52 通视分析结果属性表

注：在输出要素类的字段中，VisCode 表示沿线的可见性，1 表示可见，2 表示不可见；TarIsVis 表示目标可见性，0 表示不可见，1 表示可见。

# 13.4 ArcScene 三维可视化

ArcScene 允许用户制作具有透视效果的场景，在场景中能对数据进行浏览和交互。ArcScene 支持复杂的 3D 符号系统以及纹理制图，支持多种方式的动画创建，支持表面创建，支持相对快速的导航、平移和缩放功能，还支持可以对 3D 要素和表面数据进行叠加等。

## 13.4.1 ArcScene 的工具条

除了【标准】工具条外，ArcScene 中常用的工具条还包括【基础工具】工具条、【3D 编辑器】工具条、【3D Analyst】工具条、【3D 图形】工具条、【3D 效果】工具条和【动画】工具条等。【标准】工具条包含常用的工具,不再赘述。

## 1. 基础工具

【基础工具】工具条中包括导航、查询、测量等工具,这些工具可以优化 3D 视图与数据之间的交互效果,并能获得场景中要素的属性信息和几何信息。【基础工具】工具条如图 13.53 所示,工具条详解如表 13.2 所示。

图 13.53 【基础工具】工具条

表 13.2 【基础工具】工具条详解

| 图标 | 名 称 | 功能描述 |
| --- | --- | --- |
| | 导航 | 导航 3D 视图 |
| | 飞行 | 在场景中飞行 |
| | 目标处居中 | 将目标位置居中显示 |
| | 缩放至目标 | 缩放到目标处视图 |
| | 设置观察点 | 在指定位置上设置观察点 |
| | 放大 | 放大视图 |
| | 缩小 | 缩小视图 |
| | 平移 | 平移视图 |
| | 全图 | 视图以全图显示 |
| | 选择要素 | 选择场景中的要素 |
| | 清除所选要素 | 清除对所选要素的选择 |
| | 选择图形 | 选择、调整以及移动地图上的文本、图形和其他对象 |
| | 识别 | 查询属性 |
| | HTML 弹出窗口 | 触发要素中的 HTML 弹出窗口 |
| | 查找要素 | 在地图中查找要素 |
| | 测量 | 几何测量 |
| | 时间滑块 | 打开时间滑块窗口以便处理时间感知型图层和表 |

## 2. 3D 编辑器

【3D 编辑器】工具条中包含一系列可直接在场景中创建、更新和删除要素的工具,详细操作参考 13.5.3 小节。【3D 编辑器】工具条如图 13.54 所示,工具条详解如表 13.3 所示。

图 13.54 【3D 编辑器】工具条

表 13.3 【3D 编辑器】工具条详解

| 图标 | 功 能 |
| --- | --- |
| | 编辑放置工具 |
| | 编辑折点工具 |
| | 编辑折点 |
| | 裁剪面工具 |
| | 分割工具 |
| | 属性 |
| | 草图属性 |
| | 创建要素 |

### 3．3D 图形工具

【3D 图形】工具条可以创建 3D 点、3D 线、3D 面和 3D 文本图形，在 ArcGlobe 中称为【Globe 3D 图形】，二者的功能与使用方法一样。【3D 图形】工具条如图 13.55 所示，工具条详解如表 13.4 所示。

图 13.55　【3D 图形】工具条

表 13.4　【3D 图形】工具条详解

| 图标 | 功　　能 |
| --- | --- |
| ▶ | 选择图形 |
| ● | 新建标记 |
| N | 新建线 |
| ▱ | 新建面 |
| A | 新建 2D、3D 文本 |
| ● ▾ | 标记颜色 |
| ✎ ▾ | 线属性及填充颜色 |
| ▨ ▾ | 面属性及填充颜色 |
| A | 文本元素属性 |

### 4．3D 效果

【3D 效果】工具条可以调整图层的透明度、剔除图层面、切换光照、设置着色模式和排列深度优先级。【3D 效果】工具条如图 13.56 所示，工具条详解如表 13.5 所示。

图 13.56　【3D 效果】工具条

表 13.5　【3D 效果】工具条详解

| 图标 | 功　　能 |
| --- | --- |
| ▧ | 设置图层透明度 |
| ◈ | 剔除图层面 |
| ◇ | 设置图层光照 |
| ▲ | 设置着色模式 |
| ▦ | 更改深度优先级 |

## 13.4.2　二维数据的三维显示

有时为了便于观察和分析，需要将二维数据进行三维显示。二维数据的三维显示有两种方式：若其属性中存储有高程值，可以直接使用属性中的高程值进行三维显示；对于缺少高程值的要素，可以用叠加或突出的方式在三维场景中显示。所谓叠加，即将要素所在区域表面模型的值作为要素的高程值，突出则是根据要素的某个属性或任意值来突出要素。

### 1．通过属性进行三维显示

通过属性进行三维显示的操作步骤如下：

（1）启动 ArcScene，加载数据 point. shp（位于"…\chp13\Scene\3DFromAttri\data"）。

（2）在内容列表中右击 point，单击【🖺属性】，打开【图层属性】对话框。

（3）在【图层属性】对话框中，单击【基本高度】标签，打开【基本高度】选项卡，在【从要素获取的高程】区域中选中【使用常量值或表达式】单选按钮；单击📊，弹出【表达式构建器】对话框；双击字段里的"Height1"输入表达式的值，单击【确定】按钮。设置结果如图 13.57 所示，再次单击【确定】按钮，完成操作。

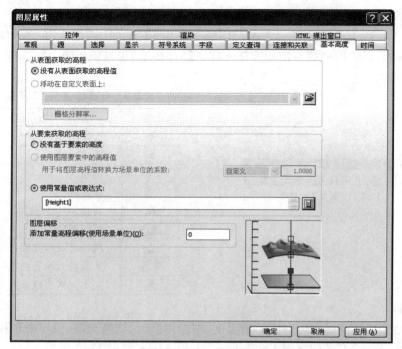

图 13.57　【图层属性】对话框中设置基本高度

### 2．地形与影像的叠加

地形表面与遥感影像叠加，有助于增强对影像模式及其与地形相关性的理解。具体操作步骤如下：

（1）启动 ArcScene，加载数据 dvtin 和 dvim3. TIF（位于"…chp13\Scene\叠加\data"）。

（2）在内容列表中右击 dvim3. TIF，单击【📂属性】，打开【图层属性】对话框。

（3）在【图层属性】对话框中，单击【基本高度】标签，打开【基本高度】选项卡，在【从表面获取的高程】区域中选中【浮动在自定义表面上】单选按钮，在下拉框中选择"dvtin"，其他参数保持默认值。

（4）单击【确定】按钮，完成操作。取消对 dvtin 的显示，结果如图 13.58 所示。

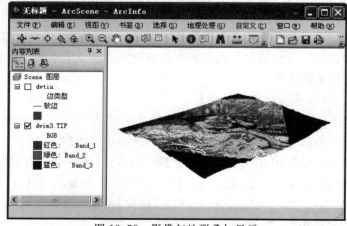

图 13.58　影像与地形叠加显示

### 3．要素的突出显示

用要素的突出进行三维显示的操作步骤如下：

(1)启动 ArcScene,加载数据 bldg_dwg Polygon. shp(位于"…chp13\Scene\拉伸\data")。

(2)在内容列表中右击 bldg_dwg Polygon,单击【📷属性】,打开【图层属性】对话框。

(3)在【图层属性】对话框中,单击【拉伸】标签,打开【拉伸】选项卡,选中【拉伸图层中的要素。可将点拉伸成垂直线,将线拉伸成墙面,将面拉伸成街区】复选框,单击【拉伸值和表达式】列表框后的■按钮,弹出【表达式构建器】对话框,通过单击【字段】里的"Elevation"输入拉伸值,在【拉伸方式】下选择"将其添加到各要素的最小高度",单击【确定】按钮,结果如图 13.59 所示。

图 13.59　拉伸结果

## 13.4.3　三维动画

动画是对一个对象(如一个图层)或一组对象(如多个图层)的属性变化的可视化展现。它通过对动作进行存储,并在需要时播放,可以对视角的变化、文档属性的变更和地理要素的移动进行可视化显示。如使用动画可以了解数据随时间变化的情况,可以对卫星在其轨道上彼此之间如何相互作用进行可视化处理,也可以同时对地球转动和日照变化进行可视化建模。ArcGIS 允许在 ArcMap、ArcScene 和 ArcGlobe 中创建不同类型的动画,ArcMap 中创建动画请参见 8.2 节。

在 ArcScene 中创建动画的方式有捕获透视图作为关键帧创建动画、录制动画、使用 3D书签创建动画、使用组动画显示图层之间可见性、沿预定义路径移动对象、根据路径创建动画等。在 ArcGlobe 中创建动画和 ArcScene 大体相同,但沿预定义路径移动对象只适用于ArcScene。本小节主要讲述在 ArcScene 中捕获透视图作为关键帧创建动画、使用 3D 书签创建动画、沿预定义路径移动对象、根据路径创建动画的详细过程。

### 1．捕获视图作为关键帧创建动画

动画的最基本元素是关键帧,创建动画的最简单方法就是捕获存储为关键帧的视图。捕获的视图是特定时间场景中照相机的快照,将快照作为关键帧通过创建一系列的关键帧以构建照相机轨迹,该轨迹将在研究区域中的两个感兴趣点之间播放动画。

捕获透视图作为关键帧创建动画的操作步骤如下：

（1）启动 ArcScene，打开 Animation. sxd 文档（位于"…\chp13\Scene\动画\data"），场景中包含一个正射影像、一个扫描的地形图以及创建动画所需的其他数据。

（2）在主菜单中单击【自定义】→【工具条】→【动画】，加载【动画】工具条，如图 13.60 所示。

（3）单击【动画】工具条中的捕获视图按钮 📷，创建显示全图范围场景的关键帧 1，ArcScene 会在关键帧之间插入照相机路径，因此需要捕获更多的视图来构建动画的轨迹。

（4）在内容列表中右击图层 UFO. lyr，单击【🔍缩放至图层】，单击捕获视图按钮 📷，创建可显示 UFO 图层的关键帧 2。依次将视图缩放至 Goss Heights 和 littlevile Lake，创建照相机关键帧 3 和 4。

（5）捕获的视图将在轨迹中存储为一组关键帧。单击全图按钮 🌐，单击动画控制器按钮 ▶❚，打开【动画控制器】窗口，如图 13.61 所示，单击播放按钮 ▶ 回放动画。

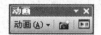

图 13.60 【动画】工具条

图 13.61 动画控制器

（6）在【动画】工具条中单击【动画】→【🧹清除动画】，清除创建的动画，以便于下面内容中以其他方式创建动画。

**2. 使用 3D 书签创建动画**

使用 3D 书签创建动画的操作步骤如下：

（1）在 ArcScene 中，通过滚动缩放至地名 littleville Dam，单击【书签】→【📷创建】，在弹出的【3D 书签】对话框中为书签输入名称"littleville Dam"，如图 13.62 所示，依次创建书签 littleville Dam、Goss Heights、Knightvile、Overview，其中 Overview 表示全图时的视图。

（2）在【动画】工具条中单击【动画】→【📷创建关键帧】，打开【创建动画关键帧】对话框。在【类型】下拉框中选择"照相机"，单击【新建】按钮，创建新轨迹，选择【从书签导入】，在下拉框中选择"Goss Heights"，单击【创建】按钮，如图 13.63 所示。为使轨迹显示动画，还需要向该轨迹中添加更多的关键帧。

图 13.62 【创建 3D 书签】对话框

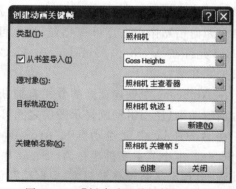

图 13.63 【创建动画关键帧】对话框

（3）依次选中"littleville Dam"、"Knightvile"、"Overview"，分别单击【创建】按钮，最后单击【关闭】按钮。

（4）单击【动画控制器】上的播放按钮 ▶，播放照相机轨迹。

（5）单击【动画】→【🧹清除动画】，清除创建的动画。

### 3. 沿预定义路径移动对象创建动画

在 ArcScene 场景中添加一个模型图层,让其沿着某个指定的轨迹移动,本场景中已包含一个模型 UFO 的图形图层,在接下来的步骤中,模型 UFO 将沿着选定的线要素飞行,此功能只能在 ArcScene 中使用。

(1)使内容列表中的 FlightPath 图层在场景中显示,在内容列表中单击 FlightPath,单击【选择】→【全选】,FlightPath 图层的全部要素被选中。

(2)在【动画】工具条中单击【动画】→【 沿路径移动图层】,打开【沿路径移动图层】对话框,在【图层】下拉框中选择"UFO.lyr",在【垂直偏移】文本框中输入"75",使对象看上去是在表面上飞行,如图 13.64 所示。

(3)单击【方向设置】,打开【方向设置】对话框,在【滚动】区域选中【根据路径计算】单选按钮,在【缩放系数】文本框中输入"1"作为比例因子,如图 13.65 所示,单击【确定】按钮,返回【沿路径移动图层】对话框。单击【导入】按钮,所选路线导入为飞行路径。

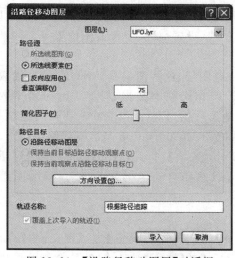

图 13.64 【沿路径移动图层】对话框

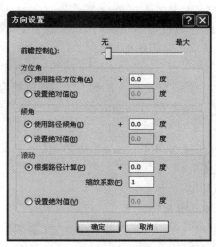

图 13.65 【方向设置】对话框

(4)使 Flight Path 图层不可见。单击【动画控制器】上的播放按钮 ▶ 观看动画。

### 4. 根据路径创建动画

根据路径创建飞行动画的操作步骤如下:

(1)保留"沿预定义路径移动对象"创建的动画,并确保 FlightPath 图层的所有要素仍处于选中状态,取消图层 FlightPath 的可见性,单击【书签】,在下拉菜单中选择"UFO"。

(2)在【动画】工具条中单击【动画】→【 根据路径创建飞行动画】,打开【根据路径创建飞行动画】对话框,在【垂直偏移】文本框中输入"75",在【目标路径】区域单击【保持当前观察点沿路径移动目标】单选按钮,如图 13.66 所示。

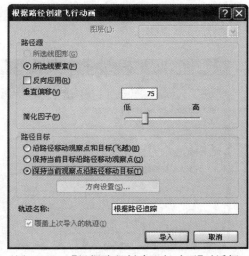

图 13.66 【根据路径创建飞行动画】对话框

（3）单击【动画控制器】上的播放按钮 ▶ 观看动画。

（4）单击【动画控制器】上的【选项】，在【按持续时间】文本框中输入"30"，再次单击【选项】，将对话框最小化，单击【动画控制器】上的播放按钮 ▶ 观看动画。

# 13.5 ArcGlobe 三维显示与分析

ArcGlobe 提供交互式的全球海量地理数据的三维可视化，可实现全球、地方、街道数据等级别数据的无缝转换。利用 ArcGlobe 可以创建三维场景，添加需要的各种要素，如标注、街景和植被数据、三维建筑模型等。其中，三维建筑模型可以用二维底图来构建，也可以导入第三方软件（如 SketchUp、3ds Max 等软件）做好的 3D 模型数据。可对 ArcGlobe 场景进行设置，针对三维可视化交互的实时性要求，可以对数据进行合理调度。

## 13.5.1 ArcGlobe 简单场景设置

为了突出不同的视觉效果，在 ArcGlobe 中可以进行简单的三维场景设置，如设置起始图层、设置是否显示指北针、设置背景、设置全屏显示位置、设置惯性、设置太阳位置等。

### 1. 设置起始图层

第一次启动 ArcGlobe 时，目录表中已经存在一些图层，这些图层是 ArcGIS 的在线数据，Imagery 图层是在线的影像数据（包括全球 1 km 至 15 m 分辨率数据、局部 1 m 分辨率数据）全美 1 m 数据，Elevation（30 m）图层是全球 30 m 地形数据，Elevation（90 m/1 km）图层是全球 90 m 地形数据，Boundaries and places 是地名数据，Transportation 是运输线路数据。

在 ArcGlobe 主菜单中单击【自定义】→【ArcGlobe 选项】，打开【ArcGlobe 选项】对话框，单击【默认图层】标签，打开【默认图层】选项卡，可以选择启动 ArcGlobe 要显示的图层，如图 13.67 所示。

### 2. 指北针设置

在 ArcGlobe 主菜单中单击【视图】→【视图设置】，打开【视图设置】对话框，选中【启用指北针】复选框，如图 13.68 所示。只有当【导航方向】区域的【表面】被选中时，指北针才可用。

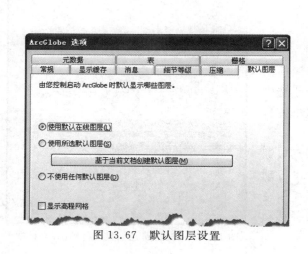

图 13.67　默认图层设置

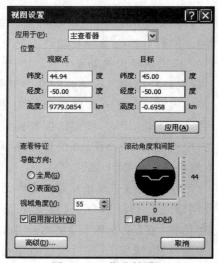

图 13.68　指北针设置

**3．全屏显示位置设置**

在 ArcGlobe 中打开【ArcGlobe 选项】对话框，单击【常规】标签，打开【常规】选项卡，在【全图观察者位置】区域中输入【纬度】、【经度】和【高度】，设置全屏时显示位置，也可以在右边的地图中移动图标定位，如图 13.69 所示。

**4．惯性设置**

在 ArcGlobe 主菜单中单击【视图】→【 Globe 属性】，打开【Globe 属性】对话框。单击【常规】标签，打开【常规】选项卡，选中【启用动画旋转】复选框，如图 13.70 所示。单击【确定】按钮，鼠标形状改变，按住鼠标左键不松，左右或上下拖动可以旋转场景。

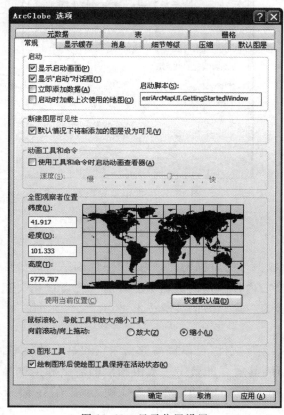

图 13.69　显示位置设置

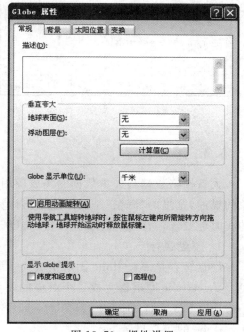

图 13.70　惯性设置

**5．设置背景**

在 ArcGlobe 中打开【Globe 属性】对话框，单击【背景】标签，打开【背景】选项卡，通过选中【环境设置】选项区域中的【雾】、【大气晕圈】、【星空】复选框来显示雾、大气和星空。在【模式】下拉框中可以设置星空的颜色，如图 13.71 所示。

**6．太阳光**

在 ArcGlobe 中打开【Globe 属性】对话框，单击【太阳位置】标签，打开【太阳位置】选项卡，选中【启用太阳照明】复选框，移动图中圆点的位置可以设置太阳的光照位置，也可以通过输入经纬度来设置太阳的照射位置。当选择【根据时间设置太阳位置】选项时，可以通过输入时间来设置太阳的照射强度，如图 13.72 所示。

图 13.71　背景设置

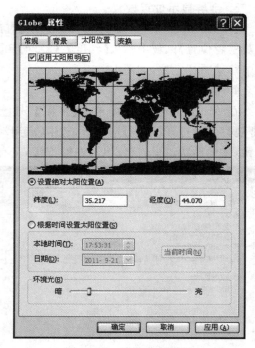

图 13.72　太阳位置设置

## 13.5.2　缓存设置

大量栅格数据与矢量数据的集成应用导致数据量的急剧增加,"海量"一词则是对此最形象的描述,这里的"海量"是指远远超出计算机核心内存容量的数据量。针对三维可视化交互的实时性要求,对海量数据的实时性调度已经成为三维 GIS 的关键技术之一。

### 1. 硬盘缓存

硬盘缓存是 ArcGlobe 图层生成的一些缓存瓦片文件,可以提高数据浏览和显示的效率。每个 ArcGlobe 图层都生成一个对应的硬盘缓存,其缓存的名字一般由图层的名字和全球唯一标识组成（如 GA9 _ 41F96414-05D8-4643-950F-A51ACBD3D590）,硬盘缓存存储于 ArcGlobe 的缓存目录下。

在 ArcGlobe 中打开【ArcGlobe 选项】对话框,单击【显示缓存】标签,打开【显示缓存】选项卡,可以查看硬盘缓存的存储路径,如图 13.73 所示。添加到 ArcGlobe 的所有新图层都会将其磁盘缓存存储到此目录下,如果更改缓存目录,现有的缓存数据不会移动。此外,如果对图层进行简单的修改（如更改符号系统）,则缓存会在其原始位置再生。但如果因刷新图层而生成新的图层标识符,图层的缓存会保存到新的默认位置。一般建立 ArcGlobe 文档时,应首先设置好缓存目录的位置。

### 2. 调整内存缓存

内存缓存是分配一定数量的物理内存供 ArcGlobe 使用,为获得更佳性能,可以为每个数据设置内存的分配量。

在 ArcGlobe 中打开【ArcGlobe 选项】对话框,单击【显示缓存】标签,打开【显示缓存】选项卡,单击【高级】按钮,打开【内存缓存高级设置】对话框,可以为每种数据分配内存,如图 13.74 所示。在使用中栅格数据和三维模型数据消耗内存比较多,具体设置可以依据浏览数据时实际占用的内存缓存作调整。

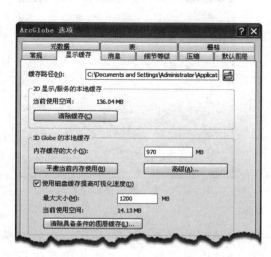

图 13.73　查看缓存路径

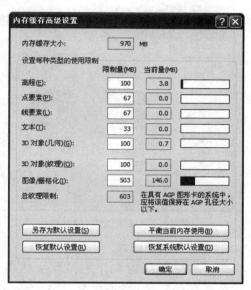

图 13.74　【内存缓存高级设置】对话框

### 3. 硬盘缓存类型

硬盘缓存根据缓存的生成方式分为按需缓存、部分缓存和全部缓存三种类型。按需缓存是首次浏览 ArcGlobe 图层时生成的磁盘缓存,下次重复访问这些地区时速度会加快。如果要创建高性能的导航效果,手动创建缓存是十分必要的。右击需要创建缓存的图层,单击【生成数据缓存】,打开【生成缓存】对话框,设置生成缓存详细程度的范围。滑尺上的每个刻度都表示将要计算的单独详细程度,要创建全部缓存,可将【从 LOD】里的滑块位置设置为最大比例(即"远"),可将【至 LOD】里的滑块位置设置为最小比例(即"近"),如图 13.75 所示。如果详细程度未到最大比例,则构建局部缓存,剩余等级将按需缓存。一般情况下,对于高程数据和影像数据建立全部缓存,对于矢量数据建立按需缓存,注记、多面体依据数据情况选择合适的比例尺,然后在此比例尺下建立全部缓存。

### 4. 更新局部缓存

缓存失效是指修改了数据的属性,导致原先生成的缓存无法使用。如修改了栅格的采样方式、栅格要素大小、改变缓存格式、修改 Cache 路径后重新刷新、设置数据的重新显示和效果的参数等都会导致缓存失效。

如果数据的某一部分已经进行更新并且此数据具有此图层的全部缓存或局部缓存,更新数据时,该图层的磁盘缓存也需要更新。通过让受影响的区域失效,可使大部分缓存不受影响并且可根据需要重新生成已更新的部分。在【图层属性】窗口【缓存】选项卡中,单击【高级】按钮,打开【高级缓存管理】对话框,单击【将缓存设置为无效】按钮,可以删除无效的缓存,如图 13.76 所示。此选项仅用于删除指定范围内的数据缓存,还将采用按需缓存方式重新填充已删除的缓存切片,也就是说,仅当在 ArcGlobe 里重新访问该区域时,才会对其进行计算。

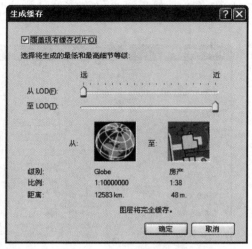

图 13.75 【生成缓存】对话框

图 13.76 【高级缓存管理】对话框

**5. 保存和删除缓存**

退出 ArcGlobe 时如果不保存文档将导致建立好的缓存丢失,保存 ArcGlobe 后便保留了与缓存的连接,当再次打开 ArcGlobe 文档时,便可以直接使用已创建的缓存进行可视化。

退出 ArcGlobe 程序时删除缓存有助于最大限度地减少计算机上所使用的磁盘空间,在【图层属性】窗口【缓存】选项卡中,在【缓存使用与移除选项】区域中选中【退出应用程序或移除图层时】复选框,则在退出 ArcGlobe 或者移除图层时会删除缓存。

## 13.5.3 数据的显示与编辑

ArcGlobe 有三种图层类型,分别为浮动图层、叠加图层和高程图层。浮动图层的数据高程高于或低于地球表面,叠加图层的数据覆盖在地球表面,高程图层的数据给地球表面提供地形起伏。

### 1. 数据的显示

1)影像数据的显示

启动 ArcGlobe,在内容列表中右击【Globe 图层】,单击【添加数据】→【🌐添加叠加数据】,打开【添加叠加数据】对话框,选择影像数据 KEDA.img(位于"…\chp13\Globe\data\影像数据"),单击【添加】(也可以通过单击工具栏上的➕按钮添加数据),如果数据没有采用 WGS-84 坐标系,则会弹出【地理坐标系警告】对话框,如图 13.77 所示。可以自定义要转换的坐标系统,也可以选择系统默认的坐标系统,ArcGlobe 支持投影的动态变换。这里按默认的坐标系统,单击【关闭】按钮,数据添加到场景中。在内容列表中右击 KEDA.img,单击【🔍缩放至图层】,结果如图 13.78 所示。

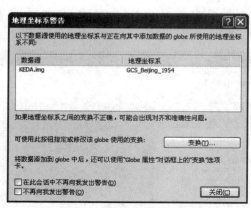

图 13.77　【地理坐标系警告】对话框

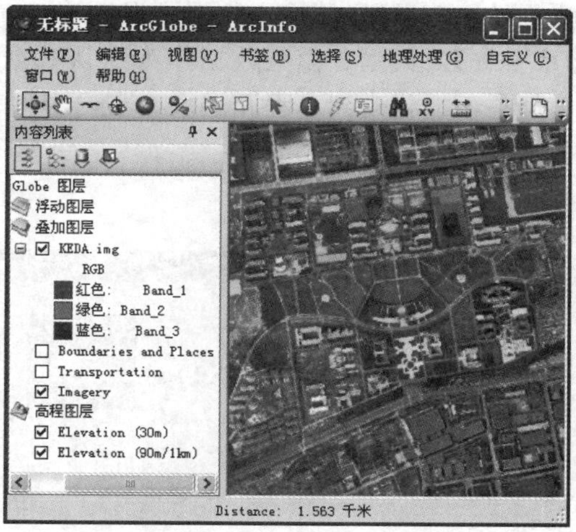

图 13.78　遥感影像数据的显示

2）地形数据的显示

在工具栏上单击添加数据按钮 ✛，在弹出的【添加数据】对话框中，选择地形数据 tingrid311（位于"…\ chp13\Globe\data\地形数据"），单击【添加】，弹出【添加数据向导：tingrid311】对话框，选中【使用此图层作为高程源（E）】复选框，如图 13.79 所示。单击【完成】按钮，关闭【地理坐标系警告】对话框。地形数据作为高程数据加载到场景中，右击 tingrid311，单击【 属性】，打开【图层属性】对话框，在【高程】选项卡中可以设置地形的夸张倍数，在【自定义】后填入"2"，单击【确定】按钮。在内容列表中，右击 tingrid311，单击【 缩放至图层】选项，结果如图 13.80 所示。

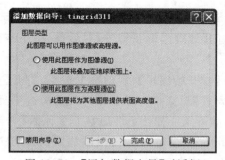

图 13.79　【添加数据向导】对话框

图 13.80　地形数据的显示

3）3D 模型数据的显示

3D 模型数据是建立三维场景的重要组成部分，常用到的 3D 模型数据有建筑、树、街景部件等。在工具栏中单击添加数据按钮 ✛，选择模型数据（位于"…\ chp13 \Globe\data\模型数据"），单击【添加】，弹出【添加数据向导：行政楼】对话框，在【典型比例】中选择适当的比例尺，在【可见性范围】区域输入数据可视性的范围,如图 13.81 所示,单击【完成】按钮,关闭【地理坐标系警告】对话框。模型数据作为默认数据添加到浮动图层中,也可以拖拉数据到叠加图层中,但是不能拖动到高程图层中。在内容列表中右击模型数据,选择【⚲缩放至图层】,结果如图 13.82 所示。

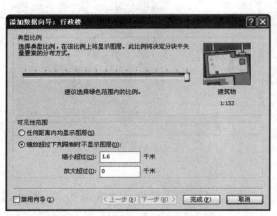

图 13.81 【添加数据向导】对话框

图 13.82 模型数据的显示

### 2.数据的编辑

ArcGlobe 10 可以对模型进行编辑,支持三维软件建立的模型(如 SketchUp 模型和 3dsMax 等模型)的添加,也可以对模型进行旋转、放缩、移动等操作。

1)添加 3D 文件模型

下面以草图大师(Google SketchUp)软件的 ∗.skp 文件为例详细介绍 ArcGIS 10 中数据的编辑步骤。Google SketchUp 是一套直接面向设计方案创作过程的设计工具,可以直接在电脑上进行直观的构思,是三维建筑设计方案创作的优秀工具。

(1)启动 ArcGlobe,单击工具栏上的打开按钮📂,打开三维校园.3dd 文件(位于"…\chp13\Globe")。

(2)在文件地理数据库 data 的数据集 multipatch 中新建一个多面体要素类 j6(位于"…\chp13\Globe\data\模型数据"),把其拖到场景中,关闭【地理坐标系警告】对话框,一个空数据加载到场景中。

(3)在【3D 编辑器】工具条中单击【3D 编辑器】→【✏开始编辑】,启动数据编辑,打开【开始编辑】对话框,选择"j6",单击【继续】按钮。在【创建要素】对话框中单击"j6",在【构造工具】中单击【插入工具】,然后在场景中要添加模型的位置单击,弹出【添加数据】对话框,选择 SketchUp 模型文件"j6"(位于"…\chp13\Globe\data\skp 模型"),单击【添加】,SketchUp 模型文件即被添加到场景中。单击【3D 编辑器】→【✏停止编辑】,单击【是】按钮,保存编辑,结果如图 13.83 所示。

2)调整模型

(1)移动。加载【3D 编辑器】工具条,启动数据编辑。选择要移动的模型,单击【3D 编辑器】→【移动】,弹出【增量 X、Y、Z】对话框,在【增量 X、Y、Z】对话框中输入增量,按 Enter 键,完成模型的移动。也可以单击【3D 编辑器】工具条中的放置按钮🔾对模型进行调整。

（2）旋转。单击【3D 编辑器】→【旋转】，打开【角度】对话框，输入模型旋转的角度对模型进行旋转。

（3）缩放。单击【3D 编辑器】→【缩放】，打开【缩放】对话框，输入模型缩放因子对模型进行缩放调整。

图 13.83　添加 skp 模型后的结果

## 13.5.4　空间量测

和 ArcMap 里的【测量】工具相比，ArcScene 和 ArcGlobe 里的【测量】工具多了【测量 3D 直线】和【测量高度】两个工具。另外，【测量面积】工具可以测量地形总面积，地形既可以是平坦的，也可以是起伏的。

下面以测量 3D 直线为例介绍【测量】工具的使用步骤，单击测量 3D 直线图标，在场景中单击鼠标绘制线，3D 直线信息显示在【测量】面板中，如图 13.84 所示。

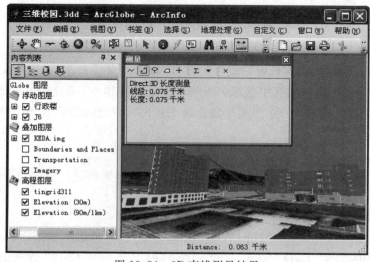

图 13.84　3D 直线测量结果

### 13.5.5　ArcScene 与 ArcGlobe 功能比较

ArcGlobe 用于超大型数据集的显示,基于地球视图,以不同细节等级(LOD)显示并组织到各个分块中。既支持对数据进行缓存处理,也支持对矢量要素进行栅格化并根据与其关联的 LOD 进行显示,有助于快速导航和显示。ArcScene 与 ArcGlobe 主要的区别如表 13.6 所示。

表 13.6　ArcScene 与 ArcGlobe 的功能比较

| 描　　述 | ArcScene | ArcGlobe |
|---|---|---|
| 动态山体阴影 | 支持 | 不支持 |
| 非投影数据 | 支持 | 不支持 |
| 动画(沿路径移动图层) | 支持 | 不支持 |
| Terrain 数据集 | 不支持 | 支持 |
| 注记要素类 | 不支持 | 支持 |
| 显示 KML 图层 | 不支持 | 支持 |
| 使用 ArcGIS Server 服务 | 不支持 | 支持 |
| 通过缓存处理大量数据的能力 | 不支持 | 支持 |
| 制图表达符号系统 | 不支持 | 支持栅格化图层 |
| 【标准】工具条 | 支持 | 支持 |
| 【3D 编辑器】工具条 | 支持 | 支持 |
| 【3D 效果】工具条 | 支持 | 支持 |
| 【3D 图形】工具条 | 支持 | 支持(称为【Globe 3D 图形】) |
| 【动画】工具条 | 支持 | 支持 |
| 3D Analyst 工具条 | 支持 | 不支持 |
| 【基础工具】工具条 | 支持 | 支持(与 ArcScene 略有差异) |

# 13.6　实　例

### 13.6.1　土壤污染与甲状腺癌发病率关系的可视化

#### 1. 背景

1986 年乌克兰切尔诺贝利核电站发生灾难性事故,大量的放射性尘埃落到白俄罗斯,导致当地土壤遭到严重污染。随后甲状腺癌患病者人数急剧增加,研究者发现土壤污染与甲状腺癌患病率之间存在一定的关系,想要形象化地展示出二者之间的关联,需要对数据进行三维的可视化。

#### 2. 目的

通过实例掌握 ArcGIS 的三维可视化方法,熟悉插值方法的使用,综合利用三维可视化以及 ArcGIS 的常用功能来解决实际问题。

#### 3. 数据

实例数据位于随书光盘("…\chp13\Ex1\data")中,包含两组点数据:

(1)Subsample_1994_Cs137.shp。采集到的 1994 年土壤中 Cs137 含量的数据,Cs137 为此次事故中释放的一种同位素。

(2)ThyroidCancerRates.shp。按区统计的甲状腺癌发病率,采集点位于各个统计区中心位置附近。

**4．任务**

(1)实现两组点数据的三维可视化,研究甲状腺癌和 Cs137 含量的关系。

(2)利用插值方法生成表面,表达整个区域的 Cs137 的放射量。

(3)查找发病率高于 0.5/1 000 的区域,对病例进行统计。

**5．操作步骤**

(1)启动 ArcScene,打开 Chernobyl.sxd 文档,在 ArcToolbox 中双击【3D Analyst 工具】→【3D 要素】→【依据属性实现要素转 3D】,打开【依据属性实现要素转 3D】对话框。设置参数如下:

——输入要素。Subsample_1994_Cs137。

——输出要素类。Cs137_3D.shp。

——高度字段。CS137_CI_K。

——至高度字段。CS137_CI_K。

单击【确定】按钮,将输出要素类添加到场景中。

(2)右击 Scene Layers 数据框,单击【场景属性】,打开【场景属性】对话框,在【常规】选项卡中单击【基于范围进行计算】按钮,单击【确定】按钮。通过场景拉伸,效果如图 13.85 所示。

(3)使 ThyroidCancerRates.shp 处于显示状态,打开 ThyroidCancerRates 图层的【图层属性】对话框,在【拉伸】选项卡中选中【拉伸图层中的要素】复选框,单击■按钮,在【拉伸值或表达式】文本框中输入"[INCID1000] * 100",使其范围与 Cs137 的测量范围相近,单击【确定】按钮,再次单击【确定】按钮。从图 13.86 中可以明显看出污染程度最高的区域也是甲状腺癌发病高的地方。

图 13.85　场景拉伸后效果

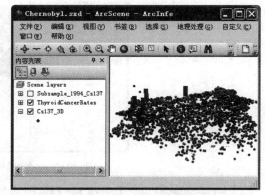

图 13.86　两组点数据的三维可视化

(4)双击【3D Analyst 工具】→【栅格插值】→【反距离权重法】,打开【反距离权重法】对话框,设置参数如下:

——输入点要素。Subsample_1994_Cs137。

—— $Z$ 值字段。CS137_CI_K。

——输出栅格。Cs137_IDW。

——在【幂】文本框中输入"2",其他参数保持默认值,如图 13.87 所示。

单击【确定】按钮,输出栅格数据加载到场景中,如图 13.88 所示。

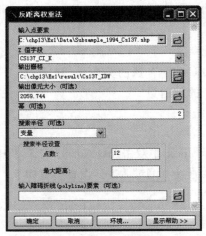

图 13.87 【反距离权重法】对话框

图 13.88 反距离权重法插值结果

(5)右击图层 cs137_idw 打开【图层属性】对话框。单击【符号系统】标签,切换到【符号系统】选项卡,为图层配置一个新的颜色方案,切换到【基本高度】选项卡,选中【浮动在自定义表面上】复选框。单击【确定】按钮,取消对图层 Cs137_3D 的可见性,Cs137 插值得到的表面以及甲状腺癌发病率的叠加效果如图 13.89 所示。

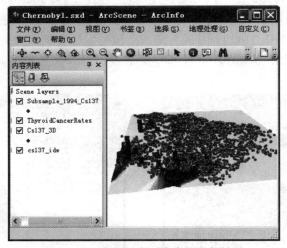

图 13.89 表面与点要素类的叠加效果

(6)在主菜单中单击【选择】→【■按属性选择】,打开【按属性选择】对话框,选择图层 ThyroidCancerRates,在表达式文本框中输入 ""INCID1000" > = 0.5",单击【确定】按钮。甲状腺癌发病率高于每 10 000 人 5 例的地区在图中呈高亮显示。

(7)打开图层 ThyroidCancerRates 的属性表,单击对话框底部的显示所选记录按钮■,在属性表中只显示被选中的地区;右击 CASES 字段,选择【升序排列】命令,将被选中的地区按照发病数量多少进行升序排列,如图 13.90 所示。右击 CASES 字段,选择【统计】命令统计选中地区的发病详细信息,如图 13.91 所示。在弹出的【所选要素的统计结果】对话框中,可看到 11 处地区的发病总数为 176 例。

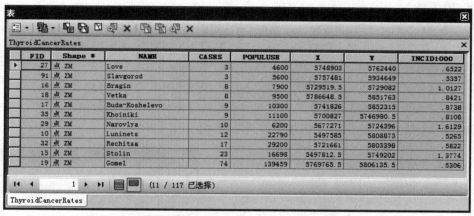

图 13.90　属性表中选中地区的发病率信息

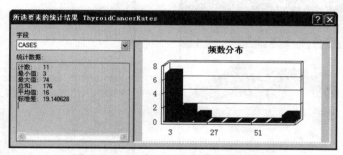

图 13.91　选中地区的发病率统计信息

## 13.6.2　高射炮对飞行路径威胁的三维分析

### 1．背景

在军事应用中,规划飞行路径的关键部分是评估其受高射炮等威胁的风险,这是固有的三维问题,运用二维 GIS 进行分析已达不到要求,必须使用三维分析以实现飞机飞行路径与高射炮之间的三维距离测量,以及对飞机所受到的危险进行评估等。

### 2．目的

熟练掌握 3D 要素分析中天际线工具、3D 线与多面体相交工具、天际线障碍工具、3D 相交、3D 内部等工具的使用,综合利用 ArcGIS 的三维分析功能解决实际问题。

### 3．数据

实例数据位于随书光盘(" … \chp13\Ex2")中,包括以下内容:

(1)一个针对表面上高射炮位置的点位置。

(2)一条飞行路径的 3D 线。

(3)高射炮射击范围(配备雷达时有效射程为 3 000 m,未配备雷达时有效射程是 2 000 m),它们以多面体的形式存储。

(4)有一个基础表面,以 TIN 的形式存储。

### 4．任务

通过对飞行路径与高射炮射击范围的三维相交分析,研究飞机飞行中受威胁的飞行轨迹。

**5. 操作步骤**

(1)启动 ArcScene,打开 FlyScene. sxd 文档,如图 13.92 所示。

(2)在 ArcToolbox 中双击【3D Analyst 工具】→【3D 要素】→【天际线】,打开【天际线】对话框,设置参数如下:

——输入【输入观察点要素】、【输入表面】数据,指定【输出要素类】的保存路径和名称。

——单击【天际线选项】,在【最大可视半径(可选)】文本框中输入数值"3 000",如图 13.93 所示。单击【确定】按钮,输出的天际线添加到场景中。

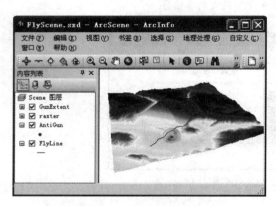

图 13.92　FlyScene 文档

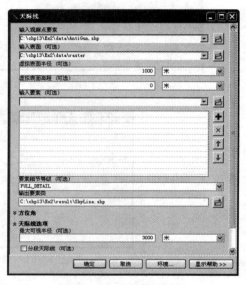

图 13.93　天际线对话框

> **注意事项**
>
> 　　天际线工具的作用是生成一个包含天际线轮廓分析结果的线要素类或多面体要素类,该分析基于函数或虚拟表面上方的观察点进行,当与天际线障碍物工具一起使用时,可以创建阴影体及其他类似要素。在本练习中,高射炮的射程范围要受到地形的影响,首先使用天际线工具生成高射炮在地形上的可见范围,结合天际线障碍工具可获得高射炮可以"看见"的空间。最后使用 3D 相交工具进行体积合并(高射炮的有效范围及其可视空间)。

(3)双击【3D Analyst 工具】→【3D 要素】→【天际线障碍】,打开【天际线障碍】对话框,设置参数如下:

——输入【输入观察点要素】、【输入要素】数据 AntiGun. shp 和 SkyLine. shp,指定【输出要素类】的保存路径和名称。

——在【最小半径】下选中【线性单位】单选按钮,在文本框中输入"3000",在【最大半径(可选)】下选中【线性单位】单选按钮,在文本框中输入"3100",单位选择"米",选中【闭合】复选框。

——选中【线性单位】单选按钮,在文本框中输入"3300",单位选择"米",如图 13.94 所示,单击【确定】按钮,输出的要素类添加到场景中。

图 13.94 【天际线障碍】对话框

（4）双击【3D Analyst 工具】→【3D 要素】→【3D 相交】，打开【3D 相交】对话框。设置参数如下：

输入【输入多面体（Multipatch）要素】、【输入多面体（Multipatch）要素（可选）】数据 GunExtent. shp 和 Barrier. shp，指定【输出要素类】的保存路径和名称，单击【确定】按钮，输出要素类添加到场景中。

（5）取消对 GunExtent 与 Barrier 图层的显示。双击图层 Intersect，在【属性】对话框中单击【符号系统】，单击【要素】下的【单一符号】，单击【符号】下的颜色，为多面体指定一种颜色。切换到【显示】选项卡，在【透明度】文本框中输入"60"，单击【确定】按钮，结果如图 13.95 所示。

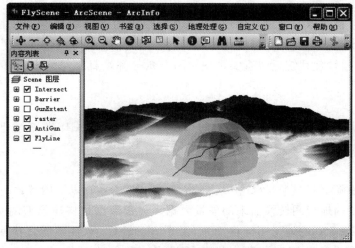

图 13.95 设置透明度后的效果

（6）双击【3D Analyst 工具】→【3D 要素】→【3D 线与多面体（Multipatch）相交】，打开【3D 线与多面体（Multipatch）相交】对话框，设置参数如下：输入【输入线要素】、【输入多面体（MultiPatch）要素】数据 FlyLine. shp 和 Intersect. shp，指定【输出线要素类】的保存路径和名称，如图 13.96 所示，单击【确定】按钮，输出的线要素类添加到场景中。

（7）取消对 3D 飞行路径 FlyLine 图层的显示，打开图层 Isline 的【图层属性】对话框，单击【符号系统】标签，打开【符号系统】选项卡，在【显示】下选择【类别】下的【唯一值】，在右侧【值字段】下拉框中选择"LENGTH_3D"，单击【添加所有值】，取消选中【其它所有值】，在【色带】下选择一套合适的颜色方案，单击【确定】按钮，可以看到飞行路径落在高射炮影响范围之内的路段。

（8）双击【3D Analyst 工具】→【3D 要素】→【3D 内部】，打开【3D 内部】对话框。设置参数如下：输入【输入要素】、【输入多面体（Multipatch）要素】数据 IsLine. shp 和 Intersect. shp，指定【输出表】的保存路径和名称 Dbase，单击【确定】按钮，完成操作。添加表 Dbase 到场景中，打开表后如图 13.97 所示。

图 13.96　【3D 线与多面体（Multipatch）相交】对话框

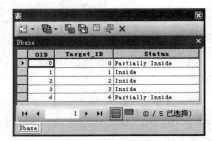

图 13.97　表 Dbase

### 13.6.3　ArcGIS 结合 SketchUp 建立虚拟校园

#### 1. 背景

数字校园是数字地球的微观表示形式，是真实校园的虚拟对照体。利用 ArcGIS 软件进行数字校园三维景观的建模及其可视化是可行的。国内很多高校已经建立了校园信息管理系统，但是二维的校园管理系统无法真实再现校园全景等弊端日渐暴露出来，因此，建立三维数字校园势在必行。

#### 2. 目的

通过本实例掌握 ArcGIS 中三维场景的构建过程，掌握 ArcGIS 与三维建模软件结合构建场景的技术。

#### 3. 数据

实例数据位于随书光盘（"…\chp13\Ex3\data"）中，主要有以下内容：

（1）由 1∶500 的地形图转换而来的矢量数据。矢量数据是构建模型的基础数据，本例中的矢量数据是由 1∶500 的地形图转换而来，由于 SketchUp 软件不能直接使用 ArcGIS 软件的矢量数据，需要对现有的矢量数据进行转换。一种方法是把 ArcGIS 软件的矢量数据（*.shp）转换为 *.dwg，然后导入 SketchUp 软件进行建模；另一种方法是借用 SketchUp 软件和 ArcGIS 软件之间的插件 SketchUp6ESRI 进行建模。

(2)1∶5 万高程数据。

(3)影像数据。

### 4．任务

(1)实现 ArcGIS 与 Google SketchUp 软件之间数据的导入与导出。

(2)完成虚拟校园场景的构建。

### 5．操作步骤

1)建立模型

(1)安装 SketchUp 软件和 ArcGIS 软件之间的插件 SketchUp6ESRI，启动 ArcMap 后，会出现 SketchUp 6 Tools 小图标。如果工具栏里没有出现，则需要手动加载，在主菜单中单击【自定义】→【工具栏】→【自定义】，打开【自定义】对话框，单击【从文件添加】按钮，定位到 SketchUp6ESRI 在 ArcGIS 安装目录下的"Features To Skp. dll"程序集，单击【打开】按钮，【工具条】下出现 SketchUp 6 Tools 工具，如图 13.98 所示，选中 SketchUp 6 Tools，单击【关闭】按钮，SketchUp 6 Tools 工具即被加载到 ArcMap 中。

图 13.98　添加插件工具

(2)在 ArcMap 中加载矢量数据。选中要导出的矢量数据，单击 SketchUp 6 Tools，打开 Options 对话框，选中 launch sketchup on completion 复选框，在 Filename 中输入 ∗. skp 文件的保存路径和名称，如图 13.99 所示。单击【确定】按钮，SketchUp 被启动，如图 13.100 所示。

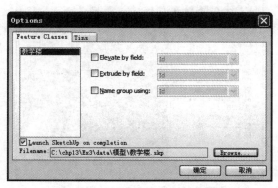

图 13.99　∗. skp 文件导出设置

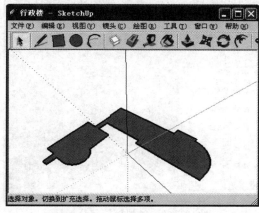

图 13.100　导出的 ∗. skp 文件

(3)在 SketchUp 中构建模型并为模型贴上纹理，如图 13.101 所示。建好全部模型后，为了方便管理，把全部模型存储为 ArcGIS 的地理数据库要素类。ArcGIS 提供了两种方法使用 ∗. skp 模型，一种方法是直接添加 SketchUp 模型(参见 13.5.3 小节)，第二种方法通过使用 ArcToolbox 工具实现转换(参见 13.1.2 小节)。

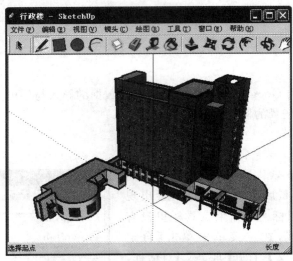

图 13.101　在 SketchUp 中建好的模型

**2）构建场景**

（1）分别添加影像数据 KEDA.img、地形数据 tingrid311 和模型数据（位于"…\chp13\Ex3\data\影像数据（地形数据和模型数据）"，详细的添加步骤可参见 13.5.3 小节），结果如图 13.102 所示。

（2）为了突出显示主场景里的模型，需要将周围建筑对比显示。建立一个面要素类存储周围不明显的建筑物，为其添加字段 HEIGHT，并添加到场景中。双击面图层打开【图层属性】对话框，单击【Globe 拉伸】标签，打开【Globe 拉伸】选项卡，在【拉伸表达式】中输入"HEIGHT"，单击【确定】按钮，结果如图 13.103 所示。

图 13.102　虚拟校园部分场景

图 13.103　周围建筑物的粗略显示

**注意事项**

建立面要素类后可以在 ArcMap 中加载影像数据和建立的面要素类"其他建筑.shp"，然后对其进行编辑，给高度字段 HEIGHT 赋值，最后将其加载到 Globe 场景中。

（3）使用符号化的方式添加街景部件。在 ArcCatalog 里新建 4 个点要素类,分别命名为"树"、"灯"、"汽车"和"垃圾桶"。下面以树的符号化为例来介绍点要素类的符号化。

——启动 ArcCatalog,新建点要素类"树.shp"。

——在 ArcMap 中加载遥感影像和"树.shp",启动编辑,完成后保存编辑内容。

——启动 ArcGlobe,在工具栏中单击添加数据✚按钮,定位到树要素类所在数据集,单击【添加】按钮,弹出【添加数据向导】对话框,选中【将要素显示为 3D 矢量】复选框,如图 13.104 所示。单击【下一步】按钮,输入数据放大和缩小的范围分别为 0 和 1.6,单击【下一步】按钮,单击【以现实单位显示符号】单选按钮,如图 13.105 所示,单击【完成】按钮,关闭【坐标系转换警告】对话框,树图层数据即被添加到场景中。

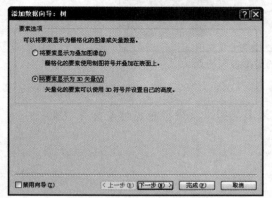

图 13.104  添加数据向导一

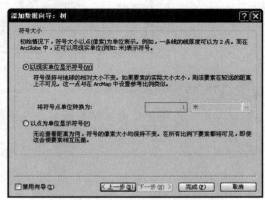

图 13.105  添加图层向导二

——在目录表中右击【树】图层,单击【属性】选项,打开【图层属性】对话框,切换到【符号系统】选项卡,在【显示】下选择【要素】里的【单一符号】,单击【符号】下按钮,在弹出的【符号选择器】对话框中单击【样式引用】,勾选 3D trees,单击【确定】按钮,在【符号选择器】里选择树的类型,如图 13.106 所示,单击【确定】按钮。用同样的方式添加"灯"、"汽车"和"垃圾桶"后结果如图 13.107 所示。

图 13.106  【符号选择器】对话框

图 13.107　完整的虚拟校园场景

注意事项

4 个点要素类的坐标系统同影像数据、地形数据以及模型数据的坐标系统是一致的。

# 第 14 章　水文分析

水文分析通过建立地表水流模型,研究与地表水流相关的各种自然现象,在城市和区域规划、农业及森林、交通道路等许多领域具有广泛的应用。ArcGIS 水文分析工具旨在建立地表水的运动模型,辅助分析地表水流从哪里产生、流向何处,再现水流的流动过程。该工具可以实现地表水流径流模型的水流方向的提取、汇流累积量、水流长度的计算、河流网络生成及流域分割等功能。本章主要介绍 ArcGIS 水文分析工具集的基本概念、工作原理,以及具体的操作方法。此外,本章还概要介绍 Arc Hydro Tools 的基本使用方法。

## 14.1　基本概念

### 14.1.1　流域

流域又称集水区域,是指流经其中的水流和其他物质从一个公共的出水口排出而形成的一个集中的排水区域。流域盆地(basin)、集水盆地(catchment)或水流区域(contributing area)等也可以用来描述流域。分水岭表征区域内每个流域汇水区域的大小。整个流域的最低处是流域内水流的出口,即出水口(或点)。流域间的分界线即为分水岭边界。

分水岭的组成如图 14.1 所示。分水线包围的区域称为河流或水系流经的流域,流域分界线所包围的区域面积就是流域面积,即流域是一条河流或水系的集水区域,河流从这个集水区域获得水量的补给。任何一个天然的河网都是由大小不等、各种各样的水道联合组成的。每一个水道都有自己的特征,自己的汇水

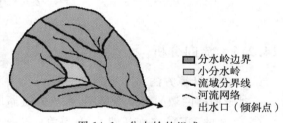

图 14.1　分水岭的组成

📗 分水岭边界
◻ 小分水岭
〰 流域分界线
〰 河流网络
● 出水口(倾斜点)

范围,即自己的流域面积,较大的流域往往是由若干较小的流域联合组成的。这些流域可以是较大分水岭的一部分,也可包含被称为自然子流域的较小分水岭。分水岭之间的边界被称做流域分界线。出水口或倾泻点是表面上水的流出点,它是分水岭边界上的最低点。

水到达出水口前流经的网络可显示为树,树的底部是出水口,树的分支是河道。两条河道的交点称为结点或交汇点。连接两个相邻交汇点或连接一个交汇点与出水口的河道的河段称为河流连接线。

### 14.1.2　分析流程

描绘分水岭或定义河流网络时,需要按照一定的步骤进行操作。有些步骤是必需的,有的则属于可选步骤,这取决于输入数据的特性。图 14.2 是基于 DEM 的水文分析工具提取水文信息(如分水岭边界和河流网络)的一般过程。从图中可以看出,无论最终目的如何,都必须从 DEM 入手。

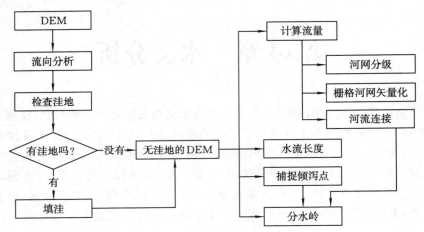

图 14.2　径流特征获取流程

目前,DEM 数据是进行流域地形分析的主要数据。DEM 是流域地形、地物识别的重要原始资料,它包含了丰富的地形、地貌和水文信息。通过 DEM 可以提取地表形态信息,如流域网格单元的坡向、坡度以及单元格之间的关系等。利用 DEM 生成的集水流域和水流网络是多数地表水文分析模型的主要输入数据。

利用 DEM 数据提取水流方向等因子的前提是地表起伏足够大,这样才能确定水流路径。即对于任何一个像元,水都可以从多个相邻像元流入,且仅从一个像元流出。

# 14.2　水文分析

## 14.2.1　流向分析

### 1. 流向计算方法

对于栅格图像的每一个格网,水流方向都是指水流离开格网时的指向。流向判定大都建立在 3×3 的 DEM 格网基础上,有单流向法和多流向法之分。ArcGIS 10 的流向工具中用到的算法是单向流法中的“D8”方法。

单向流法是假定一个栅格中的水流只能从一个方向流出栅格,根据栅格高程判断水流的方向。“D8”方法是假设单个栅格中的水流只能流入与之相邻的 8 个栅格中。它用最陡坡度法(前提是地表不透水,降雨均匀,流域单元上的水流总是流向最低的地方)来确定水流的方向,即在 3×3 的 DEM 栅格上,计算中心栅格与各相邻栅格间的距离权落差(即栅格中心点落差除以栅格中心点之间的距离),取距离权落差最大的栅格为中心栅格的流出栅格,该方向即为中心栅格的流向。

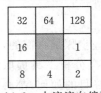

| 32 | 64 | 128 |
|----|----|-----|
| 16 |    | 1   |
| 8  | 4  | 2   |

图 14.3　水流流向编码

图 14.3 表示的是“D8”方法中水流方向的编码,栅格中的数值表示每个栅格的流向。数值变化范围是 1~255。其中,1 代表东,2 代表东南,4 代表南,8 代表西南,16 代表西,32 代表西北,64 代表北,128 代表东北。若邻域栅格对中心栅格的方向值分别为 2、8、32、128,则栅格间的距离为 $\sqrt{2}$ 倍的栅格值,否则距离为 1。

除上述栅格数值之外的其他值代表流向不确定,这是由 DEM 中"洼地"和"平地"现象造成的。所谓"洼地"即某个栅格的高程值小于其所有相邻栅格的高程。造成这种现象的原因是河谷的高程小于栅格所覆盖区域的平均高程,较低的河谷高度拉低了该单元的高程。洼地现象往往出现在流域的上游。"平地"是指相邻的 8 个栅格具有相同的高程,这与测量精度、DEM 单元尺寸或该地区的地形有关。这两种现象在 DEM 中相当普遍,所以在进行流向分析之前,一般先进行 DEM 填充,将"洼地"变成"平地",再通过一套复杂的迭代算法确定平地流向,流向分析过程原理如图 14.4 所示。

原始栅格

| 78 | 72 | 69 | 71 | 58 | 49 |
|---|---|---|---|---|---|
| 74 | 67 | 56 | 49 | 46 | 50 |
| 69 | 53 | 44 | 37 | 38 | 48 |
| 64 | 58 | 55 | 22 | 31 | 24 |
| 68 | 61 | 47 | 21 | 16 | 19 |
| 74 | 53 | 34 | 12 | 11 | 12 |

流向分析→

流向栅格

| 2 | 2 | 2 | 4 | 4 | 8 |
|---|---|---|---|---|---|
| 2 | 2 | 2 | 4 | 4 | 8 |
| 1 | 1 | 2 | 4 | 8 | 4 |
| 128 | 128 | 1 | 2 | 4 | 8 |
| 2 | 2 | 1 | 4 | 4 | 4 |
| 1 | 1 | 1 | 1 | ? | 16 |

图 14.4 流向分析原理

### 2. 原始 DEM 流向分析

流向计算的操作步骤如下:

(1)在 ArcToolbox 中双击【Spatial Analyst 工具】→【水文分析】→【流向】,打开【流向】对话框,如图 14.5 所示。

(2)输入【输入表面栅格数据】数据(位于"…\chp14\Hydrology\data"),指定【输出流向栅格数据】的保存路径和名称。

(3)若选中【强制所有边缘像元向外流动(可选)】复选框,则所有在 DEM 数据边缘的栅格的水流方向全部是流出 DEM 数据区域,此复选框一般默认为不选择。

栅格数据下降率是该栅格在其水流方向上与其临近的栅格之间的高程差与距离的比值,以百分比的形式记录。它反映了整个区域中最大坡降的分布情况。若输入【输出下降率栅格数据(可选)】的保存路径,则会创建一个以百分比形式表示的输出栅格,该栅格显示沿流向的每个像元到像元中心之间的路径长度的高程的最大变化率。

(4)单击【确定】按钮,完成水流方向的计算,结果如图 14.6 所示。

图 14.5 【流向】对话框

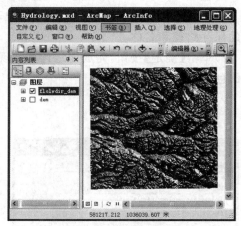

图 14.6 流向计算结果

### 3. 洼地判定

在流向栅格中,"洼地"是指流向无法被赋予 8 个有效值之一的一个或一组空间连接像元,也称为"汇"。在所有相邻像元都高于处理像元时,或有两个像元互相流入形成一个由两个像元构成的循环时,均会出现洼地。

一般在计算汇流累积量之前,要先对流向栅格进行洼地判定。因为洼地区域是水流方向不合理的地方,可以通过水流方向来判断哪些地方是洼地,然后再对洼地进行填充。

**注意事项**

并不是所有的洼地都是由数据误差造成的,有很多洼地区域是地表形态的真实反映,如喀斯特地貌等。因此,在进行洼地填充之前,必须计算洼地深度,判断哪些是由于数据误差造成的洼地,哪些又是真实的地表形态。在洼地填充的过程中,需设置合理的填充阈值,完成洼地填充,生成无洼地的 DEM 流向。

利用水文分析工具中的【汇】工具来识别汇。汇的剖面图如图 14.7 所示。

在填洼之前要设定好阈值,小于阈值的所有洼地将被填充。填洼前后的汇剖面图如图 14.8 所示。

图 14.7　汇的剖面图

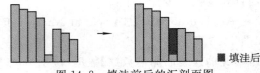

■填洼后

图 14.8　填洼前后的汇剖面图

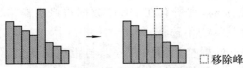

□移除峰

图 14.9　移峰前后汇的剖面图

该工具也可用于移除峰,峰是一种伪像元,其高程高于所预期的高程(以周围表面的趋势为基准),移峰前后汇的剖面如图 14.9 所示。

下面详细介绍洼地判定及填洼的操作步骤。

1)提取洼地

提取洼地的具体操作步骤如下:

(1)在 ArcToolbox 中双击【水文分析】→【汇】,打开【汇】对话框,如图 14.10 所示。

(2)输入【输入流向栅格数据】数据(位于"…\chp14\Hydrology\result"),指定【输出栅格】的保存路径和名称。

(3)单击【确定】按钮,完成洼地计算。现截取部分洼地计算结果放大显示,如图 14.11 所示,深色的区域表示洼地。

图 14.10　【汇】对话框

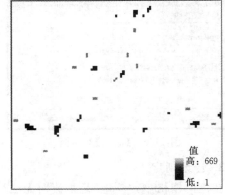

图 14.11　洼地计算结果

2）计算洼地贡献区域

洼地深度，即汇的深度，用于确定合适的填洼阈值，了解数据中存在的错误类型，以及确定汇是否是合法的形态要素等。在计算洼地深度之前，要利用上一步得到的洼地计算结果，确定哪些区域是洼地的贡献区域。这就需要使用【分水岭】工具，找出洼地所在的分水岭区域，即洼地贡献区域。其具体操作步骤如下：

（1）在 ArcToolbox 中双击【水文分析】→【分水岭】，打开【分水岭】对话框，如图 14.12 所示。

（2）输入【输入流向栅格数据】和【输入栅格数据或要素倾泻点数据】数据（位于"…\chp14\Hydrology\result"），在【倾泻点字段（可选）】下拉框中选择对应的倾泻点的字段名称，指定【输出栅格】的保存路径和名称。

（3）单击【确定】按钮，完成洼地贡献区域计算操作，结果如图 14.13 所示。

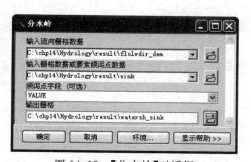

图 14.12　【分水岭】对话框

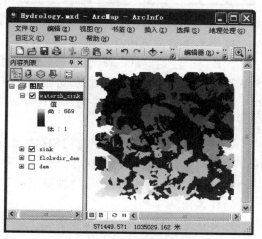

图 14.13　洼地贡献区域计算结果

3）计算洼地区域的最低高程

每个洼地贡献区域的最高高程与最低高程之差即为洼地深度，所以要分别计算洼地区域的最高和最低高程。选用【区域分析】工具中的【分区统计】工具计算每个洼地贡献区域的最低高程。其具体操作步骤如下：

（1）在 ArcToolbox 中双击【Spatial Analyst 工具】→【区域分析】→【分区统计】，打开【分区统计】对话框，如图 14.14 所示。

（2）输入【输入栅格数据或要素区域数据】数据（位于"…\chp14\Hydrology\result"），在【区域字段】下拉框中选择对应的字段，输入【输入赋值栅格】数据（位于"…\chp14\Hydrology\data"），指定【输出栅格】的保存路径和名称，【统计类型】为可选项，本例选择"MINIMUM"。

**注意事项**

统计类型下拉框提供的统计类型有：平均值（MEAN）、最大值（MAXIMUM）、最小值（MINIMUM）、分带中的属性值的变化值（RANGE）、标准差（STD）及总和（SUM）。

（3）单击【确定】按钮，完成洼地最低高程的计算，结果如图 14.15 所示。

图 14.14 【分区统计】对话框

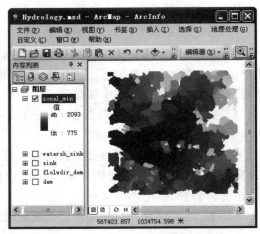

图 14.15 洼地最低高程计算结果

4)计算洼地区域的最高高程

计算每个洼地贡献区域的最高高程使用【区域分析】工具中的【区域填充】工具,以洼地贡献区域和流向计算结果为输入数据,对栅格进行分析,计算出最高高程。其具体操作步骤如下:

(1)在 ArcToolbox 中双击【Spatial Analyst 工具】→【区域分析】→【区域填充】,打开【区域填充】对话框,如图 14.16 所示。

(2)输入【输入区域栅格数据】和【输入权重栅格数据】数据(位于"...\chp14\Hydrology\result"),指定【输出栅格】的保存路径和名称。

(3)单击【确定】按钮,完成洼地最高高程的计算。

5)计算洼地深度

计算洼地深度的具体操作步骤如下:

(1)在 ArcToolbox 中,双击【Spatial Analyst 工具】→【地图代数】→【栅格计算器】,打开【栅格计算器】对话框,如图 14.17 所示。

图 14.16 【区域填充】对话框

图 14.17 【栅格计算器】对话框

(2)在文本框中输入""zonal_max" − "zonal_min"",指定【输出栅格】的保存路径和名称。

(3)单击【确定】按钮,完成洼地深度的计算,结果如图 14.18 所示。通过与其他地形资料对比分析,可以确定哪些洼地区域是由数据误差产生的,哪些洼地区域是真实的地表形态,确定洼地填充的阈值。

#### 4．填充洼地

填充洼地的具体操作步骤如下：

（1）在 ArcToolbox 中双击【Spatial Analyst 工具】→【水文分析】→【填注】，弹出【填注】对话框，如图 14.19 所示。

（2）输入【输入表面栅格数据】（位于"…\chp14\Hydrology\data"），指定【输出表面栅格】的保存路径和名称。

【Z 限制(可选)】是指填充阈值。洼地填充过程中，洼地深度大于阈值的地方将作为真实地形保留，不予填充；系统默认情况是不设阈值，也就是所有的洼地区域都将被填平。

（3）单击【确定】按钮，完成洼地填充操作，结果如图 14.20 所示。

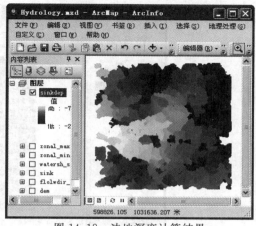

图 14.18 洼地深度计算结果

图 14.19 【填注】对话框

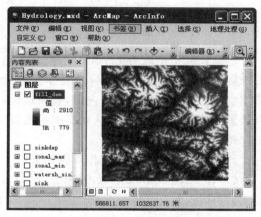

图 14.20 填注结果

> **注意事项**
>
> 洼地填充是一个反复的过程。当一个洼地区域被填平之后，这个区域与附近区域再进行洼地计算，可能会形成新的洼地，所以，洼地填充是一个不断反复的过程，直到所有的洼地都被填平，新的洼地不再产生为止。因此，当数据量很大时，这个过程会持续一段时间。

#### 5．无洼地 DEM 流向分析

DEM 洼地被填充以后即可对无洼地 DEM 进行流向分析。其具体操作步骤如下：

（1）在 ArcToolbox 中双击【Spatial Analyst 工具】→【水文分析】→【流向】，打开【流向】对话框。

（2）输入【输入表面栅格数据】（位于"…\chp14\Hydrology\result\demfill_dir"），指定【输出流向栅格数据】的保存路径和名称。这次将填注后的 DEM 作为输入栅格，计算无洼地 DEM 流向。计算结果如图 14.21 所示。用户可以将此次流向计算的结果和原始 DEM 数据的流向结果进行比较，查找其差异。

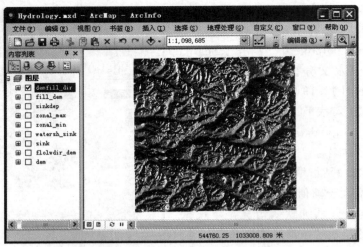

图 14.21　无洼地 DEM 流向计算结果

### 14.2.2　计算水流长度

　　水流长度是指地面上一点沿水流方向到其流向起点(终点)间的最大地面距离在水平面上的投影长度。水流长度在水文中是水土保持的主要因子。其他条件相同时,水力侵蚀的强度依据水流经过的坡的长度来决定,坡面越长,汇集的流量越大,水的侵蚀力就越强。水流长度直接影响地面径流的速度,从而影响对地面土壤的侵蚀力。因此,提取和分析水流长度,对水土保持工作具有重要意义。

　　计算水流长度的具体操作步骤如下:

　　(1)在 ArcToolbox 中双击【Spatial Analyst 工具】→【水文分析】→【水流长度】,打开【水流长度】对话框,如图 14.22 所示。

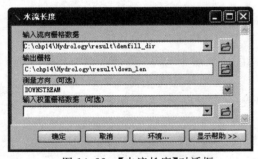

图 14.22　【水流长度】对话框

　　(2)输入【输入流向栅格数据】(位于"…\chp14\Hydrology\result"),指定【输出栅格】的保存路径和名称。在【测量方向(可选)】下拉框中选择"DOWNSTREAM"。【输入权重栅格数据(可选)】为可选项,默认不添加。

　　水流长度工具中提供的计算方法有"DOWNSTREAM"(顺流计算)和"UPSTREAM"(溯流计算)两种。DOWNSTREAM 记录沿着水流方向到下游流域出水口中最长距离所流经的栅格数,UPSTREAM 则记录沿着水流方向到上游栅格的最长距离的栅格数。

　　(3)单击【确定】按钮,按 DOWNSTREAM 方法计算得到水流长度结果如图 14.23所示。

　　(4)再按上述步骤进行一次水流长度计算,在【测量方向】下拉框中选择"UPSTREAM"。按 UPSTREAM 方法计算得到的水流长度结果如图 14.24 所示。用户可通过比较两种结果的差异理解两种计算方法的原理。

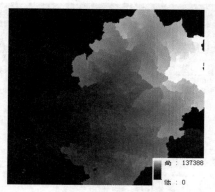

图 14.23　DOWNSTREAM 计算水流长度结果

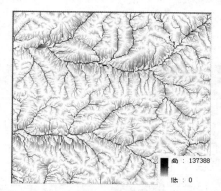

图 14.24　UPSTREAM 计算水流长度结果

### 14.2.3　汇流分析

汇流分析的主要目的是确定水流的路径。在流向栅格图的基础上生成汇流栅格图,汇流栅格上每个单元的值代表上游汇流区内流入该单元的栅格点总数,即汇入该单元的流入路径数(NIP)。NIP 较大的区域可视为河谷,NIP 等于 0 的区域则是较高的地方,可能为流域的分水岭。汇流分析的基本思想是以规则格网表示的 DEM 每点处有一个单位的水量,按照自然水流从高处流向低处的规律,根据区域的流向栅格计算每点所流过的水量值,便得到了区域的汇流栅格(汇流累积量)。在图 14.25 中,左图栅格值代表每个像元的流动方向,右图栅格值代表流入每个像元的像元数目。

| 2 | 2 | 2 | 4 | 4 | 8 |
|---|---|---|---|---|---|
| 2 | 2 | 2 | 4 | 4 | 8 |
| 1 | 1 | 2 | 4 | 8 | 4 |
| 128 | 128 | 1 | 2 | 4 | 8 |
| 2 | 2 | 1 | 4 | 4 | 4 |
| 1 | 1 | 1 | 1 | ? | 16 |

汇流分析 →

| 0 | 0 | 0 | 0 | 0 | 0 |
|---|---|---|---|---|---|
| 0 | 1 | 1 | 2 | 2 | 0 |
| 0 | 3 | 7 | 5 | 4 | 0 |
| 0 | 0 | 0 | 20 | 0 | 1 |
| 0 | 0 | 0 | 1 | 24 | 0 |
| 0 | 2 | 4 | 7 | 35 | 1 |

（a）流向栅格　　　　　　　　（b）汇流栅格

图 14.25　汇流分析

汇流分析的具体操作步骤如下:

(1)在 ArcToolbox 中双击【Spatial Analyst 工具】→【水文分析】→【流量】,打开【流量】对话框,如图 14.26 所示。

(2)输入【输入流向栅格数据】(位于“…\chp14\Hydrology\result”),指定【输出蓄积栅格数据】的保存路径和名称。【输入权重栅格数据(可选)】所指的权重数据一般是降水、土壤及植被等影响径流分布不平衡因素综合而成的。为每一个栅格赋权重更能详细模拟该区域的地表特征。如果无数据,系统默认为所有的栅格配以相同的权值 1,那么计算出来的汇流累积量的数值就代表着该栅格位置流入的栅格数的多少。在【输出数据类型(可选)】下拉框中选择“FLOAT”。

(3)单击【确定】按钮,完成流量计算,放大结果图局部区域,效果如图 14.27 所示。

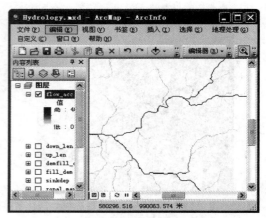

图 14.26 【流量】对话框　　　　　　图 14.27　流量计算结果

**注意事项**

a)为保证流量计算结果的正确性,【输入流向栅格数据】的数据必须是无洼地 DEM 生成的水流方向栅格数据。

b)【流量】工具计算的累积流量是流入输出栅格中的每个下坡像元的所有像元的累积权重。如果未提供任何权重栅格,则将权重 1 应用到每个像元,并且输出栅格中的像元值是流入每个像元的像元数。

## 14.2.4　河网分析

### 1. 生成河网

河网即河流网络。目前,常用的河网提取方法是采用地表径流漫流模型计算。首先在无洼地 DEM 上利用最大坡度法计算每一个栅格的水流方向,然后利用水流方向栅格数据计算每个栅格的汇流累积量,假设每一个栅格处携带一份水流,那么栅格的汇流累积量就代表着该栅格的水流量。基于上述思想,当汇流量达到一定值的时候,就会产生地表水流,所有汇流量大于阈值的栅格就是潜在的水流路径,由这些水流路径构成的网络,就是河网。河网的生成是基于汇流累积矩阵的。其具体操作步骤如下:

(1)在 ArcToolbox 中双击【Spatial Analyst 工具】→【地图代数】→【栅格计算器】,打开【栅格计算器】对话框。

(2)设定提取河网的阈值。阈值的设定在河网的提取过程中是很重要的,直接影响到河网的提取结果。此处选择 1000。

(3)在地图代数表达式中输入公式"Con("flow_acc">1000,1)",指定【输出栅格】的保存路径和名称。计算思路是利用所设定的栅格阈值进行条件查询并将查询结果赋予新的栅格数据。通过此操作将汇流累积量栅格中栅格单元值大于 1000 的栅格赋值为 1,而小于或等于设定阈值的栅格属性值赋为无数据,这样就得到河流网络栅格。

(4)单击【确定】按钮,完成河网提取操作,结果如图 14.28 所示。

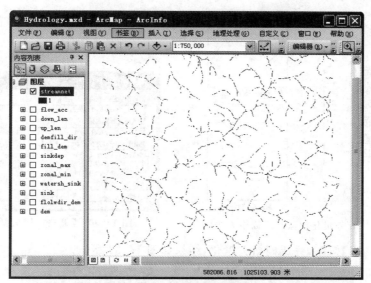

图 14.28　河流网络提取结果

a) 阈值的设定应遵循科学、合理的原则。首先考虑研究的对象,不同级别的沟谷对应着不同的阈值;其次考虑研究区域的状况,不同研究区域的相同级别的沟谷需要的阈值也是不同的。在设定阈值时,应充分对研究区域和研究对象进行分析,通过不断地实验和利用现有地形图等其他数据辅助检验的方法来确定能满足研究需要并且符合研究区域地形地貌条件的合适阈值。

b) 在"提取栅格河流网络"之前一定要进行"con("[汇流累积量]",1)"的计算,否则会出现错误。

(5) 栅格河网矢量化

【栅格河网矢量化】工具主要用于矢量化河流网络或任何其他表示方向已知的栅格线性网络。该工具使用方向栅格来帮助矢量化相交像元和相邻像元,可将具有相同值的两个相邻栅格河网矢量化为两条平行线。这与【转换工具】中的【栅格转折线(Polyline)】工具相反,后者通常更倾向于将线折叠在一起。为使这一区别可视化,图 14.29 显示了输入相同的河流网络时,分别得到不同的栅格河网矢量化的模拟输出与栅格转折线的模拟输出。

栅格河网矢量化的具体操作步骤如下:

——在 ArcToolbox 中双击【Spatial Analyst 工具】→【水文分析】→【栅格河网矢量化】,打开【栅格河网矢量化】对话框,如图 14.30 所示。

——输入【输入河流栅格数据】和【输入流向栅格数据】(位于"…\chp14\Hydrology\result"),指定【输出折线(Polyline)要素】的保存路径和名称,选中【简化折线(polyline)(可选)】复选框。

注意事项

此处【输入河流栅格数据】为上一步河网提取的结果 streamnet 要素,【输入流向栅格数据】为无洼地 DEM 生成的水流方向栅格数据。

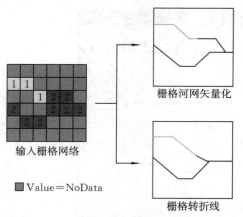

■Value=NoData

栅格河网矢量化

栅格转折线

图 14.29　比较矢量化河流网络栅格方法

图 14.30　【栅格河网矢量化】对话框

——单击【确定】按钮,完成栅格矢量化,结果如图 14.31 所示。

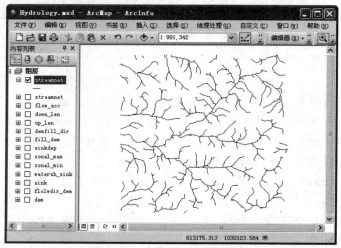

图 14.31　栅格河网矢量化结果

## 2. 平滑河网

### 1)伪沟谷的删除

由于基于 DEM 的河网提取是采用最大坡度法,在平地区域(如谷底等)的水流方向是随机的,很容易生成平行状的河流等错误形状(伪沟谷),这时需要手工编辑剔除。研究区域边缘很短的沟谷也需进行删除。

### 2)平滑处理河流网络

(1)在 ArcMap 主菜单中单击【自定义】→【工具条】→【编辑器】,加载【编辑器】工具条。

(2)在【编辑器】工具条中,单击【编辑器】→【✎ 开始编辑】,打开【开始编辑】对话框,选中"streamnet",单击【确定】按钮,启动【编辑器】。

(3)在【编辑器】工具条中,单击【编辑器】→【更多编辑工具】→【高级编辑】,加载【高级编辑】工具条,如图 14.32 所示。

图 14.32　【高级编辑】工具条

（4）在【高级编辑】工具条中，单击平滑按钮，打开【平滑对话框】，输入【允许最大偏移】参数值。参数值由用户指定，本实例选"3"作为最大偏移数。

（5）单击【确定】按钮，完成矢量河网的平滑处理，如图 14.33 所示。

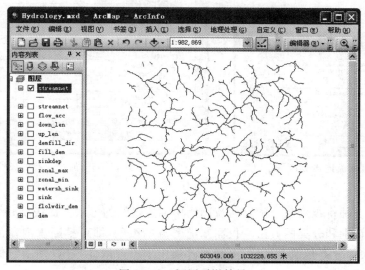

图 14.33 河网平滑结果

### 3. 生成河流连接

河流连接的每条弧段连接着两个作为出水点或汇合点的结点，或者连接着作为出水点的结点和河网起始点。因此，通过河流连接计算，即得到每一个河网弧段的起始点和终止点，也可以得到该汇水区域的出水点。这对于水量、水土流失等研究具有重要意义。而且出水口点的确定，也为进一步的流域分割准备了数据。河流连接计算是在水流方向数据和栅格河网数据基础上进行的，具体操作步骤如下：

（1）在 ArcToolbox 中双击【Spatial Analyst 工具】→【水文分析】→【河流连接】，打开【河流连接】对话框，如图 14.34 所示。

（2）输入【输入河流栅格数据】和【输入流向栅格数据】数据（位于"…\chp14\Hydrology\result"），指定【输出栅格】的保存路径和名称。

（3）单击【确定】按钮，完成河流连接计算。

（4）在内容列表中右击 streamlink，单击【打开属性表】，打开河流连接的属性表。河流连接计算之后，栅格河网被分成不包含汇合点的栅格河网片段，属性表中记录了河网片段 ID号，以及每个片段所包含的栅格数。河流连接的结果同样可利用【栅格河网矢量化】工具转换为矢量数据，其属性如图 14.35 所示。

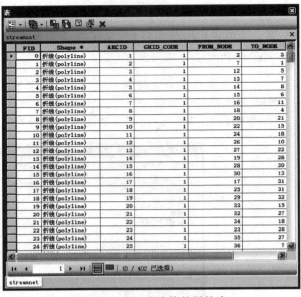

图 14.35　河流连接的属性表

图 14.34　【河流连接】对话框

### 4．河网分级

河网分级是一种将级别数分配给河流网络中的连接线的方法。此级别是一种根据支流数对河流类型进行识别和分类的方法。仅需知道河流的级别，即可推断出河流的某些特征。例如，一级河流绝大部分都是地上水流，没有上游集中水流。因此，可以判断它们最容易受非点源污染问题的影响。

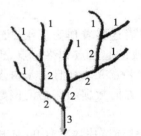

Strahler河网分级方法

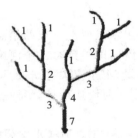

Shreve河网分级方法

图 14.36　两种河网分级方法

河网分级工具有两种可用于分配级别的方法，这两种方法分别由 Strahler 和 Shreve 提出。在这两种方法中，始终将 1 级分配给上游河段（又称外连接线），如图 14.36 所示。

Strahler 分级方法仅当级别相同的河流交汇时，河网分级才会升高。因此，一级连接线与二级连接线相交时会保留二级连接线，而不会创建三级连接线。

也就是说，它将所有河网弧段中没有支流的河网弧段分为第 1 级，两个 1 级河网弧段汇流成的河网弧段为第 2 级，如此下去分别为第 3 级、第 4 级……一直到河网出水口。在这种分级中，当且仅当同级别的两条河网弧段汇流成一条河网弧段时，该弧段级别才会升高，对于那些低级别弧段汇入高级别弧段的情况，高级别弧段的级别不会改变，这是比较常用的一种河网分级方法。

Shreve 分级方法将所有没有支流的连接线的量级（分级）指定为 1。量级是指可相加的河流下坡坡度。当两个连接线相交时，将它们的量级相加，然后将其指定为下坡连接线。对于 Shreve 分级而言，其第 1 级河网的定义与 Strahler 分级是相同的，所不同的是以后更高级别的河网弧段，其级别的定义是其汇入河网弧段的级别之和。

河网分级的具体操作步骤如下：

(1)在 ArcToolbox 中双击【Spatial Analyst 工具】→【水文分析】→【河网分级】,打开【河网分级】对话框,如图 14.37 所示。

(2)输入【输入河流栅格数据】和【输入流向栅格数据】(位于"…\chp14\Hydrology\result"),指定【输出栅格】的保存路径和名称,在【河网分级方法(可选)】下拉框中选择"STRAHLER",单击【确定】按钮,完成河网分级操作。

图 14.37 【河网分级】对话框

(3)再按照上述步骤进行一次河网分级,在【河网分级方法(可选)】下拉框中选择"SHREVE"。两种分级方法计算输出的栅格分别命名为 Strahler 和 Shreve。局部放大两种分级方法的结果,如图 14.38 和图 14.39 所示。

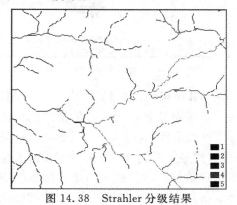

图 14.38 Strahler 分级结果

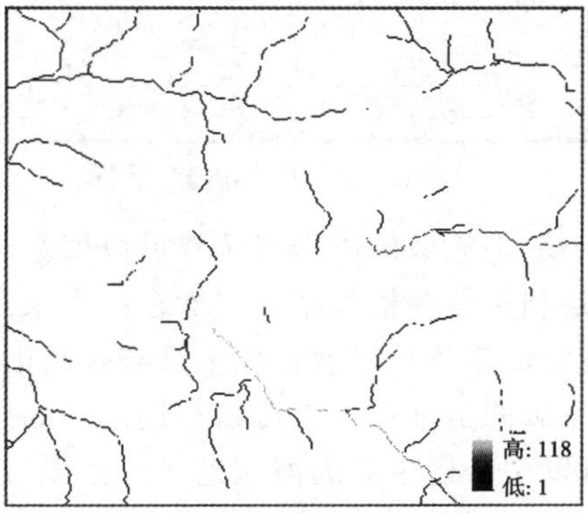

图 14.39 Shreve 分级结果

## 14.2.5 流域分析

### 1.盆域分析

流域盆地是由分水岭分割而成的汇水区域。它通过分析水流方向数据确定所有相互连接并处于同一流域盆地的栅格。要确定流域盆地首先是要确定分析栅格区域(下文称为"分析窗口")边缘的出水口位置,也就是说在进行流域盆地的划分中,所有的流域盆地的出水口均处于分析窗口的边缘,这个位置可能是水坝,也可能是上河水位标之类的要素。盆域分析的操作步骤如下:

(1)在 ArcToolbox 中双击【Spatial Analyst 工具】→【水文分析】→【盆域分析】,打开【盆域分析】对话框,如图 14.40 所示。

(2)输入【输入流向栅格数据】(位于"…\chp14\Hydrology\result"),指定【输出栅格】的保存路径和名称。

(3)单击【确定】按钮,完成盆域分析操作,结果如图 14.41 所示。

为了使计算结果更容易理解,可以将之前计算出的矢量河网数据结果在同一个窗口中打开,进行辅助分析。所有的流域盆地的出口都在研究区域的边界上。利用流域盆地分析,可以从较大的研究区域中选择感兴趣的流域并将该流域从整个研究区域分割出来进行单独分析。

### 2.生成分水岭

经过上一步得到的流域盆地是一个比较大的流域盆地,在很多的水文分析中,还需要基于更小的流域单元进行分析,这就需要进行流域的分割。而流域的分割首先是要确定小级别的流域出水口位置。

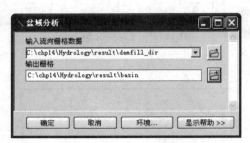

图 14.40 【盆域分析】对话框

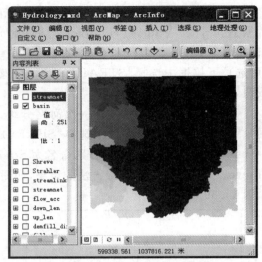

图 14.41 盆域分析运行结果

小级别流域的出水口位置可以用水文分析工具集中的【捕捉倾泻点】工具计算。该工具的思想是利用点栅格数据寻找潜在的出水点,并赋属性值。在点栅格数据位置的指定距离范围内,搜索汇流累积量数据层上具有较高汇流累积量栅格点的位置,这些搜索到的栅格点就是小级别流域的出水点。也可以利用已有的出水点的矢量数据。如果没有出水点的栅格或矢量数据,可以用上述生成的河流连接数据作为汇水区的出水口数据。这是由于河流连接数据中隐含着河网中每一条河网弧段的连接信息,包括弧段的起点和终点等。相对而言,弧段的终点就是该汇水区域的出水口所在位置。

低级的分水岭,即集水区的生成,可以使用水文分析工具集中的【分水岭】工具生成。其思想是先确定一个出水点,也就是该集水区的最低点,然后结合水流方向数据,分析搜索出该出水点上游所有流过该出水口的栅格,直到所有的集水区的栅格都确定了位置,也就是搜索到流域的边界即分水岭的位置。

生成分水岭的具体操作步骤如下:

(1)在 ArcToolbox 中双击【Spatial Analyst 工具】→【水文分析】→【分水岭】,打开【分水岭】对话框,如图 14.42 所示。

(2)输入【输入流向栅格数据】和【输入栅格数据或要素倾泻点数据】(位于"…\chp14\Hydrology\result"),在【倾泻点字段(可选)】选择相关设置,指定【输出栅格】的保存路径和名称。

(3)单击【确定】按钮,完成分水岭计算,结果如图 14.43 所示。

为了更好地表现流域的分割效果,用户可以将之前计算的流域盆地数据和矢量河网数据打开,进行辅助分析。这样可以看出,通过河流连接作为流域的出水口数据所得到的集水区域是每一条河网弧段的集水区域,也就是要研究的最小沟谷的集水区域,它将一个大的流域盆地按照河网弧段分为若干个小的集水盆地。

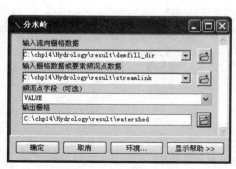

图 14.42　分水岭对话框

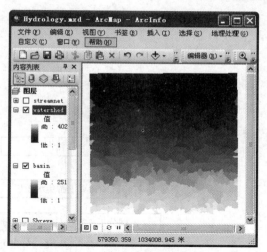

图 14.43　分水岭计算结果

# 14.3　Arc Hydro Tools

## 14.3.1　Arc Hydro Tools 简介

ArcGIS 提供的水文分析工具可以完成最基本的水文分析功能,即从 DEM 数据中提取河流长度、汇流累积量、河流网络等信息,完成河流网络矢量化的过程。如要对流域作进一步的分析,如网络分析、时间序列分析,则需用到另一个水文分析工具——Arc Hydro Tools。

Arc Hydro Tools 是 GIS 和水文地理领域知识相结合的水文地理数据模型,该模型由美国环境系统研究所(Esri)和美国得克萨斯州立大学的水资源研究中心(Center for Research in Water Resources,CRWR)联合开发。

Arc Hydro Tools 是一种水文时空序列数据模型。它是针对流域水文信息与水文模型集成存在的问题,在分析流域水文系统结构、总结目前水文模型的基础上,采用地理数据库技术构建的水文数据模型。Arc Hydro Tools 水文数据模型是面向对象的地理数据模型,它将要素、空间单元、水文联系等作为对象,表达流域系统的结构,组织不同对象的属性特征,实现最接近流域现实的表达,集成了流域要素状态的时间序列,是一个时空地理数据模型。它包括流域水文模拟最基本的流域要素和参数,是流域模拟的标准信息平台。它为基于 GIS 的水文、水力学应用模型与 GIS 的数据模型集成提供了一种途径。Arc Hydro Tools 可用于地形分析、水系提取、可视化显示等,功能强大,应用方便。

利用 Arc Hydro Tools 进行水系提取的过程如下:首先对 DEM 预处理,包括平滑处理和填洼处理,填洼方法采用的是先填平后垫高的方法,流向计算用的是"D8"方法;然后算出栅格的上游集水面积,提取水系。具体操作流程如图 14.44 所示。

## 14.3.2　Arc Hydro Tools 基本功能

下载 Arc Hydro Tools 的安装文件 ArcHydroToolsfor10.msi 后,双击进行安装。

安装成功之后,在 ArcMap 主菜单中单击【自定义】→【工具条】→【ArcHydro Tools】,加载 Arc Hydro Tools 工具条,如图 14.45 所示。

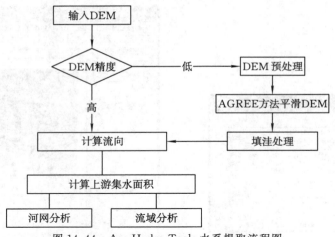

图 14.44　Arc Hydro Tools 水系提取流程图

图 14.45　Arc Hydro Tools 工具条

Arc Hydro Tools 工具条主要由地形预处理（Terrain Preprocessing）、地形形态（Terrain Morphology）、流域处理（Watershed Processing）、属性工具（Attribute Tools）、网络工具（Network Tools）和管理工具（ApUtilities）六部分组成。另外，还包括流域跟踪（Flow Path Tracing）、点划分流域（Point Delineation）等功能按钮。其主要功能是对输入的栅格 DEM 进行预处理，提取流域特征，划分子流域，定义河网结构以及确定流域边界等。还可以根据用户需要改变或增加数据模型结构，扩展 Arc Hydro Tools 的功能。

在水系提取时，常用到地形处理、流域处理和网络工具等工具。

## 1. 地形预处理

地形预处理工具可对输入的 DEM 进行预处理，为水文分析提供基础数据。DEM 是流域地形、地物识别的原始资料，可提取在水文和地形分析中常用的流域特征参数，包括河网密度、流域面积、平均高度、平均坡度、河网密度、河道长度及坡度等。地形预处理工具包含图 14.46 所示的常用功能菜单。表 14.1 列出了在水系提取过程中常用到的菜单及其功能。

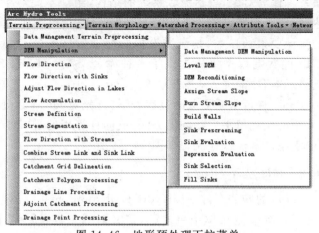

图 14.46　地形预处理下拉菜单

表 14.1　地形预处理常用菜单及功能

| 菜　　单 | 功　　能 |
| --- | --- |
| DEM Reconditioning | 通过 AGREE 方法对 DEM 进行预处理 |
| Fill Sinks | 填洼 |
| Flow Direction | 确定 DEM 栅格流向 |
| Flow Accumulation | 根据流向文件确定每个 DEM 栅格的上游集水面积 |
| Stream Definition | 根据上游集水面积阈值确定流域栅格，定义水流 |
| Stream Segmentation | 创建可以唯一标识的水流分段栅格 |
| Catchments Grid Delineation | 创建流域栅格 |
| Catchments Polygon Processing | 根据流域栅格生成流域多边形要素 |
| Drainage Line Processing | 输入的河流连接格网转换成排水路线矢量要素 |
| Adjoint Catchment Processing | 通过对集水区特性分类生成上游集水区要素 |

**2. 地形形态**

地形形态工具可以对原始的非树状图流域结构模型进行分析，计算汇流区的平均高程、流域面积和流量曲线，生成三维边界线，计算这些边界线截面的宽度、周长和横剖面面积，产生汇流区间连通性的信息。地形形态工具包括图 14.47 所示的功能菜单。

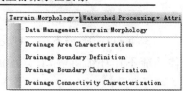

图 14.47　地形形态下拉菜单

**3. 流域处理**

在地形预处理后的数据基础上，流域处理工具可以实现流域划分、流域特征提取等功能。流域处理工具包括图 14.48 所示的常用菜单。

该工具可以进行批量流域划分、计算最长径流（包括全局流域和子流域）、建立流域 3D 线（从 DEM 中提取高程信息并结合 2D 线创建）、平滑 3D 线，以及根据 2D 或 3D 线计算最长流域路径参数等。

**4. 属性工具**

属性工具的主要功能是结合已有的几何网络，对流域特征进行定量分析并赋值。例如，给每一个水文要素赋 ID 值，计算结点间的连通性，追踪下游河流，计算下游河流长度，寻找下一个河流结点，识别流域，计算各类统计量；显示多种相关图，如时间与测量值相关图、河流长度与汇流面积相关图、河流任意断面的横剖面等；计算子流域或整个流域的栅格或者矢量形式的流域特征，如流域面积、坡度、河流长度、比降等。属性工具包括图 14.49 所示的常用菜单。

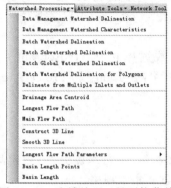

图 14.48　流域处理工具下拉菜单

图 14.49　属性工具下拉菜单

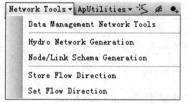

图 14.50　网络工具下拉菜单

**5. 网络工具**

网络工具主要是产生和操作几何网络的属性,如根据流域点、流域线和汇流区生成水文网络,连接汇流区的中心和结点产生示意网络,通过连通性字段来表示是否连通,设置或存储水流的流向等。网络工具主要包含图 14.50 所示的常用菜单。表 14.2 介绍了各菜单项的功能。

图 14.50　网络工具下拉菜单

表 14.2　网络工具主要菜单功能

| 菜单项 | 功　能 |
|---|---|
| Hydro Network Generation | 根据流域线、上游集水面积和流域点创建水文网络 |
| Node/Link Schema Generation | 连接集水区或流域的中线点 |
| Store Flow Direction | 存储水文网络的流向信息 |
| Set Flow Direction | 根据属性信息或数字化信息设定流域方向 |

本书只详细介绍 Arc Hydro Tools 工具条中部分工具的功能和使用方法,其余工具的具体功能不作详细讲解,有兴趣的读者可以自行参考 Arc Hydro Tools Tutorial。

# 14.4　基于 Arc Hydro Tools 的水文分析实例

## 14.4.1　背景

基本的水文分析主要包括流向分析、汇流分析、流域分析等,这些分析可以从 DEM 数据中提取出流域的基本特征参数。水文分析在城市、区域规划、农业等许多领域都有广泛的应用。因此,掌握基本的水文分析操作,对一名 GIS 工作者而言是必要的。

## 14.4.2　目的

熟练掌握利用 Arc Hydro Tools 进行水文分析的一般流程。通过操作比较 Arc Hydro Tools 与 ArcGIS 10 水文分析工具的异同。

## 14.4.3　数据

该实例数据位于随书光盘("…\chp14\ArcHydro\data"),请将数据拷贝到"C:\chp14\ArcHydro\data"。

(1)SanMarcos 盆地的 DEM 数据(elev_cm)。

(2)SanMarcos 盆地数据库(SanMarcos. gdb)。该数据库包括 Hydrograhpy 数据集。Hydrograhpy 数据集下包括 Catment、NHDFlowline、NHDWaterbody 和 ProjectArea 四个矢量要素类。

## 14.4.4　任务

(1)计算实验区 DEM 的水流方向、汇流累积量,定义水流,进行水流分割,划定集水多边形,处理集水多边形、排水路线、伴随集水区和排水点,并创建集水栅格。

(2)根据任意给定的兴趣点进行流域和子流域的划分,并追踪水流路径。

### 14.4.5　操作步骤

#### 1. 设置目标路径

（1）在 ArcMap 主菜单中单击【自定义】→【工具条】→【Arc Hydro Tools】，加载 Arc Hydro Tools。

（2）在 ArcMap 主菜单中单击目录窗口按钮 ，打开目录窗口，加载实例数据文件夹（位于"C:\chp14\ArcHydro\data"）。Arc Hydro Tools 生成的所有矢量数据都存在与 ArcMap 文档名相同的新的数据库中，投影文件也保存在相同的目录下。新的栅格数据保存在与数据集相同名字的子文件夹下。

（3）要更改矢量、栅格或者时间序列数据的位置，在 Arc Hydro Tools 中单击【ApUtilities】→【Set the Target Locations】，如图 14.51 所示。

如果栅格和矢量数据的位置一致，可以使用默认设置。本实例中目标路径设置如图 14.52 所示。

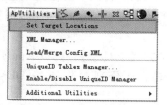

图 14.51　设定目标路径

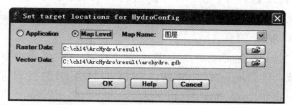

图 14.52　【设置目标路径】对话框

> **注意事项**
>
> 若要使用本实例提供的目标路径，用户需要在"C:\chp14\ArcHydro"目录下新建 result 文件夹，并在文件夹中新建数据库 archydro.gdb，否则会因数据重复和缺失而出错。

#### 2. 地形预处理

地形预处理使用 DEM 识别地标水系模式，预处理后，DEM 及其衍生数据可用于有效地描述分水岭和建立河网。地形预处理菜单项中都必须按照一定的步骤进行。只有完成了地形预处理的处理过程后才能进行流域处理。DEM 校正和填洼这两个步骤都要根据 DEM 的质量决定是否有必要进行。DEM 校正涉及修改高程数据，保证 DEM 与矢量河流网络的一致性。通过 DEM 校正，可以增加基于 DEM 确定的流域网络的可信度。

1）DEM 校正

DEM 校正（DEM Reconditioning）工具根据 DEM 的线性特征，采用 AGREE 法调整 DEM 的表面高程。只有在 DEM 精度不高的情况下才需要对 DEM 进行预处理。为了使读者清楚而完整地了解利用 Arc Hydro Tools 提取水系的完整过程，本实验保留了 DEM 预处理和填洼的过程。

（1）在 Arc Hydro Tools 中单击【Terrain Preprocessing】→【DEM Manipulation】→【DEM Reconditioning】，打开 DEM 校正对话框，如图 14.53 所示。

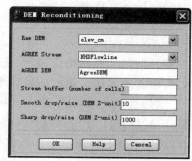

图 14.53　【DEM 校正】对话框

只有先在内容列表中令 NHDFlowline 和 elev_cm 图层可见，AGREE Stream 下拉选项中才会有内容。

　　（2）设置参数。在 Raw DEM 下拉框中选择"elev_cm"，在 AGREE Stream 下拉框中选择"NHDFlowline"，其余参数按默认设置。

　　Stream buffer 指进行 DEM 校正处理的栅格单元周围的单元格个数。Smooth drop/raise 指线性特征下降（数值是可用的）或被栅格驱逐（数值不可用）的总量。Sharp drop/raise 指线性特征下降（数值是可用的）或者被栅格驱逐（数值不可用）的附加量。

　　（3）单击 OK 按钮，完成 DEM 校正，生成校正后的 DEM 数据 AgreeDEM。待计算完成之后，工作文件夹中新增了 Layers 文件夹。

　　（4）检查 DEM 中到底哪部分被校正了。在内容列表中右击 AgreeDEM 数据集，单击【🖅属性】，打开【图层属性】对话框。在【源】选项卡中查看 AgreeDEM 属性中的像元信息是否与原始 DEM 信息相同。如果两者有差异，就说明 DEM 进行了插值运算；若没有差异，则说明 DEM 精度较高。

　　（5）检查流域的剖面图。在 ArcMap 主菜单中单击【自定义】→【工具条】→【3D Analyst】，加载 3D Analyst 工具条。利用工具条中的线插值和剖面图工具分别制作原始 DEM 和 AgreeDEM 的剖面图，可比较两个剖面图，如图 14.54 所示。

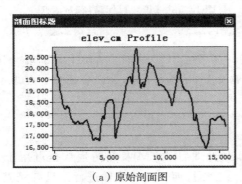　　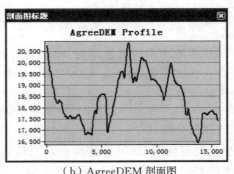

（a）原始剖面图　　　　　　　　　　　　（b）AgreeDEM 剖面图

图 14.54　AgreeDEM 和原始 DEM 剖面图比较

　　从图 14.54 中可以看出，DEM 预处理前后的剖面图并没有发生明显变化，说明本实验用的数据精度较高。

　　2）填洼

　　Arc Hydro Tools 中填洼工具的填洼原理与 Hydrology 工具集中填洼工具相同。填洼的主要目的是计算栅格流向，保证流域的连贯性，填洼结束后，整个 DEM 形成一个向流域出口边界倾斜的坡面。填洼的操作步骤如下：

　　（1）在 Arc Hydro Tools 中单击【Terrain Preprocessing】→【DEM Manipulation】→【Fill Sinks】，打开【Fill Sinks】对话框，如图 14.55 所示。

　　（2）在 DEM 下拉框中选择"AgreeDEM"，指定 Hydro DEM 的名字，选中 Fill All 单选按钮，在 Deranged Polygon 下拉框中选择"Null"，其余选项按默认即可。

Deranged Polygon 表示可下拉选择错乱多边形,即 Arc Hydro Tools 允许输入错乱多边形,如果 Deranged Polygon 的值不为空,则所选多边形区域就不会被填充。若选中 Use IsSink Field 复选框,IsSink 字段值为 1 的区域就会限制错乱的多边形。

(3)单击 OK 按钮,完成填注操作,结果如图 14.56 所示,深色区域为洼地。

图 14.55 【填注】对话框

图 14.56 填注结果

3)计算流向

计算流向的具体操作步骤如下:

(1)在 Arc Hydro Tools 中单击 Terrain Preprocessing→Flow Direction,打开流向 Flow Direction 对话框,如图 14.57 所示。

(2)在 Hydro DEM 下拉框中选择"Fil",指定 Flow Direction Grid 的名称,其余选项按默认即可。Outer Wall Polygon 是指在建立外围多边形。若在 Outer Wall Polygon 下拉框中选择"Null",则计算整个 DEM 区域的流向。若 Outer Wall Polygon 的值不为空,则计算外围多边形内的流向。

(3)单击 OK 按钮,完成流向计算。在内容列表中,右击 Fdr 数据集,单击【▦打开属性表】,如图 14.58 所示,属性表中 COUNT 字段记录了每个流向像元值对应的像元数目。

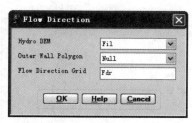

图 14.57 【流向】对话框

| Rowid | VALUE | COUNT |
|---|---|---|
| 0 | 1 | 850092 |
| 1 | 2 | 322311 |
| 2 | 4 | 916067 |
| 3 | 8 | 220627 |
| 4 | 16 | 593978 |
| 5 | 32 | 189269 |
| 6 | 64 | 576970 |
| 7 | 128 | 221941 |

图 14.58 流向计算结果属性表

4)汇流累积量

计算汇流累积量的具体操作步骤如下:

(1)在 Arc Hydro Tools 中单击 Terrain Preprocessing→Flow Accumulation,打开流量 Flow Accumulation 对话框,如图 14.59 所示。

(2)在 Flow Direction Grid 下拉框中选择"Fdr",指定 Flow Accumulation Grid 的名称。

(3)单击 OK 按钮,完成流量计算。现放大 Fac 局部区域,如图 14.60 所示,像元颜色越深表示流量越大。

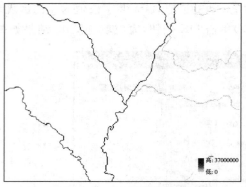

图 14.60　流量计算结果

图 14.59　【流量】对话框

5)定义水流

定义水流 Stream Definition 工具的作用是计算出水流栅格。它包括赋予输入流量栅格值大于所给阈值的栅格。即凡是大于等于该阈值的栅格就是水流栅格,赋值为 1;小于阈值的栅格则为空值。阈值越小,水流越密;阈值越大,水流越稀疏。阈值与地形、地貌、下垫面特征等多种因素有关。其具体操作步骤如下:

(1)在 Arc Hydro Tools 中单击 Terrain Preprocessing→Stream Definition,打开定义水流 Stream Definition 对话框,如图 14.61 所示。

(2)在 Flow Accumulation Grid 下拉框中选择"Fac",指定 Stream Grid 的名称,其余选项按默认即可。Number of cells 是指定义水流的阈值,一般默认为流量栅格最大值的 1%。这个值一般是水流定义的建议取值。通常在多数集水区划定中,较小的阈值会导致计算出的河流网络密集,这可能会阻碍某些性能。如果地面单位的面积已经确定,也可以设置 Area (squarekm)的阈值。

(3)单击 OK 按钮,完成水流定义,现放大 Str 局部区域,如图 14.62 所示,深色线条即水系流经的路径。

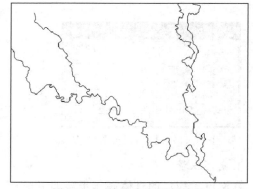

图 14.62　水流定义运行结果

图 14.61　【定义水流】对话框

6)水流分割

水流分割(Stream Segmentation)工具的目的是创建可以唯一标识的水流分段网格。每

一段可能有一个主要的部分,或者可以定义为两段结点之间的部分。在同一河段内的像元具有相同的格网编码。其具体操作步骤如下:

(1)在 Arc Hydro Tools 中单击 Terrain Preprocessing→Stream Segmentation,打开水流分割 Stream Segmentation 对话框,如图 14.63 所示。

(2)在 Flow Direction Grid 下拉框中选择"Fdr",在 Stream Grid 下拉框中选择"Str",指定 Stream Link Grid 的名称,其余选项按默认即可。

(3)单击 OK 按钮,完成水流分割。

(4)在内容列表中右击 StrLnk,单击【▦打开属性表】,打开 StrLnk 属性表,如图 14.64 所示,在属性表中观察是否每个流域段都有独立的值。

图 14.63　【水流分割】对话框

图 14.64　水流分割结果属性表

7)流域栅格划定

流域栅格划定 Catchment Grid Delineation 工具能创建流域栅格。在这个栅格里,每一个单元格都拥有一个栅格代码,标志着它属于哪个流域。其具体操作步骤如下:

(1)在 Arc Hydro Tools 中单击 Terrain Preprocessing→Catchment Grid Delineation,打开流域栅格划定 Catchment Grid Delineation 对话框,如图 14.65 所示。

(2)在 Flow Direction Grid 下拉框中选择"Fdr",在 Link Grid 下拉框中选择"StrLnk",指定 Catchment Grid 的名称。

(3)单击 OK 按钮,完成流域栅格划定,结果如图 14.66 所示。

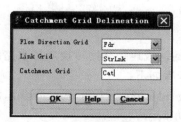

图 14.65　【流域栅格划定】对话框

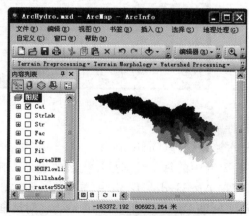

图 14.66　流域栅格划定运行结果

8）集水多边形处理

集水多边形 Catchment Polygon Processing 工具可以根据流域栅格生成流域多边形要素。其具体操作步骤如下：

（1）在 Arc Hydro Tools 中单击 Terrain Preprocessing→Catchment Polygon Processing，打开以集水多边形处理 Catchment Polygon Processing 的对话框，如图 14.67 所示。

（2）在 Catchment Grid 下拉框中选择"Cat"，指定 Catchment 的名称。

（3）单击 OK 按钮，完成集水多边形处理，结果如图 14.68 所示。

图 14.67 【集水多边形处理】对话框

图 14.68 集水多边形处理运行结果

（4）在内容列表中右击 Catchment，单击【▦打开属性表】，打开 Catchment 图层的属性表，如图 14.69 所示。在目标地理数据库中，HydroID 字段是识别栅格特殊特性的唯一识别符，GridID 字段是相关流域栅格的栅格阈值。

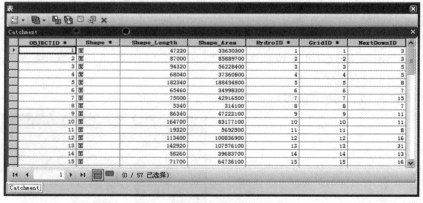

图 14.69 集水多边形属性表

9）排水路线处理

排水路线处理（Drainage Line Processing）工具将输入的河流连接格网转换成排水路线矢量要素，要素中的每条线都是汇流区的边界。其具体操作步骤如下：

（1）在 Arc Hydro Tools 中单击 Terrain Preprocessing→Drainage Line Processing，打开排水路线处理 Drainage Line Processing 对话框，如图 14.70 所示。

（2）在 Stream Link Grid 下拉框中选择"StrLnk"，在 Flow Direction Grid 下拉框中选择

"Fdr",指定 Drainage Line 的名称。

(3)单击 OK 按钮,完成排水路线处理,结果如图 14.71 所示。

在内容列表中,右击 DrainageLine,单击【▦打开属性表】,查看 DrainageLine 要素的属性表。HydroID 字段是数据库内的唯一标识。GridID 字段是每个汇流区边界的标识。

图 14.70 【排水路线处理】对话框

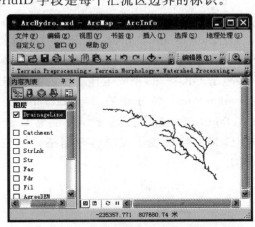

图 14.71 排水路线处理运行结果

10)伴随集水处理

伴随集水处理(Adjoint Catchment Processing)工具根据集水多边形和排水路线处理结果,通过对集水特性分类生成上游集水区要素。对于每一个没有头部的集水区而言,建立一个多边形代表上游整个集水区排入它的进水口,且存储在一个有伴随集水"Adjoint Catchment"标签的特征分类中。该特征分类可以加速进水口点的确定。其具体操作步骤如下:

(1)在 Arc Hydro Tools 中单击 Terrain Preprocessing→Adjoint Catchment Processing,打开伴随集水处理 Adjoint Catchment Processing 对话框,如图 14.72 所示。

(2)在 Drainage Line 下拉框中选择"DrainageLine",在 Catchment 下拉框中选择"Catchment",指定 Adjoint Catchment 的名称。

(3)单击 OK 按钮,完成伴随集水处理,结果如图 14.73 所示。在内容列表中,右击 AdjointCatchment,单击【▦打开属性表】,查看 AdjointCatchment 要素的属性表。读者可以自行比较 Catchment 与 Adjoint Catchment 属性表的异同。

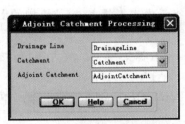

图 14.72 【伴随集水处理】对话框

图 14.73 伴随集水处理运行结果

11）排水点处理

排水点处理（Drainage Point Processing）可以生成与流域相关的流域排水点，如流域的出水口、水系点等。其具体操作步骤如下：

（1）在 Arc Hydro Tools 中单击 Terrain Preprocessing→Drainage Point Processing，打开排水点处理 Drainage Point Processing 对话框，如图 14.74 所示。

（2）在 Flow Point Processing 下拉框中选择"Fac"，Catchment Grid 下拉框中选择"Cat"，Catchment 下拉框中选择"Catchment"，指定 Drainage Point 的名称。

（3）单击 OK 按钮，完成运算。在内容列表中令 DraingeLine 要素可见，会发现所有的流域点 DraingePoint 都分布在 DraingeLine 上，如图 14.75 所示。在内容列表中，右击 DrainagePoint，单击【█打开属性表】，查看 DrainagePoint 要素的属性表。在 DrainagePoint 属性表中，GridID 字段表示流域各个栅格排水到出水口点的值。DrainID 字段是相关流域的 HydroID。

图 14.74 【排水点处理】对话框

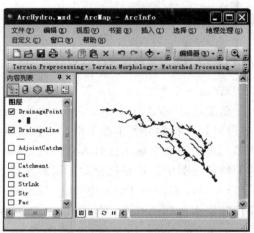

图 14.75 排水点处理运行结果

## 3. 流域分析

Arc Hydro Tools 还提供了流域和子流域的划分工具，包括批量流域划分 Batch Watershed Delineation、点划分 Point Delineation、批量划分子流域 Batch Subwatershed Delineation 以及水流路径追踪 Flow Path Tracing 工具。这些工具可以根据批量的矢量点或者兴趣点进行流域划分，并能追踪水流路径。流域分析要以地形预处理生成的数据集为基础。

1）批量流域划分

批量流域划分 Batch Watershed Delineation 工具可以根据输入的批量矢量点生成相应的上游流域。批量点生成 Batch Point Generation 按钮 ▨ 可以批量生成矢量点，定位流域的出水口。其具体操作步骤如下：

（1）在内容列表中令 Fac、DrainageLine 和 NHD Flowline 数据集可见。放大图层，接近 SanMarcos 盆地出口（右下角）。

（2）在 Arc Hydro Tools 中单击批量点生成 Batch Point Generation 按钮 ▨。单击 SanMarcos 盆地出水口所在的栅格像元，图 14.76 所示。

打开批量点生成 Batch Points Generation 对话框，如图 14.77 所示。

（3）填入矢量点的名称 Name 和描述 Description。在 BatchDone 下拉框中选择"0"，SnapOn 下拉框中选择"1"，Type 下拉框中选择"Outlet"。单击 OK 按钮，生成一个矢量点。

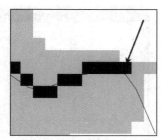

图 14.76　确定出水口

图 14.77　【批量点生成】对话框

接下来执行流域划分。其具体操作步骤如下：

（1）在 Arc Hydro Tools 中单击 Watershed Preprocessing→Batch Watershed Generation，弹出批量流域（分水岭）划分 Batch Watershed Delineation 对话框，如图 14.78 所示。

（2）在 Batch Point 下拉框中选择"BatchPoint"，Flow Direction Grid 下拉框中选择"Fdr"，Stream Grid 下拉框中选择"Str"，Snap Stream Grid 下拉框中选择"Str"，Catchment 下拉框中选择"Catchment"，AdjointCatchment 下拉框中选择"AdjointCatchment"，指定 Watershed 和 Watershed Point 的名称。

（3）单击 OK 按钮，结果如图 14.79 所示。

图 14.78　【批量流域划分】对话框

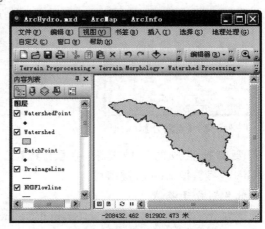

图 14.79　批量流域划分运行结果

2）点划分

点划分 Point Delineation 工具可以根据兴趣点生成与之相对应的分水岭。其具体操作步骤如下：

（1）在内容列表中令 Fac、DrainageLine 和 NHD Flowline 数据集可见。

（2）在 Arc Hydro Tools 中单击 Point Delineation 按钮，在 DraingeLine 上选择一个兴趣点，如图 14.80 所示。

（3）弹出捕捉点 Snap Point 对话框，如图 14.81 所示。选择 Yes-Snap，单击 OK 按钮，捕捉刚才选择的兴趣点。若选择 No-do not snap，则放弃捕捉该点。

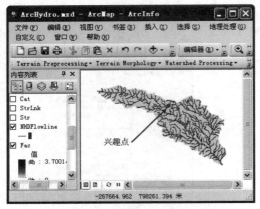

图 14.80　选择兴趣点

图 14.81　【捕捉点】对话框

（4）流域生成之后会出现询问是否保存流域的消息框，单击 OK 按钮，弹出点划分 Point Delineation 对话框，如图 14.82 所示，填入流域的名称 Name 和描述 Description。单击 OK 按钮，生成名为 my watersed 的矢量要素，结果如图 14.83 所示。

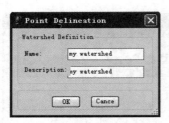

图 14.82　【点划分】对话框

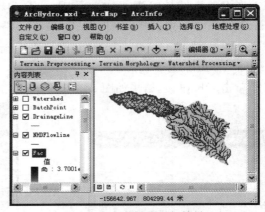

图 14.83　点划分运行结果

若要删掉生成的流域要素，在【工具】工具条中单击【选择元素】按钮，选中 my watershed 要素，按 Delete 键即可。

3）批量划分子流域

批量划分子流域 Batch Subwatershed Delineation 工具根据点特征创建子流域，使同一个水系上的点，生成的子流域不重叠。该工具要求输入带有兴趣点位置的点要素。在兴趣点划分流域的练习中，生成的流域是兴趣点的整个上游区域，而批量划分子流域练习中生成的子流域则是水流直接流入兴趣点的区域，这就排除了同时属于其他点子流域的区域。其具体操作步骤如下：

（1）在 Arc Hydro Tools 中单击批量点生成 Batch Point Generation 按钮，添加 2～3 个点，并输入名称 Name 和描述 Description。

（2）在内容列表中右击 BatchPoint，单击【打开属性表】，打开批量点的属性表。右击任一非 OID 的字段名，单击【字段计算器】，打开【字段计算器】对话框，如图 14.84 所示。

（3）在 Dsecript 文本框中输入"［BatchDone］＝0"，关闭 BatchPoint 属性表。

（4）在 Arc Hydro Tools 中单击 Watershed Processing→Batch Subwatershed Delineation，打开批量划分子流域 Batch Subwatershed Delineation 对话框，如图 14.85 所示。

图 14.84　Batch Point 属性表　　　　　图 14.85　【批量划分子流域】对话框

（5）在 Flow Direction Grid 下拉框中选择"Fdr"，Stream Grid 下拉框中选择"Str"，Batch Point 下拉框中选择"BatchPoint"，指定 Subwatershed 和 Subwatershed Point 的名称。

（6）单击 OK 按钮，完成子流域划分，结果如图 14.86 所示。

4）水流路径跟踪

水流路径跟踪的具体操作步骤如下：

（1）在 Arc Hydro Tools 中单击水流路径追踪 Flow Path Tracing 按钮 。

（2）在内容列表中令 Fac 和 NHDFlowline 可见。沿着 NHDFlowline 要素的走向在地图上任一点单击，随之就会生成从出水口到该点的径流路径。如图 14.87 所示，依次单击 1、2、3、4 四个点，就会生成下图所示的水流路径追踪结果图。

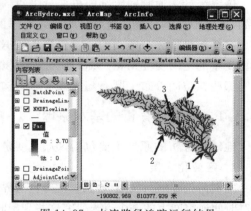

图 14.86　批量划分子流域运行结果　　　图 14.87　水流路径追踪运行结果

若要删除生成的追踪路径，在【工具】工具条中单击【选择元素】按钮 ，选中追踪路径要素，按 Delete 键即可。

# 第 15 章　地统计分析

地统计学运用概率论和数理统计的方法来研究地理数据的空间分布规律,在采矿、土壤、环境科学、气象、公共健康等领域有着广泛的应用。随着 GIS 的发展,GIS 与地统计学的关系越来越紧密,ArcGIS 地统计分析模块为地统计学和 GIS 的结合提供了有效的支持。它既可以对未采样的位置进行预测,也可以对预测的不确定性进行度量。本章将详细介绍地统计分析的相关知识及 ArcGIS 地统计分析模块的使用方法。

## 15.1　地统计分析概述

地统计学是 20 世纪六七十年代随着采矿业的发展而兴起的一门交叉学科,属于数学地质学科的分支。20 世纪 50 年代,南非的采矿工程师克里金(D. J. Krige)和统计学家西舍尔(H. S. Sichel)发现传统的统计学方法不适用于评价和识别矿藏。为了精确地估计矿块的品位,同时考虑样品的尺寸及相对于该矿块的位置,他们开发了一种新的评价方法。法国著名学者马特隆(G. Matheron)教授将克里金的经验和方法上升为理论,从而创立了地统计学。地统计用于分析和预测与空间或时空现象相关的值。它将数据的空间(在某些情况下为时态)坐标纳入分析中。最初,许多地统计工具仅用于描述空间模式和采样位置的插值。现在,这些工具和方法不仅能够插值,还可以衡量所插入的值的不确定性。

传统统计学通常假定某随机变量采集的样本是完全随机的或在空间(或时间)上是完全独立的,不考虑样本位置。地统计学是统计学的进一步发展,它研究的变量在空间或时间上不一定是完全随机或完全独立的。对于样本数据,除了计算变量的均值、方差等统计量外,还需要计算变量的空间变异结构。即地统计学是以区域化变量理论为基础,以变异函数为主要工具,研究那些在空间分布上既有随机性又有结构性,或空间相关和依赖性的自然现象的科学。

### 15.1.1　地统计分析的基本原理

地统计分析的原理主要包括区域化变量、变异函数及结构分析、基本假设条件等。

#### 1. 区域化变量

空气污染、降雨、气温、地震强度等自然界中的诸多现象,多具有时间和空间上的变异。当只针对时间或空间上的一个点来研究这些现象时,可以用随机变量来描述这些物理现象的变异量。由于不同位置的各随机变量间并非完全独立,并可能具有不同程度的相似性,因此随机变量的表现值被称为区域化变量。通常以 $Z(x)$ 代表一个区域化变量,$x$ 代表空间中的位置向量。

对某一个具体的区域化变量而言,它一般具有二重性:

(1)结构性。区域化变量存在某种空间自相关,而且这种自相关性依赖于两点之间的距离与变量特征,可用数学函数来表示。

(2)随机性。区域化变量是一个随机函数,它具有局部、随机和异常特征,可以进行统计推断。

由于区域化变量的两重性,在地统计学中,常用变异函数和变异曲线来表征区域化变量的空间变化特征与变化程度。

## 2. 变异函数及结构分析

### 1)变异函数与变异图

地统计分析的核心是根据样本点来确定研究对象(某一变量)随空间位置而变化的规律,以此推算未知点的属性值。这个规律就是变异函数,又称变差函数,它是地统计分析特有的函数。在一维条件下,当空间点 $x$ 只在一维 $x$ 轴上变化时,区域化变量 $Z(x)$ 在 $x$ 和 $x+h$ 两点处的值 $Z(x)$ 与 $Z(x+h)$ 之差的方差之半被定义为 $Z(x)$ 在 $x$ 方向上的变异函数,记为 $\gamma(x, h)$,即

$$\gamma(x,h) = \frac{1}{2}D[Z(x) - Z(x+h)] \tag{15.1}$$

$$= \frac{1}{2}E[Z(x) - Z(x+h)]^2 - \frac{1}{2}\{E[Z(x)] - E[Z(x+h)]\}^2$$

在二阶平稳假设条件下,对任意的 $h$ 有

$$E[Z(x+h)] = E[Z(x)] \tag{15.2}$$

因此,公式可以改写为

$$\gamma(x,h) = \frac{1}{2}E[Z(x) - Z(x+h)]^2 \tag{15.3}$$

当变异函数仅仅依赖于距离 $h$ 而与位置 $x$ 无关时,$\gamma(x, h)$ 可改写为 $\gamma(h)$,即

$$\gamma(h) = \frac{1}{2}E[Z(x) - Z(x+h)]^2 \tag{15.4}$$

有时把 $\gamma(h)$ 称为半变异函数,而将 $2\gamma(h)$ 称为变异函数,它是区域化变量理论的基本统计量。在实际应用中,通常对变异函数进行线性组合,得到变异函数模型,并由此来评估未知点的值,即插值。

如果以距离 $h$ 为横坐标,半变异函数值为纵坐标作图,可得半变异函数图,如图 15.1 所示。

半变异函数图中有三个重要参数:

(1)块金值 $C_0$,表示区域化变量在小于观测尺度时的非连续变异。根据半变异函数的定义,理论上,当采样点间的距离为 0 时,半变异函数值应为 0,但由于存在测量误差和空间变异,即使两采样点非常接近时,它们的半变异函数值不为 0,即存在块金值,这种现象称为块金效应。

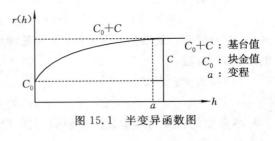

图 15.1　半变异函数图

(2)基台值 $C_0 + C$,表示半变异函数随着间距递增到一定程度时出现的平稳值。它是最大的 $\gamma(h)$ 值,是空间上随机变量的先验方差,即 $C(0) = \gamma(\infty)$。$C$ 为拱高或称结构方差(基台值与块金方差之间的插值),它代表由于样本数据中存在的空间相关性而引起的方差变化范围。

(3)变程 $a$,表示数据的空间相关距离,为半变异函数达到基台值时的点对间距。变程是

数据空间相关性的界限,超过该值的两变量间无空间相关性,插值也就没有了意义。

2)变异函数的理论模型

根据区域化变量特点所绘制的变异函数曲线是一种根据样本实测数据做出的实验变异函数,由于样本数据较少,实际上只是一种锯齿状的非光滑曲线。因此,在做出变异函数曲线后,还必须用一个适当的圆滑曲线或直线对它进行拟合,并用一个特定的函数来描述它,以反映区域化变量的空间变化特征,这就是变异函数的理论模型。理论模型拟合的结果将直接参与克里金计算或其他地统计学的研究。

变异函数的理论模型可分为有基台值和无基台值两大类。有基台值的模型包括球状模型、指数模型、高斯模型和纯块金效应模型等;无基台值的模型包括幂函数模型、对数函数模型,孔穴效应模型等。

(1)球状模型。

$$\gamma(r) = \begin{cases} 0 & r = 0 \\ C_0 + C\left(\dfrac{3}{2} \cdot \dfrac{r}{a} - \dfrac{1}{2} \cdot \dfrac{r^3}{a^3}\right) & 0 < r \leqslant a \\ C_0 + C & r > a \end{cases} \tag{15.5}$$

式中,$C_0$ 为块金常数,$C_0 + C$ 为基台值,$C$ 为拱高,$a$ 为变程。它所表述的空间相关性随距离的增长逐渐衰减,当距离大于 $a$ 时,空间相关性消失。

(2)指数模型。

$$\gamma(r) = C_0 + C(1 - e^{-\frac{r}{a}}) \tag{15.6}$$

各参数的含义与球状模型相同。其空间相关性随距离的增长以指数形式衰减,相关性消失于无穷远。

(3)高斯模型。

$$\gamma(r) = C_0 + C(1 - e^{-\frac{r^2}{a^2}}) \tag{15.7}$$

各参数的含义与球状模型相同。其空间相关性随距离的增长而衰减,相关性消失于无穷远。

(4)幂函数模型。

$$\gamma(r) = \lambda r^{\theta} (0 < \theta < 2) \tag{15.8}$$

式中,$\lambda$ 为常数。最常用的是 $\theta = 1$ 的情况,即线性模型。对于线性模型来说,其相关性随距离的增长而线性递增。

(5)对数函数模型。

$$\gamma(r) = \lambda \log(r) \tag{15.9}$$

各参数的含义与幂函数模型相同,它一般不用于点数据变异函数的拟合。

(6)纯块金模型。

$$\gamma(r) = \begin{cases} 0 & r = 0 \\ C_0 & r > 0 \end{cases} \tag{15.10}$$

这种模型仅适用于纯随机变量,即无空间相关性的数据。

(7)孔穴效应模型。

$$\gamma(r) = C_0 + C\left(1 - e^{-\frac{r}{a}}\cos\left(2\pi\frac{r}{b}\right)\right) \tag{15.11}$$

当半方差函数 $\gamma(r)$ 在 $r$ 大于一定距离后,并非单调递增,而显示具有一定周期的波动性,显示出一种"孔穴效应"。式中,$a$ 为指数模型的参数,$b$ 为"两孔"之间的平均距离。

理论变异函数模型比较多,各个模型也通常非连续可导,如何评定各种模型的有效性以及模型参数的估计问题还需要进行深入探讨。

3)结构分析

对区域化变量进行结构分析的目的是构造一个变异函数的理论模型,以便定量地概括全部的结构信息,表征此变量的主要结构特征。然后,就可对此结构模型进行地质解释,并在该模型的基础上作进一步的研究。

**3. 基本假设条件**

地统计学中有两个基本假设条件:

(1)二阶平稳假设(second-order stationary Hypothesis)。它必须满足两个条件:一是研究区域内区域化变量等于常数;二是区域化变量的协方差存在且相同,即与变量位置无关,仅依赖于变量间的距离。公式如下

$$\begin{cases} E[Z(x)]=m \\ E[Z(x)-m][Z(x+h)-m]=C(h) \end{cases} \tag{15.12}$$

式中,$Z(x)$ 为区域化变量,$h$ 为变量间的距离,$m$ 为常数。

(2)内蕴假设(intrinsic hypothesis)。当区域化变量 $Z(x)$ 的增量 $[Z(x)-Z(x+h)]$ 满足下列两个条件:一是在整个研究区域内对任意 $x$ 和 $h$ 都有 $E[Z(x)-Z(x+h)]=0$;二是增量 $[Z(x)-Z(x+h)]$ 的方差函数存在且平稳(不依赖于 $x$),即

$$\begin{aligned} Var[Z(x)-Z(x+h)] &= E[Z(x)-Z(x+h)]^2 - \{E[Z(x)-Z(x+h)]\}^2 \\ &= E[Z(x)-Z(x+h)]^2 \end{aligned} \tag{15.13}$$

则称 $Z(x)$ 满足内蕴假设。

在地统计学中,普通克里金法和简单克里金法一般都要求其满足上述假设条件中的一个,作为区域化变量结构分析的基础。

## 15.1.2　地统计分析的工作流程

运用地统计学进行空间分析包括以下几个步骤:数据探索性分析、空间连续性的量化模型、未知点属性值的估计、对未知点局部及空间整体不确定性的预测。用户可以根据自己的需要截止到中间某一项。图 15.2 所示为地统计分析的工作流程图。

地统计分析的步骤如下:

(1)显示数据。创建图层并在 ArcMap 中显示。

(2)检查数据。检查数据集的统计属性和空间属性。

(3)选择适当的插值方法。插值方法有很多,有些方法十分灵活,适用于采样数据的不同方面,有些方法则具有很大的限制性,要求数据满足特定的条件。应该根据研究目的、对现象的了解和需要模型提供的内容(作为输出)作出选择。

(4)拟合模型。根据对数据的认识,选择一个适当的模型创建表面。模型要尽可能地逼真,以便内插值和相关的不确定性能够精确地表现实际现象。

(5)执行诊断。使用交叉验证(移除一个或多个数据位置,然后使用其他位置的数据来预测与其相关联的数据),评估输出表面。模型的输出应确保内插值和相关的不确定性的度量值

是合理的,并与预期相匹配。

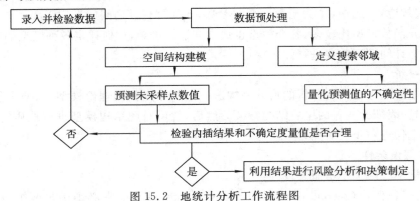

图 15.2　地统计分析工作流程图

# 15.2　ArcGIS 的地统计分析

　　ArcGIS 的地统计分析扩展模块通过利用确定性插值方法和地统计方法对表面进行建模,是一个功能强大、简单易用的数据分析与表面建模工具。它提供的工具与 GIS 建模环境完全集成,GIS 用户可使用这些工具生成插值模型,并在深入分析之前对插值质量进行评估。生成的表面(模型输出)可在模型(模型构建器和 Python 环境)中使用,也可在其他 ArcGIS 扩展模块(如 ArcGIS Spatial Analyst 和 ArcGIS 3D Analyst)中进行分析。

　　地统计分析模块包括三个部分:探索性空间数据分析(ESDA)、地统计向导和 Geostatistical Analyst 工具箱。其中,探索数据和地统计向导可以通过 Geostatistical Analyst 工具条访问,如图 15.3 所示。地统计向导可引导分析人员逐步完成插值模型的创建和评估过程。Geostatistical Analyst 工具箱可分析数据,生成各种输出表面,检查并将地统计图层转换为其他格式,执行地统计模拟和灵敏度分析,以及辅助设计采样网络等,如图 15.4 所示。

图 15.3　Geostatistical Analyst 工具条

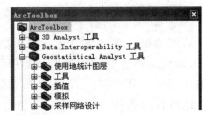

图 15.4　Geostatistical Analyst 工具箱

## 15.2.1　探索性空间数据分析工具

　　使用插值方法之前,应先使用探索性空间数据分析工具浏览数据,评估数据的统计属性、空间数据变异性、空间数据相关性和全局趋势,深入了解数据并为插值模型选择最适合的方法和参数。在 ArcGIS 地统计分析模块中,内嵌了多种探索性空间数据分析工具,包括直方图、正态 QQ 图、趋势分析、Voronoi 图、半变异函数与协方差云、常规 QQ 图、交叉协方差云等多种方法。

　　在地统计分析中,克里金方法是建立在平稳假设的基础上,这种假设在一定程度上要求所有数据值具有相同的变异性。另外,一些克里金插值方法,如普通克里金法、简单克里金法和泛克里金法等,假设数据服从正态分布。如果数据不服从正态分布,需要进行一定的数据变换,使其服从正态分布。因此,在进行地统计分析前,检验数据分布特征,对了解和认识数据具有非常重要的意义。

#### 1. 直方图

直方图是对采样数据按一定的分级方案(等间隔分级、标准差分级等)进行分级,统计采样点落入各个级别中的个数或占总采样数的百分比,并通过条带图或柱状图表示出来。它显示了数据集的频率分布,并计算了汇总统计数据,可以用来检验数据分布和寻找数据离群值(当个别数据与群体数据严重偏离时,被称为离群数据)。其具体操作步骤如下:

(1)在 ArcMap 中加载 Geostatistical Analyst 工具条。

(2)在 ArcMap 的内容列表中,添加 03_Sep06_3pm.shp 文件(本章用到的数据均位于"…\chp15\data",以下不再叙述)。

(3)单击【Geostatistical Analyst】→【探索数据】→【直方图】(图 15.3),打开【直方图】对话框,如图 15.5 所示。

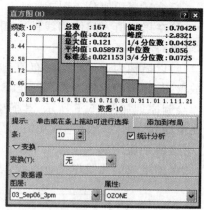

(4)在【条】下拉框中选择直方图的条带个数也就是分级级别。在【变换】下拉框中选择变换的类型。在【属性】下拉框中选择"OZONE"。选中【统计分析】复选框,使统计分析的结果可见。

在直方图右上方的小视窗中,显示了一些基本统计信息,包括:总数、最小值、最大值、平均值、标准差、偏度、峰度、1/4 分位数、中位数、3/4 分位数等,通过这些信息可以了解数据的位置、离散度和形状。

图 15.5　【直方图】对话框

##### 注意事项

a)四分位数是指将一组数据递增或递减排序后,用 3 个点将全部数据分为四等份,与 3 个点相对应的变量称为四分位数,分别记为 1/4 分位数、2/4 分位数、3/4 分位数。

b)中位数给出了积累概率分布的 50% 位置。把一组数据按递增或递减的顺序排列,处于中间位置上的变量就是中位数。

c)偏度是描述某变量取值分布对称性的统计量,这个统计量是与正态分布相比较的量。偏度为 0 表示其数据分布形态与正态分布偏度相同;偏度大于 0 表示正偏差数值较大,为正偏或右偏,即有一条长尾巴拖在右边;偏度小于 0 与偏度大于 0 相反。

d)峰度是描述某变量所有取值分布形态陡缓程度的统计量,这个统计量是与正态分布相比较的量。峰度为 3 表示其数据分布与正态分布的陡峭程度相同;峰度大于 3 表示比正态分布的高峰更加陡峭,为尖顶峰;峰度小于 3 则与大于 3 相反。

#### 2. QQ 分布图

分位数—分位数图(又称 QQ 图)用来评估两个数据集分布的相似程度。包括正态 QQ 分布图和常规 QQ 分布图。正态 QQ 分布图是将已知数据集与正态分布数据集进行比较，检查数据的正态分布情况。常规 QQ 分布图对两个数据集进行比较，评估两个数据集分布的相似程度。

1）正态 QQ 图

正态 QQ 图上的点可指示数据集的单变量分布的正态性。利用正态 QQ 图，将数据集与标准正态分布进行比较，如果数据是正态分布的，点将落在 45°参考线上，如果数据不是正态分布的，点将会偏离参考线。

ArcGIS 10 构建正态 QQ 图的过程如下：

（1）对采样值进行排序。

（2）按照公式 $(i - 0.5)/n$ 计算出每个排序后的数据的累积值，字母 $i$ 表示总数为 $n$ 的值中的第 $i$ 个值。

（3）绘制累积值分布图。

（4）在累积值之间使用线性内插技术，构建一个与其具有相同累积分布的理论正态分布图，求出对应的正态分布值。

（5）以横轴为理论正态分布值，竖轴为采样点值，绘制样本数据相对于其标准正态分布值的散点图，此图即为样本数据的正态 QQ 图。

绘制原理如图 15.6 所示，其横坐标为有序数，纵坐标为累积概率。通过线性插值形成一个光滑曲线。每一个概率累积值都分别对应一个实测样品点值和一个标准正态分布的样品点值，由这两个值构成了正态概率图。图上的直线表示正态分布标准线，散点图是实际数据的取值，散点图组成的曲线越接近直线，表示数据分布越接近正态分布。

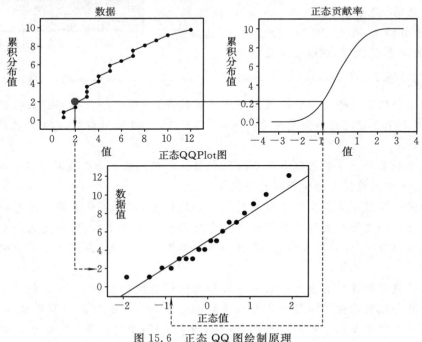

图 15.6    正态 QQ 图绘制原理

绘制正态 QQ 图的具体操作步骤如下：

（1）在 ArcMap 的内容列表中，添加 03_Sep06_3pm. shp 文件。

（2）单击【Geostatistical Analyst】→【探索数据】→【⊞正态 QQ 图】，打开【正态 QQ 图】对话框。

（3）在【变换】下拉框中选择数据变换类型,在【属性】下拉框中选择"OZONE",生成正态 QQ
图。如图 15.7 所示,从图 15.7(a)中可看出散点与标准正态分布直线有一定差别,说明臭氧浓度
数据不服从标准正态分布。当应用某种克里金插值法时,如果正态 QQ 图中数据没有显示出正
态分布,就需要对数据进行转换,使之服从正态分布,采用"Log"变换的结果如图 15.7(b)所示。

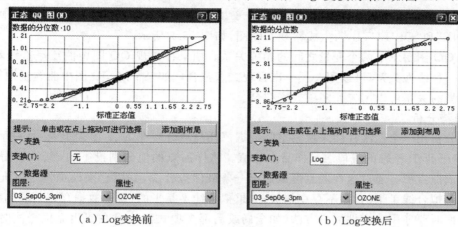

（a）Log变换前　　　　　　　　　　　　　　（b）Log变换后

图 15.7　【正态 QQ 图】对话框

2) 常规 QQ 图

常规 QQ 图利用两个数据集中具有相同累积分布值的数据值来做图。它的制作和正态
QQ 图的制作过程类似,不同之处在于常规 QQ 图是两个数据集进行比较而不是一组数据与
标准正态分布的比较,其制作原理如图 15.8 所示。

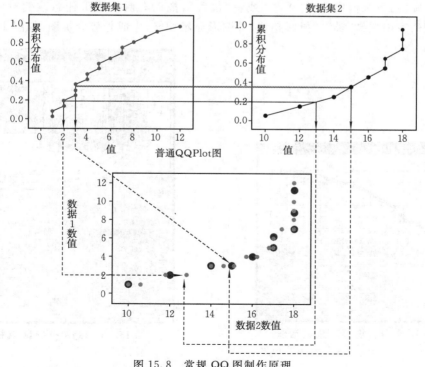

图 15.8　常规 QQ 图制作原理

绘制常规 QQ 图的具体操作步骤如下:

(1)在 ArcMap 中添加 03_Sep06_3pm. shp 和 ca_cities. shp 文件。

(2)单击【Geostatistical Analyst】→【探索数据】→【🖼 常规 QQ 图】,打开【常规 QQ 图】对话框。

(3)在【图层】下拉框中分别选择"03_Sep06_3pm"和"ca_cities",在【属性】下拉框中分别选择"OZONE"和"OBJECTID",生成常规 QQ 图,如图 15.9 所示。

常规 QQ 图揭示了两个变量之间的相关关系。如果在常规 QQ 图中曲线呈直线状,说明两变量呈一种线性关系,可以用一元一次方程式来拟合。如果常规 QQ 图中曲线呈抛物线状,说明两变量的关系可以用二元多项式来拟合。

### 3. 趋势分析

趋势分析用一个三维视图来探察空间数据。样品点分布在 $X$、$Y$ 平面上,在每一个样品点上,以一个平行于 $Z$ 轴的线段表示样品点的值。将样品点的值分别投影到 $X$、$Z$ 平面和 $Y$、$Z$ 平面上形成散点图。通过这些散点可以做出一条最佳拟合线,并用它来模拟特定方向上存在的趋势。若拟合线是平的,则不存在趋势;如果拟合线不是平的,说明数据存在某种趋势,那么在创建表面时要使用确定性插值方法(如全局或局部多项式法),或在使用克里金法时移除这种趋势。

趋势分析的操作步骤如下

(1)在 ArcMap 中添加 03_Sep06_3pm. shp 文件。

(2)单击【Geostatistical Analyst】→【探索数据】→【🏛 趋势分析】,打开【趋势分析】对话框。

(3)在【旋转】下拉框中选择"图形"或者"位置",拖动右侧滑块可任意改变投影视角。在【图形选项】列表中选择"轴"、"投影趋势"等图形显示功能,生成趋势分析图,如图 15.10 所示。

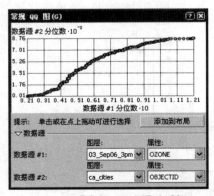

图 15.9 【常规 QQ 图】对话框

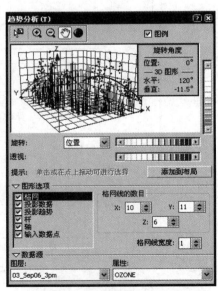

图 15.10 【趋势分析】对话框

$X$ 轴代表地图上的东西方向,$Y$ 轴代表地图上的南北方向,$Z$ 表示测量值。那么在 $YZ$ 投影平面上的曲线为南北方向上的趋势线,而在 $XZ$ 方向上为东西方向上的趋势线。 从图 15.10 可以看出,测量值在两个方向上呈倒 U 形,说明臭氧浓度在南北和东西两个方向上都是两边低,中部高。

4. Voronoi 图

Voronoi 图根据样点周围的点创建一系列的多边形。Voronoi 多边形创建后,每个多边形内有一个样品点,多边形内任一点到该样品点的距离都小于它到其他多边形内的样品点的距离。其具体操作步骤如下:

(1)在 ArcMap 中添加 03_Sep06_3pm. shp 和 ca_outline. shp 文件。

(2)单击【Geostatistical Analyst】→【探索数据】→【▣ Voronoi 图】,打开【Voronoi 图】对话框。

(3)在【类型】下拉框中选择"聚类",在【色带】下拉框中选择合适的色带。在【图层】和【属性】下拉框中分别选择"03_Sep06_3pm"和"OZONE",在【裁剪图层】下拉框中选择"ca_outline",生成 Voronoi 图。

图 15.11 是采用聚类法生成的 Voronoi 图,将所有样品点的值分为 5 组,如果样品点多边形与相邻多边形不在同一个组内,则该多边形以灰色表示。灰色表示的多边形与周围的多边形不属于同一类,据此判断出局部异常数据点的位置。还有其他一些方法如平均值法、熵法、中位数法、标准差法等,其计算方法基本相似。

5. 半变异函数与协方差云

半变异函数与协方差云工具用来检查空间自相关和方向变化。只有空间相关,才有必要进行空间插值。如果半变异函数中的点对构成一条水平的直线,则数据可能不存在空间自相关,因而对数据进行插值也就失去了意义。具体操作步骤如下:

图 15.11　【Voronoi 图】对话框

(1)在 ArcMap 中添加 03_Sep06_3pm. shp 文件。

(2)单击【Geostatistical Analyst】→【探索数据】→【▤半变异函数/协方差云】,打开【半变异函数/协方差云】对话框。

(3)在【图层】下拉框中选择"03_Sep06_3pm",在【属性】下拉框中选择"OZONE",在【显示搜索方向】区域,改变【角度方向】和【角度容差】来浏览半变异函数云的某个方向子集,如图 15.12 所示。

图 15.12 中横坐标表示任意两点的空间距离,当纵坐标用两点的半变异函数值表示时,形成半变异函数图,纵坐标以协方差值表示则为协方差云。图上的点代表一对已测点的变异程度。

半变异函数与协方差云图可用来检查数据的空间相关性以及发掘数据的全局异常与局部异常值。全局异常是指某个观测值相对高于或低于所有的预测值;局部异常是指某个观测值在整个数据范围内看没有异常,但与其周围的预测点相比较,它的值相对高于或低于整个周围的预测点。如果数据集中存在全局异常,那么关于异常值的每对半变异函数点,将不随距离的变化而变化,在半变异函数云图上始终呈高值出现。

**6. 交叉协方差云**

在地球化学数据处理过程中,研究某一元素同时还须注意与其他元素之间的关系,也就是多元素之间的相关性。在数据探索阶段,可以利用正交协方差云图来实现这一目的。使用交叉协方差云工具检查协方差表面是否对称以及交叉协方差值在各个方向上是否类似。如果发现在隔离的位置或研究地点的受限区域内存在异常的交叉协方差值,则需要采取一些操作,如去除数据趋势或者在对数据进行插值之前将数据分割为不同的图层。具体操作步骤如下:

(1)在 ArcMap 中添加 03_Sep06_3pm. shp 和 ca_cities. shp 两个文件。

(2)单击【Geostatistical Analyst】→【探索数据】→【 交叉协方差云】,打开【交叉协方差云】对话框。

(3)在【数据源♯1】和【数据源♯2】中的【图层】和【属性】中选择两个数据集的图层名和属性。在【显示搜索方向】区域,改变【角度方向】和【角度容差】来浏览半变异函数云的某个方向子集。具体方向的确定应根据形成该现象的成因及各方向结果的比较,如图 15.13 所示。

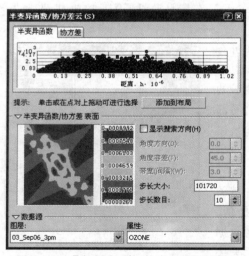

图 15.12 【半变异函数/协方差云】对话框

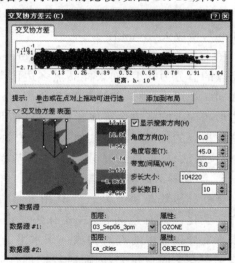

图 15.13 【交叉协方差云】对话框

## 15.2.2 空间插值

实际获得的空间数据往往是离散点的形式,或者是分区数据的形式。离散的点数据通过对空间采样点进行观测获得。实际中无法对空间所有点都进行观测,但可以通过设置一些关键的样本点来反映空间分布的全部或部分特征,然后利用空间内插方法获取未采样点的值。此外,分区数据常常是根据某种区域划分进行统计得到的,而这种区域划分与要研究的区域未必一致。比如,人口普查数据是以人口普查小区为单位收集的,如确定某游乐场周围 1 km 范围内的儿童数,则需对已知的人口统计数据进行推算。这种根据已知点或已知分区数据来估计任意点或区域的数据的方法称为空间插值方法,前者称为点插值,后者称为面插值。点插值用得较多,一般所说的空间插值就是指点插值。它主要用于自然地理数据的插值,如天气预报、地质探测、环境污染等。面插值则主要用于社会经济统计数据的处理,目前用得最多的是人口统计数据的空间分布研究。

在 ArcGIS 10 中,将空间插值方法分为确定性插值方法和地统计法两大类。

**1. 确定性插值方法**

确定性插值方法根据相似程度或平滑程度使用测量点创建表面。

1)全局多项式插值法

全局多项式插值法(global polynomial interpolation)依据多项式来拟合一个光滑的数学表面,它代表了一个采样区的数据分布,是一种粗尺度的表面插值。常用于下列情况:对一个区域而不是具体的小地区的数据进行插值,检查和消除长期趋势或全局趋势的影响。具体操作步骤如下:

(1)在 ArcMap 中添加 03_Sep06_3pm. shp 文件。

(2)单击【Geostatistical Analyst】→【🌐 地统计向导】,打开【地统计向导】对话框,如图 15.14 所示。

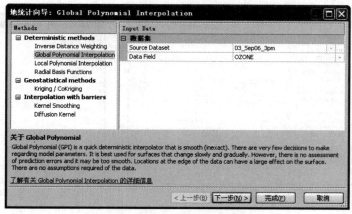

图 15.14　【地统计向导】对话框

(3)在 Methods 列表框中选择"Global Polynomial Interpolation",在 Source Dataset 下拉框中选择"03_Sep06_3pm",在 Data Field 下拉框中选择"OZONE",单击【下一步】按钮,进入图 15.15 所示对话框。

(4)在 Order of polynomial 下拉框中选择多项式的阶数,单击【下一步】按钮,进入图 15.16 所示【交叉验证】对话框,单击【完成】按钮,生成全局多项式插值方法报告,如图 15.17 所示。

> **注意事项**
>
> 一阶全局多项式可对一个平坦表面进行拟合,二阶全局多项式可对一个弯曲的表面进行拟合,三阶全局多项式可以对包含两个弯曲的表面进行拟合,依此类推。使用的多项式越复杂,为其赋予物理意义就越困难,一般选到三阶即可。

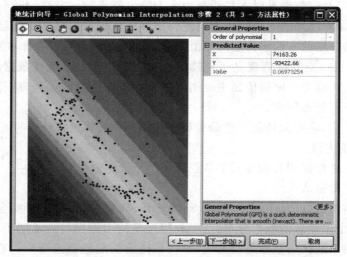

图 15.15　全局多项式插值的方法属性设置（一次趋势拟合）

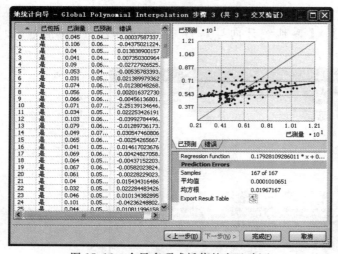

图 15.16　全局多项式插值的交叉验证

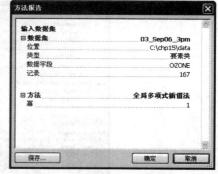

图 15.17　【方法报告】对话框

图 15.16 所示对话框中提供了几个测量值和预测值的图表和汇总，单击 Export Result Table 按钮，可将交叉验证的表格保存。执行交叉验证的目的是确定模型的质量。一般要求为：标准平均值预测误差接近于 0，均方根预测误差越小越好，预测误差的平均标准误差接近于均方根，标准均方根预测误差接近于 1。

（5）单击【确定】按钮，生成全局多项式内插图。

2）局部多项式插值法

局部多项式插值法（local polynomial interpolation）是用多个多项式来拟合表面，每个多项式都有其覆盖的区域（邻域）。全局多项式插值方法拟合一个光滑的数据表面，反映小比例尺的数据分布趋势；局部多项式插值方法拟合的数据表面则着重反映大比例尺的数据分布状况，体现数据的局部特征。全局多项式插值方法用研究区内所有采样点的数据进行全局特征拟合，局部多项式插值方法仅仅用邻近的已测点来估计未知点的值。

局部多项式插值法的具体操作步骤如下：

(1)在 ArcMap 中添加 03_Sep06_3pm. shp 文件，然后打开【地统计向导】对话框。

(2)在【地统计向导】对话框中，选择 Methods 列表框中的"Local Polynomial Interpolation"，在 Source Dataset 下拉框中选择"03_Sep06_3pm"，在 Data Field 下拉框中选择"OZONE"，在 Weight Field 下选择权重字段。然后单击【下一步】按钮，进入图 15.18 所示对话框。

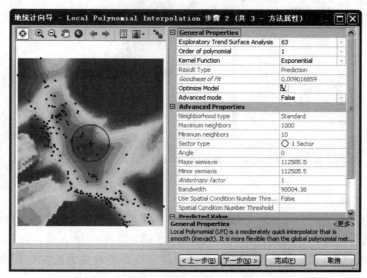

图 15.18   局部多项式插值方法的属性设置

(3)在图 15.18 所示对话框中，设置模型的参数。局部多项式插值法提供精简（默认）和高级两种模式创建表面。在默认模式下，Exploratory Trend Surface Analysis 控制搜索邻域的相关参数，它的值等于 0 时，局部多项式插值法与全局多项式插值法生成的表面相同。根据需要选择 Order of Polynomial 和 Kernel Function 的值。

**注意事项**

　　a)距离预测值远的点对预测值的影响很小或没有影响，可定义搜索邻域消除这些点。搜索邻域的参数有"Neighborhood type"、"Maximum neighbors"、"Minimum neighbors"、"Sector type"、"Angle"等。通过更改这些参数可以更改搜索邻域的大小和形状以及相邻要素的数目等。

　　b)ArcGIS 10 新增了一项优化功能，用以查找使模型均方根误差最低的参数值。单击 Optimize Model 按钮，出现 Optimize Model 提示框，单击【确定】按钮，将在下一步的交叉验证中出现标准误差预测，表示各位置的预测值出现不确定性。将 Advanced mode 下的"False"改为"True"进入高级模式，在此模式下也可进行参数设置。

(4)单击【下一步】按钮，进入到交叉验证对话框，单击【完成】按钮，生成局部多项式的方法报告。

(5)单击【确定】按钮，生成局部多项式内插图，如图 15.19 所示。

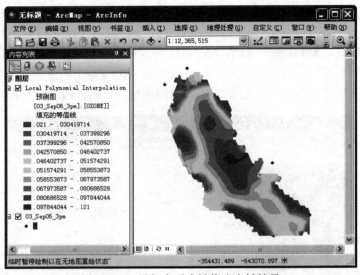

图 15.19　局部多项式插值法内插结果

3)反距离权重法

反距离权重法(inverse distance weighted,IDW),又称为距离反比加权法,它是一种加权移动平均方法,以内插点与样本点之间的距离为权重,属于确定性的内插方法。如果采样点在整个区域中均匀分布且未聚类,则反距离权重法的效果最佳。反距离权重方法的通用公式表示为

$$v_0 = \frac{\sum_{i=1}^{n} v_i \frac{1}{d_i^k}}{\sum_{i=1}^{n} \frac{1}{d_i^k}} \quad (i=1,2,\cdots,n) \tag{15.14}$$

式中,$v_0$ 是未知点的估计值,$v_i$ 是第 $i(i=1,2,\cdots,n)$ 个样本点的值,$d_i$ 是采样点与未知点之间的距离,$k$ 是距离的幂,它显著影响内插的结果。

反距离权重法的具体操作步骤如下:

(1)在 ArcMap 中添加 03_Sep06_3pm. shp 文件,然后打开【地统计向导】对话框。

(2)在【地统计向导】对话框中,选择 Methods 列表框中的"Inverse Distance Weighting",在 Source Dataset 下拉框中选择"03_Sep06_3pm",在 Data Field 下拉框中选择"OZONE",然后单击【下一步】按钮,进入到方法属性对话框。

(3)在对话框中,选择适当的参数,单击【下一步】按钮,进入到交叉验证对话框。单击【完成】按钮,生成反距离权重插值方法报告。

(4)单击【确定】按钮,生成局部多项式内插图,如图 15.20 所示。

4)径向基函数法

径向基函数法(radial basis functions,RBF),又称为径向基神经网络,它是人工神经网络方法中的一种,通过它内插所得的表面精确地通过每一个已知样本点。

RBF 方法是一系列精确插值方法的组合,即表面必须通过每一个已知的采样点。有以下五种基函数:薄板样条函数、张力样条函数、规则样条函数、高次曲面函数、反高次曲面函数。RBF 方法是样条函数的一个特例,经常用于为大量数据点生成平滑表面,在表面值变化较小时可生成很好的结果。但若表面值在短距离内出现剧烈变化,则该方法不适用。

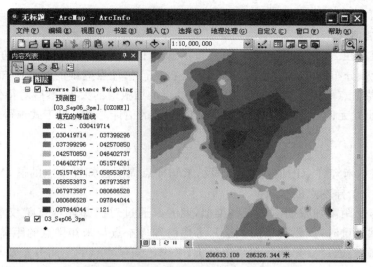

图 15.20　反距离权重插值法内插结果

具体操作步骤如下：

(1)在 ArcMap 中添加 03_Sep06_3pm. shp 文件,然后打开【地统计向导】对话框。

(2)在【地统计向导】对话框中,选择 Methods 列表框中的"Radial Basis Functions",在 Source Dataset 下拉框中选择"03_Sep06_3pm",在 Data Field 下拉框中选择"OZONE",然后单击【下一步】按钮,进入到方法属性对话框。

(3)在方法属性对话框中,选择适当的参数,单击【下一步】按钮,进入到交叉验证对话框。单击【完成】按钮,生成径向基函数插值的方法报告。

(4)单击【确定】按钮,生成径向基函数内插图,如图 15.21 所示。

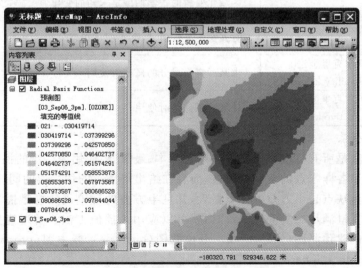

图 15.21　径向基函数插值法内插结果

反距离加权插值作为一种几何方法,具有计算相对简单、操作便捷等特点,是常用的空间内插方法。与反距离加权插值法相比,径向基函数更加灵活,有更多的参数设置,但是它不能进行误差评定。全局多项式插值法多用于分析数据的全局趋势。局部多项式插值法使用多个平面拟合整个研究区域，能表现出区域内局部变异的情况。

**2. 克里金插值**

克里金插值是在二阶平稳假设和内蕴假设的基础上，应用变异函数（或协方差）研究空间上随机且相关的变量分布的方法。克里金估计值是根据待估计点周围的若干已知信息，以变异函数为工具，确定待估点周围已知点的参数对待估计点的加权值的大小，然后对待估计点做出最优（即估计方差最小）、无偏（即估计方差的数学期望为 0）的估计。可通过下式求得未知量

$$Z(x_0) = \sum_{i=1}^{N} \lambda_i Z(x_i) \tag{15.15}$$

式中，$Z(x_0)$ 表示未知样点的值，$Z(x_i)$ 表示未知样点周围已知样本点的值，$N$ 为已知样本点的个数，$\lambda_i$ 为第 $i$ 个样本点的权重。

克里金法与反距离加权插值法有些类似，两者都通过对已知样本点赋权重来求得未知样点的值。但在赋权重时，反距离权插值法只考虑已知样本点与未知样点的距离远近，而克里金法不仅考虑距离，还通过变异函数和结构分析，考虑已知样本点的空间分布及与未知样点的空间方位关系。在 Geostatistical Analyst 中，有六类克里金插值法，表 15.1 简单比较了这几种克里金插值法的适用范围，实际应用中需根据实际情况采用不同的克里金法进行数据的处理和分析。

表 15.1　地统计分析中克里金法及其适用范围

| 方法 | 适用范围 |
|---|---|
| 普通克里金方法（ordinary kriging） | 满足内蕴假设，其区域化变量的平均值是未知的常数 |
| 简单克里金法（simple kriging） | 满足二阶平稳假设，其变量的平均值是已知的常数 |
| 泛克里金法（universal kriging） | 区域化变量的数学期望是未知的变化值 |
| 指示克里金法（indicator kriging） | 有真实的异常值、数据不服从正态分布时使用 |
| 概率克里金法（probability kriging） | 求某种变量成分的概率时使用 |
| 析取克里金法（disjunctive kriging） | 计算可采储量时使用 |

**1）普通克里金法**

普通克里金法是所有克里金插值方法中最基本、最重要、应用最广泛的插值方法。它的优点在于不仅考虑了各样本点的空间相关性，而且在给出待插点的估算值的同时，还给出表示估算精度的方差。其缺点是半方差的计算量大，并且半方差的理论函数模型需要根据经验人为选定。当区域化变量满足二阶平稳假设时，就可以应用该插值方法。普通克里金法使用半变异函数或协方差创建预测图（prediction）、分位数图（quantile）、概率图（probability）和预测标准误差图（prediction standard error）等。

在 ArcGIS10 中，使用普通克里金法创建预测图的具体操作步骤如下：

（1）在 ArcMap 中添加 03_Sep06_3pm.shp 文件，然后打开【地统计向导】对话框。

（2）在【地统计向导】对话框中，选择 Methods 列表框中的"Kriging/Cokriging"，在 Source Dataset 下拉框中选择"03_Sep06_3pm"，在 Data Field 下拉框中选择"OZONE"，然后单击【下

一步】按钮,进入到【地统计向导－Kriging 步骤 2】对话框。

(3)在 Kriging Type 下拉框中选择"Ordinary",在 Transformation type 下选择"Log",在 Order of trend removal 下选择"Second",在 Output Type 列表框中选择"Prediction",如图 15.22 所示。

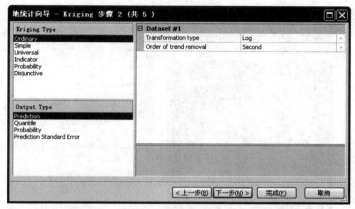

图 15.22　普通克里金插值法的相关属性设置

**注意事项**

　　a)如果插值的数据经直方图或 QQ 图分析后呈正态分布,则"Transformation type"项不需选择转换方式;反之,需要对数据进行转换,使之成正态分布。常用的变换有对数变换(Log)、幂变换(Box-cox)和反正弦变换(Arcsin)等。

　　b)如果插值的数据经趋势分析后没有呈现明显的趋势,则"Order of trend removal"项不需选择去除趋势的阶数;反之,需要去除趋势,消除趋势影响。在实际计算最终预测前,趋势将被重新添加至输出表面。

(4)单击【下一步】按钮,进入方法属性对话框,选择合适的参数,单击【下一步】按钮,进入图 15.23 所示半变异函数与协方差建模对话框。

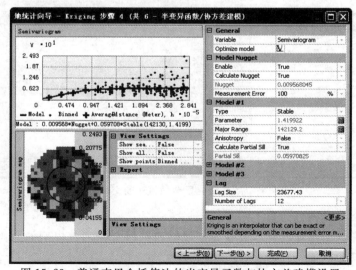

图 15.23　普通克里金插值法的半变异函数与协方差建模设置

半变异函数与协方差云显示了半变异函数的值,探测了样点的空间自相关,而半变异函数与协方差建模的目标就是为模型确定出经过半变异函数中的点的最佳拟合曲线,如图 15.23 所示。通过选择模型的类型、基台值、变程、各向同性(各向异性)、步长大小(距离类的大小)以及块金值等参数构建模型。

(5)单击【下一步】按钮,进入图 15.24 所示搜索邻域对话框。

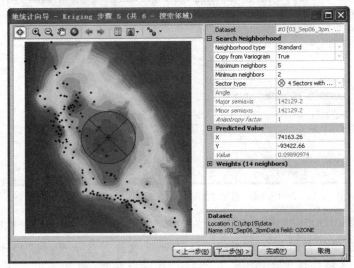

图 15.24 普通克里金插值法的搜索邻域

(6)在对话框中,设置合适的参数,单击【下一步】按钮,进入图 15.25 所示交叉验证对话框。单击【完成】按钮,生成普通克里金插值的方法报告,如图 15.26 所示。

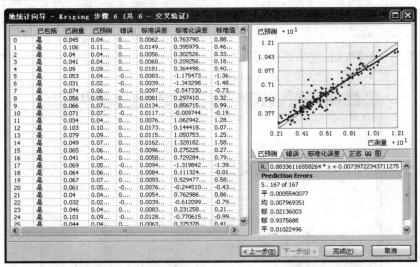

图 15.25 普通克里金插值法的交叉验证

交叉验证的具体步骤分为以下六步:

——根据采样数据计算的样本的变异函数值和选择变异函数模型的原则,初步选定一个变异函数模型及其参数值。

——将第一个测量值 $Z(x_1)$ 暂时从数据系列中除去。

——用其余的测量值采取克里金法和选择的变异函数模型来估计 $x_1$ 点上的值 $Z^*(x_1)$。

——将 $Z(x_1)$ 放回数据序列,重复前三步对其余的点进行估计,得到估计值 $Z^*(x_2)$, $Z^*(x_3),\cdots,Z^*(x_n)$。

——用原始数据和估计值进行统计计算,判断模型的好坏。

——如需要可适当调整参数值或另选模型,然后重复以上步骤,直到结果满意为止。

如果选择的模型比较好,那么平均误差就应该比较小,绝对值应该接近于 0。

(7)单击【确定】按钮,生成普通克里金内插图,如图 15.27 所示。

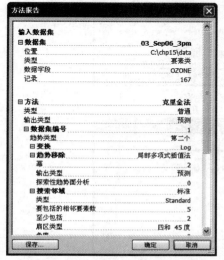

图 15.26 普通克里金插值法的方法报告

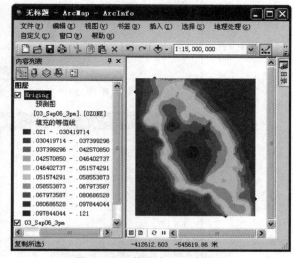

图 15.27 普通克里金内插图

利用普通克里金法生成分位数图、概率图和预测标准误差图时,只需要在第(3)步中的 Output Type 选项选择相应的形式即可。

2)简单克里金法

简单克里金法也可以创建预测图、分位数图、概率图和预测标准误差图。

在 ArcGIS 10 中,利用简单克里金插值创建分位数图的具体操作步骤如下:

(1)在 ArcMap 中添加 03_Sep06_3pm. shp 文件,然后打开【地统计向导】对话框。

(2)在【地统计向导】对话框中,选择 Methods 列表框中的"Kriging/Cokriging",在 Source Dataset 下拉框中选择"03_Sep06_3pm",在 Data Field 下拉框中选择"OZONE",然后单击【下一步】按钮,进入到【地统计向导—Kriging】对话框。

(3)选择 Kriging Type 列表框中的"Simple",选择 Output Type 列表框中的"Quantile",在 Decluster before transformation 下选择"True",单击【下一步】按钮,进入图 15.28 所示对话框。

通常,数据的空间位置不是随机或规则间隔的,由于各种原因,一些数据可能被优先采样,某些位置的采样点密度可能比其他位置高,这就需要对数据去聚来调整优先采样。Geostatistical Analyst 提供了两种去聚的方法即单元去聚法和面方法。

(4)在去聚对话框中选择适当的参数,单击【下一步】按钮,进入图 15.29 所示常态得分变换对话框。

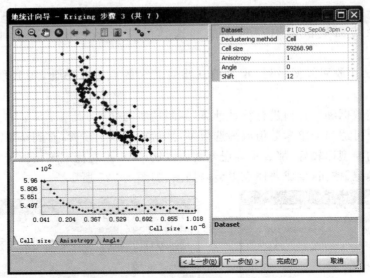

图 15.28　简单克里金插值的去聚

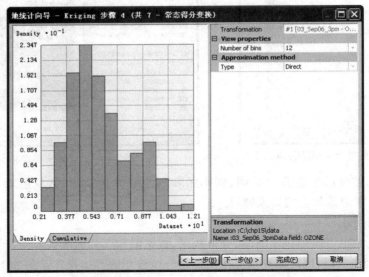

图 15.29　简单克里金插值的常态得分变换

　　常态得分变换旨在通过变换数据集来使数据集的分布接近标准正态分布。它对数据集从最低值到最高值进行分级，并将这些级别与正态分布中产生的同等级别匹配。在 Geostatistical Analyst 中，存在三种近似方法：直接近似法、线性近似法和高斯核近似法。对这三种方法的取舍取决于所做的假设及近似的平滑度。直接近似法的平滑度最低并且假设也最少；线性近似法具有中等的平滑度和中等数量的假设；高斯核近似法具有最平滑的反向变换，但它假设数据分布可通过正态分布的有限混合来逼近。当假设有效时，高斯核近似法将产生最好的结果。

　　(5)在常态得分变换对话框中，选择适当的参数，单击【下一步】按钮，进入图 15.30 所示半变异函数与协方差建模对话框。

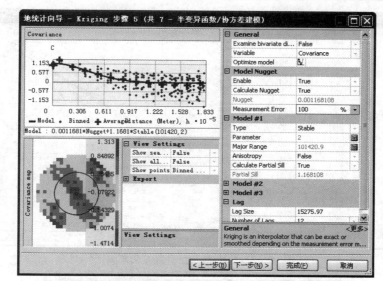

图 15.30　简单克里金插值的半变异函数与协方差建模对话框

（6）在对话框中，选择适当的参数，单击【下一步】按钮，进入图 15.31 所示搜索邻域对话框。

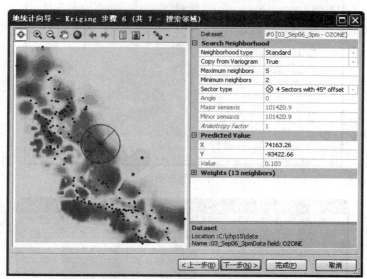

图 15.31　简单克里金插值的搜索邻域

（7）在对话框中，选择适当的参数，单击【下一步】按钮，进入图 15.32 所示交叉验证对话框。单击【完成】按钮，生成简单克里金插值的方法报告。

（8）单击【确定】按钮，生成简单克里金插值的分位数图，如图 15.33 所示。

3）泛克里金法

普通克里金插值法要求区域化变量满足二阶平稳假设或固有假设，但实际应用中这一假设往往无法满足，从而限制了普通克里金法的应用。泛克里金法的引入解决了这个问题。操作步骤与上述步骤类似。图 15.34 是利用泛克里金法创建的概率图。

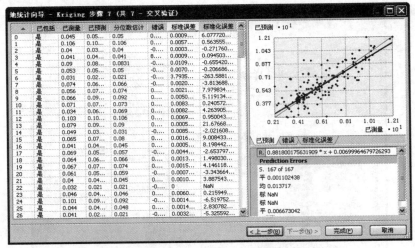

图 15.32　简单克里金插值的交叉验证

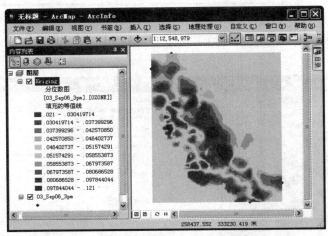

图 15.33　简单克里金插值的分位数图

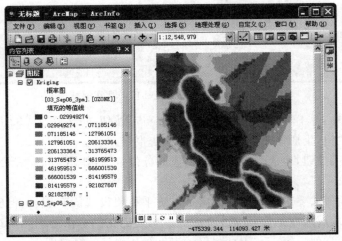

图 15.34　泛克里金法插值创建的概率图

4）指示克里金法

指示克里金法是一种非参数方法，无需了解数据的分布类型，该方法的特点是可以将异常值对插值的影响降到最低，因此也是常用的方法之一。图 15.35 是利用指示克里金法创建的标准误差指示图。

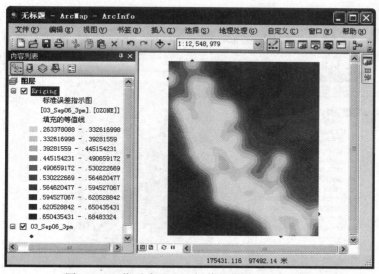

图 15.35　指示克里金法插值的标准误差指示图

5）概率克里金法

概率克里金法是指示克里金法的一种改进，它不仅具有指示克里金法的优点，即非参数和无分布特性，同时也减小了估计方差，提高了插值精度，降低了指示克里金法的平滑作用，图 15.36 是利用概率克里金法创建的标准误差指示图。

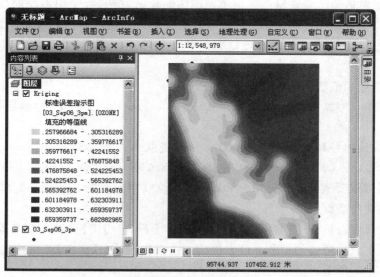

图 15.36　概率克里金法插值的标准误差指示图

### 6)析取克里金法

析取克里金法对数据的要求较为严格,数据需服从二元正态分布,并且计算过程也较为复杂,所以尽管一般情况下析取克里金法比普通克里金法的预测效果更佳,但使用时需谨慎。它可以创建预测图、概率图、预测标准误差图和标准误差指示图。图 15.37 是利用析取克里金法创建的预测图。

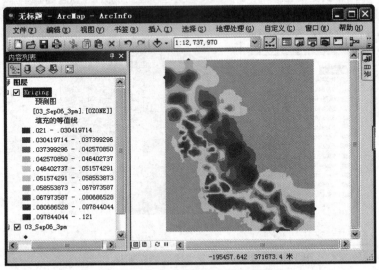

图 15.37　析取克里金法的预测图

### 3．ArcGIS 10 新增的插值方法

含障碍的扩散插值法和含障碍的核插值法是 ArcGIS 10 地统计提供的两种新的插值方法,它们也是独立的地理处理工具。

含障碍的扩散插值法是在研究区中考虑障碍的插值方法,可使用不同的成本表面修改插值(扩散)过程以便更精确地构建感兴趣的现象的模型。核插值是一阶局部多项式插值法的一个变形,当评估值仅存在较小偏差且比无偏差评估值更加精确时,可以将其作为首选的评估值。

含障碍的扩散插值法的具体操作步骤如下:

(1)在 ArcMap 中添加 03_Sep06_3pm. shp 和 ca_outline. shp 文件,然后打开【地统计向导】对话框。

(2)在【地统计向导】对话框中,在 Methods 列表框中选择"Diffusion Kernel",在【数据集】下拉列表中的 Source Dataset 下拉框中选择"03_Sep06_3pm",在 Data Field 下拉框中选择"OZONE",在【障碍要素】下的 Source Dataset 下拉框中选择"ca_outline",单击【下一步】按钮,进入方法属性对话框。

(3)在方法属性对话框中选择适当的参数,单击【下一步】按钮,进入交叉验证对话框。单击【完成】按钮,生成含障碍的扩散插值方法的方法报告。单击【确定】按钮,生成含障碍的扩散插值图,如图 15.38 所示。

含障碍的核插值法与上述方法类似,图 15.39 是含障碍的核插值结果图。

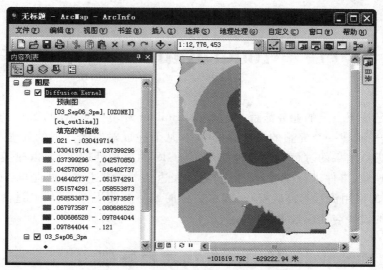

图 15.38　含障碍的扩散插值的结果图

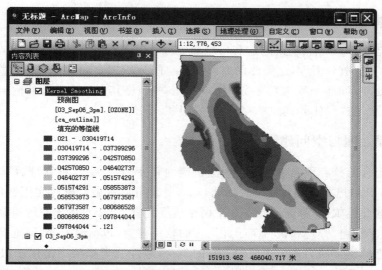

图 15.39　含障碍的核插值的结果图

# 第 16 章 Model Builder 与空间建模

　　空间建模是按照一定的业务流程,在 Model Builder 环境中对 ArcGIS 中的空间分析工具进行有序的组合,构建一个完整的应用分析模型,从而完成对空间数据的处理与分析,得到满足业务需求的最终结果的过程。它通过使用 ArcGIS 的地理处理工具,以建模的方法对与地理位置相关的现象、事件进行分析、模拟、预测及表达。本章讲述地理处理与空间建模的概念,Model Builder 的使用流程与高级技巧,脚本文件的编写与使用等,最后通过两个综合实例详解了空间建模的设计与建模过程。

## 16.1 空间建模基础

### 16.1.1 地理处理

　　地理处理是 ArcGIS 的核心部分,利用地理处理可以进行复杂的模型建立与分析,例如选址分析、森林火灾扩散分析等,这需要用到大量的空间分析工具和数据,整个过程称为地理处理。通过地理处理,可将一系列工具按顺序串联在一起,将其中一个工具的输出作为另一个工具的输入,从而自动执行任务,解决一些复杂的问题。

### 16.1.2 地理处理与空间建模

　　地理处理隐含的核心理念是将逻辑想法快捷地转变为可执行、可管理、可修改、可记录且可与其他 ArcGIS 用户共享的新软件。因而,地理处理可以看做是搭建实用软件的一种方法。搭建任何类型的此类软件,都需要具备如下两个重要元素:用于对系统中所捕获数据执行操作的正式语言;用于创建、管理和执行基于此语言的软件框架,包括编辑器、浏览器和文档工具等内容。地理处理的语言即为各地理处理工具的集合,地理处理框架则是用于组织和管理现有工具进而创建新工具的内置用户界面集合,是一组用于管理和执行工具的窗口和对话框。

　　空间建模是在地理处理框架的基础上,通过"模型构建器"将地理处理语言中的各个要素(即空间分析工具)按顺序连接在一起,建立合适的空间分析模型,从而快捷地将想法(即地理处理模型)转变为软件。相对于二次开发,最大的优势是编程语言的可视化,而传统编程语言则是基于文件的。

### 16.1.3 空间建模

　　空间建模的目的是解决与地理空间有关的问题,通常涉及多种空间分析操作的组合。由于空间建模是建立在对图层数据的操作上,又称为"地图建模"。建模的结果,可以是一个"地图模型",也可以是对空间分析过程及其数据的一种图形或符号表示。目的是帮助分析人员组织和规划所要完成的分析过程,并逐步指定完成这一分析过程所需的数据。

　　空间建模的一般步骤为:

（1）明确分析的目的和评价的准则。仔细分析需要解决的问题，弄清建立模型的目的，明确问题的实质所在。不仅要明确所要解决的问题是什么，要达到什么样的目标，还要明确实际问题的具体解决途径和所需要的数据。

（2）准备分析数据。将所需的矢量或者栅格数据转换为指定格式，存储于数据库或文件系统中。

（3）进行空间分析操作。添加模型需要的数据及地理处理工具、设置各项参数、运行模型进行分析。

（4）进行结果分析。检查模型分析结果中的数据格式、数据大小是否符合条件，确认模型是否正常运行。

（5）解释、评价结果（如有必要，返回步骤（1））。

比较模型所得结果是否与预期一致，如果与实际观测基本相符，说明模型具有实际应用价值，如果很难与实际相符，说明所建立的模型不能应用于实际问题。若导入数据及参数设置没有问题，应对模型进行修改直至与实际符合为止。

（6）结果输出。将分析结果以地图、表格或文档的形式进行输出。

# 16.2　Model Builder

## 16.2.1　基本概念

Model Builder（模型构建器）是一个用来创建、编辑和管理空间分析模型的应用程序，是一种可视化的编程环境，通过对现有工具的组合完成新模型或软件的制作，为设计和实现空间处理模型（包括工具、脚本和数据）提供了一个图形化的建模框架。

### 1. 模型构建器

1）模型构建器界面

模型构建器的界面比较简单，包括菜单、工具条及主窗口等组成部分。在 ArcMap【标准】工具条上单击模型构建器窗口按钮 ，即可打开模型构建器窗口，如图 16.1 所示。

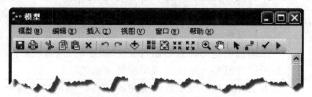

图 16.1　模型构建器界面

2）菜单及工具条介绍

主菜单上有六个下拉菜单，各个菜单的主要功能如表 16.1 所示。

表 16.1　Model Builder 主菜单功能

| 菜单名称 | 描　述 |
| --- | --- |
| 模型 | 包含运行、验证、查看消息、保存、打印、输入、输出和关闭模型等命令。还可以使用此菜单删除中间数据和设置模型属性 |
| 编辑 | 剪切、复制、粘贴、删除和选择模型元素 |

| 菜单名称 | 描　述 |
|---|---|
| 插入 | 添加数据或工具、创建变量、创建标注及添加【仅模型工具】和【迭代器】 |
| 视图 | 包含的【自动布局】选项可将【图属性】对话框中的指定设置应用到模型中。另外,还包含缩放选项,通过【自定义缩放】可以自定义缩放百分比,也可使用菜单上的预设缩放级别(25%、50%、75%、100%、200%和400%)缩放到实际大小的各个固定百分比 |
| 窗口 | 包含的总览窗口可显示在显示窗口中放大某部分模型时的整个模型外观,在模型窗口的当前位置将在总览窗口中以矩形标记,当在模型构建器窗口中进行导航时,该矩形也将发生相应移动 |
| 帮助 | 访问 ArcGIS Desktop 在线帮助系统和【关于模型构建器】对话框 |

其中,【模型】和【插入】菜单的命令比较重要,其功能描述如表 16.2 和表 16.3 所示。

**表 16.2　【模型】菜单各个选项及功能**

| 图标 | 名　称 | 功能描述 |
|---|---|---|
| ▶ | 运行 | 在模型构建器界面运行当前选中模型。如果没有选中模型或者只有一个模型,则会运行最后一次操作的模型 |
|  | 运行整个模型 | 运行当前模型构建器画布中的所有模型 |
| ✔ | 验证整个模型 | 对整个模型进行验证,确保所有模型变量(数据变量或值变量)有效,无效时会提示以进行修改 |
|  | 模型属性 | 对模型名称、模型参数、模型环境、模型帮助信息等进行设置 |
|  | 图属性 | 对模型元素的布局(对齐方式、元素间距、连接线路等)以及模型元素的符号系统进行设置 |
|  | 导出至图形 | 设置导出图形格式与大小,即可将模型导出为 *.png、*.jpg 图片等 |
|  | 导出至 Python 脚本 | 将所建立的模型导出成 *.py 脚本 |

**表 16.3　【插入】菜单各个选项及功能**

| 图标 | 插　入 | 描　述 |
|---|---|---|
| ✛ | 添加数据或工具 | 将数据、ArcToolbox 中的工具以及其他模型添加至模型构建器中,但不能添加脚本文件。此功能等同于在 ArcMap 或 ArcCatalog 中,直接拖动工具、模型及脚本至模型构建器画布中 |
|  | 创建变量 | 选择插入变量类型即可在画布中插入对应模型变量,双击变量可以对其进行赋值 |
|  | 创建标注 | 在模型构建器画布中插入文字标注,右击【属性】可以对其进行设置,一般用于对模型元素或者模型流程的描述 |
|  | 仅模型工具 | 有七种地理处理工具仅支持模型构建器中的高级行为,这些工具不能通过工具对话框使用,也不能在脚本中使用。菜单中单击可以插入对应的【仅模型工具】 |
|  | 迭代器 | 迭代器是指以一定的自动化程度多次重复某个过程,在菜单栏单击可以插入对应迭代器,具体用法参见本章"Model Builder 高级使用技巧" |

## 2. 模型基本组成

一个完整的空间分析模型主要由工具、变量和连接符三种元素组成,如图 16.2 所示。

(1)工具。工具是模型中工作流的基本组成部分,用于对地理数据或表格数据执行多种操作。工具被添加到模型中后,即成为模型元素。工具默认颜色为透明色,如果对工具各项参数进行设置后,颜色会变为黄色,如图 16.2 中的"缓冲区"。

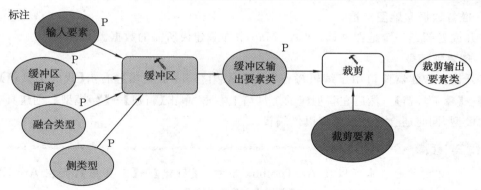

图 16.2　模型的基本组成

(2)变量。变量是模型中用于保存值或对磁盘数据引用的元素。有以下两种类型的变量：

——数据。数据变量是包含磁盘数据描述性信息的模型元素，所描述的数据属性包括字段信息、空间参考和路径等。

——值。值变量是诸如字符串、数值、布尔值、空间参考、线性单位或范围等的值。值变量包含除对磁盘数据引用之外的所有信息。

将变量添加至模型后，默认颜色为透明色，对其进行设置数值或选择数据源后，颜色会发生变化。输入数据类型的变量会变为深蓝色(如图 16.2 中的"输入数据"和"裁剪要素")，输出数据类型的变量会变为绿色(如图 16.2 中的"缓冲区输出要素类")，而值类型的变量会变为青色(如图 16.2 中的"缓冲区距离"、"融合类型"、"侧类型")。

(3)连接符。连接符用于将数据和值连接到工具，连接符箭头显示执行处理的方向。有四种类型的连接符，如表 16.4 所示。

表 16.4　连接符类型及其功能

| | |
|---|---|
| ────────▶ | 数据连接符：用于将数据变量和值变量连接到工具 |
| ----------▶ | 环境连接符：用于将包含环境设置的变量(数据或值)连接到工具。工具在执行时将使用该环境设置 |
| ·········▶ | 前提条件连接符：用于将变量连接到工具，只有在创建了前提条件变量的内容之后，工具才会执行 |
| ·········▶ | 反馈连接符：用于将某工具的输出返回给同一工具作为输入 |

3．模型构建器的优点

(1)模型构建器是一个简单易用的应用程序，用于创建和运行包含一系列工具的工作流，可以使用模型构建器创建工具。

(2)模型的数据、工具都通过图形方式表示，通俗易懂，并且可以保存下来与其他人共享，同时也可以保存在 SDE 数据库中，或通过 ArcGIS Server 实现互联网共享。

(3)使用模型构建器创建的工具可在 Python 脚本和其他模型中使用，结合使用的模型构建器和脚本可将 ArcGIS 与其他应用程序进行集成。

(4)可以像 ArcToolbox 中的工具一样运行模型，还提供了图文结合的帮助。

## 16.2.2　Model Builder 基本操作

空间建模就是通过模型构建器将地理处理转换为空间分析模型，具体操作步骤如下。

**1. 准备数据和地图文档**

打开或者新建一个地图文档,在 ArcMap 中加载建模所需的数据。

**2. 创建新模型**

打开模型构建器窗口用于编辑操作。在目录中打开【工具箱】,右击【我的工具箱】,单击【新建】→【🔧工具箱】。然后在新创建的工具箱上右击,单击【新建】→【🔨模型】,创建具有默认名称的模型,同时还会打开该模型以供编辑。

> **注意事项**
>
> 9.3 之前的版本可以在 ArcToolbox 中右击【新建】→【工具箱】,而在 ArcGIS 10 中则必须在目录中右击,单击【新建】→【工具箱】。

**3. 向模型添加数据和工具**

可通过以下三种方法可以向模型构建器中添加数据:

(1)在 ArcMap 或 ArcCatalog 中将数据直接拖至模型构建器窗口中。

(2)在模型构建器工具条中单击添加数据或工具按钮🔂,选择需要添加的数据。

(3)在模型构建器窗口空白处右击,单击【创建变量】,在弹出的【创建变量】对话框中选择变量数据类型进行添加。双击新建的变量,指定数据位置,变量图形填充颜色改变即说明添加成功。

空间数据处理工具添加较为简单,找到空间处理工具,直接拖至模型构建器界面即可。空间处理工具可以是 ArcToolbox 中的系统工具,也可以是其他模型构建的工具,甚至是用脚本或者高级语言开发的工具。

对于系统工具可在 ArcToolbox 中按分类寻找,也可在 ArcMap 中单击【地理处理】→【🔍搜索工具】,打开搜索窗口,输入工具名称,然后单击搜索按钮🔍,将搜索到的结果直接拖至模型构建器窗口中。

如果模型中需要用到其他模型,要先将模型附加到工具箱中。右击 ArcToolbox,单击【🔧添加工具箱】,选择已有的工具箱(*.tbx 文件),添加进来之后直接拖至模型构建器窗口即可。

将工具添加进模型中后,输出变量将通过连接符自动连接到工具。工具和输出数据均为空(即没有颜色),这是由于尚未指定任何工具参数,添加多个工具后如果发现工具互相压盖,可单击模型构建器工具条中的自动布局按钮⬛来排列工具。

**4. 添加连接**

空间分析模型是一组有顺序的连贯的空间处理工具集合,这些工具之间的联系及顺序是通过添加连接实现的。连接是将不同工具进行关联的唯一手段,可以将一个工具的输出结果作为另一个工具的输入数据或者部分输入数据。将数据与工具进行连接后,要素颜色会发生变化。只有连接建立恰当,模型才能顺利运行,得到分析结果。

添加连接的方法有以下三种:

(1)单击模型构建器工具条中的连接按钮🔗,选择要素进行连接,有些连接建立时需要选择是将元素作为输入要素、环境还是条件进行处理。

(2)右击空间处理工具,单击【获取变量】→【从参数】→【输入要素】。

(3)双击空间处理工具,在弹出对话框中选择所需的数据,可以使添加的数据与空间处理工具建立连接。

### 5. 添加模型变量

将工具添加到模型后,会自动为输入和输出数据集创建模型变量,但不会为任何其他工具参数创建模型变量。这主要是为了美观,如果自动为每个工具参数都创建变量,则模型图很快就会变得难以辨认。例如,将缓冲区工具添加到模型后,会自动为输出要素类参数创建变量。右击缓冲区工具并填充输入要素参数后,便会为输入要素创建模型变量。然而,其他参数(如距离、侧类型和末端类型)并不会作为变量自动添加到模型中。可以在模型构建器画布中右击空间处理工具,单击【获取变量】→【从参数】→【距离[值或字段]】,便可将其作为模型变量。

通常模型构建器会为变量指定默认名称,用做模型工具对话框上的参数名称。对变量重命名是一种很好的做法,尤其是在变量为模型参数时。右击元素,单击【重命名】。如将"距离[值或字段]"重命名为"缓冲区距离",则进行设置数值或者将其添加为参数时会更加方便。

### 6. 设置模型运行参数

通常在 ArcToolbox 中直接运行模型,但是会发现即使为输出变量选中了【添加至显示】,模型的输出也不会添加到 ArcMap 的内容列表中。原因是通过模型的工具对话框运行模型时,将会忽略【添加至显示】设置。要将输出添加至显示,必须将输出变量变为【模型参数】。创建模型参数的另一个原因是,可以通过不同输入来运行模型,而无须每次都打开模型构建器,改变输入数据或者参数。

(1)添加模型参数的方法有两种,如图 16.3 所示。

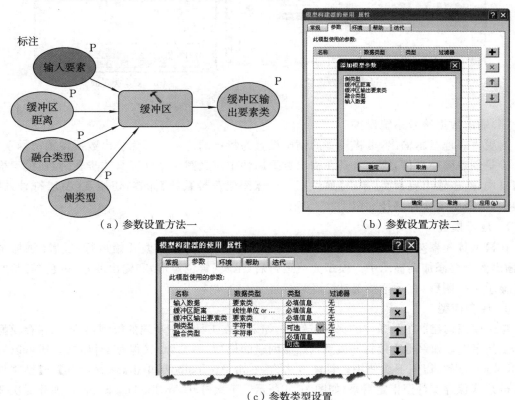

（a）参数设置方法一　　　　　　　　　　　（b）参数设置方法二

（c）参数类型设置

图 16.3　模型参数设置

——在模型构建器画布中,右击需要设置为参数的图形元素(数据、数值、字段类型等),单击【模型参数】按钮,元素右上角出现一个"P",表示设置成功,如图16.3(a)所示。

——在模型构建器菜单栏中,单击【模型】→【模型属性】,进入【模型属性】对话框,单击【参数】标签,切换到【参数】选项卡,单击图标,选择需要设为参数的元素,单击【确定】按钮即可,如图16.3(b)所示。

(2)模型参数顺序与类型设置。添加完参数后,有时会发现参数的顺序并不理想。标准做法是按"必需的输入数据集"、"影响工具执行的其他必需参数"、"必需的输出数据集"、"可选参数"的顺序排列参数。可在模型构建器中,单击【模型】→【模型属性】,单击【参数】标签,切换到【参数】选项卡,然后使用右侧的和按钮,调整参数顺序。另外,也可在此对话框中设置参数类型为必选参数或者可选参数,如图16.3(c)所示。

(3)模型参数过滤器设置。单击【模型】→【模型属性】,单击【参数】标签,切换到【参数】选项卡。选择需要设置的参数,然后单击【过滤器】类别下方的单元格。如选择要素类过滤器,如图16.4(a)所示,打开【要素类】对话框,如图16.4(b)所示。选择指定的类型,然后单击【确定】按钮。在【模型属性】对话框上,单击【确定】按钮,应用过滤器。

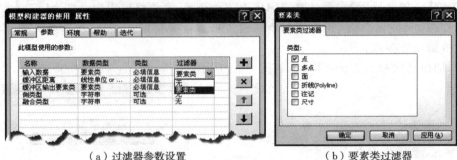

（a）过滤器参数设置　　　　　　　　　　（b）要素类过滤器

图16.4　模型参数过滤器设置

(4)输出数据符号系统设置

为更直观地显示输出,可将模型的输出设置为特定的符号。要为输出数据设置符号系统,第一步是创建图层文件,第二步是在输出数据属性中定义图层文件。具体步骤为:在模型构建器窗口中,右击输出要素类,单击【属性】。单击【图层符号系统】标签,切换到【图层符号系统】选项卡,选择图层文件路径如图16.5所示。

**7.运行模型**

在模型构建器菜单栏中单击【模型】→【运行整个模型】。模型开始运行,设置【添加至显示】输出变量会添加到显示中。模型完成运行后,工具(黄色矩形)和输出变量(绿色椭圆)的周围会显示下拉阴影,表示这些工具已经运行过。

**8.保存模型**

单击模型构建器工具条中的保存按钮,如果是在工具箱中新建的模型,会自动保存模型至所选工具箱中。如果是直接打开模型构建器创建的模型,则会弹出【保存】对话框。还可以导出ArcToolbox配置,以便下次使用。具体方法为:右击ArcToolbox,单击【保存设置】→【至文件】,以xml形式保存文件至指定目录,如图16.6所示。下次打开ArcToolbox时,若要加载此次环境设置,只需右击ArcToolbox,单击【加载设置】→【由文件转出】,选择配置文件即可。

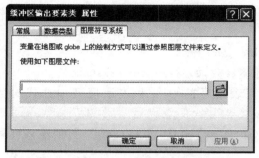

图 16.5　输出符号设置

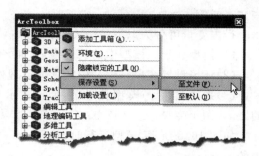

图 16.6　ArcToolbox 保存设置至文件

## 16.2.3　Model Builder 高级使用技巧

模型构建器除提供基础的功能用于空间建模外,还提供一些高级技巧,以便更好地管理模型数据、节省运行时间。常用的高级技巧有:中间数据的管理、仅模型工具、行内变量替换与列表变量、迭代器的使用、内存工作空间等。

### 1. 管理中间数据

模型执行的每个过程都会输出数据。某些输出数据在模型运行后毫无用处,创建这些数据只是为了与创建新输出的另一个过程相连,此类数据称为中间数据。除最终输出或已变为模型参数的输出外,都将自动成为模型的中间数据。如图 16.7 所示,缓冲区工具的输出仅在作为裁剪工具的输入时才有用,而在这之后不再使用,因此【中间】选项为选中状态,可通过取消选中【中间】选项来保存中间数据。

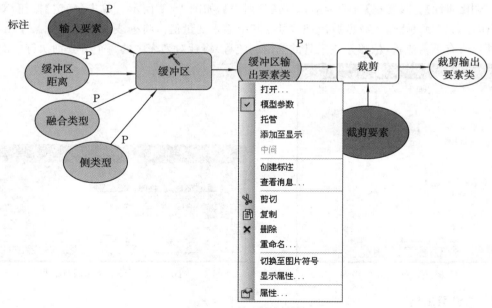

图 16.7　管理中间数据

### 2. 行内变量替换与列表变量

在模型构建器中,要使用某个变量的内容来替换另一个变量,需使用百分号"％"将替换变量括起来,这种变量替换方式称为行内变量替换。通常用于通过用户输入来代替模型中的某些文本或值。

行内变量可分为以下三类：

(1)模型变量。模型中的任何变量,如％variable name％。

(2)环境设置变量。模型中的任何地理处理环境参数,如％scratchworkspace％。

(3)系统变量。模型构建器中的表示变量列表编号的％i％和表示模型中迭代次数的％n％两个变量。

如图 16.8 所示,模型运行时,将用 data 的值(位于"…\chp16\Ex1\data")替换输入要素中的％data％。

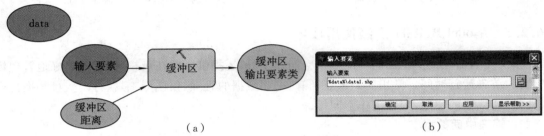

（a） （b）

图 16.8　行内变量替换

变量在使用时需遵循一定的规则:变量名称使用百分号"％"括起,变量名称中允许存在空格,变量名称不区分大小写。执行模型时,将按"模型变量→模型环境设置→系统变量→父模型中的变量"的顺序进行搜索并使用行内变量替换。

包含一个或多个值的变量称为列表变量。要将变量设为列表变量,可在模型构建器中右击变量,单击【属性】,在【常规】选项卡中,单击【值列表】,如图 16.9 所示。单击【确定】按钮,双击变量弹出图 16.10 所示【输入数据】对话框,可在其中输入变量值。将列表变量连接到某个工具后,该工具和所有下游流程(依赖于该工具的输出的流程)将针对列表中的每个值分别执行一次。

图 16.9　列表变量声明

图 16.10　【输入数据】对话框

### 3. 仅模型工具

仅模型工具只支持模型构建器中的高级行为,这些工具不能通过工具对话框使用,也不能在编写 Python 脚本时使用。一些工具可用来控制处理流程,另一些则是简单的支持工具。仅模型工具共有 7 种,分别是:计算值、收集值、获取字段值、合并分支、解析路径、选择数据、停止。

以仅模型工具【计算值】为例,说明使用方法。【计算值】工具可基于指定的 Python 表达式返回计算结果值。可单击【插入】→【仅模型工具】→【计算值】,如图 16.11 所示。

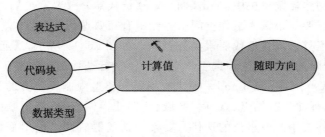

图 16.11　【计算值】工具

　　【计算值】工具有三个参数设置:【表达式】为必选参数,输入需要计算的表达式,且只能使用标准的 Python 格式创建表达式。在表达式中,字符串类型的行内变量应使用引号括起("％字符串变量％")。【代码块】为可选参数,代码块参数不能单独使用,必须与表达式参数结合使用,代码块中定义的变量以及函数可在表达式中引用。【数据类型】为可选参数,表明从 Python 表达式返回的输出数据类型。在模型构建器中使用数据类型参数,可以将【计算值】工具与其他工具相连接(具体参数填写如图 16.12 所示)。

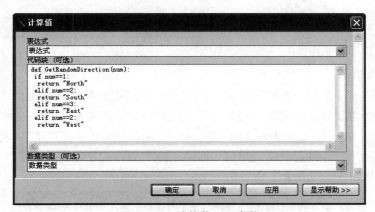

图 16.12　计算值工具参数

#### 4.迭代器的使用

　　迭代又称为循环,其目的在于自动重复任务以节省执行任务所需的时间和精力。模型构建器中进行迭代时,可以在每次迭代中使用不同的设置和数据来反复执行同一个过程。迭代操作可以迭代整个模型,或只重复执行单个工具或过程。每个模型只可使用一个迭代器,添加一个迭代器后,则模型中的所有工具会对迭代器中的每个值进行迭代。如果不想对所有工具进行迭代,而只是对一个或者少数几个工具使用迭代器,则应将需要迭代的所有工具放置在一个具有模型迭代器的模型中,并将该模型用做子模型,作为模型工具添加到主模型中。

　　迭代器工具集中包含 12 种迭代器,仅用于模型构建器,不能在编写 Python 脚本时使用。这 12 种迭代器分别是:For、While、要素选择、行选择、字段值、多值、数据集、要素类、文件、栅格、表、工作空间。每种迭代器都有一组不同于其他迭代器的参数,但是所有迭代器工具的整体结构都非常相似。

下面以"要素类迭代器"(图 16.13)为例进行介绍。它用来迭代工作空间或要素数据集中的要素类。在模型构建器菜单栏中,单击【插入】→【迭代器】→【要素类】。

要素类迭代器需要一个输入工作空间来存储所有需要迭代的要素类。双击模型构建器窗口的【迭代要素类】工具,弹出【迭代要素类】对话框,如图 16.14 所示。【通配符(可选)】和【要素类型(可选)】两个附加参数用来筛选工作空间中要执行迭代的要素类。使用通配符限制要素类的名称,例如 A＊、Ari＊或 Land＊等。使用要素类型限制要素类的类型,如注记、弧、尺寸注记、边、交汇点、标注、线、结点、点、面、区域、路线或控制点等。【递归(可选)】参数用于控制工作空间的子文件夹中的要素类的迭代。要素类迭代器有两个输出变量:输出要素类与要素类名称。输出要素类可以连接到下一个工具以执行处理,并且名称变量可以用于行内变量替换。

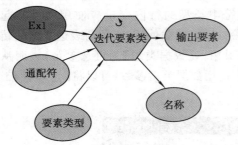

图 16.13　要素类迭代器

图 16.14　【迭代要素类】对话框

### 5. 内存工作空间

ArcGIS 提供了一个可写入输出要素类和表的内存工作空间可将输出写入内存工作空间中,作为将地理处理输出写入磁盘上的某个位置或网络位置的备选方案。通常,将数据写入内存工作空间要明显快于写入其他格式(如 Shapefile 或地理数据库要素类)。但写入内存工作空间的数据是临时性的,将在关闭应用程序时被删除。要将数据写入内存工作空间,可使用路径 in_memory,如图 16.15 所示。

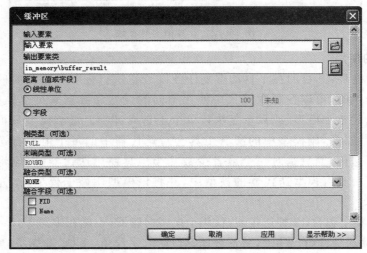

图 16.15　内存工作空间

# 16.3　脚本文件

## 16.3.1　ArcGIS 脚本简介

脚本与模型相似,也是把处理过程连接在一起,并以一定的次序运行这些过程。脚本不仅可以使用已有的功能,也可以创建 ArcGIS 系统工具中没有的功能,例如定制批处理等。ArcGIS 脚本可采用支持 COM 的任何脚本语言,如 Python、Perl、Jscript 或 VBScript 等,任何在 Model Builder 中创建的模型都可以转成脚本文件。不同脚本语言处理过程是一样的,不同的只是语法。

脚本可以运行在独立的脚本环境中,也可以添加到工具箱中通过对话框运行,或把脚本加入到模型中运行。脚本在独立的环境中运行时,不需要打开 ArcGIS 桌面即可完成地理处理操作。例如,可以在 Python 脚本编辑器中运行脚本,或在命令窗口中运行。在把地理处理脚本作为独立程序运行时,需要考虑以下几点:ArcGIS 桌面的使用许可,脚本中使用地理处理的许可,是否安装了 Python 或其他脚本工具,能够访问到脚本中所设置的数据和工作空间对应的目录等。

如果在 ArcGIS 桌面中运行脚本(把脚本作为系统工具或在模型中使用),则必须把脚本加到 ArcToolbox 中,并且作为脚本工具来运行。向 ArcToolbox 中添加脚本时,在工具箱或新建的工具箱下(ArcCatalog 中),右键单击,然后单击【添加】→【脚本】。

> **注意事项**
>
> 在 ArcGIS 中可以查看所有地理处理工具的脚本。具体方法是在 ArcToolbox 中,右击选定的系统工具,单击【帮助】,在帮助窗口中就可以看到该工具的脚本语法、每个参数的类型,以及如何在脚本中使用这个工具等信息。

## 16.3.2　Python 脚本与 ArcPy

Python 是一种易于学习、可伸缩程度高、可移植、跨平台、可嵌入的成熟语言。通过解释和动态输入编程语言,可以在交互式环境中快速地创建脚本原型并进行测试。该编程语言功能强大,可编写大型应用程序。在 ArcGIS 中,可以通过 Python 构建属于自己的地理处理工具。9.3.1 版本以前使用 Python 脚本扩展地理处理框架,需要引用“arcgisscripting”,并通过arcgisscripting 提供的方法、属性完成自定义的地理处理开发与定制。而在 ArcGIS 10 产品中将不再引用 arcgisscripting 命名空间,而引用“arcpy”命名空间。ArcPy 提供了一种用于开发Python 脚本的功能丰富的动态环境,一旦引用“arcpy”就可以直接调用其提供的方法、类和模块,同时 ArcPy 也提供了每个函数、模块和类的代码实现及其帮助文档。

## 16.3.3　Python 窗口

Python 窗口是编写 Python 代码和脚本运行、测试的集成开发环境,具有 Python 解释器的功能,能够实时运行代码,如图 16.16 所示。Python 窗口取代了 9.x 版本中的 Command Line 窗口,Python 窗口不仅包括了 Command Line 的功能,更能实现细粒度的地图文档等相关操作。

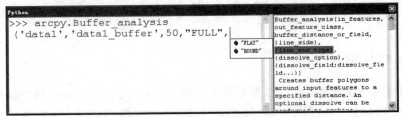

图 16.16 Python 窗口

Python 窗口分为左右两个部分:左边部分可输入命令、调用命令行及显示执行结果;右边部分是当前命令的帮助,包括各个参数的详细介绍等。鼠标单击任意部分,都可以得到与此位置有关的上下文,并且可以管理这些内容。

Python 窗口的主要特点有:

(1)输入多个命令,并且执行它们。

(2)快速地在命令行部分重新调用刚才所执行的命令,根据需要修改一些参数。

(3)保存输入的命令为文本文件,可随时调用。

(4)创建变量,并可在其他命令中重复使用。

(5)执行地理处理工具以外的功能。

### 16.3.4 脚本编写

以提取小镇中心圆形区域内所有的要素(包括道路、医院、学校等)为例介绍脚本的使用。由于要素类较多,若单个重复进行很烦琐,采用脚本批量处理实现就显得非常简单(数据位于"…\chp16\Ex2")。

**1. 脚本编写**

新建文本文档,将文件名改为 Clip.py,内容如下:

```
# 导入 ArcPy
import arcpy from arcpy
import env
import os
# 从参数列表中获取输入输出工作空间以及裁剪要素
env. workspace＝arcpy. GetParameterAsText(0)
clip_features＝arcpy. GetParameterAsText(1)
out_workspace＝arcpy. GetParameterAsText(2)
# 循环获取工作空间的要素类
for fc in arcpy. ListFeatureClasses():
    # 设置输出名称以及目录
    output＝os. path. join(out_workspace, fc)
    # 对每个要素类进行裁剪
    arcpy. Clip_analysis(fc, clip_features, output, 0.1)
```

**2．在 ArcToolbox 中添加脚本**

(1)在目录窗口中右击文件夹，单击【新建】→【◉工具箱】，命名为"MyToolbox"。

(2)右击 MyToolbox，单击【添加】→【🗿脚本】。

(3)输入脚本名称与标签。

(4)选择脚本文件存放路径，即在第一步中编写的文件(Clip.py)路径。

(5)添加脚本参数，设置参数显示名称与数据类型。

(6)脚本添加完成后，右击 MyToolbox 中添加的脚本文件，选择编辑可以进行修改。

**3．运行脚本**

在 MyToolbox 中选择脚本，双击运行。弹出路径参数设置对话框，设置参数如图 16.17 所示。

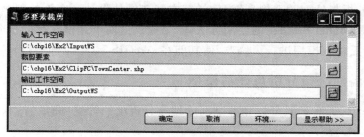

图 16.17　脚本路径参数设置

确定之后，弹出脚本运行对话框，指示脚本运行结果。

**4．结果验证**

打开脚本运行输出目录，查看结果。

### 16.3.5　在 Model Builder 中使用脚本工具

若空间建模中需要的工具 ArcGIS Desktop 没有提供，则可以通过编写脚本，将其添加至 ArcToolbox 中后，便可以作为工具使用。

具体使用方法如下：

(1)在 ArcToolbox 中打开上一节所建立的 MyToolbox，找到建立的脚本工具【多要素裁剪】，如图 16.18 所示。

(2)右击需要添加此工具的模型，单击【编辑】，进入模型构建器。

(3)将脚本直接拖至模型构建器窗口中，脚本工具上方会有脚本标识符(如图 16.19 中多要素裁剪工具上部所示)，以表明是由脚本创建的工具。

(4)右击模型构建器窗口中的脚本元素，单击【获取变量】→【从参数】，依次选择输入工作空间、输出工作空间、裁剪要素。根据模型需求，设置模型参数。

(5)如有需要，将工具与其他地理处理工具进行连接，共同完成模型。

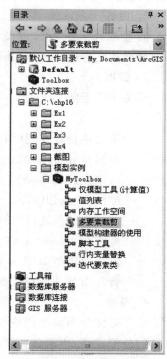

图 16.18　打开脚本工具

图 16.19 脚本工具添加变量

# 16.4 空间建模获奖案例

本节以两个 Esri 开发竞赛空间建模与分析组的作品"海上溢油决策分析及评估模型"和"青岛浒苔生成分析与处理的全规划"为例详解空间建模从设计到实施的整个过程。为便于读者对照练习,掌握 Model Builder 的使用方法,本书提供这两个建模作品的全套资料,详见随书光盘。同时作者已将该模型进行了修改,使其能在 ArcGIS 10 中正确运行。

## 16.4.1 海上溢油决策分析及评估模型

本实例曾获 2009 年 Esri 开发竞赛空间处理与分析组一等奖(完成者:甘鑫平,张福艳,王万鹏;指导教师:牟乃夏)。

### 1. 背景

海洋是人类生存和发展的基础,随着航运业的发展,发生船舶溢油事故的风险也在进一步加剧,因此采用恰当的方法对船舶溢油风险进行评估,对其危害程度进行正确的预报,对溢油风险的预防和应急处理具有重要意义。

### 2. 目的

熟悉 Model Builder 的使用,运用定量和定性相结合的方法研究船舶溢油风险评估,针对不同情况建立合适的模型,从而解决实际问题。

### 3. 数据

该实例位于随书光盘("…\chp16\Ex3"),请将其拷贝到"C:\chp16\Ex3"后直接运行即可。

——清污船只分布图(CleanBoat)。

——监测点分布图(MonitorStation)。

——海岸线(Seacoast)。

——溢油点(SpillOil)。

——油浓度等值线(OilIsoline)。

——海域利用(sea_use)。

——沿海地貌类型(Sea_terrain)。

——青岛市基础地理数据。

### 4. 任务

模型总体分为溢油评估与决策分析两部分。溢油评估模型主要实现对受污染区域的危害程度的分等定级,决策分析模型是为海上溢油事故提供处理方案,海上溢油决策分析评估模型如图 16.20 所示。

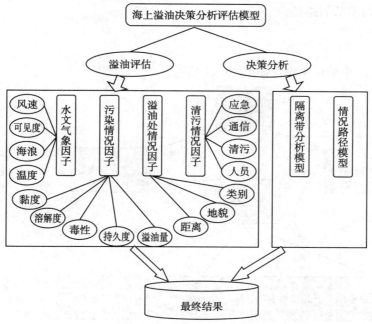

图 16.20　海上溢油概念模型

1）溢油评估

当海上溢油事故发生后，通过海上检测站监测到当时的水文气象情况等各种数据，包括风速、风向、海上可见度、海浪高度、海水温度、海上油的黏度、溶解度、毒性、持久度、油浓度等，再加上其他数据：溢油事故点距离海岸的距离、海岸地貌类型、海洋利用类型，沿岸各清污船只的清污设备情况、通信设备情况、人员组成情况、溢油反应应急能力等。通过叠加分析、重分类分析得到各因子的危害度，再进行加权叠加。最后分析出该溢油事故的危害程度，并对海域进行危害程度分等定级。

2）决策分析

（1）隔离带选址分析。通常海上溢油事故发生后，清污人员都会拉一些临时隔离带，尤其是对一些海域保护区，这样较大程度地减小了溢油的扩散。该模型涉及隔离带的位置选择分析。

隔离带的位置选择主要考虑以下几个因素：

——离海岸的距离。1 000～2 000 m，不能靠海岸太近。

——风向。隔离带应该选择在迎风向处，这样可以阻止溢油随风扩散。

——海浪。由于隔离带是有一定高度的，所以所选区域的海浪不能超过隔离带高度。

——所处地区。位置应尽量沿着保护区，以阻止溢油扩散到保护区而引起重大危害。

（2）清污船只路径分析。当溢油事故发生后应当尽快清除溢油以免造成更大的危害，这就需要分析出清污船只到达溢油事故点的路径，路径分析模型主要涉及以下因素：

——风向。清污船只应该尽量顺着风行驶。

——海浪。应该沿着海浪起伏度较小的区域行进。

——距离。清污船只到达事故点距离应该最短。

将这些因子作为距离成本，溢油浓度＞10 的区域作为分析区域，这样得到最短时间内离事故点最近的清污船只的路径。

### 5. 操作步骤

1）模型设计

Moder Builder 中的模型设计如图 16.21 所示。

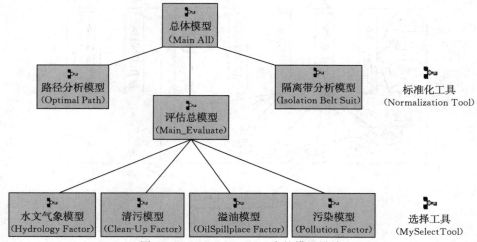

图 16.21　Model Builder 中的模型设计

2）模型建立过程

（1）准备数据与地图文档。打开 ArcMap，并添加建模数据。

（2）建立模型。

——在 ArcMap 打开 ArcCatalog 目录窗口，右击文件夹，单击【新建】→【🗇工具箱】，命名为"OilSpill Tools"，并在其目录下新建两个子工具集，分别为："Decision Analysis Model"与"Evaluate Model"。

——右击工具集"Evaluate Model"，单击【新建】→【🏗 模型】，命名为"OilSpillPlaceFactor"。

（3）添加数据、工具与连接。

根据模型处理的先后顺序，分别添加对应数据与工具，并设置图形要素之间的连接，如图 16.22 所示。

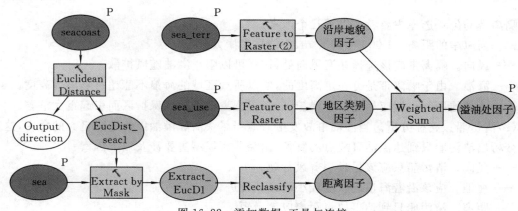

图 16.22　添加数据、工具与连接

（4）设置模型变量与参数。

根据不同工具及需求添加变量，并设置部分变量为模型参数，参数值的指定如图 16.23 所示。

（5）重复以上步骤分别建立其他模型。

模型目录如图 16.24 所示。

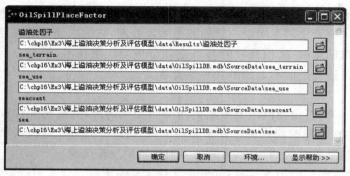

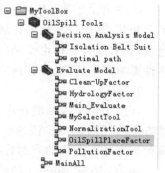

图 16.23　设置模型变量与参数

图 16.24　模型目录

（6）运行模型。

在模型构建器中打开 MainAll 模型，单击运行按钮 ▶，模型会自动完成分析。模型分析结果如图 16.25 所示。

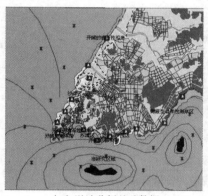

（a）溢油分析基础数据

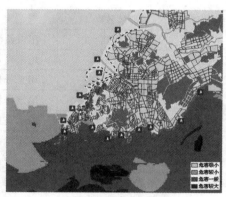

（b）危害程度分等定级

（c）隔离带区域

（d）最佳行船路径

图 16.25　模型分析结果

### 16.4.2 青岛浒苔生成分析与处理的全规划

本实例曾获 2009 年 Esri 开发竞赛空间处理与分析组二等奖(完成者:冯玉龙,王阳,李青;指导教师:牟乃夏)。

**1. 背景**

2008 年,大量浒苔从黄海中部海域漂移至青岛附近海域,使得青岛近海海域及沿岸遭遇了突如其来、历史罕见的自然灾害。浒苔处理不同于一般的固态垃圾处理,它的生成没有固定地点,其繁殖与漂移也受到各种因素的影响,采用高效的 GIS 空间分析与建模技术,综合分析各种影响因素,实现浒苔污染生成范围程度的动态预测具有重要意义。

**2. 目的**

开发出一个根据浒苔成长条件的浒苔出现范围及短期内的分布变化情况,并给出相应处理方案的 GIS 模型。快速准确地生成预定时间内浒苔分布的情况,得到最佳处理位置及人员调配方案并图形化的表达分析结果,处理浒苔的运送,为管理者提供辅助决策信息。

熟悉 Model Builder 的使用,能够熟练运用 Model Builder 针对实际需求建立合适的模型,以解决实际问题。

**3. 数据**

数据如表 16.5 所示。

**表 16.5 数据**

| 要素类型 | 要素名称 | 说　明 |
|---|---|---|
| 点图层 | 海上观测点 | 用来检测海面的各属性值(海洋温度、盐度、风向等) |
| | 方向控制点 | 用来确定海上观测点位置方向的辅助点 |
| | 临时处理点 | 用来处理、存放浒苔的临时垃圾处理点 |
| 线图层 | 海岸线 | 确定海洋面与陆地面的交界 |
| | hq_street_polyline | 表示高速路 |
| 面图层 | 居民区 | 表示青岛居民居住地 |
| | 绿地 | 表示青岛地区的绿地 |
| | 浒苔原分布 | 表示初始发现的浒苔量及其位置 |
| | 海洋及水系 | 表示海洋和内陆水系 |
| | 海岸区 | 确定海岸区域 |

**4. 任务**

模型共分为四个模块,各模块之间连接紧密,前一步模型生成的结果要为后一步服务。即流程为:预测浒苔在海面的污染程度(PolluExtent_PredictModel)→为现有的浒苔临时处理点确定分配区域并生成分配报表(Clear_StatisticModel)→基于现有临时处理点为新临时处理点选择位置(SelectPlaceModel)→FinalFunctionModel。为了达到重复操作的目的,需把修改过的数据复原,因此添加了 FinalFunctionModel 模型。

**5. 操作步骤**

1)理论设计

(1)PolluExtent_PredictModel 的设计。

本模型的目的是根据浒苔形成因子动态分析得到浒苔在近海海域污染程度的预期分布状

况图,并采用分级方法(不同颜色)形象地表示其在海面的污染状况。

针对海上同一地区,不同因子加权求和后,得出不同地方的参评因子指数和,从而对各个区域做出等级评定。其数学基础为

$$A = \sum_{i=1}^{n} P_i \cdot A_i \quad (i = 1, 2, 3, \cdots, n)$$

式中,$A$ 为海面的参评因子指数和(即海面受浒苔污染程度的大小),$P_i$ 为第 $i$ 个评价因子的权重,$A_i$ 为第 $i$ 个评价因子的分值,$n$ 为评价因子总个数。

影响浒苔在海面上分布的因子分为生长因子和运动因子两部分。

——浒苔生长因子。浒苔的生长与海水的盐度、养分、温度、含氧量、酸碱度等属性密切相关,其中含氧量对浒苔生长的影响主要表现为对海水 pH 值的影响。由于海水的富营养化,消耗了海水中大量的氧气,使大量浮游生物死亡,导致海水的酸度增加。船只的过往对浒苔的生长也具有很大的影响,由于船只对海面的污染、海水自身成分的改变,往往使得有船只过往的区域浒苔生长较为活跃。浒苔的生长期一般在 15 天左右,当藻体变黄发黑时即死亡。

——浒苔运动因子。风向和水流是浒苔漂流的重要因素,对风向和水流的影响不能局限于传统的地理意义上的方向,应根据是面向海岸还是逆向海岸来研究。为此,引入方向控制点,利用海上观测站与方向控制点的位置夹角同风向和水流的夹角之差的绝对值来评价是漂向海岸还是远离海岸。

(2)Clear_StatisticModel 的设计。

Clear_StatisticModel 基于 PolluExtent_PredictModel 的生成结果,得到每个浒苔临时处理点的分工报表。报表中包括每个临时处理点需要控制的海面面积、清理浒苔的体积、最多分配的清理人员数量、清理车的数量等。由于实际的清理局限于近海岸区域,此模型研究的海面较 PolluExtent_PredictModel 的海面进一步缩小。对每个浒苔临时处理点根据就近原则分配区域,得到应当清理浒苔的数量,通过此数量和单位人和车的劳动效率得到每个处理点控制区域的分配报表,此功能涉及区域分配和区域统计两方面的问题。

模型涉及表的创建和操作,需 Data Management Tools 中的工具支持。在区域分配中采取合理有效的分配方法是模型设计的关键问题,每个临时处理点采用了泰森多边形的最近邻插值方法对矢量图层进行精确分配,并通过一系列的要素图层叠加、相交运算得到每个临时处理点的分配区域。

(3)SelectPlaceModel 的设计。

该模型是在现有浒苔临时处理点的基础上,通过 Clear_StatisticModel 的临时处理点的结果来分析选择新的临时处理点的最佳位置。对临时处理点的选择具有以下要求:

——选择的地点要在距离海岸线 500 m 范围内,并且离海岸越近越好。

——必须在距现有不能承载浒苔量的临时处理点的 500 m 区域内。

——新建的临时处理点至少与现有的临时处理点相隔 200 m 内。

——临时处理点距高速路越近越好。

(4)FinalFunctionModel 的设计。

该模型主要是为了前面三个模型重复执行而设计的。由于 SelectPlaceModel 对浒苔临时处理点的属性表进行了修改,而在 Clear_StatisticModel 中需要应用临时处理点的属性表,为了避免此冲突引起错误而设计了该模型。

2）模型详细设计

（1）PolluExtent_PredictModel 的详细设计。

首先将影响浒苔分布的各因子通过海上观测站赋予海洋面，模型采用样条函数插值和泰森多边形相结合的方法，通过多次相交、合并得到具有不同属性的海洋面。其次将得到的海洋面通过不同的属性栅格化，并根据两类因子（即浒苔生长因子和运动因子）的不同分析方法得到每个属性的浒苔在海洋面的分布状况图。最后将每个单独属性的分布图进行加权叠加，得到浒苔总分布状况图。PolluExtent_PredictModel 模型如图 16.26 所示。

（2）Clear_StatisticModel 的详细设计。

本模型主要确定清理区域的范围和通过临时处理点对所选范围的分配。清理的区域范围通过海岸线的缓冲区来实现，临时处理点的分配区域通过泰森多边形实现，表统计依靠区域统计空间分析工具中的分区统计相关操作实现。Clear_StatisticModel 模型如图 16.27 所示。

（3）SelectPlaceModel 的详细设计。

模型通过临时处理点选择标准的要素生成缓冲区，然后再与临时处理点和公路的距离栅格图层进行加权叠加，产生最佳位置状况图。SelectPlaceModel 模型如图 16.28 所示。

（4）FinalFunctionModel 的详细设计。

FinalFunctionModel 模型如图 16.29 所示。

3）模型建立过程

（1）准备数据与地图文档。打开 ArcMap，添加建模数据（位于"…\chp16\Ex4"），进行符号化设置后保存文件。

（2）新建模型。

——在 ArcMap 的目录窗口，右击文件夹，单击【新建】→【● 工具箱】，命名为"Hutai Analyst Tools"。

——右击工具箱 Hutai Analyst Tools，单击【新建】→【 模型】，分别建立 PolluExtent_PredictModel、Clear_StatisticModel、SelectPlaceModel 和 FinalFunctionModel 四个模型。

（3）添加数据、工具。

——在模型构建器画布的空白处右击，弹出菜单，单击【创建变量】，弹出【创建变量】对话框，选择"要素类"，双击要素类，在弹出的对话框中指定数据路径，依次添加海上观测点、海洋及水系、海岸区、浒苔原分布等。

——打开 ArcToolbox，找到【分析工具】→【邻域分析】→【创建泰森多边形】，将工具直接拖至画布中，用同样方法添加其他工具，例如，缓冲、相交、合并等。

（4）添加连接。使用模型构建器菜单栏中的连接按钮 ，将数据与工具进行连接，根据模型处理的先后顺序，将工具的输出数据与后续工具进行连接，如图 16.30 所示。将海上观测点连接至创建泰森多边形工具，并将工具输出（海上观测区域划分）连接至相交工具。同样方法添加其他所有连接。

（5）设置模型变量与参数。

工具拖至模型后，会自动添加输出参数，若要添加其他参数，右击工具选择对应参数即可，如缓冲区的距离以及类型等。由于该模型数据通过添加变量方式创建，将工具与数据进行连接后，一般不需再添加其他参数，具体操作需根据情况进行处理。

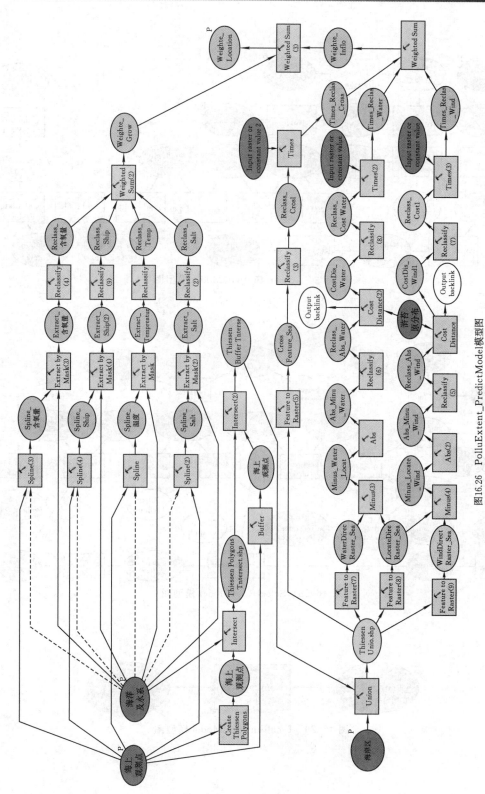

图16.26　PolluExtent_PredictModel模型图

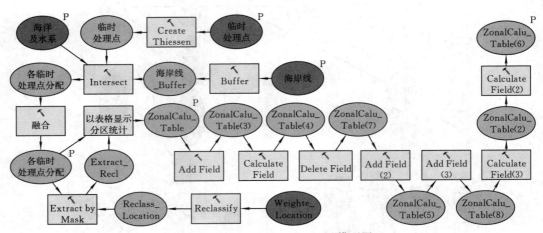

图 16.27 Clear_StatisticModel 模型图

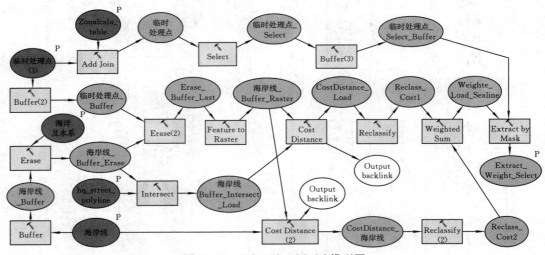

图 16.28 SelectPlaceModel 模型图

图 16.29 FinalFunctionModel 模型图

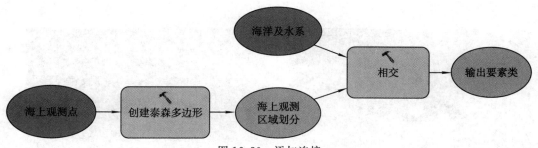

图 16.30　添加连接

右击数据"海上观测点",选择模型参数,同样方法分别将"海洋及水系"、"海岸区"、"浒苔原分布"、模型结果数据"Weighte_Location"设置为模型参数,如图 16.31 所示。参数会在运行模型时提示用户输入。

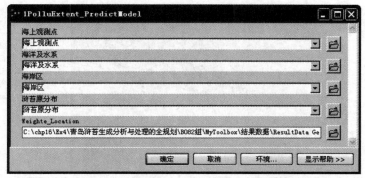

图 16.31　模型参数

(6)重复以上步骤分别建立 Clear_StatisticModel,SelectPlaceModel 和 FinalFunction-Model 三个模型,完成后保存模型。

4)模型使用

模型及数据存放于随书光盘("…\chp16\Ex4"),以下步骤介绍如何使用该模型。

(1)打开目录,运行 MyToolbox 文件夹下的 Qingdao. mxd 文件。

(2)打开 ArcToolbox,右击 ArcToolbox,再单击【● 添加工具箱】,加载 Hutai Analyst Tools. tbx。

(3)按照 Hutai Analyst Tools 中 PolluExtent_PredictModel→Clear_StatisticModel→SelectPlaceModel→FinalFunctionModel 的顺序运行。

(4)分析完成后,结果显示在 ArcMap 中,模型运行成功的结果存放在"MyToolbox\结果数据"文件夹下。

(5)模型运行结果如图 16.32 和图 16.33 所示。

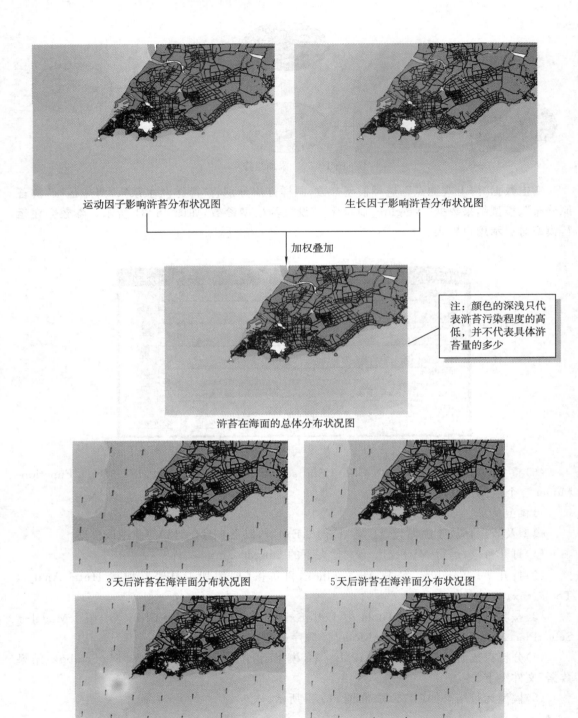

运动因子影响浒苔分布状况图　　　　　　　生长因子影响浒苔分布状况图

加权叠加

注：颜色的深浅只代表浒苔污染程度的高低，并不代表具体浒苔量的多少

浒苔在海面的总体分布状况图

3天后浒苔在海洋面分布状况图　　　　　　　5天后浒苔在海洋面分布状况图

7天后浒苔在海洋面分布状况图　　　　　　　10天后浒苔在海洋面分布状况图

图 16.32　浒苔运动趋势

图 16.33　临时处理点建立位置

注:图片上黑白颜色部分代表允许建立临时处理点的区域,颜色越深表示越适合
建立临时处理点。